国际科学技术前沿报告 2016

张志强 主编

科学出版社
北京

内 容 简 介

本书从基础与交叉前沿科学、生命科学与生物技术、资源环境科学与技术、战略性高新技术等科学技术领域选择数学生物学、神经退行性疾病、植物基因组编辑技术、医药中间体绿色制备工艺、低碳发展研究、地球关键带研究、太阳系探测、光电子器件工艺、人工光合系统、类石墨烯二维半导体材料10个科技创新前沿领域、前沿学科、热点问题或技术领域，逐一对其进行国际研究发展态势的全面系统分析，剖析这些前沿领域和热点学科或科学问题的国际整体进展状况、研究动态与发展趋势、国际竞争发展态势，并提出我国开展这些相关前沿领域和热点问题研究的对策建议，为我国这些领域的科技创新发展的科技布局、研究决策等提供重要的咨询依据，为有关科研机构开展这些科技领域的研究部署提供国际相关领域科技发展的重要参考背景。

本书所阐述的科技前沿领域或热点问题，选题新颖，具有前瞻性，资料数据翔实，分析全面透彻，采取了领域战略研究专家和科技战略情报研究人员的合作研究模式，研发对策建议可操作性强，适合政府科技管理部门和科研机构的科研管理人员、科技战略研究人员，以及相关科技领域的研究人员等阅读参考。

图书在版编目(CIP)数据

国际科学技术前沿报告.2016/张志强主编.—北京：科学出版社，2016.7
ISBN 978-7-03-048893-0

Ⅰ.①国… Ⅱ.①张… Ⅲ.①科技发展–研究报告–世界–2016 Ⅳ.①N11

中国版本图书馆CIP数据核字（2016）第136657号

责任编辑：邹 聪 刘巧巧 / 责任校对：郭瑞芝
责任印制：徐晓晨 / 封面设计：黄华斌
编辑部电话：010-64035853
E-mail：houjunlin@mail.sciencep.com

科学出版社 出版
北京东黄城根北街16号
邮政编码：100717
http://www.sciencep.com

北京厚诚则铭印刷科技有限公司 印刷
科学出版社发行 各地新华书店经销

*

2016年7月第 一 版　开本：787×1092 1/16
2019年1月第四次印刷　印张：25 1/2　插页：8
字数：620 000
定价：198.00元
（如有印装质量问题，我社负责调换）

《国际科学技术前沿报告 2016》
研 究 组

组 长 张志强

成 员 刘　清　　张　薇　　冷伏海

曲建升　　高　峰　　邓　勇

房俊民　　魏　凤　　徐　萍

杨　帆　　赵亚娟　　熊永兰

陈　方　　张　娴　　陈云伟

梁慧刚　　边文越

前　言

中国科学院文献情报系统作为服务于基础科学、资源环境科学与技术、生命科学与生物技术、战略性高新技术和重大产业与技术创新、边缘交叉前沿科学发展，以及科技发展战略与科技政策等领域科技战略情报与咨询服务的国家级科技信息与决策咨询知识服务骨干机构系统，以服务国家科技发展决策、科技研究创新、区域与产业创新发展的战略情报需求为己任，在全面建设支撑科技创新的系统性科技信息知识资源体系的同时，逐步建立起全领域、多层次、专业化、集成化、协同化、及时性的支持科技战略研究、科技发展规划和科技发展决策、科技创新与产业化发展应用的科技战略情报研究与决策咨询服务体系，全面监测国际科技领域发展态势趋势，系统分析判断科技领域前沿热点方向与突破趋向，深度关注国际重大科技规划布局和研发计划，全面分析国际科技战略与科技政策最新变革调整动态，重点评价国际重要科技领域与科技发达国家科技发展竞争态势，建立起系统的国际科技发展态势监测分析与科技战略研究的决策知识咨询服务机制。

中国科学院文献情报系统根据国家及中国科学院科技研发创新的战略布局，发挥其系统性、整体化优势，按照"统筹规划、系统布局、协同服务、整体集成"的发展原则，构建"领域分工负责、长期研究积累、深度专业分析、支撑科技决策"的战略情报研究服务体系，面向国家和中国科学院科技创新的宏观科技战略决策，面向中国科学院科技创新领域和前沿方向的科技创新发展决策，开展深层次专业化战略情报研究与咨询服务：中国科学院文献情报中心负责基础科学与交叉重大前沿、空间光电与大科学装置、现代农业科技等科技创新领域的战略情报研究；中国科学院兰州文献情报中心负责地球科学与资源环境科学、海洋科技等科技创新领域的战略情报研究；中国科学院成都文献情报中心负责信息科技、生物科技等科技创新领域的战略情报研究；中国科学院武汉文献情报中心负责先进能源科技、先进制造与先进材料科技等科技创新领域的战略情报研究；中国科学院上海生命科学信息中心负责生命科学、人口健康与医药科技等科技创新领域的战略情报研究。基于上述统筹规划，中国科学院文献情报系统形成了覆盖主要科技创新领域的 10 个学科领域科技战略情报研究团队体系。科技决策问题与需求导向、研究与咨询服务体系建设、科技前沿与重大问题聚焦、科技领域专业化战略分析、科技战略与政策咨询研究的发展机制和措施，促进了这些学科领域科技战略情报研究与决策咨询的专业化知识服务中心、专业化科技智库的快速建设成长和发展。

从 2006 年起，我们部署这些学科领域科技战略情报研究团队，围绕各自分工关注的科技创新领域的科技发展态势，结合国家和中国科学院科技创新的决策需求，每年选择相应科技创新领域的前沿科技问题或热点科技方向，开展国际科技发展态势的系统性战略分析研究，汇编形成年度《国际科学技术前沿报告》，呈交中国科学院有关部门、研究所和

— i —

国家相关科技管理部门,以供科技发展的相关决策参考。从 2010 年开始,完成的研究报告《国际科学技术前沿报告 2010》《国际科学技术前沿报告 2011》《国际科学技术前沿报告 2012》《国际科学技术前沿报告 2013》《国际科学技术前沿报告 2014》《国际科学技术前沿报告 2015》等公开出版发行,供更大范围、更广泛的科研人员和科技管理人员参考。《国际科学技术前沿报告》的逻辑框架特色鲜明,不同于现有的其他类似的科技前沿发展报告,其中收录的专题领域科技发展态势分析报告,从相应领域的科技战略与规划计划、研究前沿热点与进展、发展态势与趋势、发展启示与对策建议等方面予以系统分析,定性与定量相结合,战略与政策相结合,启示与建议相结合。在研究模式上,更是采取了情报分析人员与科技领域战略专家相结合的研究方式,针对性地咨询相关领域的战略专家。各年度的《国际科学技术前沿报告》汇集在一起,就形成了各相关科技领域重大科技问题与前沿方向发展的小型百科全书,可以系统性、历史性地观察主要科技领域的重大发展变化情况。因此,《国际科技前沿报告》的研编是一项系统性、战略性、基础性工作,对相关科技领域的发展战略研究、科技前沿分析、科技发展决策等具有重要的参考咨询价值。

  2016 年,我们继续部署这些学科领域战略情报研究团队,选择相应科技创新领域的前沿学科、热点问题或重点技术领域,开展国际发展态势分析研究,完成这些研究领域的分析研究报告 10 份。其中,中国科学院文献情报中心编写《数学生物学国际发展态势分析》《植物基因组编辑技术国际发展态势分析》和《太阳系探测国际发展态势分析》;中国科学院兰州文献情报中心编写《低碳发展研究国际发展态势分析》和《地球关键带研究国际发展态势分析》;中国科学院成都文献情报中心编写《光电子器件研究国际发展态势分析》和《医药中间体绿色制备工艺国际发展态势分析》;中国科学院武汉文献情报中心编写《人工光合系统国际发展态势分析》和《类石墨烯二维半导体材料国际发展态势分析》;中国科学院上海生命科学信息中心编写《神经退行性疾病国际发展态势分析》。本书将这 10 份前沿学科、热点问题或技术领域的国际发展态势分析研究报告汇编为《国际科学技术前沿报告 2016》正式出版,以供科技创新决策部门和科研管理部门、相关领域的科研人员和科技战略研究人员参考。

  面对国家深入实施创新驱动发展战略、深化科技体制机制改革、加快中国特色新型智库建设、全面推进科技咨询服务业发展的新形势,以及大数据信息环境和知识服务环境持续快速调整变化的新挑战,围绕有效支撑和服务国家和中国科学院的科技战略研究、科技发展规划和科技战略决策的新需求,适应数字信息环境和数据密集型科研新范式的新趋势,中国科学院文献情报系统的科技战略研究与决策咨询工作,将进一步面向前沿、面向需求、面向决策,着力推动建设科技战略情报研究的新型决策知识服务发展模式,着力推动开展专业型、计算型、战略型、政策型和方法型"五型融合"的战略情报分析和科技战略决策咨询研究,实时持续监测和系统分析国际最新科技进展和态势、重要国家和国际组织关注的重要科技问题和相关科技新思想,系统开展科技热点和前沿进展、科技发展战略与规划、科技政策与科技评价等方面的研究和分析,及时把握科技发展新趋势、新方向、新变革和新突破,及时揭示国际科技政策、科技管理发展的新动态与新举措,为重大咨询研究、学科战略研究、科技领域战略研究、科技政策研究等提供战略情报分析和决策咨询服务，围绕专业型科技智库建设和发展的大方向，在中国科学院国家高端科技智库的建设和发展中发挥不可替代的作用。

中国科学院文献情报系统的战略情报研究服务工作，一直得到中国科学院领导和院有关部门的指导和支持，得到院属有关研究所科技战略专家的指导和帮助，以及国家有关科技部委领导和专家的大力支持和指导，得到相关科技领域的专家学者的指导和帮助，在此特别表示诚挚感谢！衷心希望我们的工作能够继续得到中国科学院和国家有关部门领导和战略研究专家的大力指导、支持和帮助。

国际科学技术前沿报告研究组

2016 年 5 月 8 日

目 录

前言

1 数学生物学国际发展态势分析 1
   1.1 引言 2
   1.2 世界各国或地区数学生物学相关的战略计划和项目部署 3
   1.3 从论文看数学生物学研究的现状和趋势 17
   1.4 结语与启示 24
   参考文献 25

2 神经退行性疾病国际发展态势分析 27
   2.1 引言 29
   2.2 国际重要政策规划与举措 30
   2.3 从论文角度分析领域发展态势 44
   2.4 从专利角度分析领域发展现状 49
   2.5 产业发展态势 53
   2.6 建议 57
   参考文献 58

3 植物基因组编辑技术国际发展态势分析 60
   3.1 引言 61
   3.2 植物基因组编辑技术基础研究进展 63
   3.3 植物基因组编辑技术的研发现状 68
   3.4 植物基因组编辑技术的重要研发主体 74
   3.5 基因组编辑作物的监管现状 82
   3.6 植物基因组编辑技术的未来发展展望 84
   3.7 建议 86
   参考文献 86

4 医药中间体绿色制备工艺国际发展态势分析 89
   4.1 引言 90
   4.2 国际医药中间体绿色制备工艺研发现状 91
   4.3 产业发展态势 113
   4.4 总结和建议 119
   参考文献 121

5 低碳发展研究国际发展态势分析 ······ 123
   5.1 引言 ······ 124
   5.2 低碳发展领域研究发展态势 ······ 125
   5.3 低碳发展文献计量分析 ······ 159
   5.4 低碳发展主要研究热点 ······ 167
   5.5 对我国低碳发展研究的启示 ······ 171
   参考文献 ······ 173

6 地球关键带研究国际发展态势分析 ······ 178
   6.1 地球关键带的概念与内涵 ······ 179
   6.2 地球关键带研究计划与研究项目 ······ 183
   6.3 地球关键带研究的关键科学问题 ······ 189
   6.4 地球关键带研究站点分布 ······ 195
   6.5 地球关键带研究常用的基础设施与测量方法 ······ 208
   6.6 地球关键带研究进展的文献计量分析 ······ 211
   6.7 地球关键带研究未来发展方向 ······ 222
   6.8 关于我国地球关键带研究的建议 ······ 223
   参考文献 ······ 225

7 太阳系探测国际发展态势分析 ······ 230
   7.1 引言 ······ 231
   7.2 近期国外主要太阳系探测发展战略、计划及未来部署 ······ 232
   7.3 太阳系探测任务概览 ······ 242
   7.4 太阳系探测发展态势的文献计量分析 ······ 257
   7.5 结论 ······ 263
   7.6 启示 ······ 265
   附表 7-1 太阳系探测任务列表 ······ 266
   参考文献 ······ 273

8 光电子器件研究国际发展态势分析 ······ 279
   8.1 引言 ······ 280
   8.2 研发计划与发展策略 ······ 281
   8.3 技术研发态势分析 ······ 301
   8.4 总结与建议 ······ 317
   参考文献 ······ 319

9 人工光合系统国际发展态势分析 ······ 321
   9.1 引言 ······ 322
   9.2 主要国家竞争力分析 ······ 324

9.3 关键前沿技术与发展趋势 ……………………………………………… 333
9.4 科学论文产出定量分析 …………………………………………………… 338
9.5 我国发展现状及前景展望 ………………………………………………… 345
参考文献 …………………………………………………………………………… 347

10 类石墨烯二维半导体材料国际发展态势分析 …………………………… 354
10.1 引言 ……………………………………………………………………… 355
10.2 国外二维半导体相关的研究项目 ………………………………………… 357
10.3 类石墨烯二维半导体前沿研究 …………………………………………… 361
10.4 二维半导体文献计量分析 ………………………………………………… 380
10.5 发展建议 …………………………………………………………………… 387
参考文献 …………………………………………………………………………… 388

彩图

1 数学生物学国际发展态势分析

刘小平　李泽霞　黄龙光　冷伏海

（中国科学院文献情报中心）

摘　要　21世纪是生命科学的世纪。数学一直在现代生命科学中扮演着一定的角色，如数量遗传学、生物数学等。对细胞和神经等复杂系统和网络的研究，导致数学生物学的诞生。近10年来，数学生物学研究是一个非常活跃的研究领域，研究成果产出稳定增长。美国、欧盟、英国、加拿大等重视数学生物学研究，制订了一系列针对数学生物学的研发计划，部署了相关项目。本报告定性调研和分析了这些国家或地区在数学生物学部署的研究计划、项目，分析了各国或地区在数学生物学的研究前沿，还对数学生物学研究论文进行了定量分析。

美国是数学生物学研究大国和强国，在数学生物学方面的研究具有绝对优势。美国数学生物学研究得到美国国家科学基金会（NSF）和美国国立卫生研究院（NIH）等政府部门的大力资助。美国多所大学、政府机构、私营组织的机构从事数学生物学研究。世界数学生物学论文发表数量排名前20的机构中，美国的机构最多，有11个，分别为：加利福尼亚州立大学、哈佛大学、得克萨斯州立大学、华盛顿大学、北卡罗来纳大学、斯坦福大学、约翰·霍普金斯大学、密歇根州立大学、杜克大学、密歇根大学、哥伦比亚大学。美国在计算生物学、数据分析和系统生物学方面有独特优势。欧盟本身是数学生物学研究经费的重要资助者。英国、德国、法国、挪威和荷兰是欧盟中数学生物学研究的重要国家。英国的数学生物学研究发展良好，从近10年来发表研究论文规模来看，英国位居第二位，已成为全球数学生物学研究的重要力量。英国工程与自然科学研究理事会（EPSRC）、生物技术与生物科学研究理事会（BBSRC）、医学研究理事会（MRC）等为英国数学生物学研究提供充裕的研究经费支持。英国的数学生物学研究范围覆盖了神经科学、遗传学、生态学、流行病学和农业科学等多个领域。德国的数学生物学研究经费主要来自德国联邦教育研究部，有多个研究小组专注于系统生物学研究，近10年来德国的数学生物学的研究论文数量位居世界第四位。中国在数学生物学方面研究规模的增长速度非常可观，论文年均增长率高达62.2%，论文总量位居世界第三位。

基于对世界各国数学生物学研究计划、项目部署的研究前沿进行分析、凝练、归纳和总结，本报告建议，中国应持续支持数学生物学领域已有或未来有前途的优先领域：生物学海量数据分析、多尺度建模、复杂性科学和不确定性量化。

关键词　数学生物学　发展态势　文献计量　生物学海量数据　计算生物学

1.1 引言

尽管数学一直在现代生命科学中扮演着一定的角色，如数量遗传学、生物数学等，但真正体会到数学的重要性还是在 20 世纪 90 年代以后，基因组学是这种趋势的主要催化剂。随着测序技术、芯片技术、质谱技术、核磁共振技术、生物成像技术等实验和观测手段的高速持续发展，产生了海量的不同类型、不同来源、不同层次的生物学数据，迫切需要建立新的数学与系统科学的理论与方法来处理和集成这些数据，发现内在模式为生物多样性与重大慢性多发疾病防治与健康管理和传染性疾病防治中的一些关键技术提供理论模型与分析方法，这些对生物学家、数学家、计算机专家等提出了巨大挑战，由此产生了计算生物学和生物信息学等新兴学科。此外，对细胞和神经等复杂系统和网络的研究导致数学生物学（Mathematical Biology）的诞生。

生命现象数量化的方法，就是以数量关系描述生命现象。数量化是利用数学工具研究生物学的前提。生物表现性状的数值是表示数量化的一个方面。生物内在的或外表的、个体的或群体的、器官的或细胞的，直到分子水平的各种表现性状，依据性状本身的生物学意义，用适当的数值予以描述。

数学模型能定量地描述生命物质运动的过程，一个复杂的生物学问题借助数学模型能转变成一个数学问题，通过对数学模型的逻辑推理、求解和运算，就能够获得客观事物的有关结论，达到对生命现象进行研究的目的。例如，描述生物种群增长规律的费尔许尔斯特-珀尔方程，描述捕食与被捕食两个种群相克关系的洛特卡-沃尔泰拉方程，等等。反应扩散方程的数学模型在生物学中广为应用，它与生理学、生态学、群体遗传学、医学中的流行病学和药理学等研究有较密切的关系。

数学生物学具有丰富的数学理论基础，包括集合论、概率论、统计数学、对策论、微积分、微分方程、线性代数、矩阵论和拓扑学，还包括一些近代数学分支，如信息论、图论、控制论、系统论和模糊数学等。然而就整个学科的内容而论，数学生物学需要解决和研究的本质问题是生物学问题，数学是解决生物学问题的工具和手段。

数学与生物学之间深入的相互作用将改变生物科学。数学的介入把生物学的研究从定性的、描述性的水平提高到定量的、精确的、探索规律的水平。计算神经科学、群体动力学、生态学、疾病的传播及系统发育等大量的生物学领域的进展都是由数学推动的。数学在生物学中的应用也促使数学向前发展。系统论、控制论和模糊数学的产生及统计数学中多元统计的兴起都与生物学的应用有关。从数学生物学中提出的许多数学问题，萌发出的许多数学发展的生长点，正吸引着许多数学家从事研究。例如，一系列诸如反应扩散方程、模式识别、随机微分方程、偏微分方程的数值方法及联系离散和连续模型的杂交方法等方面的数学研究是由生物学应用的推动而发展起来的。自 2008 年秋季开始，每年在美国数学生物学研究所举办的两次研讨会提供在数学和生物学交叉研究方面取得的许多研究成果，如血栓形成中的多尺度问题、生化反应网络、血流的计算建模、医学数据的拓扑学和成像、肺对感染的响应、轴突中神经丝输运中的反应-扩散-双曲型方程组、组织移植手术等。这表明，数学的应用从非生命转向有生命是一次深刻的转变，在生命科学的推动下，数学将获得巨大发展。

当今的数学生物学仍处于探索和发展阶段，数学生物学的许多方法和理论还很不完善，许多更复杂的生物学问题至今未能找到相应的数学方法进行研究。数学生物学还要从生物学的需要和特点，探求新方法、新手段和新的理论体系，还有待发展和完善。纵观数学生物学现在的发展趋势，相信未来的十年将非常清楚地表明：生物学未来的前沿是数学，同时数学未来的前沿是生物学。

1.2 世界各国或地区数学生物学相关的战略计划和项目部署

1.2.1 美国

1.2.1.1 NSF 资助与数学生物学有关的计划和项目

在美国的数学系、统计系、计算机科学系和生物系以及医学研究所中的生物统计中心早就有若干数学生物学研究小组。此外，源自数学生物学的课题也成为美国现有的数学研究所的研究课题中的专题。不过，相比于生物科学的需求而言，当前数学生物学研究界的规模相对说来还是很小的。所以，需要鼓励数学家和统计学家进入数学生物学的领域，并且要比以前更加系统地培育新一代的研究人员。正是这些挑战促使美国 NSF 数学科学部 2002 年资助，在俄亥俄州立大学成立了数学生物学研究所。2008 年，NSF 资助建立了国立数学生物学综合研究所。NSF 还启动了"定量的环境与整合生物学"项目，鼓励生物学家把数学应用到生物学研究中去。2010 年，NSF 启动了数学生物学计划；NSF 数学物理科学部数学科学处（DMS）与 NIH 下属的国立综合医学研究所（NIGMS）联合设立了支持数学生物学的联合计划。NSF 还与 NIH、法国、德国、以色列等合作，联合设立了计算神经科学合作研究计划（CRCNS）。几乎在同一时间，NIH 也设立了一项"计算生物学"的重大项目。

1. 数学生物学计划

NSF 自 2010 年开始设立数学生物学计划，重点支持应用数学和计算数学解决生物科学问题的研究，资助的主题主要集中在数学概念和数学工具的开发上，如拓扑、概率、统计、计算的方法和工具在解决生物学问题中的创新等。2010 年以来，数学生物学计划共资助项目 86 项，资助经费 5733 万美元，资助数量与资助金额在整体上呈上升趋势（图1-1）。2011 年增涨幅度最大，资助项目从 2010 年的 3 个增加到 2011 年的 20 个，较上一年大约增长了 6 倍；资助经费从 2010 年的 223.45 万美元增长到 2011 年的 851.91 万美元，较上一年增长了 2.8 倍。

从资助金额与项目数量的机构分布来看，NSF 的数学生物学计划自 2010 年开始至

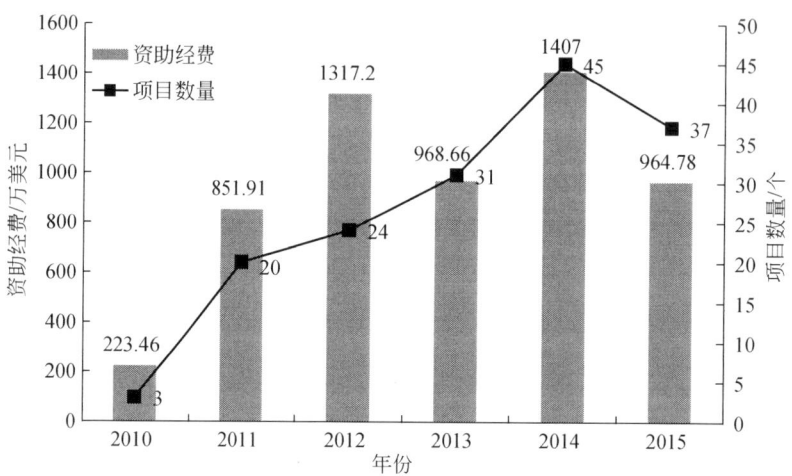

图1-1 2010~2015年NSF数学生物学计划资助数学生物学相关项目数量和资助经费

2015年，共资助160个项目，资助经费总额5733万美元，共资助86个机构，其中51个机构仅获得了1个项目资助，35个机构获得了2个以上项目资助（表1-1）。其中俄亥俄州立大学获得的资助项目最多，为8个；新泽西理工学院获得6个资助项目，位居第2位；北卡罗来纳州立大学、加利福尼亚大学戴维斯分校、匹兹堡大学和犹他大学都获得了5个资助项目。北卡罗来纳州立大学和犹他大学获得的资助经费最多，在300万美元以上，属于第一梯队；范德堡大学医学中心虽然只获得了2个资助项目，但是获得经费223.87万美元，表现突出；另外，戴维·格拉斯通研究所和伊利诺伊大学芝加哥分校虽然只获得了1个资助项目，但是获得经费分别为150.85万美元和111.44万美元。

表1-1 2010~2015年NSF数学生物学计划资助的机构项目数量和资助经费

资助机构	资助项目数量/个	资助经费/万美元
俄亥俄州立大学	8	157.69
新泽西理工学院	6	140.36
北卡罗来纳州立大学	5	301.19
加利福尼亚大学戴维斯分校	5	174.05
匹兹堡大学	5	124.14
犹他大学	5	311.97
佛罗里达大学	4	105.07
明尼苏达大学双城分校	4	83.43
华盛顿大学	4	126.78
卡内基梅隆大学	3	167.47
威廉&玛丽弗吉尼亚海洋科学学院	3	63.00
佛罗里达州立大学	3	97.44

续表

资助机构	资助项目数量/个	资助经费/万美元
宾州州立大学帕克校区	3	50.35
亚利桑那大学	3	114.51
特拉华大学	3	85.62
休斯敦大学	3	63.27
北卡罗来纳大学教堂山分校	3	62.36
圣母大学	3	87.07
南卡罗来纳大学	3	75.38
威廉马什赖斯大学	3	186.56
亚利桑那州立大学	2	89.26
克莱姆森大学	2	22.90
哥伦比亚大学	2	151.64
杜克大学	2	73.12
蒙大拿州立大学	2	36.96
奥克兰大学	2	34.64
俄勒冈州立大学	2	47.05
波莫纳学院	2	14.46
波士顿大学	2	55.32
杜兰大学	2	34.72
加利福尼亚大学圣塔芭芭拉分校	2	74.13
宾夕法尼亚大学	2	49.08
怀俄明大学	2	137.62
范德堡大学医学中心	2	223.87
弗吉尼亚理工大学	2	92.96
加利福尼亚大学欧文分校	1	160.00
戴维·格拉斯通研究所	1	150.85
伊利诺伊大学芝加哥分校	1	111.44

下面列举几个 NSF 数学生物学计划资助的重大项目,重点分析这些项目的资助时间、资助经费、重点研究内容。

1) 数学指导下的肺黏液传输特性实验

该项目研究时间为 2011~2014 年,资助经费 131.7 万美元。黏液层被纤毛、纤毛间协同产生的波和层状空气、湍流空气推动。吸入的病毒、细菌、环境微粒和药物载体颗粒在肺黏液的扩散很大程度上依赖于颗粒的大小,依赖粒子与黏液凝胶的静电相互作用。此外,肺黏液的生物物理属性在人群中各不相同,并且随个体疾病病程进展的变化而变化。该项目集成一组实验,通过数学指导和数学分析来探测和推断肺气道黏液的扩散和流传输特性;制定研究方案解决当前黏液传输特性研究方法的种种局限,将改进实验设计和诊断、实验数据推理方法、直接建模和仿真工具；结合波动理论方法、标准蠕变流变学的惯性扩展和随机珠粒波动，目的是跨越必要的长度、时间和尺度。扩散运输本身是随机的，新的模型和仿真工具用来建模并且预测实验观测到的瞬态反常扩散特性；开发工具和方法，用于测试两个模拟黏液，即透明质酸溶液和琼脂糖凝胶，它们的特性能够被调整先验并且与标准流变仪器和理论独立的测试。该项目的所有设计符合生物学中黏液在肺中的所表现的功能，并且整合了为黏液样本的临床适用性设计的实验数学工具。

该项目还将开发肺的健康评估和治疗疾病新的方法。目前的方法是基于临床试验统计数据和积累的经验证据来治疗症状。肺部感染是气道黏液诱捕、运输和清除病原体或环境微粒的故障，因此通过纤毛和气流的黏液层流动和黏液层内不同粒子的扩散是构成肺部健康的基本机制。评估、预测和理解肺黏液层在生物相关的条件下的流动和扩散的工具及数学理论还不存在。该项目将现有实验方法、仪器和数学理论与设计和构造的新工具、数学理论和数值算法结合起来。

2）用于混合人群的医疗和人口基因组学的统计学方法

该项目研究时间为 2012～2015 年，资助经费 159 万美元。该项目旨在开发人口基因组理论和统计基因方法用于混合人群的人口学历史的建模。该项目有三个主要目标：①发展改进的混合人群的人口遗传模型。②发展估计历史混合人群的统计推断工具。该项目将改进现有粗略推断混合基因组的染色体片段的起源方法。鉴于"大片染色体"的分布，将对当前的人口统计学历史建立模型。③开发一个西班牙/拉丁美洲的连接/混合人群地图。目前，发现与人口特定等位基因 PRDM9 相关的基因序列是导致人口重组率变化的重要部分。从 20 000 多名美国参与者中获取分析数据，包括 250 万标记来识别特定人群重组热点和他们与祖先的关系，将识别美国原住民特定的重组热点并且制作迄今最高分辨率的人类基因重组地图。

全基因组关联研究通过识别成千上万的慢性疾病的基因变异极大地增加了科学界对复杂疾病遗传的理解，包括 1 型和 2 型糖尿病、心脏病、高血压及许多癌症。当前研究存在的问题是，他们主要集中于欧洲血统和其中一些关联的基因型/表型研究，而没有解释种族间的不同。此外，因为下一代的研究主要集中于寻找罕见的遗传变异，这个"转移问题"可能会变得更加糟糕并且风险将继续存在。扩大医学基因组学研究是解决这些问题的关键。转移和多民族医学遗传研究实现的关键是对 500 年来欧洲、非洲和美国土著人群怎样混合而形成今天非裔美国人、西班牙裔/拉丁美洲人、美国原住民基因组的理解。

3）体内动力学速率常数的标定

该项目研究时间为 2013～2016 年，资助经费 139.44 万美元。许多重要的相互作用在细胞内发生。最近几年，绿色荧光蛋白（GFP）促进了细胞内的结合作用研究。荧光在光脱色荧光恢复技术（光漂白）和光敏化后恢复技术已经成为生物学家研究胞内蛋白动力学、细胞组件相互作用的最有前途的方法。这些技术可以被实验者广泛使用，并且可以使用适当的模型分析，直接测量约束的、不受约束的物种的扩散速率。尽管如此，由于无法从共焦光脱色荧光恢复技术和相关技术获得数据中提取准确的扩散系数和结合常数，在体内分析这类反应扩散过程仍然处于开始阶段。

该研究的目标是通过开展新的活细胞内校准、测量和量化反应扩散动力学方法解决目前研究中存在的问题：①调整自由扩散蛋白质的测量技术，细胞内反常扩散程度的评估；②开发和测试光脱色荧光恢复技术的强劲量化反应扩散类型的方法，并使用转录因子和DNA绑定模型的光活化实验。

荧光显微法能够测量活细胞中蛋白质的运动，荧光显微法技术能够被研究者广泛应用。然而，数据的分析是复杂的，并且需要精确的数学建模。该研究寻求在上述显微镜技术的基础上开发和测试能够精确测量细胞内绑定运动的发生的数学方法。用于描述相关数学模型对整个生物学都非常有意义。

4）用凸几何和进化基因组学研究人类微生物组功能的微生态

该项目研究时间为 2011~2016 年，资助经费 150.85 万美元。人类微生物组包括生活在人体内的大量微生物，然而研究人员对于这些微生物在人体内所承担复杂角色的理解仅仅处于开始阶段。该项目的目标是将微生物组研究从描述"这里是谁"转向"它们在做什么"。该项目将开发新的分析鸟枪法宏基因组数据的方法，将 DNA 提取的样本合并，并测序一个群落中的各种微生物。因为该序列代表许多生物体的基因组的短片段，宏基因组提供微生物组的蛋白质的快照。这一丰富的数据有很大的前景，为数据分析带来极大的挑战。该项目重点研究内容：①研究者将首次设计并用生物学管道对蛋白质家族的宏基因组序列进行分类。该工具的关键将是用隐马尔可夫模型描述进化的已知微生物蛋白质轮廓，使样本的蛋白质功能准确描述成为可能。②研究者将建立新的随机模型，预测一个患者的人口统计学和临床特征的宏基因组样本给定数据中蛋白质家族的出现。有了这些基于生态和凸几何概念的模型，研究者能够在高维空间表型内估计、绘图、统计比较蛋白质的形状。该研究将产生微生物组研究、药物开发和生物探勘的新的方法理论和创新的计算工具。除了对微生物组研究的直接影响外，该项目开发的数学工具和数学模型还可以用于生态学、社会学和流行病学等其他领域的空间建模。

该项目的目标是发展计算资源和随机模型，这将使个体健康和其体内微生物活动的复杂关系被充分地理解。该研究将得到一个能描绘不同临床表现个体的微生物蛋白的功能分布的医学领域的图集（如疾病、饮食或治疗）。通过我们的医学图集，研究者、学生、临床医生及任何好奇的人都能够很容易地利用电脑终端探索人类微生物组的功能。它的蛋白质生态位图集将直观地显示患者的每一个微生物蛋白质可能发生的特征范围，以及这些范围在不同的疾病状态下的差异。这些研究将致力于识别新的疾病生物学标志物，包括用于诊断目前很难早期发现的疾病发作的微生物蛋白。基于个体微生物菌群，该医学领域图集也将促进个性化治疗和预防的发展。

5）用贝叶斯系统发生学促进传染性疾病的分子流行病学研究

该项目研究时间为 2013~2017 年，资助经费 114.29 万美元。该项目的目标是设计、开发贝叶斯统计算法和软件用于分析大量的序列和表型数据，研究快速发展病原体的出现和传播。该项目将建立新的模型探索疾病传播和生态屏障的机制，将发明并实现基因型和表型进化的数据集成技术研究，例如，宿主和病原体的抗原竞争；该项目将开发高性能的统计工具来从分子流行病学的大数据中进行知识发现。统计计算技术将包括基因组规模下的现有的参数模型大规模并行扩展和原非参数推断工具。

对抗病原体传播和其相关的疾病是一个巨大的挑战，需要持续的研究工作和公共卫生措施，基因组数据提供了描述这些病原体的重要资源。目前缺乏的是将统计思想和进化生物学结合起来，系统地整合这些采样信息、病原体表型和流行病学动态数据。

2. 数学生物学联合计划

DMS 与 NIGMS 于 2010 年设立了支持数学生物学的联合计划，旨在支持数学和统计学在解决生物学、生物医学科学问题中的研究，旨在促进数学科学与生物科学的交叉研究。

2010 年以来，DMS 和 NIGMS 的数学生物学联合计划共资助项目 41 项，资助经费约 2835 万美元。其中，2010 年资助项目 2 个，资助经费 238.43 万美元；2011 年资助项目 6 个，资助经费 519.49 万美元；2012 年资助项目 8 个，资助经费 829.14 万美元；2013 年资助项目 11 个，资助经费 554.15 万美元；2014 年资助项目 9 个，资助经费 485.87 万美元；2015 年资助项目 5 个，资助经费 207.87 万美元。2010~2013 年，资助项目和资助经费都大幅度增长，2014 年和 2015 年资助项目和资助经费开始回落（图 1-2）。

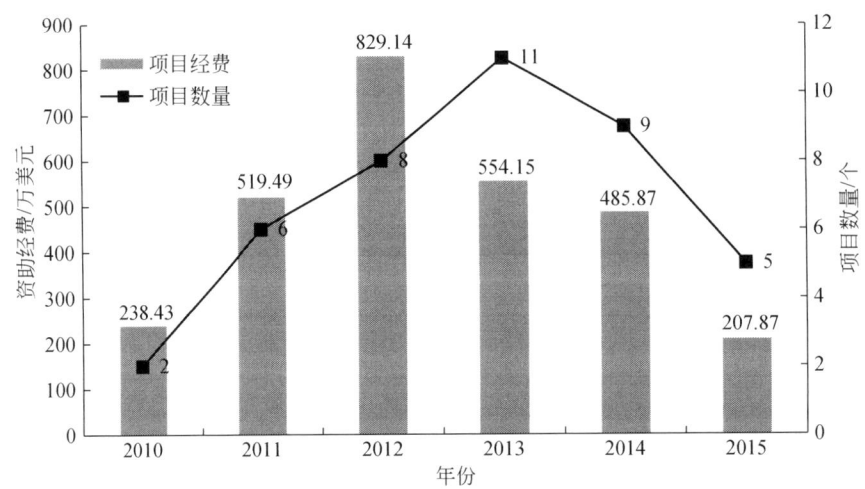

图 1-2　2010~2015 年 DMS 和 NIGMS 的数学生物学联合计划资助的项目数量和资助经费

3. 计算神经科学合作研究计划

计算神经科学使用数学分析和计算机模拟的方法在不同水平上对神经系统进行模拟和研究，为理解复杂的神经生物学系统提供了丰富的理论基础和技术方法。NSF 与法国国家科研署（ANR）、德国联邦教育与研究部、美国–以色列两国科学基金会（BSF）、NIH 合作，成立了计算神经科学合作研究计划，联合支持计算神经科学研究，资助内容从神经元的真实生物物理模型、神经网络的学习，到脑的组织和神经类型计算的量化理论等，从计算角度理解脑，研究非程序的、适应性的、大脑风格的信息处理的本质和能力，探索新的信息处理机理和途径；促进神经系统的结构和功能，神经系统紊乱的机制，以及所有神经系统的计算模型与计算方法（表 1-2）。

1 数学生物学国际发展态势分析

表1-2 计算神经科学合作研究计划相关项目列举

资助机构	项目名称	资助经费/美元
NIH-NIBIB	Spatiotemporal Fusion of fMRI, EEG and Genetic Data Using Independent Component Analysis	492 750
NIH-NEI	Complete Functional Characterization of a Population of Retinal Ganglion Cells	410 973
NSF-BIO	Adaptive Perceptual-motor Feedback for the Analysis of Complex Scenes	1 500 000
NSF-BIO, MPS	Theoretical and Experimental Analyses of Neural Circuits that Control Intersegmental Differences in Phase	963 426
NSF-CISE, SBE	Finding Structure in the Space of Activation Profiles in fMRI	850 000
NSF-CISE	Combinatorial and Collective Coding in the Retina	780 000
NSF-CISE, ENG	Text, Neuroimaging, and Memory: Unified Models of Corpora and Cognition	732 296
NSF-CISE	Optical Reconstruction of Cortical Connectivity	730 000
NSF-CISE	Computational Mechanisms for Storing Motor Memories in Noisy Neural Circuits: How Activity Patterns Evolve during Learning	716 675
NSF-CISE	Learning and Processing of Electrosensory Patterns in Mormyrid Electric Fish	700 000
NSF-CISE	Multimodal Dynamic Imaging of Human Brain Activity	695 298
NSF-BIO	Neural Basis of Song Syntax in Songbird	640 000
NSF-CISE	Anatomical, Physiological, and Modeling Studies of Memory-Related Neural Form and Function	625 659
NSF-SBE; NGA	Neural Basis of Active Perception in Natural Environment	596 821
NSF-CISE	US-German Collaboration: The Role of Astrocytes in Information Processing in the Brain	574 999
NSF-CISE	Characterizing Nonlinear Auditory Computations	524 999
NSF-DMS	Robust Dynamics of a Feeding Pattern Generator	509 999
NSF-BIO	A Comprehensive Approach to Birdsong Dynamics: Experiments and Modeling	481 500
NSF-CISE	Object and Action Recognition in Time Sequences of Images: Computational Neuroscience and Neurophysiology	475 000
NSF-CISE	Object and Action Recognition in Time Sequences of Images: Computational Neuroscience and Neurophysiology	475 000
NSF-CISE	Long Term Reactivations in Cortex and Hippocampus	468 334
NSF-CISE, DMS	Behaviorally Relevant Neuronal Modification during Postembryonic Development	457 654
NSF-CISE	Characterizing Cortical Computation in the Context of Natural Vision	454 376
NSF-CISE, SBE	CRCNS Data Sharing: A Joint Database of Experiments and Models of Reaching Movement	425 000
NSF-CISE	Neural and Mechanical Bases of Motor Primitives in Voluntary Frog Behavior	424 718
NSF-BIO	Effects of Non-Uniform Extracellular Potential on Neuronal Excitability	420 350
NSF-CISE	Computational Theory of Motion Perception	406 023

4. NSF 资助建立国立数学生物学综合研究所，推动数学生物学跨学科研究

2008 年 9 月，NSF 宣布投资 1600 万美元用于建立国立数学生物学综合研究所（NIMBioS），该研究所位于田纳西州立大学。美国召集来自世界各地的生物学家和数学家，在这个新的研究所用数学和生物学交叉研究的办法进行创造性的研究，共同致力于解决这两个学科的迫切问题。

国立数学生物学综合研究所将成为一个全球数学和生物研究的枢纽，将数学和生物学结合是一种独特的学科交叉的研究方法，不久的将来，该所一定会在全球产生深刻的影响。

国立数学生物学综合研究所将针对美国面临的有关领域内的特殊问题，组织数学、生物及其他领域的研究人员解决相关问题。该所也将定期举办关于生物学及计算生物学的大型学术会议。每年有 600 多名研究人员前往该所，组成相关工作组或参加该所举办的学术会议。

1.2.1.2 NIH 支持与数学生物学有关的项目

2015 财年，NIH 支持了大脑研究计划、生物医学研究人员项目和大数据计划；NIH 还投资 8800 万美元支持从大数据到知识计划（Big Data to Knowledge，BD2K），解决大数据问题，消除阻碍新疾病研究的壁垒，研发新的疾病治疗方法。

2013 年 4 月，美国推出了"通过推动创新型神经技术开展大脑研究"（BRAIN）计划。该计划为期 10 年，投入 30 亿美元，BRAIN 计划的研究目标经多次调整，最终确定为脑功能研究和神经技术工具研发两大方向。NIH 2015 财年 BRAIN 计划预算为 1 亿美元，不包括 NIH 2015 财年提供给神经科学研究的其他 55 亿美元。2015 财年，NIH 的研究重点是开发和应用新的工具来绘制大脑回路，探索回路中脑细胞的动态活动，研究回路和认知、行为能力之间的关系，这些研究将有助于理解大脑的复杂功能，以及人类行为和脑部疾病发生机制。针对 BRAIN 计划的重大挑战，NIH 的 BRAIN 工作小组于 2014 年 6 月 5 日提交了《BRAIN 计划 2025：科学愿景报告》，建议制定一份 2016~2025 财年整个 BRAIN 计划的发展规划，阐述了 NIH 的 7 个高优先级研究领域，建议第一个五年重点聚焦技术开发，第二个五年转向技术集成从而获得有关大脑的重要新发现；并建议在 2016~2020 财年 NIH 的投资增加到 4 亿美元/年，2021~2025 财年增加到 5 亿美元/年，10 年总额高达 45 亿美元。

7 个高优先级研究领域之一是"理论、数学模型、统计学对理解大脑至关重要"，理论、数学模型和统计学在人们认识大脑功能中至少在四个方面发挥关键作用：①对于复杂的、经常违反直觉的系统，如大脑、数学模型和计算机模拟可以根据已有数据，帮助制定假设，做出预测，从而帮助设计新的实验来检验这个假设。②验证统计分析，使人们能够在数据采集后，使用正确的推理方法来支持或推翻一个既定的理论或假设。③探索性数据挖掘技术可用于检测复杂数据的规律。④根据大量的实验观测数据、数学模型、计算机模拟结果、博弈理论可以推断出脑功能原理。"理论、数学模型、统计学对理解大脑至关重要"重点包括五个方面的研究内容：①将理论、模型、统计学与

实验相结合；②新的统计方法和定量方法用于新类型数据挖掘；③大规模人群大脑数据的维度问题和动力学；④人脑数据的时间尺度和空间尺度如何统一？⑤灵活的行为与决策。总之，严格理论、数学模型和统计推动人们对复杂的、非线性的大脑功能的理解。随着数据采集技术的高速发展，海量的不同类型、不同来源、不同层次的新型数据，迫切需要建立新的数学理论与数据分析方法来分析和解读这些数据，这需要统计学家、物理学家、数学家、工程师、计算机科学家、实验物理学家和生物学家之间的密切合作。

1.2.1.3 美国国立综合医学研究所部署生物信息学应用研究

NIH下属的NIGMS设立了生物信息学与计算生物学中心专门从事生物信息的研究成果在复杂生物系统中的应用，主要包括：建设和维护相关数据库，研发和使用一些专门的方法去管理、可视化和分析数据库中的数据，使用这些方法结合生物信息推演生物系统的运行模式。计算生物学的应用为综合理解生物医学系统研发新的方法、算法和方法，并覆盖了较长的时间范围和较大的空间范围。

2007年以来，NIGMS共投入7571万美元，资助了67项与生物信息学相关的项目。每年的资助项目数量相对稳定，保持在8项左右。在2011年之前，资助金额也稳定保持在1000万美元左右；在2012年有所减少，资助金额为854万美元；到2014年，又有所缩减，资助金额为588万美元，约为2011年的60%。总体来说，虽然NIGMS资助的项目数没有变化，但是资助强度有较为明显的下降（图1-3）。

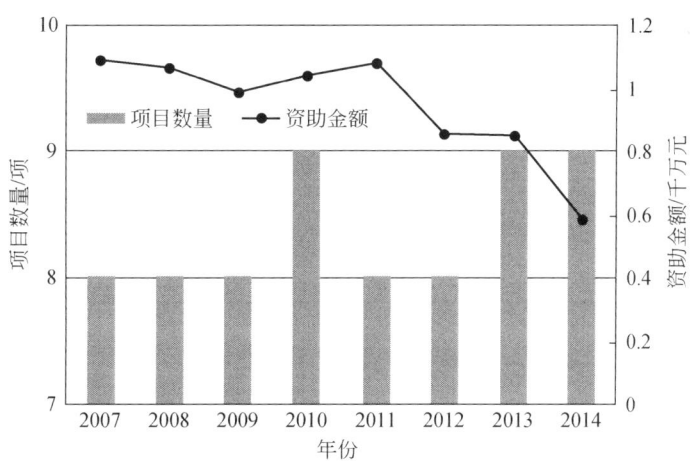

图1-3 NIGMS资助的生物信息应用项目数量及资助金额的时间分布

从项目的机构分布来看（表1-3），NIGMS共资助了50所大学进行生物信息学的研究，其中38所大学都只承担了1个项目，占大多数。只有少数大学承担的项目在2项以上，其中莱斯大学承担了4项研究项目，其资助金额也是所有大学中最多的，达547.5万美元；纽约大学、宾夕法尼亚州立大学和加利福尼亚大学伯克利分校3所大学各承担了3项研究项目，获得的资助分别是386.9万美元、292.9万美元和226.5万美元。

表1-3 NIGMS资助的生物信息应用项目数量及资助经费的机构分布

承担机构	项目数/项	资助经费/万美元	承担机构	项目数/项	资助经费/万美元
莱斯大学	4	547.5	犹他大学	1	127.9
纽约大学	3	386.9	加利福尼亚大学欧文分校	1	123.2
宾夕法尼亚州立大学	3	292.9	范德比尔特大学	1	121.9
加利福尼亚大学伯克利分校	3	226.5	南佛罗里达大学	1	120.0
普林斯顿大学	2	290.5	普渡大学	1	117.7
迈阿密大学	2	288.0	加利福尼亚大学旧金山分校	1	117.0
新墨西哥大学	2	257.9	加利福尼亚大学圣迭戈分校	1	116.6
哈佛大学	2	224.4	伊利诺伊大学芝加哥分校	1	114.7
佐治亚工学院	2	218.8	芝加哥大学	1	107.3
斯坦福大学	2	216.3	科罗拉多州立大学	1	106.7
西北大学	2	200.8	德雷塞尔大学	1	103.6
北卡罗来纳州立大学	2	174.2	密歇根大学	1	103.2
新泽西州立大学	1	158.8	华盛顿大学	1	101.9
亚利桑那州立大学坦佩分校	1	154.1	蒙大拿州立大学	1	89.1
威斯康星大学麦迪逊分校	1	153.3	史密斯学院	1	86.0
阿克伦大学	1	153.2	艾奥瓦州立大学	1	81.6
匹兹堡大学	1	145.1	蒙特克莱尔州立大学	1	79.1
伊利诺伊大学香槟分校	1	144.4	圣母大学	1	77.0
北卡罗来纳州夏洛特分校	1	143.6	福瑞德·哈金森癌症研究中心	1	75.8
哥伦比亚大学	1	140.7	约翰·霍普金斯大学	1	74.4
加利福尼亚大学圣克鲁兹分校	1	140.2	德州大学圣安东尼奥分校	1	72.8
杨百翰大学	1	139.1	佐治亚大学	1	71.2
肯塔基大学	1	138.6	加州圣巴巴拉大学	1	67.7
杜克大学	1	135.1	坦普尔大学	1	56.3
密歇根州立大学	1	132.7	俄勒冈州立大学	1	55.3

表1-4列出了8项NIGMS资助的生物信息应用重点项目（资助额度在150万美元以上）。这些项目的资助年限均在4年以上，其中莱斯大学和纽约大学均承担了2项重点项目，莱斯大学承担的"基因转录的随机建模和估计"项目的资助金额最高，在2008~2011年共资助165.7万美元；其中最新立项的项目是由纽约大学承担的"通过集成建模和实验研究理解有丝分裂纺锤体定位"，在2012~2015年共资助157.7万美元。

1 数学生物学国际发展态势分析

表1-4 NIGMS资助的生物信息应用的重点项目

项目名称	承担机构	启动年份	结项年份	资助年限	资助金额/美元
基因转录的随机建模和估计	莱斯大学	2008	2011	4	1 656 744
生物系统的瞬态行为适应	新泽西州立大学	2011	2014	4	1 588 306
通过集成建模和实验研究理解有丝分裂纺锤体定位	纽约大学	2012	2015	4	1 577 277
影响传染病传播的人为因素的建模研究	亚利桑那州立大学坦佩分校	2011	2014	4	1 540 902
生物网络的多稳定性研究	威斯康星大学麦迪逊分校	2008	2012	5	1 533 081
高分子药物输送系统和肺中的生物膜	阿克伦大学	2008	2011	4	1 531 971
利用层次结构框架建模RNA三级结构折叠	纽约大学	2011	2014	4	1 522 253
利用波动理论预测病人亚群动力学特征	莱斯大学	2011	2014	4	1 509 334

1.2.2 欧盟"人脑计划"资助的与数学生物学相关的项目

欧盟"人脑计划"的前身是"蓝脑计划"。2013年1月,"人脑计划"被欧盟选定为未来新兴技术旗舰项目之一。这一项目凝聚了神经科学、医学、数学和计算机领域近300名专家,10年将耗资10亿欧元,力图集成多个领域科学家力量,为基于信息通信技术的新型脑研究模式奠定技术基础,并极大地加速脑科学研究成果转化。该计划主要路径之一是对脑疾患的认识逐步加深,并利用成像和基因数据来诊断脑疾;在信息和计算技术方面,通过应用云计算和分布数据库技术,再加上互联网和现代密码学,分析来自世界各处的科学研究与临床数据;通过各种数据挖掘技术和高性能计算,对大量数据进行分析,并在多个尺度上仿真脑模型,找出缺失之处,并设计新的实验以填补空白。通过仿神经计算技术造出更密集、能耗更低的计算装置,并促进神经机器人的研究。

欧盟"人脑计划"的重点领域主要有三方面:第一,信息和计算技术。这一计划将研发神经信息学、脑仿真和超级计算的ICT平台。第二,全新的医学信息学平台将把全世界的临床数据都汇集起来,使医学研究人员得以提取有价值的临床信息,并结合进有关疾病的计算机模型中。第三,仿神经计算平台和神经机器人学平台根据脑的构筑和回路研发新型的计算系统和机器人。"人脑计划"已经资助了13个项目,其中5个项目与数学、计算机科学有关,包括神经信息学项目为脑图谱储存重要的神经信息数据、人脑模拟项目开发模拟组成各种不同人脑部分的算法、高性能计算项目、医学信息学项目为人脑分类各种不同的疾病、神经形态计算项目等。

1.2.3 英国工程与自然科学研究理事会资助的数学生物学项目

1.2.3.1 英国工程与自然科学研究理事会资助的 5 个新数学中心

2015 年 12 月 16 日,英国生命科学部部长宣布英国投资 1000 万英镑,新建 5 个新数学中心,探讨数学和统计学如何帮助医生解决癌症、心脏疾病、对抗生素有抗药性的细菌等。这些中心将开发新的数学预测模型工具研究癫痫等早期的慢性疾病,开发新系统使临床影像诊断得更准确、更高效。这 5 个新数学中心由 EPSRC 资助,这些中心搭建平台,使数学家和统计学家能与医疗保健人员、临床医生、政策制定者和行业合作伙伴紧密联系并密切合作,提供高质量、多学科的研究,解决生物科学中的重大疾病,帮助医生更好地理解疾病机理,更快地做出诊断。这 5 个新数学中心将牵头建立数学和统计模型,预测个人、人群疾病进展,制订治疗方案。这些中心处理英国医疗保健系统所面临的人口老龄化带来的临床和经济挑战(表 1-5)。

表 1-5　EPSRC 资助的 5 个新数学中心

中心名称	资助年限	资助经费/英镑	主要研究内容
EPSRC 医疗保健的预测模拟中心	2016~2019 年	2 008 955	该中心汇集了由世界一流的数学家、统计学家、临床医生、企业合作伙伴和患者组成的团队,专注于使用预测数学模型,开发治疗慢性疾病的新方法。随着英国人口的老龄化,患有慢性疾病的人数大幅度上升,增加了国家财政支出中的社会医疗费用,影响了患者的生活质量。解决这些问题的办法是早期诊断、精准诊断、使用最佳药品以及采用新的手术方法。该中心将通过建立数学和统计工具,根据患者个体情况制订相应的治疗方案,减少临床费用,提高诊断准确性
EPSRC 医疗技术中心的数学能力中心	2015~2019 年	2 004 298	该中心汇集了大量由应用与纯数学家、统计学家、临床医生、医疗保健员、企业家组成的多学科研究团队,以解决健康医疗中的几个关键挑战问题,提高对细胞和组织相互作用的理解,改进癌症治疗方法,开发更好的算法用于提高医疗图像处理,以便医生能更早、更准确地诊断疾病,建立数学模型,以提高研究者对抗生素耐药性的理解

续表

中心名称	资助年限	资助经费/英镑	主要研究内容
EPSRC 应对心脏和癌症的多尺度软组织力学中心	2016~2019 年	1 998 909	该中心汇集了世界一流的交叉学科团队,专注于开发先进的数学模型,理解两个死亡率最高的疾病——癌症和心脏疾病的发展。例如,癌症的计算建模会让医生更深入地了解某个乳腺癌患者的病症,而在心脏病发作情况下心脏的变化研究将提供心脏病专家对心脏损伤和功能的更详细的信息,更好地理解心脏衰竭和对治疗的反应,减少治疗失败的风险,医生可以根据每个患者提供更精准的个性化治疗方法
EPSRC 精确治疗疾病的数学中心	2016~2019 年	2 056 655	该中心的目的是改善精准医疗,寻求提高英国人的健康和生活质量的变革性方法。开发的数学工具将丰富医疗保健方案,使患者得到他们需要和想要的治疗方案,尽量减少对患者的治疗效率低、关心不足的情况
EPSRC 多峰临床影像学的数学和统计分析中心	2016~2020 年	1 923 014	在当今大数据时代,要打破应用数学与统计学之间的传统界限。该中心旨在通过应用数学和统计学之间的协同作用,用于分析临床影像,特别是神经系统、心血管和肿瘤成像的分析。当前图像分析基于人工和扫描技术人员的技巧。该中心开发的方法将直接、自动完成许多临床影像分析。这样可以通过分析大样本人群的临床影像资料,通过大数据分析,解决临床问题

1.2.3.2 英国工程与自然科学研究理事会资助的数学生物学项目

EPSRC 资助的"软物质和生物数学的几何、拓扑与统计动力学"项目,资助时间为 2015~2020 年,资助经费 1 171 149 英镑。该项目旨在研究流体力学、连续介质力学与数学生物学领域长期悬而未解的、新出现的各种问题。由于这些问题具有动力学或统计学特征,因而在研究中需要借助几何学、拓扑学以及统计学中的新方法。

自开尔文提出原子涡流理论以来,拓扑思维为推动科学发展发挥了重要作用。由于多个节点的旋涡常常变化不定,涡流理论如昙花一现,但涡流理论推动泰勒在有节点的拓扑性质研究中做出了重要贡献。自此之后,学术界已经认可了拓扑的动态重构在流体动力学与发育生物学中的巨大作用,但该领域的发展却受到了阻碍,部分是由于这些过程包含的非线性特征,且缺乏合适的模型系统。该项目重点研究内容:①物理纤维束统计分析。将继续开展一系列纤维束的物理特性研究。研究如何改进洗发水、护发素等产品的性能,借用统计物理学与流体力学中的相关方法完善物理纤维束弹性性能的研究理论。将继续拓展这项工作,解决同物理束纠缠相关的一些基础性的数学问题,包括束之间关联与交错的统计分析,真结、物理结与纠缠之间的关系,带有随机初曲率的束的动力学特征。②拓扑重排与膜的奇异点。从磁流体到蛋白质,有诸多重要却又悬而未决的问题,这些问题与受到拓扑约束的多结配置有关。尽管当前已经对极小曲面进行了大量研究,但这些研究很少关注相互转换的动力学特征。该项目将为这些转换过程制定一个分类表,建立偏微分方程,以描述每个普适类奇异点的动力学演化特征及其所在位置。③胚胎藻类的拓扑转换。通过开发一个内部通道使动物胚胎由简单连接的拓扑结构转变为非简单连接的拓扑结构,该内部通道最终形成其胃腹神经系统。动物胚胎由于难以控制及可视化而不便于系统研究,但最近科学家发现的一种发生在多细胞藻类中的过程使得该研究变得清晰。该过程与原肠胚的形成过程类似,它提供了一种更简单但可靠的替代研究方案,经得起严格检验。胚胎转换的过程发生在一整类多细胞藻类中,其系统变异由有机体本身的大小决定。该项目将借助连续介质力学与微分几何中的相关理论来研究数学生物中的这一现象。

1.2.4 加拿大自然科学与工程研究理事会资助的数学生物学项目

加拿大自然科学与工程研究理事会(NSERC)在"发现资助计划"中设立了"数学生物学与生理学"方向的基金。2015年,该基金资助的研究主题主要包括:数学生态学与进化、资源管理、种群生物学、种群动力学、宿主细胞模拟、数学生理学、免疫学、细胞生物学和遗传学、传染病模拟、生物过程模拟、生物流体动力学。

NSERC对数学生物学的资助开展得较早,而且一直在持续进行。根据NSERC发布的统计数据可发现,从1991~1992年度到2014~2015年度,NSERC共资助520个"数学生物学与生理学"项目,资助金额为1226万加元。图1-4是NSERC项目资助的年度分布图,可以看出,2002~2003年度以前,NSERC对"数学生物学与生理学"方向的年资助金额都在50万加元以下,2003~2004年度至今,NSERC对"数学生物学与生理学"方向的年资助金额都在65万加元以上,同时,资助的项目数也相应地增加。近三年,资助金额和资助项目数量都有所下降。

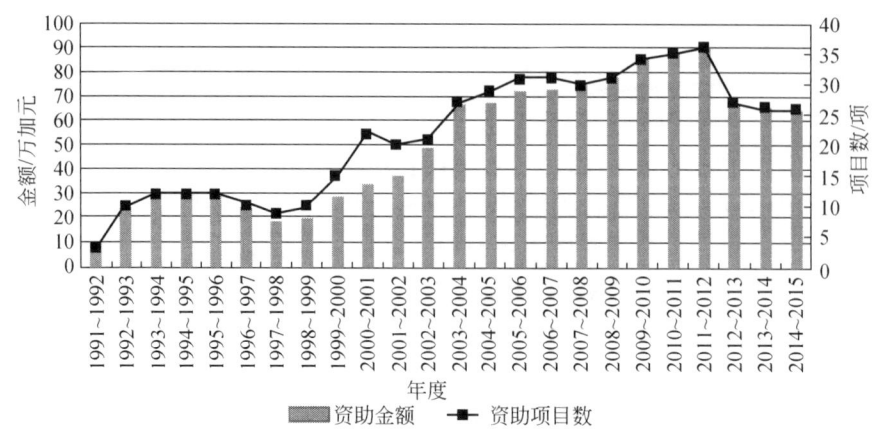

图1-4 NSERC "数学生物学与生理学"项目资助的年度分布图

NSERC 对数学生物学的资助的另一特点是单个项目的资助金额主要集中在 2 万 ~ 3 万加元。1991 ~ 1992 年度到 2014 ~ 2015 年度，NSERC 资助的项目平均资助金额为 2.36 万加元。从单个项目的资助额度看，资助金额在 1 ~ 10 000 加元的项目共 59 项, 10 001 ~ 20 000 加元的项目共 201 项, 20 001 ~ 30 000 加元的项目共 155 项, 30 001 ~ 40 000 加元的项目共 64 项, 40 001 ~ 65 000 加元的项目共 36 项, 65 001 ~ 150 000 加元的项目共 5 项。

NSERC 对数学生物学的资助主要分布在多所大学。分析机构获得资助的情况（图 1-5），可以看出，麦吉尔大学获得的资助金额最多，为 198.7 万加元，英属哥伦比亚大学和艾伯塔大学紧随其后，分别获得了 186.8 万加元和 178.1 万加元的资助。从数量上看，英属哥伦比亚大学获得的资助项目数量最多，为 95 项，其次是艾伯塔大学和蒙特利尔大学，分别为 69 项和 54 项。资助金额最多的 10 个机构，也是获得资助项目数量最多的 10 个机构，它们获得的总资助金额占 NSERC 对"数学生物学与生理学"方向的总资助金额的 87.0%，获得的总资助项目数量占 NSERC 对"数学生物学与生理学"方向的总资助项目数量的 80.8%。

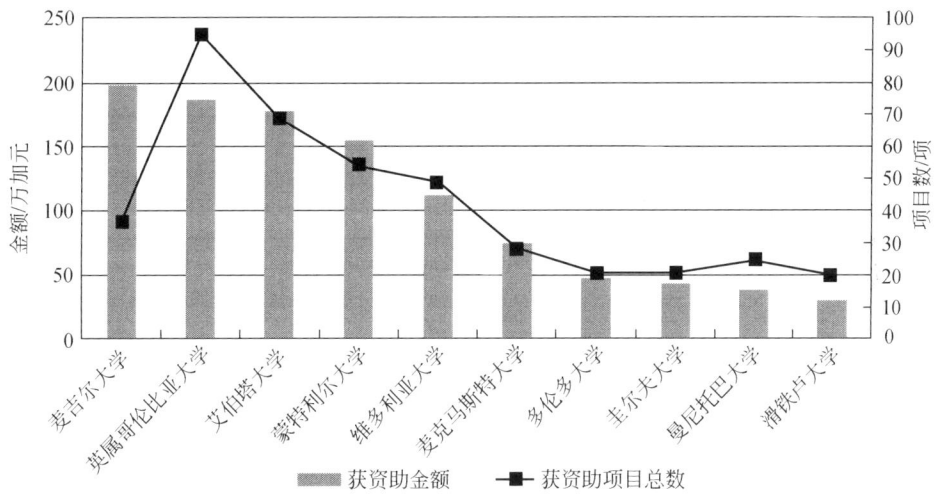

图 1-5　获 NSERC "数学生物学与生理学" 项目资助的前 10 个机构

1.3　从论文看数学生物学研究的现状和趋势

1.3.1　数据来源及方法

本节对数学生物学领域发表的 SCI 论文进行定量分析，从中挖掘该领域的研究态势。研究以美国 Thomson Reuters Web of Science 平台中的科学引文索引扩展版（SCIE）数据库为数据源,利用 ESI 数据库中数学生物学期刊对数学生物学研究领域发表的论文进行了检索(检索截止时间为 2015 年 8 月 20 日)。然后,利用 Thomson Reuters 的分析工具 TDA 对数据进行清洗和分析,并使用社会网络分析软件 UCINET 分析了主要国家及机构之间的合作情况。

1.3.2 论文数量的年度变化趋势

2005~2014 年,数学生物学相关研究共发表了 50 091 篇论文,研究论文呈稳定增长的态势,数据的线性拟合结果显示,平均每年增加约 360 篇论文。总体来看,当前的数学生物学研究是一个非常活跃的研究领域,研究成果的产出稳定增长。需要指出的是,这一趋势只是研究论文发表的情况,与研究活动的发展存在一定的时间滞后,因此研究活动的趋势要略早于论文发表的情况(图 1-6)。

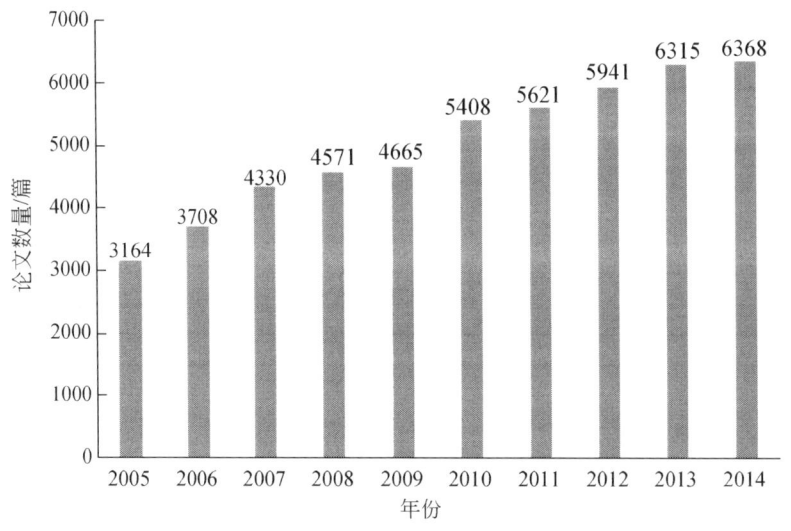

图 1-6　2005~2014 年数学生物学研究论文的年度分布

1.3.3 论文数量的国家/地区分布

从数学生物学研究论文的国家/地区分布来看,其研究相对比较集中,论文数量 TOP20 的国家/地区共发表 45 858 篇论文,占数学生物学全部论文的 91.5%。其中,与其他国家/地区相比,美国在数学生物学方面的研究具有绝对优势,共参与发表 20 746 篇论文,占全部论文的 41.4%。英国居第二位,发表 5761 篇论文;中国大陆排名第三,发表 4311 篇论文;紧随中国之后的是德国,发表 4182 篇论文,排名第四。其他国家/地区发表论文的数量都低于 3000 篇(图 1-7)。

1 数学生物学国际发展态势分析

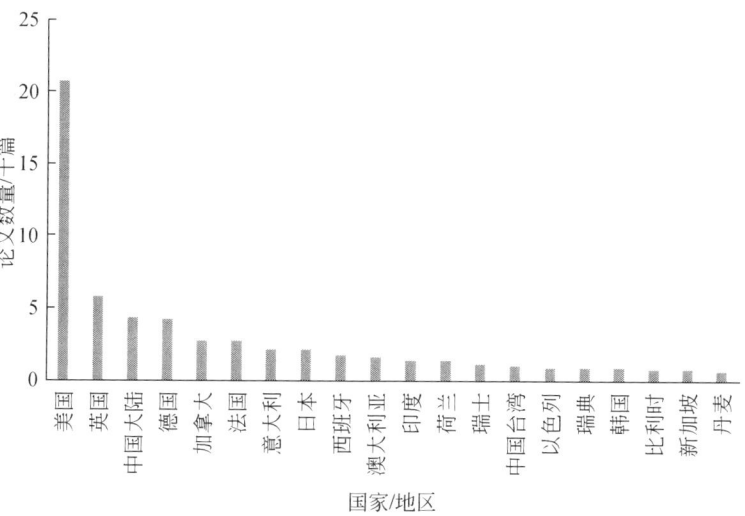

图 1-7　2005~2014 年数学生物学研究论文的国家分布

1.3.4　TOP20 国家/地区的论文数量的趋势分析

从 TOP20 国家/地区论文数量的年均增长率来看，数学生物学的研究活动总体上比较活跃，有 5 个国家年均增长率超过了 30%，分别是中国大陆、印度、西班牙、瑞士和荷兰。特别是中国，年均增长率高达 62.2%，研究产出的增速非常之快，可以想见这些年来中国在数学生物学方面研究规模的增长速度有多么可观。剩下的 15 个国家/地区，除以色列外（其年均增长率为 4.4%），其他国家/地区的增长率都在 15%~30% 变动，也均表现出很好的增长趋势（图 1-8）。

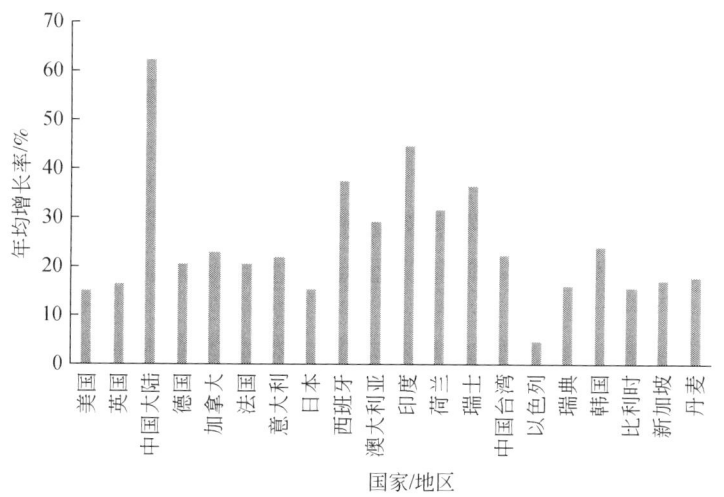

图 1-8　TOP 20 国家/地区数学生物学论文数量 2005~2014 年的年均增长率

1.3.5 TOP20 论文数量的机构分布

表 1-6 给出了世界数学生物学论文发表数量 TOP20 的机构，TOP20 机构中以美国和英国的机构最多，其中，美国机构有 11 所，且数量排名位于前三甲的研究机构也都是美国的，分别是加利福尼亚州立大学（2299 篇）、哈佛大学（1202 篇）和得克萨斯州立大学（858 篇）；其次是英国的机构，一共有 4 所，分别是牛津大学（561 篇）、剑桥大学（406 篇）、曼彻斯特大学（385 篇）和帝国理工学院（381 篇）。从被引频次来看，加利福尼亚州立大学和哈佛大学的被引频次远远高于其他机构，分别是 55 959 次和 31 695 次，除了这两所机构，其他机构的被引频次都低于 20 000 次。篇均被引次数超过 20 次的机构有 6 所，分别是加利福尼亚州立大学、哈佛大学、马普学会、斯坦福大学、剑桥大学和密歇根大学。

表 1-6 TOP20 研究机构发表论文的相关数据

研究机构	所属国家	论文数量/篇	被引频次/次	篇均被引次数/次
加利福尼亚州立大学	美国	2299	55 959	24.3
哈佛大学	美国	1202	31 695	26.4
得克萨斯州立大学	美国	858	10 226	11.9
马普学会	德国	830	19 823	23.9
华盛顿大学	美国	806	13 257	16.4
中国科学院	中国	615	11 780	19.2
牛津大学	英国	561	9 873	17.6
北卡罗来纳大学	美国	556	7 093	12.8
斯坦福大学	美国	466	11 881	25.5
东京大学	日本	457	5 166	11.3
约翰·霍普金斯大学	美国	449	7 776	17.3
密歇根州立大学	美国	422	5 141	12.2
杜克大学	美国	414	4 630	11.2
法国国家科学研究院	法国	406	5 998	14.8
剑桥大学	英国	406	8 462	20.8
密歇根大学	美国	400	13 120	32.8
新加坡国立大学	新加坡	398	4 353	10.9
曼彻斯特大学	英国	385	6 292	16.3
帝国理工学院	英国	381	5 946	15.6
哥伦比亚大学	美国	363	6 381	17.6

1.3.6 研究论文的合作分析

1.3.6.1 国家/地区合作

数学生物学研究的合作活动相对活跃,以美国为例,20 746 篇论文中有 6450 篇论文是通过国家/地区合作完成的,论文的国家/地区合作率达 31.1%。图 1-9 给出论文的国家/地区合作情况,美国在合作网络中居于核心位置,与大多数国家/地区都有较为紧密的合作,并且与英国、德国、加拿大和中国的合作次数均超过了 500 次,与法国、意大利的合作次数超过了 300 次。此外,英国、德国、法国和中国的合作研究也相对较活跃,英国和德国之间的论文合作次数也超过了 300 次。

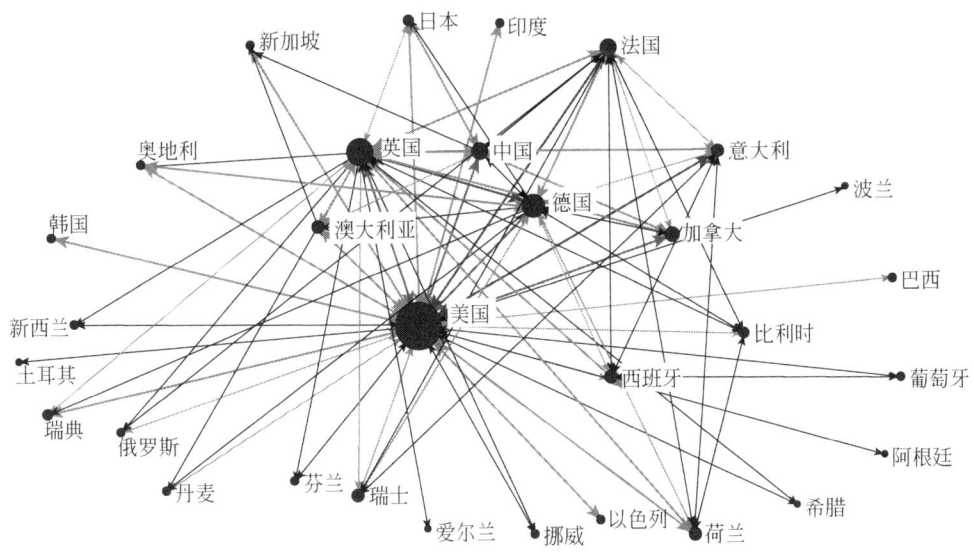

图 1-9 数学生物学研究论文的国家/地区合作网络(合作次数超过 50 次)(见彩图)
合作次数超过 100 次,绿色线;合作次数超过 300 次,蓝色线;合作次数超过 500 次,红色线,图中结点的大小代表结点在图中的中介中心性[①]

1.3.6.2 机构合作

数学生物学研究合作的地域性特征非常明显,位置较为接近的研究机构的合作研究活动更加频繁。从图 1-10 中可以看出,美国的研究机构之间的合作相对活跃,以加利福尼亚州立大学和哈佛大学为合作的核心形成了一个非常紧密的研究网络,其中哈佛大学和加利福尼亚州立大学与麻省理工学院的合作次数均超过了 50 次,密歇根大学和密歇根州立大学的合作次数也超过了 50 次。法国的研究机构形成了一个独立

---

① 中介中心性衡量了通过网络中该节点的最短路径的数目,反映了节点在网络中的枢纽性,节点介数越大,说明这个节点的枢纽性越强。

的合作网络，机构之间合作紧密，但和其他地区的研究机构的合作相对较少，其中法国国家科学研究院与法国国家健康与医学研究院和法国农业科学研究院的合作次数均超过了30次，但与其他所有机构的合作次数均低于10次。此外，欧洲的部分研究机构也形成了一个相对紧密的研究网络，如英国的牛津大学、剑桥大学和伦敦大学学院等，德国的马普学会，以及欧洲生物信息研究所，这些机构之间都有很紧密的研究合作。

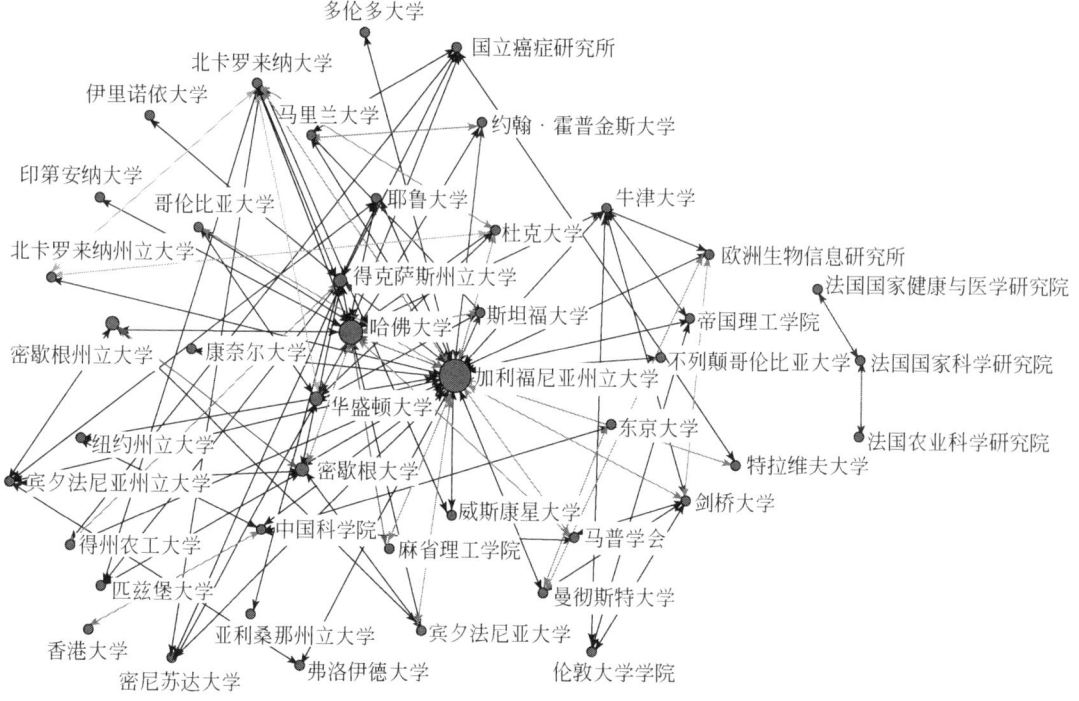

图1-10 数学生物学研究论文的国际合作网络（合作次数超过10次）（见彩图）
合作次数超过20次，绿色线；合作次数超过30次，蓝色线；合作次数超过50次，红色线，图中结点的大小代表结点在图中的中介中心性

1.3.7 研究主题分析

对论文的关键词进行分析，出现频次最高的关键词分别为基因表达、基因、测序、动力学、标记、癌症、算法、演化、预测、分类、蛋白质、酵母菌、微阵列大肠杆菌和选择。从高频关键词可以看出，在数学生物学中以基因测序和基因表达的研究主题最多（图1-11）。

从2010~2015年的主题分析来看，近年来的热点主题变化不大，但是新出现的主题却有着较大的差异：基因测序新方法的研究是2010年新的研究主题；药物设计的模拟、mRNA靶基因预测，以及生物医学信息的实时文本挖掘等研究主题是2011年新出现的主题；区域流行病模型、人口规模预测建模及生物分类学是2012年出现的新研究主题；分

1 数学生物学国际发展态势分析

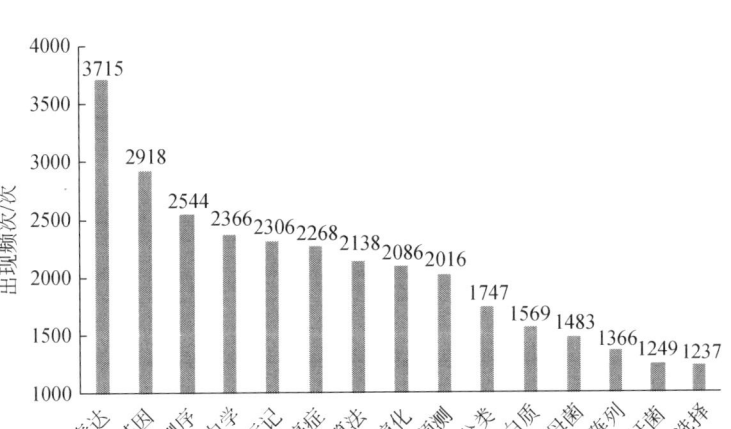

图 1-11 数学生物学出现频率最高的前 15 个关键词

子模块控制及分子生物物理是 2013 年新出现的研究主题。

表 1-7 列出了近年来数学生物学的热点主题及新出现的主题；疾病关联 SNP 检测、猕猴颞下皮质的功能研究以及复小波变换的应用研究则是 2014 年新出现的研究主题。

表 1-7 数学生物学 SCI 研究论文主题词变化

年份	热点主题	新出现的主题
2014	基因表达	疾病关联 SNP 检测
	基因	人类连接组
		复小波变换
		锥形动脉
		猕猴颞下皮质
		Carreau 流体
2013	基因表达	分子生物物理
	基因	阿尔弗雷德·拉塞尔·华莱士
		模块控制
2012	基因表达	生物分类学
	基因	区域流行病模型
		人口规模
		开放评估
2011	基因表达	药物设计
	基因	颗粒气体
		BIOCREATIVE II. 5 [1]
		剪接点
		小 RNA 靶基因预测

续表

年份	热点主题	新出现的主题
2010	基因表达	奇异谱分析
	基因	短序列片段比对
		局部有效

1.4 结语与启示

高速持续发展的生物和医学实验和观测手段产生了海量的生物学数据，迫切需要建立新的数学与系统科学的理论与方法来处理和集成这些数据，发现内在模式以及验证生物和医学家提出的关于生命现象的科学假说。数学与生物学之间深入的相互作用将改变生物学。与生物学相互作用最强的数学领域也会被这些相互作用所改变。

我国数学生物学正面临的重要历史机遇，在国家需求和学科发展关键时刻，如何通过数学家和生物学家的合作，促进生物和数学的结合，进一步提升我国数学生物学研究，拟提出若干战略性部署建议与对策。

（1）基金资助机构支持关系生物科学的数学研究必须择优支持，对研究目标，特别是生物学目标要有清楚的认识，要有实际计划说明数学家和生物学家将如何合作来实现目标。数学家与生物学家的实质性合作非常重要。

（2）基金资助应该支持任何层次生物组织的研究，包括分子、细胞、生物体、种群和生态系统。

（3）基金资助应该优先支持目前数学生物学领域的科学挑战问题，具体包括以下几个方面。

第一，生物学海量数据分析。生物学研究过程中会产生海量数据，这些数据的存储和分析是重大挑战。大数据集中包含大量噪声使得数据的存储和分析更加复杂。需要采用有效的数学工具和数学方法处理及分析大数据集，推动数学生物学发展。随着生物学数据日益庞大和复杂，数据在被整合入生物系统的数学模型时面临严峻挑战。在刚开始建立数学模型时，就要考虑现有数据的特点。目前，用于处理如此庞大生物学数据集的数学方法还有待开发。

第二，多尺度建模。数学生物学通常需要建立跨越多个空间、多个时间尺度的数学模型，如从细胞到整个有机体。但是，那些适用于处理小尺度模型的技术并不能直接应用于处理大尺度模型，反之亦然。数学生物学中许多问题都是多尺度的，意味着生物学领域宏观层面的预测面临诸多挑战。

第三，复杂性科学。数学生物学面临的各种挑战基本上都可以纳入复杂性科学的研究范畴，并与数据分析和多尺度建模面临的挑战有紧密联系。例如，对复杂、高维数据的管理和处理，并将数据整合到模型中等都是挑战。生物学领域网络研究的盛行意味着亟须开发新数学、统计学工具和方法，用于复杂网络建模。网络模型需要能有效地跨越多个尺度，如大脑模型包含从微观到整个器官的复杂网络。

第四，不确定性量化。在生物学中，建立数学模型的系统化方法面临的难点问题是数学模型随生物系统各个方面变化而变化的灵敏度。在不确定性量化中开发新的技术将是非常有意义的。

致谢：中国科学院数学与系统科学研究院郭雷院士和高小山研究员对本报告提出了宝贵的意见和建议，谨致谢忱！

参 考 文 献

Aguda B D, Friedman A. 2008. Models of Cellular Regulation. New York：Oxford University Press.

Chen X, Cui S, Friedman A. 2005. A hyperbolicfree boundary problem modeling tumor growth：Asymptotic behavior. Trans. AMS, 357：4771-4804.

Chen X, Friedman A. 2003. A free boundary problem for an elliptic-hyperbolic system：An application to tumor growth. SIAM J. Math. Anal., 35：974-986.

Chuan X, Friedman A, Sen C K. 2009, A mathematical model of ischemic cutaneous wounds. PNAS, 106：16 782-16 787.

Craciun G, Brown A, Friedman A. 2005, A dynamical system model of neurofilament transport in axons. J. Theor. Biology, 237：316-322.

Day J, Friedman A, Schlesinger L S. 2009. Modeling the immune response rheostat of macrophages in the lung in response to infection. PNAS, 106, 11 246-11 251.

EPSRC. 2015. EPSRC Centre for mathematical and statistical analysis of multimodal clinical Imaging. http：//gow.epsrc.ac.uk/NGBOViewGrant.aspx? GrantRef=EP/N014588/1 [2016-01-10].

EPSRC. 2015. EPSRC Centre for mathematics of precision healthcare. http：//gow.epsrc.ac.uk/NGBOViewGrant.aspx? GrantRef=EP/N014529/1 [2016-01-10].

EPSRC. 2015. EPSRC Centre for new mathematical sciences capabilities for healthcare technologies. http：//gow.epsrc.ac.uk/NGBOViewGrant.aspx? GrantRef=EP/N014499/1 [2016-01-10].

EPSRC. 2015. EPSRC Centre for predictive modelling in healthcare. http：//gow.epsrc.ac.uk/NGBOViewGrant.aspx? GrantRef=EP/N014391/1 [2016-01-10].

EPSRC. 2015. EPSRC Centre for Multiscale Soft Tissue Mechanics—with application to heart & cancer. http：//gow.epsrc.ac.uk/NGBOViewGrant.aspx? GrantRef=EP/N014642/1 [2016-01-10].

EPSRC. 2015. £10 million for new maths centres to tackle life-threatening diseases. https：//www.epsrc.ac.uk/newsevents/news/newmathscentres/ [2016-01-10].

EPS Council. 2015. Engineering and Physical Sciences Research Council. http：//gow.epsrc.ac.uk/NGBOViewGrant.aspx? GrantRef=EP/M017982/1 [2015-09-15].

Fontelus M, Friedman A. 2003. Symmetry-breaking bifurcations of free boundary problems in three dimensions. Asymptotic Analysis, 35, 187-206.

Friedman A, Hu B. 2006. Bifurcation from stability to instability for a free boundary problem arising in a tumor model. Archive Rat. Mech. and Anal., 180：293-330.

Friedman A, Kao C Y, Shih C W. 2009. Asymptotic phases in a cell differentiation model. J. Diff. Eqs., 247（3）：736-769.

Friedman A, Hu B. 2006. Asymptotic stability for a free boundary problem arising in tumor model. J. Diff. Eqs., 227: 598-639.

Friedman A, Hu B. 2007. Bifurcation for a free boundary problem modeling tumor growth by Stokes equation. SIAM J. Math. Anal., 39: 174-194.

Friedman A, Hu B. 2007. Bifurcation from stability to instability for a free boundary problem modeling tumor growth by Stokes equation. J. Math. Anal. Appl., 327: 643-664.

Friedman A, Hu B. 2007. Uniform convergence for approximate traveling waves in linear reaction-diffusion-hyperbolic systems. Arch. Rat. Mech. Anal., 186: 251-274.

Friedman A, Hu B. 2007. Uniform convergence for approximate traveling waves in linear reaction-hyperbolic systems. Indiana Univ. Math. J., 56: 2133-2158.

Friedman A, Hu B. 2008. Stability and instability of Liapunov-Schmidt and Hopf bifurcation for a free boundary problem arising in a tumor model. Trans. AMS, 360: 5291-5342.

Friedman A, Reitch F. 2001. Symmetry-reactive bifurcation of analytic solutions to free boundary problems: An application to a model of tumor growth. Trans. AMS, 353: 1587-1634.

Friedman A. 2010. What is mathematical biology and how useful is it? Notices of the AMS, 57 (7): 851-857.

Kalil T. 2014. A White House call To action to advance the BRAIN Initiative. http://www.whitehouse.gov/blog/2014/02/24/white-house-call-action-advance-brain-initiative.

Matzavinos M, Kao C Y, Edward J, et al. 2009. Modeling oxygen transport in surgical tissue transfer. PNAS. 106: 12091-12096.

NIH. 2014. NIH embraces bold, 12-year scientific vision for BRAIN initiative. http://www.nih.gov/news/health/jun2014/od-05.htm [2016-01-10].

Reed M C, Venakides S, Blum J J. 1990. Approximate traveling waves in linear reaction-hyperbolic equations. SIAM J. Appl. Math., 50: 167-180.

Roy S, Gordillo G, Bergdall V, et al. 2009. Characterization of a pre-clinical model of chronic ischemic wound. Physiol. Genomics, 37: 211-224.

The White House. 2015. Obama Administration proposes doubling support for the BRAIN initiative. http://www.whitehouse.gov/sites/default/files/microsites/ostp/FY%202015%20BRAIN.pdf [2016-01-12].

Yates A, Callard R, Stark J. 2004. Combining cytokine signalling with T-bet and GATA-3 regulations in TH1 and TH2 differentiation: A model for cellular decision making. J. Theor. Biology, 231: 181-196.

2 神经退行性疾病国际发展态势分析

苏 燕 李祯祺 许 丽 王 玥 徐 萍 于建荣

(中国科学院上海生命科学信息中心)

摘 要 神经退行性疾病是慢性高发疾病,严重威胁民众健康,具有重大社会需求,是全球研发的热点领域。神经退行性疾病领域技术,是伴随着一系列新技术的产生而向前推进的。成像技术、光遗传学技术等都是学科交叉形成的新技术,不仅大大加快了神经退行性疾病研究发现进程,而且推进了将研究发现向临床应用转化。从学科本身来说,神经科学与免疫学、遗传学、物理学、数学、心理科学、社会科学以及其他基础学科的高度跨学科交叉,也为神经退行性疾病研究提供了新的研究思路和方法。在新技术、新方法推动下,神经退行性疾病研究正迎来新一轮研究热潮。如今全球已发现大量的神经退行性疾病生物标志物,并已在一定程度上阐述了其发生发展机理,主要包括遗传机理、氧化应激机理、线粒体功能障碍机理、兴奋性毒素机理、免疫炎症机理和细胞凋亡机理。随着发病机理的深入研究,各类诊断技术和多种药物/疗法也应运而生。

神经退行性疾病已经成为世界各国布局的重点领域。美国、英国、法国、欧盟等国家/地区相继启动了神经退行性疾病领域的战略计划,经济合作与发展组织(OECD)于2013年发布了《解决全球性阿尔茨海默病重大挑战》政策文件。我国长期资助神经科学领域相关研究,但未针对神经退行性疾病正式出台国家级的战略与研究计划。从研究的层面来看,全球资助已形成从单组学水平到跨组学水平,从个体水平研究到大规模人群研究的点面覆盖网络;从研究的链条来看,诊断和干预的时间窗口正向前推移,神经退行性疾病的疫苗开发受到关注,部分规划提出需要对无神经退行性疾病症状的高危人群进行干预治疗。

在研究论文方面,2005~2014年,神经退行性疾病论文数量不断攀升,年复合增长率为6.61%。Tau蛋白疾病 [主要是阿尔茨海默病(AD)、帕金森病(PD)、神经系统遗传变性疾病 [主要是亨廷顿病(HD)]、TDP-43蛋白疾病和运动神经元疾病(包括肌萎缩性脊髓侧索硬化症、进行性延髓麻痹和脊髓性肌萎缩症)是该领域研究的主要疾病类型。国家层面上,美国在该领域发表的论文量占据领军地位,2014年我国发表论文2215篇,居全球第二位。机构层面上,美国哈佛大学论文数量排名全球首位,中国机构尚未进入神经退行性疾病国际前十机构行列。阿尔茨海默病文献聚类结果显示,

β-淀粉样蛋白、阿尔茨海默病易感基因、阿尔茨海默病与钙、阿尔茨海默病与糖尿病、阿尔茨海默病与免疫以及脑脊液生物标志物是近年来的研究热点。

在专利方面，2005～2014年，神经退行性疾病领域的专利每年均保持在7000件以上。Tau蛋白疾病、帕金森病、神经系统遗传变性疾病、TDP-43蛋白疾病和运动神经元疾病仍是该领域专利关注的主要疾病类型。神经退行性疾病相关专利IPC分类号主要分布在A61K 31/00（含有有机活性成分的药物制剂），生物药（多肽药物和抗原/抗体制剂）也占据较大比例。2014年，美国以2412件专利处于领先地位，我国相关专利数量425件，居全球第二位。从通过《专利合作条约》（PCT）途径申请的专利数量来看，美国遥遥领先于其他各国。我国位列第16名，这说明我国专利质量有待进一步改善。从专利权分布情况可以看出，2005～2014年，全球神经退行性疾病专利数量前10位机构均为生物医药巨头，显示出其雄厚的技术实力以及该领域的强强竞争格局。我国神经退行性疾病专利数量前10位机构均为科研院所或高校，显示出我国在该领域的产业转化能力仍然较为薄弱。

在产业方面，随着人口老龄化加剧，神经退行性疾病药物产业规模日益扩大。据GlobalData估计，2013年全球阿尔茨海默病治疗市场总值约为49亿美元，预计到2023年将达到133亿美元，年均复合增长率为10.50%。1993年，美国食品药品监督管理局（FDA）批准首个阿尔茨海默病药物他克林（Taerine）上市，掀起了神经退行性疾病药物研发热潮，尤其是针对阿尔茨海默病的乙酰胆碱酯酶的药物，目前已有多个产品上市。相较于生物药，化学小分子药物仍是目前市场青睐的主流产品。美国辉瑞公司和百健公司是全球中枢神经系统药物研发的领导者。辉瑞公司是全球中枢神经系统用药销售规模最大的公司，其乙酰胆碱酯酶抑制剂类药物盐酸多奈哌齐是全球最畅销的阿尔茨海默病治疗药物之一，另有三个化学小分子阿尔茨海默病药物处于临床研究阶段，显示出其在阿尔茨海默药物上的研发实力。近年来，百健公司凭借其在免疫和神经领域的双重优势，逐步开展神经退行性疾病抗体药物的开发。目前百健公司针对神经退行性疾病的在研药物共6个，其中4个为抗体药物。我国在天然产物类神经退行性疾病药物上具有一定优势，中国科学院上海药物研究所研发的阿尔茨海默病药物石杉碱甲已成功上市，并在临床上取得了良好的疗效。同时，我国绿叶制药有限公司、浙江海正药业有限公司、上海绿谷制药有限公司等也在进行神经退行性疾病药物的临床研究，主要是仿制药和天然产物的研究，相较全球水平，我国神经退行性疾病药物产品创新力不足。

通过学科脉络梳理，政策、文献、专利和产业分析对该领域的发展提出以下建议：加强战略部署，设立专项计划；立足基础研究，推进转化医学；把握领域发展趋势，布局领域关键点；致力民生，改善公共医护服务。

关键词 神经退行性疾病　政策　研发态势

2.1 引言

神经退行性疾病是一类以大脑和脊髓组织内特定神经元发生退行性病或丢失而导致神经系统功能损伤为主要特征的慢性高发疾病，主要包括阿尔茨海默病、帕金森病、亨廷顿病等。神经退行性疾病严重威胁民众健康，对其进行研究具有重大社会需求。随着人口老龄化的加剧，神经退行性疾病的发病率正逐年升高。阿尔茨海默病作为仅次于心血管疾病、癌症和脑卒中的第四大死因，严重威胁老年人身体健康和生活质量，预计到2030年全球患者将达6000万人，我国患者将达1200万人。

20世纪70年代，计算机断层扫描（CT）技术的出现（图2-1），使得神经科学家首次观察到活体脑内不同部位的正常和异常结构形态。至今为止，CT仍是判断颅内占位性病变、出血、钙化及异物存在最直接、最客观的检测手段（Young，2009）。20世纪80年代，磁共振成像（MRI）开始得到广泛应用，成为神经疾病重要的诊断技术之一。20世纪90年代，基因组学、蛋白质组学、代谢组学的快速发展，强有力地推进了神经退行性疾病的研究进程，大量神经退行性疾病生物标志物及其作用机理被发现。21世纪，干细胞技术被广泛应用于神经退行性疾病疗法开发（熊杰等，2013），斯坦福大学的研究人员利用光遗传学技术实现神经回路控制，为神经退行性疾病治疗提供了新的方向（Boyden，2005）。随着生物技术的快速发展，神经退行性疾病的研究不断深入。1976年，Davies等发现乙酰胆碱在阿尔茨海默病中的作用机制（Davies and Maloney，1976）；1973年，Bird等发现γ-氨基丁酸（GABA）在亨廷顿病中的作用机制（Bird et al.，1973）；1983年，Tanzi等发现首个亨廷顿病致病基因（Tanzi et al.，1983）；1984年，Glenner等提出AD淀粉样蛋白假说（Glenner et al.，1984）；1993年，美国FDA批准首个阿尔茨海默病药物他克林上市；1997年，Polymeropoulos等发现α-突触核蛋白在帕金森病中的作用机制（Polymeropoulos et al.，1997）。神经退行性疾病领域技术，是伴随着一系列新技术的产生而向前推进的。成像技术、组学技术、光遗传学技术等都是学科交叉形成的新技术，不仅大大加快了神经退行性疾病研究发现进程，而且推进了将研究发现向临床应用转化的进程。从学科本身来说，神经科学与免疫学、遗传学、物理学、数学、心理科学、社会科学以及其他基础学科的高度跨学科交叉，也为神经退行性疾病研究提供了新的研究思路和方法。在新技术、新方法推动下，神经退行性疾病研究正迎来新一轮研究热潮。如今全球已发现大量的神经退行性疾病生物标志物，并已在一定程度上阐述了其发生发展机理，主要包括遗传机理、氧化应激机理、线粒体功能障碍机理、兴奋性毒素机理、免疫炎症机理和细胞凋亡机理。随着发病机理的深入研究，各类诊断技术和多种药物/疗法也应运而生（图2-2）。

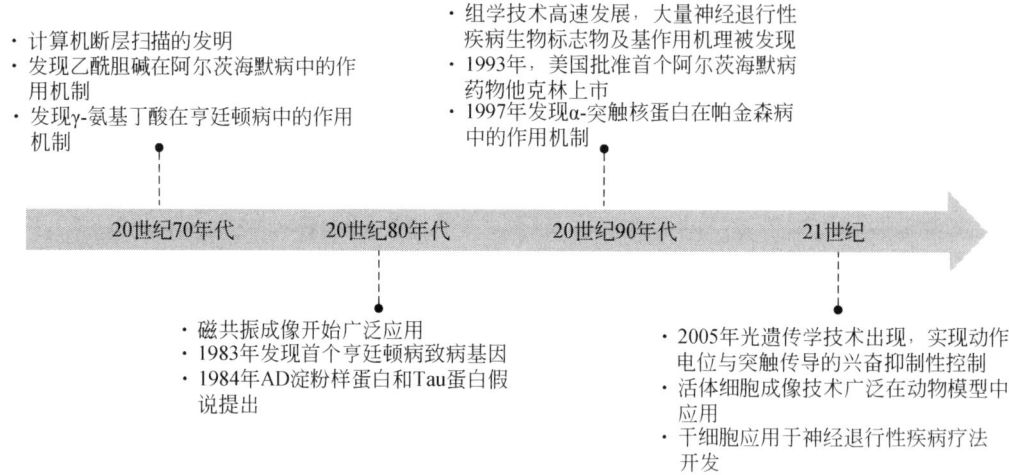

图 2-1　神经退行性疾病发展里程碑

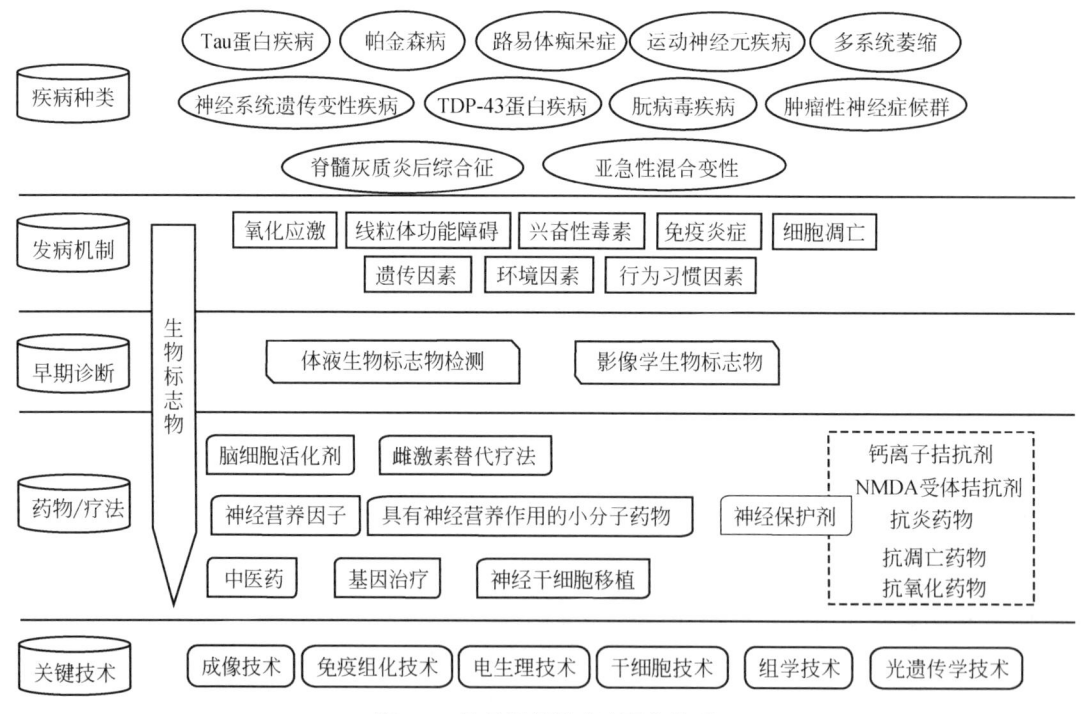

图 2-2　神经退行性疾病研究体系

2.2　国际重要政策规划与举措

神经退行性疾病已经成为世界各国布局的重点领域。美国于 2012 年发布了《国家阿尔茨海默病计划》，2015 年，美国国立卫生研究院（NIH）提出阿尔茨海默病研究新框架；

欧盟于2012年发布首个神经退行性疾病研究联合项目（JPND）；英国于2012年启动了阿尔茨海默病护理和研究工作计划；法国于2014年发布了《神经退行性疾病国家计划（2014—2019）》；经济合作与发展组织于2013年发布了《解决全球性阿尔茨海默病重大挑战》政策文件，2015年又在《大数据促进痴呆症研究：年龄相关性神经退行性疾病研究数据共享评估》报告中提出痴呆症研究中的大数据共享发展建议。我国长期资助神经科学领域相关研究，但未针对神经退行性疾病正式出台国家级的战略与研究计划。从研究的层面来看，全球资助已形成从单组学水平到跨组学水平，从个体水平研究到大规模人群研究的点面覆盖网络；从研究的链条来看，诊断和干预的时间窗口有正向前推移，神经退行性疾病的疫苗开发受到关注，部分规划提出需要对无神经退行性疾病症状的高危人群进行干预治疗。

2.2.1 美国

2.2.1.1 政府高度关注神经退行性疾病

美国政府高度关注神经退行性疾病问题。早在2004年，NIH即推出"神经科学研究蓝图"（Blueprint for Neuroscience Research）合作框架，将神经退行性疾病的发生发展及疗法开发作为其重点关注领域之一，持续开展相关研究；2011年5月，美国神经科学学会提出的"神经科学10年计划：从分子到脑健康"，进一步强调神经退行性疾病的遗传学机制探索和临床研究的重要性；至2013年4月，美国启动大型国家计划："使用先进的创新性神经技术开展脑研究"（Brain Research through Advancing Innovative Neurotechnologies，BRAIN）计划，将通过加快神经技术研发，全面、深入地理解大脑，最终开发神经退行性疾病等大脑疾病的新疗法。此外，2012年4月，美国发布《国家生物经济蓝图》（*National Bioeconomy Blueprint*），将利用诱导多能干细胞（iPS细胞）开发帕金森病、亨廷顿病、肌萎缩侧索硬化症等神经系统疾病模型，推进神经疾病药物和新疗法研发，作为一项重要内容列入其中，并强调开展公私合作。

2.2.1.2 国家阿尔茨海默病防控相关战略计划

1. 阿尔茨海默病国家计划法案

鉴于阿尔茨海默病对整个美国社会的巨大影响，在国际阿尔茨海默病协会（Alzheimer's Association，ADI）的呼吁下，美国总统奥巴马于2011年1月4日签署通过了《阿尔茨海默病国家计划法案》（*National Alzheimer's Project Act*，NAPA），主要内容包括：

(1) 制订和实施解决阿尔茨海默病的国家计划。
(2) 协调所有联邦机构对阿尔茨海默病的研究和服务。
(3) 加快治疗方法的开发，这将预防、遏止或逆转阿尔茨海默病的过程。
(4) 提升阿尔茨海默病早期诊断和合作治疗。

（5）加强对患阿尔茨海默病风险较高的少数民族和少数种族群体研究投资。
（6）与国际机构合作共同对抗全球化的阿尔茨海默病。

2. 阿尔茨海默病国家预防战略

2011年，美国卫生与人类服务部（HHS）发布阿尔茨海默病"国家预防战略"，主要在健康和安全的社区环境、临床和社区的预防服务、信息获取，以及消除不同人群间的健康差距方面提出战略方向。该战略主要措施包括协调交通、住房、环境保护和社区基础设施的投资，建立可持续的健康社区；实施以社区为基础的预防性服务，加强与临床护理间的联系；减少对获得临床社区预防服务的障碍，尤其是有巨大风险的人群，加强临床和社区的预防服务；实施预防政策和计划，保证公众获取信息；为个人和家庭提供必要的支持，以保持积极的心态。同时，开展支持研究，确定有效的战略，以消除健康差距。

3. 阿尔茨海默病国家计划

2012年5月15日，根据NAPA的要求，HHS公布了"阿尔茨海默病国家计划"（National Plan to Address Alzheimer's Disease），并于2013年、2015年分别对该计划进行了更新。

1）目标
（1）2025年前实现阿尔茨海默病的预防和有效治疗。
（2）提高护理的质量和效率。
（3）扩大对阿尔茨海默病患者及其家庭的支持。
（4）提高公众认识和参与。
（5）加强数据跟踪。

2）实施

阿尔茨海默病国家计划主要通过NIH资助新的研究项目，在临床试验中运用新技术和新方法对阿尔茨海默病进行更全面的评估，开发预防和治疗阿尔茨海默病的新靶向疗法；卫生资源与服务管理局资助其下属的老年教育中心，为医生、护士及卫生保健服务人员提供有关阿尔茨海默病的识别和管理的高质量培训；HHS建立可提供可靠、综合信息的网站，为阿尔茨海默病患者及其朋友、家人提供资源和支持；鼓励看护人员通过网站获取有用信息，同时，开展多种媒体宣传活动。

NIH在关键领域支持了五个新研究项目：①通过全基因组测序，确定与阿尔茨海默病患病风险相关的新遗传变异；②利用轻度认知障碍（MCI）或轻度的阿尔茨海默病认知和日常功能，对鼻内胰岛素有效性进行测试；③开展抗体crenezumab的测试试验；④使用新的诱导多功能干细胞方法深入了解阿尔茨海默病的细胞变化过程；⑤支持社区动脉粥样硬化风险认知研究（ARIC-NCS），重点从中年期血管危险因素和标记物，对认知功能障碍进行预测。2015财年，NIH继续实施阿尔茨海默病国家计划，投入5.66亿美元，开展基础研究和转化研究来应对阿尔茨海默病。

2013年，NIH启动阿尔茨海默病测序项目（Alzheimer's Disease Sequencing Project,

ADSP），作为首个推动阿尔茨海默病国家研究计划的项目，并于2013年12月2日发布了首批研究数据。2014年7月7日，NIH宣布继续资助阿尔茨海默病基因组前沿研究（表2-1），项目为期4年，资助总额约2400万美元，用于分析ADSP第一阶段产生的数据。研究内容包括使用新技术和计算方法开展遗传研究、分析基因序列与疾病的关系、探讨患病风险人群不发病的原因等。

表2-1 阿尔茨海默病基因组前沿研究资助项目

项目名称	获资助机构	资助金额/万美元	项目内容
阿尔茨海默病序列分析	波士顿大学、凯斯西储大学、哥伦比亚大学、迈阿密大学、宾夕法尼亚大学	1260	识别防止疾病发生或致病的罕见遗传变异
阿尔茨海默病家族基因组图谱绘制	华盛顿大学	280	绘制精确的阿尔茨海默病家庭基因组图谱
识别防止疾病发生的基因变异	圣路易斯华盛顿大学	170	识别基因变异，预防APOE4等位基因携带者患阿尔茨海默病
高危基因或防护基因与阿尔茨海默病表型关系	波士顿大学	300	分析阿尔茨海默病患病或防护相关基因的遗传变异
识别提高患病风险基因变异或抑制患病的基因变异	得克萨斯大学	380	利用ADSP和CHARGE的阿尔茨海默病数据集，识别提高患病风险或抑制患病的相关新型拷贝数变异

4. 阿尔茨海默病研究新框架

2015年5月1日，NIH发布了阿尔茨海默病研究新框架的建议书，在新框架中强调了从治疗转向预防的新策略；深化系统生物学和整合研究方法；强调了基于大数据的研究策略以及开放、透明、平等的研究理念，提供了有效干预阿尔茨海默病及痴呆症的发展战略。该建议书形成于2015年2月召开的"阿尔茨海默病研究2015年峰会：治疗和预防路径"。根据建议，阿尔茨海默病的研究主题主要包括：

（1）开展健康大脑老化和认知恢复研究，以制定阿尔茨海默病的预防策略。

（2）采用系统生物学和系统药理学等数据驱动的整合研究方法。

（3）开发计算工具，投资基础设施建设，以支持大规模生物数据和患者相关数据的存储、集成和分析。

（4）扩大可穿戴传感器和其他移动医疗技术的使用，为科研及阿尔茨海默病患者的护理提供数据信息。

（5）支持相关基础、转化和临床研究的"开放科学"，促进研究的开放合作及科学数据的开放获取。

（6）优化学术、出版和资助制度，以促进协作研究、研究过程与结果的透明性，以及研究的可重复性。

(7) 资助新型转化研究并注重数据价值的开发。

(8) 确保参与阿尔茨海默病研究相关人员、护理人员和患者的平等合作。

5. 阿尔茨海默病药物开发指南

目前尚无有效的阿尔茨海默病药物上市。在此背景下，美国食品药品监督管理局（FDA）于2013年2月7日发布了《阿尔茨海默病：开发治疗早期疾病的药物指南》草案，旨在帮助企业开发用于治疗阿尔茨海默病早期（还未出现明显的痴呆症状）患者的新疗法，并在早期阿尔茨海默病的诊断标准、临床试验结果评价、疾病修饰作用证明等方面提出建议。同时，奥巴马在当年2月12日的国情咨文演讲中提出，要找到治愈阿尔茨海默病等的疗法。

2.2.1.3 神经退行性疾病生物标志物研究相关计划

1. 阿尔茨海默病神经成像计划

阿尔茨海默病神经成像计划（Alzheimer's Disease Neuroimaging Initiative，ADNI）启动于2004年，旨在为阿尔茨海默病的早期检测和跟踪开发生物标志物。ADNI1初始研究阶段（2004~2009年）由美国国家老龄化研究所、13个制药公司和NIH共同提供6700万美元资金，针对400例具有轻度认知障碍（MCI）、200例早期阿尔茨海默病和200例老年对照组进行队列研究。2009年，ADNI1扩展了现有队列，增加了200例早期轻度认知障碍患者。2011年，ADNI2又获得6700万美元资助开展下一步研究。

目前，ADNI已分析了上万种大脑扫描结果、基因图谱和生物标志物，开展了35项临床试验，并有40多种生物标志物应用于阿尔茨海默病症状及认知水平下降的干预策略研究。

2. 帕金森病生物标志物计划

帕金森病生物标志物计划（Parkinson's Progression Markers Initiative，PPMI）于2010年由Michael J. Fox帕金森研究基金会（MJFF）资助启动，旨在通过先进的成像技术、生物样本收集、临床研究和行为评估，筛选潜在的帕金森病发展的生物标志物，用于临床检测。

3. 神经退行性疾病生物标志物计划

神经退行性疾病生物标志物（Biomarkers Across Neurodegenerative Diseases，BAND）机构由美国、加拿大和英国等国家于2013年共同资助启动。2015年3月，美国阿尔茨海默病协会（ALZ）、Michael J. Fox帕金森研究基金会、加拿大韦斯顿大脑研究所以及英国阿尔茨海默病研究会（ARUK）共同出资200万美元，资助该项目的第二轮研究，旨在分析比较不同神经退行性疾病之间的异同点。

该研究项目利用ADNI、PPMI以及额颞叶痴呆（Frontotemporal Lobar Dementia，

FTLD）等计划中队列研究获得的数据，分析比较不同疾病的遗传信息、影像数据，以及记忆退化、身体颤抖等症状，对阿尔茨海默病、帕金森病、额颞叶痴呆以及其他神经退行性疾病进行评估，揭示疾病患病风险、发生和发展的相关新靶标，推动新药研发。

2.2.2 欧盟

2.2.2.1 欧洲脑科学理事会发布《欧洲脑科学研究共识》

为应对脑疾病带来的经济社会挑战，建设强大的脑科学研究平台，欧洲脑科学理事会（EBC）于2006年发布了《欧洲脑科学研究共识》，总结欧洲脑科学研究领域的成就、分析需求并对未来发展提出重要建议。鉴于神经科学领域的飞速发展，2011年，欧洲脑科学理事会又组织多个国家和多学科团队再次对欧洲神经科学领域的发展状况进行分析，并进一步凝练了重点发展领域，发布新的《欧洲脑科学研究共识》，其中针对神经退行性疾病提出了11个研究方向：

（1）阿尔茨海默病及其他痴呆症的神经退行基础机制。
（2）帕金森病及其他运动障碍疾病的基底核病变。
（3）中风及缺血后神经死亡机制。
（4）癫痫到神经兴奋与死亡的机制。
（5）多发性硬化症和其他炎症疾病及神经免疫基础机制。
（6）牛海绵状脑病和克雅氏病及朊病毒和脑蛋白动态平衡。
（7）脑部创伤及创伤性脑损的基础机制。
（8）从功能性脑修复到神经可塑性、生长因子和脑修复的其他机制。
（9）脑肿瘤及脑细胞正常增殖机制研究。
（10）外周神经疾病和肌肉疾病及神经和肌肉的正常功能、遗传机制。
（11）脊髓损伤及脊髓正常的功能机制。

2.2.2.2 FP7和"地平线2020"框架计划

2007～2012年，欧盟委员会第七框架计划（FP7）对神经退行性疾病研究共资助4.02亿欧元，占神经科学总资助（19.84亿欧元）的20.26%，覆盖神经退行性疾病的基础研究到临床应用的各个领域，包括分子机制、病理生理学、新型治疗和诊断产品及工具开发等（图2-3）。其中，阿尔茨海默病和帕金森病相关研究分别获得2.02亿欧元和1.68亿欧元的资助，是重点资助的神经退行性疾病（图2-4）。与此同时，运动神经元病、视网膜疾病和溶酶体贮积病相关研究也是资助的主要方向。

FP7对神经退行性疾病的支持主要是通过资助"健康"主题下的"脑科学及相关疾病、人类发育与衰老"方向的研究项目进行的。2007～2012年，该方向共征集46个神经退行性疾病研究项目，总金额2.39亿欧元，其中资助金额超千万欧元的项目有5项（表2-2）。

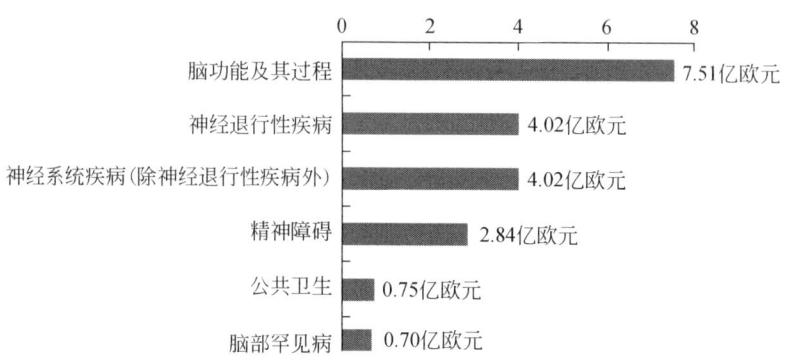

图 2-3　2007~2012 年 FP7 对神经科学领域的资助

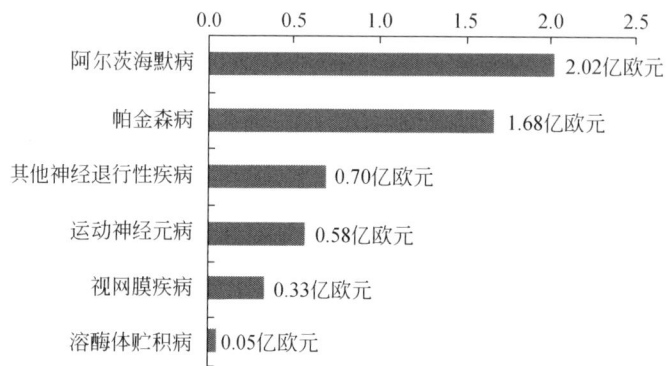

图 2-4　2007~2012 年 FP7 对神经科退行性疾病的资助

表 2-2　FP7 资助的超千万欧元的神经退行性疾病研究项目

项目名称	启动年份	资助金额/千万欧元
神经退行性疾病的干细胞治疗	2008	1.19
神经递质半胱氨酸环状受体：结构、功能和疾病	2008	1.05
帕金森病患者的神经移植治疗	2010	1.20
NOX 酶作为免疫触发的神经退行性疾病媒介：调节 NOX 酶的新疗法	2012	1.14
神经退行性疾病的神经炎症成像	2012	1.20

2014 年 1 月，新版欧盟科研框架"地平线 2020"正式启动。新框架继续支持卫生健康领域的研发创新活动，积极开发包括神经退行性疾病在内的多种慢性疾病的低成本高效预防、治疗和管理解决方案。

2.2.2.3　神经退行性疾病研究联合项目

在 FP7 推动下，2008 年，欧盟发起了神经退行性疾病研究联合项目（EU Joint Programme-Neurodegenerative Disease Research，JPND）倡议。2012 年 2 月 7 日，JPND 正式

启动，欧洲25个国家参与该项目，这是欧盟首个旨在应对阿尔茨海默病等神经退行性疾病巨大挑战的联合行动计划。JPND的优先研究领域包括：①神经退行性疾病的病因研究；②疾病发生机制和动物模型研究；③探索疾病定义和诊断；④开发治疗方法；⑤开发新疗法、新的预防和干预策略；⑥改善医疗保健和社会福利。JPND重视各个科学计划之间的衔接、协调、资源共享，以及不同学科间的交叉、渗透和综合，强调阿尔茨海默病早期诊断、联合治疗的重要性，并提出需要对无阿尔茨海默病症状的高危人群进行干预治疗。

2015年1月8日，JPND与欧盟"地平线2020"计划合作启动JPco-fuND项目，项目经费超过3000万欧元，其中欧盟委员会"topping up"基金将提供1000万欧元。该项目将资助神经退行性疾病相关风险和保护因子、纵向队列研究和先进动物或细胞试验模型三个优先主题（表2-3），旨在推进神经退行性疾病的转化研究。该项目涉及的疾病类型包括：阿尔茨海默病和其他的痴呆症、帕金森病和帕金森病相关失调、朊病毒疾病、运动神经元疾病、亨廷顿病、脊髓小脑性共济失调（SCA）、脊髓性肌肉萎缩症（SMA）。

表2-3 JPco-fuND项目优先主题

主题	内容
遗传、表观和环境风险以及遏制因素	吸引国际团队探索正常老化与神经退行性衰老之间不同的机制，以及遗传和环境因素在其中发挥的作用
队列研究	通过提高现有队列研究的能力或在不同队列研究之间建立联系，从而进一步促进该领域的跨国合作
先进动物或细胞试验模型	建立能更有效预测神经退行性疾病的下一代动物或细胞试验模型

2.2.2.4 创新药物计划

2013年7月10日，欧盟发布创新药物计划2期（Innovative Medicines Initiative 2，IMI2），新计划主要布局四大方向：研发新一代疫苗、药物和治疗方法；加速推广有效、可持续性的医疗保健模式；调整公私研究资金降低创新门槛；支持欧洲制药工业提高全球竞争力。重点目标包括：①在WHO认定的优先药物项目中，将临床试验成功率提高30%；②5年内为免疫性疾病、呼吸系统疾病、神经系统疾病和神经退行性疾病的治疗理念提供临床依据；③寻找并确定上述四类疾病的全新诊断标志物，以及至少2个治疗阿尔兹海默病的新型药物。

2015年1月，IMI2启动欧洲预防阿尔茨海默病项目（EPAD），总投资5000万英镑，执行期为五年。英国爱丁堡大学主持项目的开展，35家单位共同对阿尔茨海默病的预防药物进行研发。该项目也将通过生物标志物识别具有罹患阿尔茨海默病高风险的人群，并邀请这些人参与新药的临床试验。

2.2.3 英国

2.2.3.1 英国"国家痴呆症战略"

2007年8月,英国政府启动了国家痴呆症战略的制定工作,经过近两年的时间,2009年2月,英国卫生部(Department of Health)正式发布了英国"国家痴呆症战略"(Living Well with Dementia: A National Dementia Strategy),使英国成为全球首批针对痴呆症制定战略的国家。该战略旨在从增进公众对痴呆症的了解、推进早期诊断与治疗以及提高护理质量三个方面,改善对痴呆症的服务。针对这三个方向,该战略提出了17项具体的战略目标:

(1) 改善公众和专业人士对痴呆症的了解。
(2) 为所有痴呆症患者提供高质量的早期诊断和干预。
(3) 为痴呆症患者及其护理者提供高质量的信息。
(4) 确保患者在确诊后能够方便地得到护理、支持和建议。
(5) 开发结构化的同行支持与学习网络。
(6) 改善社区患者服务质量。
(7) 实施护理战略。
(8) 改善患者整体的护理质量。
(9) 改善患者中长期护理。
(10) 考虑居家护理、居家相关服务、远距居家照护的可能性。
(11) 保障患者在护理院的生活质量。
(12) 改善患者临终护理。
(13) 组建具有经验和高效的痴呆症工作团队。
(14) 联合实施痴呆症战略。
(15) 加强卫生保健服务及痴呆症患者护理人员服务系统的评价和监管。
(16) 明确痴呆症研发现状和需求。
(17) 国家和地区要有效推进国家痴呆症战略实施。

2.2.3.2 面向痴呆症挑战的国家计划

基于国家痴呆症战略已取得的成就,英国政府于2012年3月26日发布了面向2015年的痴呆症挑战国家计划(Prime Minister's Challenge on Dementia),旨在根本性改善痴呆症患者及其家庭和护理人员的生活质量。该计划针对以下三个领域提出了具体的规划。

(1) 推进卫生与护理的改善:通过对65岁以上老人的定期检查提高确诊率;为提供优质痴呆症护理的医院提供财政奖励;设立100万英镑的创新奖激励痴呆症护理创新;与优秀的护理机构和提供家庭护理服务的人员签订痴呆症护理和支持协议;加强本地痴呆症的信息服务。

2 神经退行性疾病国际发展态势分析

（2）建立痴呆症友好社区，了解如何帮助痴呆症患者：在全国范围内建立痴呆症友好社区；支持相关优秀企业的发展；加强推广宣传，提高居民对痴呆症的认识；召集相关产业、学术和公共部门的负责人探讨如何推行面向痴呆症挑战国家计划。

（3）更好的研究：①增加痴呆症研发投入，2009~2010财年投入2660万英镑，2014~2015财年增加到6600万英镑；②资助一项5万~10万人参与的脑扫描队列研究；③向痴呆症社会科学研究投资1300万英镑；④5年内投资3600万英镑支持英国国家卫生研究院（National Institute for Health Research，NIHR）成立4个生物医学研究中心，开展痴呆症转化研究，推动能切实造福患者的研究发现；⑤允许民众参与到记忆服务（对记忆障碍患者的治疗护理服务）研究中，这将成为记忆服务资格认证的必要条件。

根据面向2015年的痴呆症挑战国家计划的布局，英国医学研究理事会（Medical Research Council，MRC）建立了英国痴呆症平台（Dementias Platform UK，DPUK），支持痴呆症预防或延缓的新药研发及相关研究。首期5年共投入经费1600万英镑（其中MRC投入1200万英镑，6家公司共同投入400万英镑），2014年，在英国临床研究基础设施计划（Clinical Research Infrastructure Initiative）框架下，DPUK再次获得3680万英镑的经费追加。

2015年2月，英国发布了面向2020年的新版痴呆症挑战的国家计划（Prime Minister's Challenge on Dementia 2020，以下简称新版痴呆症计划）。新版痴呆症计划重点推进痴呆症公共卫生和护理服务发展。在痴呆症研究方面，新版痴呆症计划描绘了2020年愿景：

（1）患者、研究人员、资助者和社会相互协作，为英国创造绝佳的痴呆症研究环境。

（2）到2025年痴呆症研发资金翻番。

（3）建立一个国际性的痴呆症研究机构。

（4）增加对痴呆症研发和产业投资，推进基础设施和能力建设。

（5）国际痴呆症研究框架推动研究资源（包括全球队列和数据库）共享，加速痴呆症治愈和缓解疗法发展。

（6）向实际的医护服务模式和卫生护理部门及时汇报相关的研究成果。

（7）所有公共资助的研究出版物开放获取，鼓励其他形式资助的研究出版物开放。

（8）提升患者在研究中的参与率，25%的痴呆症患者在"加入痴呆症研究"（Join Dementia Research）网站注册，参与到这项研究的患者比例从2015年的4.5%提升到2020年的10%。

（9）通过加强合作，扩大全球痴呆症研究议程，填补世界卫生组织（WHO）和经济合作与发展组织分析的目前全球痴呆症领域的研究空白。

（10）探寻降低痴呆症发生、发展风险的方法，包括心血管和认知方面的方法策略，鼓励这些方法的发展以提高公共卫生水平。

（11）面向与痴呆症患者共同生活的人、痴呆症护理人员、痴呆症患者家庭和社区的实际问题，开展更多研究，探索痴呆症护理和支持的最佳途径。

（12）研究辅助技术以及辅助痴呆症患者日常生活的方法，包括研究如何充分利用信息和通信技术帮助痴呆症患者及其护理人员。

（13）更好地理解基因风险和并发症，以及加速痴呆症病程的环境诱因之间的相互作用，以探索新的痴呆症干预和治疗方法。

（14）寻找更多痴呆症分层和监测痴呆症病程的衡量方法（生物标志物），包括成像、分子、认知和行为研究，以及更多的遗传风险指标。识别痴呆症高危人群，采取可能的治疗措施，阻止或延缓病发。

（15）加强痴呆症的并发症研究，包括伴发抑郁症。

2.2.4 法国

2001年，法国发布了阿尔茨海默病与相关疾病国家计划（National Plans for Alzheimer and Related Diseases）（2001~2005年），成为欧洲首个制订国家痴呆症计划的国家。该计划提出了6个目标：识别痴呆症的早期症状，使早期患者尽早得到治疗；创建"记忆中心"网络，推进早期诊断；制定家庭和护理员的伦理指南；向痴呆症患者提供政府资助，建立日间护理中心，创建本地痴呆症信息中心；改善现有护理安老院，建立新的护理安老院；支持科研和临床研究。第三版阿尔茨海默病计划于2008年启动，对此前的目标进行了更新，整合形成了四个主要的方向：①改善诊断水平；②提供更好的治疗和支持；③提供更有效的帮助；④加速科研进程，并在5年内投入16亿欧元支持该领域的发展。

2011年2月，法国启动了针对该计划的评估工作，由总统、政府官员与领域专家共同参与。2013年6月，评估报告正式发布，对法国实施阿尔茨海默病计划过程中取得的成就进行了总结，并提出了56项未来发展建议。同时，相关政府官员表示，整合这些评估意见，形成一个新的计划，从而对痴呆症人群及其护理人员给予持续的支持。

2014年11月，新一轮的计划——法国神经退行性疾病计划（French Neurodegenerative Diseases Plan）推出，该计划将关注领域从阿尔茨海默病拓展到更广泛的神经退行性疾病，执行期为2014~2019年，法国高等教育研究部承诺对该计划投入1.7亿欧元。该计划提出了3个优先领域及11个具体实施措施。

1. 改善患者的诊断与治疗

（1）加强社区医生与神经科医生之间的协调。

（2）建立24家专注于多发性硬化症的专家中心，并整合25家专业的帕金森病研究中心，作为现有的阿尔茨海默病中心的补充。

（3）安置100套设施，用于实现对老年人更好的健康护理。

（4）对患者及其护理人员开展治疗教育。

2. 保证患者及其护理人员的生活质量

（1）建立74个阿尔茨海默病及行为试验领域的专业小组，增加对患者家庭的支持，针对帕金森疾病和多重硬化症也建立专业小组。

(2) 建立 65 个支持与舒缓平台,为护理人员提供更多的支持。

(3) 支持开展《健康法案》(*Health Act*) 草案中提出的针对患者及其护理人员的项目。

(4) 优先保证较年轻患者的就业和职业康复。

(5) 通过手机短信、智能手机及平板应用等数字化手段,加强患者的自主能力。

3. 开展并协调研究

(1) 发挥卓越中心在教育和科研方面的能力,保持法国在欧洲及全球神经退行性疾病领域的地位。

(2) 改善知识工具,提高法国在神经退行性疾病的研究能力。

2.2.5 日本

2.2.5.1 AD 神经影像计划

早在 2007 年,日本厚生劳动省(MHLW)和新能源产业技术综合开发机构(NEDO),以及一些相关制药企业资助开展了 AD 神经影像计划(J-ADNI),该计划为期 7 年(2008~2014 年),共有 38 个临床基地参与,旨在发现一系列生物标志物,对阿尔茨海默病,尤其是轻度认知障碍(MCI)的进程进行预测,并对药效展开调查。

2.2.5.2 脑科学研究战略

2008 年,日本在"脑科学时代"计划纲要的基础上,又启动了脑科学研究战略推进计划,旨在通过脑–机接口(BMI)、模型动物的开发等,开展预防发展障碍和治疗方向的脑科学研究,促进精神神经疾病的预防和早期诊断等。

2.2.5.3 痴呆症国家战略

2015 年 1 月 7 日,日本政府公布了"痴呆症国家战略"。该战略的目标是"让痴呆症患者受到尊重,能在已经习惯的环境中独立生活"。该战略具体措施包括在学校教育中添加课程,加强年轻人对痴呆症的认识;在全国范围内开展活动,帮助痴呆症患者改善自我表达能力。同时,政府将制定充分尊重痴呆症患者及家属意愿的相关政策。

2.2.6 经济合作与发展组织

2.2.6.1 发布《生物医学与卫生技术创新发展趋势:解决全球性老年痴呆症重大挑战》报告

2013 年 6 月 14 日,经济合作与发展组织发布了《生物医学与卫生技术创新发展趋势:解决全球性老年痴呆症重大挑战》(*Emerging Trends in Biomedicine and Health Technology In-*

novation：*Addressing the Global Challenge of Alzheimer's*）报告。该报告指出通过广泛的干预以及各方面的协调配合，以延迟症状的发作，或控制病情发展，或最终使这种疾病得到预防，这一目标将有可能在十年内实现。然而，要将这种想法变为现实，这十年中必须跨越众多的技术、管理、调控、基础设施以及财政障碍。该报告提出在构建多国计划时，必须考虑以下关键性问题：协调国际 R&D 资源与能力发展；促进技术转让——为阿尔茨海默病的早期发现与检测标志物而开展广泛的研究；建立 R&D 合作项目的"公私伙伴关系"框架；创建跨国合作研究与发展新型的管理和融资模式。

2.2.6.2 大数据促进痴呆症研究报告

2015 年 3 月，经济合作与发展组织发布《大数据促进痴呆症研究：年龄相关性神经退行性疾病研究数据共享评估》报告。在 2013 年 12 月举办的八国集团全球痴呆症峰会上，受八国健康部部长共同委托，经济合作与发展组织开展了针对大数据和数据共享如何更有效地推进痴呆症研究的调研工作，进而形成了该报告。该报告对大数据在痴呆症研究中的应用和共享现状进行了介绍，提出了该领域的未来发展方向及政策建议。

1. 未来发展方向

（1）如何有效挖掘数据是痴呆症大数据应用的关键。未来应在全球痴呆症研究团队之间及不同学科团队之间建立数据共享机制和数据统一标准，实现对相关资源更全面的挖掘。

（2）制定新的数据共享操作流程，以拓展数据共享的来源，包括鼓励个人通过多种形式参与数据共享，丰富数据的多样性。

（3）需要持续开展大数据相关伦理问题的讨论。

2. 政策建议

（1）对用于痴呆症数据应用和共享的研究基础设施进行资助。

（2）制定政策鼓励公共及私营部门之间开展数据和专业知识的交流，有助于在科学发现与未来的预防策略和方法之间建立联系。

（3）资助未来健康/生物信息学人才，培养更多具有管理大数据及应用新型分析方法技能的人才，加强与痴呆症以外领域的数据专家的合作。

（4）应建立合适的知情同意机制和稳定有利的法律框架，避免数据滥用，同时也不会过度阻碍从多种渠道获取常规数据，以及科学家跨越地域、穿越时间的合作。

2.2.7 中国

2.2.7.1 相关战略规划

神经科学研究一直是国家重大、重点项目的重要资助内容之一。我国在神经科学领域的长期部署（表2-4），有力地推动了神经退行性疾病的发病机制、早期诊断和治疗研究。

2 神经退行性疾病国际发展态势分析

表 2-4 我国脑科学研究相关规划

规划	相关内容
《国家中长期科学和技术发展规划纲要（2006—2020年）》	科学前沿问题"脑科学与认知科学"主要研究方向包括脑功能的细胞和分子机理，脑重大疾病的发生发展机理，脑发育、可塑性与人类智力的关系，学习记忆和思维等脑高级认知功能的过程及其神经基础，脑信息表达与脑式信息处理系统，人脑与计算机对话等
《国家"十二五"科学和技术发展规划》	继续深化基础科学前沿领域研究，包括脑科学与认知科学等重点研究方向；针对慢性病、传染病、精神心理疾患等重大疾病，强化临床医学和转化医学研究，突破一批早诊早治技术、规范化诊疗方案和个性化诊疗技术，系统推进转化医学平台、临床协同研究网络、队列研究基地等建设，优化临床研究组织模式
《"十二五"生物技术发展规划》	"突破一批核心关键技术"节中，在"生物芯片与生物影像技术"领域"研究……神经系统高分辨结构与功能三维无损成像监测……"；在"研究开发一批重大产品和技术系统"节中，提出"针对……心脑血管疾病……重大非感染性疾病，研制治疗性疫苗和抗体药物"，"针对……心脑血管疾病……严重威胁人类健康的重大疾病，开展一批靶向基因治疗、细胞治疗、免疫治疗等前瞻性的生物治疗关键技术研究"
《国家自然科学基金"十二五"规划》	位列《国家自然科学基金"十二五"规划》中的 19 个基础研究学科之内；未来五年，通过对脑结构与功能的可塑性、脑认知功能和行为的物质基础、心理与精神健康等重大问题研究的重点支持，来推动我国在神经科学基础理论、神经和精神性疾病机理和防治策略等研究领域的进步，通过对脑发育与可塑性、感觉机理、认知和行为的神经基础等方面重点支持，来培育神经心理学、计算神经科学等新兴学科分支，推动神经生物学、信息科学、材料科学、影像技术、人工智能等方面的学科交叉研究

我国目前尚未针对神经退行性疾病正式出台国家级的战略与研究计划，但多项相关计划已在酝酿中。2014 年，在上海举行的"脑科学"科普大讲坛上，中国科学院蒲慕明院士透露，"中国大脑计划"将以"健康脑"为导向，重点研究包括阿尔茨海默病在内的神经发育疾病、精神类疾病、神经退行性病变的预防和治疗。2015 年，东中西部区域发展和改革研究院全球卫生与健康研究中心、百仁公益基金通过《从国家战略层面构建阿尔茨海默病长期照顾体系的建议》向中央提出 8 条建议：完善阿尔茨海默病患者权益保障方面的法律；健全照料机构和人员的技术和管理规范；建立阿尔茨海默病长期照料人员激励机制；将阿尔茨海默病患者的日间照料纳入基本公共卫生服务；建立阿尔茨海默病患者相应的养老和医疗保障制度；发展阿尔茨海默病照料服务的相关产业；提高全社会对阿尔茨海默病的认知度；加强对农村阿尔茨海默病的流行病学研究。2015 年 11 月，由国家自然科学基金委员会医学科学部主办的"阿尔茨海默病与学习记忆障碍高峰论坛"举行，与会专家建议尽快启动中国国家阿尔茨海默病研究计划。中国科技大学生命科学院教授周江宁在会上表示，该研究计划应充分利用人口大国和社会组织结构的特点，开展基于社区、街道的老年人群的"百万老人脑健康"队列研究，根据国人的生活方式和环境特点，利用网络和大数据技术，进行长期跟踪观察，以阿尔茨海默病的早期阶段为突破口，系统研究比较各种可能的有效防治措施，以期得到具有中国特色并能够推向世界的中国方案。中国科学院院

士、同济大学校长裴钢表示,此专项计划可以与将来的脑科学与类脑人工智能、中医中药治未病、分级诊治、家庭医生的推广等其他国家及地方的医疗计划有效对接、合作协同,成为国家自主创新体系中的一个亮点。

2.2.7.2 基金资助

资助方面,国家自然科学基金、973计划、863计划都对神经退行性疾病研究进行长期支持。2010~2014年,国家自然科学基金共资助阿尔茨海默病项目482项,合计资助金额达1.32亿元,年均资助约2600万元,重点支持了阿尔茨海默病的基础病理研究,并对早期诊断和疾病干预做了相关部署(图2-5)。同期,973计划资助4项神经退行性疾病研究:帕金森发病机制和干预策略的基础研究、阿尔茨海默病分子机制研究、阿尔茨海默病机制及早期诊治的基础研究、退行性疾病相关重要蛋白质翻译后修饰的化学生物学研究,资助金额5698万元。

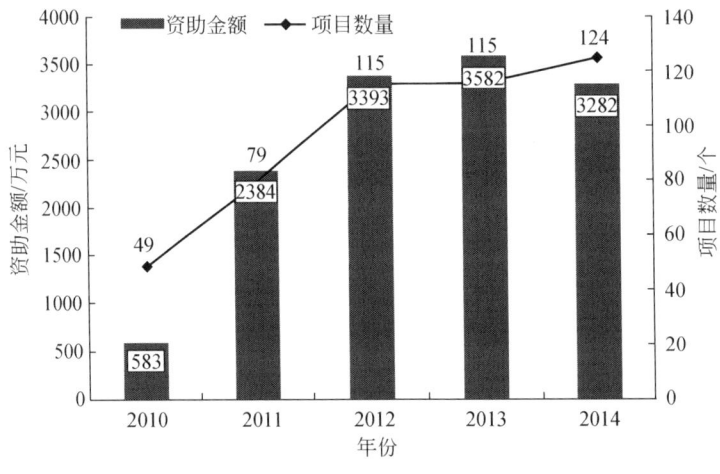

图2-5 国家自然科学基金资助阿尔茨海默病情况

2.3 从论文角度分析领域发展态势

利用Web of Science数据库对神经退行性疾病领域进行文献计量分析,2005~2014年,神经退行性疾病论文数量不断攀升,年复合增长率为6.61%。Tau蛋白疾病(主要是阿尔茨海默病)、帕金森病、神经系统遗传变性疾病(主要是亨廷顿病)、TDP-43蛋白疾病和运动神经元疾病(包括肌萎缩性脊髓侧索硬化症、进行性延髓麻痹和脊髓性肌萎缩症)是该领域研究的主要疾病类型。在国家层面上,美国在该领域的研究占据领先地位,我国2014年发表论文2215篇,居全球第二位。在机构层面上,美国哈佛大学发文数量排名全球首位,中国机构尚未进入神经退行性疾病国际前十研究机构行列。阿尔茨海默病文献聚类结果显示,β-淀粉样蛋白、阿尔茨海默病易感基因、阿尔茨海默病与钙、阿尔茨海默病与糖尿病、阿尔茨海默病与免疫以及脑脊液生物标志物是近年来的研究热点。

2.3.1 总体态势

2005~2014年，神经退行性疾病研究论文数量不断攀升，年复合增长率为6.61%（图2-6）①。与2005年相比，2014年的论文数量增加了近1倍。

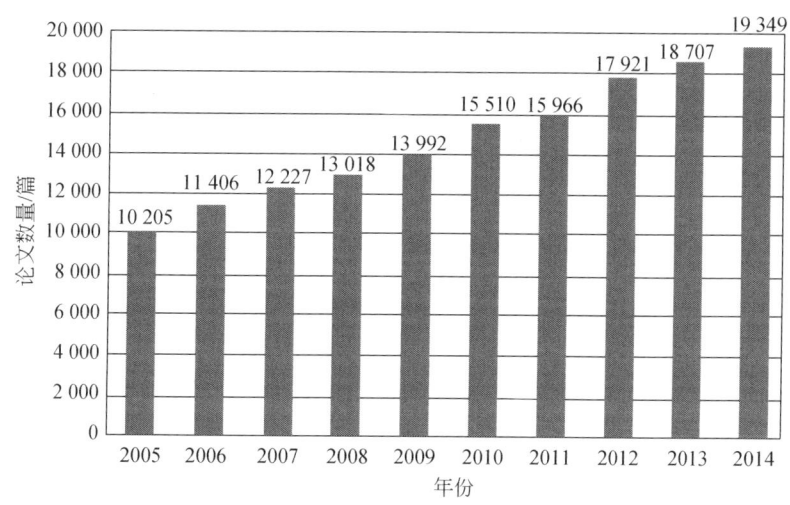

图2-6　2005~2014年神经退行性疾病研究论文年度数量分布

神经退行性疾病大致包括Tau蛋白疾病（主要是阿尔茨海默病）、帕金森病、神经系统遗传变性疾病（主要是亨廷顿病）、运动神经元疾病（包括肌萎缩性脊髓侧索硬化症、进行性延髓麻痹和脊髓性肌萎缩症）等十一大类（图2-2）。通过对神经退行性疾病研究论文的统计（图2-7）发现，由于Tau蛋白疾病、帕金森病、神经系统遗传变性疾病、TDP-43蛋白疾病和运动神经元疾病是发病率较高的类型，因此，论文也集中在这几个疾病类型，论文数量分别为82 943篇、35 070篇、23 267篇、15 806篇和13 805篇，其他种类总计7690篇。

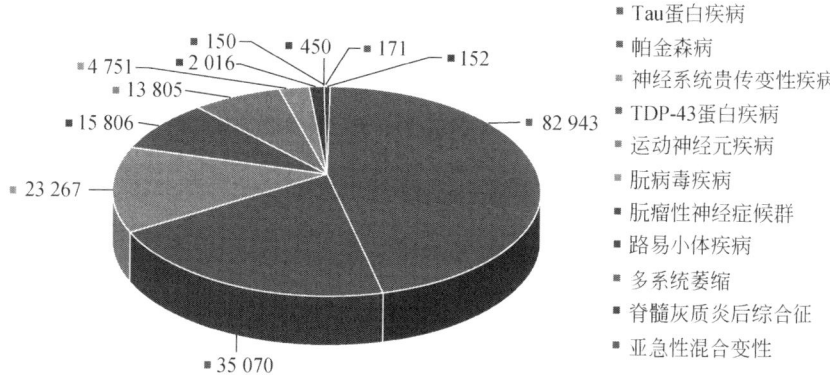

图2-7　2005~2014年各类神经退行性疾病研究论文数量分布（见彩图）

---

① 数据来源于Web of Science数据库，检索日期为2015年11月13日，文献类型限定为Article和Review。

对论文数量排名前 5 位的神经退行性疾病（图 2-8）进一步分析，可以看出以阿尔茨海默病为代表的 Tau 蛋白疾病研究在近年来受到人们关注，开展的研究较多，这与该疾病的发病率高有关；帕金森病、神经系统遗传变性障碍、TDP-43 蛋白疾病和运动神经元疾病方面的论文数量基本呈平稳上升趋势。

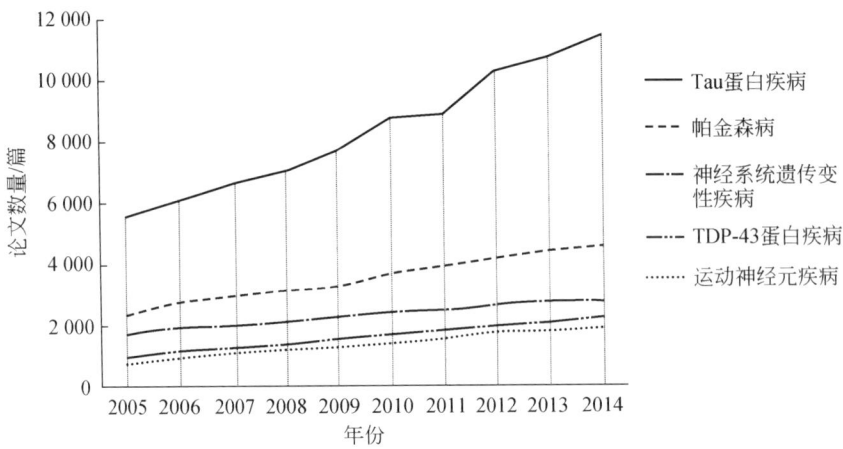

图 2-8　2005～2014 年论文数量排名前 5 位神经退行性疾病研究论文年度发展趋势

2.3.2　国家研究概况

从全球各国在神经退行性疾病领域近十年论文数量来看（表 2-5），美国在该领域发表的论文数量占据领军地位，远超其他国家，高达 56 667 篇。英国的论文数量约为美国的 1/4，排名第 2 位。德国、意大利和中国分列第 3、第 4、第 5 位。从近 10 年的年复合增长率可以明显地看到前 10 位国家中，中国的论文增速高达 21.38%，澳大利亚为 10.79%，西班牙为 9.19%，其他国家均在 5% 上下浮动。

表 2-5　神经退行性疾病研究论文数量排名前 10 国家

排名	国家	2005～2014 年论文数量/篇	国家	2014 年论文数量/篇	年复合增长率/%
1	美国	56 667	美国	6 760	4.60
2	英国	15 034	中国	2 215	21.38
3	德国	12 757	英国	1 917	5.28
4	意大利	11 282	德国	1 569	5.43
5	中国	10 301	意大利	1 483	7.90
6	日本	9 609	加拿大	1 094	7.46
7	法国	8 578	日本	1 080	3.00
8	加拿大	8 267	法国	1 044	5.56
9	西班牙	6 708	西班牙	956	9.19
10	澳大利亚	5 594	澳大利亚	903	10.79

通过对论文数量排名前10位的国家研究论文进行统计发现（图2-9），各国关注的疾病类型主要为Tau蛋白疾病、帕金森病、神经系统遗传变性疾病、TDP-43蛋白疾病和运动神经元疾病的研究论文比例以此递减。同时，各国均将Tau蛋白疾病作为重点关注对象，中国相关研究达到我国该领域研究的80%左右。

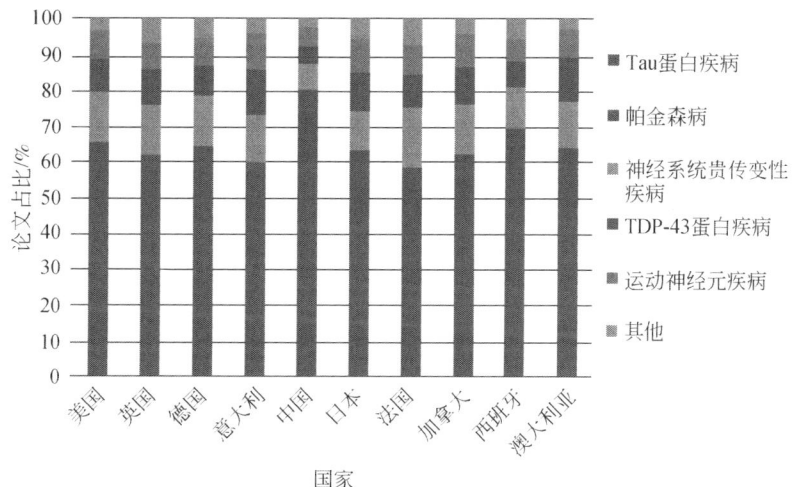

图2-9 2005~2014年神经退行性疾病发文前10位的国家研究方向分布（见彩图）

2.3.3 机构论文综合水平比较

通过比较机构的论文数量、总被引频次和h指数，考查机构论文的综合水平。2005~2014年，美国哈佛大学在论文数量（3739篇）上排名全球首位，总被引频次（187 169次）和h指数（182）同样遥遥领先于其他机构（表2-6）。

表2-6 2005~2014年神经退行性疾病研究论文数量前10机构的论文综合水平对比

排名	国际机构	2005~2014年论文数量/篇	总被引频次/次	h指数
1	（美国）哈佛大学	3 739	187 169	182
2	（美国）宾夕法尼亚大学	2 083	98 040	140
3	（美国）梅奥诊所	1 996	89 433	134
4	（英国）伦敦大学学院	1 993	76 847	120
5	（美国）利福尼亚大学洛杉矶分校	1 967	91 137	132
6	（美国）利福尼亚大学旧金山分校	1 872	85 323	127
7	（加拿大）多伦多大学	1 851	55 393	100
8	（美国）加利福尼亚大学圣迭戈分校	1 815	90 313	134
9	（美国）约翰·霍普金斯大学	1 793	83 268	125
10	（美国）哥伦比亚大学	1 624	68 069	116

综合比较国内研究机构的论文综合水平（表2-7）可以看出，中国科学院的论文数量（1068篇）领先于其他国内机构，总被引频次（19 209次）和 h 指数（58）同样排名首位。这说明中国科学院不仅论文发表数量众多，而且具有较多的高影响力论文。上海交通大学、首都医科大学、复旦大学和华中科技大学等机构在中国神经退行性疾病研究中非常突出。北京大学虽然论文数量仅为 396 篇，但总被引频次（7419次）和 h 指数（37）处于国内机构的领先水平。

表 2-7 2005～2014 年神经退行性疾病研究论文数量前 10 中国机构的论文综合水平对比

排名	中国机构	2005～2014年论文数量/篇	总被引频次/次	h 指数
1	中国科学院	1 068	19 209	58
2	上海交通大学	543	8 391	37
3	首都医科大学	510	8 309	36
4	复旦大学	478	6 054	35
5	华中科技大学	421	6 156	37
6	北京大学	396	7 419	37
7	中山大学	383	4 860	33
8	中国医学科学院	351	5 353	36
9	香港中文大学	346	4 921	32
10	中南大学	320	3 871	27

2.3.4 阿尔茨海默病领域热点分析

阿尔茨海默病是发病率最高的神经退行性疾病，也是全球神经退行性疾病研发计划中高度关注的领域。本节利用 Citespace 软件对阿尔茨海默病文献进行引用聚类，分析领域研究热点（图 2-10）[①]。

在阿尔茨海默病的发病机制上，β-淀粉样蛋白作为阿尔茨海默病主要生物标志物，长期以来都是阿尔茨海默病研究的焦点。此外阿尔茨海默病易感基因、阿尔茨海默病与钙、阿尔茨海默病与糖尿病以及阿尔茨海默病与免疫（聚类主题：小胶质细胞）研究的较多。

与早期诊断和靶向治疗密切相关的生物标志物研究也是一个突出的聚类主题。2011年，阿尔茨海默病协会和美国 NIH 下属老龄化研究所（NIA）牵头的国际工作组织（IWG）发布了新版阿尔茨海默病诊断，将生物标志物引入了阿尔茨海默病的诊断，并对如何使用生物标志物增加阿尔茨海默病临床诊断的可靠性进行了说明。痴呆症状的出现则意味着阿尔茨海默病患者已进入晚期，但目前尚无药物对晚期阿尔茨海默病进行有效的治

---

① 数据来源于 Web of Science 数据库收录的影响因子大于 10 的神经科学专业期刊。

2 神经退行性疾病国际发展态势分析

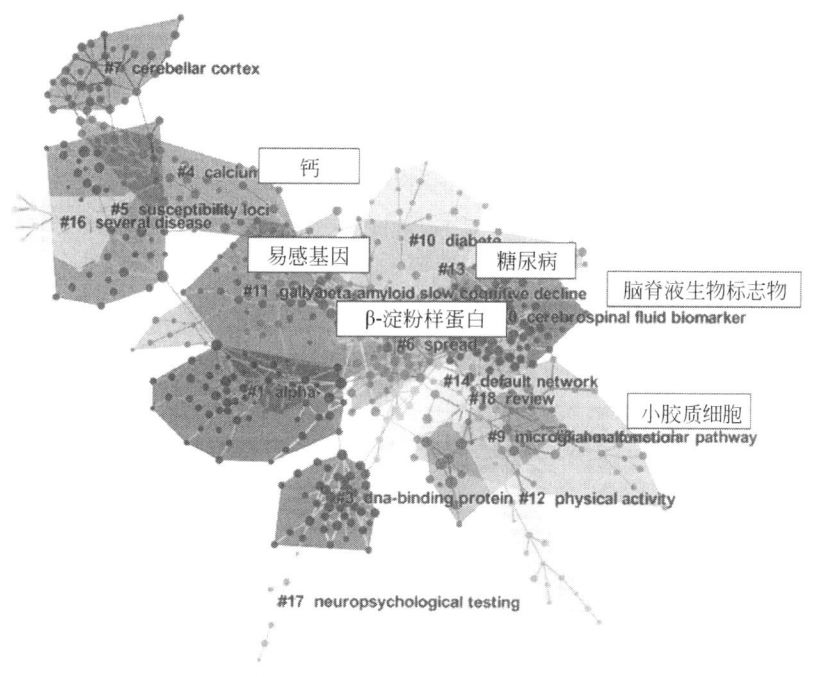

图 2-10 阿尔茨海默病文献共引聚类分析（见彩图）

圆点代表文献，圆点越大代表被引频次越高；连线代表引用关系；色块为 Citespace 根据引用关系聚类而成的主题

疗。在临床前期进行早期预警并及时展开治疗是控制阿尔茨海默病发生发展的重要途径。而阿尔茨海默病早期生物标志物的寻找和临床应用是诊断阿尔茨海默病、发现"临床前期"阿尔茨海默病患者以及进行疗效评估的重要手段。因此，筛查可用于阿尔茨海默病早期诊断和靶向治疗的生物标志物具有十分重要的意义，受到了全球科研人员的广泛关注，特别是脑脊液（cerebrospinal fluid，CSF）生物标志物，其与脑细胞间隙直接相连，因此脑细胞的生化变化可通过对脑脊液的分析直接反映出来，是最理想的检测标本。

2.4 从专利角度分析领域发展现状

通过对专利进行分析发现，2005～2014 年，神经退行性疾病领域的专利每年均保持 7000 件以上。Tau 蛋白疾病、帕金森病、神经系统遗传变性疾病、TDP-43 蛋白疾病和运动神经元疾病仍是该领域专利关注的主要疾病类型。神经退行性疾病相关专利 IPC 分类号主要分布在 A61K 31/00（含有有机活性成分的药物制剂），生物药（多肽药物和抗原/抗体制剂）也占据较大比例。2014 年，美国以 2412 件专利处于领先地位，我国相关专利数量达 425 件，居全球第二位。从 PCT 专利数量来看，美国 PCT 专利遥遥领先于其他各国。我国 PCT 专利数量位列第 16 名，这说明我国虽然具备较多的专利申请数量，但在 PCT 专利的申请方面还有一定的上升空间，专利质量有待进一步改善。从专利权人分布情况可以看出，2005～2014 年，全球神经退行性疾病专利数量前 10 位的机构均为生物医药巨头，显示出其雄厚的技术实力以及该领域的强强竞争格局。我国神经退行性疾病专利数量前 10 位的机构均为科研院所或高校，显示出我国在该领域的产业转化能力仍然较为薄弱。

2.4.1 总体态势

从专利数量的年度分布情况可以看出，2005~2014 年，神经退行性疾病相关专利申请数量总计 77 761 件，每年申请的专利数量均在 7000 件以上（图 2-11）[①]。

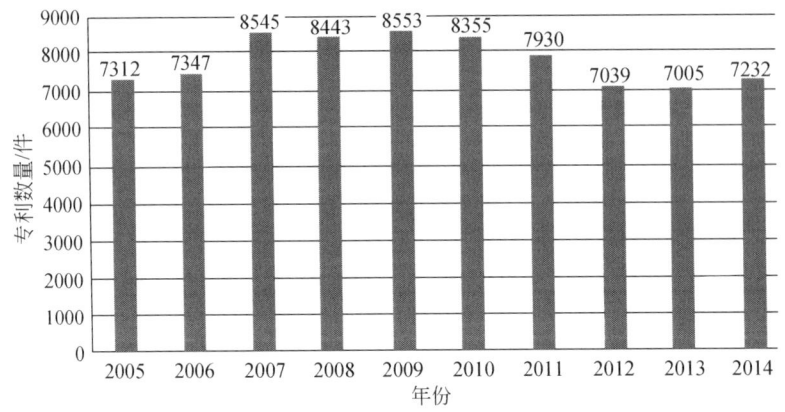

图 2-11　2005~2014 年神经退行性疾病相关专利数量年度分布

通过对各类神经退行性疾病专利数量的统计（图 2-12）发现，Tau 蛋白疾病、帕金森病、神经系统遗传变性疾病、TDP-43 蛋白疾病和运动神经元疾病是该领域专利关注的主要疾病类型，专利数量分别为 22 544 件、15 732 件、9058 件、6005 件和 5896 件，这与论文数量分布趋势一致。

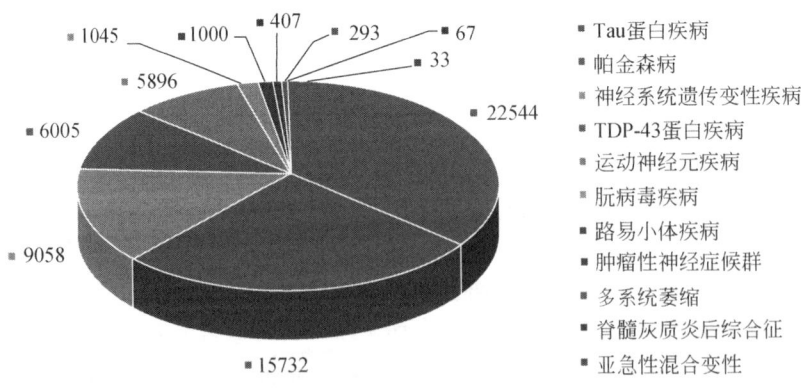

图 2-12　2005~2014 年各类神经退行性疾病专利数量分布（见彩图）

---

① 专利数据以 Innography 数据库中收录的发明专利为数据源，专利公开年为年度划分依据进行统计分析，检索日期为 2015 年 11 月 16 日（由于专利申请审批周期以及专利数据库录入迟滞等原因，近三年数据可能尚未完全收录，仅供参考）。

2 神经退行性疾病国际发展态势分析

对专利数量排名前 5 的神经退行性疾病专利年度发展趋势（图 2-13）展开进一步分析，可以看出以 Tau 蛋白疾病和帕金森病相关专利研发最受人们关注，但近年来数量略有下降；神经系统遗传变性疾病和 TDP-43 蛋白疾病方面的研发经历短暂波动后隐约呈现缓慢上升趋势；运动神经元疾病相关专利的数量变化不显著。

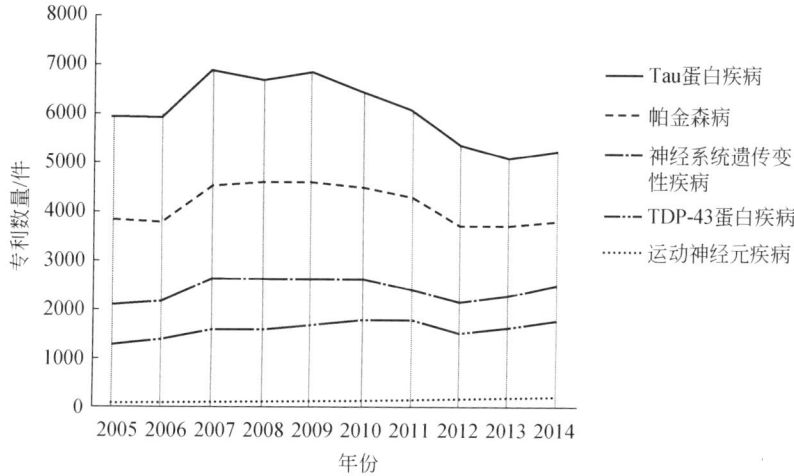

图 2-13 2005～2014 年神经退行性疾病亚型相关专利年度发展趋势

通过对专利的 IPC 分类号进行统计发现，2005～2014 年，神经退行性疾病相关专利聚集于药物研发，包括化学药研究（C07D 401/00、C07D 471/00）、生物药研究（A61K 38/00、A61K 39/00），以及相关剂型研究（A61K 9/00）。

2.4.2 国家竞争态势

2005～2014 年，美国在神经退行性疾病领域的申请的专利数量最多，高达 14 031 件。德国、中国、日本和英国分列第 2、第 3、第 4、第 5 位。就 2014 年数据而言，我国专利数量 425 件，居全球第 2 位（表 2-8）。

表 2-8 神经退行性疾病相关专利数量排名前 10 国家

排名	国家	2005～2014 年专利数量/件	国家	2014 年专利数量/件
1	美国	14 031	美国	2 412
2	德国	2 365	中国	425
3	中国	1 990	德国	276
4	日本	1 729	日本	236
5	英国	1 614	韩国	223
6	韩国	1 381	英国	177
7	法国	1 295	法国	155
8	瑞士	906	澳大利亚	111

续表

排名	国家	2005~2014年专利数量/件	国家	2014年专利数量/件
9	加拿大	797	瑞士	106
10	澳大利亚	761	加拿大	104

PCT 专利（图 2-14）可以在一定程度上反映各个国家的专利质量。近10年，神经退行性疾病相关 PCT 专利簇，共 14 152 件。从北美、西欧、东亚、南亚到大洋洲，PCT 专利数量依次递减。美国以 7002 件 PCT 专利遥遥领先于其他各国，德国与英国分列第 2、第 3 名。中国以 170 件的 PCT 专利数量位列第 16 名，这说明其虽然具备较多的专利申请数量，但在 PCT 专利的申请方面还有一定的上升空间，专利质量有待进一步改善。

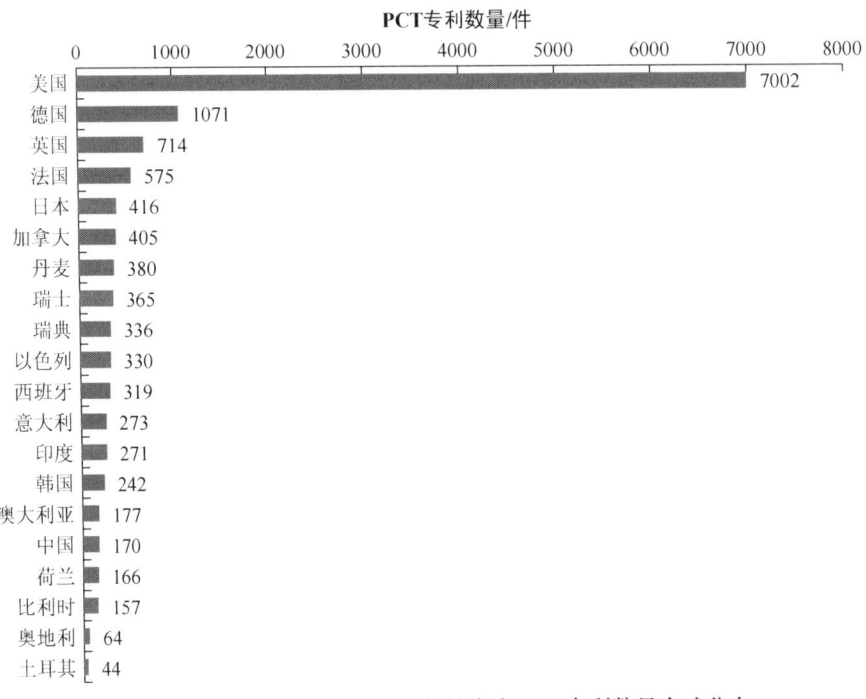

图 2-14　2005~2014 年神经退行性疾病 PCT 专利数量全球分布

2.4.3　机构竞争态势

2005~2014 年，全球神经退行性疾病专利数量前 10 位的机构均为生物医药巨头，显示出其雄厚的技术实力以及该领域的强强竞争格局。其中，辉瑞公司专利数量为 1105 件，居全球首位（图 2-15）。

2005~2014 年，中国科学院神经退行性疾病领域专利数量共 67 件，居我国第 1 位（表 2-9）。与国外专利权人分布情况相比，我国神经退行性疾病专利数量前 10 位的机构均为科研院所或高校，显示出我国在该领域的产业转化能力仍然较为薄弱。

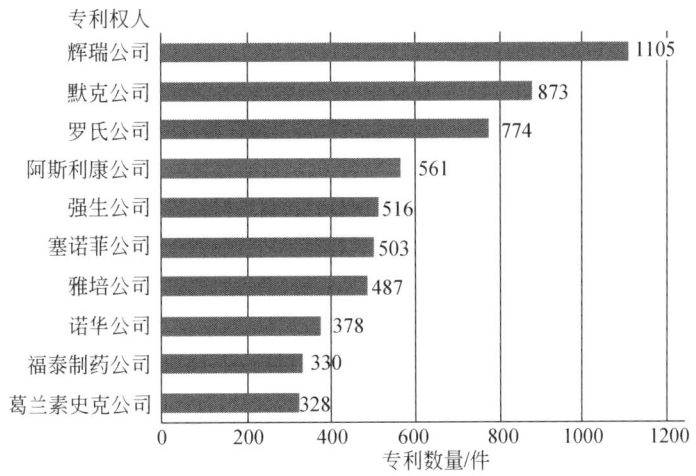

图 2-15 2005~2014 年全球神经退行性疾病专利数量前 10 位的专利权人

表 2-9 2005~2014 年我国神经退行性疾病专利数量前 10 专利权人

排名	机构	专利数量/件
1	中国科学院	67
2	中国医学科学院	45
3	复旦大学	32
4	中山大学	29
5	浙江大学	21
6	中国医科大学	21
7	暨南大学	20
8	华中科技大学	20
9	北京大学	17
10	上海大学	16

2.5 产业发展态势

随着人口老龄化加剧，神经退行性疾病药物［市场需求快速增长］，产业规模日益扩大。据 GlobalData 估计，2013 年全球阿尔茨海默病治疗市场总值约为 49 亿美元，预计到 2023 年将达到 133 亿美元，年均复合增长率为 10.50%。1993 年，美国 FDA 批准首个阿尔茨海默病药物他克林上市，掀起了神经退行性疾病药物研发热潮，［尤其是针对阿尔茨海默病的］乙酰胆碱酯酶药物，已有多个产品上市。相较于生物药，化学小分子药物仍是目前市场青睐的主流产品。美国辉瑞公司和百健公司是全球中枢神经系统药物研发的领导者，其研发状况代表着全球最先进水平。辉瑞公司乙酰胆碱酯酶抑制剂类药物盐酸多奈哌齐是全球最畅销的阿尔茨海默病治疗药物之一，另有三个化学小分子阿尔茨海默病药物处于临床研究阶段，显示出其在阿尔茨海默药物上的研发实力。近年来，百健公司凭借其在免疫和神经领域的双重优势,逐步开展神经退行性疾病抗体药物的开发。目前,百健公司针对神经退行性疾病的在研药物共 6 个,其中 4 个为抗体药物。我国在天然产物类神经退行性疾病药物上具有一定优势,中国科学院上海药物研究所研发的阿尔茨海默病药物石杉碱甲已成功上市,并在临床上取得良好的疗效。同时,我国绿叶制药有限公司、浙江海正药业有限公司、上海绿谷制药有限公司等在进行神经退行性疾病药物的临床研究,主要是仿制药和天然产物的研究,相较全球水平,我国神经退行性疾病药物产品创新力不足。

2.5.1 药物市场概况

截至 2016 年 1 月,Cortellis 数据库共收录神经退行性疾病药物 3353 个(含上市、注册、注册前、临床研究、药物发现、终止或中止研究等所有研发状态),其中已上市药物 121 个,已注册药物 73 个,注册前 32 个,处于临床Ⅰ期、临床Ⅱ期、临床Ⅲ期研究的药物数量分别为 206 个、218 个和 101 个(图 2-16)。

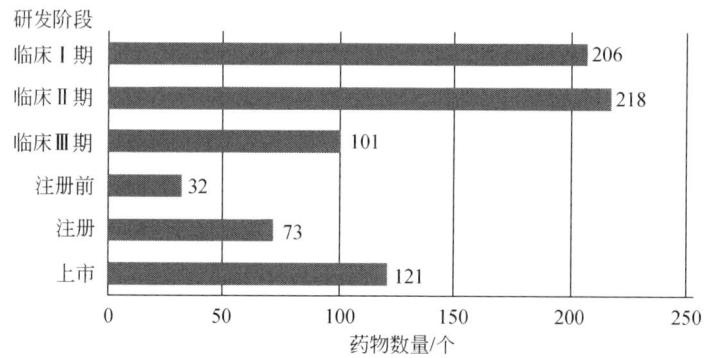

图 2-16 各研发阶段神经退行性疾病药物数量

1993 年,美国 FDA 批准首个阿尔茨海默病药物他克林(可逆性抗胆碱酯酶抑制药)上市,掀起了神经退行性疾病药物研发热潮,上市新药日渐增多,特别是针对乙酰胆碱酯酶目前已有多个药物上市。2014 年,全球销售额前 5 位的神经退行性疾病药物包括盐酸美金刚、利斯的明、雷沙吉兰、盐酸多奈哌齐以及"恩他卡朋+左旋多巴+卡比多巴",均为化学小分子药物(表 2-10)。其中,盐酸美金刚 2014 年销售额高达 17.83 亿美元,是唯一针对 N-甲基-D-天冬氨酸(NMDA)的药物,也是全球最畅销的神经退行性疾病药物。

表 2-10 全球销售额前 5 位的神经退行性疾病药物

药物名称	原研机构	在研机构	技术描述	适应证	效用	2014 年销售额/亿美元
盐酸美金刚	德国梅尔兹公司	美国艾尔建公司、日本第一三共制药公司、丹麦伦贝克公司、德国梅尔兹制药	小分子	阿尔茨海默病;路易体痴呆;帕金森病等	NMDA 受体拮抗剂	17.83

续表

药物名称	原研机构	在研机构	技术描述	适应证	效用	2014年销售额/亿美元
利斯的明	瑞士诺华公司	无记录	小分子	阿尔茨海默病；痴呆；血管性痴呆等	乙酰胆碱酯酶抑制剂	10.09
雷沙吉兰	以色列梯瓦制药工业有限公司	丹麦伦贝克公司、日本武田制药公司	小分子	帕金森病	B型单胺氧化酶抑制剂	6.95
盐酸多奈哌齐	日本卫材公司	日本大熊制药公司；美国辉瑞公司；美国惠氏公司	小分子	阿尔茨海默病；认知障碍；路易体痴呆；血管性痴呆	乙酰胆碱酯酶抑制剂	6.24
恩他卡朋+左旋多巴+卡比多巴	芬兰Orion制药公司	瑞士诺华公司	小分子	帕金森病	儿茶酚-氧位-甲基转移酶抑制剂；多巴胺受体激动剂	5.96

Cortellis数据库共收录我国已上市的神经退行性疾病药物有两个，即中国科学院上海药物研究所研发的阿尔茨海默病药物石杉碱甲和哈尔滨三联药业有限公司研发的脑活素（表2-11）。

表2-11 我国已上市的神经退行性疾病药物

原研机构/在研机构	药物名称	适应证	技术描述	效用
中国科学院上海药物研究所	石杉碱甲	阿尔茨海默病	小分子；天然产品	乙酰胆碱酯酶抑制剂
哈尔滨三联药业有限公司	脑活素	阿尔茨海默病；创伤性脑损伤	生物制剂	未指明

2.5.2 企业研发管线分析

美国辉瑞公司和百健公司是全球中枢神经系统药物研发的领导者，其研发状况代表着全球最先进水平。本节对辉瑞公司和百健公司，以及我国企业药物研发管线进行调研，阐释国内外企业在神经退行性疾病领域的研发态势。

2.5.2.1 辉瑞公司

美国辉瑞公司是全球中枢神经系统用药销售规模最大的公司。2014年，其中枢神经系统产品销售总额达81.64亿美元。治疗阿尔茨海默病的药物盐酸多奈哌齐是辉瑞公司在神经退行性疾病领域的主要产品，2014 年销售总额为 6.24 亿美元。盐酸多奈哌齐主要效用是可逆性地抑制乙酰胆碱酯酶（AchE）引起的乙酰胆碱水解而增加受体部位的乙酰胆碱含量。

目前，辉瑞公司共有 4 个神经退行性疾病药物产品处于研发中，其中处于临床 Ⅰ 期和 Ⅱ 期的各 2 个，且均为化学小分子药。其中，针对阿尔茨海默病的 3 个药物中，靶向 5-羟色胺 6（5-HT 6）受体的产品处于临床 Ⅱ 期研究阶段（表 2-12）。

表 2-12　辉瑞公司神经退行性疾病药物研发管线

适应证	药物名称	研发阶段	技术描述	效用
阿尔茨海默病	PF-06751979	临床 Ⅰ 期	小分子	未指明
	PF-06648671	临床 Ⅰ 期	小分子	未指明
	PF-05212377（SAM-760）	临床 Ⅱ 期	小分子	5-HT 6 受体拮抗剂
亨廷顿病	PF-02545920	临床 Ⅱ 期	小分子	磷酸二酯酶 10 抑制剂

2.5.2.2　百健公司（Biogen）

美国百健公司专注于自身免疫性疾病和神经系统疾病领域研发。2014 年，其中枢神经系统药物销售额为 80.07 亿美元，居全球第二位。该公司多发性硬化症药物是其核心产品，包括 Avonex、Tysabri、Tecfidera 等（多发性硬化症是否属于神经退行性疾病在学术界存在争议，通常被归类于免疫系统疾病）。近年来，百健公司凭借其在免疫和神经领域的双重优势，逐步开展神经退行性疾病抗体药物的开发，特别是生物药的研发。目前，百健公司针对神经退行性疾病的在研药物共 6 个，其中阿尔茨海默病药物 3 个、帕金森病药物 1 个、运动神经元疾病药物 2 个（表 2-13）。

表 2-13　百健公司神经退行性疾病药物研发管线

适应证	药物名称	研发阶段	技术描述	效用
阿尔茨海默病	BAN-2401	临床 Ⅱ 期	生物制剂；单克隆抗体	β-淀粉样蛋白拮抗剂
	E-2609	临床 Ⅱ 期	小分子	β-淀粉样蛋白合成抑制剂；β-分泌酶 1 抑制剂
	Aducanumab	临床 Ⅲ 期	生物制剂；单克隆抗体	β-淀粉样蛋白拮抗剂
帕金森病	BIIB-054	临床 Ⅰ 期	生物制剂；单克隆抗体	突触核蛋白 α 抑制剂
运动神经元疾病	Dapirolizumab Pegol	临床 Ⅰ 期	生物制剂；抗体片段	CD40 配体抑制剂
	IONIS-SOD1	临床 Ⅱ 期	生物制剂；反义寡核苷酸	SOD1 基因的抑制剂

2.5.2.3　国内机构药物研发情况

我国绿叶制药有限公司、浙江海正药业有限公司、上海绿谷制药有限公司等正在进行神经退行性疾病药物的临床研究，主要是仿制药和天然产物的研究，相较全球先进水平，我国神经退行性疾病药物产品创新力不足（表 2-14）。

2 神经退行性疾病国际发展态势分析

表 2-14 国内企业药物研发情况

原研机构/ 在研机构	药物名称	适应证	技术描述	效用	研发阶段
绿叶制药有限公司	罗替高汀（注射用缓释微球）	帕金森病	小分子	5-HT 受体激动剂；肾上腺素受体激动剂；多巴胺 D1 受体激动剂等	临床Ⅰ期
浙江海正药业有限公司	AD-35	阿尔茨海默病	小分子	未指明	临床Ⅰ期
上海绿谷制药有限公司	HSH-971	阿尔茨海默病	小分子；天然产品	β-淀粉样蛋白拮抗剂	临床Ⅲ期
长春华洋高科技有限公司	琥珀八氢吖啶	阿尔茨海默病	小分子	胆碱酯酶抑制剂	临床Ⅱ期
绿叶制药有限公司	石杉碱甲（缓释微球）	阿尔茨海默病；健忘症	小分子	乙酰胆碱酯酶抑制剂	临床Ⅲ期
中国科学院昆明植物研究所	芬克罗酮	阿尔茨海默病；健忘症	小分子	钙通道阻滞剂；甘氨酸受体拮抗剂	临床Ⅰ期
中国医学科学院北京协和医学院、石药集团中奇制药技术（石家庄）有限公司	乔松素	阿尔茨海默病；缺血性中风	小分子；天然产品	未指明	临床Ⅱ期
中国医学科学院北京协和医学院	黄芩素	帕金森病	小分子；天然产品	未指明	临床Ⅰ期

2.6 建议

通过对神经退行性疾病领域学科脉络的梳理，对相关国家/地区及国际组织相关政策规划的解读，结合对论文、专利的统计分析，以及产业分析，对该领域的发展提出以下建议。

2.6.1 加强战略部署，设立专项计划

近年来，美国、英国、法国、日本等从国家层面对神经退行性领域的发展进行了战略部署，开展持续性的研究计划。我国人口基数大，老龄化还在加剧，神经退行性疾病的患病人数在持续增加，而我国对该疾病的布局不足，目前尚未针对神经退行性疾病正式出台国家级的战略与研究计划，在资助力度方面也稍显不足。因此需要进一步通过顶层设计与整体布局，加快神经退行性疾病研发的基础设施和关键技术平台建设，大力支持研究和临

床人才培养，促进产学研协作交流，推进我国神经退行性疾病研究与转化发展，以解决神经退行性疾病带来的经济社会问题。

2.6.2 立足基础研究，推进转化医学

整体上看，我国神经退行性疾病基础研究、药物和疗法水平还有待增强，应在基础研究方面，围绕疾病发生机制，寻找诱发疾病发生的因素、致病基因等，同时在转化研究方面，制定相关政策，促进基础研究成果迅速转化。立足预防、早期诊断和早期诊断，降低神经退行性疾病的发病率。

2.6.3 把握领域发展趋势，布局领域关键点

神经退行性疾病的病因复杂，研究难度大，至今未有有效治愈的药物。随着新技术、新方法的渗透，该领域的研究正迈向新的阶段，高分辨率实时成像技术、光遗传学技术的应用、精准医学、大数据、大队列等研究的开展，干细胞等新疗法的引入，推动研究人员正在深入理解神经退行性疾病的发生机制、发病进程，寻找致病基因、生物标志物，以及新型疗法开发。因此，应组织广泛的研讨，准确把握神经退行性疾病的发展趋势，尽早布局新阶段下的领域发展关键点，提高我国神经退行性疾病研究水平。

2.6.4 致力民生，改善公共医护服务

神经退行性疾病会给患者带来认知障碍、行为能力下降等一系列生理和心理变化，这造成了沉重的看护负担，因此在布局神经退行性疾病研发的同时，积极改进相关公共医护服务的政策，构建患者、看护人员、社区、医院全方位综合的照护体系，应对这一日趋严重的疾病所带来的社会问题。

致谢：中国科学院上海生命科学研究院神经科学研究所张旭院士、上海交通大学贺林院士、中国科学院前沿教育局生物技术处沈毅、杨旭等专家对本报告初稿进行了审阅，并提出了宝贵的修改意见，谨致谢忱！

参 考 文 献

熊杰, 宁丽娜, 王再领, 等. 2013. 干细胞治疗神经退行性疾病的前景与问题干细胞治疗神经退行性疾病的前景与问题. 中国组织工程研究, 17 (19): 3573-3580.

Bird E D, Mackay A V P, Rayner C N, et al. 1973. Reduced glutamic-acid-decarboxylase activity of post-mortem brain in Huntington's chorea. The Lancet, 301 (7812): 1090-1092.

Boyden E S, Zhang F, Bamberg E, et al. 2005. Millisecond-timescale, genetically targeted optical control of neural activity. Nature neuroscience, 8 (9): 1263-1268.

Davies P, Maloney A J F. 1976. Selective loss of central cholinergic neurons in Alzheimer's disease. The

Lancet, 308 (8000): 1403.

Glenner G G, Wong C W. 1984. Alzheimer's disease: initial report of the purification and characterization of a novel cerebrovascular amyloid protein. Biocchem Biophys Res. Commun, 120 (3): 885-890.

Polymeropoulos M H, Lavedan C, Leroy E, et al. 1997. Mutation in the alpha-synuclein gene identified in families with Parkinson's disease. science, 276 (5321): 2045-2047.

Tanzi R E, Watkins P C, Ottina K, et al. 1983. A polymorphic DNA marker genetically linked to Huntington's disease. Nature, 306 (5940): 234-238.

Young A B. 2009. Four decades of neurodegenerative disease research: how far we have come. The Journal of Neuroscience, 29 (41): 12 722-12 728.

3 植物基因组编辑技术国际发展态势分析

杨艳萍　董　瑜　唐果媛　孙轶楠　袁建霞　邢　颖

（中国科学院文献情报中心）

摘　要　基因组编辑技术始于20世纪80年代末，作为一项重要的新兴前沿技术近年来发展迅猛，在生命科学基础理论研究、植物遗传改良以及人类健康等领域掀起了一场颠覆性的革命。根据介导的人工核酸酶种类，基因组编辑技术可分为归巢核酸酶（Meganucleases，MN）、锌指核酸酶（Zinc Finger Nucleases，ZFN）、转录激活因子样效应物核酸酶（Transcription Activator-Like Effector Nucleases，TALEN）和成簇的规律间隔的短回文重复序列及其相关系统（Clustered Regularly Interspaced Short Palindromic Repeats Associated Cas System，CRISPR/Cas）4类。基因组编辑技术在植物中的发展大致经历了三个阶段：1993～2004年为技术萌芽阶段，MN开始出现，相关研究发展缓慢；2005～2008年为技术发展阶段，ZFN开始出现；2009年以后，技术进入快速发展应用阶段，TALEN和CRISPR/Cas技术相继出现，相关研究持续增热。

在基础研究方面，植物基因组编辑技术的研究热点主要集中在如何提高同源重组的效率、非末端连接（NHEJ）途径的选择与作用机制，以及各类技术的优化和改造等方面。近三年以来，MN技术的研究逐渐衰弱，CRISPR/Cas研究不断升温；基因组编辑技术的研究已从生物学机制转向了编辑功能的应用，研究对象也从烟草、拟南芥等模式植物转向水稻、小麦、大麦等重要农作物。以美国为代表的欧美发达国家是基因组编辑技术的发源地，在MN、ZFN和TALEN等技术上具有较强的领先优势。研究主体以科研机构和大学为主，多数机构之间合作往来密切；美国艾奥瓦州立大学、明尼苏达大学等机构在ZFN和TALEN技术上具有明显优势。中国科学院则在CRISPR/Cas技术有领先优势。

在技术研发方面，植物基因组编辑技术研发热点主要涉及人工核酸内切酶技术改造以及靶向修饰植物基因组等方面。2013年以来，以筛选突变体为主的MN技术的研究逐渐衰弱，取而代之的是新一代基因组编辑技术CRISPR/Cas；同时，农作物如油或脂肪等重要农艺性状进行改良成为技术研究重点方向。美国、法国和德国等国的专利申请量遥遥领先于其他国家，是基因组编辑技术的主要研发国家。植物基因组编辑技术的研发主体以企业为主，并且各机构之间的合作仅局限于"小团体"之间。法国生物科技公司Cellectis，美国的陶氏益农、Sangamo生物科学公司围绕MN和ZFN等技术申请了大量专利，是这些领域核心技术的掌控者。

在技术的商业化应用方面，杜邦先锋、先正达等多个重要农业跨国企业通过技术转让和合作方式纷纷进入该领域，以期未来在利用基因组编辑技术进行农作物品种改良的研究中占有一席之地。目前，基因组编辑技术已经应用于育种实践，并培育出多个作物新品种（品系），美国农业部已批准了一些基因组编辑作物不再受转基因法规监管。呼吁立法对基因组编辑产品进行有别于转基因产品的管理已成为全球关注的问题。以欧盟为代表的国家已意识到现行法律制度落后于新技术的发展，纷纷对新技术立法现状进行了评估，并就其分类监管展开了深入的讨论，同时采取措施逐步健全相关监管体系。

我国在基因组编辑技术领域的相关研究起步较晚，但后续发展快速，在TALEN和CRISPR等新兴的基因组编辑技术领域具有明显优势，并掌握了植物CRISPR相关的专利。但同时，我国在这一领域的专利布局较少，且专利申请以国立科研机构为主，农业企业尚不能担当起创新主体的作用。本报告基于上述分析提出以下建议：我国应加强和支持基因组编辑育种技术的基础和应用研究，引导和推动企业成为技术研发的主体，重视基因组编辑技术在育种工作中的应用；加快和明晰基因组编辑技术作物的司法解释步伐，建立一个适合我国国情的监管框架，促进这些新技术的快速发展与合理应用；加强国际合作，借鉴和吸取发达国家的良好经验与实践，积极参与全球相关技术监管体系的研讨。

关键词 基因组编辑 归巢核酸酶 锌指核酸酶 转录激活因子样效应物核酸酶 成簇的规律间隔的短回文重复序列及其相关系统

3.1 引言

基因组编辑技术是近年来发展起来的一种对基因组DNA实现靶向修饰的新技术，相关研究始于20世纪80年代末，距今已有30年左右的发展历程。目前，基因组编辑技术包括MN、ZFN、TALEN和CRISPR/Cas等四类，其相关的工作原理和流程如图3-1所示。①MN是可移动遗传元件编码的核酸内切酶家族，能识别较长的位点序列（12~14bp不等），属于大范围核酸酶，常见的成员有I-CreⅠ、I-SceⅠ、I-DmoⅠ和I-MsoⅠ，它们均含有DNA结合结构域和酶切活性结构域，在结构上具有一定的保守性；②ZFN是第一种通过人工改造并成功应用于基因组编辑的核酸内切酶，它由特异性的DNA序列识别锌指蛋白和非特异性核酸内切酶FokⅠ两部分组成，其中每个锌指蛋白都能识别一个特定的三联体碱基，FokⅠ二聚体则在锌指蛋白的指导下能对特定位点进行切割，从而实现基因组修饰的目的；③TALEN也是由特异性的TALE结合域与非特异性的FokⅠ切割域两部分构成，其中TALE结合域是通过人工改造的源自黄单胞杆菌的TALE蛋白，通过第12和13位氨基酸（这两个氨基酸被称为RVDs）一一对应分别识别特异的核苷酸序列；④CRISPR/Cas（以下简称CRISPR）是一种在细菌基因中发现的与获得性免疫系统相关的重复序列，是继ZFN和TALEN等技术后的新一代人工改造的基因组编辑技术，该系统由CRISPR和Cas基因组成，通过一条人工合成的向导RNA（sgRNA）以碱基互补配对的方式识别特异结合的DNA序列，并募集核酸内切酶Cas9对靶向位点进行定点切割（谢科等，2013；吴璐等，2014；刘忠松等，2014；林雅容等，2015）。

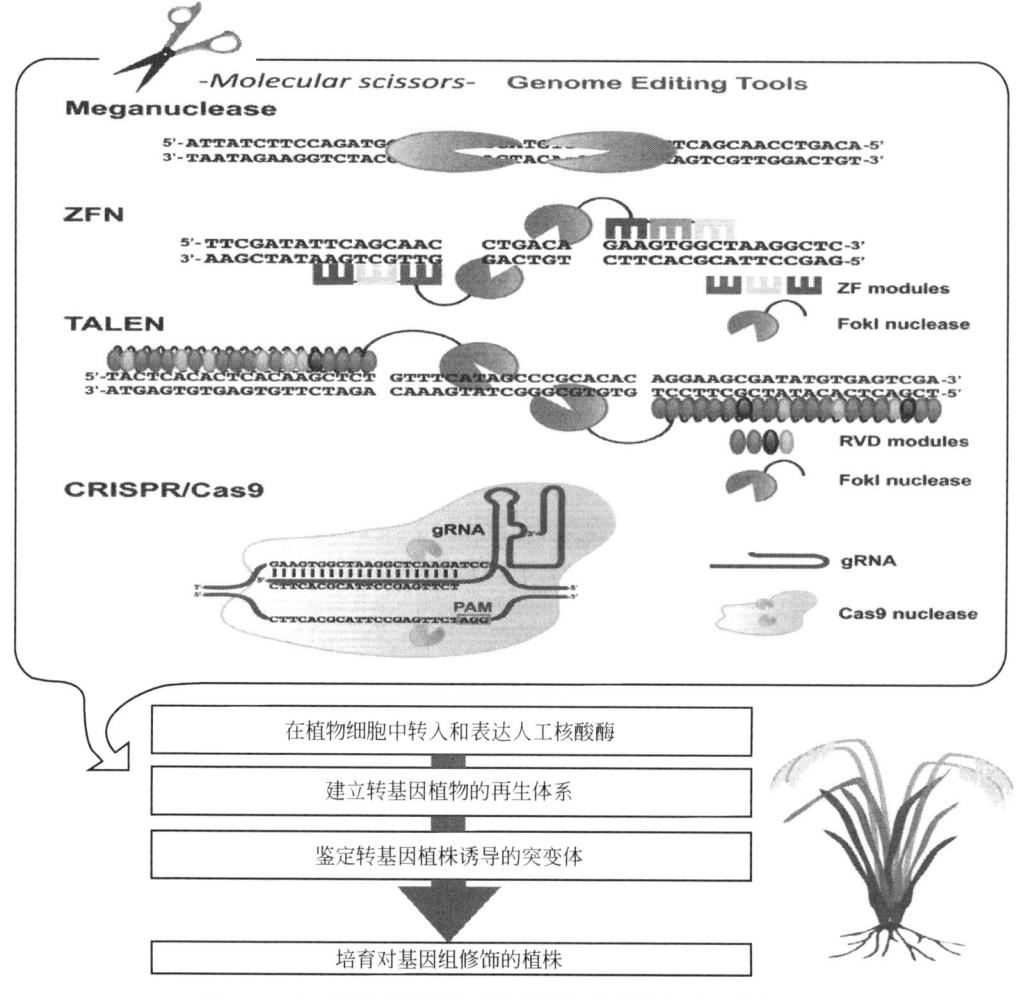

图 3-1　人工核酸酶介导的植物基因组编辑技术的工作流程图
资料来源：Osakabe（2015）

基因组编辑技术作为一项重要的新兴前沿技术近年来发展迅猛，已在生命科学基础理论研究、经济物种的遗传改良，以及人类健康等领域掀起了一场颠覆性的革命。2012年和2013年，《科学》（Science）分别将TALEN和CRISPR/Cas9技术评为年度世界十大科学进展之一；2014年，《自然方法》（Nature Methods）将基因组编辑技术评为近十年中对生物学研究最有影响力的方法之一。目前，基因组编辑技术已经在模式植物或作物的基础研究中得到广泛应用。此外，一些利用这些技术研发的作物品种已获得商业化许可，预计基因组编辑作物品种未来几年将在全球范围内快速发展。由于基因组编辑技术显示出巨大的优势，许多国家已经开始加大相关领域的各项投入，力图占领这些技术发展和应用的制高点。同时，基因组编辑技术的应用也不可避免地带来有关社会伦理、生物安全等一系列与公众生活息息相关的问题。全球，尤其是欧洲、澳大利亚等国家对此非常关注，纷纷发布报告对相关技术的发展应用、监管分类及风险评估等相关问题进行探讨（JRC，2011；FSANZ，2013；Leopoldina，2015）。

目前，基因组编辑技术在我国发展迅速，并已被应用于基础研究中（Shan et al.，2013；Liang et al.，2014）。随着新技术及其成果在育种的应用，我国也会面临着监管制度落后于新技术发展的问题。为了促进我国植物基因组编辑技术的发展和应用，在分析国际发展现状与趋势、主要国家行动进展、我国的优势与不足、技术未来发展前景等基础上，谋划我国未来植物育种新技术的发展、部署相关研发重点和制定适宜的监管框架显得尤为重要。本报告综合利用定性调研和文献定量分析的方法，以研究论文和专利产出分别作为基础研究和技术研发的评价指标，以种子企业相关的创新举措来衡量技术商业化进程，从产业创新价值链的角度对全球及我国植物基因组编辑技术的研究现状和重要国家的研发布局进行分析，以期为我国相关领域未来的研发布局和决策提供参考依据。

3.2 植物基因组编辑技术基础研究进展

3.2.1 主要发展历程

基因组编辑技术的研究最早始于 1986 年，主要研究对象为微生物和动物。该技术在植物中的应用研究出现时间相对较晚，始于 1993 年，并且研究规模也较小，发文量占总量的比例不到 10%。根据各技术出现时间的先后顺序基因组编辑技术在植物中的发展大致经历了三个阶段：1993～2004 年为萌芽阶段，MN 技术开始出现，发文量较少，相关研究发展缓慢。2005～2008 年为技术发展阶段，ZFN 技术出现，文献量相较前一阶段有明显增长。2009 年后，技术进入快速发展应用阶段，TALEN 和 CRISPR 技术相继出现，文献量几乎呈指数增长，相关研究持续增热（图 3-2）。其中，ZFN 的文献量最多，有 250 篇，占总量的 39%；其次为 CRISPR，有 147 篇，占总量的 23%；文献量排名第三的为 TALEN，有 138 篇，占总量的 21%；文献量最少的为 MN，有 113 篇，占总量的 17%。

目前，基因组编辑技术主要应用于模式植物或作物内源基因或标记基因突变及基因插入、替换等研究（表 3-1）。其中，MN 主要用于拟南芥、烟草以及玉米内源基因突变和标记基因的研究；ZFN 已成功应用于多种植物的基因突变或插入研究，如烟草和玉米耐除草剂基因等；TALEN 主要用于定向诱变和靶基因的激活研究，如水稻白叶枯抗性基因 *Os11N3* 和小麦抗白粉病基因 *MLO*；CRISPR/Cas 系统在重要农作物水稻、小麦、玉米和模式植物拟南芥及烟草中成功进行了应用，包括基因定点突变、突变频率及相关机制的研究。

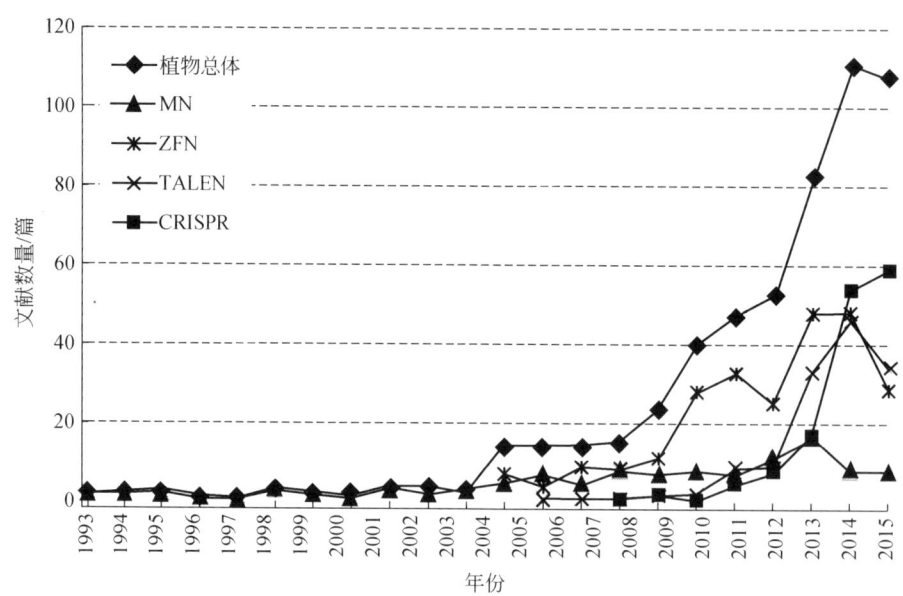

图 3-2 植物基因组编辑技术四个分支技术论文数量的年度分布

表 3-1 基因组编辑技术在植物的研究情况

技术类型	涉及作物	目的	靶向位点/基因
MN	玉米、大豆、烟草、拟南芥、棉花	基因突变、基因激活	*Liguleless1* 位点
ZFN	拟南芥、水稻、玉米、大豆、马铃薯、矮牵牛、烟草	靶向诱变、基因打靶、靶向删除和倒位、基因替换、基因叠加	*IPK1*、*SurA*、*SurB*、*CHN50*、*ABI4* 等
TALEN	水稻、拟南芥、大麦、烟草、短柄草	靶向诱变	*OsDEP1*、*Os11N3*、*TaMLO*、*BdRHT*、*BdHTA1*、*HvPAPhy_a* 等
CRISPR	水稻、拟南芥、小麦、烟草、玉米、大豆	基因诱变、基因替换	*AtTT4*、*NbPDS*、*OsMYB1*、*TaMLO*、*ZmIPK*、*ZmDeRED* 等

3.2.1.1 MN 的出现拉开了植物基因组编辑时代的序幕

1993 年,法国巴斯德研究所 Puchta 等首次报道了 I-Sce I 诱导的双链 DNA 断裂可以提高烟草同源重组频率,这一具有里程碑意义的研究宣告了利用序列特异性核酸酶开启精准的植物基因组工程时代的来临。随后,研究人员开始对植物中同源序列的基因组双链断裂修复机制进行研究,并证实其中至少有两种不同且相关的修复途径。2000 年以后,相关研究涉及了归巢核酸内切酶基因、内含子/内含肽(intein)的机制及应用等方面。近年来,在了解归巢核酸内切酶作用机制的基础上,研究人员利用组合方法构建人工归巢核酸内切酶,以对目标序列进行剪切。

然而,植物基因组中很少有天然的 MN 酶切位点,需要预先在基因组中插入它的识别位点。因此，有限的 MN 种类和 DNA 识别序列以及低突变频率等因素制约了该方法的推广利用，目前 MN 技术的研发和应用主要集中在一些较大的生物公司，如 Cellestis 和拜耳。

3.2.1.2　ZFN 的出现促进植物基因组编辑技术进一步发展

2005 年，美国约翰·霍普金斯大学的科研人员成功构建 ZFN 介导的基因打靶技术，从而拉开了利用人工核酸酶对植物和哺乳动物基因组进行定向诱变和靶向基因编辑的序幕。2008 年，美国麻省总医院等机构研究人员开发了开源式（Oligomerized Pool Engineering，OPEN）技术，并为科研人员提供了免费平台对 ZFN 进行筛选，以解决难以获得高特异性的锌指结构域等技术瓶颈问题。随后，ZFN 技术在植物中获得进一步的应用。2009 年，陶氏益农的研究人员将 ZFN 技术应用于玉米精准的基因组修饰，在预期位点插入耐除草剂基因；同年，明尼苏达大学的研究人员开发了一套 ZFN 介导的高效基因打靶系统，可对烟草内源基因（乙酰乳酸合成酶基因）的多个等位基因进行有效诱变。

然而，由于 ZFN 的筛选和设计方面存在较大技术困难和缺陷，具体表现为：该技术需要构建庞大的表达文库并进行筛选，在实验操作中的构建难度较大，且周期长；目前，研究人员尚无法实现对任意一段序列均可设计出满足要求的锌指，也无法实现在每一个基因或其他功能性染色体区段都能够顺利找到适合的锌指作用位点；在已经成功运用的 ZFN 的报道中，大多数研究者并不公布其构建的锌指结构序列；此外，ZFN 的脱靶切割会导致细胞毒性。上述因素的存在使该技术的推广仍受到了限制。

3.2.1.3　TALEN 推动了植物基因组编辑技术的快速发展

2009 年，德国马丁路德·哈勒维腾贝格大学的研究人员破译了转录激活样效应子（TALE）氨基酸序列与核酸靶序列的密码，为该技术的后续应用奠定了重要的理论基础。2011 年，多个研究团队同时报道成功开发了基于上述原理组装的可进行基因组编辑的 TALEN 系统。2012 年，清华大学的施一公团队对 TALE 的 DNA 识别序列的结构机制进行了解析，为后续 DNA 结合蛋白的有效设计奠定了基础。然而，该技术也存在一些缺陷：TALEN 在构建过程中，TALE 分子的模块组装和筛选过程比较繁杂，需要大量的测序工作，对于普通实验室的可操作性较低，而商业化公司构建也需要花费上千美元，使用成本较高；同时，TALE 蛋白相对分子质量较大，含有 1000 多个氨基酸残基，过大的蛋白质增加了分子操作难度，并且具有免疫原性，有一定几率会导致机体发生免疫反应，从而降低了编辑效率。

3.2.1.4　CRISPR 降低了入门门槛，掀起了植物基因组编辑的热潮

2012 年，加利福尼亚大学伯克利分校的 Jennifer Doudna 等发现了一个比较简单的 CRISPR（TypeⅡ）系统的机理，阐明了 RNA 及目标 DNA 配对的原则，并分析了 Cas9 作为核酸酶的活性位点，所有这些工作为现在 CRISPR/Cas9 的应用奠定了最根本的基础。2013 年，中国科学院、美国艾奥瓦州立大学等机构的研究人员分别报道了该技术可在拟南芥、烟草、高粱和水稻等植物中进行基因组修饰。此后，来自世界各地的研究人员将目光转向了这个新的研究领域，掀起了新一代基因组编辑的狂潮。然而，CRISPR/Cas9 系统在

真核基因组编辑中也存在着一些不足：如果目标序列周围不存在前间序列临近基序（PAM）或者无法严格配对，则 Cas9 蛋白不能行使核酸酶的功能，从而导致这也造成了利用 CRISPR/Cas9 系统不能对任意序列进行切割；作为一个原核的系统，针对真核细胞中染色体的各种修饰结构是否能够无差别地进行高效切割也需要进一步探究。

3.2.2 研究热点与趋势

3.2.2.1 基因组编辑技术的分子解析和技术改造是该领域的研究热点

植物基因组编辑技术的研究热点年度变化情况如图 3-3 所示。1993~2000 年，相关研究热点主要集中在 MN 技术的原理解析及其在植物中应用等方面上。在此期间，研究人员发现了来自酿酒酵母的 I-SceI 核酸内切酶可以诱导 DNA 双链断裂，使同源重组频率提高好几个数量级，其原理就在于同源重组是染色体双链断裂的主要修复途径；此外，将目标载体通过农杆菌介导的方法在拟南芥、玉米等植物中进行稳定遗传转化也是研究热点之一。2001~2009 年，ZFN 的研究最为活跃，基因组编辑技术相关机理的研究更为深入，包括双链断裂机制、同源重组和晶体结构等方面；同时，基因组编辑技术也经历了从模式植物中的基因表达研究转向水稻等主要作物中基因突变功能研究。2010~2015 年，TALEN 和 CRISPR 技术相继出现，基因编辑技术的优化改造和靶向诱变等功能应用成为这些技术的研究热点，通过对基因组编辑系统中的组成部分，如核酸内切酶、DNA 结合特异性、III 型效应子等改进研究，以增强识别特异性。

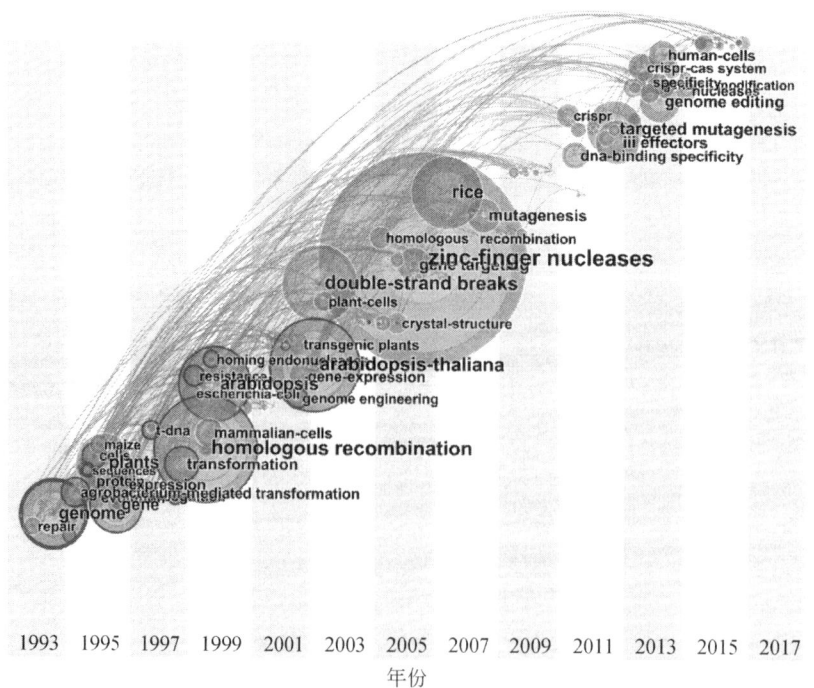

图 3-3 植物基因组编辑技术研究热点年度变化情况（见彩图）

从各技术类别来看，植物基因组编辑技术研究热点主要是集中在定点编辑机理、各编辑系统的优化和改造等方面。由于植物基因组中很少有天然的 MN 酶切位点，需要对 MN 进行改造，因此，MN 目前的研究主要集中在对已有的 MN 进行突变改造以获得更多具有新识别靶位点的核酸内切酶；而对于 ZFN、TALEN 和 CRISPR 等技术而言，相关研究集中在优化保守性切割域（FokI 和 Cas9）、序列靶向识别等以提高打靶效率。

3.2.2.2 基因组编辑技术在作物中的应用成为近年研究的新趋势

随着基因组编辑技术研究不断深入以及新一代技术的出现，近年来相关主题研究也正悄然发生变化，如机理研究已从生物学机制转向了编辑功能的应用，研究对象也从烟草、拟南芥等模式植物转向水稻、小麦、大麦等重要农作物。自 2013 年以来，MN 相关的研究逐渐衰弱，如 I-SceI、I-CreI 等主题词已不再出现。同时，相关领域也已出现了新的研究方向，如位点特异性核酸酶及相关用途等方面。其中，位点特异性核酸酶中的 TALEN 出现频次最高，主要涉及了技术机理解析和技术优化改造；位点特异性核酸酶的用途包括了基因编辑、定点诱变、表观遗传改变、作物育种和无筛选标记植株创制等方面（表3-2）。此外，随着基因组编辑技术作用机制的进一步明晰，研究人员开始将模式植物中的研究成果应用于农作物中，并通过基因突变、靶向删除和倒位、基因替换、基因叠加等方式，对作物重要农艺性状进行精确改造。

表 3-2　植物基因组编辑技术 2013~2015 年的研究主题变化情况

近三年首次使用的主题词（频次）	近三年不再出现的主题词（频次）
TALEN（26）	cre-lox（5）
chlamydomonas reinhardtii（4）	evolution（4）
gene editing（4）	transcription factor（4）
crops（3）	RNA editing（3）
crop improvement（3）	cox1（3）
breeding（3）	I-SceI（3）
epigenetics（3）	I-CreI（3）
hordeum vulgare（3）	particle bombardment（3）
targeted genome modifications（3）	bacteriophage（3）
marker-free plant（3）	animal models（3）
repeat variable diresidue（3）	repeated sequences（3）
RNAseq（3）	introns（3）
site-directed mutagenesis（3）	hybrid（3）
site-specific nucleases（SSNs）（3）	endonuclease（3）
targeted gene modification（3）	

3.3 植物基因组编辑技术的研发现状

3.3.1 技术发展特点

基因组编辑技术专利最早出现在1992年,而在植物中的技术研发相对较晚,最早从2000年开始申请,此后专利数量呈不断上升的趋势,并在2013年达到了峰值。其中,MN和ZFN相关专利出现较早,数量较多,占比分别为45%和27%;TALEN和CRISPR的专利出现时间较晚,数量较少,分别占总量的15%和13%(图3-4)。四类基因组编辑技术在植物中的主要发展路径如图3-5所示。

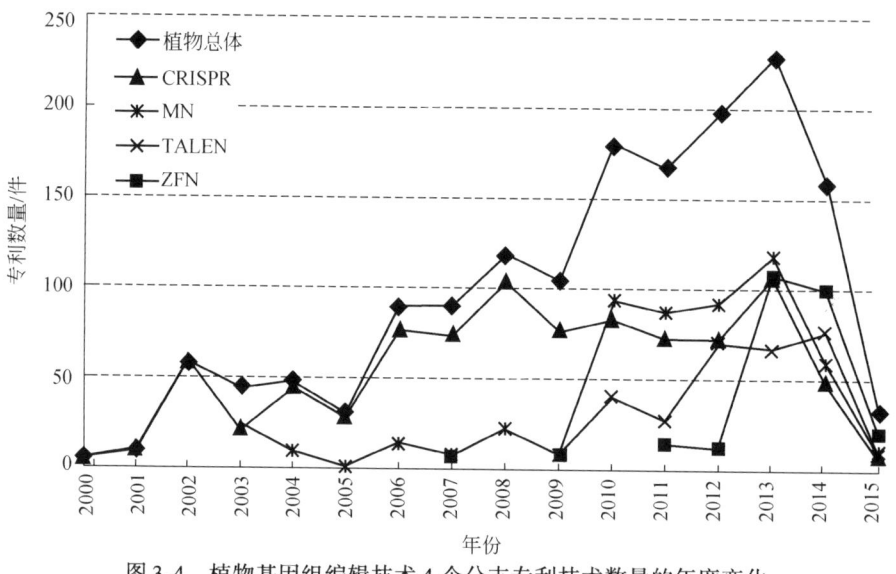

图3-4 植物基因组编辑技术4个分支专利技术数量的年度变化

3.3.1.1 MN技术发展路径多样且各具特色

目前,MN的核心技术主要掌握在拜耳、Cellectis和巴斯夫等公司手中,其发展历程大致分为3条重要分支。

(1) Cellectis公司的发展路径。2002年,Cellectis获得一项专利授权(专利号:US7098031B2),公开了利用线性化多聚核酸随机整合到宿主细胞基因组以获得转基因植物的方法。2005年,该公司迎来了一个历史转折点,证明了MN可在任何生物体进行精确的基因组重编程(专利号:US8211685B2)。基于上述发现,该公司开发了工业化生产核酸酶的方法,开启了基因组编辑时代的序幕。随后,Cellectis利用其技术平台筛选了大量的MN突变体,并对MN技术不断进行优化和改造(专利号:US20110225664A1)。同时,该公司开始关注MN技术在农业上的应用,并于2010年成立了Cellectis植物科学子公司

（Calyxt），并将 MN 作为 Calyxt 公司的核心技术对植物进行改良。

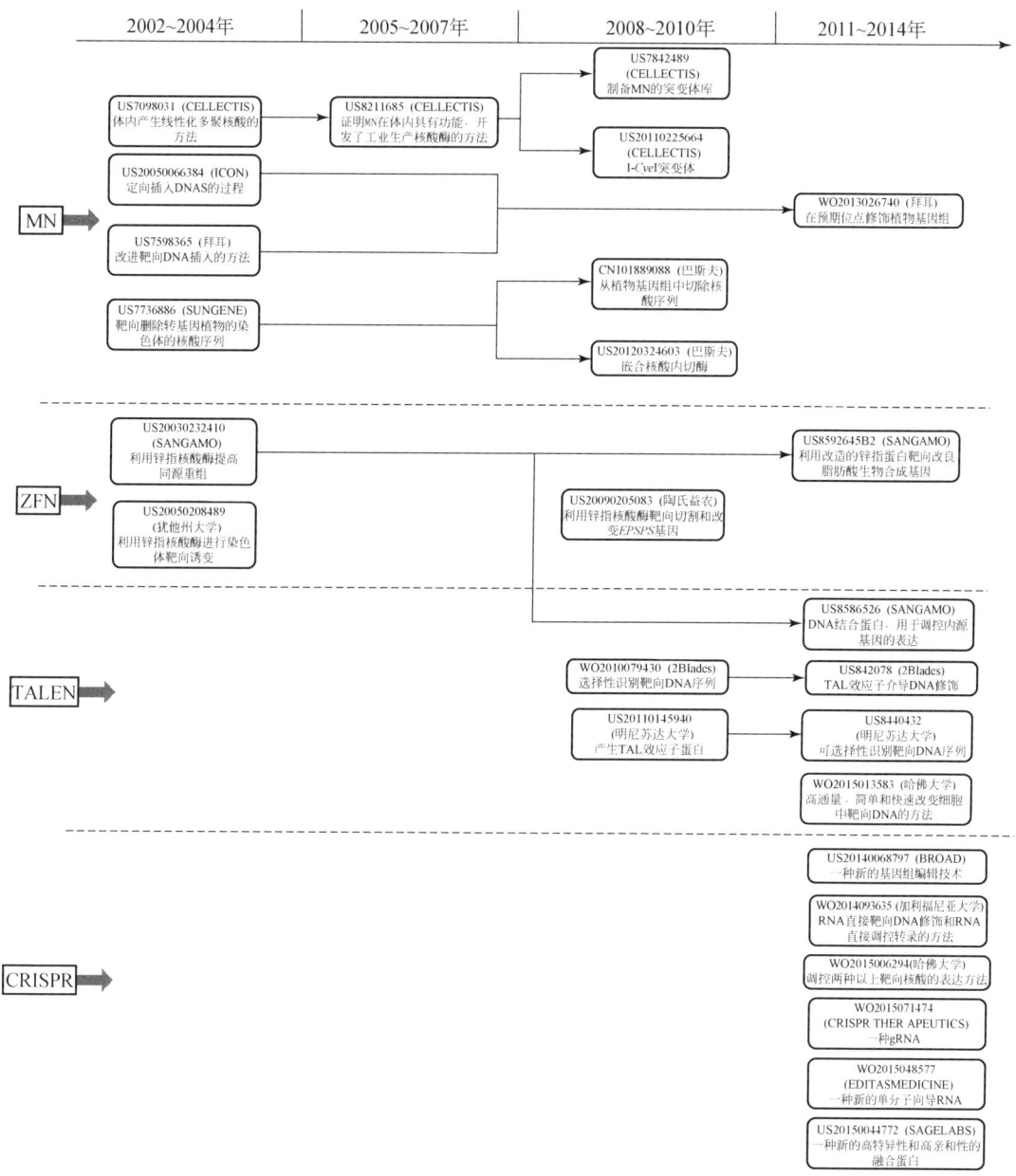

图 3-5　植物基因组编辑各分支技术演化图

（2）拜耳公司的发展路径。2004 年，ICON GENETICS（被拜耳收购）、拜耳作物科学分别开发了将外源 DNA 定向插入植物基因组预期位点的方法（专利号：US8058506B2、US7598365B2），该方法有助于目标 DNA 定向整合到植物核基因组中，并作为一种可对植物进行精确改良的育种方法。2010 年，拜耳作物科学公开了一种在预期位点修饰植物基因组的方法，包括诱导预期位点或附近的 DNA 双链断裂，选择预期位点 DNA 中发生了碱基置换、缺失或插入等变化的植物细胞。目前，拜耳作物科学已经利用该方法获得耐 HPPD 抑制剂类除草剂的棉花新品种。

（3）巴斯夫公司技术发展路线。2004 年，巴斯夫的子公司 SUNGENE 公开了一项利用同源重组系统靶向删除植物染色体核酸序列的专利（专利号：US7736886B2），该方法能够剔除转基因植物中的选择标记如抗生素或耐除草剂标记基因，可高效、精准地创制出无标记的转基因植物，提高消费者的接受度和食品安全。2008 年后，巴斯夫除了继续完善上述方法外（专利号：CN101889088B），还加强了对嵌合核酸内切酶的改造研究（专利号：US20120324603），通过同源重组对 DNA 实现靶向诱变。

3.3.1.2 ZFN 核心技术被 Sangamo 公司独家垄断

ZFN 的核心专利主要集中在 Sangamo 公司手中。2003 年，Sangamo 公司公开了利用 ZFN 提高同源重组的方法（专利号：US20030232410A1）。2004 年，犹他州大学申请了相关专利，公布了利用 ZFN 进行染色体靶向诱变的方法（专利号：US8106255B2），但此后，该大学在相关领域未见有后续的产出。随后，Sangamo 公司不断对相关方法进行优化和改进，并于 2008 年利用改造的锌指蛋白调控植物内源基因表达，成功对脂肪酸生物合成基因进行定向改良（专利号：US8592645B2）；与此同时，该公司还进一步拓展研究领域，开始关注 TALEN 技术（专利号：US8586526B2）。此外，Sangamo 公司还将 ZFN 技术在植物上的独家使用权授权给陶氏益农，并允许其销售 ZFN 培育出的植物产品。2008 年，陶氏益农利用获得授权的 ZFN 技术将 *EPSPS* 基因靶向插入植物基因组，创制耐草甘膦的转基因植物（专利号：US20090205083A1）。目前，合成具有可控特异性的锌指结构域的平台主要有两个，一个是免费开放的 OPEN；另一个为 Sangamo 公司所独有，并通过与 Sigma 公司合作销售预制的锌指。核心技术的掌握以及商业化的运营模式造成了该公司在 ZFN 领域一家独大的局面。

3.3.1.3 TALEN 核心技术掌握在少数公益性机构手中

TALEN 主要掌握在 2Blades、明尼苏达大学等公益性机构手中，目前该技术发展呈现出两条路径。

（1）2Blades 发展路线。2010 年，美国非营利组织 2Blades 申请了利用 TAL 效应子的重复结构域识别靶向 DNA 序列的方法（专利号：WO2010079430A1），以应用于植物重要农艺性状，如抗病性、生长期和产量以及对干旱等自然环境的耐受性等方面的改良。2012 年，该项专利获得了授权（专利号：US8420782B2）。目前，2Blades 已将该项技术授权于多个农业领域领军企业，包括拜耳作物科学、杜邦先锋、KWS、Mendel 生物技术、孟山都、Simplot、先正达等。

（2）明尼苏达大学与艾奥瓦州立大学的发展路线。TALEN 技术最早由明尼苏达大学和艾奥瓦州立大学于 2009 年合作开发。2010 年，两个大学共同提出了一种将含有靶向 DNA 序列的 TAL 效应子——DNA 修饰酶导入细胞中的专利申请，该方法可以创制遗传改良的生物体（专利号：US20110145940A1）。2012 年，明尼苏达大学与艾奥瓦州立大学进一步细化了制备 TALEN 的方法，由 TALE 蛋白 DNA 结合域和核酸酶 *FokI* 两部分融合而成,其中 TALE 蛋白 DNA 结合域负责靶序列的特异性识别,而核酸酶负责靶位点的切割,共同对植物基因组进行修饰(专利号:US8440432B2)。目前,法国公司 Cellectis 已获得该技术在商业化应用中的独家许可,而且已经提供定制的基因特异性的 TALEN。

3.3.1.4 CRISPR 技术促成一批新的专业化公司的涌现,但尚未形成垄断局面

CRISPR 技术的重要专利申请主要集中在 BROAD 研究所、加利福尼亚大学、哈佛大学以及 CRISPR Therapeutics、Editas Medicine、Sage Labs 等机构和企业手中。2013 年,CRISPR 技术先驱者 BROAD 研究所和加利福尼亚大学分别提出了 CRISPR/Cas 载体系统(专利号:US20140068797A1)和 RNA 直接靶向 DNA 修饰调控转录的方法(专利号:WO2014093635A1)。2014 年,哈佛大学及 CRISPR Therapeutics 等公司分别公开了调控多种靶向核酸以及新的单分子向导 RNA 等方法(专利号:WO2015006294A2、WO2015048577A2、WO2015071474A2、US20150044772A1、WO2015021426A1);同年,隶属于麻省理工学院和哈佛大学的世界著名生物医学研究机构 Broad 研究所申请的专利获得美国专利和商标局(USPTO)的批准,成为世界第一轮获得专利保护的 CRISPR/Cas9 相关技术。此后,加利福尼亚大学递交启用专利抵触程序的申请,要求 USPTO 重新审视 Broad 研究所所获得的专利。目前,两家机构各执一词,CRISPR/Cas9 的专利纷争最终如何解决也备受业界关注。

此外,CRISPR 技术的发展还带动了一批新兴公司的涌现。2011 年,CRISPR 研究领域的先驱者 Jennifer Doudna 创办了第一家新兴公司 Caribou,并将其实验室知识产权的独家授权给了这家公司。很快,这一领域其他的重要科学家如张峰、Emmanuelle Charpentier 等也纷纷创立了公司,如 Editas 公司、CRISPR Therapeutics、Intellia,但这些公司主要关注利用基因编辑技术治愈人类疾病。与其他公司不同的是,Caribou 是这些新兴公司中唯一一家没有集中精力研发人类疾病治疗方法的公司,它主要关注基因编辑技术优化和改造,使该技术更加可靠,在整个行业、而非仅仅是医药领域发挥更大的作用。

3.3.2 技术研发热点

3.3.2.1 基因组编辑系统的优化和改造是技术研发的热点

植物基因组编辑技术研发主要涉及了人工核酸内切酶技术改造以及靶向修饰植物基因组等方面(图3-6)。其中,人工核酸内切酶技术改造涉及对已有的 MN(主要是 I-*Cre*I)进行突变改造,将其改造为异型二聚体,旨在保持天然 MN 切割活性的前提下改变其识别靶位点,从而能够诱导染色体任意靶基因的双链断裂,实现高效、快捷的基因打靶。靶向修饰植物基因组主要涉及利用 MN 和 TALEN 等技术对预期位点的靶向修饰,包括人工核酸内切酶与目的 DNA 片段相结合以特异性地切割基因组 DNA;再通过非同源末端连接或同源重组系统对形成双链断裂结构进行修复,从而实现对目的基因组的编辑。

从时间上看,2001~2005 年,相关专利申请数量较少,其内容主要涉及了 I-*Dmo*I 等核酸内切酶的鉴定和应用、重组表达盒的构建以及基因打靶的方法等。2006~2010 年,专利申请数量有所增加,大多数专利集中在寻找新的 MN 或对已有的 MN 进行诱变以获得新

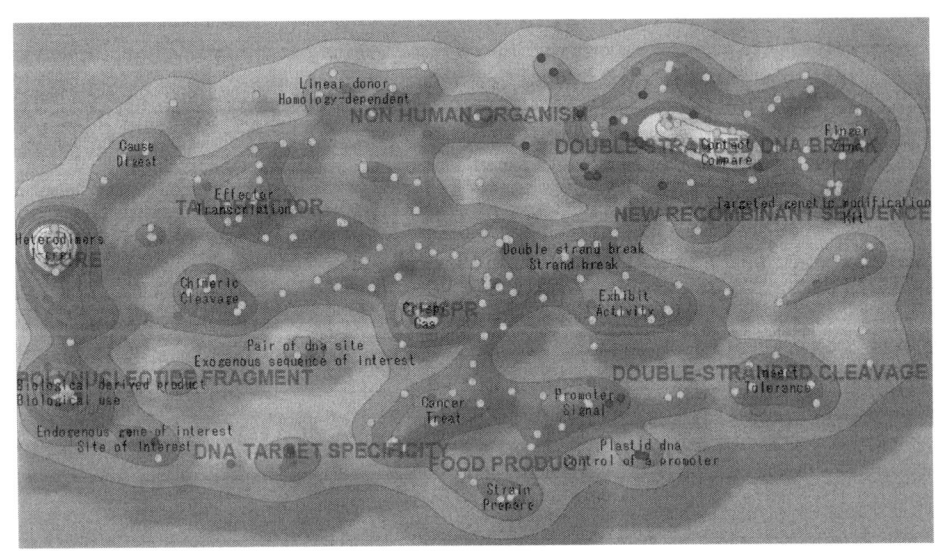

图 3-6 基因组编辑技术专利主题分布全景图（见彩图）

2001~2005 年用红色表示；2006~2010 年用绿色表示；2011~2015 年用黄色表示

的突变体；此外基于计算机分析的半理性设计等酶活性新方法可以显著提高核酸内切酶的突变体筛选效率。基于上述方法，研究人员已经创制了多个 MN 的突变体。在此期间，ZFN、TALEN 技术专利开始出现，研究人员通过构建含有 ZFN、TALEN 等元件的重组表达载体盒，对植物进行靶向修饰。2011~2015 年，相关专利数量与之剧增，基因组编辑新技术 CRISPR 开始出现，从而形成了多种不同技术共存的局面；这些专利涉及主题包括了新嵌合归巢核酸内切酶的制备，对大豆、玉米等靶向整合位点的优化，基因打靶通用载体和 ZFN 组装方法的开发等。

3.3.2.2 近三年的研发关注 CRISPR 技术及其在作物中应用

分子生物学研究不断取得突破，也推动了基因组编辑技术的更新换代和改进优化，以克服原有技术的局限性，使现有技术更简单便捷和精准。自 2013 年以来，以筛选突变体为主的 MN 技术的研究逐渐衰弱，取而代之的是新一代基因组编辑技术 CRISPR。由于该系统具有操作简单、效率高、成本低、可同时沉默任意数量的基因等优点，因而被认为是一种非常具有潜力的技术。同时，研究重点从单纯的技术方法优化改进转向了对农作物如油或脂肪等重要农艺性状的改良（表3-3）。

表 3-3 植物基因组编辑技术 2013~2015 年的技术主题变化情况

近三年首次使用的技术（频次）	中文解释	近三年不再出现的技术（频次）	中文解释
P13-B01（12）	无性系组培苗	B04-N0400E（14）	遗传工程产生的酶或多肽
P13-B02（12）	新植物或植物品种	D05-H12B2（10）	遗传工程产生的突变核酸

续表

近三年首次使用的技术（频次）	中文解释	近三年不再出现的技术（频次）	中文解释
C04-E13（8）	CRISPR 核酸序列	D05-H17B3（9）	突变蛋白或多肽生产
P13-E01（6）	果实和坚果	C04-F01（7）	寄主、细胞、微生物
P13-E03（5）	谷类作物和草类	D05-H17（7）	重组蛋白或多肽生产
D05-H19C（4）	CRISPR 系统	B04-N0200E（6）	遗传工程产生的动物的酶或多肽
B04-E13（3）	农业相关的 CRISPR 相关核酸序列	B04-N1200E（6）	遗传工程产生的转录因子
C04-D01（2）	单糖或多糖	C04-L0100E（6）	遗传工程产生的酶、催化蛋白
C04-B01C1（2）	油	C04-L0500E（6）	遗传工程产生的水解酶

3.3.3 商业化应用情况

3.3.3.1 跨国公司开始涉足植物基因组编辑技术领域

植物育种是基因组编辑技术重要的应用之一，目前多个重要农业跨国企业通过技术转让和合作方式纷纷进入该领域，以期在未来利用基因组编辑技术进行农作物品种改良中能占有一席之地。2014 年，先正达与 Precision BioSciences 公司合作，首次使用全合成基因组编辑技术开发先进农业产品；目前，先正达的研究人员已经成功利用该公司独创技术 ARCUS 为基础的工程核酸酶平台，将经过改造的目的核酸嵌入玉米基因组中的指定位置（Precision BioSciences，2014）。2015 年，杜邦先锋宣布与维尔纽斯大学签署指导性 Cas9 基因组编辑技术的许可及多年的研发合作协议，该大学在证实 CRISPR 是准确、高效的基因编辑工具中做了大量研究工作，并申请了相关专利；根据协议，杜邦将获得维尔纽斯大学商用（包括农用）知识产权的独家许可（Vilnius University，2015）。同年，杜邦与 CRISPR/Cas 技术领先开发商 Caribou 生物科学公司达成战略联盟，获得 CRISPR/Cas 技术在主要农作物中的独家知识产权使用权（DuPont，2015）。

3.3.3.2 基因组编辑作物上市已为期不远

目前，基因组编辑技术已经应用于育种实践，并培育出多个作物新品种（品系），其中一些品种已申请解除转基因监管。拜耳公司的科学家已利用该技术培育出具有抗虫性和抗除草剂的棉花品系，未来该技术还可以用于水稻和大豆品种的改良。杜邦先锋和 Precision BioSciences 利用基因组编辑技术敲除玉米中的 *ms26* 基因或使其失活，获得了雄性不育玉米（Seed Today，2013）。杜邦已经获得了 CRISPR 技术编辑的玉米和小麦新品系，将开展相关的大田试验，并预计到 2020 年年底将会出售用 CRISPR 技术编辑的种子。Cellectis 和陶氏益农等公司分别利用了 TALEN 和 ZFN 等技术培育出马铃薯和玉米新品种，并被美国农业部宣布解除转基因生物安全监管（Antonio Regalado，2015）。

3.4 植物基因组编辑技术的重要研发主体

3.4.1 美、欧等发达国家/地区是技术的发源地和技术引领者

在基础研究领域，以美国为代表的欧美发达国家在该领域具有较强的领先优势。从时间上看，法国和德国是最先开展植物基因组编辑技术研究的国家，但后续研究发展缓慢。美国自 2002 年后开始介入该领域的研究，此后发文数量呈快速增长趋势（图 3-7）。从数量上看，美国以 250 篇的发文量排名第一位，在所有国家中遥遥领先；德国以 76 篇，位居第二位（图 3-8）。从合作网络上看，美国节点最大，说明美国在整个合作网络图谱的影响力最大，且与中国合作最为密切（图 3-9）。此外，美国和德国在该领域还拥有一批具有高水平研究成果的科学家（表 3-4），如德国卡尔斯鲁厄理工学院的 Holger Puchta 教授发文量最多（15 篇），他首次阐明了植物中双链断裂修复的主要机制，主要关注植物体细胞重组和减数分裂重组等领域。发文量排名第二位的明尼苏达大学的 Daniel Voytas 教授是 ZFN 技术的创建者之一，同时也是 TALEN 的发明者，长期致力于开发及利用序列特异性核酸酶技术（ZFN、TALEN）对植物基因组进行定点编辑技术的研究。

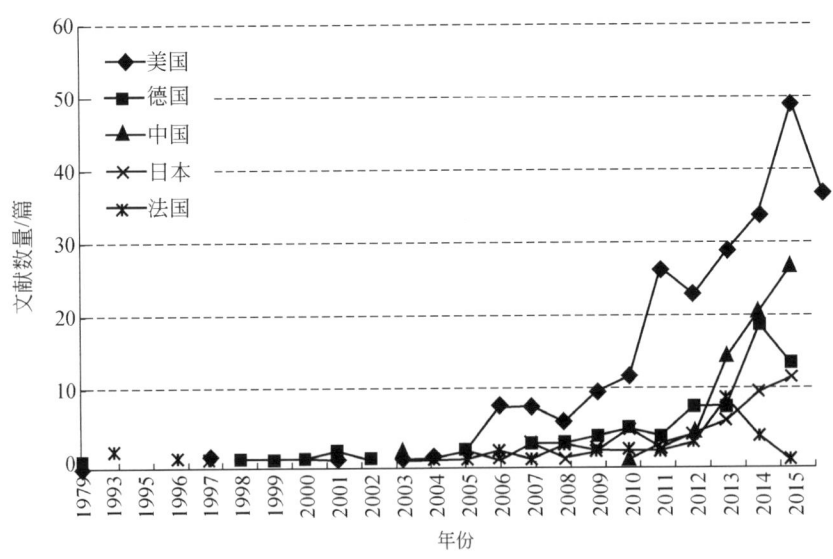

图 3-7 主要国家在植物基因组编辑技术领域发文量年度变化情况

3 植物基因组编辑技术国际发展态势分析

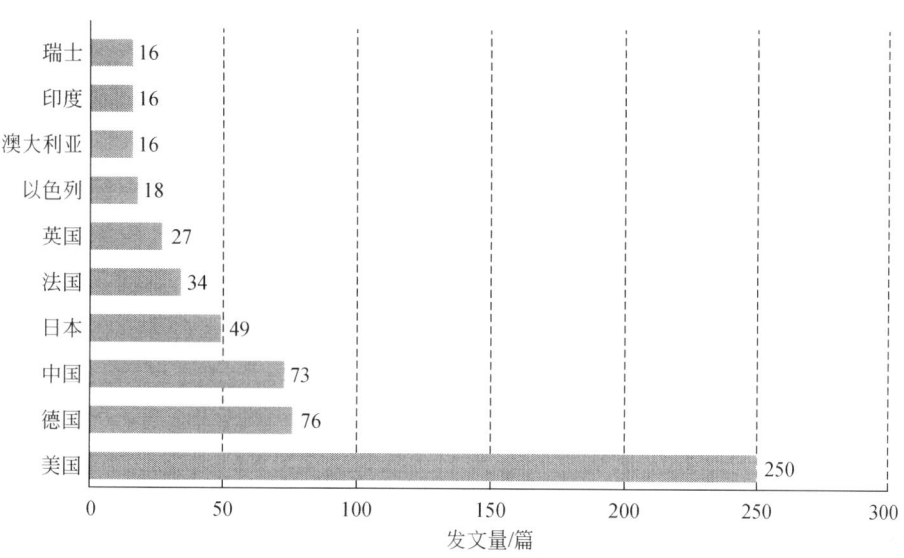

图 3-8 植物基因组编辑技术文献数量排名前 10 位的国家

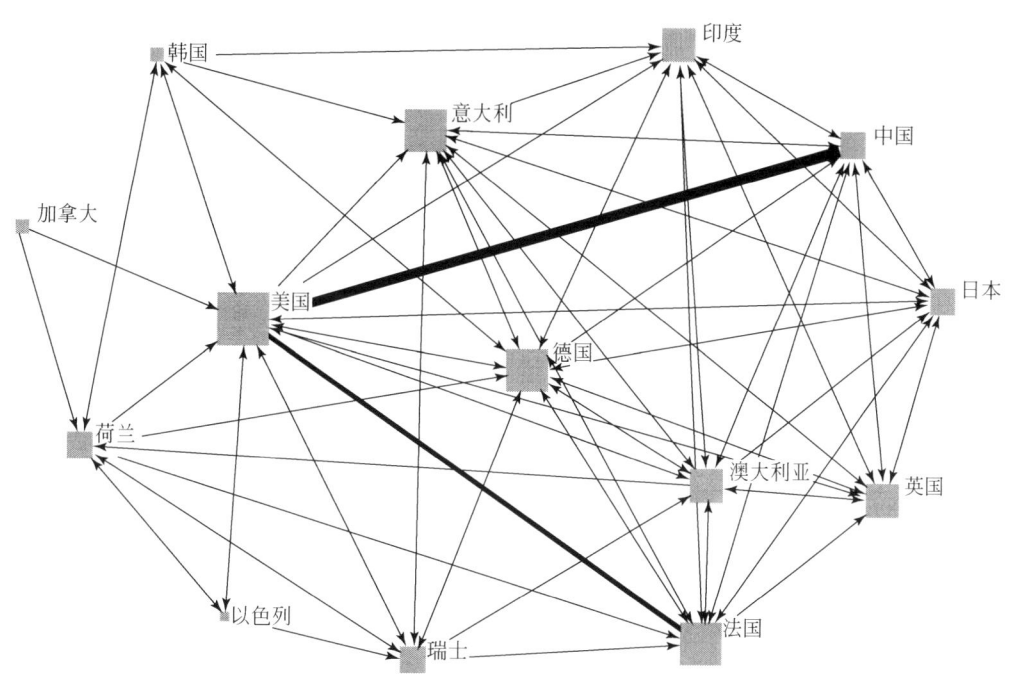

图 3-9 文献量排名前 14 位的国家之间的合作网络图谱

表 3-4 重要通讯作者研究内容分析

通讯作者	所属机构	近三年发文量占总发文量的比例	核心技术主题词（频次）	独有技术主题词（频次）
H. Puchta	德国卡尔斯鲁厄理工学院	27% of 15	double-strand break (5); targeted mutagenesis (3); gene technology (3)	genome (2); recombination (2); gene technology (3)

续表

通讯作者	所属机构	近三年发文量占总发文量的比例	核心技术主题词（频次）	独有技术主题词（频次）
D. F. Voytas	明尼苏达大学	62% of 13	zinc finger nucleases (3); Non-homologous end-joining (3); gene targeting (2); TALEN (2); genome engineering (2); arabidopsis (2); TAL effector (2)	Arabidopsis (2)
T. Tzfira	密歇根大学	8% of 12	zinc finger nucleases (2); gene targeting (2)	无
C. X. Gao	中国科学院	100% of 10	TALEN (3); CRISPR (2); TAL effector (2)	无
S. Toki	日本国家农业生物科学研究所	50% of 10	rice (6); homologous recombination (HR) (3); acetolactate synthase (3); gene targeting (3)	Acetolactate synthase (3)

在技术研发领域，美国、法国和德国的专利申请量最多，依次分别为 784 件、393 件和 192 件，远远超过其他国家的专利数量（图 3-10）。从技术分支上看，MN 技术的专利拥有国主要是法国、美国和德国，其中法国专利申请量为 366 件；TALEN 技术的专利拥有国主要是美国、法国和德国，其中美国申请量为 191 件；CRISPR 技术的专利拥有国主要是美国、荷兰和中国，其中美国申请量为 199 件；ZFN 技术的专利拥有国主要是美国、法国和日本，其中美国的申请量为 479 件，遥遥领先于其他国家（图 3-11）。

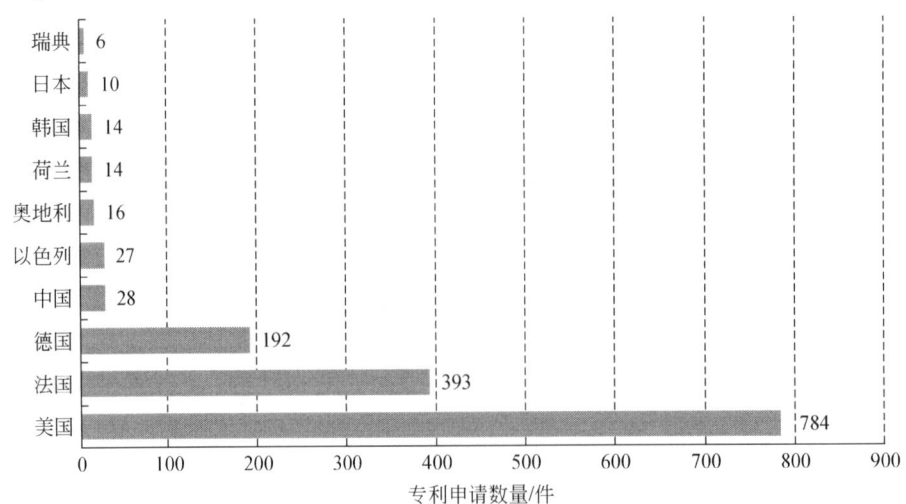

图 3-10 植物基因组编辑技术总体专利主要申请国家

3 植物基因组编辑技术国际发展态势分析

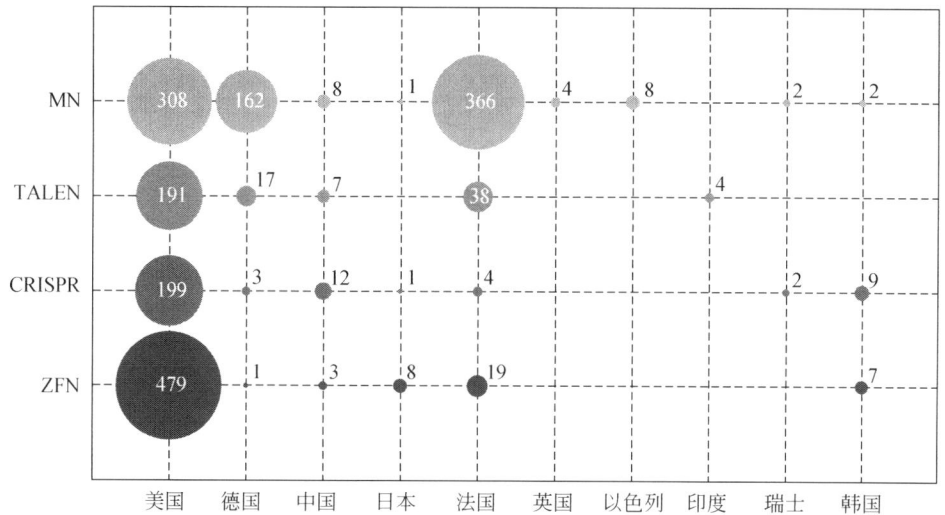

图 3-11 植物基因组编辑技术文献量排名前 10 位国家的四个分支技术文献量分布

3.4.2 公益性机构关注基础研究且注重国际合作，企业专注技术研发但合作仅限于"小团体"之间

植物基因组编辑技术的基础研究主要以科研机构和大学为主，多数机构之间合作往来密切。其中，美国艾奥瓦州立大学、明尼苏达大学、中国科学院等机构在植物基因组编辑技术领域的基础研究具有明显优势，且侧重分支各有不同。从论文发文量上看，艾奥瓦州立大学（36 篇）、明尼苏达大学（28 篇）和中国科学院（27 篇）依次位居前三位；排第四位和第五位的分别是日本国家农业生物科学研究所（19 篇）和美国密歇根大学（16 篇）（图 3-12）。其中，美国艾奥瓦州立大学、明尼苏达大学在 TALEN 和 ZFN 等技术方面具有优势；中国科学院的研究涉及了 CRISPR 和 TALEN 等，但侧重于 CRISPR 领域；美国

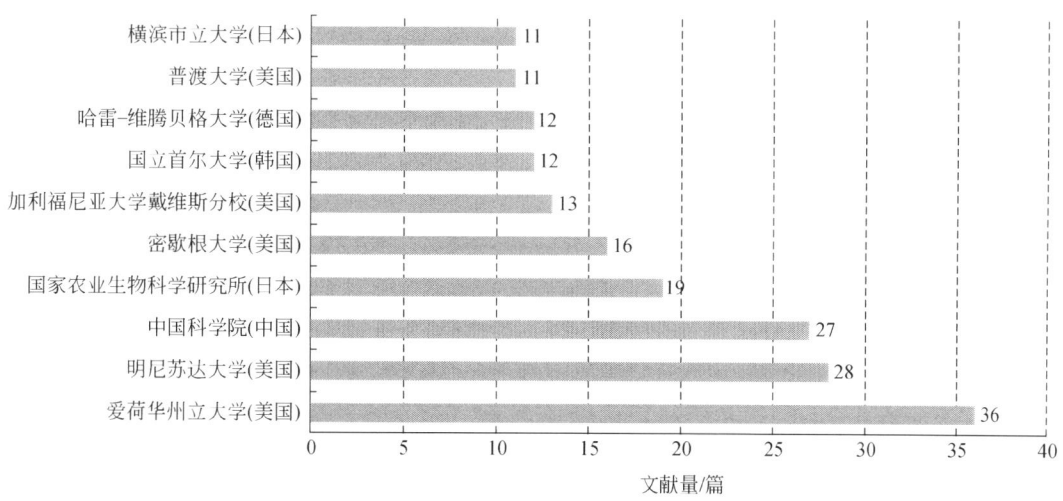

图 3-12 植物基因组编辑技术论文产出前 10 位的机构

密歇根大学的研究主要集中在 ZFN 领域。从研究内容上看，艾奥瓦州立大学和明尼苏达大学是 TALEN 技术的发源地，也是研究实力最强的机构，以合作方式发表了多篇相关的研究论文。中国科学院近年来发展迅速，主要围绕 TALEN 和 CRISPR 技术在水稻等作物中的应用开展研究。日本国家农业生物科学研究所的优势是在基因组编辑技术机制及改进方面。美国密歇根大学则主要集中在 ZFN 的基因打靶上的研究（表3-5）。

表 3-5 重要机构研究内容分析

机构	近三年发文量占总发文量的比例	核心技术主题词（频次）	近期主题词（频次）
艾奥瓦州立大学	47% of 36	TAL effector (9)；rice (4)；xanthomonas (3)	rice (4)
明尼苏达大学	61% of 28	TAL effector (4)；zinc finger nucleases (3)；TALEN (3)	TAL effector (4)；TALEN (3)；zinc finger nucleases (3)；arabidopsis (2)；targeted mutagenesis (2)
中国科学院	92% of 26	CRISPR (6)；TALEN (4)；rice (4)	CRISPR (6)；rice (4)；TALEN (4)；genome editing (3)；genome engineering (3)；TAL effector (3)；arabidopsis (2)；targeted gene modification (2)
日本国家农业生物科学研究所	63% of 19	rice (11)；gene targeting (5)；homologous recombination (HR) (4)；acetolactate synthase (4)	CRISPR (3)；genome editing (2)；targeted mutagenesis (2)；technical advance (2)
美国密歇根大学	12% of 16	zinc finger nucleases (3)；gene targeting (2)	无

与基础研究不同的是，企业是该领域的专利申请主体，并且通过技术许可等方式涉猎多种基因组编辑技术。法国的生物科技公司 Cellectis、美国的陶氏益农、美国的 Sangamo 生物科学公司专利申请总量位居前三，是相关领域技术研发的领头羊（图3-13）。其中，Cellectis 的相关专利主要集中在 MN 技术上，于 2011 年获得明尼苏达大学 TALEN 技术专利的独家授权，并将上述两种核心技术用于大豆、马铃薯、油菜和小麦等作物性状的精确改良；陶氏益农获得了 Sangamo 生物科学公司 ZFN 技术在植物中的独家使用权，并且申请了多个相关的专利；Sangamo 生物科学公司重要专利集中在 ZFN 和 MN 等技术上，同时也在 TALEN 技术投入大量努力，并申请了相关专利。

专利权人的合作网络没有跨国合作，合作多以"小团体"形式体现。其中，最大的合作团体为来自法国的巴斯德研究所、巴黎第六大学、法国国家科学研究院和法国自然科学研究院等机构，而最频繁的合作则产生在陶氏益农和Sangamo生物科学公司之间（图3-14）。

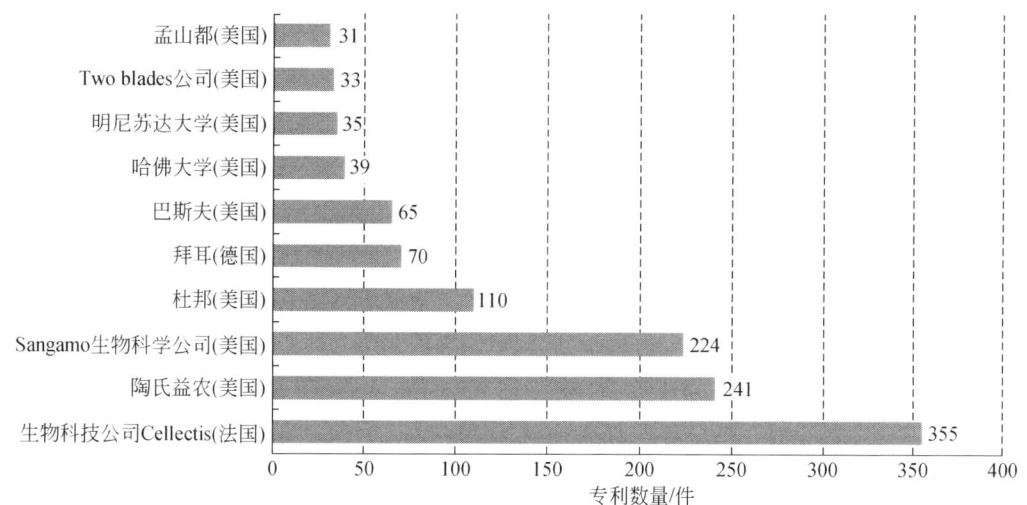

图3-13 植物基因组编辑技术专利申请数量排名前15位的机构

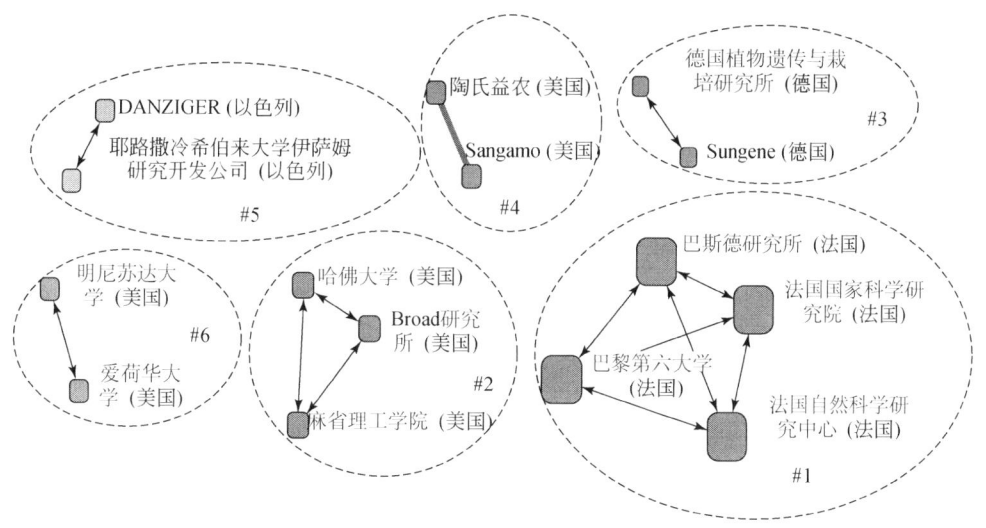

图3-14 植物基因组编辑技术专利权人合作网络图

对排名前五位的机构申请的重要专利分析表明，这些机构专利主要集中在基因组编辑技术的应用方面，包括基因突变和基因整合。此外，Cellectis等机构也在技术改进方面也有专利申请，主要是通过筛选MN的突变体，寻找具有新识别位点的核酸酶。

3.4.3 我国机构在部分领域较具实力，但企业技术研发实力较弱

在基础研究领域，我国的相关研究相对而言起步较晚，2010年后才开始介入，但后续发展快速；自2013年后，我国发文量几乎以指数方式增长，并很快超越德国、法国，仅

次于美国，位居第二位。对相关论文发表数量和质量的综合分析表明，我国虽然论文产出量较高，但表征论文质量的指标——篇均被引频次较低，位于第四象限；与位于第一象限的美国和德国等领先国家相比，我国仍具有一定差距（图 3-15）。对我国机构的分析表明，中国科学院在相关领域表现突出，具有较强的实力；电子科技大学、中国农业科学院和西南大学等机构也开展了少量的研究。从技术种类上看，我国机构的研究中较多地采用了 CRISPR 和 TALEN 技术，涉及的作物主要有小麦、水稻和大豆；而 ZFN 和 MN 的研究很少，大多数集中在拟南芥上（图 3-16）。此外，我国研究人员的表现也较为突出，中国科学院遗传与发育生物学研究所高彩霞研究员团队在小麦、水稻等植物物种中建立了 TALEN 核酸酶介导的基因定点突变技术体系，并首次将 CRISPR/Cas 用于植物基因组编辑；清华大学施一公领导的研究小组揭示了转录激活因子样效应蛋白（TALE）特异识别 DNA 的分子机理，为 TALE 的改造奠定了基础。

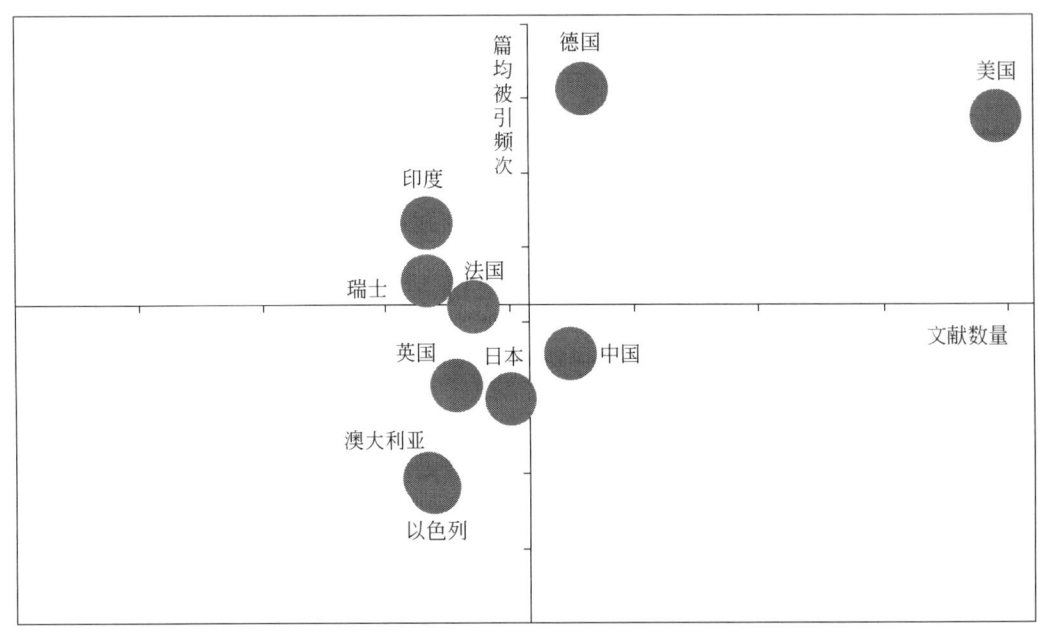

图 3-15　中国等主要国家的文献数量-篇均被引频次四象限图

	CRISPR	TAIEN	MN	ZFN
中国科学院	12	5		
电子科技大学		4		2
中国农业科学院	3	1		
西南大学	3	1		
华中农业大学	2		1	
安徽农业科学院	2			
中国农业大学	2			
重庆大学	2			
东北农业大学	1			1
浙江大学	1	1		

图 3-16　我国机构植物基因组编辑技术论文分布情况

3 植物基因组编辑技术国际发展态势分析

在技术研发方面,我国相关专利申请量虽然排名第四位,但远远低于美国、法国和德国。其中,华南农业大学、安徽农业科学院、中国科学院遗传与发育生物学研究所的专利申请量较多,相关的研究主要集中在多基因转化载体构建、水稻和小麦靶向基因诱变等方面。与其他国家相比,我国机构国内专利申请量占比近70%,专利申请以国内为主,布局较为单一;同时,申请机构均为研究所或大学等公益性机构,未见企业有相关专利的申请(表3-6)。从技术类别上看,与基础研究情况相似,我国机构大多数专利申请集中在CRISPR和TALEN技术方面,主要是对水稻(*DEP2*、*OsCAD2*、*Ehd3*、*OsCHI*)、小麦(*MLO*)等基因进行定向诱变;MN技术的专利较少,主要在涉及了载体改造中MN相关的酶切位点(图3-17)。

表3-6 植物基因组编辑技术文献量排名前10位的国家的四个分支文献量分布

国家	基础研究		技术研发		
	发文量/篇	重要机构	专利数量/件	专利布局	重要机构
中国	73	中国科学院、电子科技大学	26	中国(18)、WO(3)、美国(2)	华南农业大学、安徽农业科学院、中国科学院遗传与发育生物学研究所
美国	250	艾奥瓦州立大学、明尼苏达大学、密歇根大学	751	美国(161)、WO(144)、澳大利亚(75)	陶氏益农、Sangamo、杜邦
德国	77	哈雷-维滕贝格大学、卡尔斯鲁厄理工学院	183	澳大利亚(33)、WO(32)、欧专局(26)	巴斯夫、拜耳、莱布尼茨遗传学与作物科学研究所(IPK)
法国	34	Cellectis公司、CNRS	393	WO(92)、US(83)、EP(75)	Cellectis公司、CNRS、巴斯德研究所

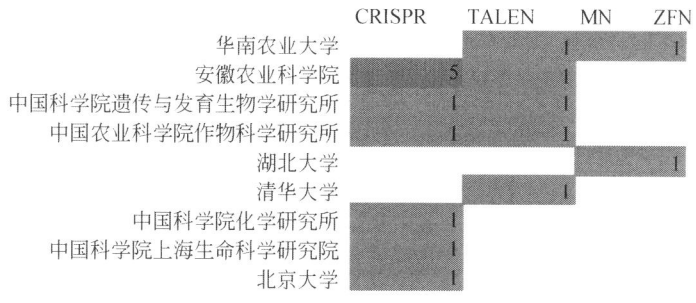

图3-17 我国机构植物基因组编辑技术的专利申请分布情况(单位:项)

3.5 基因组编辑作物的监管现状

随着技术的发展,对转基因生物法律解释的不同理解会使新技术产品产生不同的分类结果(转基因或非转基因)。因此,基因组编辑作物的未来发展还取决于是否被视为转基因作物及其所带来的监管问题。目前,以欧盟为代表的国家已意识到现行法律制度落后于新技术的发展,纷纷对新技术立法现状进行了评估,并就其分类监管展开了深入的讨论,同时采取措施逐步健全相关的监管体系。包括英国在内的欧盟的一些成员国已经做出了非官方的评估并认为这种技术不应作为转基因技术来对待;美国和加拿大政府正在采用个案分析来处理利用基因组编辑技术研发而来的作物,截至目前并未将其作为转基因作物来对待;阿根廷也采取类似的方法,而中国正在研究如何对这种技术进行监管。

3.5.1 欧盟

欧盟对转基因生物的管理一直采取谨慎的态度和行动,着眼于研发生产过程是否采用了转基因技术,因而对于基因组编辑等新型植物育种技术的讨论最为热烈,并且其讨论主要集中在这些新技术产品如何分类监管和风险评估等方面。2007 年,欧盟委员会成立了新技术工作组对包括 ZFN 在内的各种新育种技术进行评估;2010 年,欧盟委员会委托联合研究中心(JRC)对这些植物育种技术的应用进行分析,同时委托欧洲食品安全局(EFSA)评价这些新技术产生的植物是否属于目前欧盟转基因产品立法范围内。欧洲食品安全局对 ZFN 等技术开展了较全面的风险评估,并认为欧盟现有的转基因生物风险评估指导条例适用于上述新技术及其产品的风险评估,且相关的风险评估应遵循个案原则;对于 ZFN 技术,欧洲食品安全局认为其比常规转基因技术风险更小(EFSA,2012)。

此外,多个成员国认为欧盟现有监管体系不能满足当前新技术的发展要求,对于降低这些作物的监管门槛意愿表达也较为强烈,纷纷发布一系列报告对相关技术进行探讨。荷兰遗传修饰委员会、英国环境释放咨询委员会、德国联邦消费者保护与食品安全局已经将相关的分析结果呈递给欧盟委员会。2014 年 10 月,荷兰遗传修饰委员会发布了一份基因组编辑新技术 CRISPR/Cas 的咨询报告,讨论了 CRISPR 技术相关问题、在医学和农业应用上的可能性、该技术可能的风险和该技术的应用及相关产品是否落入转基因生物管理范畴等(COGEMA,2014)。同年,英国生物技术和生物科学研究理事会(BBSRC)发表立场声明,认为欧盟对新技术及其产品的监管体系存在局限性,因为转基因与非转基因技术之间的界限也将随着技术的发展越来越模糊,建议欧盟对于新技术采用基于作物性状而非生产技术的监管体系(BBSRC,2014)。2015 年 2 月,欧洲植物科学组织(EPSO)发表声明,认为目前欧洲立法没有对作物遗传改良新方法和相关生物产品产生积极影响,要求欧盟委员会根据新技术工作组的建议尽快提供一份新型育种技术相关的指导文件(EPSO,2015);9 月,德国国家科学院发布报告对基因组编辑技术的监管及影响阐明立场(Leopoldina,2015);11 月,瑞典农业部针对于默奥大学和乌普萨拉大学学者提出的

CRISPR 技术开发的产品是否属于转基因生物（GMO）的问题作出明确解释，即利用 CRISPR/Cas9 技术进行基因组编辑所获得的不含外源 DNA 的拟南芥突变体不属于转基因生物，这是主管当局有史以来第一次对基因组编辑植物进行了评估和明确了转基因生物的监管分类，其意义重大（UPSC, 2015）。经过多年的思虑之后，欧盟有望在近期发布对包括基因组编辑技术在内的新育种技术进行归类和监管的观点，这一政策将会极大地推动基因组编辑作物是否会归类为转基因作物的进程。

3.5.2 美国

美国对转基因生物的管理与欧盟截然不同，其相关的监管制度都严格基于 1957 年制定的法律而不是技术本身。在美国，转基因技术基本等同于农杆菌转化的方法。随着许多新技术和新方法的出现，美国对于转基因生物概念的界定仍然沿用上述法律。2011 年，美国在发布的《新兴技术监管和监督原则》中强调，监管要遵循科学，定量和定性考虑效益与成本，如果没发现重大的监督问题，考虑不予监管。因此，美国遵循个案分析的原则、以科学为基础对基因组编辑产品进行监管。此外，美国政府已经将一些产品的安全评价材料在网络上公开，以便各国参考。

自 2010 年来，美国农业部认定了一些基因组编辑作物为非转基因产品，这些品种已被等同于常规育种产品对待（Ledford, 2013）。例如，陶氏益农利用 ZFN 技术获得的耐除草剂玉米由于未利用农杆菌技术而被宣布脱离了转基因生物安全监管；Cellectis 公司利用 MN 介导的基因缺失产品；Calyxt 公司利用 TALEN 技术获得的耐冷藏土豆因最终产品不含有任何外源的遗传物质而不受相关条文（即《生物技术监管协同框架》）管理。

3.5.3 我国及其他国家

我国已经开始关注基因组编辑技术的监管问题，农业部正在收集有关信息。2014 年，香山科学会议召开了以"基因组编辑前沿技术：应用、生物安全与伦理"为主题的学术讨论会，与会专家围绕新一代基因组编辑技术的崛起与发展趋势、基础理论研究、社会伦理、生物安全等四个方面进行了学术交流和深入讨论，并提出了意见和建议（香山科学会议，2014）。该会议专家认为由于该项新技术可以不依赖于外源 DNA 序列的导入，通过该技术获得的遗传修饰的生物材料，实际上与自然界长期进化形成的各类天然多态性个体相比不存在本质区别。因此，该技术应视为是在传统诱变育种的基础上发展出来的新技术，在安全性上与传统诱变育种技术更具有可比性，即两者在本质上都相当于人工诱变技术。

澳大利亚基因技术管理办公室目前并未对特定的新技术公布一个一般性的指导文件，而是当特定技术出现监管地位不明确时鼓励开发者联系他们。该机构已经几次对新型育种技术相关的法律条文解释给予了建议，如利用 ZFN 培育的某些作物可能被视为非转基因生物。2012 年，澳大利亚新西兰食品标准管理局（FSANZ）召开了一个专家组会议，对新技术产品是否属于转基因生物进行了研讨（FSANZ, 2013）。阿根廷的做法接近美国，只要最终产品不含外源基因，则不纳入转基因产品的监管范畴。加拿大对转基因生物的监管基于作物的性状,即不管育种过程中使用何种技术(常规育种、细胞融合、诱变、重组DNA技术和其他新技术),只要作物拥有新性状就必须通过安全评估和授权过程。因此,加拿大监管过程不需要改变相关法律条文来应对基因组编辑作物的出现。这种以作物性状而不是育种技术为基础的监管体系目前被认为是更加符合新技术发展的体系,因为随着技术的发展,转基因与非转基因技术之间的界限将变得越来越模糊。

总体而言,全球对相关作物的监管经验欠缺,对于新技术是否对人类健康和环境存在潜在风险还不清楚(或者认识还不一致),因此尚未就此形成统一意见。目前,世界各国已经意识到在新技术作物立法、定义和监管方法方面的差异也将会导致全球监管方法的不统一和市场贸易的不同步,正采用相关措施进行商讨和解决。2015年6月上旬,由美国、英国、阿根廷、中国多个国家和地区的政府官员、科学家、产业人士参加的新育种技术交流活动接连在菲律宾和中国举行,其目的就是协调各个国家和地区的基因组编辑育种技术监管(中国农业科学院植物保护研究所,2015)。

3.6 植物基因组编辑技术的未来发展展望

3.6.1 基因组编辑技术在功能基因学研究中具有巨大技术潜力

早期经典的突变技术及同源重组技术为利用反向遗传学开展基因功能研究做出了重大贡献。其中,获得突变体的常见方法是利用T-DNA或转座子构建大规模的随机插入突变体库。然而,该方法涉及了构建覆盖全基因组的饱和突变体库,工作量大且耗时长。作为新兴的基因组定点修饰技术,ZFN、TALEN等技术因其能够通过插入、缺失或替换的手段对基因组进行定点改造,自出现以来就受到了广泛的关注。新一代基因组编辑技术CRISPR/Cas可以同时实现对多个基因的编辑,这使得对基因家族的功能研究变得更为便捷,成为功能基因组学研究中最重要的手段之一。目前,基因组编辑技术已经在酿酒酵母、拟南芥、小鼠等多种模式生物中实现了目的基因组DNA的编辑,为这些模式生物中功能基因的研究做出了贡献。

随着基因组测序技术的迅猛发展,越来越多的物种全基因组已得到测序,以功能基因组学研究为代表的后基因组时代已经到来。面对大量的测序数据,基因组编辑技术将在基因组功能的解读与对基因的修饰和改造中发挥重要作用,并将深刻影响着生命科学、医学和农业等领域的研究模式,进一步推动各学科的快速发展。此外,TALEN、CRISPR/Cas等技术不仅能够满足基因组水平上的修饰,而且还能实现基因表达水平上的调控,在不改变基因序列的基础上影响和调节基因的功能,为表观遗传学的研究开拓了新的途径。总而言之,尽管基因组编辑技术目前还处于研究的初期阶段,但其在基因操作方面已表现出巨大潜力,将极大地促进植物功能基因组学的发展和相关领域的应用。

3.6.2 基因组编辑技术在育种创新中具有广阔的前景

除了应用于植物功能基因组研究外,基因组编辑技术也是未来作物遗传育种、农作物品质改良的重要新途径。由于在植物中产生自发同源重组的概率很低,对植物基因组进行精确修饰和改造非常困难,近年来位点特异性核酸酶的出现和应用,大大提升了同源重组的效率,使基因组编辑变得更加高效和精确,从而使得对植物进行基因组编辑成为可能。

与"传统"技术相比,基因组编辑技术具有特定的技术优势。其中一方面是基因组编辑技术更有针对性、精确性和可靠性,具体体现在:能在基因组 DNA 序列任何位点进行精确的靶向和切割;能对特定 DNA 片段进行精确的交换和剔除;可以很容易地定向改变那些与植物的毒性和过敏源性有关的基因;也可以使植物在不借助于杀虫剂和除草剂的情况下具有抗虫和抗病的能力。更重要的一点是,该技术避免引入新的遗传元件和蛋白,最终的商业化作物不包含插入的外源基因,缓解了传统转基因在生物安全评价上的各类问题,为这项技术在农作物上的推广提供了便利。

此外,基因组编辑技术可以缩短育种时间,并减少育种成本,将会带来较大的经济效益。该技术是对现有的植物突变技术的一个巨大补充,它加速了自然突变的进程,且比传统的诱变育种精确性更高、周期更短。目前,虽然 CRISPR/Cas 技术还存在一些缺点,但随着科学的不断发展,该技术通过不断改进必能获得新的发展,将为精确进行基因组特定位点的遗传改造提供了更多的可能性,在帮助育种工作者更加快速、准确地定向改造作物,培育更优质、高产、多抗性的农作物优良品种中具有重要前景。

3.6.3 生物安全的基因组编辑作物是未来作物育种的发展方向

植物基因组编辑技术还存在着不同程度的脱靶效应、人工核酸酶导入过程可能引发外源 DNA 进入植物基因组等问题。因此,未来的优化和提高在于技术高效性优化、减少脱靶、提高生物安全性、从蛋白导入等多种方法入手实现全程无转基因痕迹的基因组编辑,实现新一代的基因组编辑育种技术体系的建立和推进应用。目前,研究人员已经开展了相关的工作以解决上述问题。对于脱靶问题,研究人员利用成对 sgRNA 来识别靶标位点、设计新的"增强型"化脓性链球菌 Cas9 等方法,大大降低了脱靶效率或是将"脱靶编辑"显著减少至无法检测到的水平。对于外源 DNA 的引入问题,研究人员将 TALEN 蛋白复合物直接引入到植物体内、使用纳米微粒来引入不同的基因组编辑蛋白、通过溶剂将体外合成 Cas9 酶和 sgRNA 序列等蛋白质复合体引入植物体内等方法避免基因穿梭。

目前,基因组编辑作物发展面临的最大问题是对这些作物是否应像转基因作物那样进行管理。然而,世界各国对基因组编辑产品尚处于观望状态,也无相关的管理标准。因此,除了上述技术的优化和改进外,当前亟须建立合适的监管框架,以规范和推动基因组编辑技术在作物育种中的应用。鉴于此,中国、美国、德国科学家联名提出了以注册为前提、同等对待基因组编辑作物和传统育种产品的透明管理机制的建议,具体包括:研究中尽可能降低材料的传播风险;登记基因组编辑对基因序列造成的所有变异,确保无脱靶发生;若在基因组编辑技术初始步骤中用到外源 DNA 转化方法,须确保基因组编辑作物中的外源 DNA 被完全去除;若基因组编辑作物中的目标基因是参照不同物种的同源基因进行编辑的,必须注明两个物种的亲缘关系,若亲缘关系很远,须具体情况具体分析。最后,以上四点应写入新品种审定和登记制度中,在满足这些条例的基础上,基因组编辑作物在进入市场之前应当只需要接受和常规育种作物同样的管理(Huang et al.,2016)。

3.7 建议

(1) 加强和支持基因组编辑育种技术的基础和应用研究。这项技术进入产业化已是大势所趋,其潜在的经济效益不可估量。我国作为人口大国和农业大国,应抓住新兴生物技术的发展机遇,加强相关技术基础研究的投入和科研布局重点的规划,解决基因组编辑技术面临的瓶颈问题并重视相关研究成果的知识产权保护;制定相关政策,引导和推动企业成为技术研发的主体;同时,重视基因组编辑技术在育种工作中的应用,为我国的植物育种研究注入新的活力。

(2) 加快和明晰基因组编辑作物的司法解释步伐。目前,基因组编辑作物的分类监管问题已在全球尤其是欧洲等地区受到强烈关注。但迄今为止,全球尚未就此达成统一的认识和意见。相关管理机构对于基因组编辑作物的不明确态度,将会严重阻碍新技术在育种中的应用。新技术和新方法的出现对我国的转基因生物安全管理也提出了新挑战。目前,我国对于基因组编辑作物管理亦无明确说法,对这些技术及产品是否需要监管以及如何监管等的规定还处于空白。因此,建议国家相关部门组织专家开展研讨以明确其法律地位,建立一个基于科学证据、明晰、适中的监管框架,促进这些新技术的快速发展与合理应用,同时保障生物安全和社会稳定。

(3) 加强国际合作,提前介入国际监管体系。目前许多国家已意识到基因组编辑技术发展带来的监管问题,并采取措施积极应对。我国一方面应在该领域加强与这些国家的合作交流,综合借鉴和吸取其良好经验与实践;另一方面还应积极参与全球新育种技术监管体系的研讨,为未来在制定全球统一监管政策中争取话语权和保障国家利益提供机会。

致谢:中国科学院遗传与发育生物学研究所陈坤玲博士,南京农业大学邢丽萍博士对本报告初稿进行了审阅,并提出了宝贵修改意见,谨致谢忱!

参 考 文 献

林雅容,周淑芬,朱义旺,等. 2015. 基因组编辑技术及其在植物遗传改良上的应用. 福建农业学报,

30（5）：522-527.

刘忠松．2014．作物遗传育种研究进展Ⅲ．作物基因工程与基因组编辑．作物研究，28（3）：332-337.

吴璐，王磊，任远，等．2014．基因组编辑技术研究进展．生物技术通报，11：84-90.

香山科学会议．2014．基因组编辑前沿技术：应用、生物安全与伦理．http://www.xssc.ac.cn/ReadBrief.aspx?ItemID=1126［2014-12-24］.

谢科，饶力群，李红伟，等．2013．基因组编辑技术在植物中的研究进展与应用前景．中国生物工程杂志，33（6）：99-104.

中国农业科学院植物保护研究所．2015．作物新育种技术及安全评价学术交流活动在京举办．http://www.ippcaas.cn/Html/2015_06_19/2585_2710_2015_06_19_103144.html［2015-06-07］.

Antonio Regalado. 2015. A potato made with gene editing. http://www.technologyreview.com/news/536756/a-potato-made-with-gene-editing/［2015-04-08］.

BBSRC. 2014. BBSRC's position statement on new crop breeding tools. http://www.bbsrc.ac.uk/news/policy/2014/141028-pr-position-statement-on-crop-breeding-techniques/［2014-10-07］.

COGEM. 2014. CRISPR-cas-revolution from the lab（CGM/141030-01）. http://www.cogem.net/index.cfm/en/publications/publicatie/crispr-cas-revolution-from-the-lab［2014-10-19］.

DuPont. 2015. DuPont and caribou biosciences announce strategic alliance. https://www.dupont.com/corporate-functions/media-center/press-releases/dupont-and-caribou-biosciences-announce-strategic-alliance.html［2015-10-22］.

EFSA. 2012. Scientific opinion addressing the safety assessment of plants developed using Zinc Finger Nuclease 3 and other Site-Directed Nucleases with similar function. EFSA Journal, 10（10）：2943：1-31.

EPSO. 2015. New breeding techniques. http://www.easac.eu/fileadmin/PDF_s/reports_statements/Easac_14_NBT.pdf［2015-02-09］.

FSANZ. 2013. New Plant Breeding Techniques. Report of a Workshop hosted by Food Standards Australia New Zealand. http://www.foodstandards.gov.au/publications/Pages/New-plant-breeding-techniques-workshop-report.aspx［2013-07-30］.

Huang S W, Detlef W, Beachy R N, et al. 2016. A proposed regulatory framework for genome-edited crops. Nature Genetics, 48（2）：109-111.

Ledford H. 2013. US regulation misses some GM crops. Nature, 500（7463）：389-390.

JRC. 2011. New plant breeding techniques. State-of-the-art and prospects for commercial development. http://ipts.jrc.ec.europa.eu/publications/pub.cfm?id=4100［2011-05-01］.

Leopoldina. 2015. The Opportunities and Limits of Genome Editing. http://www.leopoldina.org/uploads/tx_leopublication/2015_3Akad_Stellungnahme_Genome_Editing_01.pdf［2011-09-03］.

Liang Z, Zhang K, Chen K L, et al. 2014. Targeted mutagenesis in zea mays using TALENs and the CRISPR/Cas system. Journal of Genetics and Genomics, 41（2）：63-68.

Osakabe1 Y, Osakabe K. 2015. Genome editing with engineered nucleases in plants. Plant and Cell Physiology, 56（3）：389-400.

PrecisionBioSciences. 2014. Precision bio sciences announces expansion of genome engineering partnership with syngenta. http://www.precisionbiosciences.com/precision-biosciences-announces-expansion-of-genome-engineering-partnership-with-syngenta/［2014-04-27］.

Seed Today. 2013. Precision biosciences and dupont pioneer male sterile corn plants. http://www.seedtoday.com/articles/_Precision_BioSciences_and_DuPont_Pioneer_Male_Sterile_Corn_Plants-136377.html［2013-10-10］.

Shan Q W, Wang Y P, Li J, et al. 2013. Targeted genome modification of crop plants using a CRISPR-Cas system. Nature Biotechnology, 31 (8): 686-688.

UPSC. 2015. CRISPR/Cas9 mutatedArabidopsis. http://www.upsc.se/documents/Information_on_interpretation_on_CRISPR_Cas9_mutated_plants_Final.pdf [2015-11-18].

4 医药中间体绿色制备工艺国际发展态势分析

丁陈君　陈云伟　陈　方　郑　颖　邓　勇

(中国科学院成都文献情报中心)

摘　要　医药中间体是指用于药品合成工艺过程中的一些化工原料或化工产品。这种化工产品不需要药品的生产许可证,在普通的化工厂即可生产,只要达到一定的级别,即可用于药品的合成。利用生物催化等方法制备医药中间体不仅能高效专一地催化底物、条件温和、操作步骤简便、环境友好,且具有很好的区域选择性和立体选择性,在许多方面优于传统的化学制备工艺。本报告选取了手性胺、甾体药物中间体、他汀类药物中间体、L-缬氨酸和7-氨基头孢烷酸(7-ACA)五类中间体进行重点分析。

在手性胺领域,华东理工大学与来自英国和德国的研究小组几乎同期报道了利用双酶级联合成路线,由廉价消旋醇制备得到高附加值的手性胺,解决了手性胺合成难题,并真正实现"零排放"。在甾体药物中间体领域,华东理工大学阐明了甾醇转化为甾药中间体的多个关键机制,并在此基础上开发了多个有价值的甾药中间体。在他汀类药物中间体领域,中国科学院天津工业生物技术研究所、上海有机化学研究所,以及浙江工业大学、加利福尼亚大学洛杉矶分校等都取得了重要研究成果。从文献计量分析结果来看,中国和日本在他汀类药物中间体绿色制备工艺方面具有较强优势。从高被引论文的情况来看,企业在该研究领域也具有较强的研发实力。在L-缬氨酸领域,德国亥姆霍兹联合会下属于利希研究中心研究人员筛选出L-缬氨酸高产谷棒菌。此外,德国机构在发酵法生产L-缬氨酸领域发表论文和专利申请数量优势也较为明显。在7-ACA领域,华东理工大学联合国药集团威奇达药业有限公司对7-ACA工业发酵过程进行优化,使得生产过程质量可控且更安全。从论文合作情况来看,他汀类药物中间体、L-缬氨酸、7-ACA等中间体生物法制备的相关研究论文大多以本国内的合作为主,有少量合作活动存在跨国合作的情况。

在产业方面,一直以来,中国制药产业存在高污染、高能耗、低附加值等诸多问题,"低端出口,高端进口"形势日益严峻。中国占领了国际医药90%的低端市场,而90%的高端市场却由美国等制药强国控制。目前,医药中间体生产逐渐从医药企业生产中分离出来,转而由化工企业接手。附加值较高的生物制药、无菌制造和专利原料药API(活性药物组分)的合同研究企业(CRO)外包主战场还在欧美地区,中国和印度主要承担原料、中间体、仿制药API的合同生产企业(CMO)外包服务。医药中间体定制生产的总量和行业集中度均较低,这也决定了中间体外包企业存在巨大的发展空间。中国应把握国际医药中间体生产重心向中国、印度等亚洲发展中国家转移的利好形势,从生产粗放型的低端中间体转向精细型的高端中间体产品,走生产外包和研发外包并行的专业外包服务之路,拓展高端定制服务,并向中间体下游的原料药和制剂发展,延伸产业链。中国药企正在积极加快国际认证的步伐,并逐步向海外发展业务。此外,多家化工企业则通过自建或收购途径不同程度地提升医药中间体的收入占比,以有效应对国内外经济环境的变化,顺应市场发展需求。

最后,本报告对我国发展医药中间体产业提出了三点建议:①亚太地区成为原料药和中间体市场增速最快的地区,我国必须把握时机,适时改变医药中间体的出口结构,从低端产品向高端产品转化,加大研发投入,提高自主创新能力,加速形成企业核心竞争力;②掌握国际产业竞争格局变化,努力加强企业自身能力建设,拓宽产品系,努力打造一批具有国际权威认证的企业和产品;③医药产业及其上游的中间体产业的技术提升已迫在眉睫,需要在提高自主创新能力的同时加强国际合作,充分利用和有效整合国际资源,以在全球视野下推动技术创新。

关键词　医药中间体　绿色制备工艺　论文分析　专利分析　合同生产企业

4.1　引言

医药中间体是指用于药品合成工艺过程中的一些化工产品。这些化工产品不需要药品生产许可证,在普通的化工厂即可生产,只要纯度等参数达到一定的级别,即可用于药品的合成。医药作为精细化工领域中重要的行业,成为近十年来发展与竞争的焦点,随着科学技术的进步,许多医药被源源不断地开发出来,造福人类,这些医药的生产依赖于新型的、高质量的医药中间体的合成技术。新药受到专利保护,而与之相关联的中间体处理知识产权相关问题方面会简单很多,因此新型医药中间体的国内外市场和应用前景都十分被看好。

医药中间体产业是与那些按照严格的质量标准用化学合成或生物合成方法为制药企业生产加工用于制造成品药品的有机/无机中间体或原料药相关的产业。全球领先的医药调研咨询机构 IMS Health Inc. 的数据显示,2012 年全球医药市场规模达到 9590 亿美元,预计 2017 年全球医药市场规模将达到 12 000 亿美元,按此推算,2012～2017 年全球医药市场规模年均复合增长率达到 4.6%。

目前,重要药物以及中间体的绿色制备工艺主要以生物催化和转化技术为主,该工艺已在手性医药化学品产业化生产中得到了广泛的应用,有效地实现了手性医药化学品的绿色制造,促进了医药工业的可持续发展。与传统的化学合成法相比,以生物催化为主的绿色工艺制备医药中间体具有反应条件温和、环境友好、高效性和高选择性等优势,越来越受到制药公司的关注。随着辉瑞、默克等多个国际制药巨头应用酶催化工艺生产全球畅销药物,生物催化技术在制药工业中的应用不断拓展,尤其在过程替代、实现更绿色的制药

4 医药中间体绿色制备工艺国际发展态势分析

工艺中发挥了重要作用,已多次荣获美国总统绿色化学挑战奖,其重要性获得广泛认可。

4.2 国际医药中间体绿色制备工艺研发现状

4.2.1 手性胺

4.2.1.1 概况

手性化合物在医药领域的应用尤为重要。药物的手性对生物体的应答关系,如在体内的吸收、转运、组织分配、与靶点的作用以及代谢和消除等,都可能有重要的影响,因此它们在药理活性、代谢过程和毒性等方面均可能有显著的差异。

手性生物合成是利用酶促反应或微生物转化的高度立体、位点和区域选择性将化学合成的外消旋衍生物、前体或潜手性化合物转化成单一光学活性的产物。生物法的优点为反应条件温和(通常为20～30℃)、立体及位点选择性强、副反应少、收率高、光学纯度高(对映体过量值100%)及环境友好等。手性生物合成将成为手性药物生产取得突破的关键技术。

微生物酶催化酯类化合物选择性水解可以得到手性酸、手性酯,可以进一步用于合成各种具有光学活性的手性药物。酶应用于手性化合物的工业化合成对于制药行业来说变得越来越重要,例如,制药公司热衷于通过酶以立体异构方式进行化合物之间的氨基转移。转氨酶是催化氨基从氨基酸转移至酮酸的反应,其应用辅助因子磷酸吡哆醛(PLP),即维生素 B6 的生物活性形式。PLP 通常通过希夫碱(内部醛亚胺)共价结合到赖氨酸活性位点。转氨酶的作用机制由两个半反应组成,在第一个半反应中供体底物给予其氨基到辅助因子,形成了酮酸和与酶结合的吡哆胺磷酸(PMP)。在第二个半反应,氨基从 PMP 转移到受体酮酸。

4.2.1.2 重要研发进展

胺类化合物是一类常用中间体,可用来生产药物成分、精细化学品、农用化学品、聚合物、染料、色素等。目前,约40%的手性药物都含有手性胺结构单元。这些手性药物分子具有独特多样的生理或治疗功能,如兴奋、解充血、消炎、抗病毒等。但胺类化合物在自然界中很匮乏,应用传统化学工艺主要依赖金属催化的加氢反应生产制备,存在转化效率低,环境损害大,且需要严苛的温度条件等限制因素,此外对多种结构多变的醇底物来讲,也存在化学选择性极低或不能全部转化等问题。2015 年 9 月 25 日,*Science* 发表论文描述英国曼彻斯特大学和德国巴斯夫集团科学家合作开发的一条新的生物酶催化手性胺合成路线(Mutti et al., 2015)。该团队发明了一种新的双酶催化"借氢"(hydrogen-borrowing)的胺化路线。该合成路线即"醇脱氢酶结合胺脱氢酶"双酶借氢级联反应系统。该系统可以胺化芳香醇和脂肪醇等多种底物,转化率最高可达96%,且光学得率大于

99%。该方法胺化所用的 N 元素来自缓冲液中的铵盐，水是唯一的副产物，真正实现绿色环保。无独有偶，2015 年，*ChemCatChem* 发表华东理工大学生物反应器工程国家重点实验室、上海生物制造技术协同创新中心许建和课题组，在醇和胺脱氢酶的设计创制及催化应用方面取得的突破性进展（Chen et al.，2015），他们与英国和德国的研究小组具有相同的研究思路。他们利用自主创制的两种新酶制剂，独立开发出一条基于廉价消旋醇制备高值手性胺的双酶协同催化反应新途径，解决了手性胺合成的难题并实现"零排放"。该绿色高效的手性胺合成路径标志着我国生物催化和手性胺合成达到国际领先水平，具有极大的工业应用价值。

4.2.2 甾体药物中间体

4.2.2.1 概况

甾体化合物（Steroids）又称为类固醇，是指结构中含有环戊烷多氢菲（C17）母核结构的激素类化合物，由三个六元环和一个五元环组成，分别称为 A、B、C、D 环（图 4-1）。甾体化合物母核的第 10、13 位有角甲基，第 3、11、17 位可能有羟基（—OH）或羰基（C═O），A 环和 B 环可能存在部分双键，第 17 位有长短不同的侧链，由于母核上取代基、双键位置或立体构型的不同，形成了种类繁多的甾体化合物。

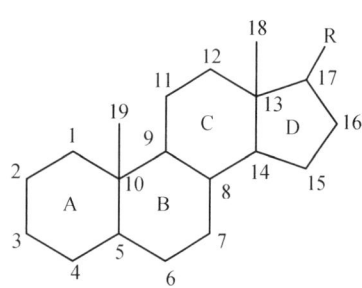

图 4-1 甾体化合物基本结构

甾体化合物广泛存在于动植物组织内，并对其生命活动起着重要的作用，是一类能维持生命，保持正常生活，调节机体物质代谢、细胞发育分化、促进性器官发育以及维持生殖的重要活性物质。化学家、药理学家、临床医学家们对甾体类化合物进行了细致深入的研究，从 20 世纪 40 年代到 70 年代初期形成了甾体药物开发的高潮。甾体药物除了具有很强的抗感染、抗过敏、抗病毒和抗休克作用，近年来还被广泛用于治疗风湿病、心血管、胶原性病症、淋巴白血病、人体器官移植、抗肿瘤、细菌性脑炎、皮肤病、内分泌失调、老年性疾病等。随着甾体药物临床应用日益广泛，逐渐成为世界范围内仅次于抗生素的第二大类药物，产值以每年 15% 的速度递增。甾药的高需求促生了另一重要产业的蓬勃发展——甾药中间体的提取与制备。作为制备甾体类药物的原材料，甾体药物中间体应用广泛、种类繁多，具有重要的医药价值和巨大的市场需求，关键中间体及资源合理利用和保护，是该类药物产业发展扩张的重要因素。

生物转化技术在甾体药物生产中的应用主要分为两大类：①将天然原料（如豆甾醇、谷甾醇、麦角固醇等）转化为生产甾体药物的常用中间体，如雄甾-4-烯-3，17-二酮（AD）、雄甾-1，4-二烯-3，17-二酮（ADD）；②对甾体药物的特定位点进行修饰，生成具有生物活性单化学合成法难以合成的化合物（吴燕等，2013）。β-谷甾醇、油菜甾醇以及 19-羟基-油菜甾醇等目前常用的植物甾醇可经镰刀菌、分枝杆菌、红球菌等一步法合成

AD 和 ADD，这是最具市场价值的甾体药物中间体，对其活性部位进行结构改造，可用于合成多种皮质类固醇。2011 年，全球 AD/ADD 的年销售总额高达 10 亿美元，而且呈逐年递增的趋势。

胆固醇作为一种动物甾醇，主要是从猪、牛、鱼等动物的脂肪和油中提取所得的。胆固醇是近些年另外一种比较受关注的甾体药物新资源。胆固醇的边链降解与植物甾醇类似，在 C17 位断裂氧化形成 17-甾酮。该化合物是合成性激素、糖皮质激素、利尿剂等的关键中间体，年生产量超过 1000 吨，其中 60% 都是由生物转化技术生产的（吴燕等，2013）。

2006 年，全球甾体激素药物销售额达 400 亿美元，约占全世界医药品总额的 10%。国际上采用生物转化法替代传统工艺已成主流趋势。一些大型药企，如辉瑞、先灵葆雅等已开发出一系列具有自主知识产权的甾药中间体生产菌，建立起一整套微生物发酵生产线。21 世纪以来，默沙东收购先灵葆雅并持续增股，加大甾药新药研发力度，已形成与老牌制药巨头辉瑞公司分庭抗衡的格局。我国甾药加工工业起步较晚。2009 年，我国甾体激素原料药及中间体出口总量 743.25 吨，出口额 3.7 亿美元；2013 年出口量提升至 1000 吨，出口额近 8 亿美元（杨顺楷，2015）。目前，我国在甾体激素工业方面已具有一定特色，化学合成技术与国际水平相差无几，但是利用微生物代谢工程实现甾体生物转化方面却仍处于弱势，主要体现在优良菌种的选育和微生物转化技术等关键生产技术的研发方面，严重制约了甾药产业的绿色转型之路。

过去很长一段时间，我国依托薯蓣皂素资源，作为全球甾体激素低端产品供应链角色，为全球甾体激素产业发展作出了重大贡献。近年来，我国企业投资植物甾醇发酵工程项目制造 4-雄烯二酮（4AD）产能达千吨级，替代薯蓣皂素延伸产业链势在必行。保定北瑞甾体生物有限公司、山东菏泽润鑫生物科技有限公司、浙江钱江生物化学股份有限公司等，已经开始研发 9α-OH-AD（生产含卤糖皮质激素最佳中间体），延伸产业链，重点应放在四大基础糖皮质激素及其中间体产品生产。

4.2.2.2 重要研发进展

利用合成生物学技术，在经改造的微生物底盘细胞基础上，添加人工设计的反应路径，可使其合成目标甾体类分子，这是研究人员的主要研究路线。2007 年，荷兰格罗宁根大学的 Vander 等鉴定了红球菌 RHA1 中催化胆固醇降解的基因簇，发现分枝杆菌中的一系列基因簇可以将胆固醇转化成 4AD、ADD 和 9α-OH-AD 等甾体药物中间体，这一发现揭示了胆固醇代谢对分枝杆菌在巨噬细胞中存活的超能力有极其重要的作用（Vander et al.，2007a）。随后该研究组通过使编码 HIP-CoA 转移酶的基因 $ipdA$、$ipdB$ 和编码 HIL-CoA 脱氢酶的基因 $ipdF$ 失活，得到 4AD、ADD、9α-OH-AD 等重要甾体中间体（Vander et al.，2007b，Vander et al.，2009）。

华东理工大学鲁华生物技术研究所魏东芝教授研究组针对分枝杆菌进行研究，阐明了甾醇转化为有用甾体药物中间体的多个关键机制，通过人为改造代谢途径，开发了转化甾醇生产甾体药物的重要工艺路线，并准备实施产业化。在此基础上，研究小组成功开发了 C19 类甾体雄甾-4-烯-3,17-二酮、9α-羟基雄甾-4-烯-3,17-二酮（Yao et al.，2014）和

C22 甾体 C20-甲羟基孕甾等多个甾体医药中间体。

4.2.3 他汀类药物中间体

4.2.3.1 概况及重要研发进展

世界卫生组织公布的一项报告显示，在所有导致人类死亡的疾病中，心脑血管疾病排名首位。他汀类药物对人体胆固醇合成过程中的限速酶3-羟基-3-甲基辅酶 A（HMG-CoA）还原酶具有抑制作用，可以减少细胞内游离胆固醇生成，从而降低血清中总胆固醇和低密度胆固醇水平，已成为治疗心脑血管疾病的常用药物。

（S）-4-氯-3-羟基丁酸乙酯（（S）-CHBE）是一种重要的药物中间体和手性醇，可经由氯基的置换、还原等反应，导入其他基团生成所需的手性药物中间体。(S)-CHBE 作为他汀类药物重要的手性构建单元，市场需求量极大，是目前生物催化与转化领域研究的热点。以氧化还原酶及其相关的微生物为手性合成催化剂催化还原潜手性的羰基化合物，可直接构建光学活性药物的手性中心。利用克隆的基因工程菌进行全细胞催化已成为生物催化生产（S）-CHBE 的发展趋势，具有良好的工业化前景。随着计算机技术的不断发展以及信息获取速度日新月异的提高，利用数据库筛选合适的羰酰还原酶，并通过定向进化等手段开发新型生物催化剂也变得更加简单且更具方向性；利用生物软件通过同源建模来改变酶的关键位点可提高酶活，改变其辅酶依赖性和底物特异性；在其最适条件下进行催化反应，可达到提高反应速度和增加底物转化率的目的（陶源等，2013）。

瑞舒伐他汀是降低低密度脂蛋白胆固醇最强的药物，被称为"超级他汀"。（R）-3-羟基戊二酸乙酯（EHG）是合成瑞舒伐他汀侧链的关键中间体，现有的合成方法存在立体选择性差、底物浓度低、反应步骤多和环境污染严重等诸多问题。中国科学院天津工业生物技术研究所的朱敦明和吴洽庆研究员带领的生物催化团队以（R）-4-氰基-3-羟基丁酸乙酯（A5）为原料，通过对实验室现有腈水解酶的筛选，获得了一种能够催化高浓度 A5 水解的腈水解酶。在最佳反应条件下，底物浓度达到 235.5 克/升，转化率大于 99%，转化时间为 4~6 小时，综合收率大于 95%（Yao et al.，2015a，2015b）。(3R，5S)-6-氯-3,5-二羟基己酸叔丁酯（C3）的制备是瑞舒伐他汀侧链生产的关键手性合成步骤。浙江工业大学郑裕国教授团队，筛选改造获得了高立体选择性羰基还原酶，并成功构建了辅酶再生体系，建立了生物催化法生产 C3 技术，底物浓度 250 克/升，反应时间为 5 小时，底物转化率大于 99%，产品产率大于 98%，对映体过量值大于 99%。该技术已在浙江永太科技股份有限公司进行了产业化应用，并已建成瑞舒伐他汀侧链的化学–酶法生产线。

（4R，6R）-6-氰甲基-2,2-二甲基-1,3-二氧六环-4-乙酸叔丁酯（TBIN）是阿托伐他汀合成的关键双手性中间体，全球年需求量上千吨。TBIN 全化学合成工艺存在爆炸风险、非对映体诱导不充分、产物光学纯度低、收率低、反应产生的废弃硼化物处理过程烦琐等限制因素。浙江工业大学郑裕国课题组针对我国阿托伐他汀生产技术现状和国际发展趋势，开发了阿托伐他汀钙化学–酶法合成关键技术（You et al.，2014），在浙江新东港股份有限公司实现了产业化，在国内率先建成了年产 200 吨关键双手性中间体 TBIN 化学–酶法生产线和年产 60 吨阿托伐他汀钙生产线，生产量位列国内第一。

手性环氧氯丙烷是一种非常重要的三碳手性药物合成中间体，用于制备阿托伐他汀、芳氧丙胺醇、类β-肾上腺素阻断剂等多种药物，在医药、农药和精细化工等领域有极为广泛的应用。手性环氧氯丙烷的工业制备主要通过水解动力学拆分获得，所使用的催化剂仍然存在价格昂贵、用量高、重复性不理想、环境污染等问题。中国科学院上海有机化学研究所（以下简称上海有机所）与舒兰市金马化工有限公司合作开发手性环氧氯丙烷药物关键中间体新一代制造工艺及工业生产技术。研究人员利用两个催化剂分子之间的协同作用，实现了外消旋环氧氯丙烷不对称水解动力学拆分开环的高催化活性，达到了降低催化剂用量、提高生产效率和降低生产成本的目的。以手性环氧氯丙烷的开发生产为起点，上海有机所团队还将延续产品产业链的研发，开发出具有高附加值的医药中间体和原料药，增强吉林省医药产品的竞争力和后续发展动力。浙江工业大学郑裕国教授课题组基于卤代醇脱卤释放出卤素离子与叠氮离子反应结合高铁离子比色测定原理，构建全新的高通量立体选择性卤醇脱卤酶筛选模型，获得能够不对称转化1,3-二氯丙醇合成手性环氧氯丙烷的卤醇脱卤酶菌株（Xue et al.，2014）。以此为基础，建立了以甘油为原料化学-酶法不对称合成手性环氧氯丙烷的技术，突破了传统化学法拆分法合成手性环氧氯丙烷50%理论收率限制，实现了氯化甘油100%转化。该技术反应条件温和、环境污染小、产物光学纯度高等优点，符合原子经济和绿色化学发展的方向（Jin et al.，2013；Xue et al.，2015）。

洛伐他汀是土霉素（Aspergillus terreus）的次级代谢产物，辛伐他汀是洛伐他汀的半合成结构类似物。传统的辛伐他汀多步骤化学合成工艺不但浪费资源，同时使用了大量有害试剂而对环境产生了严重影响。美国克迪科斯（Codexis）公司和美国加利福尼亚大学洛杉矶分校 Tang 教授团队合作对化学工艺进行优化，开发出安全和经济的新型生物催化工艺，不断提高产物品质，降低成本，还大幅减少有毒有害化学品的使用和废弃物排放（Xie et al.，2007）。该技术荣获 2012 年美国总统绿色化学挑战奖下设的绿色合成路线奖。

4.2.3.2 论文分析

本部分对他汀类药物中间体绿色制备工艺相关研究论文进行科学文献计量分析，从中挖掘该领域的研究态势。研究以汤森路透 Web of Science 平台中的"科学引文索引扩展版"（Science Citation Index Expanded，SCIE）数据库为数据源，利用关键词进行检索（数据截止时间：2015 年 12 月 30 日），共检索到相关 SCI 论文 289 篇。

1. 重要国家分析

他汀类药物中间体绿色制备工艺相关研究发文量最多的 10 个国家依次为中国、日本、美国、德国、韩国、印度、意大利、英国、斯洛文尼亚和芬兰（图4-2），其中中国发文量85篇，位列第 1 位，日本和美国位居第 2 和第 3 位。中国和日本的发文量共计159篇，占整个领域发文量的 56.2%，说明两国在该领域发文量方面的领先优势较为明显。

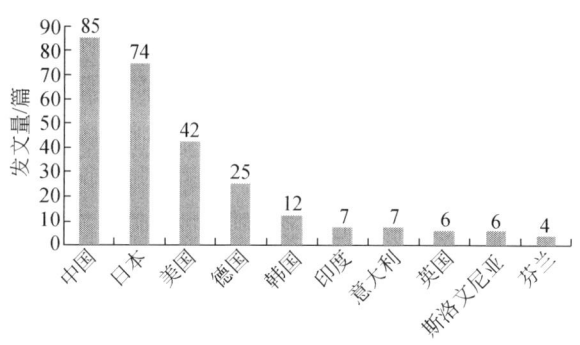

图4-2 他汀类药物中间体生物法制备工艺相关研究论文发文量TOP10国家

2. 重要机构分析

在发文量排名前12位的机构中（图4-3）（由于发文量相等，有3家机构并列第10位，共计12家），日本京都大学发文量（30篇）最多，为并列排名第2位的浙江大学和华东理工大学（15篇）的2倍。除德国杜塞尔多夫大学以外，其余均为中国和日本的机构，其中中国机构上榜的均为高校，日本机构中还包括日本钟化株式会社和日本大赛璐化学工业株式会社两家企业。

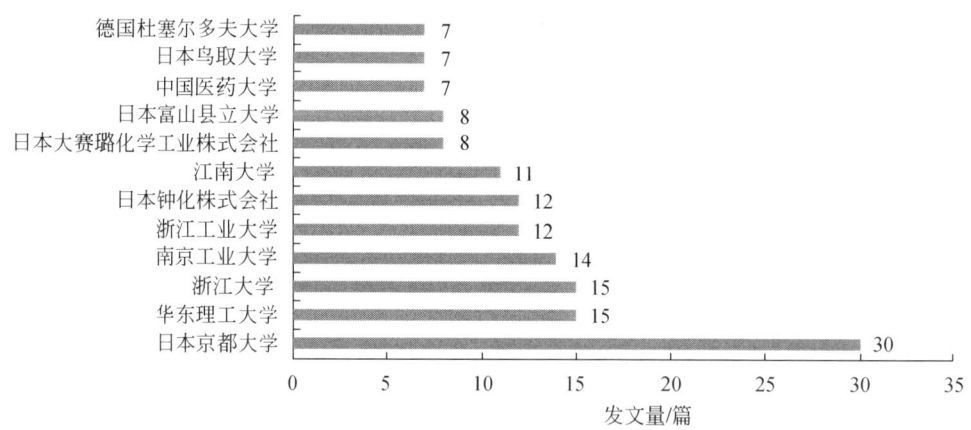

图4-3 他汀类药物中间体绿色制备工艺相关研究论文发文量位居世界前列的机构

3. 高被引论文分析

日本东京大学和日本钟化株式会社不仅在发文量上排名靠前，同时也拥有被引频次TOP10的论文（表4-1），说明其在他汀类药物中间体生物法合成领域具有较强的研发实力。被引频次居前列的10篇论文中，高校占6篇，企业占4篇，其中4篇综述文章均由高校发表，6篇研究论文中2篇由高校发表，4篇由企业发表，说明在一定程度上，企业在该领域具有较强的研发实力，掌握了部分核心技术。

4 医药中间体绿色制备工艺国际发展态势分析

表4-1 他汀类药物中间体生物法合成被引频次TOP10论文

序号	论文名称	发表期刊	被引频次/次	通讯作者（所属机构）
1	绿色化学的基本原则：在设计反应时需考虑的效率因素（Fundamentals of green chemistry: efficiency in reaction design）	Chemical Society Reviews	251	R. A. Sheldon（荷兰代尔夫特理工大学）
2	利用丝状真菌生物合成和生物技术法生产他汀类药物以及此类降胆固醇药物的应用（Biosynthesis and biotechnological production of statins by filamentous fungi and application of these cholesterol-lowering drugs）	Applied Microbiology and Biotechnology	142	M. Manzoni（意大利米兰大学）
3	通过大肠杆菌转化细胞共表达羰基还原酶和葡糖脱氢酶基因合成光学纯S(-)-4-氯-3-羟基丁酸乙酯（Synthesis of optically pure ethyl (S)-4-chloro-3-hydroxybutanoate by Escherichia coli transformant cells coexpressing the carbonyl reductase and glucose dehydrogenase genes）	Applied Microbiology and Biotechnology	133	N. Kizaki（日本钟化株式会社）
4	脱氢酶和转氨酶在不对称合成中的应用（Dehydrogenases and transaminases in asymmetric synthesis）	Current Opinion in Chemical Biology	129	J. D. Stewart（美国佛罗里达大学）
5	生物催化酮还原——一个用于生产手性醇的强大工具（Biocatalytic ketone reduction—a powerful tool for the production of chiral alcohols）	Applied Microbiology and Biotechnology	120	A. Liese（德国汉堡工业大学）
6	利用大肠杆菌转化细胞共表达醛还原酶和葡糖脱氢酶基因来立体选择性还原4-氯-3-氧代丁酸乙酯（Stereoselective reduction of ethyl 4-chloro-3-oxobutanoate by Escherichia coli transformant cells coexpressing the aldehyde reductase and glucose dehydrogenase genes）	Applied Microbiology and Biotechnology	113	M. Kataoka（日本京都大学）
7	用于他汀类药物中间体不对称合成的高效可扩展醛缩酶催化过程的开发（Development of an efficient, scalable, aldolase-catalyzed process for enantioselective synthesis of statin intermediates）	PNAS	102	W. A. Greenberg（美国Diversa Corp）
8	利用"设计的细胞"在高底物浓度环境下对映体选择性还原酮：高效获得带官能基团的光活性醇（Enantioselective reduction of ketones with "Designer cells" at high substrate concentrations: Highly efficient access to functionalized optically active alcohols）	Angewandte Chemie International Edition	101	O. May（德国德固赛公司）
9	一个生产阿托伐他汀中间体的绿色设计生物催化过程（A green-by-design biocatalytic process for atorvastatin intermediate）	Green Chemistry	97	G. W. Huisman（美国Codexis公司）
10	微生物醛缩酶——挖掘未知宝藏，开启研究新篇章（Microbial aldolases as C-C bonding enzymes—unknown treasures and new developments）	Applied Microbiology and Biotechnology	83	G. A. Sprenger（德国斯图加特大学）

4. 机构合作情况

如图4-4所示,他汀类药物生物法合成的研究领域主要呈现3个主要的合作网络,以本国的科研机构之间的合作为主。杭州师范大学、常州大学、华东理工大学、江南大学、美国罗格斯大学、中国药科大学形成了链式的合作关系,江南大学与发文量较多的浙江大学、中国科学院;罗格斯大学与中国科学院均有合作关系。日本京都大学与钟化株式会社、鸟取大学有非常紧密的合作关系,除此之外,该校与福井县立大学、大赛璐化学工业株式会社,大赛璐化学工业株式会社与大阪府立大学也有一定的合作关系。德国杜塞尔多夫大学、于利希研究中心和汉堡-哈尔堡工业大学位于合作网络的中心,三者之间有一定合作活动。

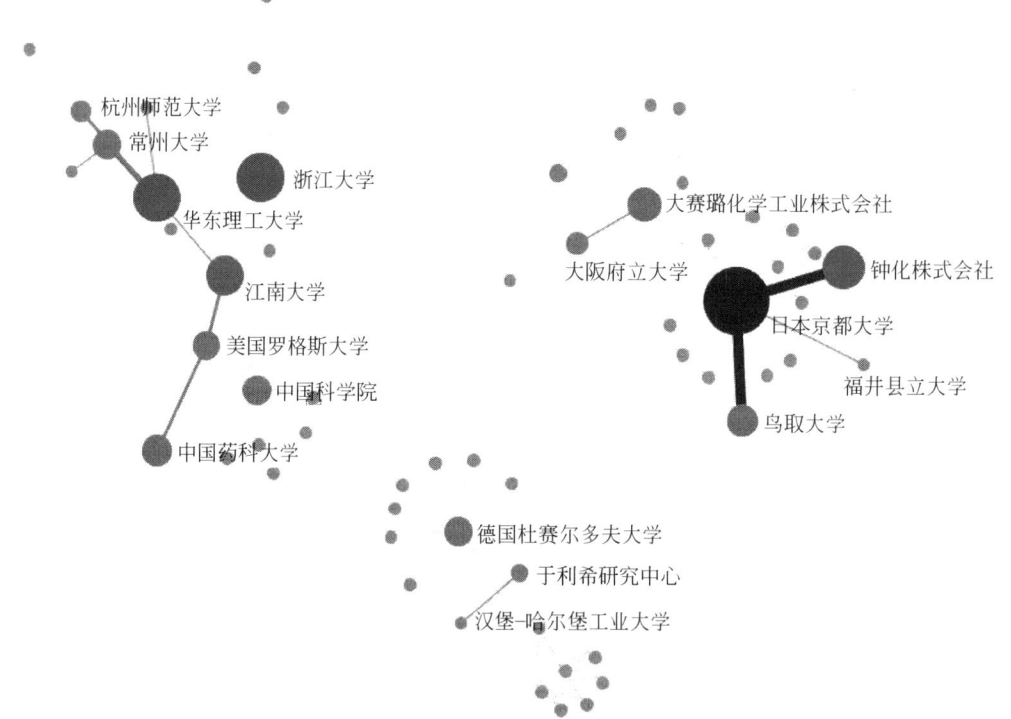

图4-4 他汀类药物研究领域发文机构主要合作网络

为了更清晰地展示主要合作网络关系,只截取部分合作网络图,下同

4.2.4 L-缬氨酸

4.2.4.1 概况

氨基酸及其衍生物是重要的医药原料、中间体和药物成分,在医药领域的应用日益广泛。支链氨基酸L-缬氨酸作为必需氨基酸具有多种生理功能,被广泛应用于食品、医药、

化妆品以及饲料等领域。在医药领域，L-缬氨酸可用于制备复合氨基酸药物，以治疗血脑、肝脏、肾脏、代谢缺陷、创伤愈合、营养支持等。此外，L-缬氨酸也是合成免疫抗生素药物的重要中间体。中国每年缬氨酸的消耗量约数千吨，目前基本处于产能过剩的状态。

L-缬氨酸的工业生产可采用蛋白水解提取法、化学合成法和微生物发酵法。蛋白水解提取法采用离子交换技术，直接从动物血粉、蚕蛹及毛发水解液中分离提取缬氨酸，但缬氨酸占总氨基酸的比例低，分离成本高，工业上较少采用。化学合成法主要以异丁醛为原料合成获得 DL-缬氨酸，再拆分获得 L-缬氨酸。该方法生产成本较高、操作复杂、反应条件多变，且副产物多。微生物发酵法主要通过微生物代谢反应合成 L-缬氨酸。该方法虽然产物分离较为困难，但原料易得、反应条件温和、总体生产成本低，因此被广泛采用，常用的生产菌株包括大肠杆菌、谷氨酸棒杆菌、黄色短杆菌、北京棒杆菌、黏质赛氏杆菌、芽孢杆菌等。

4.2.4.2 重要研发进展

福建省麦丹生物集团有限公司与工业微生物教育部工程研究中心合作，根据 L-缬氨酸的生物合成途径，以黄色短杆菌 F-208 为出发菌株，选育出解除正常代谢机制的突变株，以提高 L-缬氨酸产量。将乙酰羟酸合成酶突变体编码 DNA 分子、乙酰羟基酸异构还原酶编码 DNA 分子、支链氨基酸转氨酶编码 DNA 分子和二羟酸脱水酶编码 DNA 分子导入目的菌中，得到重组菌，以大大提高 L-缬氨酸产量。在容量为 30 升的发酵罐中，改造后的工程菌发酵产酸较出发菌株提高近 4 倍，达 70.2 克/升，且产酸稳定。现该公司已实现年产 1000 吨 L-缬氨酸。

广东环西生物科技股份有限公司开展了利用黄色短杆菌 XV1065 发酵法生产 L-缬氨酸技术中试工作，在 5 升发酵罐分批发酵的基础上，对缬氨酸突变株 XV1065 进行发酵罐补料分批发酵研究，得到优化的发酵工艺条件，采用低糖流加工艺及分阶段溶氧控制发酵 55 小时，产酸可达 51.2 克/升，提取收率达到 75.7%，产品质量达到 CP2005 标准。已于 2012 年 3 月开始兴建年产 1000 吨 L-缬氨酸高技术产业化项目，且该项目已被列为国家高科技示范性工程，计划总投资超 1 亿元。

在科研进展方面，日本地球环境产业技术研究机构综述了合理应用糖酵解途径代谢工程是提高工业微生物菌株生物催化性能的又一颇具潜能的路径（Toru et al., 2015）。中国科学院成都有机化学有限公司王立新研究组利用工业化的固定酶为催化剂，选择性水解消旋得到的缬氨酸衍生物制备降血压药物中间体医药级 L-缬氨酸，工艺简单，酶可以多次循环利用，实现了手性氨基酸的经济可行的绿色制备。德国亥姆霍兹联合会下属于利希研究中心研究人员敲除了丙酮酸脱氢酶复合体 E1 组分基因 aceE，使丙酮酸代谢流导向丙氨酸和缬氨酸方向，并在此基础上导入偶联氨基酸浓度的生物传感器 Lrp，这样便能通过荧光强度判别菌株体内目标氨基酸浓度高低。经过 5 轮迭代，最终获得了相比于出发菌株缬氨酸产量提高 25%，同时副产物丙氨酸产量下降 1/4～1/3 的菌株（Mahr et al., 2015）。

4.2.4.3 论文分析

本部分对 L-缬氨酸生物法制备工艺相关研究论文进行科学文献计量分析。研究以汤森路透 Web of Science 平台中 SCIE 数据库为数据源，利用关键词进行检索（数据截止时间：2015 年 12 月 30 日），共检索到相关 SCI 论文 424 篇。

1. 重要国家分析

L-缬氨酸制备工艺相关研究发文量最多的 10 个国家中欧洲有 5 个，亚洲有 4 个。美洲的美国发文量最多，以 90 篇排在第 1 位（图 4-5）。日本、德国和中国分别位列第 2、第 3、第 4 位，且与第 5 位的法国相比，领先优势明显。

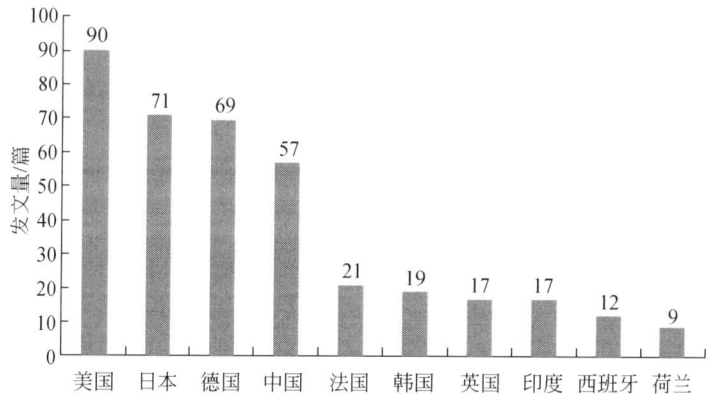

图 4-5　L-缬氨酸生物法制备工艺相关研究论文发文量 TOP10 国家

2. 重要机构分析

在发文量排名前 10 位的机构中（图 4-6），德国于利希研究中心位居第 1 位，德国的乌尔姆大学和柏林工业大学分别位居第 3 位和第 4 位，说明其在该领域具有较强的科研实力。中国江南大学位居第 2 位，中国科学院也进入前 10 位。TOP10 机构均为高校和科研机构，没有企业上榜。

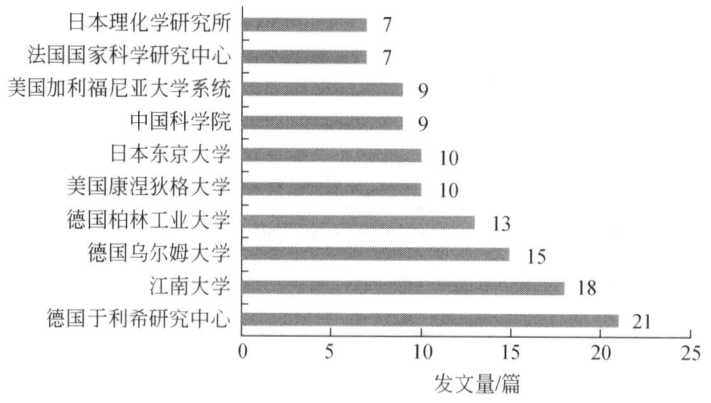

图 4-6　L-缬氨酸生物法制备工艺相关研究论文发文量 TOP10 机构

此外,由下文专利分析可知,德国企业赢创德固赛、巴斯夫在 L-缬氨酸生物法制备相关专利申请方面也具有极大优势,于利希研究中心在专利权人排名中位列第五。

3. 机构合作情况

由图 4-7 所示,江南大学、中国科学院、德国柏林工业大学、美国华盛顿大学、上海交通大学都处于合作网络的中心。其中,合作关系较频繁的包括:柏林工业大学与英国谢菲尔德大学、柏林自由大学;日本理化学研究所与日本东京大学;江南大学与河北农业大学、光明乳业、美国 OriGene 生物技术公司;德国乌尔姆大学、斯图加特大学、布伦瑞克工业大学、于利希研究中心四家机构之间;美国康涅狄格大学与东卡罗来纳州立大学。

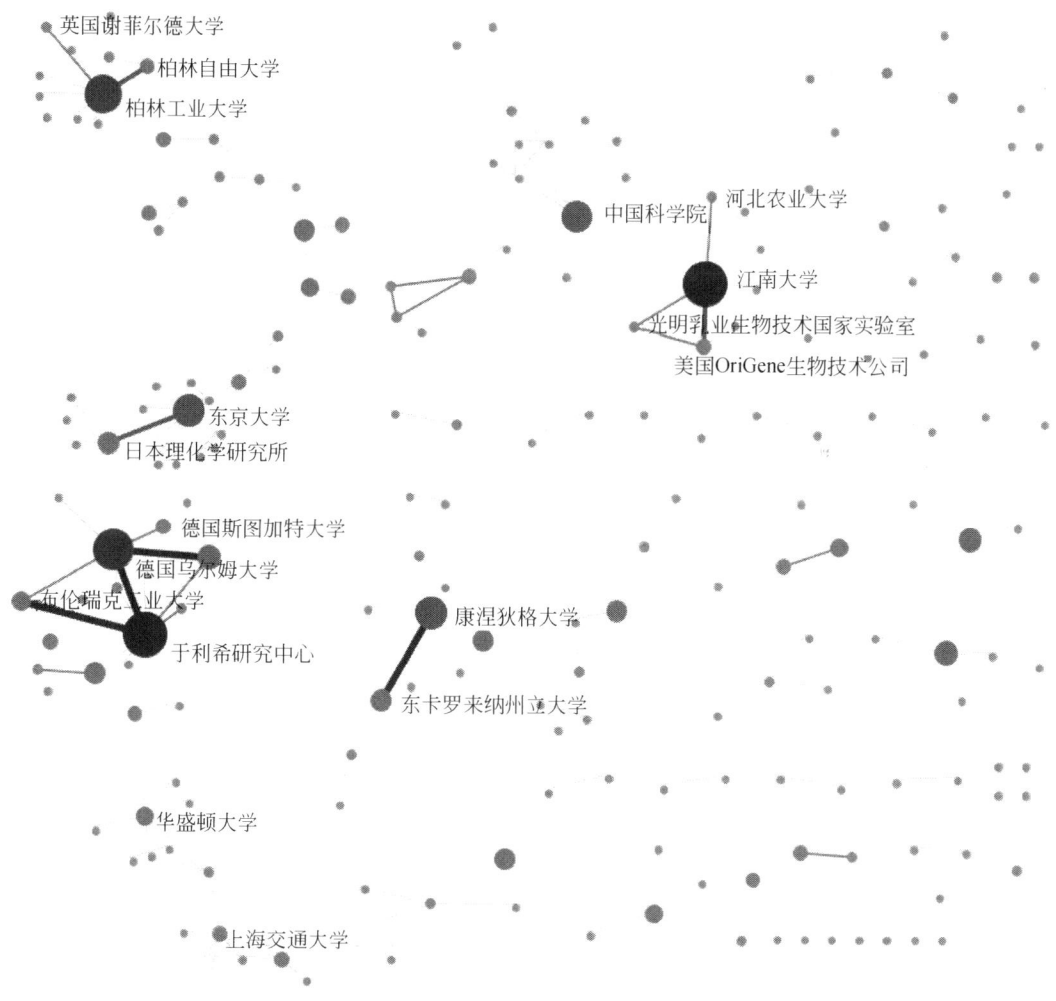

图 4-7　L-缬氨酸生物法制备研究领域发文机构主要合作网络

4.2.4.4　专利分析

本部分以"TS=Valine"为检索策略,在 Derwent Innovations Index(DII)数据库中检

索并下载主题与缬氨酸研究相关的专利，总计获得 10 997 件发明专利（即专利家族，以下简称专利）作为本报告计量分析的数据基础，数据下载日期为 2016 年 1 月。鉴于 1998 年以后全球缬氨酸专利迎来持续快速增长的新阶段，除年度态势外，本报告其他部分内容的分析均仅针对 1998 年以后的数据开展分析，以更针对性地反映近年来缬氨酸研发的新特点，期间总计有专利 9054 件。

1. 缬氨酸专利年度态势

如图 4-8 和图 4-9 所示，全球缬氨酸专利最早始于 20 世纪六七十年代，从 1974 年开始每年都有相关专利产出，到 1992 年之前各年专利数量逐年小幅增长，在 1993～1997 年各年专利产出数量出现了逐年下降的短期态势，从 1998 年开始，全球范围内的缬氨酸专利产出迎来持续快速发展的时期，且快速增长趋势一直延续至今（受专利公开延迟的影响，近几年专利尚未完全公开）。

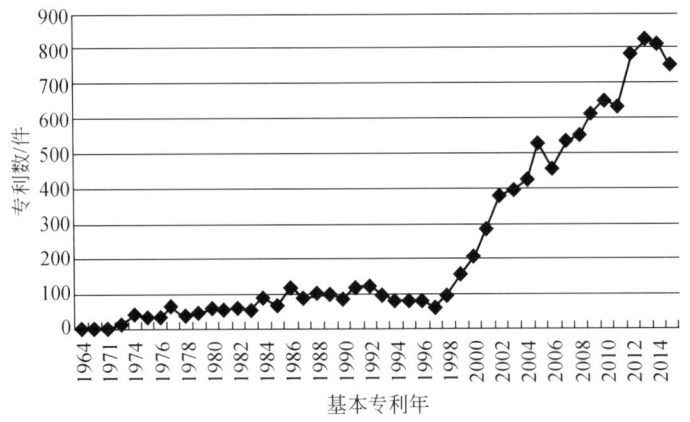

图 4-8　全球缬氨酸专利年度态势

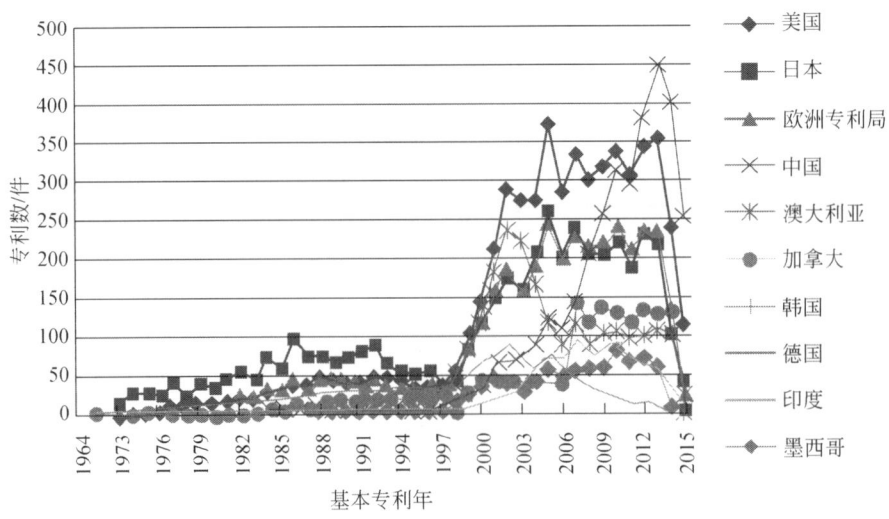

图 4-9　全球缬氨酸 TOP10 专利受理国年度态势（见彩图）

4 医药中间体绿色制备工艺国际发展态势分析

2. 缬氨酸专利国家/组织分布

1) 专利受理国家/组织分布

图 4-10 统计了 1998~2015 年全球专利受理国家分布情况,前 10 个国家/组织依次是美国、中国、欧洲专利局、日本、澳大利亚、加拿大、韩国、印度、墨西哥和德国。数据反映出,美国、中国、欧洲和日本已经成为全球缬氨酸专利权人最重视的四个保护地。

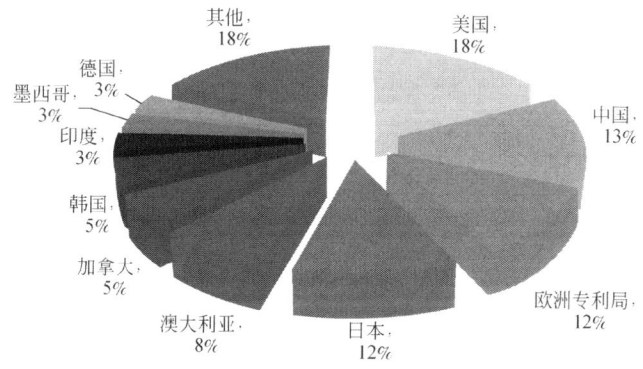

图 4-10 缬氨酸专利受理国家/地区分布 (1998~2015 年)

2) 专利来源国家/地区分布①

从专利来源国家/地区角度分析 (图 4-11),1998~2015 年,美国申请了全球缬氨酸专利 33% 的份额,位居第 1 位,中国占 15%,位居第 2 位,日本占 13%,排在第 3 位。总体而言,美国、中国和日本已经成为缬氨酸专利产出的三个主要国家,总量占全球的 61%。虽然欧洲是专利受理主要地区,但欧洲各国的专利产出数量却与美国、中国和日本均存在较大差距。

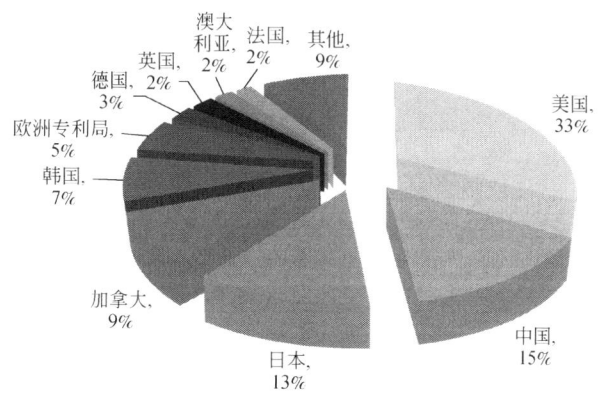

图 4-11 缬氨酸专利来源国家/地区分布 (1998~2015 年)

3. 主要专利权人分析

1998~2015 年,专利数量最多的前 20 个 (TOP20) 专利权人除中国科学院外,其他全

---
① 基于专利的优先权国统计来源国家/地区。

部都是国外公司或科研机构，其中味之素以 280 件缬氨酸专利位居首位（图 4-12）。从年度趋势来看，中国科学院的缬氨酸专利虽然产出较晚，但是，自 2004 年有第一件专利申请以来，2013 年的专利数量在 TOP20 专利权人中位居首位，之后两年也保持领先地位（图 4-13）。

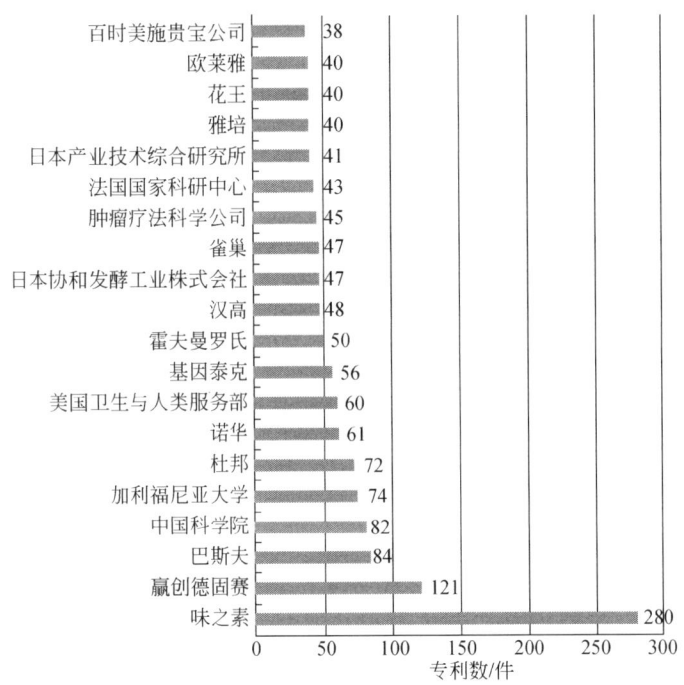

图 4-12 缬氨酸专利权人 TOP20（1998~2015 年）

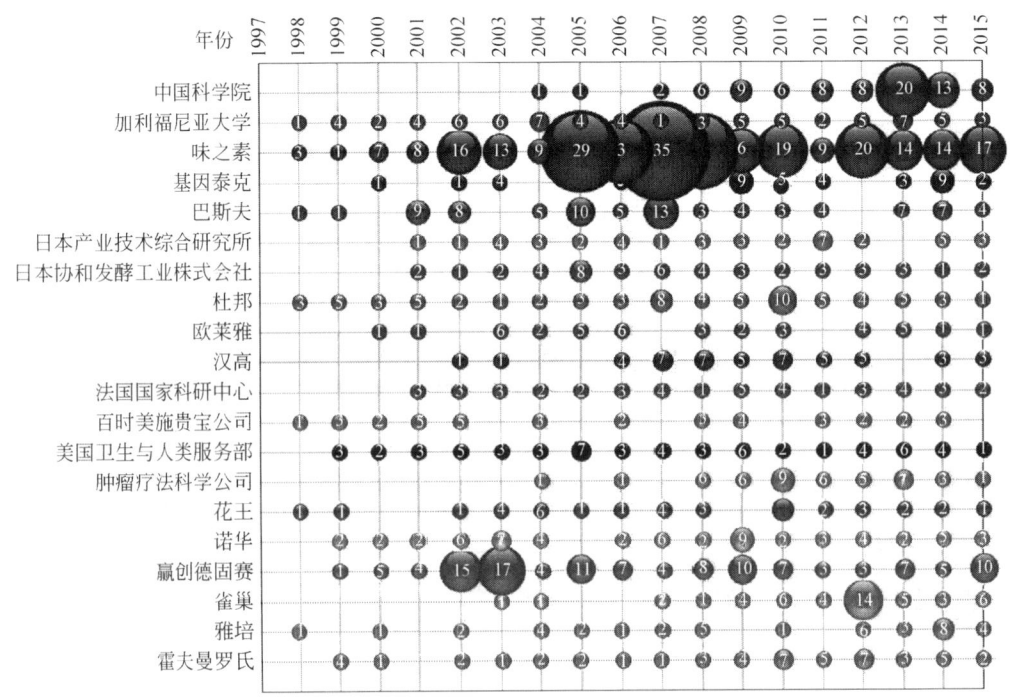

图 4-13 缬氨酸 TOP20 专利权人年度趋势（1998~2015 年）（见彩图）

4. 技术主题分布

1) 技术主题总体分析

表4-2统计了1998~2015年缬氨酸专利主要技术主题情况，前5个IPC小类专利总数（6939件，IPC小类存在共著录情况，因此总数低于各小类累加值），占全部专利总数的76.6%，同时表4-2还列举了各个小类中专利数量最多的小组。分析发现：

（1）缬氨酸专利最主要的主题是作为医用、牙科用或梳妆用配制品的成分，以及相关治疗活性，主要IPC小类是A61K和A61P，在此方面最为突出的方向是含肽的医药配制品和抗肿瘤药。

（2）C07K主题是有关肽的制备及成分的专利，属于有机化学范畴，与肽的治疗活性相关专利还分入A61P，获得肽的基因工程方法的专利还分入C12N15/00大组，在此类别下，缬氨酸是作为制备肽的组分，或者制备的肽中包含缬氨酸组分。

（3）有关缬氨酸发酵方法生产的专利主要划分到C12P小类，但该小类中最多的专利小组是C12P21/02"有两个或更多个氨基酸的已知序列的肽或蛋白质的制备"，与缬氨酸制备相关的专利划分在C12P13/08小组，总计229件专利，在缬氨酸专利涉及的所有IPC小组中排名第62位。

（4）另外一个重要主题是C12N15/09"DNA重组技术"，与上述几个重要主题存在普遍的交叉关系。

表4-2 缬氨酸专利主要技术主题分布（1998~2015年）

IPC小类	含义	专利数/件	排名	小类内最多的IPC小组	含义	专利数/件	排名
A61K	医用、牙科用或梳妆用的配制品（药物配制品的治疗活性还分入A61P）	4714	1	A61K38/00	含肽的医药配制品	1011	2
A61P	化合物或药物制剂的特定治疗活性	2989	2	A61P35/00	抗肿瘤药	917	3
C12N	微生物或酶；其组合物	2833	3	C12N15/09	DNA重组技术	1142	1
C07K	肽（治疗活性还分入A61P，获得肽的基因工程方法入C12N15/00）	2722	4	C07K14/00	具有多于20个氨基酸的肽	480	12
C12P	发酵或使用酶的方法合成化合物（涉及遗传工程的DNA或RNA或其分离、制备或纯化入C12N15/00）	1521	5	C12P21/02	有两个或更多个氨基酸的已知序列的肽或蛋白质的制备	378	21
				C12P13/04	氨基酸的制备	280	46
				C12P13/08	缬氨酸、赖氨酸、二氨基庚二酸或苏氨酸的制备	229	62

2) 重点技术主题年度发展态势

图4-14显示了前五个IPC小类年度发展趋势情况，医用、牙科用或梳妆用的含缬氨

酸组分的配制品（A61K）各年都保持领先地位，与含缬氨酸组分的化合物或药物制剂的特定治疗活性（A61P）、用于缬氨酸及相关肽生产的微生物或酶及其其组合物（C12N）和含缬氨酸组分的肽（C07K）这四个主要 IPC 小类的年均增长态势基本一致，而发酵或使用酶的方法合成缬氨酸及相关肽（C12P）的专利在 2015 年则没有显著增长态势，稳定在每年 100 件左右。

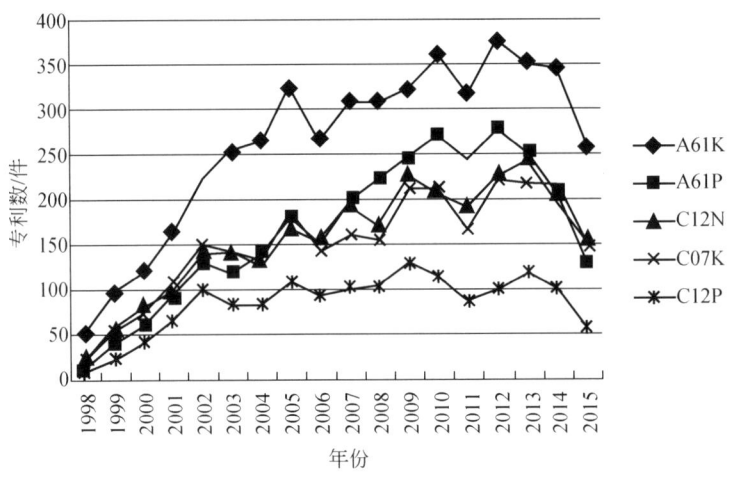

图 4-14　TOP5 IPC 小类年度趋势（1998～2015 年）

图 4-15 显示的 7 个主要 IPC 小组年度发展趋势情况表明，有关含缬氨酸组分及相关肽的医药配置品（A61K38/00）和抗肿瘤药物（A61P35/00）的应用方面的专利，以及相关的DNA 重组技术（C12N15/09）的专利始终保持持续增长的态势，特别是在 2007 年以后抗肿瘤药物相关专利数量急剧增长并逐步建立领先优势。而有关含有缬氨酸组分的肽（具有多于20 个氨基酸的肽）、氨基酸制备（C12P13/04）以及缬氨酸制备（C12P13/08）的专利数在 2007～2009 年达到峰值后，近年来则有缓慢下降的趋势。与缬氨酸组分相关的肽或蛋白质的制备（C12P21/02）专利数则在 2002 年达到峰值后一直处于逐年减少的态势。

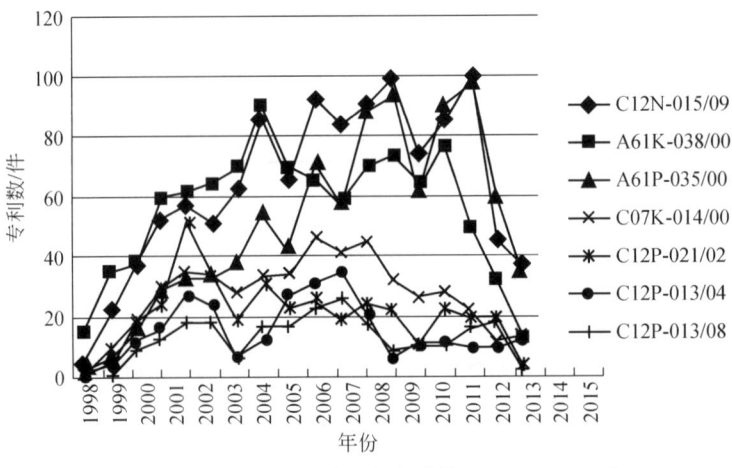

图 4-15　7 个主要 IPC 小组年度趋势（1998～2015 年）

4 医药中间体绿色制备工艺国际发展态势分析

可见,当前有关缬氨酸研究的专利多数是以缬氨酸或相关肽及蛋白质作为医药配置品组分的专利,特别是作为抗肿瘤药物的研究在近年来获得了快速的发展,DNA 重组技术持续得到应用,而针对缬氨酸自身生产的专利则各年维持在较低产出数量。

5. 发酵法制备缬氨酸专利解析

微生物发酵法生产缬氨酸具有原料成本低、反应条件温和及可大规模生产等优点,是一种非常经济的生产方法,发酵法生产的缬氨酸皆为 L-型,无需旋光拆分。发酵法的菌种为产谷氨酸微球菌、产氨短杆菌、大肠杆菌、产气气杆菌。本小节基于前文 IPC 小组的统计,对 C12P13/08 小组下有关缬氨酸发酵法生产的 229 件专利进行分析。

1) 国家/地区分布

表4-3 和图4-16 统计了发酵法制备缬氨酸专利的受理国家/地区和来源国家/地区分布情况。229 件专利总计申请了 879 件专利家族成员专利,平均每件专利要在 3.8 个国家/地区申请保护。欧洲专利局、美国、中国、日本和德国是专利寻求重点保护的五个国家/地区/组织。

表4-3 发酵法制备缬氨酸专利国家/地区/组织分布(1998~2015年)

排名	专利家族成员国家/地区/组织	专利数/件	排名	来源国家/地区/组织	专利数/件
1	欧洲专利局	144	1	美国	72
2	美国	142	2	德国	70
3	中国	93	3	日本	50
4	日本	85	4	俄罗斯	39
5	德国	80	5	中国	35
6	澳大利亚	56	6	韩国	18
7	俄罗斯	43	7	欧洲专利局	12
8	巴西	42	8	加拿大	9
9	韩国	41	9	澳大利亚	4
10	西班牙	29	10	墨西哥	2
	其他	124		其他	5

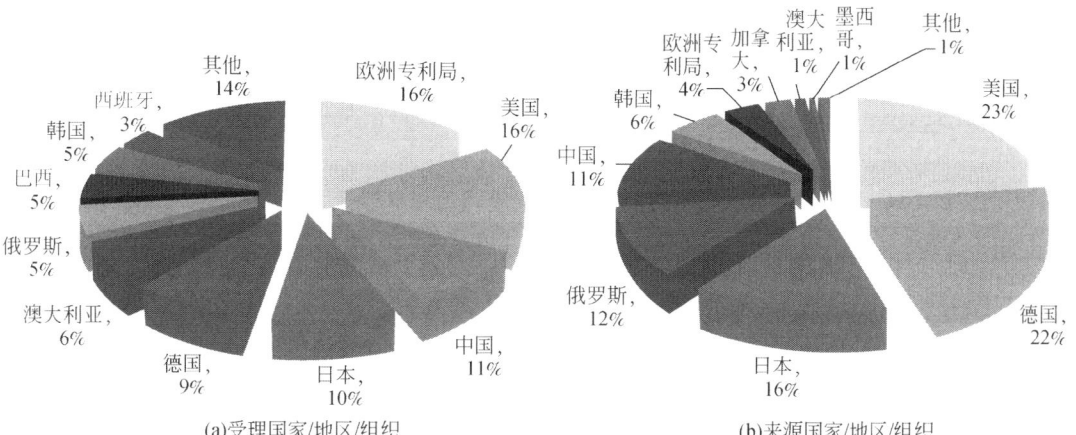

(a)受理国家/地区/组织   (b)来源国家/地区/组织

图4-16 发酵法制备缬氨酸专利国家/地区/组织分布(1998~2015年)

从来源国/地区角度分析,来自美国、德国和日本的发酵法制备缬氨酸专利数量位居前3位,中国有35件相关专利申请,排在第5位,占同期全球发酵法制备缬氨酸专利总量的11%。

2) 主要专利权人统计

从图4-17统计可见,1998~2015年,发酵法制备缬氨酸专利主要由赢创德固赛和味之素两大跨国企业持有,两家公司专利总和占全球总量的61.8%。其他数量相对较多的前15个(TOP15)专利权人有3家来自中国,分别是江南大学、中国科学院和大连工业大学。其他全部都是国外公司或科研机构,但专利数量均较少。

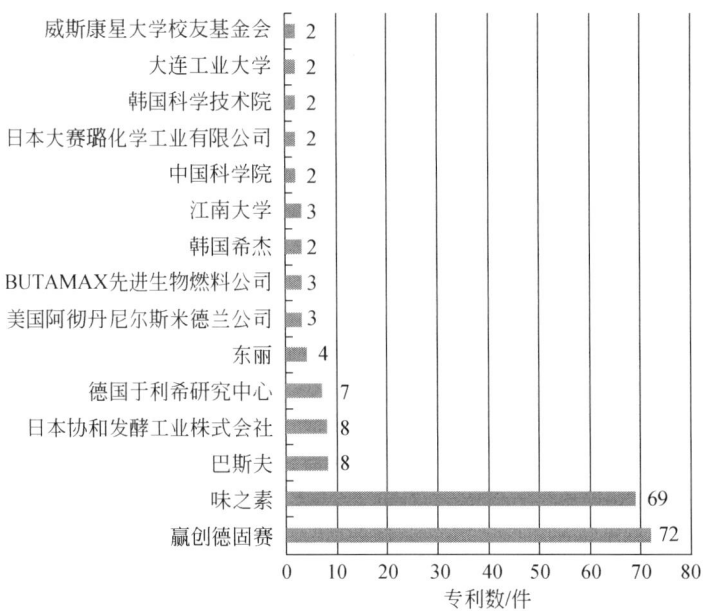

图4-17 发酵法制备缬氨酸专利权人TOP15(1998~2015年)

4.2.5 7-氨基头孢烷酸

4.2.5.1 概况及重要研发进展

头孢菌素类抗生素对于医治中症、重症感染有着十分显著的疗效,全球对其需求量呈现不断上升的趋势。7-ACA是合成头孢类抗生素最重要的中间体,通常由头孢菌素C(CPC)通过化学法或生物酶法裂解脱去侧链分子制备得到。其生产流程为头孢菌素C——7-ACA——半合成头孢菌素,主要产品有头孢唑啉、头孢哌酮、头孢曲松、头孢他啶、头孢噻肟、头孢呋辛脂、头孢地嗪等几十个品种。生物酶法生产7-ACA可以分为两步酶法和一步酶法。两步酶法先后依次利用D-氨基酸氧化酶(DAAO)和戊二酰-7-氨基头孢烷酸酰化酶(GLA)进行催化,目前两步酶法已经实现工业化应用。一步酶法仅需头孢菌素C酰化酶直接裂解CPC得到7-ACA,优于两步法,但目前还停留在实验室阶段。

野生型的酰化酶对 CPC 活性极低,并存在底物抑制,不能满足工业化需求。

全世界头孢菌素市场仍由早先开发的几家公司所控制,奥地利的 Biochemie 和意大利的 Antibioticos 是目前头孢菌素的主要生产公司,满足 7-ACA 世界需求量的一半以上。7-ACA 的产量决定于头孢菌素 C 的产量。进入 20 世纪 90 年代后,7-ACA 与头孢菌素原料药的年均增长速度保持在 10% 左右。7-ACA 与头孢菌素原料药的产量也从 2000 吨左右上升到 3100 吨。

鲁抗医药是国内第一家形成头孢菌素 C 及 7-ACA 产业化生产能力的公司,目前已形成年产头孢菌素 C 245 吨,7-ACA 120 吨的生产能力。其他规模较大的公司还有石药集团。随着国内 7-ACA 生产技术及半合成工艺技术的提高,中间体生产商将倾向于自我消化,形成完整的生产链,以提高产品的利润水平。据估计,1999 年 7-ACA 的国内需求量在 500 吨左右,国内原料药的产量远不能满足制剂生产的需要。

华东理工大学、国药集团威奇达药业有限公司等开发的"基于细胞生理与过程信息处理的工业发酵优化新技术",以细胞生理特性分析与调控为核心,发展了由宏观到微观基于过程信息处理的发酵过程优化新方法,并形成大型生物反应器流程特性与细胞生理代谢特性研究相结合的发酵过程放大技术,获得 2011 年国家科学技术进步奖二等奖。目前,该技术已成功应用于头孢类药物关键中间体 7-ACA 的一步酶法工业化生产。与原先的二步酶法相比,能耗约降低 20%,"三废"排放降低,特别是废水排放约降低 25%,产生了良好的经济和生态效益。

4.2.5.2 论文分析

1. 重要国家分析

7-ACA 绿色制备工艺相关研究发文量最多的 10 个国家依次为中国、韩国、意大利、日本、美国、印度、西班牙、德国、荷兰和英国(图 4-18),其中中国发文量 64 篇,位列第 1 位,韩国和意大利位居第 2 和第 3 位。

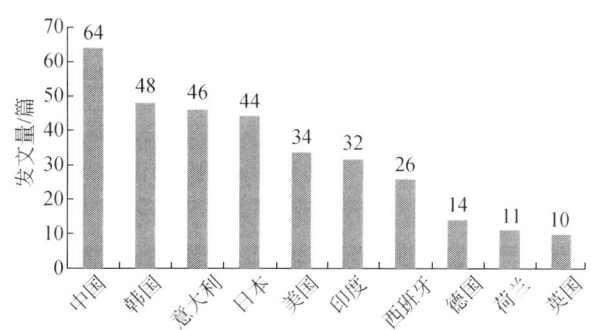

图 4-18 7-ACA 绿色制备工艺相关研究领域发文量 TOP10 国家

2. 重要机构分析

在发文量排名前 10 位的机构中,韩、中、日三国机构分别位列前三甲(图 4-19)。中国除中国科学院位列第 2 位以外,还有清华大学和北京科技大学 2 家机构上榜。除了日本藤泽制药有限公司（发文17篇，位居第3位）1家企业以外，其余9家机构均为高校或研究机构。

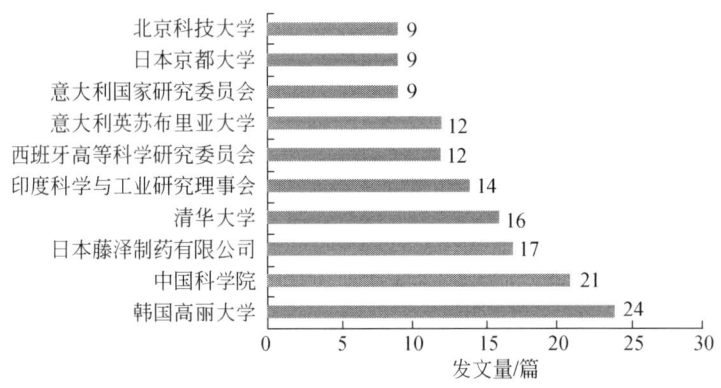

图 4-19 7-ACA 绿色制备工艺相关研究领域发文量 TOP10 机构

3. 机构合作情况

由图 4-20 所示，大部分机构以单打独斗为主，可能是由于牵涉到知识产权问题，合作较为紧密的机构主要是同一国家的高校之间以及高校和企业之间，除了意大利帕维亚大学、西班牙高等科学研究委员会之间；美国华盛顿大学和韩国岭南大学之间存在跨国的较为活跃的合作关系。日本的京都大学与藤泽制药有限公司（Fujisawa）、京都工艺纤维大学、大阪大学、石川县立大学之间都有合作，其中，京都工艺纤维大学、大阪大学、石川县立大学三者之间有较为紧密的合作。韩国的首尔大学、韩国科学技术院、光云大学、钟根堂制药株式会社都与高丽大学有较为紧密的合作，其中，高丽大学与钟根堂制药株式会社的合作最为紧密。中国的清华大学与北京科技大学、中国科学院之间形成主要的合作关系，清华大学与北京科技大学合作最为紧密，中国科学院与浙江大学合作活动也较频繁。意大利的米兰理工大学和英苏布里亚大学有较为紧密的合作关系。

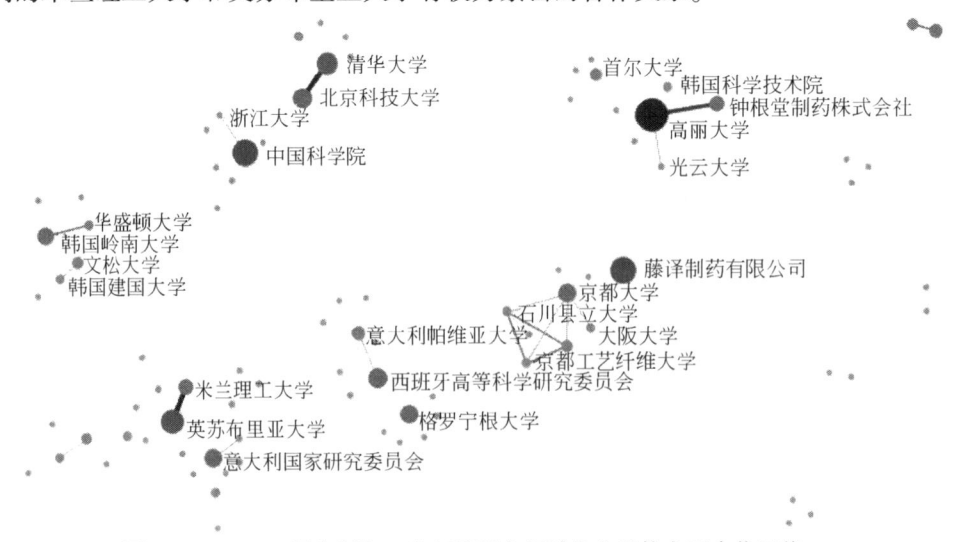

图 4-20 7-ACA 绿色制备工艺相关研究领域发文机构主要合作网络

4.2.5.3 专利分析

本节以"IP=C12P-035/06"为检索策略,在 DII 数据库中检索并下载主题与发酵法生产 7-ACA 及其前体头孢菌素 C 研究相关的专利(以下统称"发酵生产 7-ACA 相关专利"),总计获得 164 件发明专利作为本报告计量分析的数据基础,数据下载日期为 2016 年 1 月。

1. 专利年度态势

全球发酵生产 7-ACA 相关专利最早始于 20 世纪 70 年代,从 1974 年开始有第一件专利申请,但直到 1984 年以后每年才均有相关专利产出,然而,各年相关专利数量均未超过 10 件(图 4-21)(受专利公开延迟的影响,近几年专利尚未完全公开)。

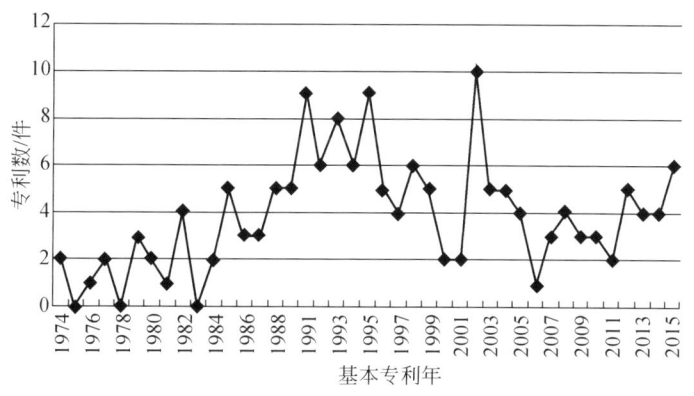

图 4-21 全球发酵生产 7-ACA 相关专利年度态势

2. 专利国家/地区/组织分布

1)专利受理国家/地区/组织分布

图 4-22 统计了全球发酵生产 7-ACA 相关专利受理国家/地区/组织分布情况,前 10 个国家/地区/组织依次是日本、美国、欧洲专利局、中国、德国、韩国、西班牙、澳大利亚、加拿大和印度。数据反映出,日本、美国、欧洲和中国已经成为全球发酵生产 7-ACA 相关专利权人最重视的 4 个保护地。

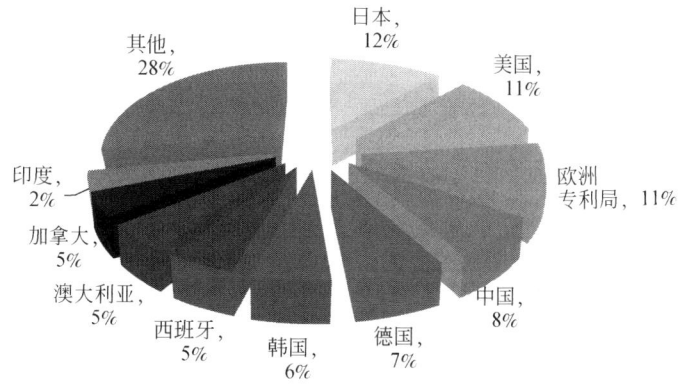

图 4-22 专利受理国家/地区/组织分布

2) 专利来源国家/地区/组织分布①

从专利来源国家/地区/组织角度分析（图4-23），日本申请了发酵生产7-ACA相关专利18%的份额，位居第1位，美国占17%，位居第2位，中国占13%，排在第3位。总体而言，日本、美国和中国已经成为发酵生产7-ACA相关专利产出的三个主要国家，总量占全球总量的48%。

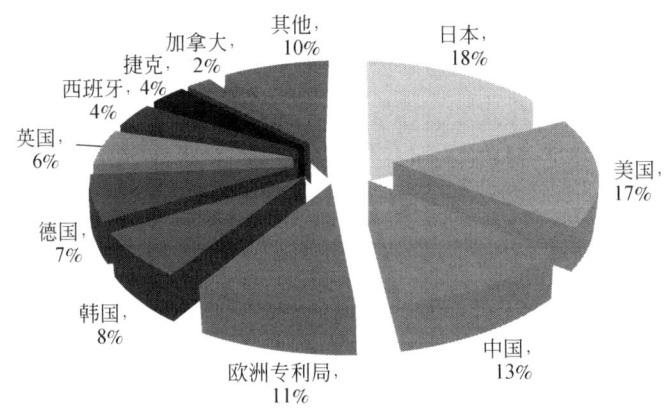

图4-23 专利来源国家/地区/组织分布

3. 主要专利权人分析

专利数量最多的前10个专利权人全部都是国外公司，其中帝斯曼以14件专利位居首位（图4-24）。

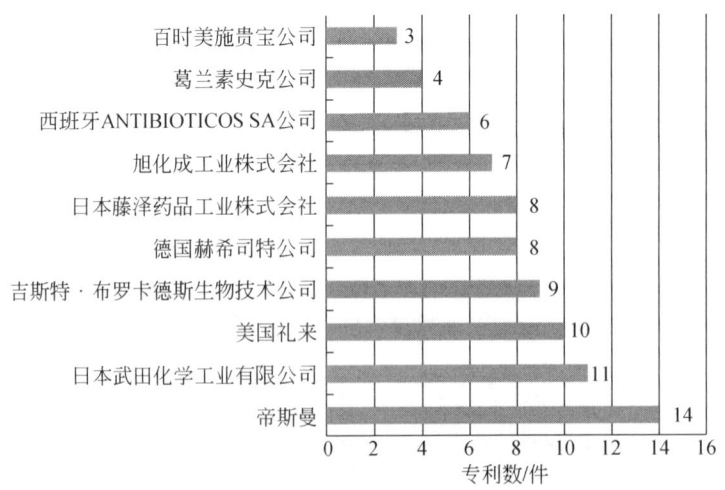

图4-24 TOP10专利权人

---

① 基于专利的优先权国统计来源国家/地区/组织。

4.3 产业发展态势

医药中间体行业主要分为 CMO、CRO 两种子行业。CMO 即制药公司将生产环节外包的合作方。该行业的业务链一般是从专用医药原料开始的。行业公司需采购基础化学原料并分类加工成专用医药原料，再加工逐渐形成原料药起始物料、中间体、原料药和制剂。目前，各大跨国制药企业倾向与少数核心供应商建立长期战略合作伙伴关系，该行业内公司生存的好坏通过其合作伙伴基本能知大概。CRO 即为制药公司将研究环节外包的合作方。目前，该行业主要以定制生产、定制研发，以及医药合同研究、销售为主要合作方式，无论以哪种合作方式，也无论医药中间体产品是否为创新产品，评估此类企业的核心竞争力以其研发的技术为第一要素。

4.3.1 国际格局

4.3.1.1 产业分布发生重大变化

近几年，随着社会分工的深入以及生产技术的进步，一些医药中间体生产逐渐从医药企业生产中分离出来，转而由化工企业接手。从国际范围来看，医药中间体目前已成为国际化工界的一大产业。相对于原料药及制剂，医药中间体的出口受到进口国的限制要少得多，再加上全球医药费用支出增速趋缓，欧美等国家医药企业面临的环保压力越来越大、研发成本越来越高、新药研发周期越来越长、新增专利药数量减少和仿制药竞争的日趋激烈，医药企业都有很强的意愿要将前端的中间体研发和生产环节向其他国家转移，产业链的重新分工和外包生产成为大势所趋。2017 年，全球外包生产市值将达 630 亿美元、复合年均增长率为 12%。中国制造的成本比欧美低 30%~50%，市场需求维持高增长，基础设施较印度好，且人才储备丰富，因此预计中国将在医药中间体制造方面保持领先地位。目前，中国的医药外包生产市值仅占全球外包生产总值的 6%，医药中间体产能向中国转移趋势刚刚形成，但未来五年将以 18% 的复合年均增长率超速增长。对于国内那些有技术优势、在精细化管理上又做得比较好的中间体生产企业来说，这几年将是发展的黄金时期。

4.3.1.2 国际药企适时转变业务模式

在对中国前景广阔的药品市场一致看好的共识下，世界著名制药企业纷纷投资中国，在中国建厂，还有一些同时在中国成立了研发中心。全球生物制药领先企业阿斯利康在无锡投资 1.5 亿美元建设工厂，随后又在上海建立研发中心。丹麦诺和诺德公司在北京设立了产品开发研究发展中心，这是跨国制药企业在中国成立的第一家致力于生物技术研究的研发中心。此外，辉瑞、罗氏、赛诺菲安万特等跨国药企也都在中国设立了研发中心，标志着跨国制药巨头对于国内医药市场已从原来单纯地投资产业向生产和研发并举的投资策略转变。

在中间体和原料药领域，亚洲企业在全球市场上的日渐渗透，正促使欧美企业想方设法地优化和转变经营模式。一种方式是与当地企业签署转包生产合同，或在当地建立分支机构；另一种方式是开发具有吸引力的技术。这两种方式更加强化了欧美企业向亚洲国家转移生产基地和研发中心的趋势。

2006年6月，德国赢创德固赛与大连绿源药业有限责任公司正式签署协议，合资成立德固赛绿源（大连）药业有限公司。2008年3月，赢创收购德固赛绿源的全部股份，将其纳为旗下全资子公司。此次收购，赢创实施横向整合理念，使一些受监管的中间体和原材料产品，以及那些不受专利保护的活性成分产品能够以具有竞争力的成本在中国生产。同时，赢创在欧洲工厂的先进技术以及赢创多年来积累的与生产受专利保护中间物及活性成分相关的专利法规方面的丰富经验也可以源源不断地向子公司传输（张鹏，2008）。在此基础上，一方面，欧洲定制生产基地可以集中精力生产受到严格管制的高附加值中间体和专利原料药；另一方面，赢创决定将下属定制生产原料药和高级医药中间体的Raylo化学公司出售给美国Gilead科学公司，这一决策也是为了将生产重心从西半球向亚洲转移而服务。

瑞士龙沙（Lonza）集团总部位于巴塞尔，是一家以生命科学为主导，在生物化学、精细化工、功能化学等行业均处于领先地位的全球性跨国公司，具有一百多年的历史。该公司主要生产生命科学产品以及多种类的精细和特殊化工产品，为各大制药公司如葛兰素史克（GSK）和雅培（Abbott）等提供药物成分。龙沙集团在广州南沙投资2亿美元建成一家生产多用途原料药和中间体的综合工厂，工厂将具备大规模生产和小规模试产的能力。该公司主要生产烟酰胺（即维生素B3）、左旋肉碱系列产品、卫生和防腐系列产品、活性医药成分（APIs）、化学中间体及其他相关产品，并提供定制开发等相关服务。随后，龙沙集团还在广州南沙新建了一家原料药和中间体研发中心，该中心在小分子药物、多肽药物、仿制药、营养组分、化学工程、分析服务、专利搜索及分析等领域均具备较强的研发运作实力，不仅为客户提供创新开发服务与解决方案、从实验室研发到生产的技术转移及后续的生产运作支持，还为龙沙集团在中国乃至全球市场发展提供强有力的技术支持。

美国阿尔巴尼分子研究公司（Albany Molecular Research Inc.）在印度海得拉巴（Hyderabad）新建一家面积达5万平方英尺的研发中心，主要从事定制化合物和药物化学的研发工作。据悉，这家研发中心也将设立一个原料药和中间体的规模化实验室。

4.3.1.3 印度企业抓住机遇迅速发展

面对仿制药新药研发热潮，以及亚洲新兴市场的崛起，印度精细化工企业已经积极调整战略，准备迎接新的发展机遇。

Piramal Healthcare 和 Jubilant Organosys 是印度最大的两家CMO。Piramal依赖其在中间体和原料药的发展而迅速成长，属于率先收购西方生产设施的印度CMO之一。2005年，Piramal收购英国Avecia生物制品公司的定制生产业务，由此获得早期原料药开发能力、工业化生产高级中间体和原料的能力。2006年6月，Piramal收购了辉瑞位于英国诺森伯兰郡的工厂，这家工厂具备生产、销售、配送原料药和成品制剂的能力。2008年，Piramal

通过收购 Healthline 将业务拓展到了注射市场。Jubilant 以精细化工中间体定制生产起家，后开始进入原料药（API）市场，并通过收购欧洲企业进入制剂市场，从而实现了产业链的全覆盖，后并开展临床研究和无菌注射业务。

印度 Dishman 公司也在积极提升其在全球精细化工市场上的地位。2005 年，Dishman 收购了英国合同研究公司 Synprotec。2006 年 5 月，Dishman 收购了瑞士精细化工企业 Carbongen Amcis 公司，加强了高效原料药的生产能力。2007 年，Dishman 收购了比利时 Solvay 制药公司的精细化学品和维生素生产部门，获得了相关生产设施和知识产权。除了通过并购活动扩大实力以外，Dishman 还进行了大规模固定资产投资。Dishman 在印度总部附近增建一所高效原料药生产厂。Dishman 在上海建立全资子公司迪氏曼国际贸易（上海）有限公司和另一家全资工厂迪氏曼医药化学有限公司（上海）（2015 年 3 月 1 日更名为"卡博金艾美斯医药有限公司"），主要从事原料药，中间体及特殊化学品的生产以及集团公司进口产品在中国地区的销售。Dishman 对迪氏曼医药化学有限公司投资达 1 亿美元用于建设医药化学中间体生产项目。

4.3.2 国内态势

4.3.2.1 规划与举措

随着国际制药巨头陆续将中间体生产外包给化工企业，CMO 产业重心也逐步向亚洲转移，医药中间体的新型转化路径作为生物医药研发领域的重要组成部分，在中国已受到越来越多的关注。2009 年 6 月，国务院审议通过了《促进生物产业加快发展的若干政策》，再次提出要加快把生物产业培育成为高技术领域的支柱产业和国家的战略性新兴产业，并将生物医药作为发展重点领域提出（国务院办公厅，2009）。2010 年，《国务院关于加快培育和发展战略性新兴产业的决定》将生物产业列为我国战略性新兴产业的重要组成部分，予以重点培育和扶持。2011 年 11 月，科技部的《"十二五"生物技术发展规划》明确指出：要重点研究工业生物催化与转化，突破手性化工中间体等重大产品生物制造的产业化瓶颈，形成有机酸等产品制造的平台技术体系，形成手性酸等高附加值中间体的创新生物制造路线（科技部，2011）。2015 年 5 月，国务院印发《中国制造 2025》，部署全面推进实施制造强国战略，将生物医药等列入十大突破发展的重点领域。2015 年 11 月，《中共中央关于制定国民经济和社会发展第十三个五年规划的建议》发布，该建议将"打造绿色经济升级版"作为"十三五"的一项重点工作提出，要求加大绿色投资力度，形成绿色金融平台，促进绿色产业发展，鼓励绿色技术创新，树立行业绿色标杆并实施行业绿色标准。中国生物发酵产业协会发布《中国生物发酵产业"十三五"发展规划》，提出调整产业结构、强化完善产业链条，发展具有核心竞争力的大宗和新兴生物发酵产品，包括生物基平台化合物——C1-C6 平台化合物、高分子材料、医药中间体、农药中间体等相关产品（中国生物发酵产业协会，2015）。此外，2012 年 10 月，工信部出台的《化学原料药（抗生素/维生素）行业清洁生产技术推行方案（征求意见稿）》要求国内原料药企业以低能耗、低污染的生物法替代高能耗、高污染的化学法生产 β-内酰胺类抗生素关键中间体的工艺技术，并提出到 2015 年绿色酶法普及率达到 60% 的发展目标。但据相关人士介绍，目前全行业绿色酶法普及率仅为 30%。

4.3.2.2　研究机构动态

从高校等科研机构来看，积极联合企业等形成产、学、研一体化研发联盟。由浙江工业大学牵头，联合浙江大学、上海医药工业研究院、药物制剂国家工程研究中心、浙江省医学科学院、浙江省食品药品检验研究院等核心成员单位，并吸纳美国 IPS 公司、美国加利福尼亚大学欧文分校、俄罗斯科学院西伯利亚分院等国际创新力量，以及华东医药、浙江医药、海正药业、华海药业、仙琚制药等一批制药龙头企业共同组建长三角绿色制药协同创新中心，率先迈出了协同发展的步伐，成为推动我国从制药大国向制药强国转变的重要创新基地。该中心以绿色化学制药、生物技术制药、药物制剂作为三大研究方向。2015年 11 月，该中心宣布完成一项颠覆性的技术突破，通过对维生素 D3 系列药物生产工艺进行创新性研究，在全球首创该系列药物的化学全合成方法，并在合作企业建立了全球最大的维生素 D3 系列药物生产线，顺利完成试生产。利用生物技术的优势，对碳氢霉烯类抗生素、糖尿病治疗药物、神经病理性疼痛治疗药物和他汀类药物等中间体进行工艺创新，实现了产业化，已经创造了显著的经济效益和社会效益，是国内医药中间体生物催化技术产业化的一支重要力量。

当前，长三角绿色制药协同创新中心共建立了 31 个校企联合研发中心和中试基地，并与浙江省 17 家原料药上市公司建立了技术合作关系。另外，该中心成功研发了一批具有国际先进水平的绿色制药特色技术，技术成果实施企业相继建成了 15 个全球最大、最强的大宗产品生产示范基地，经济社会效益显著。

4.3.2.3　企业动态

从企业角度来看，近几年中国药企不断加快国际认证的工作，中国的 DMF 文件（美国 FDA 的药物管理档案 Drug Master File，以下简称 DMF 文件）已经达到近 2000 份，中国的 CEP 证书（欧洲药典适应性证书），已经达到将近 500 份。这些都为中国企业国际化创造了必要的条件。同时，随着国内医药市场的激烈竞争，国内药企也在探寻海外扩张之路，通过并购、设立子公司等方式拓展海外业务。制药业是研发全球化程度最高的产业，许多成功的制药企业通过在全球各地设立研发分支机构来获取新技术，增强研发能力。除此以外，面对国际医药中间体生产中心的转移，中国多家化工企业通过自建或收购途径不同程度地提升医药中间体收入占比，如联化科技、雅本化学等，以有效应对国内外经济环境的变化，强化规模效应，顺应市场发展需求。

1. 重庆博腾不断扩大海外业务

近几年在欧美市场，中国医药企业也非常活跃，有些已实现上市融资，有些则在海外建立子公司，扩大市场占有率。重庆博腾制药科技股份有限公司（以下简称博腾公司）是中国 CMO 行业的领先企业，专门为跨国制药公司和生物技术公司提供医药定制研发生产服务，主要产品为创新药医药中间体。该公司分别于 2008 年 3 月、2008 年 8 月，在美国新泽西州和比利时成立子公司 Porton Americas, Inc. 和 Porton Europe NV。随后又于 2014 年在瑞士成立子公司 Porton Pharmaceutical Chemicals GmbH。海外新公司的成立，旨在积极发展欧美市场的销售，扩大市场份额。

2016 年 1 月 18 日，博腾公司董事会审议通过了《关于成立美国研发中心的议案》。美国研发中心将专注于为客户提供临床前期到早期商业化阶段所需的 GMP 中间体和原料药（API）克级到千克级定制研发及生产服务。同时，其服务范围也包括复杂化学合成、高活性原料药（HPAPI's）、抗体偶联药物（ADC's）、部分管制药品等。此次设立美国研发中心也将与 Porton Americas, Inc. 产生协同效应，更好地为客户提供各项服务，加强与客户的沟通联系。通过美国研发中心这个平台，有利于博腾公司在美国引入医药合同定制研发生产（CDMO）行业内经验丰富的高技术人才，增强公司研发实力。

2. 联化科技投资医药中间体项目

联化科技是国内农药及医药中间体定制生产的龙头企业。2015 年 11 月，联化科技宣布拟募集资金不超过 14.5 亿元，用于建设年产 400 吨 LT822、10 吨 TMEDA、20 吨 MACC、15 吨 AMTB 医药中间体项目。LT822 是一种重要的医药中间体，它和其他醛类化合物通过不对称加成反应可以合成许多类似于布噻嗪的具有立体构象的新型心血管类药物。TMEDA 是治疗糖尿病药物阿格列汀苯酯的关键中间体，阿格列汀苯酯具有很高的选择性和安全性，具有很强的靶向特异性，不会导致低血糖。MACC 是抗抑郁药物帕罗西汀的关键中间体，帕罗西汀药理作用单纯，不良反应较少，且治疗安全指数较高、相互作用较少，因此被认为是抗抑郁治疗的良好选择。AMTB 为坎地沙坦酯、氯沙坦钾、奥美沙坦酯、缬沙坦等抗高血压药物的重要中间体。此次布局的产品切入包括心血管、糖尿病等药品在内的巨大的市场，预计募投项目投产将贡献收入 13.9 亿元，净利润 3.9 亿元。届时医药中间体业务占公司收入的比重将从当前的 10% 上升至 24% 左右，成为公司未来几年发展的重要推动力。

3. 雅本化学通过并购不断提升研发实力，扩大 CRO 业务

雅本化学主要产品包括抗肿瘤药中间体、抗癫痫药中间体以及抗病毒类中间体。其中，抗癫痫药中间体 ABAH 已于 2014 年 10 月正式投产，产能 1000 吨/年，据中金公司提供数据，预计该项目增厚利润在 3000 万元以上。雅本化学已投产 BAZI、替尼类、多糖类以及抗病毒类中间体，预计合计收入在 1 亿元以上，毛利率 40% 左右。

雅本化学是国内少数几家进入定制门槛的企业，以定制生产为主要模式，近年来不断加强技术创新，大力推广 CRO 业务，积极推进定制研发服务，与国际制药公司开展了研发服务合作，但由于缺乏完整的加工定制体系，一直在积极寻求医药中间体与原料药成熟定制体系的收购机会。雅本化学与罗氏、赛诺菲和强生均有专利期内中间体研发与定制合作，如为罗氏制药定制黑色素瘤药物、为赛诺菲定制中间体的心血管药物以及为强生定制中间体的糖尿病药物。

2015 年 12 月，雅本化学拟发行股份及支付现金的方式收购上海朴颐化学科技有限公司，交易作价 1.6 亿元，对应 2015 年承诺净利润的 15 倍 P/E。同时募集配套资金 1.6 亿

元。子公司湖州颐辉具有自主的生物酶开发与生产能力。2016 年至 2017 年上半年将有多个在研项目投产。朴颐化学承诺 2015~2018 年扣非净利润分别不低于 1050 万元、1400 万元、1900 万元、2400 万元,复合年均增长率 32%。交易完成后,朴颐化学成为雅本的全资子公司。

朴颐化学未来继续致力于医药中间体领域的研发环节,生产环节交由雅本化学完成,2016~2018 年将逐步扩大生产规模,预计可大幅提高朴颐化学的利润率水平。雅本化学在巩固农药中间体行业地位的同时,积极通过对医药中间体产品的深层次、多样化开发来获得新的利润增长点。

4. 冠福家用剥离家用品制造与分销业务,积极向大健康产业转型

2014 年 8 月 17 日,冠福家用发布重组草案,公司拟通过发行股份及支付现金的方式,购买标的资产能特科技的全部股权。上述收购完成后,公司将进入高速增长的医药大健康领域。

作为本次并购的标的公司——能特科技于 2010 年 5 月在重组美中能特的基础上成立,主要从事非国家禁止类、限制类新型医药中间体产品的研发、生产、销售,以及相关技术服务与技术转让,拥有极强的化学合成技术研发创新能力和大规模生产的工艺工程化能力。能特科技目前的核心产品为两款医药中间体:

其一,为美国默克公司原研药品孟鲁司特钠的中间体(行业内简称"MK5"),孟鲁司特钠是治疗哮喘和抗呼吸道过敏的特效药,经过多年使用已经证明其药性的安全和药效的显著,短期内并无其他药品可以替代本药品;能特科技 MK5 的产能为 100 吨/年,从 2012 年投产该产品后,经过 2 年的竞争,已经成为该中间体全球最大的供货商之一。

其二,为合成维生素 E 的系列中间体,包括 2,3,6-三甲基苯酚和 2,3,5-三甲基氢醌。欧美等发达国家早已经将维生素 E 产品在饲料中的使用作为国家强制标准推行。近年来,由于中国等发展中国家尤其是"金砖国家"的人民生活水平不断提高,对维生素 E 的耗用量也在增加,维生素 E 产品的市场需求量呈现出了不断上升的趋势。在能特科技投产该产品以前,中国合成维生素 E 的基础原料大部分控制在德国的化工巨头手中。能特科技公司创造性地采用全新工艺实现了以国内资源供应丰富的大石化产品为起始原料,合成出了维生素 E 的基础原料,为中国维生素 E 企业更好地参与全球竞争解除了后顾之忧。

目前,能特科技已经与国内多家维生素 E 合成厂家建立了业务关系,并将产品出口给了荷兰皇家帝斯曼等维生素 E 合成企业。据相关报道,近几年维生素 E 市场需求量每年保持 5%~8% 的增长速度,这一市场需求为能特科技的业务扩展提供了广阔的空间,能特科技有望获得更多的维生素 E 中间体订单。

能特科技除以上两款主要产品之外,还承接国际知名公司的定制医药中间体。未来一段时间内,能特科技还将投产几个创新工艺生产的中间体产品。

2015 年 12 月 8 日,冠福家用拟将日用陶瓷、竹木制品等家用品制造与分销业务和大宗商品贸易业务整体出售给福建同孚实业有限公司,交易价格为 4.3 亿元。本次交易完成后,冠福股份将剥离市场竞争激烈、经营业绩亏损、不具备发展前景的日用陶瓷、竹木制品等家用品制造与分销业务、大宗商品贸易业务,摆脱传统业务具有的原材料价格上涨、

产品附加值低、劳动力成本上升、财务费用较大等不利影响，保留具有增长潜力、利润水平较高的医药中间体业务、投资性房地产业务和黄金采矿业务，优化资源配置，加快业务结构调整，从传统劳动密集型陶瓷、竹木等家用品制造分销企业向大健康产业进行转型。

5. 景兴纸业向嘉兴市博源生物化工科技有限公司增资

2015年10月27日，景兴纸业与嘉兴市博源生物化工科技有限公司（以下简称博源生物）及其股东共同签署了《投资意向书》。景兴纸业拟以增资形式在符合评估结果的基础和前提下向博源生物增资，增资完成后，景兴纸业持有博源生物的股份比例不高于25%，由此拓展医药中间体业务。博源生物是一家医药中间体研发及生产制造的企业，专业从事精神类及白血病治疗药品的原料研发制造，主要产品为DL-2-氨基丁酸、L-2-氨基丁酸、D-2-氨基丁酸和L-2-氨基丁酰胺盐酸盐。

6. 科恒股份参股江苏宇翔化工有限公司

2015年12月31日，科恒股份与江苏宇翔化工有限公司及其股东瑞孚信集团有限公司、徐官根、宁波瑞翔盈投资合伙企业在江门市签署《投资意向协议书》。科恒股份拟以整体估值5.4亿元购买原股东宁波瑞翔盈投资合伙企业（有限合伙）持有的20%的股权。科恒股份主营业务稀土发光材料受多种因素影响业绩持续下滑，鉴于宇翔化工在国内医药中间体领域有重要地位，科恒股份参股宇翔化工有利于公司业务范围的拓展，有利于科恒股份在医药中间体领域以及未来在大健康领域的布局。

4.4 总结和建议

随着资源能源短缺和环境的压力的日趋明显，面对我国中长期制造业可持续发展需求，资源消耗大环境污染严重的制造产业必须改变经济增长方式和发展模式，体现循环经济的可持续发展理念，走一条科技含量高、经济效益好、资源消耗低、环境污染少的新型工业化道路。医药中间体行业从产品分类来看属于精细化工领域，也迫切需要采用绿色制备的高新技术改造传统工艺，减少化学制剂用量，达到清洁生产等环保要求。

在研究成果方面，英国曼彻斯特大学和德国巴斯夫集团合作以及中国华东理工大学课题组独立完成了概念完全相同的双酶级联合成路线，即仅利用两个酶就实现外消旋醇到手性胺的不对称生物转化路径。绿色高效的手性胺合成路径标志着我国生物催化和手性胺合成达到国际领先水平，应用前景广阔。在甾体药物中间体绿色制备工艺研究方面，华东理工大学阐明了甾体药物代谢机制，开创生产新工艺，并由此开发出多个甾体药物中间体。此外，在（S）-4-氯-3-羟基丁酸乙酯、（R）-3-羟基戊二酸乙酯等几类他汀类药物中间体绿色制备工艺研究方面都取得了重要突破。在L-缬氨酸绿色制备工艺研究方面，德国亥姆霍兹联合会下属于利希研究中心研究人员筛选出L-缬氨酸高产谷棒菌，相比于出发菌株缬氨酸产量提高25%，同时副产物丙氨酸产量下降1/4~1/3。华东理工大学联合国药集团威奇达药业有限公司对7-ACA工业发酵过程进行优化，使得生产过程质量可控且更安全。

从文献计量分析结果来看，中国和日本在他汀类药物中间体绿色制备过程具有较强优势，德国在缬氨酸发酵法生产研发领域具有较强优势。从高被引论文的情况看，他汀类药物中间体生物法制备的研究领域，企业具有一定的研发优势。从论文合作情况来看，他汀类药物中间体、L-缬氨酸、7-ACA 等中间体生物法制备的研究论文大多以本国内的研究机构与企业合作为主，有少量合作活动存在跨国合作的情况。

随着药品专利断崖期的到来、成本上涨、环境保护等因素，跨国药业巨头都纷纷把药物中间体生产业务外包，逐步向亚洲迁移，中印两国成为医药中间体生产的主战场。印度企业除了频繁并购、调整业务结构外，还通过控股、参股等方式强化自身的地位。我国在医药中间体产业发展方面，具有市场需求维持高增长、基础设施较好、人才储备丰富等特点，因此无论是发展医药中间体 CMO 或者 CRO 都具有一定优势。但也不能忽视目前存在的企业规模较小、创新技术水平有限、产品附加值低、产品线较为单一、信息资源利用不充分等方面的短板。

基于上述分析，为进一步推动我国医药中间体产业的顺利发展，本报告提出以下三点建议。

1. 改变医药中间体的出口结构，加速形成企业核心竞争力

随着医药中间体生产逐渐从医药产业中分离出来，医药中间体目前已成为国际化工产业的一个重要组成部分，亚太地区原料药和中间体市场增速最快。从行业发展趋势来看，我国医药中间体行业的发展方向要从生产粗放型的初级中间体向精细型的高级中间体转变，并不断向下游供应链延伸和转移，提高深加工能力，进入发达国家医药市场。与此同时，我国医药中间体产品出口也遭到了来自印度等其他国家的压力，必须调整出口策略，精选有竞争力的优势品种，才能在激烈竞争中占有一席之地。

2. 掌握国际产业竞争格局变化，努力加强企业自身能力建设

医药中间体与其他商品不同，不直接进入消费市场。它只能作为某一种或有限品种药物的原料，受制药工业的严重制约。药物制剂由于更新换代、安全性问题等被淘汰出局会直接影响中间体的生产。积极打造相关信息平台，使中间体生产商能及时掌握制药工业的发展动向，并为其与制药企业及科研机构之间搭建紧密联系或者形成战略联盟的桥梁。同时，企业在设计和发展多产品体系的基础上，需要重点关注如何加强自身能力建设，树立自有品牌，增强技术消化能力和创新能力等问题。逐步加强产业自身建设及生产软件建设，努力打造一批具有 GMP、FDA、E/DMF、COS 等认证的企业和产品。

3. 加强国际合作，以全球视野推动技术创新

绿色制药技术领域国际合作的重要性和紧迫性已不言而喻，医药中间体行业亦是如此。随着国家对创新的大力支持以及海外高层次人才的持续回流，过去几年中国医药产业规模取得了快速发展，但中国在绿色制药技术领域的国际合作需求依然十分强烈。医药产业及其上游的中间体产业的技术提升已迫在眉睫。随着我国中间体行业逐步从低端转向中高端产品，与其他国家的市场竞争加剧，技术引进难度加大，一方面需要依靠企业加大研

发投入，提高自主研发水平，鼓励原始创新或学习模仿后再创新；另一方面需要加强国际合作，充分利用和有效整合国际资源，从而不断提高自身的创新能力和质量。

致谢：江南大学许正宏教授、浙江工业大学郑裕国教授在本报告撰写过程中给予了指导，并提出了宝贵意见和建议，在此谨致谢忱！

参 考 文 献

国务院办公厅. 2009. 国务院办公厅关于印发促进生物产业加快发展若干政策的通知. http://www.gov.cn/zwgk/2009-06/05/content_1332777.htm [2009-06-05].

科技部. 2011. 关于印发十二五生物技术发展规划的通知. http://www.most.gov.cn/fggw/zfwj/zfwj2011/201111/t20111128_91115.htm [2011-11-28]

陶源，胡又佳，周斌，等. 2013. 他汀类药物中间体（S）-4-氯-3-羟基丁酸乙酯生物催化合成的研究进展. 世界临床药物，34（6）：359-363.

吴燕，李会，李恒，等. 2013. 甾体生物转化技术研究的现状与进展. 生物加工过程，11（2）：30-36.

杨顺楷. 2015. 甾体激素药业路在何方. http://news.sciencenet.cn/sbhtmlnews/2015/3/297805.shtm [2015-03-10].

中国生物发酵产业协会. 2015. 中国生物发酵产业"十三五"发展规划. http://www.cn-ferment.com/news/show-10377.html [2015-10-13].

张鹏. 2008. 赢创工业集团将德固赛绿源（大连）药业有限公司纳为旗下全资子公司. 现代化工，(4).

Chen F F, Liu Y Y, Zheng G W, et al. 2015. Asymmetric amination of secondary alcohols by using a redox-neutral two-enzyme cascade. ChemCatChem, 7 (23)：3838-3841.

Jin H X, Liu Z Q, Hu Z C, et al. 2013. Production of（R）-epichlorohydrin from 1, 3-dichloro-2-propanol by two-step biocatalysis using haloalcohol dehalogenase and epoxide hydrolase in two-phase system. Biochemical Engineering Journal, 74, 1-7.

Jojima T, Inui M. 2015. Engineering the glycolytic pathway：A potential approach for improvement of biocatalyst performance. Bioengineered, 6 (6)：328-334.

Mahr R, Gaetgens C, Gaetgens J, et al. 2015. Biosensor-driven adaptive laboratory evolution of l-valine production in *Corynebacterium glutamicum*. Metabolic Engineering, 32：184-194.

Mutti F G, Tanja K, Scrutton N S, et al. 2015. Conversion of alcohols to enantiopure amines through dual-enzyme hydrogen-borrowing cascades. Science, 349 (6255)：1525-1529.

Vander G R, Vander M P, Hessels G, et al. 2007b. Identification of 3-ketosteroid 9-a-hydroxylase genes and microorganisms blocked in 3-ketosteroid 9-alfa-hydroxylase activity：US, 7223579.

Vander G R, Yam K, Heuser T, et al. 2007a. A gene cluster encoding cholesterol catabolism in a soilactinomycete provides insight into Mycobacterium tuberculosis survival in macrophages. Proc Natl Acad Sci USA, 104 (6)：1947-1952.

Vander G R, Hessels G, Dijkhuizen L. 2009. Method for the production of modified steroid degrading microorganisms and their use：WIPO, 2009024572.

Xie X K, Tang Y. 2007. Efficient synthesis of simvastatin by use of whole-cell biocatalysis. Applied and Environmental Microbiology, 73 (7)：2054-2060.

Xue F, Liu Z-Q, Wan N-W, et al. 2014. Purification, gene cloning, and characterization of a novel halohydrin dehalogenase from agromyces mediolanus ZJB120203. Applied Biochemistry and Biotechnology, 174 (1), 352-364.

Xue F, Liu Z Q, Wang Y J, et al. 2015. Biochemical characterization and biosynthetic application of a halohydrin dehalogenase from Tistrella mobilis ZJB1405. Journal of Molecular Catalysis B-Enzymatic, 115, 105-112.

Yao K, Xu L Q, Wang F Q, et al. 2014. Characterization and engineering of 3-ketosteroid-delta (1)-dehydrogenase and 3-ketosteroid-9 alpha-hydroxylase in Mycobacterium neoaurum ATCC 25795 to produce 9 alpha-hydroxy-4-androstene-3, 17-dione through the catabolism of sterols. Metabolic Engineering, 24: 181-191.

Yao P Y, Wang L, Yuan J, et al. 2015b. Efficient biosynthesis of ethyl (R)-3-hydroxyglutarate through a one-pot bienzymatic cascade of halohydrin dehalogenase and nitrilase. ChemCatChem, 7 (9): 1438-1444.

Yao P Y, Li J J, Yuan J, et al. 2015a. Enzymatic synthesis of a key intermediate for rosuvastatin by nitrilase-catalyzed hydrolysis of ethyl (R)-4-cyano-3-hydroxybutyate at high substrate concentration. ChemCatChem, 7 (2): 271-275.

You Z Y, Liu Z Q, Zheng Y G. 2014. Characterization of a newly synthesized carbonyl reductase and construction of a biocatalytic process for the synthesis of ethyl (S)-4-chloro-3-hydroxybutanoate with high space-time yield. Applied Microbiology and Biotechnology, 98 (4): 1671-1680.

5 低碳发展研究国际发展态势分析

曲建升　裴惠娟　李恒吉　董利苹

(中国科学院国家科学图书馆兰州分馆)

摘　要　当前，发达国家和发展中国家在发展过程中面临一个共同的挑战：使二氧化碳排放水平尽可能低，以避免更严重的环境破坏，同时维持足以提高生活水平的经济增长速度。为了实现这一目标，世界各国政府开始探寻新的发展路径，其中低碳发展已经成为广泛提倡的一种发展模式。在世界各国积极寻求低碳发展道路的热潮中，中国也在根据自身特点探索具有中国特色的低碳发展道路，"十二五"规划已经把"低碳"与"低碳发展"纳入国民经济和社会发展五年规划，并勾画了未来五年中国低碳发展的蓝图。在中国摸索着低碳发展道路前进的过程中，如何以最短的时间，走最少的弯路实现中国式低碳发展是中国亟须解决的重要问题。本报告将对近期国际低碳发展相关的战略、行动计划和研究布局等进行梳理；利用文献计量方法对近年来低碳发展领域的研究论文进行定量分析，总结世界低碳发展领域发展的最新趋势与进展，分析低碳发展领域的研究现状和重要研究方向，为我国低碳发展学科提供决策支持。

从文献计量的角度来看，2005~2015年，国际低碳发展研究论文总体呈现稳步增长趋势，低碳发展研究相对集中在以下国家和地区：美国、中国大陆、英国、加拿大、西班牙、日本、印度、法国、澳大利亚、意大利、荷兰、瑞典、巴西、韩国、中国台湾、瑞士、土耳其、芬兰、波兰。其中美国在低碳发展方面研究的论文数量占绝对优势，这在一定程度上说明美国在低碳发展研究领域最为活跃，且具有相当强的研究能力。大学是低碳发展研究的主体，气候变化、有机碳、脱氮技术等所涉及研究主题是多数国家共同且最为关注的，此外，美国还比较关注数据流，中国比较关注可持续发展，英国还比较关注城市化绿地；涉及最多的学科领域是环境科学和生态学，其次是地理学、水资源、地理及多学科研究、经济学等。从国家和机构之间的合作情况来看，美国、中国、英国、德国等与其他国家之间的合作比较广泛，中国科学院(CAS)、马里兰州立大学、美国环保署(USEPA)、亚利桑那州立大学、美国地质调查局(USGS)、佐治亚大学等与其他机构合作较为频繁。

基于文献计量结果，结合国际上重要的低碳发展评估报告(《低碳经济指数》《低碳竞争力指数》《低碳经济竞争力指数》)、低碳发展组织及行动(深度脱碳路径项目、低碳协会网络、低碳社会和低碳亚洲国际研究网络)，总结主要国家/组织(欧盟、英国、美国、加拿大、日本等)低碳发展的重要计划和发展战略，整理国际机构和组织关于中国低碳发展的研究报告（《中国的清洁革命》），本报告归纳了低碳发展研究的热点领域，包括碳排放与经济发展的关系、实现低碳发展的模式与路径选择、新兴经济体与发展中国家的低碳发展、低碳城市发展研究、低碳发展与减少贫困之间的关系。

针对我国低碳发展研究的现状，本报告建议：提升中国气候变化的国际影响力；提出中长期低碳发展目标并设定明确的路线图；进一步重视低碳技术的作用；加速低碳产品认证和推广的标准化进程；完善碳交易顶层设计和基础制度建设；提倡低碳生活营造良好的社会氛围。

关键词 低碳发展 低碳经济 文献计量 研究前沿

5.1 引言

20世纪，全球经济获得了蓬勃发展的同时，全球环境状况恶化问题逐渐进入了人们的视野，世界能源危机使得追求经济发展和资源紧缺问题之间的矛盾日益激化，人们开始反思当时的经济发展模式。可以说，为所有人类提供可持续发展的机会和应对气候变化是当今世界面临的两大严峻挑战（Climate Action Network，2014）。发达国家和发展中国家在国际气候谈判中存在诸多分歧，但与此同时全球各国政府也面临着共同的挑战（Shada Islam，2010）：使二氧化碳排放水平尽可能低，以避免更严重的环境破坏，同时维持足以提高生活水平的经济增长速度。为了有效降低二氧化碳排放量，同时保持经济增长速度，世界各国政府开始探寻新的发展路径，其中低碳发展作为当今世界减缓和应对气候变化的战略选择，已经成为广泛提倡的一种发展模式。

发达国家，特别是主要发达经济体，尽管在减排问题上同发展中国家存在严重分歧，有的还不愿意承担应有的减排义务，但都基于自身现实和长远利益，特别是为争夺全球低碳经济领域的话语权和规则制定权，正在通过技术革新、能源体系的转型以及基于市场的政策促进低碳发展（陈建，2010）。英国政府于2003年最早提出"低碳经济"的发展模式，把发展低碳经济置于国家战略高度，将低碳经济视为未来企业和国家竞争的核心所在。之后，欧盟、日本、美国等纷纷将低碳理念纳入国家发展战略，积极推动社会经济向低碳化方向转型。

发展中国家由于同美欧发达国家处于不同发展阶段，基本国情和实际差别很大，对低碳发展有着不同的理解和道路选择。在发展中国家中，巴西、印度、墨西哥、南非等国作为主要排放国，都制定了完整的国家低碳发展战略。这些国家的低碳发展主要关注气候变化减缓，通过越来越多地利用可再生能源和大幅改进能源利用效率，解决快速增长的能源需求（German Watch，2011）。此外，受气候变化影响最严重的一些小岛国国家和南美国家，如马尔代夫和圭亚那，也都制定了本国的低碳发展战略。

在世界各国积极寻求低碳发展道路的热潮中，中国根据自身特点，不断探索具有中国特色的低碳发展道路。2006年，中国发布了《气候变化国家评估报告》；2007年，我国又发布了鼓励大力发展可再生能源的能源白皮书——《中国能源状况与政策》和《中国应对气候变化国家方案》；同年，胡锦涛同志在亚太经济合作组织领导人会议上提出"要发展低碳经济"。

中国科学院可持续发展战略研究组（2009）发布的《2009中国可持续发展战略报告：探索中国特色的低碳道路》报告中提出了低碳发展的五个战略取向：第一，低碳发展将成为两型社会构建的关键；第二，将低碳发展作为我国长期发展的战略目标，逐渐实现经济发展和二氧化碳排放量的绝对脱钩；第三，积极实现重点耗能部门的低碳化转型；第四，加强各层级的合作，引导社会生活方式向低碳化转变；第五，抓住国际低碳体系构建的历史机遇，为我国向低碳发展转型争取时间（中国科学院可持续发展战略研究组，2009）。

2009年，中国确定了低碳发展的近期目标，即2020年比2005年单位GDP碳排放减少40%~45%，非化石能源占一次能源消费比重达到15%左右，森林面积增加4000万公顷。低碳发展目标的制定从一定程度上反映了中国低碳发展路径选择的侧重点：提高能效、发展可再生能源以及增加碳汇。

2010年3月，吴邦国同志在《全国人大常委会工作报告》中指出，全国人大常委会要加强应对气候变化相关的绿色经济、低碳经济立法工作。

2010年8月，中国国家发展和改革委员会（简称国家发改委）启动了国家低碳省和低碳城市试点工作，承担低碳试点工作的五省八市要将应对气候变化工作全面纳入本地区"十二五"规划，研究制定试点省和试点城市低碳发展规划，明确提出本地区控制温室气体排放的行动目标、重点任务和具体措施，建立温室气体排放数据统计和管理体系、积极倡导低碳绿色生活方式和消费模式，降低碳排放强度。

中国"十二五"规划已经把"低碳"与"低碳发展"纳入国民经济和社会发展五年规划，《中华人民共和国国民经济和社会发展第十二个五年规划纲要》提出，中国要加速实现"经济发展方式的转变"，并将"绿色发展""循环经济""低碳技术"以及"环境生态保护的可持续发展"作为今后国民经济发展的新方针。

2012年，中国发布的《"十二五"国家战略性新兴产业发展规划》，提出了2015年和2020年节能环保、新能源和新能源汽车产业发展路线图。

2015年11月，《中共中央关于制定国民经济和社会发展第十三个五年规划的建议》提出，推动低碳循环发展。推进能源革命，加快能源技术创新，建设清洁低碳、安全高效的现代能源体系。

在中国摸索着低碳发展道路前进的过程中，如何以最短的时间走最少的弯路，实现中国式低碳发展是中国亟须解决的重要问题。本报告将对近期国际低碳发展相关的战略、行动计划和研究布局等进行梳理；利用文献计量方法对近年来低碳发展领域的研究论文进行定量分析，总结世界低碳发展领域发展的最新趋势与进展，分析低碳发展领域的研究现状和重要研究方向，为我国低碳发展学科提供决策支持。

5.2 低碳发展领域研究发展态势

5.2.1 低碳发展研究回顾

应对气候变化已成为全球共识，低碳发展已成为世界各国的战略选择，并吸引了大量研究人员的关注，但是，不同国家和机构对低碳发展的概念理解各不相同。针对低碳发展，目前还没有国际通用的定义。鉴于不同国家支持发展重点的经济和社会支撑条件各异，对低碳发展界定一个通用的定义实际意义也不大。在各种文献中，与低碳发展相关的概念也很多，包括低碳能源、低碳生活、低碳社会、低碳城市、低碳社区、低碳旅游、低碳世界等。这些概念存在联系，但是也有一些本质上的区别（Yuan et al., 2011）。下面列举六种概念的来源及具体定义。

1. 低碳发展

低碳发展（low-carbon development）是"低碳"与"发展"的有机结合，一方面要降低二氧化碳排放，另一方面要实现经济社会发展。低碳发展并非一味地降低二氧化碳排放，而是要通过新的经济发展模式，在减碳的同时提高效益或竞争力，促进经济社会发展。"低碳发展"一词主要在欧洲、中国、世界银行、新加坡等国家或机构的文件中经常用到。

欧洲可再生能源理事会文件指出，低碳发展是指在确保经济增长和提高居民福利的基础上，用低碳能源取代化石燃料（EREC，2008）。

Mulugetta 等援引英国国际发展部的文件认为，不同国家中低碳发展的共同特征是，在未来利用更少的碳促进经济增长（Mulugetta and Urban，2010）。

中国国家发改委能源研究所在《中国 2050 年低碳发展之路：能源需求暨碳排放情景分析》报告中指出，低碳发展的本质是发展可以实现低排放的社会经济系统（国家发改委能源研究所课题组，2009）。

Ebinger 指出，世界银行低碳发展关注的领域主要包括能源效率、消费者的管理、可再生能源发电、低碳交通等行业的温室气体减排潜力（Ebinger，2009）。

新加坡低碳社团认为，理想的低碳新加坡应该具备以下三个特征：使用更多的清洁能源并提高能效，通过技术和政策创新减少碳足迹，引领低碳发展并帮助发展中国家应对气候变化（Low-carbon Singapore Website，2010）。

发展中国家（如圭亚那）关注的是在低碳发展中获得更多的发展机会。圭亚那在其《低碳发展战略》中指出，低碳发展意味着投资低碳经济基础设施，增加对低碳经济行业的资产及人力资源投入，实现基于森林的经济部门的发展（Office of President, Republic of Guyana，2010）。

尽管以上不同国家及部门对低碳发展的理解存在差异，但其中也存在一些共性：降低温室气体排放，开发低碳能源，确保经济增长。

2. 低碳经济

低碳的概念最初产生于经济发展领域。2003 年，英国政府发表的能源白皮书《我们能源的未来：创建低碳经济》中首次使用了"低碳经济"（low-carbon economy）这一概念（Department of Trade and Industry，2003）。随着应对气候变暖的国际行动不断走向深入，发展低碳经济已成为国际共识，但各界对于低碳经济的概念界定却不统一。对于低碳经济是一种经济形态还是一种发展模式，或是二者兼而有之，学术界和决策者尚未有明确共识。

德国政府认为，低碳经济的目标是协调经济增长与高代价的气候应对措施（German Federal Ministry for Economic Cooperation And Development，2008）。

Cranston 和 Hammond 等指出，21 世纪低碳经济意味着平衡和协调人口增长、经济发展和环境保护（Cranston and Hammond，2010）。

美国卡内基国际和平基金会能源和气候项目原主任钱德勒表示，低碳经济的核心是在经济条件允许的情况下，尽可能低地减少排放，保持大气层中二氧化碳的低浓度。因此，低碳经济同环境保护和经济发展息息相关（毛黎，2009）。

我国学者也对低碳经济的定义展开了探讨。庄贵阳认为，低碳经济就是在保持经济社会正常发展的前提下，通过技术创新和政策制度创新，最大限度地实现温室气体减排，他指出低碳经济的核心在于能源技术创新与制度创新（庄贵阳，2005）。冯之浚和牛文元认为，低碳经济以低能耗、低排放、低污染为基本特征，是低碳发展、低碳产业、低碳技术、低碳生活等一类经济形态的总称（冯之浚和牛文元，2009）。潘家华等认为，低碳经济是一种经济形态，低碳转型过程具有阶段性特征。低碳经济发展水平与发展阶段密切相关，同时也受制于资源禀赋、技术水平、消费模式等多种驱动因素（潘家华等，2010）。

上述对低碳经济的概念中，存在一些相似点：低碳经济的主要特征是低能耗、低排放和低污染。低碳发展的最终目的是实现可持续发展。

3. 低碳社会

日本、英国等国家经常使用"低碳社会"（low-carbon society）这一概念。2004 年，日本环境省（MoEJ）在"面向 2050 年的日本低碳社会情景"国家战略研究计划中首次提出"低碳社会"一词。2007 年，日本项目研究报告中提出构建低碳社会的三个基本理念：一是实现最低限度的碳排放；二是实现富足而简朴的生活；三是实现与自然和谐共生（"2050 Japan Low-Carbon Society" Scenario Team，2007）。

英国 Skea 等认为，低碳社会应该包含四种要素：一是符合可持续发展原则，确保满足全人类的发展需要；二是为削减温室气体排放，避免危险的气候变化；三是实现高水平的能源利用率，使用低碳能源和生产技术；四是采用低碳消费和行为模式（Skea and Nishioka，2008）。

国内学者赖章盛等认为，低碳社会是人类在建设生态文明过程中，以人与自然和谐相处为基本理念，以低碳经济为基础，以低碳发展为发展方向，以低碳生活为生存方式，以经济、社会与环境可持续发展为发展目标的经济社会发展模式（赖章盛和李红林，2011）。

杨忠培指出，低碳社会是人类社会继农业文明、工业文明的再次重大革命，它将通过技术与机制的创新、产业结构与制度的创新、人类生存与发展观念的转变等手段，逐步实现全社会能源高效利用、清洁能源开发，达到生态文明、绿色 GDP、人与自然和谐共处的目的；它包含着"低碳环境、低碳技术、低碳生活"等相关内容（杨培忠，2010）。

基于上述分析可知，低碳社会不仅需要经济发展的脱碳，同时也需要社会各个方面的脱碳，包括低碳生活、低碳文化等（Yuan et al.，2011）。

4. 低碳社区

在英国，低碳社区（low-carbon community）是广为接受的概念。在 Raven 等的描述中，低碳社区是一种组织形式，其中所有人都是公民的身份，而不是作为消费者，公民会依据当地的经济发展水平状况，努力改善社区的能源基础设施（Raven et al., 2008）。

Heiskanen 等认为低碳社区可以有以下四种形式：城市社区、行业社区、利益共同体和智能民众社区（Heiskanen et al., 2010）。

总体来说，低碳社区是低碳城市的一个缩影。如果一个城市中的所有社区都成为低碳社区，那这个城市最终肯定也会成为低碳城市。

5. 低碳城市（low-carbon city）

"低碳城市"的概念在中国比较广为接受，但与蓬勃发展的低碳城市实践相比，对于低碳城市概念的界定，学术界也是众说纷纭。

刘志林等（2009）认为，所谓低碳城市是指通过经济发展模式、消费理念和生活方式的转变，在保证生活质量不断提高的前提下，实现有助于减少碳排放的城市建设模式和社会发展方式。

诸大建和陈飞（2010）指出，低碳城市是指城市发展或城市经济增长与二氧化碳排放趋于脱钩。

何涛舟等（2010）认为，低碳城市是在政策引导和制度安排下，通过政府、企业、个人和组织机构四个方面的努力，最终达到碳源小于碳汇，并且倡导低碳生活方式和低碳生产方式的城市。

6. 低碳生活

"低碳生活"（low-carbon life）这一概念在中国应用较多。有学者认为，低碳生活就是指人类生活过程中尽可能减少能量的消耗，从而降低碳，特别是二氧化碳气体的排放量，减少由气体带来的空气污染，减缓生态的恶化（任文营等，2012）。

通过分析各种文献中与低碳发展相关的概念，可以将低碳发展概念的演变分成三个阶段，包括低碳经济、低碳社会和低碳世界，每个阶段都有鲜明的特征（Yuan et al., 2011）（图 5-1）。

（1）低碳发展的早期阶段主要是发展低碳经济，该阶段内主要目标是在经济发展过程中削减二氧化碳的排放量，国家需要制定明确的规划，包括通过融资、征税或者法律支持开展低碳技术的研究与开发、低碳能源的开发与利用，调整经济结构发展低碳工业，最终促进经济发展过程中的脱碳。低碳旅游和低碳工业是低碳经济不可分割的组成部分，绿色复苏（green recovery）是构建低碳经济所采取的一系列政策和手段。

（2）低碳经济完成以后，低碳发展进入第二阶段，其中涉及低碳生活、低碳文化、低碳政治等。该阶段中，政府应该努力促进低碳生活方式和消费模式，如鼓励人们更多地选择低碳交通。一旦一个城市在包括经济、生活方式、政治和文化在内的所有方面实现了低碳，这个城市可以被定义为低碳城市。低碳社区是低碳城市的一个缩影。同理，一旦整个社会在包括经济、生活方式、政治和文化在内的所有方面实现了低碳，这个社会可以被定义为低碳社会。

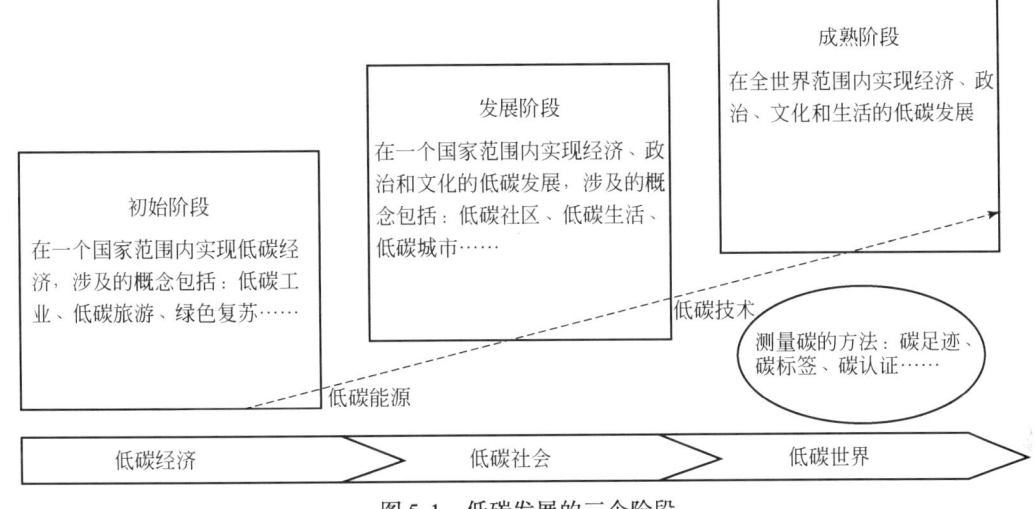

图 5-1　低碳发展的三个阶段

资料来源：Yuan 等（2011）

（3）在全球大多数国家变成低碳社会之后，低碳发展就变成熟，并进入低碳世界的阶段。在该阶段，我们需要许多工具来衡量低碳发展的绩效，如碳足迹、碳标签、碳认证等。碳足迹是指企业机构、活动、产品或个人因其生产经营活动或生活活动而产生的温室气体排放总量。碳标签和碳认证是一种集成系统，用来测量和展示某种产品或某种服务在其生命周期中的二氧化碳排放量。

5.2.2　国际重要机构、组织及行动

5.2.2.1　低碳社会国际研究网络和低碳亚洲国际研究网络

低碳社会国际研究网络（International Research Network for Low Carbon Societies，LCS-RNet）于 2009 年在八国集团（G8）环境部长会议上建立，参与国包括德国、法国、英国、韩国、日本、意大利和印度在内的 7 个国家，参与机构为这些国家的 16 个研究机构，秘书处设在日本全球环境战略研究所（IGES）（LCS-RNet，2015）。LCS-RNet 主要针对研究者和研究机构提供的实践平台，支持和鼓励研究机构在低碳社会研究领域进行信息共享及自愿合作研究，为单个国家的低碳政策制定过程做出贡献。其目标是：①促进与低碳社会有关的信息交流和研究合作；②通过研究者和各种利益相关者之间开展对话，促进对低碳社会的理解；③通过提供研究成果和建议，为国家气候变化决策过程做出贡献。

低碳亚洲国际研究网络（Low Carbon Asia Research Network，LoCARNet）是日本全球环境战略研究所于 2012 年 4 月成立的一个研究人员网络，旨在促进亚洲地区基于科学的低碳发展政策的制定和实施。LoCARNet 研究人员和志同道合的利益相关者提供多层面并

且很灵活的网络，供其分享知识和经验，推动低碳发展相关的研究合作，并为政策制定过程提供参考。其目标是：①通过加强科学家和决策者之间的对话，促进研究来支持低碳发展政策的制定；②促进亚洲地区向低碳发展转型，为将挑战转变成机遇创造大量有利条件。LoCARNet未来的发展方向：需要加强与其他利益相关者的合作；国际组织和开发人员可以合作进行低碳研究，为建立研究交流网络提供支持；私营部门的合作对于绿色投资和绿色增长也会越来越重要；在国家、地方和区域水平，合作与协作至关重要。这将加强亚洲地区知识的所有权，并促进低碳发展的速度。

5.2.2.2 深度脱碳路径项目

2013年10月，在联合国秘书长潘基文的倡议下，联合国可持续发展解决方案网络（Sustainable Development Solutions Network，SDSN）和法国可持续发展与国际关系研究所（Institute for Sustainable Development and International Relations，IDDRI）共同发起"深度脱碳路径项目"（Deep Decarbonization Pathways Project，DDPP）协作性活动，在短时间内汇集了全球众多研究机构参与，首次在全球范围内开展2050年低碳经济实现途径的合作研究（DDPP，2015）。DDPP项目的目的在于认识和展示各国如何向低碳经济过渡，以及世界如何实现国际社会达成的将全球平均地表温度上升幅度控制在2℃以内的目标。实现2℃的温升目标将需要全球温室气体净排放在21世纪下半叶接近"零排放"。这将需要能源系统在21世纪中叶实现深刻转变，通过所有经济部门碳排放强度的急剧下降，我们将这一转型称为"深度脱碳"（deep decarbonization）。

参与该项目的研究团队分别来自澳大利亚、巴西、加拿大、中国、法国、德国、意大利、印度、印度尼西亚、日本、墨西哥、俄罗斯、南非、韩国、英国和美国。这16个国家来自五大洲，分处不同的发展阶段，碳排放约占全球的74%，具有很强的代表性。除了各国研究机构外，该项目还得到国际能源署（IEA）、国际应用系统分析研究所（IIASA）、世界商业可持续发展委员会（WBCSD）等国际研究机构的支持。中国国家应对气候变化战略研究和国际合作中心与清华大学能源环境经济研究所全程参与了该项目。

自该项目成立以来，已先后发布了16个参与国的深度脱碳路径分析报告。此外，2014年中期报告介绍了"深度脱碳途径项目"在国家层面的脱碳途径，并介绍了有关技术上可行的深度脱碳途径的初步发现（IDDRI and SDSN，2014）。该报告指出，总体的脱碳途径已经非常可行，并与2℃的温升目标高度保持一致。该报告绘制的深度脱碳途径突显出国家能源系统深度脱碳的三大支柱：①在所有能源终端使用部门（包括建筑、交通和工业）大幅度提高能源效率和推广节能；②电力脱碳，通过利用诸如风能、太阳能和核能，以及化石燃料燃烧产生的碳排放进行捕获与封存加以实现；③以混合的低碳电力、可持续的生物燃料和氢取代交通、供暖和工业过程中的化石燃料。同时，该报告还指出了需要全球齐心协力大规模定向投资的七个关键技术：间歇性风能和太阳能存储技术，碳捕集与封存（CCS）技术，低碳交通工具电气化技术，住宅和写字楼低碳化取暖、降温和通风技术，第四代核能技术，航空和货运用高级生物燃料技术，以及不同工业领域的加热流程电气化技术。

2015 年，该项目综合报告指出，如果各个国家有足够决心，并能在创建全球低碳经济体上展开合作的话，2℃的温升目标是可实现的。该报告认为，深度脱碳可与发展和经济增长兼容，深度脱碳在经济上可承受（IDDRI and SDSN，2015）。

5.2.2.3 低排放能力建设计划

2011 年，联合国开发计划署（UNDP）与欧盟合作推出"低排放能力建设计划"（Low Emission Capacity Building Programme，LECBP），在欧盟委员会、德国联邦环境署、德国联邦环境、自然保育及核能安全部、澳大利亚气候变化与能源效率部和澳大利亚国际开发署的资助下，为包括中国、印度尼西亚、墨西哥等在内的 25 个发展中国家的气候变化减缓行动提供技术支持（UNDP，2015）。LECBP 的总资助额为 4000 万美元，执行期限为 2011 年 1 月到 2016 年 12 月。

该计划的总体目标包括：①建立或完善温室气体清单管理系统，促进决策者更好地理解和管理排放；②识别国家适当减缓行动（NAMA）机会来吸引气候融资；③依据各国不同的重点领域设计低排放发展战略（LEDS），确定全面的方法来实现低碳路径；④为提议的行动设计测量、报告和验证系统以及削减温室气体排放的方法；⑤促进某些国家特定行业减缓行动的设计和采用。

5.2.2.4 能源部门管理援助计划下的低碳发展项目

世界银行"能源部门管理援助计划"（Energy Sector Management Assistance Program，ESMAP）成立于 1983 年，是一个全球知识和技术援助计划。该计划的目的是为低收入和中等收入国家提供分析和咨询服务，以提高这些国家的知识和机构能力，实现环境可持续能源解决方案。2007 年以来，ESMAP 为推动 10 多个发展中国家的低碳发展提供了支持，包括经济领域的长期分析工作，以及各个国家在具体行业温室气体减排的实施方案评估。ESMAP 通过这项工作积累了丰富的知识、经验和工具，可以帮助其他国家制订低碳发展规划（ESMAP，2015）。

5.2.2.5 低碳行动框架计划

"低碳行动"（Low Carbon Initiatives，LCI）框架计划于 2012 年由亚洲—太平洋地区全球变化研究网络（APN）推出，目的是促进亚洲—太平洋地区各国的气候变化减缓行动，帮助全球实现低碳、可持续的未来（APN，2015）。自该计划成立以来，LCI 框架计划一直致力于以下活动：

（1）支持与低碳发展有关的区域层面研究活动，包括开发和改善综合评估模型的组件、区域层面的低碳发展路径和情景、低碳发展领域的交叉研究。

（2）能力建设和网络活动，包括为建设形成低碳情景和路径的科学能力而举行的培训会，在发展中成员国研究人员和国家或地方决策者之间开展的对话，开发低碳发展教育工具包。

（3）与低碳亚洲国际研究网络合作，共同举办交流和网罗活动，包括机构知识共享、信息和知识传播、亚洲范围内的区域合作研究和网络。

目前 APN 在 LCI 框架计划下资助的项目包括：在泰国中等规模的直辖市实施可测量、可报告和可核查（MRV）模型的能力建设，在"减少毁林和森林退化排放及通过可持续经营森林增加碳汇机制"（REDD+）政策中加强社区的声音，理解和量化亚洲城市低碳发展中的水–能源–碳之间的关系，中国、印度尼西亚和日本低碳城市基础设施投资，等等。

5.2.3 主要国家/地区战略计划与行动

5.2.3.1 欧盟

欧盟在应对气候变化上态度一直比较积极，重视发展低碳能源技术。近年来，欧盟发布了一系列发展低碳技术的战略规划及研究计划。

1. 战略能源技术计划

2007 年，欧盟启动战略能源技术计划（European Strategic Energy Technology Plan，SET-Plan），旨在利用该计划作为载体，通过利用欧洲现有研发活动与成就来加速开发并大规模部署低碳技术（EC，2015a）。该计划致力于通过协作研究和帮助项目融资，改善新技术并降低成本。该计划主要内容包括：鼓励发展并推广包括太阳能、风能和生物质能技术在内的低碳能源技术，建立欧盟未来能源可持续利用机制。SET-Plan 支持对欧盟向低碳能源系统转型影响最大的技术，从而促进研究和创新工作。该计划推动欧盟各国、企业、研究机构和欧盟本身之间的合作。SET-Plan 包括计划指导小组、欧洲工业行动（European Industrial Initiatives）、欧盟能源研究联盟（European Energy Research Alliance）和计划信息系统。

2009 年，欧盟发布了 SET-Plan 的技术路线图及低碳技术开发的投资，对风能、太阳能、电网、生物能、碳捕集与封存、可持续核能及智能城市等优先领域的技术开发、部署、研究、实施、投资、取得的主要成果等进行了详细的规划（EC，2015b）。欧盟提出的 7 个路线图，围绕欧洲能源体系，构建了到 2020 年时转型为低碳经济的愿景。这些路线图提出了具体的行动计划，以提高技术成熟水平为目的，以使这些技术能在规划期至 2050 年达到较大的市场份额。该计划主要的部门目标是：①到 2020 年时，风能技术产能的电力达到欧盟电力的 20%。②到 2020 年时，太阳能技术产生的电力达到欧盟电力的 15%；如果沙漠产业行动计划（DESERTEC）的愿景能够达到，太阳能的贡献将会更高，特别是从长远来看。③到 2020 年时，以无缝对接方式与智能原则，将 35% 的可再生能源电力并入欧洲电网，有效满足供给与需求。④到 2020 年时，欧洲能源结构中至少有 14% 来源于有成本竞争力的、可持续的生物能源。⑤到 2020～2025 年时，在碳定价环境下碳捕集与封存技术具有成本竞争力。⑥在未来 10 年，现有核技术将继续为欧盟提供大约 30% 的电力。到 2020 年时，第一个第四代核反应堆原型将开始运行，到 2040 年时允许商业部署。⑦到 2020 年时，25～30 个欧洲城市经济将率先过渡为低碳经济。SET-Plan 欧洲工业计划与智能城市计划投资规划如表 5-1 所示。

表 5-1 SET-Plan 欧洲工业计划与智能城市计划投资

欧洲工业计划	总计/亿欧元
风能	60
太阳能（包括光伏与聚热发电）	160
生物能	90
碳捕集与封存	105~165
电网	20
可持续核能	50~100
智能城市	100~120
总计	585~715

欧盟委员会于2015年9月15日公布了升级版的SET-Plan（ETN,2015）。这一重大能源科技计划明确提出，在欧洲着手组建能源联盟以应对能源变革新挑战的大背景下，研究与创新毫无疑问处在低碳能源系统转型的中心地位。改变SET-Plan过去依靠技术路线图单纯从技术维度来规划发展，要将能源系统视为一个整体来聚焦转型面临的若干关键挑战与目标，以结果为导向打造能源科技创新全价值链（从学术研究直到市场应用），最终加速能源体系转型，并确立欧盟在低碳能源技术研发与部署上的领导地位。新版SET-Plan同时提出要改革科研计划管理架构，促进官产学研等利益相关方的协同合作，加强欧洲范围内的研发创新资源统筹和知识成果共享，改善科研活动监测与定期报告以提高透明度、可计量与可考核性，避免碎片化和重复投资。

新版SET-Plan提出，具体围绕可再生能源、智能能源系统、能效和可持续交通四个核心优先领域以及碳捕集与封存和核能两个特定领域，开展十大研究与创新优先行动：①通过开发高性能可再生能源技术及其与能源系统的集成，保持技术领导地位。②降低可再生能源关键技术成本。③开发智能房屋技术与服务，为能源消费者提供智能解决方案。④提高能源系统灵活性、安全性和智能化。⑤开发新材料与技术用于建筑能效解决方案，并推动方案的市场应用。⑥降低工业能耗强度，提高其竞争力。⑦提高欧盟在全球电池行业中的竞争力，推动交通电气化。⑧促进可再生燃料的市场应用，实施可持续交通解决方案。⑨加强碳捕集与封存技术实际应用和碳捕集与利用（CCU）技术商业可行性的研究与创新活动。⑩保持核能反应堆及燃料循环在运行和退役过程中的高度安全性，并提高效率。

实施上述行动需要政府、学术界、工业界、监管方以及金融界通力协作，打造完整的创新价值链，涵盖从基础研究到市场应用乃至融资和监管等各个环节。下一步欧盟委员会将在欧洲能源联盟整体战略框架下，与成员国及利益相关方紧密合作，确定优先行动的具体实施方案，包括资助强度与优先级、实施路径与方式、时间节点及预期成果等。

2. 欧盟2020战略

2010年3月3日，欧盟委员会发布"欧盟2020战略"，该战略是继"里斯本战略"到期后，欧盟执行的第二个十年经济发展规划（陈俊荣，2011）。"欧盟2020战略"强调低碳经济的发展,明确了气候变化和能源资源压力是欧盟面临的三大挑战之一,将可持续增长置于欧盟的三大战略重点之一。"欧盟 2020 战略"将"20/20/20"气候能源目标作为衡量该战略成功与否的主要指标之一,即到 2020 年,欧盟成员国要把温室气体排放量减少 20%(针对 1990 年的排放量而言),把可再生能源占能源消耗总量的比例提高到 20%,另外把能源效率提高 20%。

"欧洲 2020 战略"确定了多个具体的目标,其中与低碳经济有关的是:①提高资源的利用率,使经济增长与资源的使用"脱钩";②加大在低碳技术领域的投资;③制定有利于低碳经济发展的产业政策。

"欧盟 2020 战略"确定了欧盟发展低碳经济的主要措施,分别为"资源效率欧洲"和"全球化时代的工业政策"。"资源效率欧洲"是指要减少经济增长对资源的使用,支持向低碳经济的转型,增加可再生能源资源使用以及提高运输部门的现代化水平和能源使用效率。"全球化时代的工业政策"是指要优化商业环境,特别是中小企业的商业环境,支持建设稳固和可持续发展的工业基础设施以应对全球化。

3. 2050 年迈向具有竞争力的低碳经济路线图

2011 年 3 月 8 日,欧盟委员会通过《2050 年迈向具有竞争力的低碳经济路线图》(*A Roadmap for Moving to a Competitive Low Carbon Economy in 2050*),为欧盟发展低碳经济确定了长期性战略(EU,2011)。该路线图描绘了 2050 年欧盟实现温室气体排放量在 1990 年水平上减少 80%~95% 目标的成本效益方法。基于成本效益分析,该路线图为部门政策、国家和区域低碳战略以及长期投资指明了方向,也为欧盟以最具成本效益的方式实现转型提供了指导。该路线图指出,欧盟委员会应该采取主动措施引领全球向低碳、资源节约型经济过渡,从而使欧盟获得多重效益。

该路线图提出一种具有成本效益的途径来实现"20/20/20"目标,建议欧洲应该主要通过国内措施来实现这一目标,因为到 21 世纪中叶,抵消温室气体排放的国际碳信用将不如目前那么容易获得。因此,到 2050 年,欧盟仅通过国内行动就应该使温室气体排放在 1990 年水平上减少 80%。任何使用的碳信用将使总的减排量超过 80%。为了实现这一远大目标,该路线图不仅为各个部门确定了减少碳排放的指标,而且还提出了在低碳技术领域加大研发力度和增加投资的要求,甚至还要求各成员国立即制定本国的"路线图"。

4. 欧盟"2050 能源路线图"

欧盟委员会于 2011 年 12 月推出欧盟"2050 能源路线图",确定的总目标是在充分满足经济社会可持续发展、大众生活能源需求的同时,积极利用各种低碳技术,到 2050 年在 1990 年碳排放的基础上降低温室气体排放 80%~95%(中华人民共和国能源技术部,2012)。各种低碳技术的优化组合,包括对未来新能源技术研发创新取得突破的预期,构成了实现总目标的五条基本路径:①能源技术的多元化和提高能效,包括积极发展核电技术;②加速可再生能源在未来能源结构占有比率和强化提高能效;③集中一切资金和研发资源,突破能效技术和节能减排;④提高能效,侧重碳捕集及储存技术的研发及商业化应用;⑤鉴于碳捕集及储存技术商业化应用相对滞后的可能性,适当增加核电技术的研发投入。

5. 环境与气候变化计划

环境与气候变化计划（LIFE）是欧盟自 1992 年起实施的一项专门支持环境和资源保护项目的金融机制，用以强化欧盟环境政策整合和立法以及开发欧盟环境问题解决方案，向欧盟成员国、候任国及欧盟周边国家的研究机构、学术组织和私有企业开放。迄今为止，LIFE 已资助 3700 多个环境研发与创新项目，是欧盟层面环境保护领域的一个重要研发计划，充分体现了欧盟对环保领域的重视。

欧盟委员会于 2013 年 7 月宣布，在新一轮多年期财政预算中，计划在 2014～2020 年拿出 34.5 亿欧元财政资金支持欧盟新一期 LIFE，用于资助环境与气候变化的研发和创新，明显高于上一期（2007～2013 年）LIFE 的 21.4 亿欧元（严恒元，2013）。在最新分配的这笔财政资金中，25.9 亿欧元将用于环境保护项目，8.6 亿欧元将用于支持气候变化项目。

LIFE 支持气候变化项目的 8.6 亿欧元主要目的在于：促进低碳和气候弹性经济转型；推动欧盟气候变化政策和法规的制定、实施和执行；支持所有层面进行更好的环境和气候变化管理。

LIFE 气候行动支持公共部门、非政府组织和私营行业，特别是中小企业，执行低碳和适应技术以及新的方法和方案。

欧盟委员会负责气候事务的委员赫泽高认为，LIFE 获得更多资金投入将会明显提高环境质量，为欧盟应对气候变化作出贡献，有助于欧盟向富有竞争力的低碳型经济转型。

5.2.3.2 英国

英国作为全球低碳发展的积极倡导者和先行者，关于气候变化、低碳发展的研究与实践无疑走在了世界前列。主要表现在，英国把发展低碳经济置于国家战略的高度，提出了一系列具有开创性的政策法规和配套措施。

1. 2003 年的能源白皮书《我们能源的未来：创建低碳经济》

"低碳经济"这一概念首次出现于 Kinzig 等（1998）的文献中，2003 年 2 月"低碳经济"首次出现于英国政府发布的能源白皮书《我们能源的未来：创建低碳经济》（*Creating a Low Carbon Economy：Our Energy Future*）中，该报告指出英国温室气体量在 21 世纪中叶将比 1990 年减少 3/5，从根本上使英国实现低碳发展模式（DTI，2003）。始于全球气候变化和能源安全的需求，英国政府提出了雄心勃勃的温室气体减排计划和低碳经济这一理念，并期望通过建立一个目标明确而稳定的长期政策框架，促进整个经济结构向低碳经济转型。

2. 2009 年的"低碳社区能源规划框架"

为了促进低碳社区的发展，英国政府专门构建了"低碳社区能源规划框架"，该框架主要由发展设想与战略、规划机制两部分组成（TCPA and CHPA，2008）。从社区能源的发展设想与战略来看，该框架将城市划分为六大区域：城市中心区、中心边缘区、内城区、工业区、郊区和乡村地区。针对每个区域，该框架制定社区能源发展的中远期规划方案和确定能源规划组合资源配置方式。其中，后者主要关注城市特征区域、新旧建筑类型比例、能源密度的大小，对不同的区域制定不同的中远期社区能源利用规划方案。例如，乡村地区能源利用大多忽略建筑、场地的因素，能源规划从整个乡村地区来考虑资源的配置方式，重视自然能源和可再生能源的利用。建立规划机制的目的是实施低碳化能源战略，包括从区域、次区域、地区三个层面来界定社区能源规划的范围和定位，整合国家、城市、地区相关的能源发展战略，构建社区能源发展的框架。

3. 2009 年的《英国低碳转型计划：气候与能源国家战略》白皮书

2009 年 7 月 15 日，英国政府公布了《英国低碳转型计划：气候与能源国家战略》(*The UK Low Carbon Transition Plan：National Strategy for Climate & Energy*) 白皮书，提出到 2020 年英国碳排放量将在 1990 年的基础上减少 34% 的目标，其内容涉及能源、工业、交通和住房等多个方面（UK Government，2009a）。其主要内容均以 2020 年为目标：到 2020 年 40% 的电力来自低碳领域，其中大部分为核电、风电等清洁能源；拨款 32 亿英镑用于住房的节能改造，对那些主动在房屋中安装清洁能源设备的家庭进行补偿，预计将有 700 万户家庭因此受益；在交通方面，新生产汽车的 CO_2 排放标准在 2007 年基础上平均降低 40%。该白皮书首次提出所有英国政府机构都必须建立自己的"碳预算"。落实上述各项措施，预计到 2020 年英国将有超过 120 万人从事绿色工作。

该白皮书指出，政府到 2020 年的政策为英国在 2050 年向低碳经济转变铺平了道路。但是到 2050 年的目标的挑战意味着政府、英国煤气电力市场办公室（Ofgem）、工业和消费者等也到了思考达到这一目标的可能路径的时刻了。虽然没有人能说清 2050 年的能源系统的具体情况，但有两件事是可以确定的：①如果我们能快速地减少整体的能源需求，那么，能源系统的脱碳将取得很大成就并能减少成本；②电力的需求将来源于更多种类的低碳资源。

为配合该计划的实施，英国政府同时还发布了题为"英国可再生能源战略"（*The UK Renewable Energy Strategy*，以下简称《战略》）的报告，作为实现"英国低碳转型计划"2020 年碳排放目标的具体措施之一（UK Government，2009b）。《战略》报告的目标是为未来提供干净、安全及充足的能源，指出英国应快速加强对可再生能源电力、热力和交通运输燃料的利用，确保到 2020 年英国能源供应的 15% 来自可再生能源。

《战略》指出，投资者对国家制定的激励措施的响应程度将决定到 2020 年英国可再生能源目标的技术细节。模拟研究表明，到 2020 年：英国可再生能源可以提供超过 30% 的电力供应（目前约为 5.5%），其中超过 2/3 的电力供应来自陆上和海上风力发电，但是水能、可再生生物能、海洋能源和小规模发电技术也具有重要贡献；2% 的热能将来自可持续生物质、沼气、太阳能和热泵，若按照目前的热能消费水平计算，足可以满足差不多400 万个英国家庭对热能的需求；可再生能源将提供英国 10% 的公路和铁路交通能源。

4. 2012 年的《加热的未来：低碳加热的战略框架》

2012 年，英国能源与气候变化部（DECC）发布题为"加热的未来：低碳加热的战略

5 低碳发展研究国际发展态势分析

框架"(*The Future of Heating: A Strategic Framework for Low Carbon Heat*)的报告指出,在英国,加热是唯一最主要的用能原因(UK Government,2012)。目前,英国加热绝大多数使用的是化石燃料,因此,加热负责英国 1/3 的温室气体排放。该报告描述当前英国供热和使用热量的状况,识别出整个经济和政府角色需要发生的变化。

5. 低碳其他行动及规划

英国的低碳行动及战略规划已经渗透到了全国的各个行业和部门。为了推动英国尽快向低碳经济转型,英国政府成立了碳信托咨询公司(Carbon Trust,2015)。作为一家全球领先的独立专业咨询公司,其以推动低碳经济转型为使命,负责联合企业与公共部门发展低碳技术,协助各种组织降低碳排放。该公司的活动主要包括:为知名品牌设计减少碳排放和提升资源效率的发展战略,为政府规划并实施节能低碳创新项目,并协助跨国公司在低碳创新及清洁技术领域进行投资,同时也致力于推广环保认证及低碳标签服务。

碳信托基金会与能源节约基金会(EST)联合推动了英国的低碳城市项目(Low Carbon Cities Programme,LCCP)(全球节能环保网,2013)。首批三个示范城市(布里斯托、利兹、曼彻斯特)在 LCCP 提供的专家和技术支持下制定了全市范围的低碳城市规划。

此外,英国还成立低碳创新协调小组(Low Carbon Innovation Co-ordination Group,LCICG),将公共部门支持的低碳创新机构汇集在一起,包括英国能源与气候变化部(DECC),商务、创新与技能部(BIS),碳信托咨询公司,能源技术研究所(ETI),科技战略委员会(TSB)和苏格兰政府(LCICG,2015)。该小组旨在扩大英国用于低碳能源技术的公共领域基金影响力,从而为英国民众供应负担得起的、安全的、可持续的能源,实现英国经济增长,促进英国经济、知识和技术的发展。

英国政府还积极行动,在伦敦等城市也进行了发展低碳城市的尝试,伦敦原市长利文斯顿于 2007 年 2 月发表《今天行动,守候将来》(*Action Today to Protect Tomorrow*),计划二氧化碳减排目标定为在 2025 年降至 1990 年水平的 60%(Mayor of London,2007)。

5.2.3.3 日本

作为《京都议定书》的发起国和倡导国,日本提出打造低碳社会的构想,并且非常重视构建低碳发展的社会经济综合体系。日本环境省启动"面向 2050 年的日本低碳社会情景"国家战略研究计划,该计划设计了日本 2050 年低碳社会发展的情景和路线图。2007 年,日本环境部提出的低碳规划,提倡物尽其用的节俭精神,通过更简单的生活方式达到高质量的生活,从高消费社会向高质量社会转变。2008 年,日本政府通过了"低碳社会行动计划",将低碳社会作为未来的发展方向和政府的长远目标。"低碳社会行动计划"提出,在未来 3~5 年内将家用太阳能发电系统的成本减少一半,到 2030 年,风力、太阳能、水力、生物质能和地热等的发电量将占日本总用电量的 20%。2009 年 4 月,日本政府公布了《绿色经济与社会变革》的政策草案,提出通过实行削减温室气体排放等措施,大力推动低碳经济发展。

1. "面向 2050 年的日本低碳社会情景"研究计划

2004 年,日本环境省全球环境研究基金(Global Environment Research Fund)发起

"面向2050年的日本低碳社会情景"（Low-Carbon Society Scenarios towards 2050）研究计划（NIES，2004）。该计划为在2050年实现低碳社会目标提出了具体的对策，包括制度上的变革、技术的发展以及生活方式的转变等各个方面。该研究组中有超过50多位的专家共同研究日本2050年低碳社会发展的情景与路线图。

2007年2月15日，由日本低碳社会情景项目组发布的题为"日本低碳社会情景：2050年的CO_2排放在1990年水平上减少70%的可行性研究"[Japan Scenarios Towards Low-Carbon Society (LCS) by 2050-Feasibility Study for 70% CO_2 Emission reduction below 1990 level]报告中指出，要在2050年将日本CO_2排放在1990年基础上减少70%的量，这在日本有着技术上的可能性（NIES，2007）。

为了实现在2050年将温室气体排放量在1990年的水平上减少70%的目标，2008年5月，项目组发布了《面向低碳社会的12大行动》（A Dozen of Actions towards Low-Carbon Societies, LCSs）报告，提出了日本建立低碳社会应该采取的迫在眉睫的12大行动（NIES，2008）。该报告对技术的创新与方案的改革都进行了研究，研究的内容包括什么时间以及如何才能实施这些行动，什么样的措施与政策对这些行动会有影响等各个方面。该报告提出的12大行动以及行动可以达到的减排量如表5-2所示。

表5-2 2050年日本低碳社会情景的12大行动

序号	行动名称	说明	预期减排目标
1	舒适与绿色的建筑环境	有效利用太阳能与能源效率的建筑环境设计；智能建筑；	住宅行业：4800万~5600万吨CO_2
2	无论何时何地，使用合适的器具	使用先进的与合适的器具；减少器具的初始成本并提高效用	
3	提高地方的季节性食品供应	以季节性、安全、低碳的当地食物为烹饪原料；	工业部门：3000万~3500万吨CO_2
4	可持续建筑材料	使用当地的可再生建筑材料与产品；	
5	商业与工业中的环境教育	企业着眼于建立并经营低碳市场，通过能源效率生产系统，供应低碳、高附加值的产品与服务	
6	迅捷通畅的物流保障	网络式的无缝物流系统与供应链管理，充分利用交通运输与信息通信技术等基础设施；	交通部门：4400万~4500万吨CO_2
7	友好的城市步行设计	城市设计要求有友好的短途与行人（自行车）交通道路并提高公共运输的效率	
8	低碳电力	通过大规模的可再生能源、核能电站以及装备有CO_2捕集与封存设备的化石（或生物燃料）火电厂来供应低碳电力；	能源转换部门：8100万~9500万吨CO_2
9	满足当地需求的本地可再生资源	提高本地可再生能源的利用，如太阳能、风能、生物能及其他能源类型；	
10	下一代燃料	开发完全不产生碳排放的氢能或发展以生物量为基础的能源供应系统所需的基础设施	

续表

序号	行动名称	说明	预期减排目标
11	鼓励消费者做出快速而又合理选择的商标	为了让消费者聪明地选择低碳产品与服务,应该宣传能源利用与 CO_2 成本的相关信息;	混合部门
12	低碳社会的领导能力	为建设低碳社会而进行人力资源开发并认识这种非凡贡献的作用	

资料来源:NIES(2008)

2. 2007 年的"低碳社会"草案

2007 年,日本环境部提出实现"低碳社会"的草案,倡导通过改变消费理念和生活方式,使用低碳技术和制度来实现温室气体的减少(唐丁丁,2008)。日本中央环境审议会地球环境分会对建设低碳社会进行的讨论提出了以下三个基本理念:一是实现最低限度的碳排放。此关键在于构建一个社会体系,使得产业界、政府、国民等社会所有组成部门都认识到地球环境的不可替代性,树立走出大量生产、大量消费和大量废弃这种传统社会模式的意识,在做出抉择时,充分考虑到节能、低碳能源的利用和推进循环经济,以及提高资源利用效率等方式来实现最低限度的碳排放。二是实现富足而简朴的生活,即鼓励人们从一直以来以发达国家为中心形成的通过大量消费来寻求生活富足感的社会中挣脱出来。人们选择及追求简朴生活方式和丰富的精神世界的价值观变化必将带来社会体系的变革,使低碳型富裕社会得以实现。此外,生产部门也需要结合消费者的意向进行自我改革。例如,根据消费者选择环境友好型产品的倾向,积极致力于环境友好型产品的研发。三是实现与自然和谐共存。在确保二氧化碳的吸收源、应对不可避免的全球变暖问题上,保护森林、海洋等丰富多样的自然环境资源,使其可再生,推动包括地区社会生物质利用在内的"自然调和型技术"的使用,确保与大自然接触的场所和机会。

3.《东京气候变化战略——低碳东京十年计划的基本政策》

东京政府于 2007 年 6 月发表一份名为"东京气候变化战略——低碳东京十年计划的基本政策",详细介绍了东京政府对气候变化问题的开发和政策:东京政府不仅要减少温室气体排放,并且要针对日本政府无法带领该国提出应对气候变化的中长期战略,以身作则地制定全方位减排政策(陈柳钦,2010a)。东京政府定下目标,要以 2000 年为基准,在 2020 年时减少 25% 的温室气体排放。低碳东京的基本政策有四个方面:①协助私人企业采取措施减少二氧化碳排放,推行限额贸易系统(cap and trade system)为企业提供多种减排工具,成立基金资助中小企业采用节能技术;②在家庭部门实现二氧化碳减排,以低碳生活方式减少照明及燃料开支,大力提倡使用节能灯照明,要求居民放弃浪费电力的钨丝灯泡,与家装公司合作,提醒客户在翻新住房时采取节能措施,如加装隔热窗户;③减少由城市发展产生的二氧化碳排放,新建政府设施需符合节能规定,要求新建建筑物的节能表现必须高于目前的法定标准;④减少由交通产生的二氧化碳排放,制定有利于推广使用省油汽车的规则。

4. 低碳技术计划

2008年5月19日，日本内阁"综合科学技术会议"公布了"低碳技术计划"，提出了实现低碳社会的技术战略以及环境和能源技术创新的促进措施，内容涉及超燃烧系统技术、超时空能源利用技术、节能型信息生活空间创生技术、低碳型交通社会构建技术和新一代节能半导体元器件技术等五大重点技术领域的创新（邵冰，2010）。日本政府还制定了"技术战略图"，根据"技术战略图"动员政府、产业界、学术界构成的国家创新系统调动国家和民间的资源，全方位立体地开展低碳技术的创新攻关。低碳技术计划实际上是日本实现低碳社会的技术战略。

5. 福田蓝图

2008年6月，日本首相福田康夫提出日本新的防止全球气候变暖对策，即"福田蓝图"。该蓝图指出，日本温室气体减排的长期目标是：到2050年日本的温室气体排放量比目前减少60%~80%（陈志恒，2009）。低碳社会的建立，依赖于以城市为单位的生活方式的转变以及改善城市功能和交通系统的配套改革。

6. 实现低碳社会行动计划

2008年7月26日，日本政府在内阁会议通过了"实现低碳社会行动计划"，明确阐述了日本实现低碳社会的目标以及为此所需要作出的各种努力（刘浩远，2008）。这是中央环境审议会地球环境部会为明确实现"低碳社会建设"的努力方向，针对其基本理念、具体构想以及实施战略进行广泛讨论和争取意见基础上形成的。例如，到2020年日本的太阳能发电量将是2008年的10倍，在减少汽车排放的温室气体方面，计划提出到2020年前，大幅提高电动汽车等新一代节能环保汽车的普及程度，并在日本建立半小时即可完成汽车充电的快速充电设施，届时的新车销售中有一半将是新一代的环保型汽车。

7. 成立"低碳研究推进中心"

为尽早实现低碳社会，2008年11月，日本政府设立了创建低碳社会的战略性研究机构"低碳研究推进中心"。该中心将开展以社会为基础的技术示范和战略性的社会实践研究，并使之成为日本建立低碳社会的智囊机构。该中心将挂靠在日本科学技术振兴机构（JST）下，东京大学原校长、三菱综合研究所理事长小宫山任一把手，2010年的研究经费预算为3亿日元（中华人民共和国科学技术部，2010）。文部科学省按原政权的部署，成立以大臣为本部长的"建立低碳社会研究开发战略本部"，以下再设"建立低碳社会研究开发战略推进委员会"，并在上述机构设专门负责提供建议的部门，让小宫山兼任上述委员会的委员长，以"绿色创新"为目标，不断开发有利于环境的新技术。

8. 低碳社会建设推进基本法案

2009年4月，日本环境省公布了《绿色经济与社会变革》政策草案，目的就是通过实行减少温室气体排放等措施，强化日本的低碳经济（陈柳钦，2010b）。这份政策草案除要求采取环境、能源措施刺激经济外,还提出了实现低碳社会、实现与自然和谐共生的社会等中长期方针,其主要内容涉及社会资本、消费、投资、技术革新等方面。2009年12月11日,日本自由民主党旨在加强全球变暖对策的"低碳社会建设推进基本法案"最终文本的内容曝光。在这份由自由民主党项目小组汇总的法案中,法律实施后的10年被定为"特别行动期",并规定"到2050年实现本国温室气体排放量削减60%~80%",以此为前首相福田康夫提出的日本温室气体减排长期目标提供法律依据。该法案中明确写道,为建设温室气体低排放的"低碳社会","政府应在法制、财政、税收、金融等方面采取相应措施"。

9. 建设低碳社会研究开发战略

2009年8月19日,日本文部科学省发布《建设低碳社会研究开发战略》,该战略2010年度的预算为70亿~80亿日元,将作为新科目列编(中华人民共和国科学技术部,2009)。这一战略由以下八个支柱构成。

第一,未来社会构想研究。结合人文社会科学,综合日本的科技知识,对产业结构、社会结构、生活方式、技术体系等的相互关联和相互影响从技术层面提出对应措施。将在科学技术振兴机构中建立研究小组,由对科技和经济均有相当了解的若干常勤研究人员组成,预算为数亿日元。

第二,社会系统的技术验证。为了便于对二氧化碳减排技术进行立项和评价,对新环境技术和适应对策的相互关联和相互影响以及与社会系统的关系进行技术层面的验证。将在科学技术振兴调整费中设立新项目。

第三,研发一批有望在2020年左右实现实用化,经过10年的推广,到2030年对温室气体特别是二氧化碳减排有巨大作用的相关技术,其效率和经济性有飞跃性的提高,包括研发新技术和目前尚处基础阶段的技术实用化。例如,效率在50%以上的色素增感型太阳能电池;为实现送电零损耗所必需的超导物质的合成和开发,超导机制的研究以及线材化技术等;单位储电量提高7倍以上的高性能蓄电池;可使发电用汽轮机效率提升20%以上的新合金的开发;等等。为了加速以上研究,将追加53亿日元的预算。

第四,战略能源技术开发,面向长期目标2050年的原子能、快速增殖反应堆、核聚变、宇宙太阳能发电技术等。

第五,气候变化适应技术研究。进一步推进气候变化预测研究。对预测出的气候变化情况的影响和对策进行研究。对建立统一的水资源管理、土地森林管理、农作物受害对策管理体系、传染病预测早期警告系统、环境变化对生活方式和工作方式的影响、具有实效的费用负担理论等,进行广泛的适应对策研究。2010年投入15亿日元的预算。

第六,切实推进地球环境观测。

第七,推进有望产生实用技术种子的基础研究。

第八,与联合国政府间气候变化专门委员会(IPCC)、全球综合地球观测系统(GEOSS)等相关国际组织加强合作的同时,将温暖化对策作为国际协力机构(JICA)和JST正在推进的科学技术外交的重要内容。

5.2.3.4 美国

相比于其他发达国家,美国在低碳发展方向上的政府引导较少,专家预测 2020 年之前美国联邦政府很可能都不会有积极的低碳经济政策(薛进军和赵忠秀,2012)。

2007 年 7 月 11 日,美国参议院通过《低碳经济法案》,提出到 2020 年比当前水平减排 15%,2050 年减排 80% 的目标。

2007 年 11 月,美国民主党智库美国进步中心发布《抓住能源机遇,创建低碳经济》报告,承认美国已经丧失在环境和能源领域关键绿色技术优势,提出创建低碳经济的十步计划,其中主要包括培养建立碳交易市场环境,促进低碳经济政策出台,鼓励对风能、太阳能、生物燃料等一系列可再生能源项目实行减免税收、提供贷款担保和经费支持等优惠政策(王天民和王莹,2010)。

5.2.3.5 其他国家

除了上述主要国家外,全球也有其他国家,包括许多发展中国家,制定了与低碳相关的规划。

2009 年 6 月 8 日,圭亚那政府推出低碳发展战略(Low Carbon Development Strategy,LCDS),简单地描述了圭亚那在应对气候变化的同时促进经济发展的愿景(Office of the President,Republic of Guyan,2010)。2013 年推出第三次修订后的文件版本,报告题为"圭亚那应对气候变化并进行经济转型"(*Transforming Guyana's Economy While Combating Climate Change*)(Office of the President,Republic of Guyan,2013)。该文件列出未来十年圭亚那实现新的低碳经济的战略,其中包括 2010~2011 年开始执行低碳战略时的 8 个优先领域,2012~2015 年的优先领域,以及制定更长期的低碳发展战略的框架。

2012 年 10 月 18 日,加拿大独立政策咨询机构"环境与经济国家圆桌论坛"(National Round Table on the Environment and the Economy)发布题为"构建未来:拥抱低碳经济"(*Framing the Future*:*Embracing the Low-Carbon Economy*)的报告,阐述了加拿大向低碳经济过渡的潜在经济机会,确定了加拿大低碳发展的行动领域。

5.2.4 国际智库研究报告

5.2.4.1 IEA《前进的道路:能源行业实现低碳发展的 5 个关键行动》报告

即使能够将温度目标控制在 2℃ 范围内,在气候变化背景下,国际社会仍然需要通过政策和商业行为解除能源安全的威胁。为了促进能源行业的低碳发展,2014 年 11 月 20 日,IEA 发表《前进的道路:能源行业实现低碳发展的 5 个关键行动》(*The Way Forward*:*Five Key Actions to Achieve a Low-Carbon Energy Sector*)的报告,提出了以下 5 条行动建议(IEA,2014):①立即采取行动,有效控制全球温室气体排放总量;②聚焦电力低碳化;③重塑投资和加快低碳技术创新;④重新制定非气候目标,以促进能源领域的低碳化;⑤加强能源领域的气候变化适应能力。

5.2.4.2 OECD《调整低碳经济发展政策》报告

2015年7月，经济合作与发展组织（OECD）发布《调整低碳经济发展政策》（Aligning Policies for a Low-carbon Economy）报告（OECD，2015）。该报告对于发展低碳经济以应对气候变化的相关政策法规进行了诊断，指出了政策领域（如财政、税收、贸易政策、创新和适应性等）和三个具体领域（电力、城市交通和土地利用）的政策失调问题。

除了要调整这些政策以外，还应加大环保产业的支持力度，使其发展更具有弹性，包括修正相关税收法规，增加基础设施投资，支撑经济增长，建立更清洁、更健康和多元化的能源供应和运输系统。在低碳经济发展层面应该重点考虑以下七个方面。

（1）扩大可持续的低碳投融资规模。在促进经济发展的同时，要加大对于低碳经济发展的投资融资规模，各个国家政府要认真分析在应对温室气体排放的举措方面，适当放开相关金融门槛，部分公共财政和投资也可适当催化社会经济向低碳转型，并将温室气体排放目标纳入到政府采购和政府对外援助的范围内。

（2）重新审视除能源税收之外的财税政策。对于化石燃料的补贴要逐渐降温，补贴过高，将会导致低碳创新缓慢，目前，国际油价下降正是国家经济发展方式变革的机会。应进一步研究其他税收种类，以用来刺激鼓励低碳经济发展。

（3）大规模推动低碳转型创新。国家层面应对气候变化的宏观决策和相关政策工具对于推动低碳创新非常重要。过去两三年的低碳转型，对于推动新兴企业发展、劳动力和相关技术转移起到了积极作用。低碳转型创新要求建立新的企业，重组或淘汰落后产业，创造新兴技术和商业模式，并将创新成果广泛推广使用。这需要各个国家通过教育、培训和整合劳动力市场来解决相关技术差异，形成优势互补的局面。

（4）减少贸易壁垒，促进低碳发展。国际贸易制度本身不能阻止各国低碳发展，但一些国家的贸易壁垒在一定程度上阻碍了国际气候变化目标的完成。例如，进口关税的变动会导致相关技术转移面临困难。

（5）脱碳电力。电力是能源系统脱碳的中心。需要新的市场协议来约束在促进电力向低碳转型过程中的竞争力发展和投资的及时补给。要建立长期电力供应协议，建立稳定的碳交易市场。各个国家要鼓励相关资金进入低碳技术领域，提高其各自竞争力。

（6）提高城市机动性。全世界目前的交通系统，很大程度上依赖化石燃料，付出的环境成本很高，尤其在城市环境下，有必要进行政策干预，提供更为低碳的能源。在许多城市里，土地利用和交通规划严重不协调，各个国家应对自身的相关规定和立法进行审查，给予地方政府相关权利，因地制宜地做出低碳选择。

（7）加强土地可持续管理。世界各国应在保护生态系统的前提下，提高经济发展水平，重视生态服务系统，保护森林，珍惜粮食，减少浪费。

5.2.4.3 WRI《安全的低碳能源经济路线图——协调能源安全与气候变化》

美国新政府上台为美国协调能源安全与气候变化挑战提供了新的机遇。2009年4月20日，世界资源研究所（WRI）和国际战略研究中心（CSIS）联合发布了《安全的低碳能源经济路线图——协调能源安全与气候变化》（A Roadmap for a Secure, Low-Carbon

Energy Economy—Balancing Energy Security and Climate Change）报告（WRI，2009）。该报告从美国气候变化、能源安全、发展新能源体系、经济发展、地缘政治等多维挑战出发，为新政府设计了协调能源安全与气候变化双重目标挑战的路线图，提出了美国向安全的低碳能源经济转型的十大建议。该报告也指出，美国实现安全的低碳经济并不是一件容易的事情，它具有时间长、成本高等特点，必须及时采取行动，否则成本会更高。

该报告给出了指导能源体系转型的三大框架：

（1）制定未来的愿景。把能源安全和气候变化的优先事项纳入国内和国际决策的各个方面，阐明可以用来衡量所有政策的能源安全与气候变化的长期愿景。

（2）使美国的能源系统走上正确的道路。通过重新制定政策和措施来"重置能源系统"，以促进安全、低碳的技术和实践。①为整个美国经济制定碳价；②建立应对能源安全与气候变化挑战的公共融资协定；③建立私营部门的能源激励措施，推动低碳燃料和技术的研发，并为其推广消除障碍；④建设性地参与制定国际应对气候变化与能源安全问题的有效协议；⑤在交通体系的转型过程中对必需的基础设施和技术进行投资，同时促进更加集约的、友好运输的土地利用方式。

（3）管理能源系统转型。在处理转型过程中出现的权衡问题的同时，继续满足和管理美国能源需求。①提高能源利用效率，发展可再生能源，加强传输基础设施的建设；②减少那些促进能源安全技术的温室气体排放量，使低碳技术更安全；③在向低碳燃料转型的过程中，支持国内的石油生产；④制定天然气战略，并采取适当的环境保护措施，以满足短期内的能源需求，并确保能源替代品的长期有效性。

5.2.4.4 世界能源理事会为低碳能源发展提出政策建议

2015年5月27日，世界能源理事会（World Energy Council）发布《气候变化的优先行动以及如何平衡能源三元悖论》（*Priority Actions on Climate Change and How to Balance the Energy Trilemma*）报告，为不同区域应对气候变化提出了优先行动方案，并为成功过渡到低碳能源系统提出了政策建议（World Energy Council，2015）。该报告指出，如果要达到48万亿~53万亿美元的能源投资目标，一个明确的气候框架和全球排放目标必不可少。

平衡能源三元悖论的三个核心维度（能源安全、能源公平及环境可持续性）是各国国家繁荣和具有竞争力的基础。适应能源过渡的解决方案需要根据区域和国家层面的差异制定。该报告提出了不同区域应对气候变化的优先行动（表5-3）。

表5-3 不同区域的气候变化优先行动

区域	优先行动
北美洲	①研究、开发和示范；②通过天然气和技术部署使用低碳化石燃料
欧洲	①更高效的能源利用；②在能源供应中有更大份额的低碳能源
拉丁美洲和加勒比地区	①区域一体化和互连；②教育和信息，以推动消费者的行为改变和增加能源效率
亚洲	①技术转移，以管理需求增长；②改变能源供应的更大社会认可
中东和北非	①透明的能源价格，以激励有效的能源使用；②在能源供应中增加太阳能和风能的份额
撒哈拉沙漠以南的非洲地区	①挖掘可再生能源和天然气供应的潜力；②获取能源和清洁烹饪燃料

该报告确定了成功向低碳能源系统过渡需要的五个关键政策：①消除贸易和技术转让的壁垒，包括环保产品和服务的关税及保护知识产权；②设定碳价格，以公平竞争和转向对低碳解决方案的投资；③提供扩大投资的正确政策信号，以吸引更多的私人资本；④更加重视需求管理，包括在所有行业（涵盖住宅、商业、工业和交通运输）提高能源效率；⑤优先考虑创新及研究、开发和示范（RD&D），并为其构建平台，主要是新技术的投资，以及公共和私营部门之间合作的新时代。

5.2.4.5 新气候经济报告就推动低碳未来发展提出十大建议

2015年7月6日，全球经济与气候委员会（Global Commission on the Economy and Climate）发布的《把握全球机遇：携手应对气候变化，孕育经济增长》（*Seizing the Global Opportunity: Partnerships for Better Growth and a Better Climate*）报告指出，如果全球做出清洁发展的有力承诺，就可以实现减少碳排放与推动经济增长的双赢（New Climate Economy，2015a）。该报告就国际合作如何实现推动经济增长与增强气候行动的双赢提出以下十大建议。

(1) 加速全球城市的低碳发展。到2020年，所有城市都应该致力于发展和实施低碳城市发展战略，尽可能采用《市长联盟》（Compact of Mayors）的框架，优先考虑公共、非机动和低排放的交通工具方面的政策与投资，构建节能、可再生能源和有效的废弃物管理。

(2) 恢复并保护农业用地和森林植被，提高农业生产力。各国政府、多边与双边金融机构、私营部门和有意愿的投资者应该共同致力于扩大可持续土地利用融资，有助于实现到2030年停止森林砍伐并将修复5亿公顷的退化农田和森林。发达国家和森林覆盖面积较大的发展中国家应建立合作伙伴关系，扩大REDD+的国际资金流动，进一步聚焦产生核证减排量的机制，旨在从2020年以后每年再为1吉吨CO_2当量进行融资。私营部门应该致力于扩展针对关键大宗商品和增强融资的免除森林开伐的供应链承诺。

(3) 每年至少有1万亿美元投资于清洁能源。为了降低清洁能源融资成本和促进私人投资，多边与国家开发银行应该扩大与政府和私营部门的合作，以及它们自身的资本承诺，目的是到2030年在低碳电力供应和（非交通）能源效率方面实现全球每年至少1万亿美元的投资总额。

(4) 提高能源效率标准。到2025年，20国集团和其他国家应该将关键部门和产品领域的能源效率标准提高到全球最佳水平，20国集团应该建立一个更具一致性的全球平台，并持续改进能源效率标准。

(5) 实施有效的碳定价。到2020年，所有发达国家和新兴经济体应该致力于引入或者强化碳定价，并逐步取消化石燃料补贴。

(6) 确保新的基础设施是气候智能型的。20国集团和其他国家应该采取关键原则，确保气候风险和气候目标整合到国家基础设施政策和计划之中。这些原则应该被包括在"20国集团全球基础设施倡议"（G20 Global Infrastructure Initiative）之中，以及用于指导公共和私营金融机构的投资策略，特别是多边与国家开发银行。

(7) 激励低碳创新。新兴经济体国家和发达国家政府应该精诚合作，并与私营部门、发展中国家结成战略合作伙伴关系，加快对 2030 年后增长与减排至关重要的低碳技术领域的研究、开发和示范。

（8）通过企业和投资者行动推动低碳增长。所有的主要企业应该制定短期和长期减排目标，实施相应的行动计划，所有的主要工业部门和价值链应该就市场转型路线图达成一致，并符合长期的全球经济脱碳趋势。金融部门监管者和利益相关者应积极鼓励企业和金融机构披露重要的碳排放和环境信息、社会与治理因素，并将它们纳入风险分析、商业模式和投资决策中。

（9）增强减少国际航空与海运排放的决心。根据国际民用航空组织（ICAO）实施基于市场的措施和飞机效率标准，以及根据国际海事组织（IMO）更严格的船舶燃料效率标准，减少国际航空与海事部门的温室气体排放量，以达到温升控制在 2℃ 以内的目标。

（10）停止使用氢氟碳化物（HFCs）。《蒙特利尔议定书》（Montreal Protocol）各缔约方应该批准停止生产和使用氢氟碳化物的修正案。

这些建议将为经济、环境与公众健康带来诸多协同效益，该报告中的指引以及蕴含的机遇引发各方关注。该报告指出，如果能得到各国的支持，这一发展前景可以帮助各国在保证经济繁荣的同时实现将全球平均温升控制在 2℃ 以内的目标，避免脆弱人群遭受气候变化的负面影响。

5.2.4.6 美国进步中心《提高全球气候雄心》报告

2014 年 9 月 3 日，美国进步中心（Center for American Progress）发布《提高全球气候雄心》（Raising Global Climate Ambition）报告，该报告为世界各国元首实现低碳经济制定了九项务实的、政治上可行的措施（Center for American Progress，2014）。

为了推动全球层面的应对气候变化行动朝着正确的方向前行，世界各国领导人应该在 2015 年之前采取以下务实的措施：①为全球温室气体排放开始下降确定明确年份；②重塑气候行动为短期繁荣的必要条件，包括在新的 2030 年全球发展目标中构建气候相关目标；③宣布雄心勃勃、无条件和单边的 2025 年或者 2030 年国内减排目标；④承诺可测量的共同的国际减排和气候融资的目标；⑤到 2020 年在所有主要经济体实行碳定价；⑥致力于全球森林保护和可持续森林管理的目标，包括到 2020 年消除由全球商品贸易引发的森林砍伐；⑦修订《蒙特利尔议定书》，逐步减少具有超级污染特性的氢氟碳化物的产量；⑧为电厂、汽车、建筑物和家用电器设置到 2030 年的具体的、雄心勃勃的能源效率目标；⑨在 2015 年之前达成一项强有力的新的全球气候协议。

5.2.5 国际低碳发展评估研究

5.2.5.1 全球低碳竞争力指数

20 国集团 GDP 占全球的 76%，温室气体排放量占全球排放总量的 69%，因此，20 国集团是应对气候变化的重要力量（Climate Institute and Third Generation Environmentalism Ltd，2009）。

2013年2月13日，澳大利亚气候研究所发布的《20国集团低碳竞争力指数：2013年更新》（*G20 Low Carbon Competitiveness Index: 2013 Update*）报告从人均国内生产总值（GDP）的提高速度、低碳政策的效率两个指标切入，评估了20国集团成员国的低碳竞争力表现（Climate Institute，2013）。当一个国家的人均GDP增速较快，并且较好地采用了低碳政策时，这一国家的低碳竞争力指数（low carbon competitiveness index，LCCI）较高；而一个国家的收入严重依赖于碳密集型生产时，该国的低碳竞争力指数较低，如澳大利亚。该报告的主要结论如下：

（1）较之2008年，除法国、墨西哥和沙特阿拉伯3个国家外，2010年所有国家的排名均有所变化。法国、日本在2010年低碳竞争力指数中的排名分别为第1和第2位。较之2008年，2010年印度尼西亚和中国的低碳竞争力指数排名均提高了4位，意大利、巴西、土耳其、阿根廷4个国家的低碳竞争力指数排名前进了1位；德国从第2位下降到了第6位，加拿大、美国、俄罗斯均下降了2位，英国、南非、澳大利亚、印度4个国家的排名均下降了1位。较之2008年，2010年日本、韩国、英国和德国4个国家的成绩变化很小，但对排名的影响很大。

（2）1995年以来，除美国和澳大利亚外，所有国家的低碳竞争力指数均有所提高。日本、韩国和英国的得分变化不大。

（3）在低碳竞争力方面，印度尼西亚和中国是最值得关注的国家，2000年以来，通过强化在可再生能源方面的投资，这两个国家的低碳竞争力取得了突破性的进展。

（4）由于空中运输增加，高科技产品出口量减少，较之其他20国集团国家，美国低碳竞争力的跌幅最大。

（5）金融危机降低了高收入国家的低碳竞争力，并且波及了一些发展中国家。

5.2.5.2 《世界低碳经济指数2015》

2015年10月12日，普华永道会计师事务所（PwC）发布第七个年度报告——《低碳经济指数2015》（*Low Carbon Economy Index 2015*），该报告显示世界经济碳排放强度实现发布6年以来的最大降幅：2014年世界GDP增长3.2%，碳排放量仅增长0.5%，世界经济的碳排放强度在2014年下降了2.7%（PwC，2015）。

该报告指出，2000年以来，各国在经济脱碳方面取得了较好的进展，由于能源效率提高和转向排放强度较小的服务行业，世界经济碳排放强度平均每年下降1.3%。2014年数据是一个转折点：碳排放强度下降了2.7%，是自该报告发布以来的最大降幅。欧盟几个大国的碳排放强度降幅超过7.0%，英国以碳排放强度下降10.9%在低碳经济指数中排名第1位（表5-4）。这些可能是碳排放与经济增长解耦的第一个征兆。尽管如此，目前各国低碳发展所取得的进展与实现IPCC的2℃碳预算所要求仍有很大的差距。按照世界经济碳排放强度平均每年下降1.3%的速率，2℃的碳预算将在2036年耗尽，预计的排放量增长将遵循IPCC的升温4℃情景。2014年，全球低碳经济向前迈进一大步，但若要实现全球升温不超过2℃的目标，碳排放强度的年际降幅需要提高到6.3%，世界各国仍需加大力度减少碳排放。

表 5-4 低碳经济指数概况

国家	2013~2014年			21世纪趋势		
	2013~2014年碳排放强度变化/%	碳排放强度（吨CO_2/百万美元GDP）	2013~2014年能源相关碳排放变化/%	2013~2014年实际GDP增长（购买力平价）/%	2000~2014年碳排放强度年均变化/%	2000~2014年GDP年均变化/%
世界	-2.7	306	0.5	3.3	-1.3	3.7
G7国家	-3.1	266	-1.5	1.6	-2.0	1.4
E7国家*	-3.4	378	1.8	5.4	-1.1	6.7
英国	-10.9	173	-8.7	2.6	-3.3	1.7
法国	-9.1	124	-8.9	0.2	-2.7	1.1
意大利	-7.8	151	-8.2	-0.4	-2.2	-0.1
德国	-7.1	201	-5.7	1.6	-2.0	1.0
欧盟	-6.7	187	-5.4	1.3	-2.4	1.2
中国	-6.0	515	0.9	7.4	-2.0	9.8
澳大利亚	-4.7	342	-2.3	2.5	-2.4	3.0
墨西哥	-3.5	219	-1.5	2.1	-0.2	2.1
韩国	-3.1	419	0.1	3.3	-1.3	4.0
日本	-3.0	273	-3.1	-0.1	-0.7	0.7
加拿大	-2.4	366	0.1	2.5	-1.7	2.0
俄罗斯	-2.2	409	-1.6	0.6	-3.6	4.1
阿根廷	-1.7	191	-1.2	0.5	-0.9	3.6
美国	-1.6	317	0.8	2.4	-2.3	1.8
印度尼西亚	-1.4	193	3.5	5.0	-0.6	5.4
南非	0.2	612	1.7	1.5	-1.6	3.1
印度	0.7	268	8.2	7.4	-1.4	7.2
巴西	3.6	155	3.8	0.1	0.0	3.2
沙特阿拉伯	4.0	386	7.6	3.5	0.0	5.2
土耳其	4.4	224	7.4	2.9	-0.6	4.0

* E7国家包括巴西、俄罗斯、印度、中国、印度尼西亚、墨西哥和土耳其。浅色填充代表排名前5，深色填充代表排名后5

5.2.5.3 《中国低碳年鉴》：国外低碳经济

2010年，冶金工业出版社出版的《中国低碳年鉴》研究了全球主要国家的低碳发展情况，主要结论如下（冯之浚等，2010）。

1. 英国

20世纪90年代是英国有历史记载以来气温最热的10年。英国旱涝灾害的风险明显增加。由于海平面上升，到 21 世纪末英国东部沿海一些地区的最高水位将频繁地升高 10～20 倍。英国在承诺《京都议定书》指标（2003～2012 年温室气体排放水平比 1990 年下降 12.5%）的同时，确定了以 1990 年为基数，到 2010 年减少主要温室气体二氧化碳排放量 20% 的目标。2000 年，英国能源系统排放的温室气体占全国总排放量的 90%，能源系统排放的二氧化碳占全国总量 1.5 亿吨的 95%。通过煤改气、提高热效率和发展核电，英国电力行业取得了与 1970 年相比发电量增长 47% 而二氧化碳排放量下降 26% 的成绩，但仍然以 28% 高居排放榜首。英国是世界上最早提出"低碳"概念并积极倡导低碳经济的国家。英国政府在过去 10 年间实现了 20 年来最长的经济增长期。经济增长了 28%，但温室气体排放却只减少了 8%。英国自 1900 年以来温室气体排放有如下趋势：2006 年英国本土温室气体排放比 1990 年减少了 16%，尤其是，尽管运输排放增加了 15%，但全国二氧化碳排放减少了 6%，非二氧化碳温室气体排放减少了 46%，工业排放的二氧化氮减少了 90%，农业排放减少了 18%。现在，垃圾填埋所产生的 70% 的甲烷已可捕集。

这是自工业革命以来英国第一次打破了经济增长和排放污染之间的联系。英国的实践证明，经济增长和低碳排放是可以同时实现的。向低碳经济前进，既是应对气候变化的方法，也是经济繁荣的机会。英国的一些做法值得我们借鉴。

2. 德国

为了应对气候变化，德国以其强大的经济实力与领先的高技术优势，较早地制定了削减温室气体排放的发展战略，通过立法和建立约束性机制，促进低碳经济的发展，并取得突出的成效。

根据《京都议定书》，2008～2012 年，德国的温室气体平均排放量应该比 1990 年减少 21%，到 2008 年温室气体减排比例已达 23.3%，超过了《京都议定书》规定的减排目标。尽管 2008 年的一次能源需求增加了约 1%，但二氧化碳的排放量却减少了 1.1%。

德国是可再生能源起步最早、发展最快的国家之一，可再生能源产业在世界上居领先地位，尤其是太阳能和风能，位居世界第一。2008 年，可再生能源营业额达 287 亿欧元（生产设备销售额 131 亿欧元，设备运转营业 156 亿欧元），其中生物质能源贡献最大，占 37.2%；其次是太阳能，占 34%；风力占 20.2%；水力占 4.7%；地热占 3.8%。比 2007 年增加 12.5%，出口额达 90 亿欧元，从业人员 28 万人。2008 年，德国可再生能源的使用量占一次能源需求量的 7.4%。

2009 年，德国国内生产总值萎缩、电力消耗减少的同时，可再生能源的发电量却由一年前的 927 亿千瓦·时上升到 930 亿千瓦·时。这主要得益于生物质能和光伏发电的增长。

到 2009 年年底，德国可再生能源的发电量已占德国电力消耗的 16%，远远超过欧盟为其成员国设立的 2010 年可再生能源占电力消耗 12% 的目标。

权威机构预测，根据德国目前的技术，德国的二氧化碳排放到 2020 年时可在 1900 年的基础上减少 50%。到 2050 年，德国的能源消耗几乎可以全部来自可再生能源。这是世界范围内第一个提出在未来 40 年内将全部采用可再生能源的国家。

3. 法国

近10年来，法国高度重视并致力于减少二氧化碳等温室气体的排放，大力发展以核能为主体的再生能源和清洁能源，在工业、建筑、交通等领域节约能源，减少碳排放，取得了显著成效。

一是温室气体排放减少。2008年，法国由于消耗能源而排放的标准二氧化碳总量比2007年减少1.3%，最近3年已累计减少3.6%，略低于《京都议定书》规定的标准，其中运输行业（-3.6%）和工业（-3%）的减排成效最为显著。

二是最终能源消费量基本保持稳定，石化能源使用量逐年减少。2002年以来，能源消费量没有增加，而可再生能源的生产能力不断提高。2008年，原油进口总额占法国国内生产总值的比重为3%，与1981年（占4.9%）相比，比重明显下降。

2007年4月，法国政府上报的法国2008～2012年二氧化碳排放指标计划，获得欧盟委员会审核通过。根据这个计划，2008～2012年，法国将完成13 280万吨/年的CO_2准排放量。

4. 美国

美国是导致气候变化加快的头号大国，其全球温室气体排放量和人均温室气体排放量都居全球第一位。美国作为最大的能源消费经济体，仅2008年就消费了超过245亿美元的电力和燃料，以不到全球5%的总人口，却排放出了占全球总量35%以上的CO_2，相当于整个第三世界排放量的总和；以人均CO_2排放量计算，美国为5.6吨/人，是世界人均水平的5倍多。2007年，美国排放温室气体总量达72.8亿吨，比上年增加1.4%，再创历史新高。如果美国不改变其温室气体排放政策，那么其温室气体排放量到2020年将超过83亿吨，比2000年的70亿吨将上涨19%。制冷和采暖需求的增加、水力发电利用效率的低下，以及燃煤和燃气火力发电的增加、汽车废气排放量不达标，成为美国温室气体排放量增加的主要原因。

20世纪两次能源危机给美国经济带来沉重的打击，同时也大大促进了其绿色能源产业的发展。从20世纪70年代开始，以可再生能源为原料的能源已逐渐替代常规火力发电，在美国电力产业中占据了一定的地位。美国政府、美国联邦能源管理委员会、各州公共事业委员会制定的一系列产业政策，提供研发经费、示范补贴、减免税款、贷款等方式，激励发电企业利用风能、太阳能、地热等设备生产绿色电力。

5. 韩国

2005年召开的世界经济论坛上公布的环境持续性指数（ESI）评价中，韩国在146个国家中排名第122位。在OECD国家中，排在最末尾。2006年，韩国的温室气体排放量从前一年的5.944亿吨增至5.995亿吨，是1900年的2倍。

韩国于1992年以发展中国家的身份加入了《联合国气候变化框架公约》，因而不需要履行针对发达国家的量化减排义务。《京都议定书》的首个承诺期于2012年年底届满，韩国政府表示，韩国从2013年起进行量化减排。

韩国是个能源和资源都极为贫乏的"不生产一滴石油"的国家,是世界第七大石油消费国,第四大石油进口国,人均石油消费量居世界第五位,一年要进口石油7.5亿桶。韩国是亚洲第三大原油进口国,原油在其进口额中占14%。而且,在能源总消耗量中,对传统的能源煤炭和石油的依赖非常高,新能源和可再生能源的比重只有2%(2006年),在OECD成员国中一直处于最下游位置,从1988年到2006年,韩国在新能源和可再生能源方面研发投资金额只有美国的4%、日本的7%。因此,减少原油进口,研发新能源,提高再生能源利用率,对韩国来说,是非常迫切且现实的需要,是一项必须采取的战略。近年来,美国、英国、日本等都把发展新能源和低碳经济作为经济新增长点,也给了韩国很大触动。

6. 日本

日本是一个资源贫乏的国家,同时也是对世界环境和全球气候变化进行了严重破坏的国家。自20世纪70年代的石油危机以来,日本一直重视能源的多样化和减少二氧化碳的排放,并在提高能源使用效率方面做出了努力,以寻求一条可持续发展之路。1997年,日本作为《京都议定书》的发起和倡导国,投入巨资开发利用太阳能、风能、光能、氢能、燃料电池等替代能源和可再生能源,并积极开展潮汐能、水能、地热能等方面的研究。2008年以来,为应对气候变化和金融危机,日本不断出台重大政策,将重点放在发展低碳经济上,尤其是在能源和环境技术开发上,希望以全球金融危机为契机,转变经济发展模式,占领未来经济发展制高点,誓言引领世界低碳经济革命。

作为汽车制造强国和光伏产业强国,日本在新能源技术方面侧重薄膜电池、混合电动汽车、镍氢电池、清洁燃烧等方面。

从1973年到现在,日本的新能源战略已历经40多年,通过法律上约束、税收上优惠、政策上引导、观念上宣传的战略方针,日本在新能源领域居于世界领先地位。

7. 印度

印度是一个油气资源相对匮乏的国家,已探明的油气资源储量仅占世界的0.8%,所需原油的70%依赖进口。与此同时,印度作为全球人口第二大国和"金砖四国",近年来经济取得了迅猛的发展,对能源需求也逐步加大。

在日本举行的G8会议上,作为世界第四大温室气体排放国——印度,反对获得G8支持的全球在2050年以前将温室气体排放量减少一半的目标,并严厉批评了G8没有能够明确说明富裕国家的责任所在。同时,印度与其他国家合作,寻求一条结合经济发展与防止气候变化的最为成本低廉的途径。

2008年6月30日,印度公布了《有关气候变化的国家行动计划》,并提出了长期战略,以保证能源安全以及可持续发展。该计划列出了八项优先任务,包括提高能源使用效率,发展一个"绿色"印度来刺激经济发展,并承诺印度的人均排放量将不会超过发达国家的平均水平。

印度政府表示,印度的国家气候变化行动方案是国内行动,除双边或多边援助项目外,印度不会接受任何有约束力的限期减排目标的国际监督,但愿意在哥本哈根会议上讨论发达国家的减排任务。

近年来，印度新能源和低碳经济取得了明显进展。早在 2005 年，印度就制定了新能源政策，通过利用太阳能、水电、核能和其他类型的能源，保障印度在 2030 年前实现能源独立。其中，使用铀燃料的核反应堆数量应在 2030 年前增加 10 倍；到 2012 年可再生能源将占印度电力需求的 10%。印度原总理曼莫汉·辛格在公布应对全球变暖的政策时宣告，将重点开发可再生能源。

8. 欧盟

欧盟是一个集政治实体和经济实体于一身、在世界上具有重要影响的区域一体化组织。欧盟低碳经济的进展表现在以下几个方面：

（1）能源需求。能源需求上，目前欧盟消耗能源的 50% 以上依赖进口，到 2020 年这一比例至少会增加到 64%。如不开发新的替代能源，欧盟经济将面临更严重的能源危机。清洁能源将带来无限商机，创造大量就业机会。到 2020 年，欧盟可循环利用能源的比例如能占到能源消耗总量的 20%，就会增加 100 万个就业机会。

（2）排放交易机制。截至 2014 年，欧盟排放交易机制覆盖了所有 28 个成员国及 3 个与欧盟有密切联系的欧洲国家，参与主体包括约 1.1 万家主要的能源消费企业（如电力、冶金和水泥等行业）。

（3）节能。在建筑节能方面，目前德国已有 500 万套住宅改造获得优惠贷款，减排 CO_2 2400 万吨。德国还出现"零供热"建筑，全年都依靠太阳能取暖。在家庭节能方面，2009 年 3 月，欧盟委员会在布鲁塞尔通过一项法规，将依法强制推行节能灯泡。新法规有助于提高欧盟家庭、工业部门和公共场所照明设备的效能，随着法规的逐步落实，欧盟有望在 2020 年以前实现年节电 800 亿千瓦的目标。这相当于欧盟 2300 万个家庭一年的用电量，同时还可以每年减排 3200 万吨 CO_2。在交通节能方面，汽车发动机改造使 1900 年以来，汽油发动机的效率也提高了 20%~25%，汽车燃料消耗减少了 40%。德国通过推广新型燃料，每年减排 500 万吨 CO_2。针对汽车也出台了强制性的能耗标识，2012 年之前，高耗能汽车生产设备有望逐步淘汰。另外，欧盟实行了最低能源效率要求，有研究表明，20 世纪 90 年代末，欧盟家用电器节能效率比 90 年代初提高了 30%。

（4）鼓励自愿标签行为。自愿标签行为，指有关电器产品的生产商、分销商、进出口商以及零售商以自愿方式，向欧盟委员会申请"能源之星"（energy star）标签，以标识其产品满足或超过有关节能标准。目前，欧盟"能源之星"标签主要标识在办公用品领域，但有越来越多的家用电器生产商也积极参与到这场活动中来。

（5）大力开发节能技术。欧盟成员国依靠政策性引导，开发出一系列节能技术。已有多种型号具备节能降耗功能的新型涡轮发电机投入使用，这样就可将工厂锅炉产生的多余能量用于发电，使其能源利用率提高 30% 以上。另外，各成员国企业通过联合的方式，将工厂产生的余热收集起来，直接提供给其他制造业企业或城市耗能设备。比如，荷兰、比利时、卢森堡等国的能源、冶金、化工企业已建立起由几十家或上百家企业组成的规模不等的热能互用或循环使用联合系统，由计算机进行智能化控制，仅此一项改造就为上述国家节省电能近 20%，年节约开支约 120 亿欧元，同时还减少了近 15% 的二氧化碳及有害气体排放量。近年来，欧盟各国积极推广"垃圾转换能源"技术，这促进了垃圾焚烧新技术和设备的开发、生产及实际应用，从而提高了垃圾中的有机物燃烧效率和热利用效率，大幅减少了有害物质的生成和温室气体的排放。

（6）实行消费者补贴政策。意大利政府实施的节能产品补贴及税收减免等激励措施，极大地推动了高能效家电产品的销售，扩大了高效产品的市场占有率。意大利政府于2009年继续推行节能家电消费鼓励措施，对新购买节能型冰箱、洗衣机、厨具、电视等家用电器和节能型家居产品，免除20%的个人所得税，最高免除额可达到1万欧元。

（7）鼓励自律性行业协议。这是产业界为节能而实施的自律行为，通常在产业界与政府之间签署。欧盟鼓励自律性行业协议，因为它往往是政府制定强制性标准的替代或先导。自律性行业协议在荷兰、挪威、瑞典等国家实施比较成功，并且协议内容不断得到升级。目前，在欧盟实施的自律性行业协议范围涉及电视机、电冰箱、洗衣机、洗碗机、电动汽车、热水器、声学设备等，其中《电视和盒式录像播放机待机损耗协议》与《家用电冰箱和洗衣机协议》被认为是实施效果最好的两个协议。

（8）可再生能源。2000年，欧盟风能在当年总电量中所占比例还不到1%。自2000年以来，欧盟各国的风力装机发电量已累计增长了154%。截至2007年年底，欧洲风力发电装机容量达40 500兆瓦，占全世界风电总装机的69%，比上年增长18%，约提供了欧盟近3%的电力消费量，提前实现了到2010年风电装机容量达到40 000兆瓦的目标。其中，德国并网发电的装机容量约占世界装机总容量的1/3。仅2007年，欧盟风能发电能力就增加了850万千瓦，达到近5700万千瓦，比2006年增加了850万千瓦，占到欧盟电力供应的近4%，而这一比例在2000年时还不到1%。风能已经成为欧盟能源与电力市场不可或缺的组成部分，也是发展最快的能源市场之一，为欧盟的环境治理及缓解气候变化发挥着积极的作用。截至2007年，欧盟风能领域从业人员达到15.4万人，其中10.86万人的工作岗位与风能开发有直接关系。

欧洲领先各国进行太阳能应用，经过近2年来欧洲政府及研究机构与生产企业的努力，欧洲也成为最大的太阳能设备市场，在世界太阳能光伏领域取得领先地位。在2008年，全球太阳能电发电总量，欧洲就占了超过80%。2009年7月于比利时召开的永续能源周大会（Sustainable Energy Week）上，欧盟议会提出一份关于再生能源的方案，将全欧盟地区使用太阳能比例提高至51%，其中21%为太阳能面板发电，3%为太阳能加热系统。

（9）加快推进碳捕捉计划。2009年6月，欧洲委员会仍然决定投入14亿美元建设碳捕集与封存项目，计划在欧洲各国兴建13个碳捕集与封存示范工程。而整个欧盟能源振兴计划总额为45亿欧元。按照欧盟的规划，德国将建设2个碳捕集与封存示范工程，荷兰有3个，英国有4个。德国、荷兰、英国、西班牙和波兰将分别获得约245亿美元的投资。除此以外，意大利将获得1.35亿美元，法国将获得670万美元用于二氧化碳运输基础设施建设。2009年7月，欧盟计划直接投资80亿欧元用于碳捕集与封存领域的研发。尽管反对呼声不断，但是这一计划已经列入议程，欧盟各国领导人正在快速推动投资资金划拨到位。

5.2.6 国际机构对中国低碳发展的研究

中国是世界主要的污染排放国，同时也是世界最大的可再生能源产品和技术创新国家,自 2012 年以来占全球可再生能源市场增长的 25%。中国正不断地改造其庞大而污染严重的能源部门,使其变得越来越高效、环保、"友好"。作为世界最大的温室气体排放国,中国也一直致力于利用"绿色"技术——自 2009 年以来,相对其他国家而言,中国削减了更多的潜在温室气体排放,并对可再生能源技术投入更多的资金。

5.2.6.1 中国成为发展低碳经济的领导者

2008 年 8 月 11 日,"气候集团"发布《中国的清洁革命》(*China's Clean Revolution*)报告,该报告指出"全球碳排放头号大国"中国正在开展一场旨在把握更多低碳产品出口机遇的清洁革命(Climate Group,2008)。近年来,中国已在几乎所有的低碳经济部门取得了显著进展,并且已成为许多关键性可再生能源市场的领导者。该报告记录了中国低碳行业和政策的快速发展,并聚焦于一些引领性的创新者。已有的证据表明,中国不仅拥有成为低碳发展方面新兴一极的潜能,并且,在多种行业内以及根据一些关键指标,中国在发展低碳经济的过程中已处于领先地位,创造了就业机会和利润。

中国已发生的重大变化展现了其转变为全球"低碳领导者"的现实可能性。所谓"低碳领导者",是指在减少 CO_2 和其他温室气体排放的有关发展政策、战略和技术方面处于世界前列的国家。越来越多的证据表明,更强有力的行动和更雄心勃勃的目标正成为中国应对气候变化挑战的趋势。同时,既有转变的步伐也在加快——中国正超前完成其可再生能源目标;而与之相较,英国的进展则显得步履蹒跚。然而,对中国低碳学习曲线的最终检验将是它能否有助于以下两大里程碑事件的实现:第一,全球温室气体排放量最迟于 2020 年开始回落;第二,将 2050 年全球人均 CO_2 排放量控制在 2 吨。这是基于现有的科学认识,避免危险性气候变化所需要实现的两项目标。2007 年,中国的人均 CO_2 排放量为 5.1 吨,而欧盟和美国的则分别为 8.6 吨和 19.4 吨。

关于中国和其他国家能否实现上述充满挑战性的目标尚有待分晓,但是本报告所包含的证据表明,中国已开始踏上在未来数十年成为重要的全球性低碳投资、创新和增长中心的道路。中国领导人在过去 30 年创造"经济奇迹"的过程中,以及在近来应对严峻的短期挑战(如惨痛的 5·12 汶川大地震)等方面已彰显出能力。目前,中国政府对气候变化的重视,以及在可再生能源和替代能源技术部门实施超过预期的行动,均给予我们很大的希望,相信中国可由此实现第二个 30 年奇迹——向低碳经济的成功转型。然而这一次,我们相信中国已经不再是跟在他国身后亦步亦趋的发展中国家,而是发展低碳经济的领导者。

中国在应对气候变化挑战方面的重要作用包括:①可再生能源投资和装机容量正在快速增长;②中国正在或即将成为各种关键低碳技术的第一制造国;③中国是开发低碳运输技术的领导国;④中国正以成功的努力减少碳排放强度;⑤一个强有力的、全面的低碳政策框架正在实施;⑥中国企业家正成为低碳弄潮儿。

5.2.6.2 《中国低碳发展路线图》

2013 年 8 月 8 日,由中国科学院沈阳应用生态研究所和哈佛大学肯尼迪学院的刘竹博士、利兹大学关大博副教授、剑桥大学 Douglas Crawford-Brown 教授、清华大学张强教授和贺克斌教授,以及密歇根州立大学刘建国教授等6位中外学者联合在《自然》(*Nature*) 7461期上发表了《中国低碳发展路线图》(*A Low-Carbon Road Map for China*)一文(Zhu et al.,2013)。该文认为,中国节能减排所取得的成绩举世瞩目,其中"十一五"期间节能减排措施削减了相当于全球2010年5%的CO_2排放总量,"十一五"和"十二五"期间的减排措施累计可削减相当于美国年排放总量的60%。但该文同时也指出,中国在如何保持经济稳定增长的同时降低排放和改善环境仍面临诸多挑战。这些挑战产生的根本原因是中国快速发展所带来的巨大能源需求,而中国强有力的政策实施体制可以使中国应对这些挑战,促进能源体系转型并成为全球低碳发展的领导者。为此,该文作者提出了中国实现"低碳跨越式发展"的五点策略。

(1)积极发展资源回收利用和可再生能源。通过回收金属废弃物等可以避免在金属开采和初级加工冶炼过程中的大部分能耗,降低金属冶炼加工业总能耗的90%。中国具有发展可再生能源的巨大优势,仅仅是风力发电潜力就有望满足中国在2030年的全部电力需求。在20年内建设640吉瓦的风电产能(需要投资总计9000亿美元)可以降低同期全中国30%的碳排放。回收利用对健康影响极大的地沟油并制成生物柴油,仅2010年的生物柴油产量就可以削减9000万吨CO_2。同时,运用新技术改进传统能源利用方式,可以为发展新能源提供时间上的缓冲。

(2)改进中国节能减排指标评价体系。当前中国以能源强度(单位产值能耗)和CO_2强度(单位产值CO_2排放)为节能减排绩效评价标准。地方政府采取扩大生产和投资的方式实现达标,表面上为节能减排,实际上仍然是追求GDP增长。该文作者认为,应该将节能减排指标和经济指标"脱钩",经济指标和环境指标分别核算、分开评价,并建议用"碳收支"(综合考虑碳排放源和碳吸收汇)代替当前的碳排放量来衡量区域的碳排放现状,可综合评价排放状况和减排效果。

(3)平衡区域能源供求关系。中国的主要能源产地集中于山西、内蒙古等内陆地区,而沿海地区为主要的能源消费地,内蒙古等地区成为能源输出的主要基地并承担着较重的环境压力。该文作者建议更多地使用行业指标,由此可分析具体行业的排放水平,并对高能耗行业部门进行集中治理。同时,在考虑减排成本时,应从消费端而不是生产端去计量能源消费和碳排放量,将发电产生的排放计入电力消费地。综合考察跨省份企业的产业链排放,并且建立区域间排放转移的补偿机制。在较不发达的中西部地区,应提高环境标准并严格执行。

(4)发展低碳市场机制。通过建立健全能源价格市场,协调能源供求关系。同时,政府应逐渐减少市场直接干预,而将更多力度作用于市场的监督和完善上。中国试点的碳排放市场有望释放15亿吨CO_2排放配额,产生数十亿美元的经济价值。中国政府应该加强碳排放数据的编制、核证,建立公平、透明的市场规则并对碳价格进行适度干预,保证全国碳排放市场的顺利运行。同时也应该积极尝试消费碳税等其他市场手段,2012年推行的居民阶梯电价机制应该更广泛地推行到其他消费领域(例如,对排放量大的汽车或居民购买多辆汽车开征额外税),并与可再生能源或低排放产品消费的补偿措施(如补贴电动汽车)相结合。

(5)实施区域大气污染物和碳排放协同减排。细颗粒物(PM2.5)、二氧化硫、氮氧化物和臭氧等大气污染物造成中国严峻的环境问题，CO_2 是影响全球气候变化的最主要的温室气体，而大气污染物及碳排放的产生根源主要来自大量化石能源消费。为此，通过促进能源转型，从排放源进行碳排放和污染物排放的联合减排成为有效的多赢策略。

5.2.6.3 中国低碳经济竞争力指数

中国人民大学气候变化与低碳经济研究所在《中国低碳经济年度发展报告（2011）》中依据中国国情，立足于国民统计体，提出了全新的低碳经济竞争力指标体系（中国人民大学气候变化与低碳经济研究所，2011）。

这一体系以低碳效率、低碳引导和低碳社会三个核心要素为一级指标，共 8 个二级指标，21 个三级指标，全面刻画了中国各区域的低碳发展水平。对 31 个省（自治区、直辖市）[①] 的竞争力评估结果表明：GDP 高并不等于低碳竞争力强，而 GDP 低也不等于低碳竞争力弱。例如，GDP 排名并不高的海南、江西两省一直位居低碳竞争力排名的前两位，而山东、天津等经济发达省市却位居排名中下游，而上海直接排进了高碳地区。

当然，事实上中国并没有严格意义上的低碳地区。中国在 50 个国家及地区的低碳经济国际竞争力指数综合排名第 46 位，远落后于世界平均水平，这显然与中国的 GDP 排名大相径庭。

中国人民大学低碳竞争力排名真实地揭示出现阶段中国经济增长与低碳发展之间的矛盾关系。以牺牲经济发展换来的低碳竞争力，以及以高碳排放为代价的经济增长都不是理想的低碳经济发展模式。低碳作为一个新的要素，还并没有真正进入中国经济发展的框架之内，更没有成为"中国模式"的一部分。

5.2.6.4 中国的低碳金融与投资途径

2014 年 7 月 1 日，第三代环保主义组织（E3G）发布《中国的低碳金融与投资途径》（*China's Low Carbon Finance and Investment Pathway*）报告，剖析了中国在广泛的经济与金融改革范围内整合绿色融资的潜在机遇（E3G，2014）。该报告认为，在几十年的快速发展之后，中国开始进行经济结构调整，以使其符合更可持续的经济、环境和社会发展意向，中国投资面临的三重挑战在于：①增加投资规模和速度以维持经济增长；②更大程度发挥在公共资金分配和私人领域资本的经济效用；③鼓励更加清洁和低碳技术领域投资以减少本土污染，实现低碳化。解决这三重挑战需要权衡一系列现有的看起来无甚关联的政策议题，建立与扩大三者间的协同作用。中国的政治决策者特别需要关注政策制定、清洁低碳基础设施和服务方面的投资，以及金融改革之间的配合与整体战略化思想。

考虑到气候资金刚刚起步和金融领域的不成熟，中国在为低碳转型获得必要的投资还需要面对诸多挑战。根据气候组织的报告，在 2015 年，中国年气候资金缺口达到 3.4 万亿元人民币，约为 2015 年中国预期 GDP 的 2%，在 2020 年中国年气候资金缺口达到 3.3 万亿~3.9 万亿元人民币。

---

① 除中国港澳台地区。

中国的低碳投资在过去几年有所加强。目前，中国在清洁能源和能源高效方面的投资居世界之首。在2013年、2012年、2011年，中国在清洁能源领域分别吸引投资542亿美元、651亿美元和541亿美元。目前，中国拥有世界上最高的可再生能源装机量，为191吉瓦（是G20总和的29%）。考虑中国进入世界清洁能源竞赛中较晚，但在不到10年中中国发展迅速，并且在低碳技术生产方面成为主要的选手，显示了中国政府的决心和中国低碳投资增长的潜力。

E3G的报告剖析了如何在推动现有倡议的前提下最大限度发挥不同政策之间的协同作用，同时提出决策者们应关注以下七个领域与建议，帮助中国应对经济体低碳化中的融资挑战，在提升整体经济效益的同时通过低碳发展道路改善环境污染问题，取得可持续性经济增长：①认识在改革议程中风险的形成，将注意力集中到政策和市场风险上，并强调政策监管框架对促进包括电力领域绿色低碳投资的重要性；②需要具备战略化思维，在低碳金融领域运用公共金融资金；③在实验低碳区测试创新融资策略，包括创立本土化的绿色或者气候基金；④进一步推广绿色信贷政策，拓宽业务类别（包括股本和债券产品），同时开发绿色财务激励方针；⑤增强绿色金融、新兴气候金融和碳市场（碳金融）之间的凝聚性和有机结合；⑥提供相关激励方案，增强个人储户对绿色储蓄的信心；⑦在低碳金融这一政策议题上加强与国际专家和顾问的对话。

5.2.6.5　中国城市发展宜走低碳之路

2012年5月3日，世界银行发布《中国可持续性低碳城市发展》报告。该报告认为，中国城市走低碳发展之路，可以有助于实现国家降低单位GDP能源强度和碳强度的目标，最终实现可持续发展（Baeumler et al., 2012）。该报告同时表示世界银行希望在中国可持续低碳发展的实际应用方面提供帮助。

该报告指出，工业和发电是中国城市碳足迹的主要来源，这两项各占城市碳排放量的40%，其余的20%则来自交通、建筑和废弃物等方面。据估计，城市产生的与能源有关的温室气体占总排放量的70%。该报告认为，要实现低碳增长，城市需要在多方面同时行动。碳排放与城市的形态密切相关，因此影响土地利用和空间发展的措施是最重要的。此外，城市需要建设节能效率高的建筑物和工业，需要发展可以替代私家车的交通系统，需要建立对水、污水和固体废弃物的高效管理，而且城市需要将应对气候变化的措施纳入规划、投资决策和应急预案中。

该报告列出了构成低碳城市发展总体框架的五项主要综合性措施，包括制定鼓励低碳增长的适当目标；以市场化方式和手段辅助行政措施；打破土地利用、财政和城市蔓延之间的现有联系；鼓励加强跨部门、跨辖区的合作；平衡减排与适应措施。

该报告建议说，要实现低碳增长，需要针对城市能源、交通以及水资源、废弃物管理等具体部门采取具体措施。该报告以世界银行与诸多中国城市的合作经验为基础，提出鼓励发展清洁能源，促进公共交通服务一体化，对污水处理和固体废弃物实行高效管理等政策建议。

2010年12月，气候组织发布《中国清洁革命报告Ⅲ：城市低碳发展》（*China Clean Revolution Report* Ⅲ: *Low Carbon Development in Cities*）报告，把视角转向城市，试图回答

以下问题（Climate Group，2010）：

(1) 是什么力量推动了中国城市的低碳建设热潮？
(2) 中国城市的低碳发展都在进行着怎样的路径探索？
(3) 中国城市的低碳发展未来面临着怎样的挑战和基础？

首先，中国城市选择低碳发展受四个外部因素的推动：①国际社会应对气候变化的谈判和行动提供的国际背景；②中国政府对低碳经济理念的认同提供了有利环境；③学术机构对"低碳城市项目"的研究实践构成了直接助力；④关键企业对低碳解决方案的推广提供了附加助力。同时，中国城市选择低碳发展有着最根本的内在理性驱动，那就是城市对气候安全和减排责任的内在思考，以及选择低碳发展正符合目前中国政策环境下对城市节能减排和经济转型的要求，为城市发展提供了一个新的模式选择。

其次，中国城市的低碳路径探索从 2007 年 7 月气候组织对珠三角地区低碳发展的探索和 2008 年年初其他地方城市的自愿发端，到 2010 年国家发改委正式确立国家低碳经济试点，不到三年时间里经历了一个从基本方法论研究到系统的低碳城市框架构建，从单一强调产业到城市综合低碳规划，从简单低碳概念选择到数据先行的科学决策的逐步深入的过程。这些城市可以被称为是低碳行动领导力城市，它们的路径探索呈现不同的初始特征，包括以保定、德州、南昌为代表的从低碳产业发端的"碳益"城市；以杭州、成都、无锡为代表的城市低碳发展综合化规划；以厦门为代表的注重城市空间低碳规划；以天津为代表的城市全面应对气候变化思考。

中国城市的低碳发展更面临着诸多挑战，包括城市数据基础薄弱、高速度和大规模的城市化、旧有城市规划的锁定和转型困难，以及体制和制度上的障碍等，城市管理者的知识、技能和管理能力也有待提高和更新。

另外，众多国际城市从 20 世纪 90 年代开始积极应对气候变化，与中国城市选择低碳发展有着相似的内在驱动和外部推动。国际城市尤其在气候变化行动方案的规划方法、执行机制创新、低碳发展的投融资机制和参与全球合作等方面有很多创新经验值得中国城市借鉴。

该报告建议城市应该在国家有利政策环境下，积极参与国际合作平台分享最新技术成果和经验，多方合作创新低碳投融资机制以吸纳广泛投资，科学规划低碳行动方案以合理设定减排目标，先进城市可以追求未来 10 年实现碳排放总量下降以向世界城市看齐，后起城市则抓住机遇，发展低碳产业以实现经济转型。

5.2.6.6 其他

2014 年 1 月 14 日，一个新的中英国际研究项目"中国的低碳创新：前景、政治和实践"启动，该项目旨在研究低碳技术如何在中国发展，其发展对中国以及其他国家转变为更能适应气候变化的社会有何影响（STEPS Center，2014）。该项目由经济与社会研究理事会（ESRC）资助，英国兰卡斯特大学领导，研究人员来自苏塞克斯大学、东方和非洲研究学院、清华大学以及中国农业政策研究中心。该项目将持续至 2016 年，目标是研究不同的创新模式将如何推动中国能源、农业和交通领域向低碳转型。该项目的合作研究者 David Tyfield 博士指出，低碳创新的成功不是依据优越的技术，而是人们如何使用技术及其有关的权力问题。该项目涉及一系列复杂的问题,其中关键问题包括:①中国低碳创新中高科技、注重知识产权、集中管理等模式与更加"草根"、开源的方式相比有何区别?②研究中国对新型低碳技术的使用,能否有助于探明什么样的低碳技术能成功、如何成功、为何成功?③低碳技术在中国能源结构调整中的成败与否,会对国内及国际社会产生怎样的影响?④这些问题的答案能否为其他国家的低碳创新和绿色工业政策带来启示?

2014年6月25日,出版的联合国绿色经济报告《可再生能源的南南贸易:选定环境产品的贸易流动分析》(*South-South Trade in Renewable Energy: A Trade Flow Analysis of Selected Environmental Goods*)指出,2013年发达国家可再生能源技术消费有所下降,而中国和其他发展中国家却呈强劲增长态势(UNEP,2014)。联合国环境规划署执行主任 Achim Steiner 指出,预计到2020年环境服务和产品市场将增长至1.9万亿美元,为发展中国家推动绿色经济转型提供了前所未有的机会。该报告预测,如果增长率保持不变的话,全球低碳与节能技术市场将在2010~2020年增加2倍,到2030年将新增2000万个工作岗位。

2014年7月1日,彭博新能源财经发布了《2030年市场展望》(*2030 Market Outlook*)报告,以电力市场供求模型、技术成本变革以及各国家/地区的政策导向为基础预测:2014~2030年全球新增的5000吉瓦净装机容量中,亚太地区的贡献将占到一半以上(BNEF,2014)。中国预计在2030年之前将新增净装机容量1400吉瓦,以满足届时将达到2倍于目前的电力需求。这将需要投入共约2万亿美元的资金,其中72%将用于风电、太阳能发电和水电等可再生能源的发展。

5.3 低碳发展文献计量分析

本节主要利用文献计量学方法,通过数据分析工具为美国汤姆森公司开发的TDA软件、Excel、SPSS、UCnet等进行数据分析,揭示低碳发展的现状、发展态势、研究热点及其学科分布等内容。

5.3.1 文献数据来源

为了把握国际低碳发展研究的进展,深入揭示该领域的发展态势,本节分析采用数据库 ISI Web of Science (SCIE、SSCI),关键词结合领域分类法的方法检索了数据库中所有的低碳发展研究方面发表的论文,并剔除了与低碳发展无关的领域。检索式为 TS=(MATERIALS SCIENCE MULTIDISCIPLINARY OR CHEMISTRY PHYSICAL OR FOOD SCIENCE TECHNOLOGY OR ENVIRONMENTAL SCIENCES OR ENGINEERING CHEMICAL OR ENGINEERING ELECTRICAL ELECTRONIC OR PHYSICS APPLIED OR HORTICULTURE OR AGRICULTURE MULTIDISCIPLINARY OR ECONOMICS OR ECOLOGY OR SOIL SCIENCE OR PLANT SCIENCES OR ENTOMOLOGY OR WATER RESOURCES) AND Web of Science 类别:

(MINING MINERAL PROCESSING OR ENVIRONMENTAL SCIENCES OR ECOLOGY OR ECONOMICS OR ENERGY FUELS OR PHYSICS CONDENSED MATTER OR SOIL SCIENCE OR PLANT SCIENCES OR WATER RESOURCES OR URBAN STUDIES OR FOOD SCIENCE TECHNOLOGY OR AGRICULTURAL ENGINEERING OR AGRICULTURE MULTIDISCIPLINARY)。检索日期为 2015 年 11 月 20 日，检索时间设置从 2000 年到 2015 年，共检索到有效数据 18 547 条。

5.3.2 低碳发展研究整体进展情况分析

5.3.2.1 研究论文年度分布

2000~2015 年，国际低碳发展研究论文总体呈现稳步增长趋势。从图 5-2 可以看出，2000~2015 年论文数量呈快速增长，从 2000 年的 498 篇增加到 2015 年的 2151 篇，增长幅度显著提高。

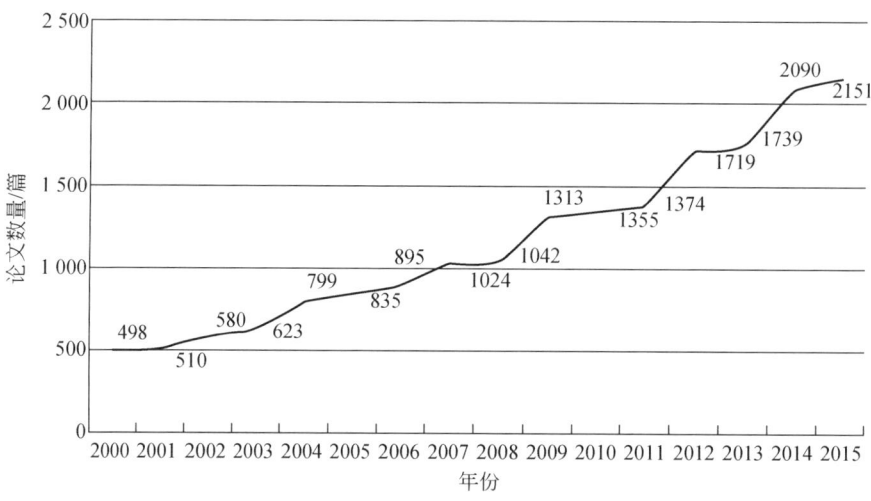

图 5-2　国际低碳发展研究论文增长趋势（2000~2015 年）

5.3.2.2 研究论文国家/地区分布

1. 主要国家/地区的发文量对比分析

对 2000~2015 年所有数据按国家/地区的发文情况进行分析得出，排名前 20 位的国家/地区发表的论文数量占发文总量的 85.1%，其他国家/地区的发文量只占 14.9%，表明低碳发展研究相对集中在这前 20 个国家/地区，如图 5-3 所示，依次为美国、中国大陆、英国、德国、加拿大、日本、西班牙、印度、澳大利亚、法国、意大利、中国台湾、韩国、瑞典、荷兰、巴西、土耳其、瑞士、芬兰和波兰。相比较，美国在低碳发展方面研究的论文数量占绝对优势，从 2000~2015 年共发表 4737 篇文章，占世界发文总量的

25.5%。这在一定程度上说明美国在低碳发展研究领域最为活跃,且具有相当强的研究能力。中国大陆、英国、德国依次排名第2、第3和第4位,发文量分别为2599篇、816篇和769篇。

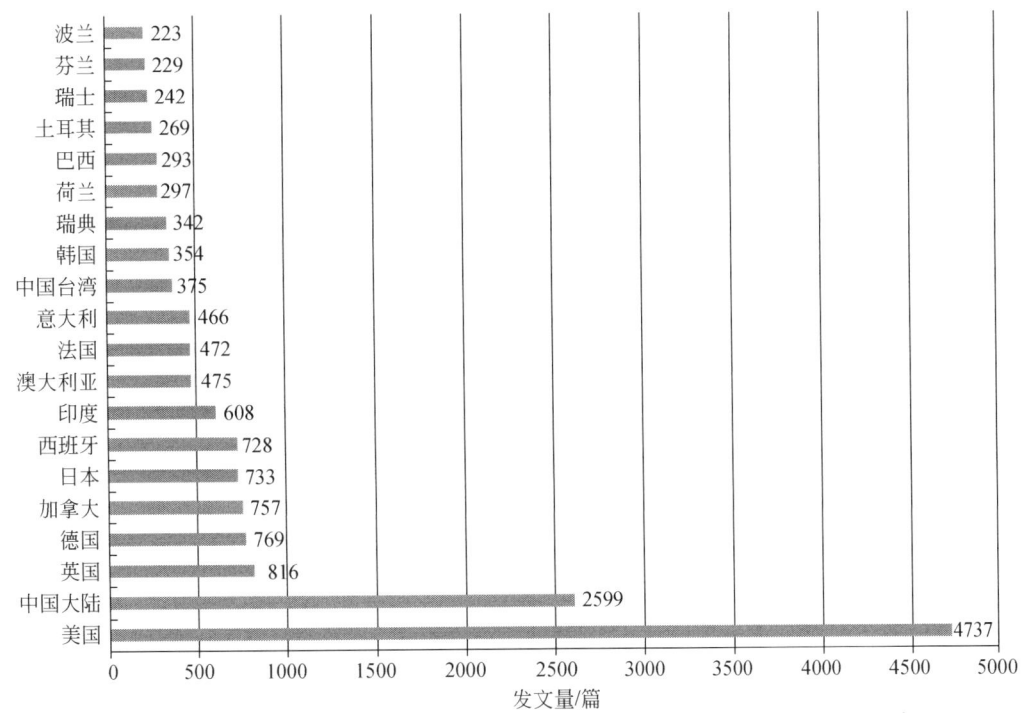

图 5-3 国际低碳发展研究论文数量前 20 位国家/地区对比 (2000~2015 年)

2. 主要国家研究主题分析

通过对主要国家关注的研究主题来看(表 5-5,以词频由高到低的顺序列出了各国最受关注的前 10 个主题词),气候变化、水污染、土地利用、温室气体排放、PM2.5 等所涉及研究主题是多数国家共同且最为关注的,但各国的关注程度和研究水平等却不尽相同,这在一定程度上反映了各国研究的重点领域与方向。除共同关注的主题外,美国还比较关注脱碳,中国比较关注可持续发展领域涉及的水污染、饮用水与空气污染问题,英国还比较关注绿色发展、森林修复等。

表 5-5 论文数量前 10 位的国家主要研究主题分布

排名	国家	最受关注的主题词
1	美国	气候变化、吸附作用、碳封存、颗粒物、脱碳、空气污染、臭氧、PM2.5
2	中国	吸附作用、土地利用、PM2.5、饮用水、气候变化、水污染、有机物、重金属、北京
3	英国	脱氮作用、城市化、农业、水循环、温室气体、森林、微粒物质、绿色发展、气候变化
4	德国	气候变化、气候政策、农业发展、重金属、城市化、有机物、湿地、中国、土地利用、湖波沉积物

续表

排名	国家	最受关注的主题词
5	加拿大	地下水、空气污染、颗粒物、泥炭地、加拿大、温室气体排放、绿色发展、低碳发展、循环经济、PM2.5
6	日本	甲烷、日本、碳储存、远距离运输、气候变化、东亚、低碳社会、有机碳TOC、水质量
7	西班牙	土地利用、温室气体、空气污染、绿色发展、气候变化、低碳社会、湿地、脱氮作用、颗粒物
8	印度	沉积物、二氧化碳、PM2.5、温度、运输、臭氧、季节变化、PM10、水质量
9	澳大利亚	土壤、碳足迹、有机物、pH、水污染治理、土地利用、海洋酸化、农业
10	法国	生物多样性、热带土壤、低碳模型、气候变化、温室气体、绿色发展、土地利用、海洋酸化、PM2.5

5.3.2.3 主要研究机构情况

1. 主要研究机构发文量对比分析

发文量排名前20位的机构（图5-4）中，大学占13所，主要分布在美国和中国，其中美国占了8所；科研机构只有中国科学院1家；政府部门有6个。中国科学院排名第1位，发表论文1759篇。

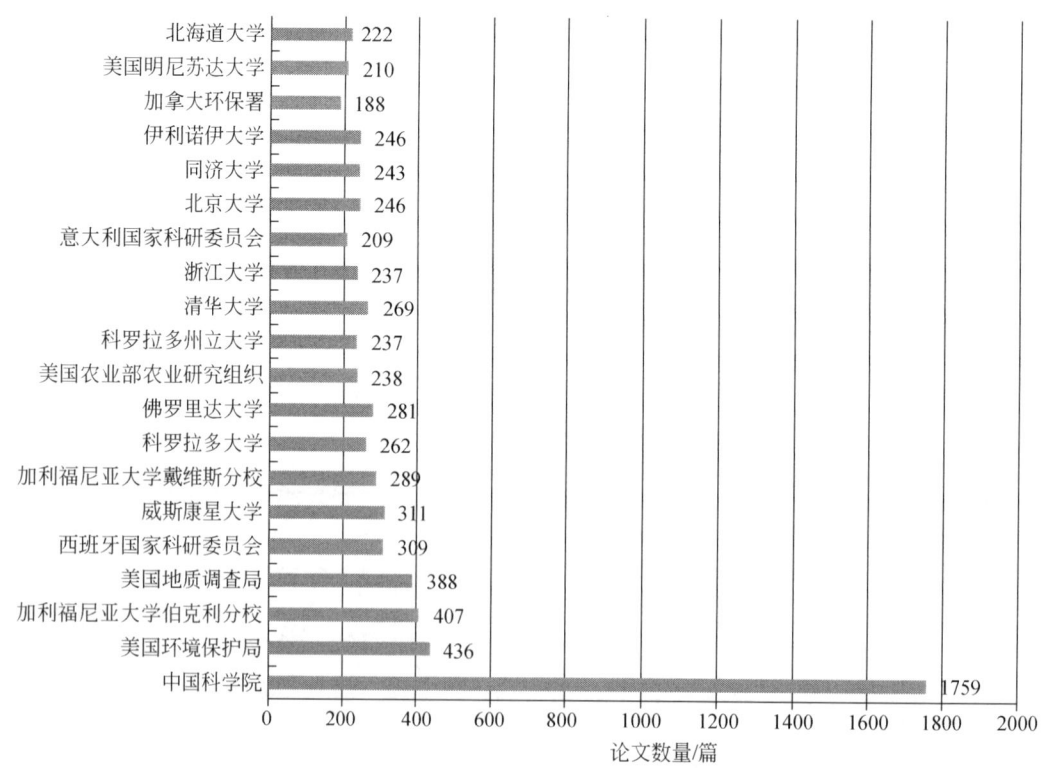

图5-4 国际低碳发展研究论文数量排名前20位机构对比（2000~2015年）

5 低碳发展研究国际发展态势分析

2. 主要研究机构的研究主题分析

从主要研究机构关注的研究主题来看（表5-6，以由高到低的词频顺序列出了各机构最受关注的前10个左右的主题词），气候变化、空气污染、土地利用、地下水、重金属污染等研究主题仍然是各主要机构最为关注的，但关注的程度各有不同。此外，中国科学院还比较关注土壤湿度、PM2.5、湿地等；美国环境保护局比较关注臭氧、空气污染、颗粒物、海岸湿地等；加利福尼亚大学伯克利分校关注碳封存、土壤修复、室内空气污染、碳循环、蒸发量等。研究对象主要集中在中国、美国加利福尼亚州。总之，由于各机构的研究实力有所差异，各机构关注的研究主题词分布程度不同。

表5-6 主要机构研究主题分布

排名	机构	最受关注的主题词
1	中国科学院	土壤有机碳、中国、气候变化、土地利用、黑炭、土壤湿度、中国东北、湿地、PM2.5、碳封存
2	美国环境保护局	臭氧、空气污染、有机碳、气候变化、颗粒物、沉积物、PM2.5、海岸湿地
3	加利福尼亚大学伯克利分校	空气污染、气候变化、碳封存、土壤修复、中国、加利福尼亚州、室内空气污染、碳循环、蒸发量
4	美国地质调查局	有机碳、生物可利用性、气候变化、湿地、地下水、碳循环、遥感、土壤碳、土地利用、美国、融雪水
5	西班牙国家研究委员会	土壤、重金属、气候变化、干旱、碳循环、农业、海洋酸化、沉积物
6	威斯康星大学	水资源平衡、洛杉矶、蒸发量、气候变化政策、阿拉斯加、碳预算、土地利用、PM2.5、同位素、湿地
7	加利福尼亚大学戴维斯分校	温室气体排放、小麦、加利福尼亚、气候变化、农业、交通运输
8	科罗拉多大学	有机碳循环、二氧化碳、亚马逊盆地、融雪水、海洋酸化、沉积物
9	佛罗里达大学	温度、气候、土壤修复、美国、城市绿化结构、碳循环、绿地、阿拉斯加
10	美国农业部农业研究组织	绿地、土壤质量、二氧化碳、交通运输、废弃物、土壤有机碳、水压、生态足迹
11	科罗拉多州立大学	碳循环、颗粒物、有机碳、二氧化碳、土地利用变化、PM2.5、同位素、林地

续表

排名	机构	最受关注的主题词
12	清华大学	二氧化碳、固体废弃物、空气污染、能源效率、低碳发展、水污染、臭氧量、生命周期循环
13	浙江大学	水污染处理、同位素、土壤pH、臭氧、中国、二氧化硫、低碳经济、化学需氧量、碳储存、长江流域
14	意大利国家科研委员会	臭氧、二氧化碳、水压、有机物、PM10、PM2.5、空气污染、气候变化
15	北京大学	空气污染、气候变化、中国、沉积物、排放因素、空气质量、有机碳、绿地、交通运输、健康影响

5.3.2.4　论文的学科领域分布

在 Web of Science 的 250 多种类别（收录在 Web of Science 中期刊的全部分类）中，与低碳发展研究相关的涉及众多研究领域且交叉频繁。在研究成果中，涉及最多的学科领域是环境科学和生态学，其次是工程学、大气学科、地质及多学科研究。具体学科领域情况如图 5-5 所示。

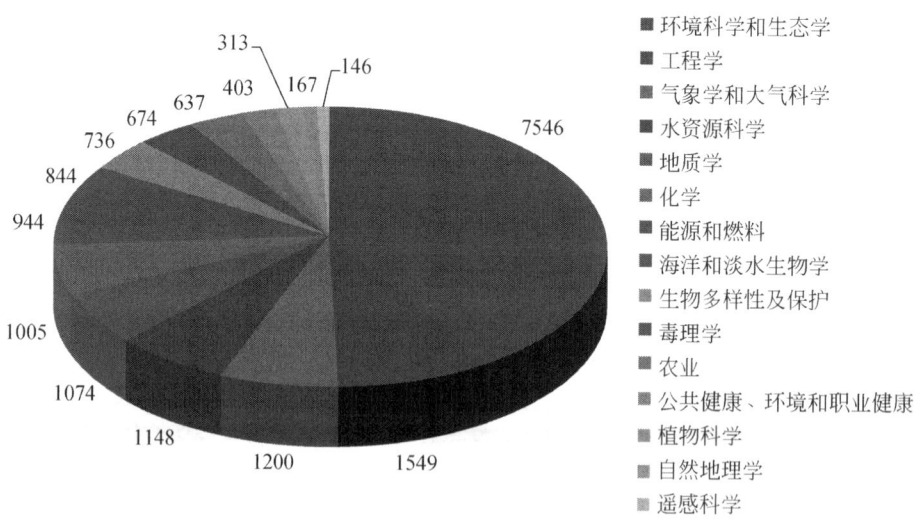

图 5-5　全球低碳发展研究领域的学科分布情况（单位：篇）（见彩图）

5.3.2.5　研究主题的年度变化分析

对前 13 个关键词进行年度变化分析（图 5-6）可以得出，2000~2014 年，气候变化、二氧化碳、土壤、臭氧、重金属污染、空气污染、颗粒物、地下水、PM2.5、土地利用、中国、湿地、可持续发展13个方面的研究主题变化差异较大,随着国际社会对于气候变化的关注越来越强,气候变化主题逐年增加。中国是碳排放量较大的发展中国家,所以研究对象对中国的关注度也在提升。

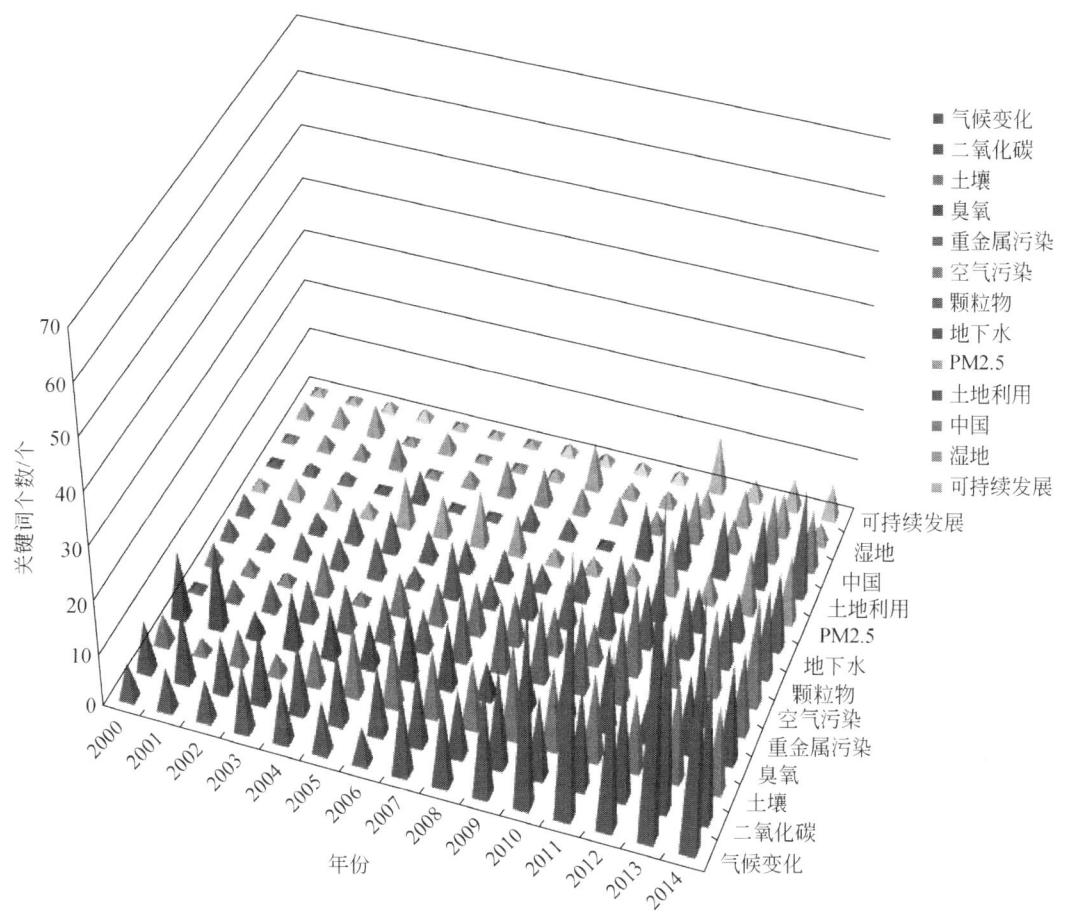

图 5-6　前13个关键词年度变化情况（见彩图）

5.3.2.6　主要国家/地区和研究机构合作情况

1. 主要国家/地区的合作情况

从国家/地区之间的合作情况（图5-7）来看,美国、中国、英国、德国等与其他国家/地区之间的合作比较广泛。与美国合作较多的国家有中国、日本、英国、荷兰等,与中国大陆合作较多的国家有美国、英国、日本、荷兰、瑞典等,与英国合作较多的国家有美国、中国、荷兰、西班牙、德国、法国、日本、瑞典等。

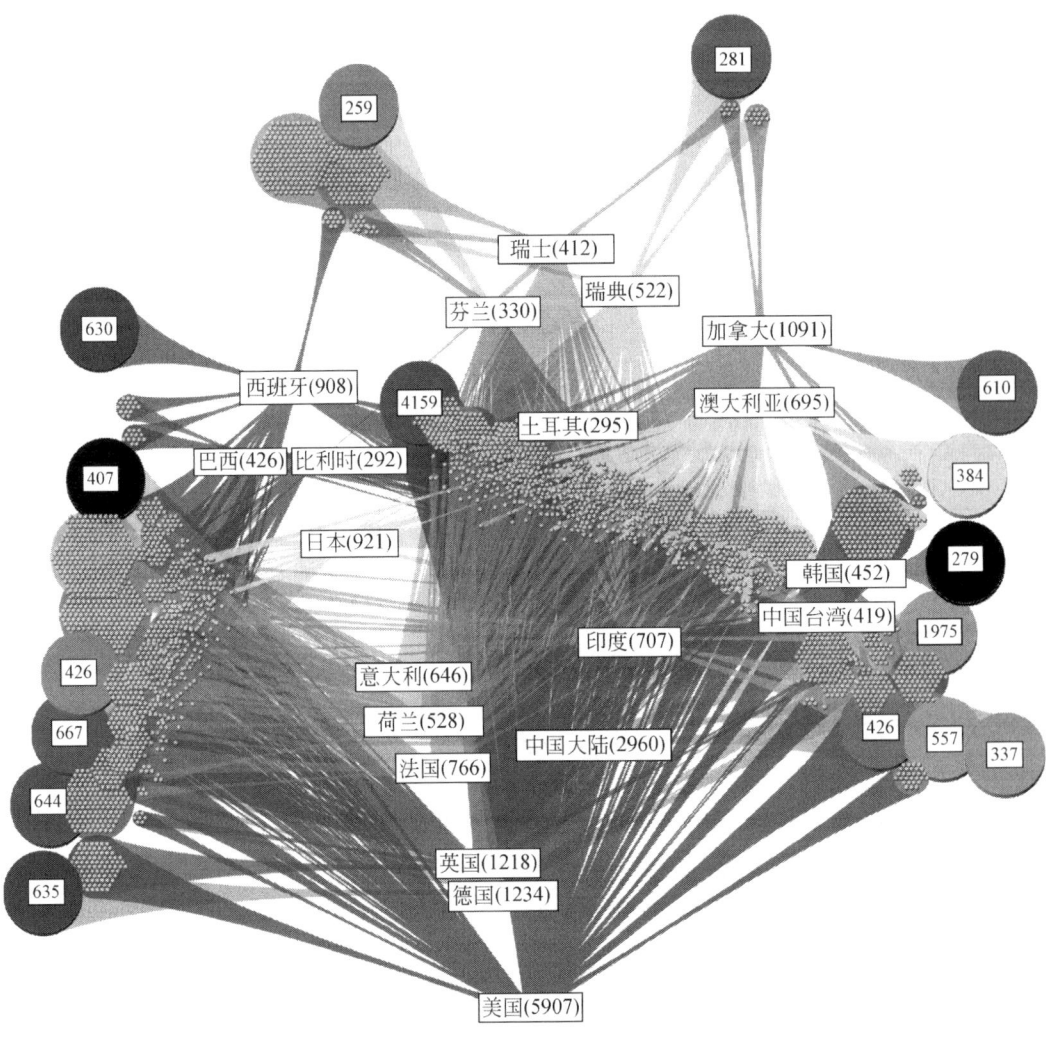

图 5-7 主要国家/地区间合作情况（见彩图）

2. 主要机构的合作情况

从主要机构之间的合作情况（图 5-8）来看，与其他机构合作较多的机构有中国科学院、美国环境保护局、加利福尼亚大学伯克利分校、美国地质调查局（USGS）等。与中国科学院合作较多的机构有北京大学、清华大学、科罗拉多大学；与美国环境保护局合作较多的机构有加利福尼亚大学戴维斯分校、美国农业部农业研究组织、科罗拉多州立大学。

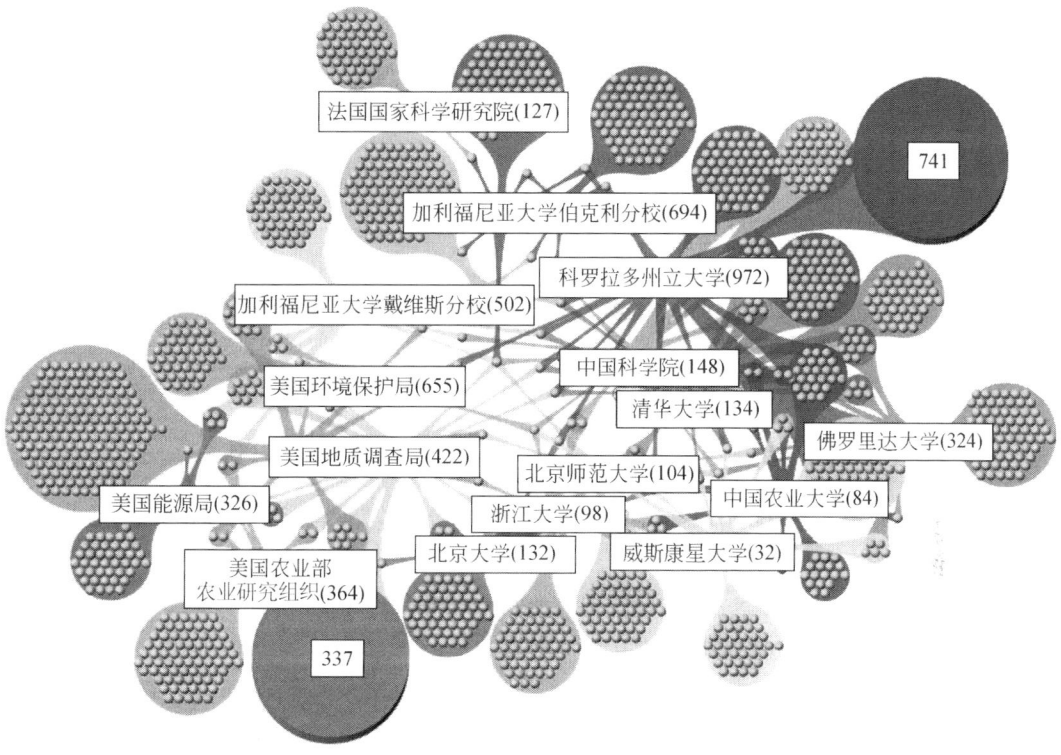

图 5-8 主要机构间合作情况（见彩图）

5.4 低碳发展主要研究热点

围绕如何实现低碳发展，国内外学者们在各个领域开展了广泛而深入的研究。研究主题主要集中在以下几个方面：

5.4.1 碳排放与经济发展的关系

目前，学术界通常采用环境库茨涅茨曲线（EKC）理论和脱钩指标来衡量碳排放与经济发展的关系，EKC 反映的是碳排放随着时间和经济发展变化的长期演进趋势，而脱钩指标则反映了经济增长与碳排放关系之间的短期波动关系（汝醒君，2013）。Richmond 等对 1973~1997 年 20 个 OECD 发达国家和 16 个非 OECD 发展中国家的人均能源消费量和 GDP、CO_2 排放量的关系进行了分析，结果显示发达国家 GDP 与人均能源消费量、CO_2 排放量之间存在拐点，而发展中国家的这些研究指标之间并无显著的 EKC 关系（Richmond and Kaufmann，2006）。也有学者认为，EKC 的概念并不适用于描述经济增长和二氧化碳排放之间的特定关系（Kaika and Efthimios，2013）。

在中国，碳排放与经济增长的关系也备受人们关注。有学者建立了人均二氧化碳和人均 GDP 之间的状态空间模型，发现二者不是简单呈现为倒 U 形关系（陆虹，2000）。也有研究发现，发达国家已经完成了工业化和城市化进程，因此它们可以通过改变资源与能源消费结构、经济结构调整等途径实现经济发展与环境污染之间的 EKC 关系，因此 EKC 比较适用于发达国家，但在发展中国家不一定存在。作者利用传统的环境库茨涅茨模型模拟与在二氧化碳排放预测的基础上预测两种方法，对中国的二氧化碳库茨涅茨曲线做了对比研究和预测，发现结果存在较大差异（林伯强和蒋竺均，2009）。

5.4.2 实现低碳发展的模式与路径选择

目前，欧洲国家都已经制定了本国低碳发展的路线图，许多国际机构正在推出一系列的研究计划，调研国际社会向低碳发展的路线图及各国不同的发展模式。

2013 年 10 月，联合国可持续发展解决方案网络（SDSN）和法国可持续发展与国际关系研究所（IDDRI）共同发起"深度脱碳路径项目"（Deep Decarbonization Pathways Project，DDPP）协作性活动，在全球范围内开展 2050 年低碳经济实现途径的合作研究。DDPP 的目的在于认识和展示各国如何向低碳经济过渡。自成立以来，该项目已先后发布了 16 个参与国的深度脱碳路径分析报告。

2013 年，以气候行动网络（CAN）为首的 5 个世界组织，联合推出"探索可持续的低碳发展路径"（Exploring Sustainable Low Carbon Development Pathways）项目，研究在亚洲、东非和西非、拉丁美洲地区的国家，如何将气候保护和可持续发展有机结合起来（CAN，2014）。2013 年，该项目开始了以下 4 个国家的低碳发展路径研究，包括哈萨克斯坦、秘鲁、坦桑尼亚和越南。

2014 年 3 月 26 日，欧洲政策研究中心（CEPS）发布《欧洲能源系统至 2020 年和 2050 年的潜在发展》（*The Potential Evolution of the European Energy System to 2020 and 2050*）报告，以欧盟 2020 年和 2050 年的温室气体减排目标为基准，分析了欧洲能源系统去碳化的可能路径，尤其关注可以在欧盟不同地区部署的低碳技术，并以此评估欧洲能源部门去碳化对就业的影响（CEPS，2014）。

研究结果表明，效率和可再生能源在任何去碳化情景下都发挥重要作用，电力行业是欧洲转向低碳经济的主要推动者，即使面临不断上升的电力需求。化石燃料所占比例的降低程度主要取决于碳捕集和封存技术的存在，而这个技术仍存在不确定性。

具体结果表明：①低碳经济是有可能实现的。首要的结论就是使用当前的技术欧盟经济的去碳化是可以实现的，到 2020 年减少 20% 或者到 2050 年减少 80% 的欧盟温室气体减排目标的实现不仅是从现实需要考虑，其成本也比想象得要少。②降低能源需求。完成 80% 的去碳目标通常离不开能源需求的减少。到 2020 年大部分去碳路径研究表明，相较于 2010 年要降低 2%~6% 的能源需求；到 2050 年能源需求降低得更多，可能达到 38%。③能源结构向可再生能源转变。这是所有去碳路径所重点强调的，当前可再生能源占能源需求的比例为 9%~11%，到 2020 年这一比例会涨到 22%~23%，到 2050 年这一比例大约超过 40%。④电力需求增长。由于向低碳经济转型，所有情景均认为去碳化会增加电力需求，尤其是交通和加热或制冷行业的驱动，到 2020 年大部分情景认为电力需求会增长

5%~10%，到2050年会增长30%~64%。⑤电力行业领先。行业分析显示电力行业是去碳化主力军。⑥能源效率是关键。在所有去碳化情景中能源效率都发挥着关键作用。⑦聚焦于风能发电、生物能发电、水电和光伏发电。在电力生产中，可再生能源将增长。⑧核能和碳捕集与封存的不确定性。针对不同情景对核能和碳捕集与封存技术的态度，不同情景提供的去碳路径也不同。⑨需要更多装机容量。可再生能源发电比例的增加对装机容量的增加比发电量的增加更明显。⑩电力系统需要更多弹性。电力系统必须在生产、输送、负荷管理和储存等方面变得更加富有弹性。⑪交通运输部门的能源转换、电气化和生物燃料。⑫建筑业的能源效率。居住行业的能源效率的提升也是一个重要的去碳途径。⑬区域差异。去碳情景分析了西欧、中欧和东欧，其去碳化程度和对就业的影响均有所不同，存在区域差异。

5.4.3 新兴经济体与发展中国家的低碳发展

国际社会非常关注新兴经济体与发展中国家高碳发展向低碳发展过渡的进程，包括这些国家投资可再生能源和低碳创新所用的方法，这些国家低碳发展对气候变化减缓、能源安全、经济竞争力和对其他国家的影响。

2012年，ESMAP"低碳发展国别研究"（Low Carbon Development Country Studies）项目评估全球主要的7个新兴经济体在2007~2010年的低碳发展情况，包括巴西、中国、印度、印度尼西亚、墨西哥、波兰和南非，这些国家在2007年的二氧化碳排放量占全球排放总量的33%（ESMAP，2012）。评估结果表明，到2010年，巴西、中国和印度这3个国家对可再生能源的投资额占全球总量的40%以上。2012年11月8日，该计划项目组发布报告指出，报告中研究的7个国家的低碳发展模式存在一些共性，主要为：①在维持经济发展目标的同时，这些国家的二氧化碳排放削减空间很大，但是实现削减目标需要在多个行业间开展行动；②许多干预措施会带来收益，如提高热热电联产、提高车辆效率和减少电力系统损失的措施；③全球仍然需要更加雄心勃勃的行动。该报告也总结了这些国家在低碳发展过程中的差异，如墨西哥削减排放最主要的部门是农业和林业；印度所有情景下碳排放量都会增加，但是碳足迹会出现轻微的下降；中国应该增加水电的发展，提高风力发电的性能，逐步减少陈旧的水泥生产量。

5.4.4 低碳城市发展研究

城市是区域碳减排的重要单元和研究主体，是实现全球减碳和低碳城市化的关键所在。低碳城市是指城市在经济高速发展的前提下，保持能源消耗和二氧化碳排放处于较低的水平。低碳城市建设是低碳转型的重要组成部分，近年来，低碳城市的实践和概念拓展成为全球低碳发展研究的热点之一。

2015年9月8日，全球经济和气候委员会（Global Commission on the Economy and Climate）的"新气候经济"（New Climate Economy）项目发布《加速全球城市低碳发展》（Accelerating Low-Carbon Development in the World's Cities）报告，指出投资城市公共低排放

交通、建筑节能、废物管理可以在 2050 年为全球带来 17 万亿美元的收益，到 2030 年这些低碳投资还可以每年减少 37 亿吨 CO_2 当量的温室气体排放（New Climate Economy, 2015b）。该报告建议全球所有城市在 2020 年之前开发和实施低碳城市发展战略，并为促进全球城市低碳发展提出以下对策和建议。

（1）城市和地方政府应该通过制定雄心勃勃的减排目标和低排放发展战略展示领导力，努力在 2020 年之前遵守"市长契约"（Compact of Mayors）计划①的框架。该计划具体行动包括提高政治领导者的技能，提高市政人员规划、设计、融资和执行低碳发展规划的能力，通过整合行政管理机构促进交通运输和土地利用决策的协调。

（2）世界各国政府应该赋予城市进行创新和向低碳行动投资的权力：①通过国家立法支持和激励减排目标和低排放发展战略，包括为具备低碳发展战略和相应管理体系的城市提供渠道，使之能直接接触国家发展银行；②与城市政府合作制定国家城市化战略，由高级行政机关和财政部监督这一过程，由跨部门的代表促进综合规划和分配预算，确保足够的资源配置；③在地方政府没有关键决策权力的领域，考虑进行改革以扩大其权力，特别是在土地利用管理、当地能源和交通运输体系以及公共财政领域。

（3）未来 5 年内国际社会应该开发不少于 10 亿美元的综合资金，帮助促进和扩大低碳城市战略：①通过提供技术援助和至少 5 亿美元的资源，支持全球人口最多的前 500 个城市在 2020 年之前能遵守"市长契约"计划；②持续为城市提供更多的技术援助和能力支持，使之能识别、开发和实施可获利的低碳项目和工程以及可适应气候变化的城市基础设施；③帮助城市动员私人资金向城市基础设施投资；④帮助发展中国家的城市，通过可直接获取的气候融资，如绿色气候基金（GCF）和全球环境基金（GEF），激励低碳投资；⑤为城市间的知识共享和技术转让提供加强版的平台。

2008 年 01 月 28 日，全球性保护组织世界自然基金会（WWF）在北京正式启动"中国低碳城市发展项目"（Low Carbon City Initiative，LCCI），上海、保定入选首批试点城市（李敏和张蕙茹，2011）。为了实现低碳城市的目标，在未来的几年里，WWF 将助力上海与保定这两个试点城市，在建筑节能、可再生能源和节能产品制造与应用等领域，寻求低碳发展的解决方案，并总结可行模式，陆续向全国推广。WWF 还与其他非政府组织（NGO）合作，在探索低碳城市发展指标、分析城市低碳发展情景、描绘城市低碳发展之路的方法学等方面探索适合中国国情的低碳方案并向国际推广。

针对我国低碳发展模式，有学者提出了基于城市历史传承和社会经济发展特点的政府、市场、公民三方协作互动模型（戴亦欣，2009）。他们认为，我国发展低碳城市需要重视和发挥地方政府，特别是城市政府的作用，在综合考虑城市自然资源禀赋和社会经济发展特点的基础上，进行融合低碳理念的规划，建立多方合作的治理机制，重视和发挥市场和企业的作用，并重视低碳理念的普及和教育，通过居民消费理念的改变推动城市的社会低碳化。而通过产业技术升级辅导、产业结构调整，以及对低碳产业的鼓励，带动低碳经济的发展。

---

① "市长契约"计划于 2014 年由联合国秘书长及其城市和气候变化事务特使发起，作为全球最大的市长和市政官员合作计划，旨在促进温室气体减排、追踪目标完成进展，以及充分应对气候变化影响。

5.4.5 低碳发展与减少贫困之间的关系

在发展中国家，经济发展、消除贫困、保障民生的任务极为繁重，如何持续地满足未来能源需求是非常具有挑战性的。有很少发展中国家制订了低碳发展的战略或者规划。因此，如何在兼顾促进发展与减少贫困的同时解决气候变化，是发展中国家亟待解决的问题。

世界银行（2009）发布的报告认为，发展中国家可以在促进发展、减少贫困的同时转向低碳发展道路，但前提是高收入国家要对其提供资金和技术援助。

2012年9月14日，中国"贫困地区低碳发展研究项目"在北京启动。该项目由国家发改委应对气候变化司主管、国务院扶贫办全国贫困地区干部培训中心承担，美国环保协会支持，旨在探求贫困地区脱贫与低碳发展的关系，探索贫困地区低碳发展的模式及评估指标体系，以及促进贫困地区低碳发展政策体系的研究。2015年，该计划项目组发布《贫困地区低碳发展战略研究》报告，指出贫困地区应在坚持因地制宜、源头推进、多方参与、公平发展和创新融合等原则的基础上，加强低碳发展战略引导，强化产业技术引导，从根本上提升贫困地区的自我"造血"能力。该计划项目组还总结了不同贫困地区的低碳发展模式，构建了贫困地区低碳发展的评价指标体系，并提出有针对性的政策建议。

5.5 对我国低碳发展研究的启示

虽然我国低碳发展研究工作已经取得一定的成果，但与欧洲国家相比，相关研究基础仍显薄弱，公众对低碳发展的关注度和参与度欠缺。其他新兴经济体国家和发展中国家也在本国内大力推行低碳发展政策和行动，为达到并保持低碳发展领域国际领先地位，我国未来需要进一步加强以下工作。

5.5.1 提升中国气候变化国际影响力

为了追求气候变化国际领导力，在国际应对气候变化、低碳发展规制体系建立过程中争取更多的话语权，我国当前要做的第一要务是：建立积极的应对气候变化的国际形象，并重视国际合作对于应对气候变化实现低碳发展的积极推动作用，提升我国应对气候变化实现低碳发展的国际影响力。中国应该树立积极应对气候变化的国际形象，加强与发展中国家与发达国家的国际合作。

5.5.2 提出中长期低碳发展目标并设定明确的路线图

要加强低碳发展顶层设计，加快制定我国2030年及2050年低碳发展路线图，明确阶段性战略目标、实现途径、保障措施等，为制定"十三五"及中长期经济社会发展、能源环境战略规划提供依据。《2014~2015年节能减排低碳发展行动方案》研究提出我国碳排放峰值目标，做好风险管控、稳步实施，分区域、阶梯式地推进全国峰值的实现（李俊峰，2014）。

5.5.3 进一步重视低碳技术的作用

中国必须鼓励碳足迹问题的研究，展开低碳产品认证的试点工作。目前，国内关于低碳产品认证的试点刚处于起步阶段，如何研究出科学合理的方法将产品生命周期中导致的温室气体排放衡量出来还有待进一步的探究和实证分析来检验，并以此为基础，进行后续有效的碳管理。低碳产品认证今后的工作主要围绕以下几个方面进行：统一标准和评价方法，以期认证结果能实现互认；建立碳排放基础数据库，努力填补评价方法的漏洞及数据空白；制定统一的产品分类规则以扩大纳入目录的产品范围（龚叶萌和陈泽勇，2013）。

5.5.4 加速低碳产品认证和推广的标准化进程

中国必须鼓励碳足迹问题的研究，展开低碳产品认证的试点工作。目前国内关于低碳产品认证的试点刚处于起步阶段，如何研究出科学合理的方法将产品生命周期中导致的温室气体排放衡量出来还有待进一步的探究和实证分析来检验，并以此为基础，进行后续有效的碳管理。低碳产品认证今后的工作主要围绕以下几个方面进行：统一标准和评价方法，以期认证结果能实现互认；建立碳排放基础数据库，努力填补评价方法的漏洞及数据空白；制定统一的产品分类规则以扩大纳入目录的产品范围（龚叶萌和陈泽勇，2013）。

5.5.5 完善碳交易顶层设计和基础制度建设

首先，我国应建立顶层设计工作小组，由相关政府部门（国家发改委和试点省市发改委、证监会、财政部等）、学术界、交易机构（包括控排企业和投资者）、第三方机构以及各试点市场的相关代表组成，形成联合工作机制，在现有区域碳市场发展经验基础上，建立定期评估机制，做好政策效果的评估工作，不断完善顶层设计。其次，我国还应加强碳市场的法律约束力，促进与其他政策工具的协同作用（范英和莫建雷，2015）。

5.5.6 提倡低碳生活营造良好的社会氛围

推动低碳发展也包括人们日常生活习惯中许多节能细节。比如，做大量的低碳宣传，以提高全民的环境、节能意识，引导低碳社会生活方式，倡导公众循环消费和低碳消费，实现消费方式的转型与可持续发展。低碳生活的创意活动和普及工作应在全民中积极开展，树立发展低碳经济是每一个中国公民责任的理念，培养人们节约资源、购买环境友好型产品的习惯，使人们形成低碳的生活方式。

致谢：中国科学院科技政策与管理科学研究所陈锐研究员和中国社会科学院城市发展与环境研究所庄贵阳研究员对本报告进行了审阅和指导，并提出了宝贵的意见和建议，谨此表示诚挚的谢意！

参 考 文 献

陈建．2010-05-17．低碳发展：应对全球气候变化的战略选择．经济日报，7．
陈俊荣．2011．从欧盟2020战略看欧洲低碳经济发展．环境保护，（2）：87-89．
陈柳钦．2010a．低碳城市发展的国外实践．环境经济，（9）：18-20．
陈柳钦．2010b．日本如何推进建设低碳社会（下）．节能与环保，（9）：31-33．
陈志恒．2009．日本构建低碳社会行动及其主要进展．现代日本经济，168，（06）：3-7．
戴亦欣．2009．中国低碳城市发展的必要性和治理模式分析．中国人口·资源与环境，19（3）：12-17．
范英，莫建雷．2015．中国碳市场顶层设计重大问题及建议．中国科学院院刊，30（4）：492-502．
冯之浚，刘燕华，孟赤兵．2011．中国低碳年鉴．北京：冶金工业出版社：861-938．
冯之浚，牛文元．2009．低碳经济与科学发展．中国软科学，（8）：13-19．
龚叶萌，陈泽勇．2013．我国低碳产品认证制度存在的问题及建议．认证技术，（07）：29-30．
光明网．2011．中国人民大学低碳经济竞争力指数引领中国低碳经济发展．http://theory.gmw.cn/2011-05/20/content_1985047_3.htm［2015-07-28］．
国家发改委能源研究所课题组．2009．中国2050年低碳发展之路：能源需求暨碳排放情景分析．北京：科学出版社．
何涛舟，施丹锋．低碳城市及其"领航模型"的建构．上海城市管理，2010（1）：55-57
赖章盛，李红林．2011．低碳社会：生态文明建设的新模式——兼论低碳社会的价值趋向．求是，（2）：50-52．
李俊峰．2014-06-14．加快研究制定低碳发展路线图．中国经济导报，A02．
李敏，张蕙茹．2011．保定市低碳经济发展的路径分析．商业文化（下半月），（04）：346．
林伯强，蒋竺均．2009．中国二氧化碳的环境库茨涅茨曲线预测及影响因素分析．管理世界，4：27-36．
刘志林，戴亦欣，董长贵，等．2009．低碳城市理念与国际经验．城市发展研究，16（9）：1-12．
陆虹．2000．中国环境问题与经济发展的关系分析——以大气污染为例．财经研究，26（10）：53-59．
毛黎．2009-08-23．低碳经济道路曲折但前途光明．科技日报．
潘家华，庄贵阳，郑艳，等．2010．低碳经济的概念辨识及核心要素分析．国际经济评论，（4）：88-101．
全球节能环保网．2013．英国低碳城市规划和行动方案．http://www.gesep.com/News/Show_8_339860.html［2015-07-28］．
任文营，吕艳红，李成．2012．基于低碳生活的工业产品设计研究．生态经济，（9）：186-187，191．
汝醒君．2013．中国和欧盟低碳发展比较研究．中国科学技术大学博士学位论文．
邵冰．2010．日本低碳经济发展战略及对我国的启示．北方观察，（4）：27-28．
世界银行．2010．2010年世界发展报告：发展与气候变化．北京：清华大学出版社，365-367．
唐丁丁．2008．日本发展低碳经济的启示．世界环境，（5）：62-64．
王天民，王莹．2010．低碳经济及其对新材料研究开发的挑战．中国材料进展，29（01）：60-64．
刘浩远．2008．日本内阁通过"低碳社会行动计划"．http://news.xinhuanet.com/newscenter/2008-07/29/content_8844174.htm［2015-07-28］．
薛进军，赵忠秀．2012．低碳经济蓝皮书：中国低碳经济发展报告（2012）．北京：社会科学文献出版社．

严恒元. 2013-8-20. 节能环保持续发展的选择. 经济时报, 13.

杨培忠. 2010. 关于我国构建低碳社会的几点思考. 中国电力报, (31): 57-59.

中国科学院可持续发展战略研究组. 2009. 2009 中国可持续发展报告: 探索中国特色的低碳道路. 北京: 科学出版社.

中华人民共和国科学技术部. 2009. 日本文部科学省推出"建设低碳社会研究开发战略". http://www.most.gov.cn/gnwkjdt/200909/t20090909_72718.htm [2015-07-28].

中华人民共和国科学技术部. 2010. 日本政府设立"建立低碳社会的战略性研究机构". http://www.most.gov.cn/gnwkjdt/201003/t20100309_76200.htm [2015-07-28].

中华人民共和国能源技术部. 2012. 欧盟能源理事会研究具体落实 2050 能源战略路线图. http://www.most.gov.cn/gnwkjdt/201205/t20120516_94413.htm [2015-07-28].

诸大建, 陈飞. 2010. 上海发展低碳城市的内涵、目标及对策. 城市观察, (2): 54-68.

庄贵阳. 2005. 中国经济低碳发展的途径与潜力分析. 国际技术经济研究, 3: 79-87.

APN. 2015. Low carbon initiatives framework. http://www.apn-gcr.org/programmes-and-activities/focused-activities/low-carbon-initiatives-framework/porting-low-carbon-development-six-country-cases [2015-07-28].

Baeumler A, Ede I V, Shomik M, et al. Sustainable low-carbon city development in China. http://www-wds.worldbank.org/external/default/WDSContentServer/WDSP/IB/2012/02/29/000333037_20120229230044/Rendered/PDF/672260PUB0EPI0067848B097780821389874.pdf [2012-02-29].

BNEF. 2014. 2030 Market outlook. http://bnef.folioshack.com/document/v71ve0nkrs8e0 [2015-07-28].

CAN. 2014. Exploring sustainable low carbon development pathways. http://www.climatenetwork.org/sites/default/files/exploring_sustainable_low_carbon_development_pathways_overall_concept_1.pdf [2015-07-28].

Carbon Trust. 2015. 碳信托——在应对气候变化中创造商业价值. http://www.carbontrust.com/client-services/our-services/chinese/ [2015-07-28].

Center for American Progress. 2014. Raising global climate ambition. http://www.americanprogress.org/issues/green/report/2014/09/03/96290/raising-global-climate-ambition/ [2015-07-28].

CEPS. 2014. The potential evolution of the European energy system to 2020 and 2050. http://www.ceps.be/book/potential-evolution-european-energy-system-2020-and-2050 [2015-07-28].

Climate Action Network. 2014. Implementing low carbon development. http://www.climatenetwork.org/campaign/implementing-low-carbon-development [2015-07-28].

Climate Group. 2010. China Clean Revolution Report III: Low Carbon Development in Cities. http://www.theclimategroup.org.cn/publications/2010-12-Chinas_Clean_Revolution3 [2015-07-28].

Climate Group. 2008. China's clean revolution. http://www.theclimategroup.org/_assets/files/Chinas_Clean_Revolution.pdf [2015-07-28].

Climate Institute, Third Generation Environmentalism Ltd. 2009. G20 low carbon competitiveness. http://www.climateinstitute.org.au/images/carboncompreport.pdf [2015-07-28].

Climate Institute. 2013. G20 low carbon competitiveness index: 2013 update. http://www.climateinstitute.org.au/verve/_resources/TCI_GlobalClimateLeadershipReview_LCCIFactsheet_March2013.pdf [2015-07-28].

Cranston G R, Hammond G P. 2010. North and south: regional footprints on the transition pathway towards a low carbon, global economy. Applied Energy, 87: 2945-2951.

DDPP. 2015. About DDPP. http://deepdecarbonization.org/ [2015-07-28].

Department of Trade and Industry. 2003. Energy white paper: our energy future—Create a low carbon economy. https://www.gov.uk/government/uploads/system/uploads/attachment_data/file/272061/5761.pdf [2015-

07-28].

DTI. 2003. Our energy future-creating a low carbon economy. https://www.gov.uk/government/publications/our-energy-future-creating-a-low-carbon-economy [2015-07-28].

E3G. 2014. China's low carbon finance and investment pathway. http://www.e3g.org/news/media-room/chinas-green-credit-policy-agenda-provides-the-basis-for-financing-a-low-ca [2015-07-28].

Ebinger J. 2009. Supporting low carbon development: six country cases. http://blogs.worldbank.org/climatechange/sup [2015-07-28].

EC. 2015a. European strategic energy technology plan. https://ec.europa.eu/energy/en/topics/technology-and-innovation/strategic-energy-technology-plan [2015-07-28].

EC. 2015b. The SET-PLAN roadmap on low carbon energy technologies. https://setis.ec.europa.eu/implementation/technology-roadmap/the-set-plan-roadmap-on-low-carbon-energy-technologies [2015-07-28].

EREC. 2008. Energy (R) Evolution: A Sustainable Global Energy Outlook. European Renewable Energy Council.

ESMAP. 2012. Planning for a low carbon future: lessons learned from seven country studies. http://www.esmap.org/node/2186 [2015-07-28].

ESMAP. 2015. Low carbon development. https://www.esmap.org/Low_Carbon_Development [2015-07-28].

ETN. 2015. New strategic energy technology (SET) plan. http://www.etn-gasturbine.eu/news/article/new-strategic-energy-technology-set-plan/ [2015-07-28].

EU. 2011. Climate change: commission sets out roadmap for building a competitive low-carbon Europe by 2050. http://europa.eu/rapid/pressReleasesAction.do?reference=IP/11/272 [2015-07-28].

German Federal Ministry For Economic Cooperation And Development. 2008. Policy dialogues with emerging economies on a low-carbon economy. http://www.adelphiconsult.com/en/resources/project_database/dok/43525.php?pid=275&pidpdf=275> [2015-07-28].

German Watch. 2011. The race to low-carbon economies has started-developing countries leading low-carbon development. http://germanwatch.org/de/download/7717.pdf [2015-07-28].

Heiskanen E, Johnson M, Robinson S, et al. 2010. Low-carbon communities as a context for individual behavioural change. Energy Policy, 12 (2010) 7586-7595.

IDDRI, SDSN. 2014. pathways to deep decarbonization: 2014 report. http://deepdecarbonization.org/wp-content/uploads/2015/06/DDPP_Digit.pdf [2015-07-28].

IDDRI, SDSN. 2015. pathways to deep decarbonization: 2015 report. http://deepdecarbonization.org/wp-content/uploads/2015/12/DDPP_2015_REPORT.pdf [2015-07-28].

IEA. 2014-11-20. The way forward: five key actions to achieve a low-carbon energy sector. https://www.iea.org/topics/climatechange/The_Way_Forward.pdf [2015-07-28].

Kainuma M, Miwa K, Ehara T, et al. 2013. A low-carbon society: global visions, pathways, and challenges [J]. Climate Policy, 13 (sup01): 5-21.

LCIGG. 2015. About the LCIGG. http://www.lowcarboninnovation.co.uk/about_the_lcicg/ [2015-07-28].

LCS-RNet. 2015. About LCS-RNet. http://lcs-rnet.org/about_lcsrnet/ [2015-07-28].

Low-carbon Singapore Website. 2010. About. http://www.lowcarbonsg.com/about/ [2015-07-28].

Mayor of London. 2007. Action today to protect tomorrow. http://www.qualenergia.it/UserFiles/Files/action_plan_londra.pdf [2015-07-28].

Mulugetta Y, Urban F. 2010. Deliberating on low carbon development. Energy Policy, (38): 7546-7549.

New Climate Economy. 2015a. Seizing the global opportunity: partnerships for better growth and a Better Climate.

http://2015. newclimateeconomy. report/misc/downloads/ [2015-07-28].

New Climate Economy. 2015b. Accelerating Low-Carbon Development in the World's Cities. http://2015. newclimateeconomy. report/wp-content/uploads/2015/09/NCE2015_workingpaper_cities_final_web. pdf [2015-07-28].

NIES. 2004. Low-carbon society scenarios toward 2050. http://2050. nies. go. jp/index. html [2015-07-28].

NIES. 2007. Japan scenarios towards low-carbon society (LCS) by 2050 -Feasibility study for 70% CO_2 emission reduction below 1990 level. https://www. ceps. eu/sites/default/files/old/ECP/NIES_Low-carbon_2050-Japan. pdf [2015-07-28].

NIES. 2008. A dozen of actions towards low-carbon societies (LCSs). http://2050. nies. go. jp/press/080522/file/20080522_report_main. pdf [2015-07-28].

OECD. 2015. Aligning policies for a low-carbon economy. http://www. oecd. org/environment/aligning-policies-for-a-low-carbon-economy-9789264233294-en. htm [2015-07-28].

Office of the President, Republic of Guyana. 2010. A low-carbon development strategy. http://mitigationpartnership. net/transforming-guyanas-economy-while-combatting-climate-change-low-carbon-development-strategy [2015-07-28].

Office of the President, Republic of Guyana. 2013. Low Carbon Development Strategy Update. http://www. lcds. gov. gy/ [2015-07-28].

PwC. 2015. Low Carbon Economy Index 2015. http://www. pwc. co. uk/services/sustainability-climate-change/insights/low-carbon-economy-index-2015-0download-section. html [2015-07-28].

Raven R P J M, Heiskanen E, Lovio R, et al. 2008. The contribution of local experiments and negotiation processes to field-level learning in emerging (niche) technologies: meta-analysis of 27 new energy projects in Europe. Bulletin of Science Technology Society, 28: 464-477.

Richmond A K, Kaufmann R K. 2006. Is there a turning point in the relationship between income and energy use and/or carbon emissions? Ecological Economics, 56 (2): 176-189.

Skea J, Nishioka S. 2008. Policies and practices for a low-carbon society. Climate Policy, 12: S5-S16.

STEPS Center. 2014. Can Chinese innovation help address the climate crisis? http://steps-centre. org/2014/blog/press-release-low-carbon-china/ [2015-07-28].

TCPA, CHPA. 2008. Community energy: urban planning for a low carbon future. http://www. tcpa. org. uk/data/files/ceg. pdf [2015-07-28].

Shada Islam. 2010. Low carbon: Asia and Europe facing a shared challenge. http://www. bt. com. bn/opinion/2010/06/30/low-carbon-asia-and-europe-facing-shared-challenge [2015-07-28].

UK Government. 2009a. The UK low carbon transition plan: national strategy for climate & energy. https://www. gov. uk/government/publications/the-uk-low-carbon-transition-plan-national-strategy-for-climate-and-energy [2015-07-28].

UK Government. 2009b. The UK renewable energy strategy. https://www. gov. uk/government/publications/the-uk-renewable-energy-strategy [2015-07-28].

UK Government. 2012. The future of heating: a strategic framework for low carbon heat. https://www. gov. uk/government/publications/the-future-of-heating-a-strategic-framework-for-low-carbon-heat [2015-07-28].

UNDP. 2015. Low emission capacity building programme. http://www. lowemissiondevelopment. org/ [2015-07-28].

UNEP. 2014. South-south trade in renewable energy: a trade flow analysis of selected environmental goods. http://www. unep. org/publications/ [2015-07-28].

World Energy Council. 2015. Priority actions on climate change and how to balance the energy trilemma. http://www.worldenergy.org/news-and-media/press-releases/2015-world-energy-trilemma-report-ambitious-climate-framework-needed-now-says-energy-sector/ [2015-07-28].

WRI. 2009. A roadmap for a secure, low-carbon energy economy. http://www.wri.org/publication/roadmap-for-a-secure-low-carbon-energy-economy [2015-07-28].

Yuan H, Zhou P, Zhou D. 2011. What is low-carbon development? a conceptual analysis. Energy Procedia, 5 (1): 1706-1712.

Zhu L, Douglas D G, Qiang Z, et al. 2013. Energy policy: a low-carbon roadmap for China. Nature, 500: 143-145.

"2050 Japan Low-Carbon Society" Scenario Team. 2007. Japan Scenarios towards Low-Carbon Society (LCS): Feasibility study for 70% CO_2 emission reduction by 2050 below 1990 levels. http://i.unu.edu/media/ourworld.unu.edu-en/article/2/20070215_report_e.pdf [2015-07-28].

6 地球关键带研究国际发展态势分析

安培浚 张志强 王立伟 刘文浩

(中国科学院兰州文献情报中心)

摘 要 地球关键带(Earth Critical Zone)由美国国家研究理事会(NRC)于2001年正式提出,是地表圈层相互作用的地带,是陆地生态系统中土壤圈及其与大气圈、生物圈、水圈和岩石圈物质迁移和能量交换的交汇区域,控制着土壤的发育、水的质量和流动、化学循环,进而调节能源和矿物资源的形成与发展,是维系地球生态系统功能和人类生存的关键区域,是地球系统科学研究的良好天然实验室。地球关键带科学利用多学科理论和手段研究不同时间和空间尺度上地球表层系统演化及其综合控制因素和机理,研究表层地球系统演化规律与人类可持续利用自然资源和环境之间的关系,代表了未来地球系统科学研究的新理念和发展趋势,近十多年来日益受到了地球科学及相关学科领域科学家们的广泛关注。

在各种时间尺度和空间尺度上理解和认识发生在地球关键带的一系列过程能为人类可持续发展提供科学基础。地球关键带研究有助于深入理解和解决目前地球环境、生态、农业、地质和自然资源等方面存在的重要科学问题,包括流域水资源和水环境管理、水质、土壤质量、空气质量、景观过程、土壤养分循环、精准农业、废弃物处理、气候变化和生态功能等。地球关键带的提出和发展能够为解决全球圈层界面问题和中国的地表过程与资源生态研究提供新的思路。

近年来,美国、德国、澳大利亚、法国和中国等国家,以及欧盟等相关国际组织相继组织和部署开展地球关键带研究项目,以及制订相关的研究计划,建设长期野外观测网络站点,加强地球关键带研究,以期获得各圈层物质迁移与能量转换的科学数据。这些项目、计划和研究报告等阐述了各自未来研究的方向和重点,从这些研究项目、计划的发展和演变,可以看出国际地球关键带研究的总体状况和发展态势。

国际上过去十多年的关键带研究已经发表了大量的研究论文,计量分析这些论文可以反映出国际上关键带研究的进展和发展态势。本报告以SCIE中检索到的2001~2015年与地球关键带相关的论文、研究综述和学术会议论文等相关文献为基础,分析国际地球关键带研究的主要研究主体(国家和机构)分布和不同时期的研究主题和热点,结合对国际开展的相关项目与建设的观测站点的分析,归纳出国际地球关键带的研究热点集中在四个方面:①在不同时间尺度上控制碳及其他生物地球化学物质循环和通量的各种过程；②生态系统的营养输送过程在人类和地质时间尺度上的变化规律；③生物地球化学过程控制土壤和水的长期持续性的机理；④化学和物理风化的变化影响地球关键带的机理和特征。

综合国际研究项目与计划、文献计量分析和相关文献调研的结果，本报告总结了地球关键带观测站面临的三个共性观测问题：①什么控制地球关键带的属性与进程？②地球关键带结构、物质存储和通量对气候和土地利用变化作出怎样的响应？③如何通过增强生态系统弹性和可持续性，以及恢复生态系统功能提高对地球关键带功能的认识？总结分析了国际地球关键带研究常用的基础设施与测量方法、全球站点分布，以及关键科学问题。

最后，本报告结合我国研究现状，对我国地球关键带研究提出了四个方面的建议：①地球关键带结构、形成与演化机制；②地球关键带物质迁移转化与多过程耦合作用机制；③地球关键带的服务功能、特点演化及其对可持续发展的支撑和影响；④地球关键带过程及系统的模型模拟研究。我国应当积极开展与国际先进国家的合作和交流，提高国际大型计划的参与度。

关键词 地球关键带 地表过程 地球系统科学 地球化学循环 物质迁移 能量流动

6.1 地球关键带的概念与内涵

美国国家研究理事会于 2001 年出版的《地球科学基础研究的机遇》（*Basic Research Opportunities in Earth Science*）一书中首次正式提出了"地球关键带"的概念，指出地球关键带是指异质的近地表环境，包括岩石、土壤、水、空气和生物的复杂相互作用，调节着自然生境，决定着维持生命资源的供应（图 6-1）。地球关键带的空间界限范围：上到植被冠层，下到地下水蓄水层底部，它包含近地表的生物圈、大气圈、整个土壤圈，以及水圈和岩石圈地表/近地表的部分（图 6-2）。地球关键带是一个固体地球和流体之间的动力界面，受复杂而广泛的物理、化学和生物过程的共同控制。由地球内部能量驱动的各种地质与构造运动改变地表环境，由大气和水圈驱动的风化作用控制土壤形成和侵蚀以及地表岩石的化学风化，由重力驱动的流体运动确定了地表、地形、地貌和地表物质的重新分配，由对养分的需求驱动的生物活动控制了土壤、岩石、大气和水之间的化学循环。对这些过程的解释需要集成各相关领域的科学理论和观测方法，需要涉及地貌学家、地球化学家、水文学家、土壤科学家、生态学家和其他许多领域专家的紧密合作。研究的核心内容有：在不同时间尺度上控制碳及其他生物地球化学物质循环和通量的各种过程；生态系统的营养过程在人类和地质时间尺度上的变化规律；生物地球化学过程控制土壤和水的长期持续性的机理；化学和物理风化的变化影响地球关键带的形式、机理和特征。地球关键带研究和以往地表过程研究相比，进一步强调生物–非生物相互作用、地上–地下整体性研究、不同时空尺度（如物理、化学、生物）间耦合、自然过程与人为过程耦合、地质循环和生物循环相互作用、从分子到全球尺度之跨越。

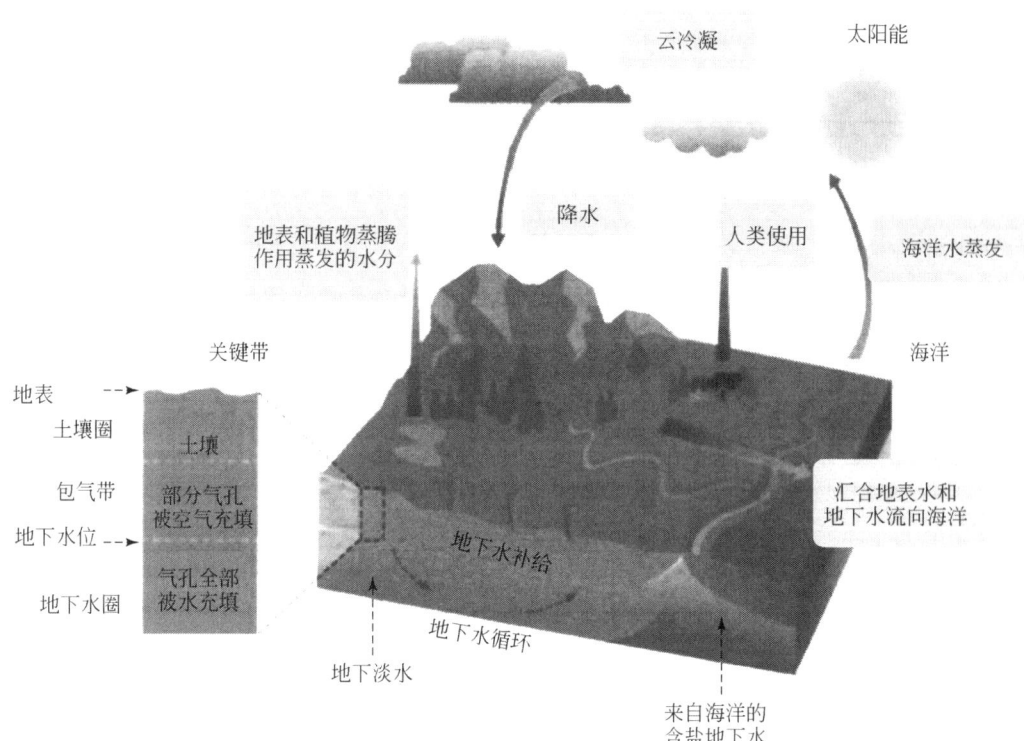

图 6-1 地球关键带示意图

资料来源：National Research Council（2001）

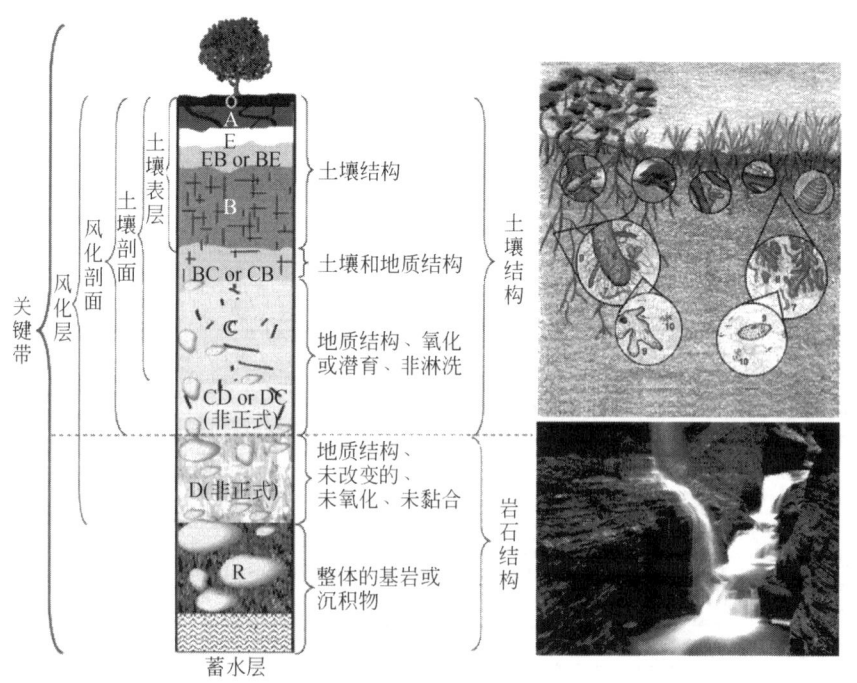

图 6-2 地球关键带、风化层、风化剖面、土壤剖面、土壤表层的概念

资料来源：Lin（2010）

6 地球关键带研究国际发展态势分析

美国国家科学基金会（NSF）于 2005 年发布《地球关键带探索的前沿》（*Frontiers in Exploration of the Critical Zone*）报告，指出地球关键带包括地球的最外部表面（从植被冠层到地下水的这个区域），是地球的物质和生物世界的"界面层"，调节着营养物质到陆地生命形式的转移。Lin 等（2005）提出，地球关键带界面层包括陆地生态系统中土壤圈及其与大气圈、生物圈、水圈和岩石圈进行物质迁移和能量交换的交汇区域，水和土壤是地球关键带的关键组成部分，而且在不同时空尺度上相互作用。美国特拉华大学的地球关键带研究中心认为地球关键带是以界面为特征的，例如，空气–水界面是气体和矿物质交换的地方，根系–土壤界面是微生物促进营养物质交换的地方。NSF 在 2009 年《解决气候难题：研究全球的气候变化影响》（*Solving the Puzzle: Researching the Impacts of Climate Change around the World*）报告中指出，地球关键带是指森林冠层顶部到未风化岩石基部之间的区域。宾夕法尼亚州立大学 Susan Brantley 提出，地球关键带是地质、地球化学、生物、水文、地貌和大气过程组成的复杂的相互依赖的网络的"焦点"区域。Lin（2010）提出地球关键带具有以下几个方面的一般特征：①地球关键带是逐渐演化发展的；②地球关键带是一个耦合的系统；③地球关键带的各层之间对比鲜明；④地球关键带具有高度的垂直异质性。

地球关键带研究在科学界一直存在争议：①许多人认为，地球关键带类似于土壤，而实际上地球关键带比土壤更加宽泛。②一些人将"地球关键带"作为普通的地学术语"风化层"的同义词（风化层被定义为：破碎的且不固定的岩石物质，无论残留的或运输的，几乎在土地及其上部、基岩表层存在。它包括所有种类的岩石碎片——火山灰、冰川漂流物、冲积物、黄土、植物残骸堆积物、土壤）。③一些人已经质疑地球关键带概念的实用性，因为其范围的下界不明确，并且在不同空间地理区域的关键带厚度相差甚远。④许多研究者认为，地球关键带的概念比较有用，因为它是内在的，以过程为导向，并且它是作为一个统一框架来调节水文循环、地球化学循环、碳循环、氮循环、气体交换（主要气体与示踪气体）、侵蚀与沉积、风化作用（化学风化与物理风化）、岩化（成岩作用）、土壤形成与演变（成土作用）、生命过程（巨生物与微生物群体，包括植物和动物），以及人类影响（土地利用与管理）的。

NRC 于 2001 年把地球关键带列为地球科学基础研究六大机遇之首，涉及风化壳、土壤、微生物、地表水和地下水环境，以及在地球关键带发生的四个相互影响的主要过程（生物活动、风化作用、流体输运和近地表构造活动）。2002 年，Wilson 在《生命的未来》（*The Future of Life*）一书中写道，我们已经进入了环境世纪的第 2 个 10 年，这是加快对地球关键带认识进程的重要时刻。目前针对关键带的研究主要从以下视角展开。

1. 跨学科的地球关键带研究

地球关键带是化学、生物、物理和地理过程进行耦合以维系地表生命的一种系统。尽管地球关键带中表现出极端的物质和过程异质性，但是在各种尺度均能观测到样本。在最长的时间尺度上，地质学家将地球关键带定义为风化引擎或者是反应器，在这里岩石被碾碎、分解，然后经生物扰动成为可传输介质。在最短的时间尺度上，地球化学家们研究发生在矿物质–水和有机物–水界面的化学反应速率和机制。在对风化过程下的定义中集合了所有重要的化学、物理和生物耦合过程。这些耦合过程的定量模型，以及它们对构造、气候和人为强迫的反馈需要有对地球关键带演变的真正了解。虽然自然界的过程多为地球化学性质，但对这些过程的解释还需要多种学科领域的研究者们的加入。跨学科、跨尺度地理解地球关键带所面临的研究挑战，受到来自地质学、水文学、土壤学、环境工程学、化学和生态学领域科学家们越来越多的关注（Anderson et al.，2004；Brantley et al.，2006）。

2. 跨时空的地球关键带研究

对出现在地球关键带内过程的速率进行量化极具挑战性，原因之一是关键带内各种过程的时间和空间尺度的跨度大。抑制风化层剖面发展的这个过程，经历了从不足微秒到多于百万年的时间尺度。同时，地球轨道的变化引起数万到数十万年时间尺度上的气候变化，这些变化影响着地球关键带内已经建立和可观测的地球化学模型。而且，地球化学的剖面表明，经历了更长地质时间尺度的地貌景观演化包括风化作用、侵蚀和抬升的耦合过程（Anderson et al.，2008）。幸运的是，古土壤和沉积物中保留的对这些扰动产生响应的证据，在时间尺度上大于人类历史。与时间尺度一样让人困扰的是，地球关键带内的空间变化从原子到全球范围超过了 16 个或更多的数量级。为了表现化学和物理特性（如从单个的土壤纹理到区域尺度的岩性变化）及其过程（如流体运动沿着晶界面直到大规模汇聚于主要的水文盆地）的重要性，从使用原子能量显微镜的单个原子层到需要卫星遥感设备的整个大陆尺度进行全方位观测。

3. 建立地球关键带研究网络

鉴于地球关键带在"污染物"（如大气中的 CO_2）和对生态系统及人类营养方面的重要性，需要建立使人类能够全方位了解地球关键带进程的、新的、具有科学性和社会性的范例，从微观世界通过个体景观特征、家庭农场、水域到全球。NSF 召开的一次会议，归纳了地球关键带科学更加广泛关注的研究热点：物理和化学的风化速率如何通过环境强迫作用产生扰动？如何使发生在地球关键带域界面重要的生物地球化学过程，作用于土壤和水资源长期的可持续发展？如何使地球关键带的过程滋养生态系统，以及如何应对外力强迫作用的变化？地球关键带什么样的过程能够控制生物圈-大气的重要的气体和微粒交换？

研究人员意识到，还需要建立一个全球观测网络，通过环境变量的梯度调查地球关键带的进程。科学家们设想这些观测网络平台一般能够运行 5 年左右，所"部署"的设备和研究人员将通过调查站点，回答以过程为导向的研究问题。世界各地的地球关键带研究人员已经开始建立能够提供数据访问的这个网站和网络基础设施（http://www.czen.org）。

4. 地球关键带的可持续性研究

人类导致的地球行星的变化程度之大导致产生了一个新的术语——"人类世"，它被定义为"人类已经成为一个具有全球意义的、存在潜在智能的、有能力能够重新塑造地球行星面貌的一个新的地质时代"（Clark et al.，2004）。目前，更多的热点聚焦于人类活动对地球大气化学过程的影响以及这种化学变化对气候的影响（IPCC，2007），地球的物种也迅速改变着水圈和风化层的化学机理。把地球上化学、生物、地质和物理之间复杂的相互作用构想为一个有规律的系统（地球关键带），使得科学家能够通过学科和领域进行综合

6 地球关键带研究国际发展态势分析

研究。如此一来,科学家将会明白如何解释地球关键带中存在的周期性模式,以及如何保护地球关键带中所有的生命。更重要的是,地球关键带所有尺度中的多样性,需要我们不断提升能力,以更好地模拟地球关键带的时间演化。

6.2 地球关键带研究计划与研究项目

2005 年,美国特拉华大学主持召开了一次由 NSF 资助的研讨会"地球关键带研究的前沿",在此次研讨会上,科学家呼吁发展地球关键带研究计划,并进一步明确了相关的内涵。地球关键带研究包括地球关键带界面控制的碳通量、微粒物质,控制土壤和水资源长期可持续性及其重要的生物地球化学过程和机制,以及地球关键带界面上营养生态系统在地质和人类时间尺度上的变化过程等。为了减轻人类对复杂生态环境的影响并最终维持食物的生产,有必要理解和预测地球关键带对全球和区域变化的响应,科学家认为,围绕着大气、地形、生态系统和水,有以下四个关键问题:①什么过程控制着大气中的碳通量、微粒和反应气体?②化学和物理风化过程如何影响地球关键带?③风化过程如何滋养生态系统?④生物化学过程如何控制水和土壤资源的长期稳定性?研讨会后,一系列具体的研究行动开始实施。

NSF 于 2005 年启动项目群"地球关键带观测计划"(Critical Zone Observatory Program,CZO),研究发生在岩石、土壤、水、空气以及生物之间的复杂相互作用中。NSF 在 2006 年 7 月通过招标建立了最初的 3 个地球关键带观测站;2006 年 10 月,美国特拉华大学宣布成立 1 个地球关键带研究中心,从而进行有关地球关键带的环境,以及维持地球生命的研究;2009 年 10 月,特拉华大学又新建了 3 个观测站点;2014 年 1 月,NSF 公布了新的地球关键带研究计划,将资助新建 4 个地球关键带观测站开展地表过程研究。

6.2.1 美国地球关键带研究计划

美国 NSF "地球关键带观测站计划"是一个国家级的科学项目和计划,该计划目前正处在一个重要的时刻。目前,美国的地球关键带观测站网络扩展到 10 个站点,每个站点支持水文学、地貌学、生物地球化学、土壤和生态系统科学,以及微生物学等科学的多样化组合。

(1) 网址:www.criticalzone.org。
(2) 投资者:美国 NSF 地球科学部、地球科学理事会。
(3) 研究重点:地表过程的跨学科研究,包括地质学、水文学、土壤科学、地球化学、地貌学、生物学、生态学及其他学科。
(4) 网络监测:由地球关键带观测站主要研究人员观测和国家协调与咨询指导委员会监督。
(5) 研究目的:地球关键带观测站是为了研究能够形成地球表面的化学、物理和生物过程而建立的环境实验室。通过对分子过程理解时间尺度下整个流域的动态监测和模拟耦合。这些研究对如何随着地质时间而形成地球关键带这一问题提供了基本的解释,包括对其如何应对气候和土地使用变化情况的预测。

（6）预期进展：在未来的十年中，地球关键带观测站项目将产生基本的四维数据集，这将促进、启发和检测最终的预测模型。

（7）项目的主要目标：①形成地球关键带过程的统一理论框架。地球关键带观测站致力于得出一个地球关键带形成过程的整体概念模型，地球关键带形成过程将耦合水文、地球化学、地貌和生物过程的新知识，包括正面和负面的反馈，以及它们在时间和空间上的分布。②探究地球关键带服务（critical-zone services）如何应对人为的、气候的和构造强迫的耦合系统模型——通过跨整个流域，结合多个过程构建系统模型，跟踪能量、水、碳、沉积物或其他物质的流动和储存。③集成数据/测量框架。通过配备集成的数据/计量框架所需的基础设施，确定理论框架、约束模型，并检验模型生成的假设，记录一系列地质和气候环境变化。

（8）地球关键带观测站及相关研究网站：从波多黎各到特拉华州、宾夕法尼亚州、亚利桑那州/新墨西哥州、科罗拉多州、加利福尼亚州、爱达荷州、南卡罗来纳州、伊利诺伊州、明尼苏达州的 10 个跨越不同气候和地表环境的地球关键带观测站，都在获取美国典型地球关键带的相关科学数据。

（9）国际合作：美国的 10 个地球关键带观测站与欧洲相应的观测站活动主要由欧盟委员会（欧洲土壤转换集水区 SoilTrEC）资助。这些紧密合作包括 2010 年和 2011 年由美国观测站主办的研究生/博士后培训活动，而 2009 年和 2012 年夏季是由欧洲观测点主办的。萨斯奎汉纳/西尔斯山地地球关键带观测站是在 SoilTrEC 项目中关于水文过程研究合作伙伴。一些美国调查人员是 SoilTrEC 的成员，他们参与每年的 SoilTrEC 会议并且是国际顾问委员会的成员，同时积极发展与在法国、中国、德国和澳大利亚观测点的科学家的关系。2014 年 12 月 12～13 日，美国 NSF 组织举办了国际地球关键带研究计划会议，旨在促进地球关键带研究领域的多边国际合作。来自美国、英国、法国、德国和中国等五国的基金资助机构和科研院所共 17 名代表参加了会议。与会代表就国际地球关键带研究合作机制、管理模式、数据共享、行动方案和时间表等问题进行了深入的讨论。此外，中国同美国、英国等也分别开展了相关的项目合作和地球关键带科学问题研讨会议，充分发挥双边优势，在地球关键带科学的各个重要领域进行了积极探索、研究。

（10）跨领域研究：2014 年 11 月 24 日，NSF 投资 135 万美元资助为期 5 年的地球关键带观测站虚拟交叉学科研究所（CZO SAVI）计划。该计划的重点是开发协调地表过程系统观测站点的跨领域的测量工作，促进科学家、工程师和教育家之间的相互作用，有针对性地满足研究项目的测量需求。该计划致力于提高对地球关键带从树冠到地下水的跨领域研究的认识。

6.2.2　欧盟的 SoilTrEC 项目

（1）网址：www.soiltrec.eu。
（2）投资者：欧盟委员会。
（3）研究重点：支持欧盟土壤保护主题战略。

（4）网络监测：与谢菲尔德大学合作的大型集成项目。

（5）研究目标：开发一个支持食品和纤维生产，水、营养和污染物过滤、缓冲和转换，碳、生物栖息地、基因库存储和量化土壤过程的综合模型。

（6）预期进展：建立一个集土壤侵蚀、溶质运输、养分和碳的转换与食物链于一体的流域尺度计算过程模型；建立一个利用原型模拟器评估土壤威胁和缓减方法的结合地理信息系统的数字平台；基于物理模型支持新的决策系统的生命周期研究方法和生态经济学方法；通过数据集验证集成模型的土壤过程描述生命周期内土壤形成、生产、使用和退化的关键阶段；结合欧盟、美国和中国观测网络，研究岩性、气候和土地利用变化，土壤渗透率变化。

（7）地球关键带观测站：瑞士 Damma 冰川地球关键带观测站、奥地利 Fuchsenbigl 地球关键带观测站、捷克 Lysina 地球关键带观测站、克里特岛 Koiliaris 河地球关键带观测站，以及英国 Plynlimon 实验流域、法国 Strengbach 实验流域、瑞典 Kindla 综合生态系统观测站、中国红壤地球关键带观测站和美国页岩山地球关键带观测站。

（8）国际合作：2011 年 11 月 11 日召开关于全球环境演变的实验设计专题研讨会。2012 年 9 月，在红壤地球关键带观测站，由中国主办召开国际地球关键带观测站研讨会。美国地球关键带观测站计划中，SoilTrEC 项目合作的美国萨斯奎汉纳/西尔斯山地地球关键带观测站、法国资源基础观测网中 SoilTrEC 项目合作的 Strengbach 实验流域、美国博尔德溪和萨斯奎汉纳/西尔斯山地地球关键带观测站和 SoilTrEC 项目联合主办培训活动。Koiliaris 河地球关键带观测站和红壤地球关键带观测站与美国合作伙伴一同主办了国际培训活动。SoilTrEC 项目数据管理委员会为美国合作伙伴提供数据共享界面。萨斯奎汉纳/西尔斯山地地球关键带观测站成为 SoilTrEC 项目组中的水文建模组的研究基地，美国的克里斯蒂娜河地球关键带观测站成为 SoilTrEC 项目的顾问委员会。慕尼黑工业大学地球关键带观测站与 SoilTrEC 项目连接。Lysina 地球关键带观测站和萨斯奎汉纳/西尔斯山地地球关键带观测站共同研究岩心（在 Lysina 地球关键带观测站）和同位素。

（9）实验设计：4 个欧洲地球关键带观测站沿着土壤发展的概念生命圈分布，而其他站沿着不同岩性扩展到土壤、气候和人类干扰梯度的环境分布。

6.2.3 法国的地球关键带项目

（1）资助者：法国国家科研署（ANR）、法国国家科学研究中心（CNRS）、法国研究与发展研究所（IRD）、法国农业科学研究院（INRA）、法国环境与农业科技研究院（IRSTEA），以及大学。

（2）研究重点：亚马孙河流域尺度的研究和监测。

（3）网络监测：法国河流流域网络（RVB）是法国重点资助监测地球表面的永久环境基本观测网络，政府提供四年的有效资助，每五年进行一次有效评估，RVB 被授予了十年关键带优秀计划（CRITEX）称号。

（4）研究目的：研究地表水以及化学物质循环，根据土地覆盖以及土壤的状态获得研究结果。

（5）基础研究目标：了解地球关键带关于从短期气候变化强迫改变到长期气候变化的

响应。鼓励地球关键带的跨学科研究，培育和推广综合的科学方法以及常用的测量，在一元数据的模式上建立共享模式。

（6）预期进展：首先，创建一个逐步改变土壤和河流的新型传感器，包括流域蒸发和能量收支、河流的排泄关系、饱和带水通量、改变土地利用的集水响应时间、土地覆盖或气候、土壤侵蚀机制；其次，在集水区（空间尺度上）选定能量和物质（即碳）观测网站，并结合地球物理和地球化学监测开发协同方法，包括分别坐落在欧洲、美洲、非洲和亚洲的15个地球关键带观测站和相关研究网站。

（7）国际合作：与非洲、南美和亚洲，特别是印度、巴西、喀麦隆、尼日尔、老挝和越南等进行合作。

（8）实验设计：以岩性与气候梯度分类设计站点。多数网站中对流域的监测进行了自然原始和人为条件的比较（并未把气候和土地利用计算在内）。

6.2.4 德国地球关键带观测项目

德国地球关键带观测（TERENO）的主要科学目标是在一个跨学科、长期研究的基础上建立观测网络平台，其可以和亥姆霍兹研究中心的其他设备一起全面调查全球变化对陆地生态系统和社会经济的影响。TRRENO将提供长期的统计分析和系统变量，通过集成模型系统，分析并预测全球变化引发的结果。这些结果将用于有效地预防、减缓和适应战略的制订。重要的变量包括其他通量的水、地下水–土壤–植物–大气系统内部持续的物质和能源循环、微生物组成和功能的长期变化过程，以及动物、植物甚至是社会经济的现状。这些动态过程都必须有一个合适的时间和空间分辨率。

（1）网址：http://teodoor.icg.kfa-juelich.de/overview-de。

（2）组织架构：主要包括协调委员会、咨询委员会、科学指导委员会三个主要部分。协调委员会下设多个协调小组。

（3）科学目标：TERENO需要一个跨学科的方法来完成反馈系统不同环节复杂的相互关系，主要科学目标有：气候变化对陆地（包括地下水、土壤、植被、表层水）预期影响后果是什么？地表系统的交换过程反馈（如地表和大气之间的反馈）对水和其他物质地面通量的影响机制是什么？土壤和土地利用方式的改变对水平衡、土壤肥力、生物多样性和区域气候的影响是什么？采矿、森林砍伐等大范围的人为干扰会对陆地系统产生何种影响？

（4）功能预期：TERENO提供的长期的数据集将大大完善地学领域模型，如地下水和土壤水平衡模型、区域气候和天气预报模型、空气质量模型、径流和森林/农业模型以及生物多样性和经济社会模型等的发展、集成和验证。综合集成的模型系统将极大地支持农业和森林生态系统的管理，可以优化灌溉系统，实现极端天气和洪水预警，集成水资源控制系统结构，加强空气、地下水和地表水质量监测。

（5）观测设施建设：为了确定和定量环境变化，TERENO的观测设施经历了较长时间（至少10年）的运行。通过与其他观测网络的合作，德国观测网络将会在未来不断扩大至欧洲甚至全球层面。第一阶段已经在德国四个地区分别建设了观测站：艾菲尔/莱茵河流域下游观测站（FZJ）、哈尔茨/德国中部低地观测站（UFZ）、巴伐利亚阿尔卑斯/前阿尔卑斯观测站（KIT-HMGU）、德国低地观测站（GFZ）。

6.2.5 澳大利亚地球关键带研究项目

澳大利亚陆地生态系统研究网络（Terrestrial Ecosystem Research Network，TERN）成立于 2009 年。由澳大利亚创新、工业、科学和研究部（DIISR）出资 2000 万美元成立国家合作研究基础设施战略（NCRIS）资助项目，此外昆士兰州政府也投资 41 万美元。2011 年，作为澳大利亚政府教育投资基金（EIF）超级科学项目的一部分，TERN 还获得了 2563 万美元的投资。近年来，该项目还得到了许多其他合作伙伴的物资支持。

（1）网址：http://www.tern.org.au/。

（2）研究内容：TERN 可以较好地联系各系统的科学家，使他们能够收集、存储和共享跨学科的科学数据。通过对澳大利亚生态系统科学团体的数据的高度集成，推动了各学科的进步，同时对有效管理和可持续利用生态系统具有积极影响。此外，TERN 正在向包括科学家、环境管理者和其他利益相关者传播重要基础设施和国家–国际网络的重要性，加深其对澳大利亚生态系统的管理意识。TERN 正在致力于引领澳大利亚生态系统科学相关组织发生根本性的变革，实现从低效率、分散、短期的研究体系向多学科、网络化、协同化的新局面发展。

（3）主要工作：TERN 提供了澳大利亚生态系统科学的基础设施和网络，主要包括：收集并整合跨空间尺度和时间尺度的生态系统数据；实现数据的安全存储、访问、共享和管理；建立协作机制，致力于解决未来生态系统科学中的问题；解决当下和未来澳大利亚生态科学和环境管理的关键问题。

（4）主要设施及布局：TERN 具有完整的设施网络，有助于实现 TERN 的整体宏伟目标。核心设施有 12 个，包括：TERN 数据发现门户（data discovery portal）；AusCover 数据库；AusPlots 数据；澳大利亚超级站网络（ASN）；澳大利亚横断面网络（Australian transect network）；澳大利亚生态分析合成中心（ACEAS）；澳大利亚沿海生态系统设施（ACEF）；生态信息中心；生态系统模型和扩展基础设施（eMAST）；长期生态研究网络（LTERN）；OzFlux 数据库；澳大利亚土壤和地形网络。

6.2.6 中国地球关键带研究

目前，中国地球关键带研究越来越得到科学界的重视。2010 年 7 月 11～13 日，"水文土壤学与地球关键带前沿研究及应用国际学术研讨会"在北京师范大学成功举办，引进并推动地球关键带科学在国内的发展。2014 年 5 月 8～11 日，国家自然科学基金委员会与中国科学院地学部联合召开第 114 期双清论坛"地表圈层相互作用带科学前沿探索"和第 36 期科学与技术前沿论坛"地球关键带科学"，论坛主要围绕地球关键带形成、组成与演化，关键带功能及其演变和可持续性，关键带过程与物质循环和全球 CZO 网络建设与中国的关键带科学研究 4 个主题，探讨地表圈层关键带相关领域的重大科学前沿和国家需求，以及相关基础研究可能的重大突破点与未来的重大基础性科学问题。此外，中国也积极加强与国际方面的合作。

1. 中英国际合作研究计划

2015年4月15~18日，基于中国目前所面临的土地退化、水资源短缺、环境污染和生态脆弱等严峻挑战，国家自然科学基金委员会与英国自然环境研究理事会共同征集和资助"地球关键带中水和土壤的生态服务功能维持机理研究"（using critical zone science to understand sustaining the ecosystem service of soil and water）中英重大国际合作研究计划，以促进不同学科交叉与集成研究，积极应对我国农业、城市化及其他人类活动中出现的土壤和水资源问题，为经济和社会发展服务。因此，该计划首先研究地球关键带科学框架下的水和土壤的科学问题，主要研究目标为：①理解特定地球关键带（区）中水和土壤相互作用及其对地球关键带形成、演化结构和功能的影响；②理解地球关键带（区）空间变化和尺度影响水和土壤多功能发挥的重要性；③发展多领域集成的模型途径和技术，理解并寻求提高各种环境压力下水和土壤对人类活动干扰的适应能力。重大国际合作研究计划由4项重大国际合作项目组成（2项以土壤科学和2项以水科学为核心科学问题的重大国际合作研究项目），中国资助强度为每项约1500万元，资助期限为4年（2016年1月1日~2019年12月31日）。

2. 中英双边地球关键带学术研讨会

2015年11月2~3日，由中国科学院生态环境研究中心城市与区域生态国家重点实验室承办的中英地球关键带学术研讨会在中国科学院生态环境研究中心举行。来自英国谢菲尔德大学（University of Sheffield）、英国自然环境研究委员会（NERC）生态和水文研究中心（CEH）、英国洛桑研究所（Rothamsted Research）、中国科学院生态环境研究中心、地理科学与资源研究所、南京土壤研究所、地球化学研究所、亚热带农业生态研究所、南京大学等单位的科研人员参加了这次学术研讨会，并就地球关键带观测网络、地球关键带科学研究的挑战、中英长期合作等问题进行了热烈讨论。

会议上，中国科研人员就中国农业生产和城市化中存在的问题，以及南方红壤区、喀斯特地区、黄土高原地区、城市/城郊地球关键带野外观测站研究工作和进展做了重点介绍。来自英国的专家教授分别就地球关键带研究框架、英国地球关键带观测、英国环境监测系统、泰晤士河研究平台等方面的研究进展做了详细介绍。会议以主题报告、大会讨论和分组讨论等形式就国际地球关键带观测网络、地球关键带科学的研究前沿和重要研究议题、中英双方在地球关键带研究领域未来的合作研究计划等方面展开了系统讨论，并达成了初步意见。会议讨论认为，中英双方今后重点在地球关键带生态系统服务、城市/城郊地球关键带研究、环境承载力、地球关键带观测和模拟等研究进一步加强合作与交流。中英两国在地球关键带研究领域各具特色，并具有良好的互补性，双方进一步深入合作有望拓展地球关键带的研究领域，提升地球关键带研究的内涵，推动地球关键带科学的发展。

3. 中美"地球关键带科学"研讨会

2015年10月6~7日，由中国和美国国家自然基金委员会联合资助、中国科学院地球化学研究所与中国科学院南京土壤研究所承办的中美地球关键带科学研讨会在贵阳举行，来自美国斯坦福大学、加利福尼亚大学、普度大学等，以及中国科学院地球化学研究所、城市环境研究所、南京土壤研究所等单位的 50 余位科技工作者就当今地球关键带研究的内涵、国际合作中面临的机遇与挑战、地球关键带观测的基本要素、方法和手段及中美双方就地球关键带方面未来的合作研究计划等方面展开了系统讨论。中美两国在地球关键带研究领域具有各自的特色和良好的互补性，中美科学家除了可以开展相同背景下的对比研究外，中国在生态脆弱区、城市等地区的地球关键带研究将扩展国际地球关键带研究，双方的合作有望在相关领域得到更多突破性的认识。双方将通过加强学生、博士后和访问学者互访，双边联合申请项目，观测站基础数据共享，定期开展中美地球关键带研究研讨会等方式进一步加深合作，为国际地球科学研究和人类可持续发展做出更多贡献。

基于系统化认识近地表多要素、多尺度、多学科、多领域复杂地表过程的实际需要，国内外均将地球关键带研究作为综合集成的核心目标。地球关键带研究将推动生物地球化学、生态水文学和水文土壤学等新兴交叉学科及地球物理等高技术研究方法体系的发展。然而，从学科体系化的角度来看，无论对其研究的科学内涵和与之相关的外延，地球关键带系统研究还只是"概念"性的表述，而不是学科体系化的"科学"。广义的地球关键带科学将综合地学、生物学和人文科学，共同研究地球与人类的持续发展。

6.3 地球关键带研究的关键科学问题

6.3.1 地球关键带研究相关的国际会议

2015 年 12 月 2 日，地球关键带研究网络（Critical Zone Exploration Network，CZEN）发布《辅助会议文件》（*Supplementary Workshop Documents*），对 2005~2015 年地球关键带研究中相关会议和文件涉及的研究主题和科学问题进行了总结。

1. 地球关键带研究前沿会议 I （2005 年，特拉华大学）

问题 1：环境因素驱动下的物理风化和化学风化速率如何？

问题 2：发生在地球关键带临界区的生物地球化学过程如何对土壤和水资源的长期可持续性产生影响？

问题 3：地球关键带滋养生态系统的过程以及如何应对外力干扰？

2. 地球关键带研究前沿会议 II：风化和侵蚀的地生物学研究会议（2009 年，美国国家自然历史博物馆、史密森学会）

主题 1：植物通过管理碳、水和营养素的流动来实现太阳能和化学能转换，并通过植物微生物土壤养分网络来控制生物风化的区域位置和程度。

主题 2：生物化学通过风化作用来驱动矿物化学计量和分配的变化。

主题 3：在景观经历小型侵蚀后，在最初演替期间生物驱动风化过程，但是长期来看风化作用驱动生物学。

主题4：正在侵蚀的景观，前期风化作用通过生物剥蚀来推进地球深部与表面的耦合。

主题5：生物活动改变着地球关键带的地形。

主题6：气候的影响驱动自然系统的剥蚀速率可以通过加入生物地球化学反应速率和地貌流通规则实现预测。

主题7：不断增长的全球温度将会增加关键带的碳损失。

主题8：大气中不断增长的二氧化碳分压增加了土壤中矿物的风化速率和范围。

主题9：因为水通量的改变以及生物介质风化作用的改变，河边的溶质通量将对气候变化产生响应。

主题10：土地利用变化将比气候变化对地球关键带的过程和出口产生更大的影响。

主题11：恢复水文过程在几十年或者更少的时间内是可以实现的，而恢复生物多样性和生物地球化学过程则需要更长的时间尺度。

主题12：生物地球化学属性对阈值和临界点超出会导致生态系统健康不可逆转。

3. 全体总结大会（2011年5月，亚利桑那州）

主题1：气候和岩性的驱动和干扰。

主题2：生物在地球关键带中的作用。

主题3：地球关键带演化的时间尺度。

主题4：地球关键带结构的预测以及对响应的效果。

4. 维持地球关键带会议（2011年11月，特拉华大学）

主题1：长期过程和影响。

主题2：短期过程和影响。

5. 常见的科学问题总结（2014年5月发布的 Dietrich/Lohse 报告）

问题1：什么控制着地球关键带的属性？

问题2：什么控制着地球关键带的过程？

问题3：应对气候变化和土地利用方式的改变，地球关键带结构、存储和流通的响应是什么？

问题4：如何提升对地球关键带被用于增强生态系统弹性、可持续性以及恢复生态功能的理解？

6. 国际地球关键带科学前沿研讨会（2014年5月，北京）

主题1：流域的机械性联系，以及能量、物质和基因信息在流和含水层内垂直及地理空间范围的转换机制。

主题2：地球关键带演化的倒推化模型，解释现在，预测未来变化和对全球的影响。

主题3：地球关键带对环境变化扰动的响应、弹性和恢复。

主题4：对观测、遥感技术、电子基础设施和模型的集成研究。

主题5：对国际地球关键带网络的常规观测、管理和数据协调。

7. 全体总结大会（2014年9月，加拿大费希坎普）

问题1：什么控制地球关键带属性和过程？
问题2：地球关键带的结构、物质的存储和流通对气候变化有何响应？
问题3：地球关键带结构、存储和流通对土地利用变化如何响应？
问题4：对地球关键带的研究如何被用于增强弹性和可持续性，恢复生态系统？

8. 2015年召开的研讨会

主题1：跨地球关键带网络的地球关键带结构和功能集中排放差异。
主题2：地球关键带网络生物地球化学。
主题3：利用可启用的基础设施对地球关键带微生物生态学进行相互比较。
主题4：开发地球关键带服务的建设。
主题5：地球关键带弹性转向扰动：一个提前一天的研讨会，旨在通过使用X-CZO方法开发可测试的假设。
主题6：对树、水和土壤的四个关键难题研究——研究的视野。
主题7：地球关键带深部结构和演化体系。
主题8：地球关键带中有机物的通量、稳定性和反应。

当前的土地利用和气候变化使得陆地表面快速地发生着变化，因而这需要加大科学观测力度和规模，这对于了解、预测和管理环境变化的影响是必不可少的。这些证据对未来具有重要的显著意义，如获取干净的水和足够的食物，防止如洪水、饥荒和干旱威胁。地球关键带目前正面临着诸如人口增长、资源短缺等方面的巨大压力。在未来的40年里，人们对食物和化石燃料的需求将会加倍，对水资源的需求将会增长50%。因此，对地球关键带地质过程以及速率的理解、预测、管理等将对人类和经济的可持续发展和缓和、适应气候变化等至关重要（图6-3）。

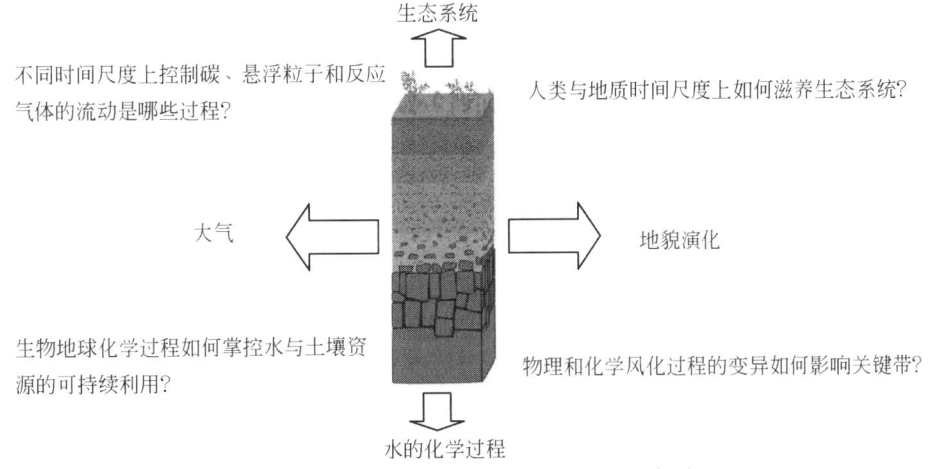

图6-3 地球关键带的重要研究问题的四个层面
资料来源：http://www.czen.org/files/czen/CZEN_Booklet.pdf

6.3.2 关键科学问题

2011 年，NSF 发布的 *Report of the International Critical Zone Observatory Workshop: 2011, Sustaining Earth's Critical Zone* 确定了六个优先科学问题。解决这些问题需要认识到地球关键带过程控制着土壤的发育、水的质量和流动、化学循环，进而调节能源和矿物资源的形成与发展。这一切对地表上的生命而言，都非常重要。但是，人类对地球关键带却知之甚少，特别是以下三个问题：①地球关键带是如何形成的，环境过程和地球关键带服务是怎样演化和塑造的？②开发经验证据和数学描述以预测在未来几十年，甚至几个世纪地球关键带是如何响应的？③提供科学证据和决策支持工具，塑造政策和管理选项来满足今天的需求和维持地球的自然资本的地球关键带未来如何变化？

总结起来，地球关键带研究的主要科学问题有以下 6 个。

1. 科学问题一

风化层（由覆盖于坚硬岩石的松散不均匀的物质组成的地球关键带部分）的地质演化是怎样构建地球关键带内的生态系统功能的可持续性的？

（1）研究挑战。①基岩生态系统对环境变化的响应；②预测地球关键带结构和基岩属性；③地球关键带研究的方法（如物探）；④风化层形成和转化之间的关系；⑤绘制风化层化学物质结构和矿物裂缝方向/密度图。

（2）研究假设。地球关键带的长期演化主要通过水、生物和大气源的能量输入。地球关键带对能量输入的响应随着阈值变化呈非线性关系。在地球关键带的径流和营养循环是由风化层转化的速率和进程控制的。风化层的形成速率可以通过基岩孔隙度、渗透率（包括压裂）、化学和矿物学之间的函数关系预测。地球关键带的结构和构造依赖并调节生物成分和活动，从而影响风化层形成速率。

（3）实验设计和方法。目前，地球关键带观测网络不能提供足够多的土壤水分在不同岩性的岩石持续滞留时间。许多地球关键带观测站处于一定温暖环境的造山区域，在这种温暖环境下，地表物质通过冰川作用和相关过程得到更新。为了获得风化层滞留时间的范围，需要使地球关键带观测站处在造山后的环境中。关键的测量包括风化层滞留时间（辅助于新的测量和模拟方法定义风化层厚度）和对滞留时间的基本控制，如地形的高低程度和坡地产流长度。岩性反应性（化学、矿物学、孔隙度）、能量输入（朝向、日晒、碳、微生物和植物群落等）、风化溶液化学和风化产物被描绘。风化层研究方法应该包括钻取土芯，在坡地产流尺度上进行地球物理和航空地球物理调查。

（4）未来发展。地球关键带观测网络通过多种岩性（如花岗岩和玄武岩）定义主要扰动力，如侵蚀、腐蚀的不同敏感性，包括山坡上土壤年代序列。通过整个能源输入了解之前定义的古气候变化和气候扰动序列（如不同密度的冰川间冰期的气候变化）。

2. 科学问题二

土壤和下垫岩石中分子的相互作用，以及如何影响流域开发和地下蓄水层？

（1）研究挑战。①自然的相互作用，如植物/土壤、土壤/岩石、土壤/大气和渗流/潜水区交互界面；②在实验室中重现地球关键带分子相互作用的能力；③基因和生物出现新响应和分子尺度的相互作用的可能性；④地球关键带时空异质性的原因，如生物地球化学/相关物理基底异质性或其他潜在原因；⑤短暂的高强度活动与低强度持续的过程率（频率、强度）的影响；⑥通过定义状态参数来描述地球关键带流域尺度的能力；⑦研究观测地点和监测方法选择的主要标准。

（2）假设研究。①地球关键带多样化的过程，实验基础数据能够扩展到流域观测；②定义每个进程的时间特征和长度规模；③地球关键带结构体系和演化；④通过长期观测确定地球关键带从分子到流域的自然属性；⑤从短时间尺度到长时间尺度，了解地球关键带在不同尺度的过程。

（3）实验设计和方法。该实验需要全面测量地质、土壤类型、地形、风化层深度、植被、陆–气通量（水、太阳能等）、土壤水分/潜力、地下水位、土壤水分化学、微生物群落多样性（组成和功能）。在流域尺度，测量必须包括排放、地下水监测、次表层海温、产沙、化学物质平衡、土壤水分和有机碳。时间采样频率从亚秒级的实时数据采集的原位传感器，如连续遥感卫星观测，并每天十次现场取样。在理想情况下，这些观测网络中的站点以梯度状态进行参数排列，地球物理监测应该采用遥感耦合原位地面传感，并允许传感器网络进行大区域整合。

（4）未来发展。全球地球关键带网络将帮助了解地球关键带角色的转变，提供商品和服务，有助于开发新的重大科学领域。新的社区和跨学科的方法将有可能形成一个共同的科学语言和网络地球关键带观测的研究平台。

3. 科学问题三

如何从单分子到全球尺度上将理论和数据相结合，解释过去的地球表面变化和预测地球关键带演化及其行星碰撞？

（1）研究挑战。①地球关键带在碳、沉积物、能量和水通量上与全球变化的响应；②预测研究地点扰动变化；③地球关键带在全新世到更新世（冰川期到冰河期）转变的响应；④如何通过一维地球关键带模型链接生物、物理和化学过程解释地球关键带结构的遗留物及其建造的景观历史。

（2）假设研究。通过地球关键带土壤、生态、水资源对未来全球气候变化的响应，去研究过去变化。

（3）实验设计和方法。这项研究将结合一维过程模型，重建地球关键带结构的发展对地壳构造历史和环境的响应。一维模型使全球许多站点之间的相互比较成为可能。至少100个站点将会沿着环境变量梯度进行选择，模型开发将会帮助识别数据需求及其选址。

预钻孔调查包括对浅层地球物理参数进行地面测量。钻孔技术将使用先进的技术，如声波钻孔。安装多级地下水抽样器，其将用于检测在多个深度流体成分随时间的变化。

钻探主要包括空隙流体化学、矿物学、矿物化学、饱和导水率、宇宙成因核素和其他同位素测量、碳/微生物生物量、遗传多样性、孔隙度、含水量、裂隙密度/表面积的详细测量。这些数据将会结合其他地下测量数据，如通过地球物理学工具获得的数据，以及土壤描述、空隙分析和其他测量数据。

（4）未来发展。地球关键带网络研究影响地球关键带结构和流程的梯度变量。这些变量包括岩性、气候等，并开发一维地球关键带过程模型。同时，开发一个计算机基础设施来管理、处理数据和协调建模工作。该网络将建立地球关键带监测点，在钻探的横断面构建地球关键带监测点。该网络的实施将建立一维地球关键带架构，确定关键变量和参数，以及钻探选址标准。预期的一维模型参数来源于基岩特征、气候、变量、侵蚀切割率和水文条件，通过这些信息预测地球关键带剖面的广义形式和它的化学特征，并将预测陆地生态系统的广义特征和目前的水通量、能源和主要有机及矿物营养元素变化。

4. 科学问题四

怎样通过数学建模对地球关键带进行定量的观测和预测？

（1）研究挑战。①缺乏阈值信息，不确定地球关键带系统研究能走多远；②对地球关键带系统相关性研究的不确定性；③未知的敏感性变量，如河岸地带、永久冻土和土壤肥力。

（2）假设研究。大多数的地球关键带系统可预测地球关键带进程和扰动响应，而一些地球关键带系统不能进行预测。在一些可允许的范围内，人类可以通过成功的操控地球关键带进程来维持土壤肥力或水质。鉴于空间和时间尺度的扰动以及系统状态认识（岩性、生物、气候），地球关键带在空间和时间尺度上对扰动的响应可以被预测。

（3）实验设计和方法。实验设计包括生态学地球关键带的集成研究。该设计基于建立站点数量和通量以了解支持生态系统服务的主要地球关键带组成部分。必要的测量包括气候参数、能量、水、碳、养分输入和输出通量、生物、食物链、水文、沉积物测量及地面和地球物理参数机载测量。站点选择将包括有下游湖泊或蓄水的地方来研究沉积物随时间的变化。

（4）未来发展。地球关键带网络将会通过土地利用系统描述地球关键带扰动。很多站点都可以在全球范围内来研究特定地球关键带梯度（如气候序列），并建立国家监测服务和公共数据访问的集成合作式网络。

5. 科学问题五

如何通过遥感和监测技术、电子/网络基础设施和建模集成方法，模拟陆地环境变量和预测水供应、食品生产、生物多样性？

（1）研究挑战。国际地球关键带观测管理机构必须提升所需要的融合水平，包括对地球关键带观测内部会员的要求；融合地球关键带观测数据和模型共享。

（2）假设研究。链接国家地理数据集、地球关键带过程的数值模拟和专业研究数据集，从景观的角度对陆地进行参数化和过程模拟。假设地球关键带观测成为地面实际空间的遥感方法和数据的测试平台。

（3）实验设计和方法。地球关键带观测项目使用网络设计模型（如确定缺失的测量和数据）；利用现有的网络技术促进地球关键带科学的发展；对所有地球关键带观测站点的基本陆地数据进行公开；重建环境历史，揭示早期气候和土地利用变化的影响，评估在测量和模型方面的不确定性。

根据水和能源、生物地球化学、植物生长和景观演化的地球关键带观测特征数据集，实行模型比较。地球关键带重建实验,如植物和水文气候历史、土壤形态的变化和岩石风化。对地球关键带(土壤、水、植物、岩石)的可持续和安全利用以及地球关键带的产物(能源、食物和水)做出预测。构建地球关键带观测数据基础框架,包括地理空间和时间数据及模型。实验参数包括:土地覆盖(土地利用数据、陆地卫星、中分辨率成像光谱仪、高分辨率多光谱产品、湿地资料)、土地利用和土地管理、植被(生物量、净初级生产力、叶面积系数和结构等)、土壤分类图(SSURGO、JRC、全球)、地形(DEM、光探测和测距)、气候和天气、地质学(包括来自地面、大气和卫星的地球物理调查)、河川径流、海洋测深、化学、沉积物、地下水(水位、熔融、能量、化学等)、土壤水分、温度、雪(深度、SWE、化学、结构)、土壤生物指数(生态区域、土壤微生物分类等)。

(4)未来发展。地球关键带观测网络将提升对地球关键带的结构、功能和演化的准确预测性理解。网站的内容和基于梯度的站点设计原理应该以地球关键带的具体预测为指导。地球关键带观测基于理论、模型、方法和实验的测试平台推进国际网络模型为主导的研究活动。

6. 科学问题六

怎样将自然和社会科学的理论、数据和数学模型相集成,以综合模拟和管理地球关键带的商品和服务?

(1)研究挑战。①缺乏学科的整合和标准(过程或学科整合);②人类对自然景观适应的长期影响;③人类反馈响应迟缓;④缺少有关过渡时期接近临界值的研究;⑤不能通过使用目前测量和预测的变量来实现服务预测(例如,对食品或生物量做预测是可以实现的,但对于固碳来说则是不可能的);⑥对地球关键带系统的结构分类的不确定性。

(2)假设研究。基于现有理论框架和观测方法整合整个自然科学和社会科学,从而提供定量的跨学科方法分析和预测人类对于地球关键带过程和服务的干涉。

(3)实验设计和方法。地球关键带观测处理这些假设时,超出目前地球关键带研究项目范围的观测结果和数据。地球关键带观测网络需要共享指数、主要变量和诊断指标。

(4)未来发展。地球关键带观测网络将使科学家获得预测环境变化的阈值和临界值,如气候变化和土地利用变化等。同时,网络有助于了解地球关键带服务的稳定性(食物、生物多样性、固碳和水过滤)及其影响。地球关键带观测的标准包含与土壤生态系统服务密切相关的恢复和扰动的长期序列。

6.4 地球关键带研究站点分布

6.4.1 全球地球关键带研究站点

地球关键带观测站的建立可以更好地认识地表过程。显然,地球关键带是一个复杂的系统,系统内的各部分都受到自然界各种因素的交互影响,但目前主要还是就系统内的单个组成部分进行分领域研究，而且大部分是在野外进行的。地球关键带观测站的建立，将使研究者从调查地球关键带入手，把系统内的各部分作为一个整体来开展研究。整套测量包括陆-气交换的水和二氧化碳的变化，土壤湿度、孔隙水化学事件的季节变化，生物圈和表面水和地下水系统的联系，以及相关的长期土壤演化，相关初始物质组成和这些流动、破碎的基岩渗透的变化。地球关键带观测站的主要目标有三个，分别是：①发展整体性的理论架构来认识地球关键带的演化。地球关键带观测希望找出整体的概念架构来整合水文学、地貌学、地球化学和生物学彼此相互作用的新知识，也希望整合不同时空尺度的正反馈效应和负反馈效应。②发展互联的系统模型来了解地球关键带如何对气候性、人为性和地质性的外界强迫做出反应。地球关键带观测希望建立量化模型来整合多元化过程，模型将反映能量、气体、水、沉积物的赋存和流动。③发展综合的数据/测量框架。该框架要能够记录一系列的地质和气候数据，为现有的理论框架提供信息，对现有模型有所约束，并检验模型推导出的假设是否正确。

目前，地球关键带观测共同的特点是具有广泛的多学科的专业知识，提供变革性科学的进步，主要集中在一个注重过程的研究，以及在多尺度的数学建模和仿真相结合。美国地球关键带观测正在开发相关的传感器技术和实时数据采集、数据管理与集成。欧洲地球关键带观测推动社会科学及政策整体进步，以及政策和管理干预的决策支持工具的发展。

地球关键带观测在国际上的影响力越来越大，主要作用是确定科学重点和研究的主要问题，提供重大社会挑战的解决方案。宏伟目标是在10年内，转化多学科的知识和发现维持地球关键带的跨学科解决方案。未来3年，地球关键带观测行动包括加强国际资助机构和国际监管机构的国际合作，增强现行的和被提议的地球关键带及相关领域的网站观测，吸引广泛的国际地球关键带的专家，获得广泛的科学访问和地球关键带观测站点和数据的贡献量，把地球关键带进程和功能转化成定量描述经济服务和其他社会价值。这也必须纳入量化的决策支持工具，帮助环境管理人员和政策制定者评估其优点和缺点，以减缓和适应环境变化。

地球关键带观测站点于2007年启动，NSF资助3个地球关键带观测，共资助1500万美元（1100万欧元）；2009年，对另外3个地球关键带观测的资金支持增加了1倍。在2009年由欧洲委员会（EC）资助了一个700万欧元（900万美元）的研究项目，目的是建立在欧洲、中国和美国的国际网络观测，并由北美的科学家共同完成。RVB是由20个政府机构资助的地球关键带观测网站，被评为10年700万欧元的优秀地球关键带项目（CRITEX）和基础设施计划。RVB连接了美国和欧盟项目。德国的地球关键带观测由慕尼黑工业大学（TUM）领导并与EC项目共同研究。

美国CZO推行地球关键带地球表面过程基础科学研究，通过时间尺度和空间密度实时遥感开发新观测方法（Bales et al., 2011; Jin et al., 2011）。欧盟地球关键带观测项目主要利用现有的基础设施和数据，通过数学建模，专注于整合和数据解译。这为欧盟实施保护土壤主题战略提供了科学证据，包括与社会科学相连接，如生态经济学和人文地理与公共政策之间的联系（Banwart et al., 2011a）。法国RVB包括土地与水的相互作用的研究和监测全球网站。此数据支持基本的地球科学研究，并提供资源管理量化的环境过程。

国际地球地球关键带观测网络体系初步形成了水文土壤学监测与研究联盟。以NSF和欧盟为主导的地球关键带观测站点主要分布在美国（10个）、德国（TERENO，4个）、瑞典（Damma Glacier，1个）、希腊（Koiliaris River，1个）、捷克斯洛伐克（Lysina，1个）和澳大利亚（Fuchsenbigl，1个）。

在地球表面过程新议程和环境可持续发展科学依据新政策需求推动下，国际地球关键带观测继续扩张。来自分布在25个国家约60个研究地点的科学家们目前正在积极参与制定协调一致的国际研究工作，目的是连接地球关键带观测和地球关键带研究与全球可持续发展议程。

CZEN是一个社区，更是一个调查研究地球关键带过程的野外站点网络。CZEN的成员包括各种研究者和教育者，他们致力于探索形成和改变地球地球关键带的物理、化学和生物过程。相关研究覆盖非常广的学科范围，包括地球科学、水文学、微生物学、生态学、土壤学和工程学等。通过CZEN，研究人员能够以环境变量隔离，对比不同梯度（时间、岩性、人为扰动、生物活动、地形等）环境作用的方式来获取和整合有关数据（图6-4）。

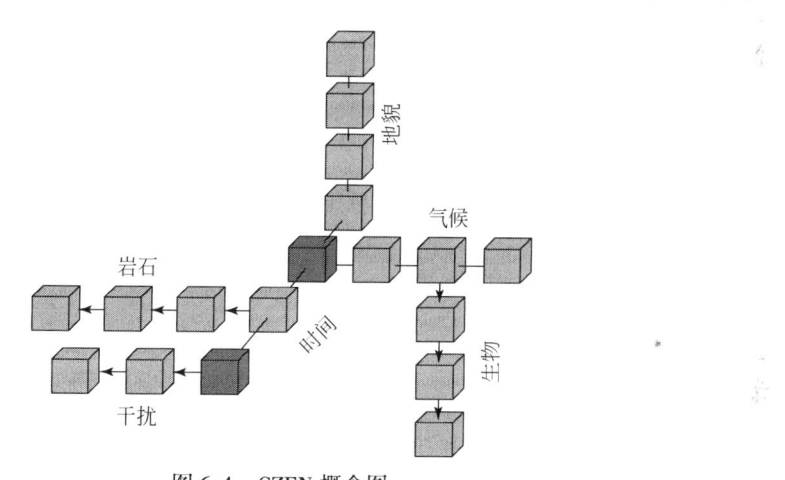

图6-4　CZEN概念图

资料来源：Brantley等（2007）

CZEN概念图为调查地表过程描绘了一个模型观测网络。每个方块代表一个地球关键带的观测网站或站点。如图所示，选择的这些网站均覆盖了环境梯度，但是其他一些梯度也可以探讨。例如，网络观测试验能够调查pH浓度、水的组成、隆升速率或变形速率。地球关键带观测网站这样一个网络的设想是相对较短时间进行监测的。位于超过一个梯度的站点（表示为深灰色）应该进行较长时间的监测

CZEN将驱动以下四个问题的研究：①不同时间尺度下，哪些过程控制着碳、悬浮粒子和反应气体的流动？②生物地球化学过程如何控制水和土壤资源的长期可持续性？③物理和化学风化过程的变异与干扰如何影响地球关键带？④滋养生态系统的过程在人类时间尺度和地质时间尺度上如何变化？

6.4.2　美国地球关键带研究站点介绍

2009年10月，NSF的地球科学部发布了《地球科学远景：通过地球科学揭示地球的复杂性》（*GeoVision Report*：*Unraveling Earth's Complexities through the Geosciences*）报告，指

出地球关键带观测站是用来记录、模拟和预测地区气候和土地利用的变化对水及生物地球化学循环影响的地面观测站。在每个观测站,科学家们将调查地表过程的集成和耦合过程,以及淡水的存量与流量对这些过程的影响。在研究手段上,观测站将使用野外实践和理论分析相结合的研究方法,并配合空间遥感技术和理论技能。地球关键带观测站的建立,将使研究者从调查地球关键带入手,将系统内的各组分作为一个整体来开展研究,可以使人们预测气候和人类活动的变化对地球关键带演化和功能的影响,特别是对可持续水资源的影响。

2013年以前,在美国NSF的资助下,美国共建立了6个地球关键带观测站,分别是建于2007年的内华达山脉地球关键带观测站(Southern Sierra CZO)、博尔德溪地球关键带观测站(Boulder Creek CZO)、萨斯奎汉纳/西尔斯山地地球关键带观测站(Susquehanna-Shale Hills CZO)和建于2009年的赫梅斯河流域-圣卡塔利娜山地球关键带观测站(Jemez River & Santa Catalina Mountains CZO)、克里斯蒂娜河流域地球关键带观测站(Christina River Basin CZO)、卢基约地球关键带观测站(Luquillo CZO)。2014年1月15日,美国NSF公布新的地球关键带研究计划,将资助新建4个地球关键带观测站开展地表过程研究,建成后,美国专门用于地球关键带研究的观测站点将达到10个并形成首个地表过程系统观测站点网络(图6-5)。计划新建的4个观测测站分别是位于南卡罗莱纳州皮德蒙特地区的卡尔霍恩地球关键带观测站(Calhoun CZO),位于爱达荷州西南的雷诺兹河流域地球关键带观测站(Reynolds Creek CZO),位于北加利福尼亚州的鳗鱼河流域地球关键带观测站(Eel River CZO),位于伊利诺伊州、艾奥瓦州、明尼苏达州的集中管理景观地球关键带观测站(Intensively Managed Landscapes CZO)。地球临界带观测站将首次为科学家提供一个以系统方式致力于地球表面演化监测的基地。在每个观测站,科学家们

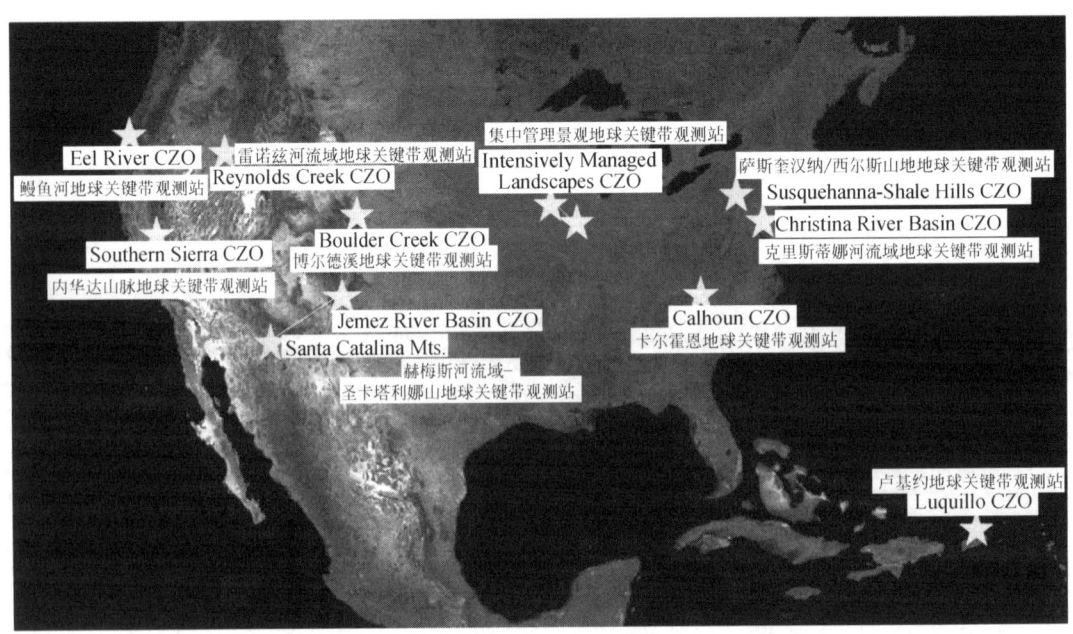

图6-5 美国NSF CZO建的10个观测站分布图(见彩图)

资料来源:http://criticalzone.org/images/national/associated-files/1National/CZONatlWebinarDec8-sm.pdf

将调查综合的和耦合的地表演化过程,以及流出的和现存的淡水对这些演化过程的影响。在研究手段上,观测站将使用野外实践和理论分析相结合的研究方法,并配合空间遥感技术(图6-6)。资金和人力的充足投入使得CZO能够启动一系列在传统科研投资机制下无法实现的新的科学研究与调查,引导科研人员在认识地球关键带方面取得令人兴奋的新进展(White et al., 2015)。

图 6-6　美国塞拉利昂南部临界带观测站
该观测站是整合测量与建模功能的一个平台

1. 内华达山脉地球关键带观测站

内华达山脉地球关键带观测站由加利福尼亚大学默赛德分校主持,位于加利福尼亚州内华达山脉雨雪过渡的山麓上,是在内华达山脉南部混合针叶树森林中研究地球关键带过程的一个平台。美国西部山区的雨雪交替带对气候和植被覆盖大范围的和潜在的快速变化非常敏感,同时这个区域在海拔梯度上具有典型的快速的季节变化,从积雪到湿土再到干土,时间跨度只有1~2个月,而且气候变暖将可能缩短这种时间跨度,甚至可能完全消除。这种海拔梯度上独特的空间差异为研究替代空间提供了很好的机会,内华达山脉观测站是研究地球关键带过程如何响应干扰,特别是水循环如何驱动地球关键带过程的一个天然的实验室。

当前,该研究小组发展的主要模型为区域水文生态模拟系统(regional hydro-ecologic simulation system,RHESSys),该模型是耦合了水文生态过程的空间分布式的动态模型,是一个基于GIS的,用来模拟碳、水和营养通量的水文生态模拟框架。模型中既包含了对垂直水文过程的机制的表达,也考虑到了侧向的水分再分配以及产流过程,同时也包括了土壤、植物中碳循环和氮循环过程。通过结合一组基于物理过程模型的、景观分区的和参数化的方法,该模型能够在流域尺度上分析不同过程的空间特征以及时空相互作用(Tague and Band,2004)。内华达山脉地球关键带观测站研究的问题主要有耦合的水文和生物地球化学循环在雨雪过渡期如何变异?极端水文事件在水文和生物地球化学平衡中发挥着什么样的作用?植被调节或主动控制主要地下水流和营养物质的程度有多高?在什么时间和空间范围内及在哪个季节，大孔隙（macropores）和其他短路途径（short circuitpathways）在临界带中占据主导地位？季节性积雪的出现如何影响内华达流域和山坡的地下、地球关键带、土壤、地貌、生物地球化学和水文过程？随着气候变暖和积雪的退却，相关的过程和水库将如何应对？

2. 博尔德溪地球关键带观测站

博尔德溪地球关键带观测站由科罗拉多大学主持，该观测站位于科罗拉多落基山脉前缘的博尔德溪流域。博尔德溪地球关键带主要由不同分层的土壤和风化的岩石构成。研究人员在博尔德溪 400 平方英里的流域内开展研究，主要研究风化和侵蚀过程如何控制地球关键带的结构和功能，以及地球关键带的结构如何影响景观的水文、地球化学和生物的功能。博尔德溪流域的海拔落差很大，因此，该观测站研究的问题主要有如何控制着集水区对降雪和降雨的水文响应？地球关键带的发展阶段如何影响风化和营养物质的流动？博尔德溪关键带观测系统的专业研究人员开发了 CHILD（channel-hillslope integrated landscape development）模型，CHILD 模型是一个用 C++ 编写的计算机程序，该模型可以模拟由重力、河流冲刷以及构造运动导致的侵蚀和泥沙运移，计算地形的演化和地层沉积，模拟各种地貌过程。该模型旨在为景观演化建模建立一个灵活的可扩展平台，并为径流产生、风化层产生、物质运输、河流侵蚀和搬运作用、基准面变化等过程与现象的模拟提供较宽的参数可选范围。该模型采用三角剖分算法以非结构化网格点模拟地形表面，每个网格节点的高度都随时间发展而变化，由此模拟由土体蠕动、河流搬运以及构造变形造成的侵蚀或沉积过程（Tucker et al., 2001a, 2001b）。

3. 萨斯奎汉纳/西尔斯山地地球关键带观测站

萨斯奎汉纳/西尔斯山地地球关键带观测站，由宾夕法尼亚州立大学主持，该观测站位于宾夕法尼亚州中部，是一处被森林覆盖的、小的、气候适宜的集水区，在那里风化层在同质的页岩上形成。该观测站和相关跨学科研究的目的是定量地预测风化层的形成、演化和结构。通过跨学科团队的合作研究，旨在提高描述风化层特征的方法，为预测风化层的分配和特性提供理论基础，并在理论和实验上研究风化层对流体路径、流速和停留时间的影响。这个研究位点从 20 世纪 70 年代开始就是 NSF 支持研究的重点，1970～1975 年作为分配水收支的综合数据库，1998 年到现在作为一个模型来检测河床对水文的响应。此外，该地球关键带研究中还将增加地球化学、地貌、生态、激光雷达和土壤数据库。该观测站研究小组开发了多种数值模型用于模拟关键带过程，这些模型包括模拟土壤基流和大孔隙流中质量和能量的传输模型，以及模拟流域内质量和能量的传输模型。该项目以宾夕法尼亚州立大学集成水文模型（the penn state integrated hydrologic model, PIHM）作为建模框架，PIHM 是一个多过程、多尺度、地表水地下水完全耦合的模型。

该观测站处于一个构造静止和相对原始的流域，可以用来在相对简单但是普遍存在的基岩上研究风化层形成的速率和机制。另外，该观测站的风化层在近期的地质历史上至少经历了两次重大的干扰，一次是从冰河期到现在的气候干扰，另一次是殖民占据以来人为的森林砍伐。这些干扰的强度和其对风化层形成的影响为评估土壤形成对长期气候变化和人类活动响应的时间尺度提供了机会。

4. 赫梅斯河流域-圣卡塔利娜山地球关键带观测站

赫梅斯河流域-圣卡塔利娜山地球关键带观测站由亚利桑那大学主持,研究地点位于新墨西哥北部的赫梅斯河流域和亚利桑那南部的圣卡塔利娜山脉,研究人员将在这 2 个区域开展能量和水流的时空变异对耦合的地球关键带过程的影响研究。

通过在美国西南部建立一个跨学科的观测站,来提高对组成地球关键带的生物群、土壤和地形的功能、结构和共同进化的基本理解,验证关于气候和水循环变异与地球关键带功能之间关系的假说。该观测站研究的问题有:能量的输入和相关物质流动的变异如何影响地球关键带的结构和功能?景观进化和水、碳循环之间的反馈如何影响地球关键带短期和长期的发展?

为了验证物理、化学和生物过程之间的耦合,研究将整合四个交叉科学主题,这是多学科和多尺度的:生态水文学和水文分区、地下生物地球化学、景观进化及表层水的动态。

该观测站研究的科学问题有:①能量的输入和相关物质流动的变异如何影响关键带的结构和功能?②景观演化和水循环、碳循环之间的反馈作用如何影响关键带短期和长期的变化?为了回答以上问题,该观测站的研究人员建立了 hsB-SM(Hillslope Storage Boussinesq-Soil Moisture)模型与 TIMS(Terrestrial Integrated Modeling System)模型。研究人员将采用一个集成的基于过程的模拟方法来确定测量结构和过程的最佳位点;通过野外的观察和测量来完善相关假说;探索反馈和应急系统行为;开发可以用于跨观测尺度和模式上有关的系统行为的转移功能。

通过在此观测站上的观察可以提高我们预测地球关键带对气候和土地利用变化的响应,这些信息有助于地区资源的管理者制定相关的措施,并能最终影响更大尺度决策的制定。同时,该观测站将与其他观测站一起来促进数据采集、存储及相关研究成果的传播。

5. 克里斯蒂娜河流域地球关键带观测站

2009 年 9 月,NSF 资助特拉华大学和斯特劳德水研究中心在克里斯蒂娜河流域建立一个地球关键带观测站,主要用于研究与气候变化有关的问题,来研究与气候变化有关的问题,这是一个由多学科的学者参与的项目。通过利用克里斯蒂娜河流域作为他们的天然实验室,科学家努力研究土壤侵蚀和沉淀物运输如何通过河流影响陆地和大气之间的碳交换,以及如何影响气候。在过去的 40 多年中斯特劳德水研究中心和相关的机构已经在克里斯蒂娜河流域开展了大量的研究,但是要解决地球与环境之间的重要问题还需要在地球关键带地区开展大量的研究。

在过去的几个世纪中,人类活动已经对地球上的景观产生了巨大的影响,该观测站将致力于量化人类活动对碳和气候影响的研究。克里斯蒂娜河流域有原始的未受人类干扰的地区、次生森林、农业用地、郊区环境、高度工业化和城市化的地区,这为我们在地球关键带调查不同程度的人类活动对基本的生物、化学和地质过程提供了一个理想的实验区域。研究人员准备就水、沉积物和碳在整个流域尺度上的过程及人类活动对这些过程的影响开展相关研究。

6. 卢基约地球关键带观测站

卢基约地球关键带观测站由宾夕法尼亚大学主持，NSF 将在波多黎各的卢基约国家森林公园的两个流域建立一个观测网络，来评估涉及岩石风化和土壤环境进化的物理、化学、水文和生物过程。该观测站将利用卢基约山脉作为自然实验室来量化和比较在以花岗闪长岩和火山碎屑基岩为基础的流域上地球关键带过程如何受到气候条件和水文、地球化学和生物地球化学循环的影响。一系列相互关联的假设、取样位点、统一的数据管理系统将通过基岩、景观位置（山脊、丘陵、河岸）、深度（表层到基岩）、森林类型（Tabonuco、Colorado、Cloud）和位置（高山到沿海）来比较地球关键带过程。

2009 年以来，该观测站采用的水文模型包括基于 GIS 的统计学模型（García-Martino et al., 1996, Pike and Scatena, 2010）以及最近发展的分布式生态水文模型 tRIBS-VEGGIE （Lepore et al., 2011），这些模型已经用于研究区景观特征、洪水水位预测以及斜坡坍方等各类研究。目前，该观测站的工作重点是提高土壤水分变化和植被在 tRIBS-VEGGIE 模型中的表征，从而更好地预测滑坡和地质热点。卢基约地球关键带观测站将提供所需的基础设施和基础研究来评估土壤和水资源侵蚀的短期和长期影响。该观测站也将支持在不同学科的科学家之间开展综合的、跨机构的和多文化的交流，科学家将进行合作以确定气候变化对陆地环境的影响。

卢基约地球关键带观测站主要研究以下两个问题：在气候、土地利用和地质历史条件类似，但是基岩条件不同的景观中，地球关键带过程和物质的流动和转化有何不同；地球关键带过程和物质的流动及转化的差异对水和土壤资源的可持续性有什么影响？具体来说，该观测站要在以花岗闪长岩、火山碎屑基岩及其相关变质岩石为基础的地形和流域上量化及比较地球关键带过程。

7. 鳗鱼河地球关键带观测站

位于北加利福尼亚州的鳗鱼河地球关键带观测站由加利福尼亚大学伯克利分校主持建设。该观测站旨在基于通过高强度的野外现场检测来追踪流域的主要特征，包括溶质、气体、沉淀物、生物群、能量和动力情况。探索地球关键带如何协调流域与不断变化的环境生态系统响应的关系研究。这些过程的判断主要依赖于对地下物理环境和陆地生态系统、微生物生态系统，甚至是大气层的实地观测，并且对不同的排水通道网络中水生生态系统与以上系统之间的相互作用和河口海岸生态系统的营养物质调节作用进行详细分析。该观测站主要关注的科学问题包括：是否岩石岩性控制的水分可以被植被吸收，从而使得植被能够对气候变化引起的季节性干旱环境具有弹性？山坡中溶质和气体是如何受到微生物的影响而改变潮湿环境的？在季节性干旱环境中，什么控制着通道网络中湿度通道的空间范围？地球关键带中的气候和土地利用变化是否会导致河流或者沿海生态系统流域类型的变化？

8. 雷诺兹河流域地球关键带观测站

位于爱达荷州西南部的雷诺兹河流域地球关键带观测站由爱达荷州立大学负责建设。该监测站主要关注的科学问题是：土壤环境变量（如土壤水分、土壤温度、净水通量）的测量、单个土体的建模以及流域尺度的测量。这些工作将会提高对土壤碳储存、通量和过程进一步理解和预测。

9. 卡尔霍恩地球关键带观测站

位于南卡罗来纳州皮德蒙特地区的卡尔霍恩地球关键带观测站由杜克大学主持建设。该观测站主要寻求地球关键带对水土流失和土地退化的应对机制，探究地球关键带动力学和演化的人类与自然驱动力。关键假设包括：重新造林可以改变地球关键带的水文、地貌、生物学、进化和生物地球化学特征，地球关键带受到扰动之后可能的恢复机制。

10. 集中管理景观地球关键带观测站

位于伊利诺伊州、艾奥瓦州、明尼苏达州的集中管理景观地球关键带观测站由伊利诺伊大学香槟分校主持。该观测站主要的科学假设是：集中管理景观地球关键带观测站可以获得人类改造的转折点，并且实现了由一种高营养、水和沉积物存储转向了低营养、水和沉积物存储的情景的转换。整个系统是不平衡的，并且人类活动成了主要驱动力，而不是季节性/年际平均水平驱动。

6.4.3 欧盟的 SoilTrEC 项目地球关键带观测站点介绍

1. 奥地利 Fuchsenbigl 地球关键带观测站（Fuchsenbigl CZO）

Fuchsenbigl 地球关键带观测站是一个农业研究台站，主要针对严格管理的耕地，开展土壤生产力和其他土壤功能研究。土壤是一种重要的经济资产，而且容易在集约农业操作中受到威胁。在奥地利最东部约有 0.05 平方千米的农业面积砂质石灰始成土，类似于多瑙河的黄土质沉积物，土壤是肥沃的薄质黑钙土，冬季种植作物有小麦、大麦和甜菜。该观测站同时是一个奥地利卫生和食品安全的重要机构，距离多瑙河沉积正中仅有 8 公里。在观测站点和多瑙河中间地区，该观测站进行了土壤形成的全面研究工作，并且建立了一套年代序列，包括从多瑙河最年轻的沉积物到与该站台附近最古老的沉积物。在该观测站田间试验中，还使用了 ^{14}C 标记的麦秸和农家肥料，自 1967 年之后，该观测站对土壤中微量有机质的运转流通过程判断得非常准确。

2. 瑞士 Damma 冰川地球关键带观测站（Damma Glacier CZO）

该观测站位于瑞士乌里州，由瑞士联邦理工学院环境和可持续能力中心资助的大网络项目（Project BigLink）资助成立。该项目研究生物圈和岩石圈的交互关系，包括对气候变化、风化作用、土壤形成，以及生态系统演化的研究。该观测站主要侧重对冰川退缩后，基岩暴露、冰水沉积矿床早期阶段形成新母质的土壤形成过程研究，旨在进行更为详细的多学科研究，加强对生物圈-水圈-岩石圈交接地区的风化作用初始阶段的过程了解。同时，该观测站也积极开发新的工具研究地球化学风化和土壤形成过程的相关研究。这些结果将被集成于一个水文流域数值模型中。该观测站的长期目标是改善对基本过程的理解，提升和扩大对大流域的水文和物质通量变化在气候变化背景下的预测能力。

3. 捷克 Lysina 地球关键带观测站（Lysina CZO）

Lysina 地球关键带观测站位于斯拉夫克夫森林保护区，距离布拉格约有 120 公里，向北距玛利亚温泉市有仅 10 公里，是一个实验性流域，用于研究土壤对酸性沉积和其他影响的弹性功能。该观测站的主要研究始于 1988 年，其反映了作为重要经济自然的土壤受到工业污染的情况。该观测站主要研究焦点在于描述缺镁、酸性敏感的 Lysina 流域长期的水文-地球化学模式。该观测站任务包括：研究元素通量和集中性、干湿沉积、树木内部循环、土壤物质交换过程、化学风化过程、水化学和土壤化学状态。该观测站也是捷克 GEOMON 网络的子成员，并且属于三个国际网络，即 ICP-综合监测网络、ICP-水以及国际长期生态研究网络（ILTER）的重要组成单元。

4. 克里特岛 Koiliaris 河地球关键带观测站（Koiliaris River Watershed CZO）

该观测站主要研究由于放牧等重型农业机械化导致的土壤退化问题。它也反映了由于气候变化导致的地中海型的土壤沙化、土壤碳损失等迫在眉睫的问题。Koiliaris 河流域由四个支流汇集而成，包括两条季节性河流和两条永久性河流。Koiliaris 河的河水来自怀特山脉，气候是地中海型气候，季节分明。夏天通常是炎热干燥，而冬天则是冷湿。

6.4.4 德国的地球关键带研究观测站点介绍

德国的陆地环境观测平台（Terrestrial Environmental Ob-servatories，TERENO）由 Helmholtz 国家研究中心联合会于 2008 年发起创建。TERENO 的总体目标是长期观测气候变化和全球变化对德国陆地系统的影响。德国学者将陆地系统定义为地下和包括生物圈、大气圈底层及人文圈的陆地表面。相应地，TERENO 是一个从局地到区域的多尺度等级系统（Zacharias et al.，2011）。TERENO 以及在其基础上扩展而来的地中海地区陆地环境观测网络（Terrestrial Environmental Observatories in the Mediterranean Region，TERENO-MED）都以研究全球变化对区域生态、社会和经济的影响以及人类的最佳响应为核心科学问题，水是其主要关注点。TERENO 的重要科学问题包括：一是全球变化对陆地地下水、土壤、植被和地表水以及人类栖息地的影响；二是陆地生态系统间交换过程中的反馈机制对陆地水和物质通量的作用；三是土壤和土地利用变化对水平衡、土壤肥力、生物多样性和区域气候的直接影响；四是大型人类活动（如露天采矿、森林砍伐）对陆地生态系统的影响。TERENO 以流域为观测的基本空间单元，包括从德国东北部低平原流域到南部山地流域共设的 4 个流域观测站点。

1. 艾菲尔/莱茵河流域下游观测站

艾菲尔/莱茵河流域下游观测站是鲁尔河的集水区，覆盖有约 2354 平方千米的面积，具有不同梯度的土地利用，北部低地地区城市化和集约农业化为主要特征，南方低山脉地区人口稀少，有饮用水水库。此外，艾菲尔国家公园位于鲁尔河集水区南部，也被作为一个参考站台。集成测试台站被沿着鲁尔河流域断面设置，可以展示这些地区的土地覆盖、土壤、地质等特征。为了获得流域河流排放率的空间分布信息，将鲁尔河流域划分为嵌套组，具有次级流域，从而可以从几个数量级的不同组合流域来研究水文特征。更为详细的测量和较小的、焦点式的流域特征的描述进一步嵌入到大的流域中，从而实现临界评估的扩展。此外，分析地下水的流动系统，以及地下水在区域范围内的汇集，地表水和地下水的自然追踪等过程都将持续开展。

2. 哈尔茨/德国中部低地观测站

哈尔茨/德国中部低地观测站位于德国中部地区，占地面积约 25.7 平方千米。该地区具有明显的温度、降水、土地利用和城市风貌的渐变特征。该监测站具有 4 个主要的通道，包括一个特殊的洪积平原平台、一系列生物多样化研究站点、莱比锡和哈莉大城市研究区以及博德河流域水文观测站。该观测站一个重要的实验元素是全球变化实验装置，位于 Bad Lauchstädt 地区，这个设备使得基于过程分析的实验情景和土地利用的相关场景（密集 & 稀疏、食品和能源生产、单一栽培和丰富组合等）可以进行实际实验。此外，气候变化实验可以在不同作物轮作和管理方案中进行温度和降水的控制。重要农业生态系统的生物物理和生态变量及相关参数也可以进行准确测量。

3. 巴伐利亚阿尔卑斯/前阿尔卑斯观测站

巴伐利亚阿尔卑斯/前阿尔卑斯观测站由卡尔斯鲁厄理工学院（KIT）和慕尼黑亥姆霍兹中心共同组建。该观测站由阿默尔河流域、长期造林研究平台"Höglwald 森林"以及长期农业研究平台"Scheyern"组成。该观测站主要目标是研究气候变化影响的特征和量化：①C/N 循环和 C/N 存储的耦合；②生物圈-大气圈的物质交换（微生物/能量通量/反照率）；③植物和微生物的生物多样性，以及多样性变化过程中的物质流通交换的重要时序动态；④在阿尔卑斯前缘对气候变化十分敏感的生态系统中的陆地水文（高山水预算、降水变化、极端水文气象事件、渗透率质量/数量）、养分沉积和土地利用研究。

4. 德国低地观测站

德国低地观测站坐落于一个在过去至少一百万年以来被冰川和冰缘过程反复作用的地区。该观测站附近主要的土地利用类型是耕地、牧场、松树林种植地、落叶林种植地，并且具有很高生态价值的湿地。年降水量为 550~650 毫米。这个相当低的年降水量和主要的水文系统在历史时期重新配置湿地对气候变化的影响十分敏感。该观测站可以提供得天独厚的观测条件，对年轻的土地表面进行景观演化研究。

6.4.5 中国的生态系统研究观测网络介绍

中国在 1988 年开始建立生态系统研究网络（Chinese Ecosystem Research Network，CERN），是世界上最大的生态系统观测研究网络之一，集观测、研究和科学示范为一体（Fu et al.，2010）。CERN 的目标包括三个方面：获取生态系统变化的科学数据；研究全球变化和人类活动驱动的生态系统结构、功能和过程变化；为国家生态系统管理、农业生产和生态修复决策提供建议（Fu et al.，2010）。CERN 是基于站点的生态观测研究网络，采用台站—分中心—综合中心三级结构，目前共有 42 个观测台站、5 个分中心。在 CERN 的支持下，初步构建了中国区域长期生态观测—水、碳通量观测—生物多样性观测—陆地样带观测研究一体化的野外综合平台体系（傅伯杰等，2007）。在观测研究的尺度上，CERN 包括台站观测点、台站组成的观测样带和国家三个尺度，在台站尺度建立了一致的观测规范。近年来，CERN 尝试推出地下生态系统联网观测研究等研究计划，推动森林、草地、农田等生态系统研究台站联盟的建设，以强化针对科学问题的联网观测研究。例如，黑河流域遥感地面观测同步试验与综合模拟平台建设，以典型的内陆河——黑河流域为试验区，开展遥感-地面同步观测，并在观测数据的基础上，发展集成水文-生态-大气-人类活动等过程的综合模型模拟平台，具有十分重要的科学意义。

6.4.6 地球关键带观测站点的选择

（1）为现有的地球关键带观测站寻求更新，建议以下重要评价标准：在迅速发展的气候模式下，在观测站收集的时间序列数据是国家的资源。随着时间序列的延长，数据获得对于广大科学研究团队很有价值，补充传统出版物和未来规划指标；每个地球关键带观测必须持续地努力与其他地球关键带观测站数据集成，实现对现有地球关键带观测站连续性的数据收集；每个站点必须开发一个框架，用于站点内和跨站点的合成和协调，从而制定重要的假说，驱动关于基本地球关键带过程的科学结论；地球关键带观测必须有一个研究成果记录的出版物，选择一个宽领域跨学科的科学期刊作为地球关键带科学发布的平台；地球关键带观测必须付出巨大的努力，维持站点内和协调跨站点广泛的影响与拓展活动。

（2）考虑新建地球关键带观测站的建议：考虑地球关键带从源到汇的过程，以及与现有的地球关键带观测的网络连通性。新地球关键带观测站必须开展一个研究计划用于收集主要领域和实验室的数据，为研究计划的重要组成部分建模提供支撑；充分评估整个生态系统过程和地球关键带过程的影响，包括地球微生物学家和/或微生物学家是至关重要的；展示一个全面的计划，确保在具有高影响站点内和跨站点开展广泛的有影响和外联的活动。

6.4.7 美国地球关键带观测站面临的问题

2015 年 12 月 2 日，CZEN 发布了《美国国家科学基金会支持的地球关键带观测站常见问题的讨论》（*Common Questions of the US NSF-Supported Critical Zone Observatories*）报告。NSF 资助的 10 个地球关键带观测站建成后，美国专门用于地球关键带研究，形成了首个地表过程系统观测站点网络，为人类对地球关键带的演化和功能的广泛及普遍的认识提供了一个机会。该报告针对目前美国 NSF 资助的 10 个地球关键带观测站面临的问题确定了一个共享的概念框架，并提出了三个共性问题进行分析讨论。

1. 共享的概念框架

该框架主要包括两个方面：①地球关键带演变为一个影响水、溶解物、沉积物、气体、生物群和能量的储存与流动的结构。这里的"结构"一般是指地球关键带的物质属性，包括纵向和横向孔隙度、渗透性、断裂特性、保水性、密度、成分和纹理（粒度分布）的变化。②通过调节这些存储和流动，地球关键带提供生态系统服务（建议包括碳储存、水供应、养分、植被生长、森林特性和河流的生态系统，因此对人类至关重要）。

2. 共性问题

观测站的深入实地测量将为指导模型开发过程提供数据，以解释地球关键带的演变和预测未来可能的状态，并为土地利用决策的制定提供指导。尽管使用的方法广泛，但所有的观测站都有建模组件。这三个共性问题过于宽泛，任何一个地球关键带观测站都完全可以解决。2013~2018 年，NSF 支持的地球关键带观测站已经确定，然而该报告对这三个共性的问题提出了许多更有针对性的问题。

（1）什么控制地球关键带的属性与进程？对于该问题的了解主要分为两个方面。一是什么控制地球关键带演变的属性？①地球关键带发展如何取决于岩性（花岗岩类和页岩性质如何影响地球关键带的发展）？②地质史和景观的演化过程如何影响地球关键带的结构？③地球关键带随着气候变化如何发展？④地球关键带发展如何取决于地形（如坡度、坡面造型、河网密度）？⑤生物群如何影响地球关键带发展？⑥水文地球化学过程怎样驱动地球关键带发展？⑦灰尘堆积对地球关键带发展具有怎样的重要性？⑧过去的土地利用怎样影响了当前的地球关键带结构？二是什么控制地球关键带演变的进程？①什么控制通过地球关键带的水文化学演化？②什么控制地球关键带的有机碳储量和通量？③生物群如何影响地球关键带的溶解物和气体通量？④地球关键带结构如何影响水文过程？

（2）地球关键带结构、物质存储和通量对气候和土地利用变化做出怎样的响应？主要通过以下两个方面理解该问题：一是地球关键带结构、物质存储和通量对气候变化做出怎样的响应？每个地球关键带观测站提出的问题是地球关键带对未来气候变化将做出怎样的响应？这些变化包括早期的积雪融化、温度和降水变化和相应的消防机制变化（地球关键带进程将如何调节气候变化对水资源的影响？）。二是地球关键带结构、物质存储和通量对土地利用变化做出怎样的响应？在这些地球关键带观测站，土地利用驱动进程包括放牧、农业、控制燃烧与森林砍伐和调水。

（3）如何通过增强生态系统弹性和可持续性，以及恢复生态系统功能提高对地球关键带的认识？该问题主要包括以下两个子问题：①地球关键带进程如何影响河流流量和生态系统？②怎样能预测地球关键带观测站的未来状态和功能为土地利用管理决策提供有用的指导？

6.5 地球关键带研究常用的基础设施与测量方法

NSF地球关键带计划首席研究负责人于2012年编制了《地球关键带观测站常用的基础设施和测量方法》[Common Critical Zone Observatory (CZO) Infrastructure and Measurements]指南，其中介绍了地球关键带观测站的研究目标、基础设施和测量方法。所有地球关键带观测的测量目标是：①了解地球关键带的演变和形成及其特性；②测量当前地球关键带的属性和结构；③构建可用于多尺度跨站点比较和描述地球关键带及其时空变化状态的质量和能量平衡（长时间尺度的事件）。

地球关键带观测中通常会研发和测试定量研究地球关键带的创新技术。每个站点都在开发和共享定量研究地球关键带的新方法，全体站点的共同目标是使用可在站点间交叉对比的测量方法。收集到的数据也与地方、区域和全球的监测工作具备可比性。图6-7显示了东—西向区域土地利用变化，标记作为研究范围内大致相同的气候区。实验设计包括在这些或其他区域的土地利用强度沿梯度分布的地球关键带观测网络。地球关键带观测站的数据、模型和决策工具可以评估地球关键带敏感性、土地利用进程和服务。这将为评估土地利用变化的影响、设计和测试的干预策略、减缓或适应不良的影响提供科学依据。例如，在萨赫勒地区或中国西北地区的造林计划，可以用来评估地球关键带过程旱地植被覆

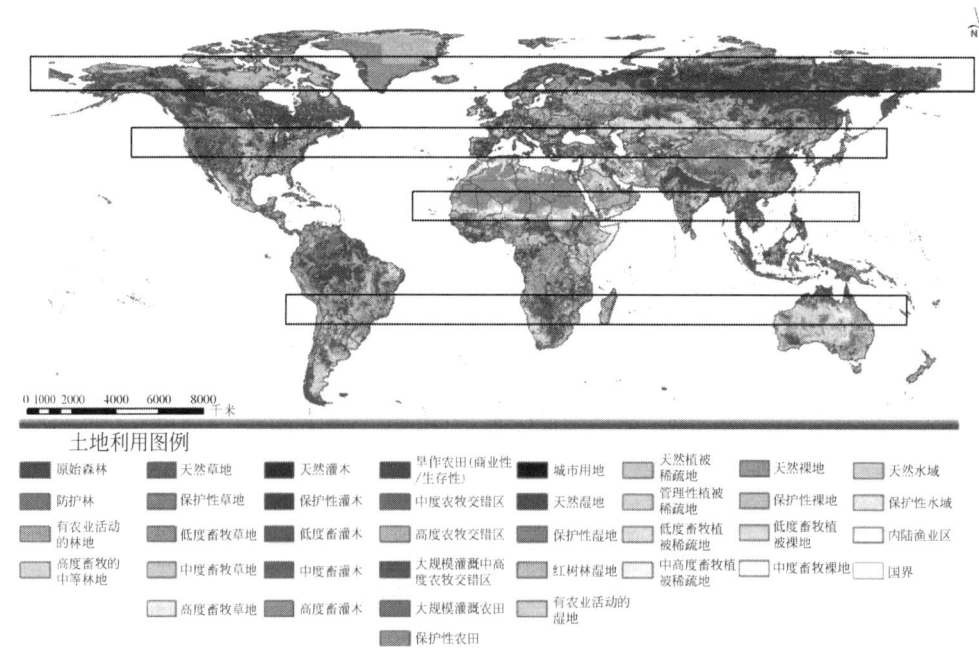

图6-7 全球土地利用系统示意图（见彩图）

资料来源：http://www.fao.org/nr/lada.

盖变化的敏感性。图6-8 实验设计包括位于沿着这些或其他区域梯度的现有和新的观测站、观测网络。利用地球关键带观测数据、模型和决策工具揭示了地球关键带对气候变化的进程和服务敏感性，并提供设计干预，以减缓或适应气候变化不利影响的科学证据。例如，目前的南北温度变化趋势以及地球关键带网络，可以揭示地球关键带对未来气候变化的敏感性。这些网络为政策的制定提供了试验台，以减缓或适应变化对地球关键带服务的影响。

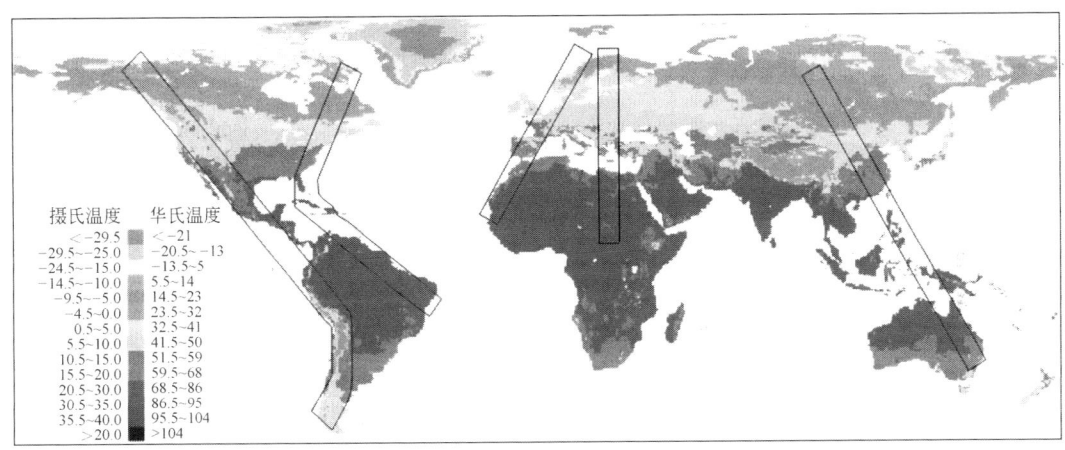

图6-8　南-北向的气候梯度区的年平均气温示意图（见彩图）

资料来源：http://www.climate-charts.com/index.html

6.5.1　通用的定量分析指标方法

（1）地球关键带的构造和演化：包括构造随时间的变化，风化层和排水谷的演化，土壤生产、分化和侵蚀的速率，基岩、土壤、植被和地形的三维空间分布和特征。

（2）横跨地球关键带边界的流量：包括植被-大气边界、水陆交错边界、土壤-大气边界、土壤-植被边界和基岩-土壤边界。①能源：测量传入和传出的可见光和红外辐射以及潜热和显热交换。②水：测量流域尺度的水文循环和途径，包括降水总量和类型、蒸散量及其组成、潜流和河流流量。③溶质和沉积物：测量气态、液态和固态元素［碳、金属（四倍体）、养分］的进入和流失。

（3）流域尺度下主要地球关键带储藏物的流通和变化：①能量：近地表范围热态的变化。②水：积雪、土壤水和地下水的总量和变化。③质量转移：使用已知的水流量和测量的浓度，提供主要地球关键带储藏物中溶质和沉积物流量及变化。

6.5.2　常见的地球关键带测量方法

地球关键带观测网络同时使用特用的测量方法，定量研究以下边界的组成和流动情况：陆地-大气边界层（上界）至植被层、风化层及跨越时空的流水。下面是一组有代表性的测量方法（并不是所有这些方法在每个地球关键带观测都是可行的）。

1. 陆地-大气边界

激光雷达数据集，动量、热量、水蒸气和二氧化碳的涡流通量，风速和方向的传感器，太阳辐射和温度传感器，降水和穿透雨的采样器，干湿沉积物的采样器。

2. 植被和相关的微生物

地上和地下生物量的结构和组成、蒸散量和物种组成及结构之间的关系。

3. 土壤（渗流带）

固相（空间表征运动式采样）：元素组成及矿物学、纹理和物理特征、有机质含量、放射成因同位素组成。

液相（具时间序列的传感器和采样器）：土壤湿度（传感器）、土壤温度（传感器）、土壤溶液化学（采样器）、土壤气体化学（采样器/传感器）。

4. 半风化体和基岩（饱和区）

固相（空间表征运动式采样）：岩石学和矿物学、元素组成和有机质含量、纹理和其他物理及构造特征。

液相（时序传感器和采样器）：电位头和温度（传感器）、地下水化学（采样器/传感器）。

5. 地表水

瞬时电流（具备水质传感器的水槽和坝）、水流的化学、溶解和悬浮（采样器/传感器）、沉积物（采样器/传感器）。

6.5.3 地球关键带研究集成方法

地球关键带是一个多种要素相互作用的综合体，不限于研究其各个要素，更重要的是把各要素作为统一的整体，综合地研究其组成要素及它们的空间组合。着重研究各种要素之间的相互作用、相互关系以及地表综合体的特征和时空变化规律。由于地球表面的复杂性，可以对某一要素进行专门的研究，但这种研究是在综合性的基础上进行的。综合性研究分为不同的层次：两个要素相互关系的综合研究是第一层次的综合性研究；多个要素相互关系的综合研究是中等层次的综合性研究；地球表层系统全部要素之间相互关系的综合研究是最高层次的综合性研究。层次不同，综合的复杂程度也不同，层次越高复杂程度越大，综合的难度也越大。

地球表层系统是不断变化的，由此决定了地球关键带研究必须以动态的观点进行研究，既注重空间的变化，也注意时间的变化，无论是自然过程或人文过程，都是不断变化的。这种变化有周期性的，也有非周期性的；有长周期的，也有短周期的。用动态的观点研究地球关键带物理、化学过程，要求研究不同发展时期和不同历史阶段地球关键带发生、发展及其演变规律。

地球关键带物质能量传输驱动因素复杂、影响范围大、涉及学科多，需要从地球系统的角度和历史与前瞻的视角解决点、局地、区域乃至全球的问题。网络化合作和集成研究正成为国际地球关键带研究新的和重要的形式，分布式的全球监测和合作研究网络正在形成，跨学科、跨区域、跨时间的集成研究正在成为地球关键带研究的重要组织模式。

6.5.4 地球关键带研究数据管理与共享

CZO 是一项需要多机构协同合作的项目，它能促进对跨尺度和跨学科的从基岩到大气边界层环境的相互作用的科学的了解，能为建立一个全面的水文肖像的实验站点收集大量的数据，统一所有的地球关键带站点出版、分析和归档数据。在数据收集和处理技术方面存在内在的多样性，因此是一项具有挑战性的工作。虽然每个地球关键带观测站点都有自己的数据管理系统，集成基础设施能设计指定格式和协议将信息呈现在地球关键带观测网站上，但在那里用户可以通过浏览自动获得一个集中的数据系统（Zaslavsky et al.，2011）。这个集中的数据系统可将数据归档并转换成符合不同客户端应用程序要求的数据服务。

地球关键带观测是整合几个地球学科的数据用来描述和模拟复杂的地球关键带的物理过程。典型的研究方案，如涉及地球化学样品和水文时间数列的水质和水量的问题，这其中就涉及实验的流域，有关动态的不同测量参数，模拟不同地形下的土壤养分、地质、水文和植被条件，分析跨流域通量等。虽然研究团队间的紧密联系已经成功地在这种跨学科的研究中实现了分析和建模，并能在较高的水平上实现数据的集成，但地球关键带观测网站和失控尺度的跨度问题，使它面临着操作性的挑战。特别是不同学科和不同小组对信息模型中的差异描述的也不同，对数据的表示和访问，以及原数据和语义的理解都存在分歧。比如，地球化学系统已经发展了管理地球化学样品信息的基础设施并创建了一个名为 EarthChem XML 的标准地球化学数据 XML 架构编码。而水文研究系统通过大学联盟发展水文科学，水文信息系统（CUAHSIHIS）项目已经创建了共享水文观测的面向服务系统，并提出了作为水标记语言的水文观察规范数据模型。

地球关键带观测信息系统为关键区域环境观测发布和发现数据创建了新的机会，并将它们集成在新类型的跨地球关键带观测数据集中，进行分析和建模，这在以前都是费时或者不可能实现的。尽管该系统还处于早期发展阶段（2012 年，可通过 Web 服务地球关键带观测网站收集的只有约 1500 万个，约 70% 的资源是登记在地球关键带观测数据门户的），但数据量越来越大。

6.6 地球关键带研究进展的文献计量分析

鉴于科研论文能够从另一角度反映科学和技术在基础理论研究和应用技术开发方面

的状况，本节利用文献计量学的方法，通过国际研究论文分析全面把握当前地球关键带领域的国际科技发展态势。SCIE 数据库收录了全球各学科领域内最优秀的科技期刊，其收录的文献能够反映出科技前沿的发展态势。文献计量学是借助文献的各种特征的数量，采用数学与统计学方法来描述、评价和预测科学技术的现状与发展趋势的图书情报学分支学科。因此，对 SCIE 数据库收录的某研究领域有关文献的计量进行分析，能够在一定程度上揭示出该领域的总体研究概况、研究力量分布、研究热点及未来发展态势等特征。

6.6.1 数据来源与分析工具

为了把握地球关键带研究的进展，深入揭示该领域的发展态势，本节分析采用美国科学信息研究所（Institute for Scientific Information，ISI）SCIE 数据库，关键词结合领域分类法的方法检索了数据库中所有的地球关键带研究方面发表的论文，并剔除了与地球关键带发展无关的领域。检索式为 TS = TS =（"Critical zone" or hydropedology or "near surface environment" or（soil or agrolog * or hydropedology or regolith or mantlerock or "Physical processes" or "land surface" or pedosphere or nutria *）and（Rock or bedrock or geosphere or lithosphere or geological processes）and（water or hydro * or groundwater or runoff or "chemical processes" or "unsaturated vadose zone"）and（air or atmosph * or weathering）and（organism * or vegetation or biolog * or biom * or "biological processes"））and（coupl * or interact * or "mater *（exchange or flux）" or "energy（trans * or flux）" or "interfacial processes" or cycl * or storage）），获得 2001～2015 年与地球关键带相关的论文 [文献类型包括研究论文（article）、研究综述（review）和学术会议论文（proceeding paper），数据采集时间为 2015 年 12 月 14 日]。然后，利用汤森路透集团开发的专业数据分析软件 TDA 对相关数据进行清洗和分析，同时，还使用社会网络分析工具 UCINET（UCINET 6 for Windows）对一些矩阵式数据进行了可视化。基于对地球关键带研究的数据挖掘和定量分析把握该领域的未来发展态势（其中由于数据库的滞后性及数据采集时间为 2015 年 12 月，2015 年的数据不完整，仅供参考，下同）。

6.6.2 地球关键带研究总体进展情况分析

6.6.2.1 研究论文年度分布

2001～2015 年，地球关键带研究论文总体呈增长趋势，但年际存在较大的波动。从图 6-9 可以看出，2003～2008 年论文数量呈稳步增长，2012～2014 年呈现快速增长，其中 2014 年发文量最多，为 135 篇，而年增长率最大出现在 2011 年，为 67%，且近 3 年地球关键带研究论文数量增长更快，年均发表论文量超过 100 篇。

6 地球关键带研究国际发展态势分析

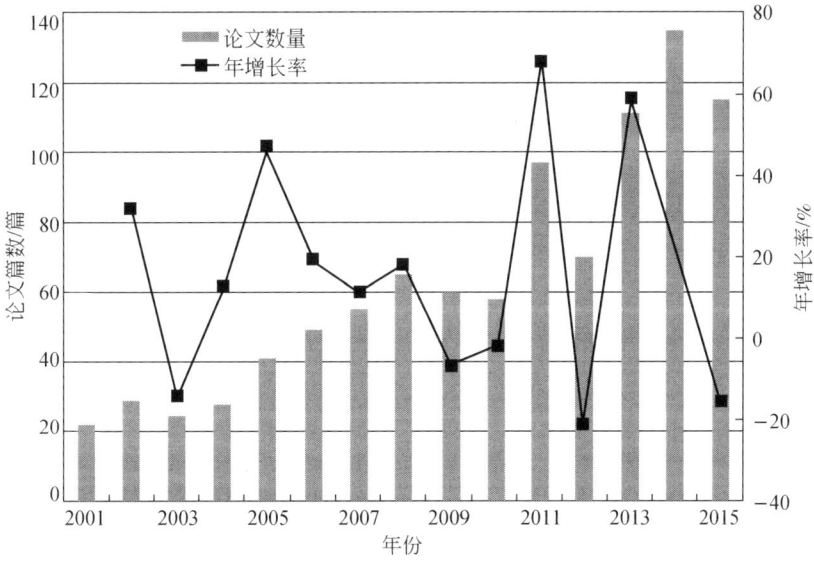

图6-9 2001~2015年地球关键带研究论文的总体增长趋势

6.6.2.2 研究论文国家分布

1. 主要国家的发文量对比分析

对2001~2015年所有数据按国家的发文情况进行分析得出,排名前15位的国家发表的论文数量占发文总量的84.06%,表明地球关键带研究相对集中在这前15个国家,如图6-10所示,依次为美国、中国、南非、英国、法国、德国、澳大利亚、加拿大、意大利、印度、西班牙、俄罗斯、捷克、瑞士、日本。相比较美国在地球关键带方面研究的论

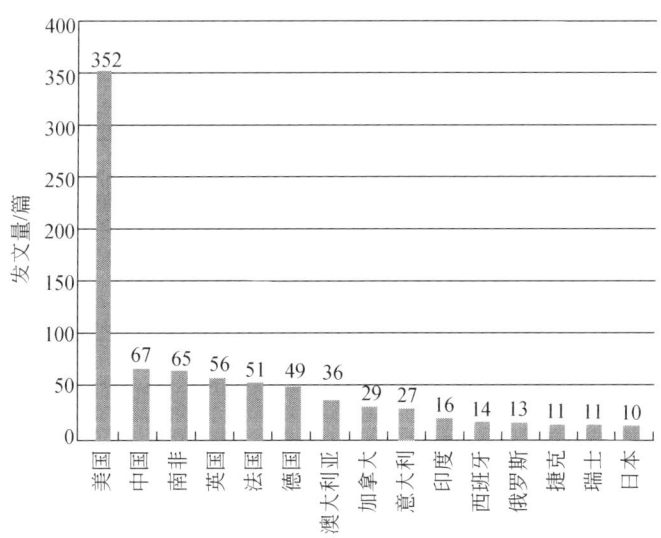

图6-10 地球关键带研究论文数量前15位国家对比(2001~2015年)

文数量占绝对优势，2001~2015年共发表352篇文章，占世界发文总量的37%。这在一定程度上说明美国在此研究方面最为活跃，且具有相当强的研究能力。中国、南非、英国依次排名第2、第3和第4位，发文量分别为67篇、65篇和56篇，这表明这3个国家也在地球关键带研究领域开展了相关的研究，但仍需要加大研究力量。

2. 主要国家研究主题分析

通过对主要国家关注的研究主题来看（表6-1，以词频由高到低的顺序列出了各国最受关注的前10个主题词），关键带、水文土壤学、气候变化、土壤、地球化学等所涉及研究主题是多数国家共同且最为关注的，但各国的关注程度和研究水平等却不尽相同，这在一定程度上反映了各国研究的重点领域与方向。除共同关注的主题外，美国还比较关注景观变迁、营养物质循环，中国比较关注土地利用，南非还比较关注层状岩体，英国比较关注风化作用和风化层，法国比较关注侵蚀、河流等。

表6-1 地球关键带研究论文数量前10位的国家主要研究主题分布

国家	研究论文中出现的主要主题词
美国	关键带、水文土壤学、侵蚀、水文学、土壤、生态水文学、生物地球化学、气候变化、景观变迁、营养物质循环
中国	水文土壤学、土地利用、地球化学、土壤含水量、中国、关键带、流体活动、地球物理学、水平气流、多区域、数值模拟
南非	水文土壤学、关键带、南非、观测、关键带、生态学、循环周期、斜坡水文学、层状岩体、矿化作用、高压变质岩
英国	关键带、风化作用、水文土壤学、同位素、矿物、建模、气候变化、风化层、土壤、蓄水、酸化作用
法国	风化作用、关键带、侵蚀、河流、植被、同位素、硅酸盐风化作用、土壤、水文地球化学、蚀变
德国	关键带、风化作用、气候变化、德国、水文土壤学、群落监测、土壤、生态水文学、干旱区、反照率、河流
澳大利亚	风化层、关键带、监测网络、风化作用、地貌学、土地利用、气候变化、矿物学、土壤、盐度
加拿大	地球化学分析、微观结构、数值稳定性、吸水率、气候变化、酸化、弹性、生物矿物、加拿大、观测
意大利	水文土壤学、土壤、养分、侵蚀、观测、二氧化碳、同位素、地球化学、监测、径流、沉积物
印度	含水层、生物、碳循环、同位素、矿物、气候变化、基岩、地球化学、土地利用、侵蚀、土壤

6.6.2.3 主要研究机构情况

1. 主要研究机构发文量对比分析

发文量排名前15位的机构（图6-11）中，大学占13所，主要分布在美国、南非、中国、澳大利亚、波兰和瑞士，从机构层面来看，发文量排前15位的第一著者所属研究机构中有9个属于美国，2个属于南非，其余4个分别属于中国、澳大利亚、波兰和瑞士。因此，各国研究机构应加大地球关键带的研究力度。从论文数量的变化情况来看，宾夕法尼亚州立大学明显有别于其他机构,其发文量分别位列全球第 1 位。中国科学院论文数量位列第 5 位,反映出中国研究机构的研究实力仍需进一步提高。然而,南非的威特沃特斯兰德大学和比勒陀利亚大学发文量均列于前 15 位之中,特别是威特沃特斯兰德大学位居全球第 3 位,说明这两个机构已逐步加快开展地球关键带研究。

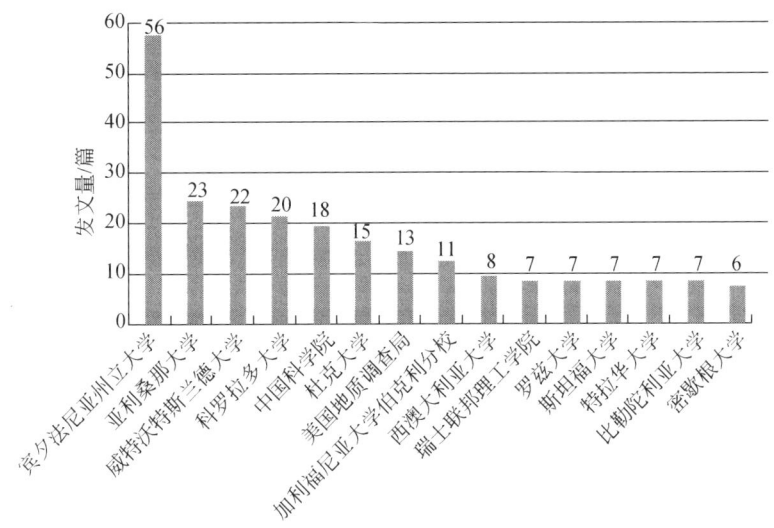

图 6-11　地球关键带研究论文数量排名前 15 位机构对比(2001~2015 年)

2. 主要研究机构的研究主题分析

从主要研究机构关注的研究主题来看(表 6-2,以由高到低的词频顺序列出了各机构最受关注的前 10 个主题词),关键带、土地利用、水文土壤学等研究主题仍然是各主要机构最为关注的,但关注的程度各有不同。此外,宾夕法尼亚州立大学还比较关注耦合模型、景观演化、生态学等,亚利桑那州立大学还比较关注碳循环、气候变化、数值模拟等,威特沃特斯兰德大学还比较关注生态学、关键带观测、地质侵蚀、流体、土壤等,中国科学院还比较关注生物地球化学、硅酸盐风化作用、土壤、水文地球化学等,杜克大学还比较关注生态水文学、土壤酸度、地球系统科学等,美国地质调查局(USGS)还关注遥感、监测网络、风化作用、地貌学等。总之,由于各机构的研究实力有所差异,导致各机构关注的研究主题词分布程度不同。

表 6-2　地球关键带研究主要机构研究主题分布

机构	最受关注的主题词
宾夕法尼亚州立大学	化学风化作用、水文土壤学、侵蚀、关键带、水文学、土壤、同位素、耦合模型、景观演化、生态学
亚利桑那大学	水文土壤学、土地利用、生物地球化学、流域、降水、关键带、生物风化作用、碳循环、气候变化、数值模拟
威特沃特斯兰德大学	水文土壤学、循环、矿物、关键带、生态学、关键带观测、地质侵蚀、流体、土壤、土地利用

续表

机构	最受关注的主题词
科罗拉多大学	关键带、风化作用、侵蚀、风化层、关键带观测、坡向演化、建模、土壤、景观演化、气候变化、循环
中国科学院	水文土壤学、关键带、土壤含水量、生物地球化学、河流、植被、地球物理学、硅酸盐风化作用、土壤、水文地球化学
杜克大学	关键带、生物地球化学、气候变化、沉积物运移、水文土壤学、土壤、生态水文学、土壤酸度、地球系统科学、生物区
美国地质调查局	土壤层、建模、关键带、遥感、监测网络、风化作用、地貌学、盐度、气候变化、土地利用
加利福尼亚大学伯克利分校	土壤、生物圈、化学风化作用、侵蚀、吸水率、循环、同位素、河流、分析、观测
西澳大利亚大学	地貌学、生物地球化学、循环、关键带观测、侵蚀、关键带、土壤、矿物、地球化学、基岩
瑞士联邦理工学院	生物量、关键带、多尺度方法、气候变化、风化作用、侵蚀、土壤、观测、流域、土地利用

6.6.2.4 研究论文的学科领域分布

1. 学科综合度变化

从目前的现状来看,地球关键带的科学研究所涉及的学科非常丰富。根据 ISI 数据库的学科分类,本节按论文量多少依次列出了地球关键带研究中所涉及的前 15 个学科领域,分别是地球化学、地质学、环境科学、生态学、遥感学、水资源、矿物学、自然地理学、生物化学、气象学与大气科学、生物物理学、林学、海洋与淡水生物、成像学与摄影技术、计算机科学。

相对于现在的学科类别而言,2001 年,NRC 首次正式提出了地球关键带的概念,因此在 21 世纪以前,地球关键带领域并没有开展相关科学研究工作。为了便于分析学科综合程度,我们提出了学科综合度这一指标,即以某年的学科类别数量与总学科数量的比值来表示该年的学科综合程度。从图 6-12(1.00 表示涵盖全部 15 个学科,其他依次类推)可以看出,2001~2015 年,地球关键带研究领域的学科综合度在高水平段以波动态势不断提高,从 0.73 最终上升到 1.0。

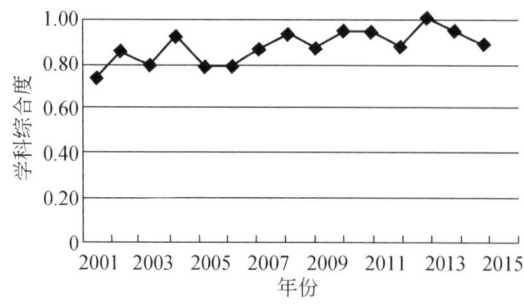

图 6-12 2001~2015 年地球关键带研究领域的学科综合度变化

具体来看，地球关键带研究领域在2001年没有开展林学、海洋与淡水生物、成像学与摄影技术、计算机科学等方面的研究；2004年仅没有进行计算机科学等方面的研究，学科综合度达到了0.93；2007年没有开展气象学与大气科学、成像学与摄影技术等方面的研究，2010年没有进行计算机科学方面的研究。直到2013年，地球关键带研究领域的研究才基本覆盖了其今天所涉及的15个全部学科。总体来看，地球关键带研究领域的学科演化呈现出学科综合度不断上升，逐步逼近完整的地球科学体系，且完整体系背景下各个学科的不断发展。

2. 主要科研方向变化

从大约每3年的变化情况来看（图6-13），具体情况如下：

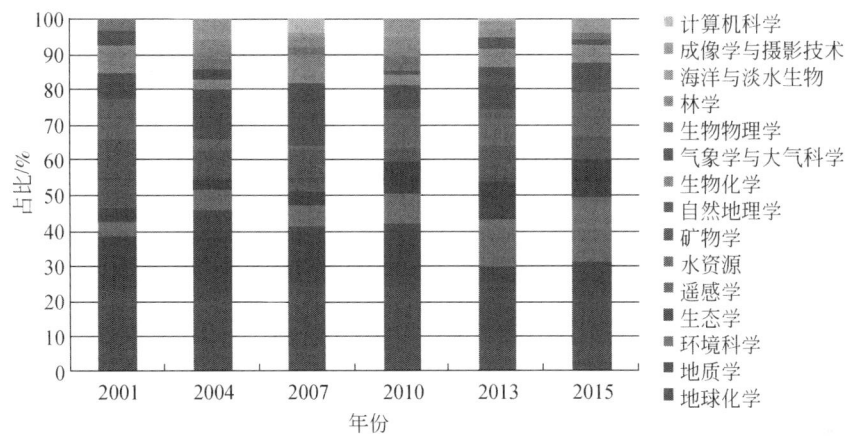

图6-13　2001~2015年地球关键带研究领域的各学科的论文比例分布（见彩图）

2001年：以地球化学、地质学、遥感学为主，这3个学科占57%的论文量。其中，特别关注地球化学，其占当年论文总数的23%。

2004年：以水文地质学、地球化学、矿物学、遥感学为主，这4个学科占文献量的64%。其中，较关注地质学，占当年论文总量的26%，而环境科学、自然地理学占当年论文总量的比例比2001年均有上升。

2007年：以地质学、地球化学、矿物学、遥感学为主，这4个学科占文献总量的65%。其中，地质学和地球化学这2个学科占当年论文总数的41%。

2010年：以地球化学、地质学和水资源为主，这3个学科占文献总量的53%。其中，地球化学占当年论文总数的27%。

2013年：以地球化学、地质学、环境科学、生态学、遥感学、水资源为主，这6个学科所占当年论文总数的比例基本持平，均为10%~20%。这6个学科占文献总量的74%。其中，较关注地质学和环境科学，其合计占当年论文总数的比例在33%左右。

2015年：以地球化学、地质学、环境科学、生态学、水资源为主，这5个学科占文献总量的73%，其中，较关注环境科学和地球化学，其合计占当年论文总数的比例在36%左右。

因此，从研究方向的发展变化来看，2001~2007年以基础地质为主，同时重视资源科学，具体时间（如2001年、2004年、2007年等）的科研业务侧重点有较大差异；2008~

2015年：以环境地质为主，同时也较注重水资源研究在一定程度上说明该阶段转向了需求型地质学，形成了以环境作为优先领域的新型地球科学体系，具体时间（如2010年、2013年、2015年等）的科研业务侧重点明显趋同。

3. 基于持续度的重点学科识别

本报告涉及地球关键带研究领域的前15个学科。从时间维度来看，这一复杂的科学体系并不是一开始就成形的，而是逐渐发展发展完善的。尽管有的学科方向在最初的几年没有涉及，后来才慢慢出现并得以发展，但是，有一些学科从2001～2015年基本每年都有论文发表，表明相关研究基本没有中断过，这也说明这些学科是地球关键带研究领域科学体系的重要基础。

为定量化表征各学科的持续度，我们设计了学科持续度这一指标。具体分析方法是：如果某个学科在某年有论文发表，记为1，然后，将整个2001～2015年的此类数据相加，并与持续时间（15年）相比，如果比值超过0.90，即认为该学科有非常好的持续性，也确定地表明该学科在这15年中每年都有相关研究开展，科研工作很少中断过。

分析结果表明（表6-3），地球化学、地质学、环境科学、生态学、遥感学、水资源、矿物学、自然地理学和生物化学是地球关键带研究领9个持续发展的学科，据此认为它们是地球关键带研究领的重点学科。

表6-3 地球关键带研究领域各学科的持续度

序号	学科	持续度	序号	学科	持续度
1	地球化学	1.00	9	生物化学	0.93
2	地质学	1.00	10	气象学与大气科学	0.87
3	环境科学	1.00	11	生物物理学	0.87
4	生态学	1.00	12	林学	0.67
5	遥感学	1.00	13	海洋与淡水生物	0.60
6	水资源	1.00	14	成像学与摄影技术	0.60
7	矿物学	1.00	15	计算机科学	0.53
8	自然地理学	1.00			

4. 重点学科的演化

从上述重点学科的论文量占各年论文总数的比例来看（图6-14）：2001～2015年，这一比例的变化基本处于一种剧烈波动的状态，有上升也有下降，并且各学科比重变化的时间点也不一致。由此说明，地球关键带研究领域的科研研究方向可能处于一个不断调整的过程。

具体来看，2001～2015年，各重点学科的发展也各有不同：①环境科学、水资源和生态学的比重快速上升，分别均在2013年（不考虑2015年数据）达到其最高水平，从此其发展或相关研究进入了一个相对稳定的时期。②地球化学、遥感学、矿物学的比重在中等水平逐步缓慢降低，后又有波动上升趋势，或许表明其重新获得了重视。③自然地理学和生物化学在低水平徘徊，但一直有相关研究在持续开展。

总体而言，在当前及未来一段时间，环境科学、水资源和生态学仍将可能是地球关键带研究领域的重心所在，其他几个学科的地位虽低于这3个学科，但仍是不能放弃的重要基础和无法忽视的基本支撑所在。总体而言，这些学科将作为地球关键带研究领域工作基础，在整体上不断推地球关键带研究向前发展。

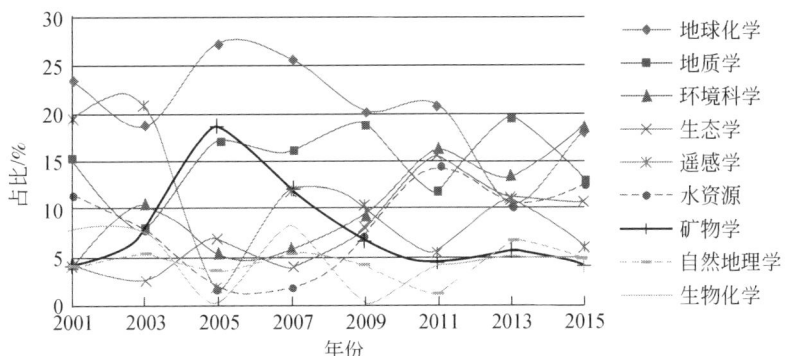

图 6-14　2001~2015 年地球关键带研究领域 9 个重点学科的论文比例变化

6.6.2.5　研究热点变化

基于对论文关键词的词频统计和对高频关键词（词频≥8）的关联可视化分析。图 6-15 展示了利用 TDA 得到高频词的关联矩阵，然后将此矩阵导入 UCINET，得到研究热点的关联可视化图，不难看出该领域的一些重点研究方向。

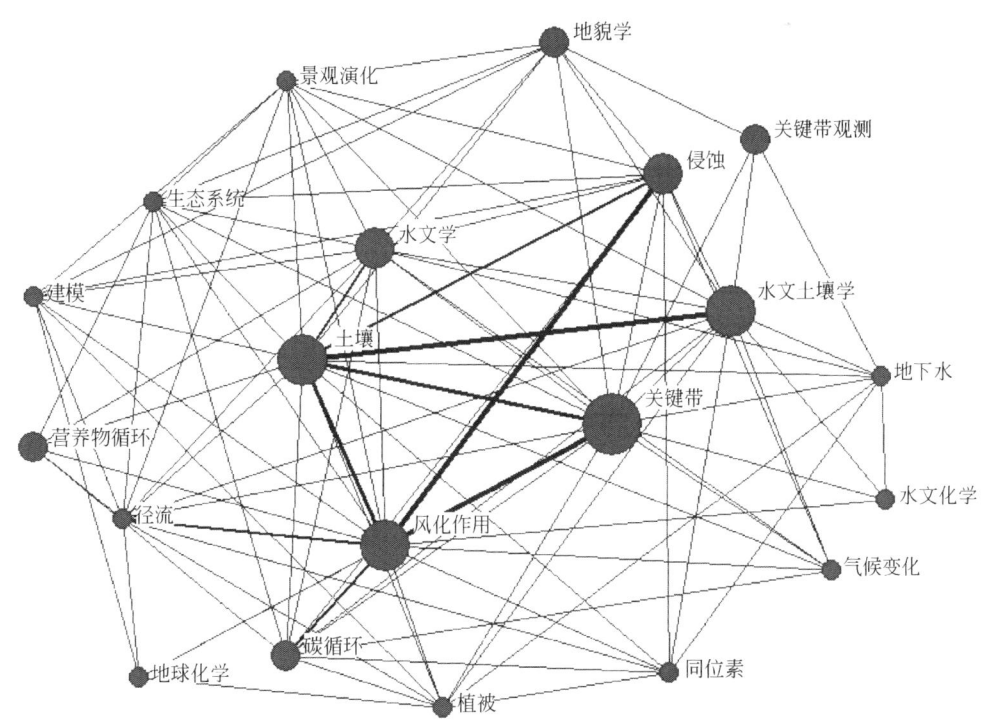

图 6-15　2001~2015 年地球关键带研究领域的研究热点

注：图中点的大小代表论文数量的多少，点与点之间的连线代表关联的强弱，连线越粗说明关联越强，反之越弱

（1）除了普遍统称且无具体特指的"地球关键带"外，研究对象中最受关注的是地球关键带观测和建模等重要手段。与此同时，尽管地球关键带研究中主要关注的是关键带，但其中地貌学和生态系统研究也受到了一定程度的关注。

（2）在地球关键带研究中，涉及了跨领域研究，如在水文学、水文土壤学和地球化学等相关交叉学科领域开展研究。同时，还在同位素、径流和碳循环等方面开展了大量丰富的工作。

（3）在地球关键带研究中，相关研究也较多集中在景观演化、地下水、植被、营养物循环与气候变化等方面，可以看出，地球关键带研究与环境地质变化的各领域研究交叉融合。

6.6.2.6 主要国家和研究机构合作情况

1. 主要国家的合作情况

国际化、合作研究是当今科学研究的一个必然趋势，地球关键带的研究亦不例外。合著论文是合作研究的一个重要表现。从国家之间的合作情况（图6-16）来看，美国、中

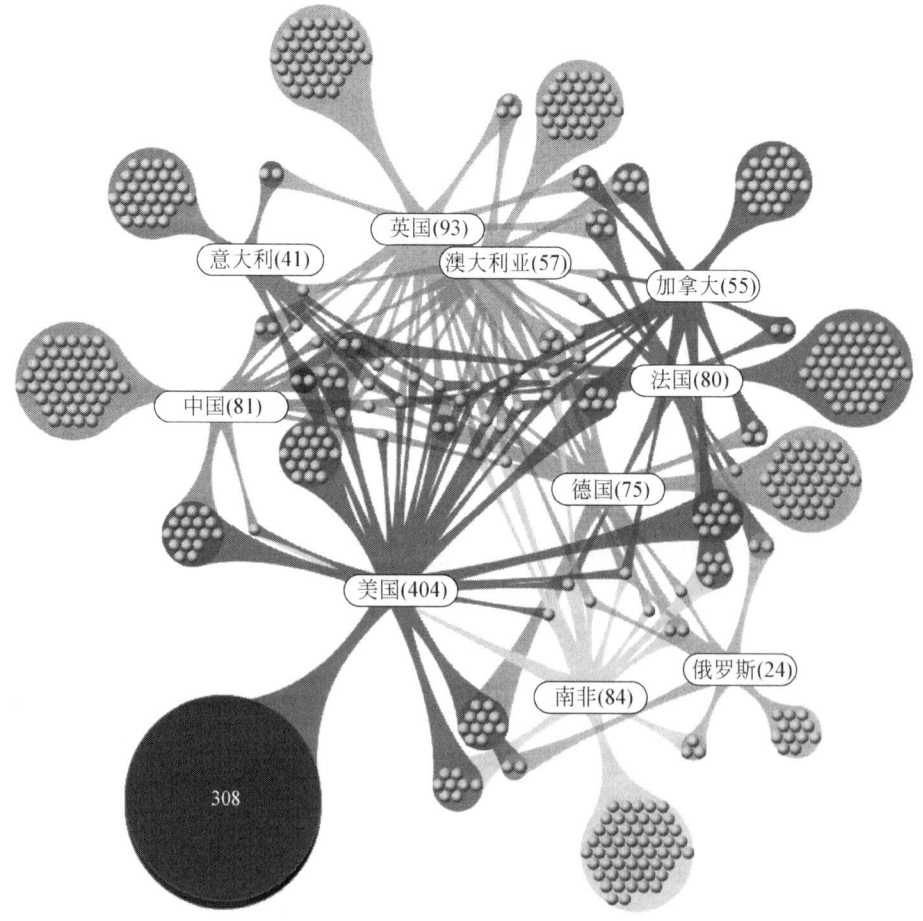

图6-16 地球关键带研究主要国家间合作情况（见彩图）

6 地球关键带研究国际发展态势分析

国、英国、法国、德国等与其他国家之间的合作比较广泛。与美国合作较多的国家有中国、法国、英国、加拿大、澳大利亚等,与中国合作较多的国家有美国、英国、澳大利亚等,与英国合作较多的国家有美国、中国、澳大利亚、法国、德国等。

2. 主要机构的合作情况

从主要机构之间的合作情况(图 6-17)来看,与其他机构合作较多的机构有宾夕法尼亚州立大学、美国地质调查局、科罗拉多大学、亚桑尼亚大学等。与宾夕法尼亚州立大学合作较多的机构有中国科学院、法国国家科学研究中心、美国地质调查局、亚桑尼亚大学、杜克大学等;与美国地质调查局合作较多的机构有宾夕法尼亚州立大学、科罗拉多大学、亚桑尼亚大学等;与科罗拉多大学合作较多的机构有宾夕法尼亚州立大学、美国地质调查局、亚桑尼亚大学、魁北克大学、威特沃特斯兰德大学等;与亚桑尼亚大学合作较多的机构有美国地质调查局、宾夕法尼亚州立大学、科罗拉多大学、法国国家科学研究中心、加利福尼亚大学伯克利分校。

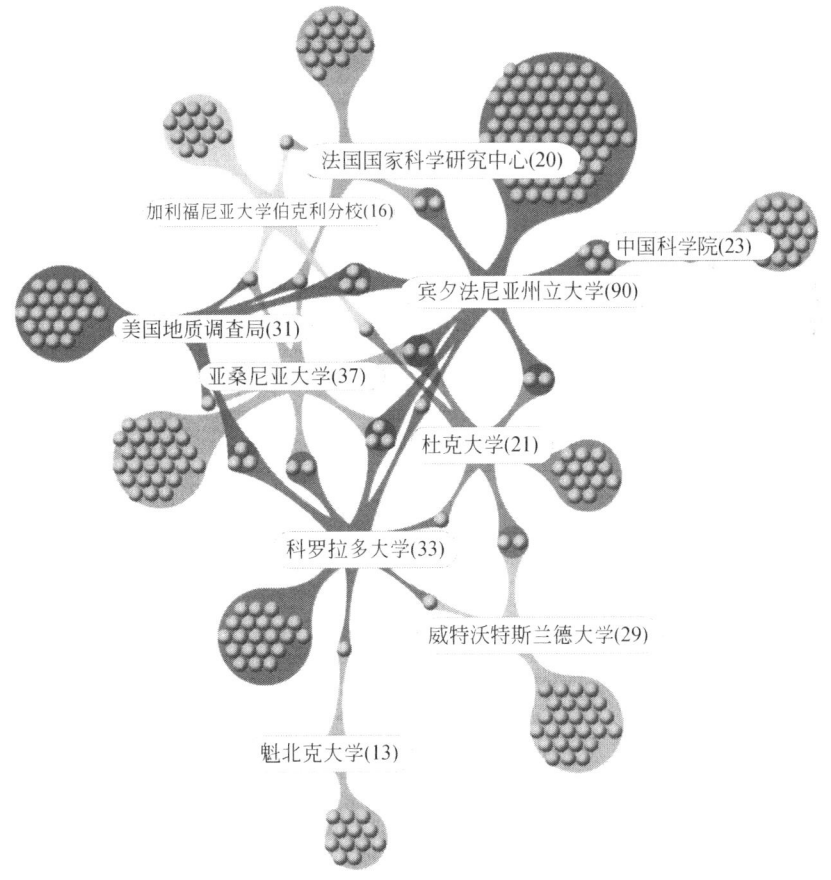

图 6-17 地球关键带研究主要机构间合作情况(见彩图)

6.7 地球关键带研究未来发展方向

地球上的生命依赖地球关键带服务的连续供应，这些服务从支持人类活动和生态系统的水供应到为不断增长的人口提供食品和纤维生产。地球关键带服务的概念是从生态系统服务扩展而来的。地球关键带的结构和功能不断演化，从而对地球历史中的气候和构造扰动做出响应，尤其要应对近期由人类活动加速驱动的变化。当前的挑战是需要发展一个健全的关于地球关键带属性、过程和输出如何应对预期气候和土地利用变化的预测能力（The CZO Community，2010）。这种预测能力必须建立在关于地球关键带进程足够广泛的知识之上，来描述区分不同地区多变的气候和地质因素如何发生相互作用，这需要测量、理论和模拟的进步。未来 10 年，地球关键带观测站项目将产生一个重要的认识和四维数据集，这将激励、鼓舞和考验随之产生的预测性模型。地球关键带观测站有潜力来促进地球表层研究的科学变革（Anderson et al.，2010）。

地球关键带研究的未来主要发展方向和任务，可以概括为以下 4 点。

1. 开发一个统一的地球关键带演化理论框架

地质时期的景观变化，是驱动地壳的构造过程与气候驱动的地貌和地球化学过程之间的相互作用的结果。从短期来看，坡地与水-岩石相互作用有关的河流系统的物质流动是地球关键带演化的重要步骤，其中水-岩石相互作用有助于向水文通量中释放溶质。虽然这些过程与水文循环有关，但是它们进一步受到土壤和植被共同进化的调节。我们还不能将这些个别的过程架构成一个关于景观进化的整体的、可预测的概念模型。这一局限的原因主要是，关于水文过程、地球化学过程、地貌过程和生物进程的耦合关系及其包括的正反面反馈，以及它们在时间和空间上的分布尚缺乏完整的相关知识。

未来 10 年，一个具有良好联系的地球关键带观测站网络和其多学科的研究人员将开发一个多过程相互作用，进而形成目前景观中地球关键带的结构理论框架。我们将采用在一个共同的仪器协议和数据结构中收集的数据集，来对气候和地质环境的作用进行权衡。

2. 开发耦合的系统模型来探究地球关键带服务

景观和生态系统对与气候变化和土地利用压力相关干扰的响应，取决于一个与水、能源和风化周期相关复杂系列的耦合过程。对临界生态响应的更好预测需要对物理和化学景观有一个更清晰的认识，这些景观能缓冲气候驱动力、塑造环境，环境中的生物也会做出响应。类似地，生态系统结构的变化将影响地球关键带结构的形成，并影响地球关键带服务提供的能力。生态系统功能与水、能源与风化循环之间的耦合将在地球关键带观测站得到测量，并为耦合的系统模型的发展奠定基础，这样有利于在地球关键带开展生物和物理过程之间相互作用和反馈的研究。

将在地球关键带观测站内部或者跨观测站之间的水文、气象和生物地球化学测量，整合为一个耦合的系统模型对提供多尺度和多进程的认识是至关重要的，当前虽然缺乏这种认识，但是这对推进地球关键带的预测是有必要的。

3. 开发一个集成的数据和测量框架并进行验证

对与过程模型和假设有联系的未来地球关键带进行研究，将需要异常丰富的数据集，且数据集上时间连续、空间上分布密集、过程上综合。多样的数据类型（如沉积物运输、地下水、基岩风化）将揭示跨越好几个数量级的特征。收集这些数据集需要对现场环境传感器、野外设备、遥感、地表和地下成像给予大力经费支持，包括新技术的开发。如果我们能在地球关键带内部和之间解决能量、水和物质流的通量，这些投资的回报将是很大的，并能为生态系统和景观进化与适应提供基本的观点。显然，定量认识和模拟景观能量和水循环的能力的提高，将依赖于新测量方法和仪器设备，这些设备能够捕捉大气输入中的空间和时间变异等信息，这些大气输入叠加在复杂的植被类型、覆盖的异质性、各向异性的地下地质媒介上。

4. 建立多学科集成的地球关键带观测站

将典型分离的地表科学学科（生态学、水文学、土壤学、地球化学、地貌学）在观测和模拟上进行有机整合是地球关键带观测站的战略，从而能更好地理解过程的耦合。过程耦合引起了长期的景观进化和对短期环境变化的响应。在明确流域间学科的交叉融合是地球关键带观测站框架的一个明显特征，这些流域具有跨越地质和地形的站点联系。在过去的1～3年，地球关键带观测站为解决这些问题一直在不断建立完整的多学科科学团队。地球关键带观测站已经开始为密集数据的收集工作投入基础设施，以满足这些科学团队和他们开发概念和数学模型的需求。地球关键带观测站已经建立了一个国家和国际网络，特别是通过与欧盟类似工作的合作，使得这些数据和基础设施能够对外界进行开放、合作。

在所有的环境观测站中，地球关键带观测站网络是仅有的一个将生物和地球科学如此紧密地整合在一起的工具。未来10年，地球关键带观测站提供了一个独特的机会来改变我们对耦合地表过程的认识，并开始定量地解决气候和土地利用变化的影响，以及发挥地球关键带服务的价值。

6.8 关于我国地球关键带研究的建议

地球关键带是异质的近地表环境，并以界面为特征，是一个动态的、复杂的区域，生物系统从这个区域的界面上吸取养分和部分能量，同时也能对这一区域产生深刻的影响，特别是对人类活动的作用尤为显著。研究这一动态区域中发生的过程需要多个学科科学家的共同参与，并需要多种研究方法的集成。建立临界带观测站与观测网络，为科学家提供一个以系统方式致力于研究近地表过程的基地，有利于增进对地球关键带的认识。国际上，地球关键带研究在地表过程研究前沿的基础上更新，研究的领域更深、更广，研究的内容更综合、更交叉，研究的任务更着重理论创新、更加面向社会需求，研究的技术与方法更先进，研究的趋势更定量化，更动态、定位，更突出长期监测，而且研究范围日趋全球化、国际化。

认识多学科交叉是宏观研究领域未来发展的特点，也是目前农业、生态和环境研究的需求。地球关键带研究作为一个综合交叉学科，研究不同时间和空间尺度上土壤、水文、植被和大气相互作用过程及其景观、物质能量传输的关系，能够在学科、时空尺度和资料间进行有效的联结，有助于深入理解和解决目前环境、生态、农业、地质和自然资源方面存在的重要问题，包括流域水管理、水质、土壤质量、空气质量、景观过程、流域管理、养分循环、精准农业、废物处理、气候变化和生态功能等。地球关键带的提出和发展能够为解决全球界面问题和中国的地表过程与资源生态研究提供新的思路。

我国缺乏能够从整体上分析地球关键带物理、化学过程的遥感产品。地球关键带异质性导致区域水循环和生态过程参量变化剧烈，需要更高空间和时间分辨率，且时空分辨率相对一致的遥感产品。但现阶段许多全球遥感产品还满足不了这种需求，如何利用多源卫星数据，在航空遥感和地面观测的支持下，生产可用于地球关键带研究的高质量、高时空分辨率遥感产品是目前地球关键带研究面临的一个很大的科学挑战。

地球关键带研究还没有提升到"科学"研究的层面。基于系统化认识近地表多要素、多尺度、多学科、多领域复杂地表过程的实际需要，国内外均将地球关键带研究作为综合集成的核心目标。然而，从学科体系化的角度来看，无论对其研究的科学内涵和与之相关的外延，地球关键带系统研究还只是"概念"性的表述，而不是学科体系化的"科学"。

我国没有完整、系统化的研究结构体系。对于一个具体的地球关键带科学研究，从数据到给出答案，需要数据获取（野外观测、遥感监测）、数据处理（数据分析、数据融合、数据同化）、问题解析（统计分析、模型模拟）、结果分析（机理、机制、原因）等重要环节，复杂的近地表过程综合集成研究，要素与各环节之间各自独立，没有形成整体性、一体化的研究结构体系，很难对不同时空尺度下多要素过程进行"综合"，也更难根据命题要求从复杂的多要素过程中"集成"出所需要的答案。因此，从地表过程系统科学的角度，将地球关键带研究中的各主要环节进行模块化、形成有机组成的整体，是通过系统性的研究结构体系获得的，这样的结果才能体现"系统"的研究理念。

我国缺乏合理、有效的综合集成研究方法和手段。模型模拟无疑是地球关键带综合集成研究的有效手段，针对具体的科学问题，如水、土、气、生、人等方面的具体问题，或针对某一地方、区域的多要素综合研究问题，模型模拟可以较好地考虑其影响因素，分析不同要素在过程中的作用程度及其各自的敏感性，从而获得对地表问题的科学认识。问题是随着综合内容的不断增加，对具体过程精细化、层次化认识要求不断提高，过程模拟模型也从最初的较简单向多要素耦合的复杂模拟发展，"综合"与"集成"不断增加的需求使得过程模拟向"大"模型方向不断膨胀、扩大，而数据需求、参数要求、不确定性及建模难度等也在不断增加，导致的问题也越来越复杂、"综合集成"的难度更加困难。

我国具有结构、形成演化和气候及土地利用变化影响多样性的地球关键带，建立我国的关键带观测研究网络进行关键带科学的研究将对全球关键科学研究做出重要贡献。我国目前还主要以单要素近地表过程综合研究为主，地表要素间系统性的有机关联不够。目前的近地表过程研究在强调综合集成研究中，主要的"综合"表现在以单要素为主、相关联因子的综合分析方面。例如，对水过程的研究，强调了水与气候、水与生态、水与土壤、水与经济和社会的关系，强化了与水过程相关因素的综合分析，体现了不同要素在水过程中的综合影响。但这些要素的作用往往是被分别考虑或单向联系的，而不同要素间在水过程中的互馈机制及联系往往被忽略或人为割裂，缺乏系统复杂过程的有机分析及在同一系统内水过程是如何被影响的。对地球关键带水循环过程与土壤过程复杂性以及多生态系统与人文过程的有机联系的定量化研究还不足以能清晰回答近地表过程的问题。

为了促进我国地球关键带科学研究的发展，我国未来应着重围绕上述核心科学问题，重点开展以下四个方向的研究。

（1）地球关键带结构、形成与演化机制。多时空尺度地球关键带形成和演化的特征、机制及其对地质、气候、水文条件和生物活动的响应；地球关键带物质循环的控制机制及其对生态功能的制约；全球变化及社会经济发展对我国主要地球关键带结构组成及演化的影响机理与预测。

（2）地球关键带物质迁移转化与多过程耦合作用机制。物质组分和元素在地球关键带垂直界面迁移转化的物理、化学和生物过程及耦合机制；地球关键带过程在各圈层内及不同圈层间的耦合及其耦合作用驱动物质形态转化与迁移的规律；我国主要地球关键带和流域碳（氮、磷等）循环、水循环过程及耦合机理；定量表述地球关键带过程与流域物质循环的动力学进程和多过程的联动机制，并实现对未来发展趋势的准确预测。

（3）地球关键带的服务功能、特点演化及其对可持续发展的支撑和影响。气候变化与土地利用变化对我国主要地球关键带生物多样性、水资源的作用机理；污染物在地球关键带不同圈层间的迁移转化及净化机制；地球关键带不同生态系统服务功能的评估、预测和管理保护机制。

（4）地球关键带过程及系统的模型模拟研究。地球关键带能量和物质通量、迁移和转化的耦合模型研究；刻画处于岩石、水、土壤、生物、大气各圈层交接面上的地球关键带各种物理、生物、化学过程以及它们之间的相互作用；通过数据同化技术使地球关键带系统模型实现向流域及全球尺度的扩展；基于监测和模拟的地球关键带重要特征参数的空间制图。

致谢：北京师范大学李小雁研究员、中国科学院寒区旱区环境与工程研究所李新研究员、中国科学院南京土壤研究所张甘霖研究员、河海大学陈喜研究员、中国科学院寒区旱区环境与工程研究所丁永建研究员等对本报告初稿进行了审阅并提出了宝贵修改意见，在此表示感谢！

参 考 文 献

傅伯杰，牛栋，于贵瑞．2007．生态系统观测研究网络在地球系统科学中的作用．地理科学进展，26（1）：1-16．

Anderson R S, Anderson S, Aufdenkampe A K, et al. 2010. Future directions for critical zone observatory (CZO) science. https://criticalzone. org/CZO-Future, Directions Report-V3-1. pfd [2015-11-16].

Anderson S P, Bales R C, Duffy C J. 2008. Critical zone observatories: building a network to advance interdisciplinary study of earth surface processes. Mineralogical Magazine, 72 (1): 7-10.

Anderson S P, Blum J, Brantley S L, et al. 2004. Proposed initiative would study earth's weathering engine. Eos Transactions American Geophysical Union, 85 (28): 265-269.

Bales J, Derry L, Driscoll C, et al. 2011. Report of the Steering Committee. Critical Zone Observatory All Hands Meeting. Tucson.

Banwart S A et al. 2011a. Assessing soil processes and function across an international network of critical zone observatories: research hypotheses and experimental design. Vadose Zone J., 10: 974-987.

Banwart S, Chorover J, Sparks D, et al. 2011b. Sustaining Earth's Critical Zone. Report of the International Critical Zone Observatory Workshop. Delaware.

Brantley S L, White T S, White A F, et al. 2006. Frontiers in Exploration of the Critical Zone, An NSF-sponsored workshop. Washington.

Brantley S L, Goldhaber M B, Ragnarsdottir K V. 2007. Crossing disciplines and scales to understand the critical zone. Elements, 3 (5): 307-314.

Brantley S, White T S, White A F, et al. 2005. Frontiers in Exploration of the Critical Zone: Report of a workshop sponsored by the National Science Foundation (NSF). Arlington.

Chorover J, Anderson S P, Bales, R C, et al. 2012. Critical Zone Observatories (CZOs): Integrating Measurements and Models of Earth Surface Processes to Improve Prediction of landscape Structure, Function and Evolution (Invited). Abstract GC54A-05. presented at 2012 Fau Meeting, American Geophysical Union, San Francisco, calif. 3-7 Dec (Talk).

Chorover J, Scatena F N, White T, et al. 2012. Common Critical Zone Observatory Infrastructure and Measurements (2012): A Guide Prepared By CZO PIs.

Chorover J. 2012. NSF workshop report: towards a unifying theory of critical zone structure, function and evolution. http://critical.zone.org/images/national/associated-files/Jemez-Catalina/publication/CZO-All-Hands-2011-Repot. pdf [2014-03-11].

Clark W C, Crutzen P J, Schellnhuber H J. 2004. Science for Global Sustainability: Toward a New Paradigm. Earth System Analysis for Sustainability. Cambridge: MIT Press: 1-28.

Critical Zone Exploration Network. 2015. Supplementary workshop documents. http://www.czen.org/content/supplementary-workshop-documents [2015-12-02].

CZO. 2007. Boulder Ccreek critical zone observatory—weathered profile development in a rocky environment and its influence on watershed hydrology and biogeochemistry. http://www.nsf.gov/awardsearch/showAward.do?AwardNumber=0724960 [2014-05-06].

CZO. 2007. Critical zone observatory—snowline processes in the Southern Sierra Nevada. http://www.nsf.gov/awardsearch/showAward.do?AwardNumber=0725097 [2015-03-11].

CZO. 2009. Luquillo Critical zone observatory. http://www.nsf.gov/awardsearch/showAward.do?AwardNumber=0722476 [2015-09-16].

CZO. 2009. Spatial and temporal integration of carbon and mineral fluxes: a whole watershed approach to quantifying anthropogenic modification of critical zone carbon sequestration. http://www.nsf.gov/awardsearch/showAward.do?AwardNumber=0724971 [2013-11-12].

CZO. 2013. Transformative behavior of water, energy and carbon in the critical zone: an observatory to quantify linkages among ecohydrology, biogeochemistry, and landscape evolution http://www.nsf.gov/awardsearch/

showAward. do? AwardNumber=0724958 [2014-08-16].

Derry L, Driscoll C, Firestone M, et al. 2010. Report of the Steering Committee. Critical Zone Observatories 2010 Annual Meeting National.

European Commission. 2006. Thematic Strategy for Soil Protection. Commission of the European Communities. Brussels.

Fischer R, Aas W, de Vries W, et al. 2011. Towards a transnational system of supersites for forest monitoring and reseach in Europe-an overview on present state and future recommendations. iForest, 4: 167-171.

Flechard C R N E, Smith R I, Fowler D, et al. 2011. Dry deposition of reactive nitrogen to European ecosystems: a comparison of inferential models across the NitroEurope network. Atmospheric Chemistry and Physics, 11: 2703-2728.

Fu B J, Li S G, Yu X B, et al. 2010. Chinese ecosystem re-search network: progress and perspective. Ecological Complexity, 7: 225-233.

Garcia M A R, Warner G S, Scatena F N, Civco D L. 1996. GIS prediction of rainfall and runoff volumes in eastern Puerto Rico. American Water Resources Association Technical Publication Series, 3: 417-426.

Grant G, Firestone M, Derry L. 2012. Critical Zone Observatory Steering Committee Report. Critical Zone Observatory Annual Meeting. San Juan.

Gumiere S, Raclot D, Cheviron B, et al. 2011. MHYDAS-erosion a distributed single-storm water erosion model for agricultural catchment. Hydrological Processes, 25 (11): 1717-1728.

Guyot A, Cohard J-M, Anquetin S. 2009. Combined analysis of energy and water balances to estimate latent heat flux of a sudanian small catchment. Journal of Hydrology, 375 (1-2): 227-240.

IPCC. 2007. Climate Change 2007: Systhesis Report report/ar4/syr/av4- syr. pdf. https://www. ipc. ch/pdf/assessment [2015-09-12].

Jin L, Andrews D W, Holmes G H, et al. 2011. Opening the "black box": water chemistry keveals aydrological controls on weathering in the susquchanna shale Hills critical zone observatory. Vadose Zone Journal, 10, 928-942.

Lepore C, Kamal S A, Shanahan P, et al. 2011. Rainfall-induced landslide susceptibility zonation of Puerto Rico. Environmental Earth Science, 66 (6): 1667-1681.

Lin H S, Bouma J, Wilding L, et al. 2005. Advances in hydropedology. Adv. Agron., 85: 1-89.

Lin H. 2010. Earth's critical zone and hydropedology: concepts, characteristics and advances. Hydro. Earth Syst. Sci., 14: 25-45.

National CZO Program. 2009a. Southern sierra critical zone observatory. https://snri.ucmerced.edu/CZO. http://www. nsf. gov/awardsearch/showAward. do? AwardNumber=0725097 [2013-06-13].

National CZO Program. 2009b. Shale Hills Susquehanna CZO. http://www. czo. psu. edu/index. html [2015-07-15].

National CZO Program. 2009c. Boulder Creek CZO. http://czo. colorado. edu/ [2014-06-17].

National Research Council. 2001. Basic Research Opportunities in Earth Science. Washington: National Academy Press.

National Research Council. 2010. Landscapes on the edge: new horizons for research on earth's surface. http://dels. nas. edu/Report/Landscapes-Edge-Horizons/12700 [2010-09-30].

NSF. 2005. Frontiers in exploration of the critical zone. http://www. czen. org/files/czen/CZEN_Booklet. pdf.

NSF. 2009. GeoVision report: unraveling earth's complexities through the geosciences. https://www. nsf. gov/geo/acgeo/geovision/nsf_ac-geo_vision_10_2009. pdf [2012-02-13].

NSF. 2009. Solving the puzzle: researching the impacts of climate change around the world. https://www.nsf.gov/news/nsf09202/index.jsp [2013-02-28].

NSF. 2011. Critical zone observatory program. https://www.nsf.gov/funding/pgm_summ.jsp?pims_id=500044 [2012-06-30].

NSF. 2012. Common critical zone observatory (CZO) infrastructure and measurements. https://criticalzone.org/images/national/associated-files/1National/CZO-specific_Infrastructure_Draft_V7_forWeb.pdf [2013-04-12].

NSF. 2015. Common questions of the US NSF-supported critical zone observatories. http://www.czen.org/sites/default/files/Dietrich-Lohse-common-questions.pdf [2015-12-12].

NSF. Design of global environmental gradient experiments using international networks of critical zone observatories. http://www.nsf.gov/geo/ear/programs/czo/czo-intl-workshop-report-2011.pdf [2012-03-24].

NSF. 2014. Human and natural forcings of critical zone dynamics and evolution at the calhoun critical zone observatory. http://www.nsf.gov/awardsearch/showAward?AWD_ID=1331846&HistoricalAwards=false [2014-01-24].

NSF. NSF awards $1.35 million for new institute focused on earth's critical zone: where rock meets life. http://www.nsf.gov/news/news_summ.jsp?cntn_id=133383&org=NSF&from=news [2014-11-24].

NSF. NSF awards grants for four new critical zone observatories to study earth surface processes. http://www.nsf.gov/news/news_summ.jsp?cntn_id=130115&WT.mc_id=USNSF_51&WT.mc_ev=click [2014-01-26].

NSF. 2014. The Eel River critical zone observatory: exploring how the critical zone will mediate watershed currencies and ecosystem response in a changing environment. http://www.nsf.gov/awa-rdsearch/showAward?AWD_ID=1331940&HistoricalAwards=false [2014-01-22].

Pike A S, Scatena F N. 2010. Riparian indicators of flow frequency in a tropical montane stream network. Journal of Hydrology, 382: 72-87.

Tague C L, Band L E. 2004. RHESSys: regional hydro-ecologic simulation system—an object-oriented approach to spatially distributed modeling of carbon, water, and nutrient cycling. Earth Interactions 2004, 8: 1-42.

The CZO Community. 2010. Future directions for critical zone observatory (CZO) science. http://criticalzone.org/CZO-FutureDirectionsReport_v3-1.pdf [2013-04-30].

Tucker G E, Lancaster S T, Gasparini N M, et al. 2001b. An object-oriented framework for hydrologic and geomorphic modeling using triangulated irregular networks. Computers and Geosciences, 27 (8): 959-973.

Tucker G E, Lancaster S T, Gasparini N M, et al. 2001a. The channel-hillslope integrated landscape development (CHILD) model// Harmon R S, Doe Ⅲ W W. Landscape Erosion and Evolution Modeling. New York: Kluwer Academic/Plenum Publishers: 349-388.

University of Delaware. 2009. New critical zone observatory seeks to answer climate change questions. http://www.udel.edu/udaily/2010/sep/observatory092809.html [2013-09-28].

White T, Brantley S, Banwart S, et al. 2015. Chapter 2—the role of critical zone observatories in critical zone science. Developments in Earth Surface Processes, 19 (3): 15-78.

Whitenack T, Williams M W, Tarboton D G, et al. 2010. Development of an integrated information system for critical zone observatory data. Fall Meeting, American Geophysical Union. Abstract IN31B-1289 Cross-CZO National.

Wilson E O. 2002. The Future of Life. New York: Knopf Doubleday Publishing Group.

Zacharias S, Bogena H, Samaniego L, et al. 2011. A network of terrestrial environmental observatories in Germany. Vadose Zone Journal, 10: 955-973.

Zaslavsky I, Whitenack T, Williams M, et al. 2011. The initial design of data sharing infrastructure for the critical zone observatory. Proceedings of the Environmental Information Management Conference. Santa Barbara.

Zaslavsky I, et al. 2008. Cyberinfrastructure for environmental observation networks (CEON) workshop report. Cyberinfrastructure for Environmental Observation Networks (CEON) Workshop. Arlington.

7 太阳系探测国际发展态势分析

韩 淋 范唯唯 杨 帆 王海名 郭世杰

(中国科学院文献情报中心)

摘 要 太阳系探测是指利用航天器探测太阳系内各层次天体和行星际空间的深空探测活动，是人类空间探索活动的核心内容之一，也是近年来最受关注的空间探索领域，"罗塞塔"(Rosetta)探测器释放"菲莱"(Philae)登陆彗星，"新地平线号"(New Horizons)对冥王星的历史性飞越，"火星勘测轨道器"(MRO)为证明火星表面当前存在间歇性液态水活动提供迄今最强有力的证据等，一系列重大进展成为科技界，乃至社会大众热议的话题。

早在20世纪50年代末，苏联和美国就已开始实施太阳系探测活动。进入21世纪以来，各主要空间大国纷纷制定雄心勃勃的探测规划，实施以火星和月球为主线，小天体、巨行星系统、金星和水星探测等并行的太阳系探测任务。太阳系探测任务已经从普查性探测转变为精细化探测，在科学发现和为载人探索开展先导探测方面发挥重要作用，各空间大国对太阳系探测的核心科学问题逐步达成共识：太阳系探测的终极科学目标是探究太阳系与行星系统的起源、演化和运行规律，主要驱动力是寻找地球以外的生命和宜居环境，现实意义是发现对地球构成威胁或可为人类探索活动提供资源的天体[1]。

本报告系统调研了近期国外主要太阳系探测发展战略、计划及未来部署，全面梳理近年来主要太阳系探测任务及其重要研究成果，并重点解析当前处于开发阶段的重要太阳系探测任务。针对各国依托航天器平台开展的太阳系探测任务，对任务的科研产出开展文献计量分析，展现太阳系探测领域论文及引文变化趋势、主要国家和研究机构以及国际合作态势。分析发现太阳系探测领域论文规模稳定增长，美国处于绝对领先地位，法国和德国表现强劲，中国发展迅速，各国之间开展了广泛的国际合作。通过分析，得出以下启示：①各国顶层战略规划都强调战略目标和科学目标并行，突出重点，统筹规划。②自主研究是太阳系探测能力建设的核心基础，国际合作是太阳系探测领域的大势所趋。③太阳系探测应重视扩大其科学和社会效益，提高公众参与，获得广泛支持。

关键词 太阳系探测 行星科学 机器人探测

7.1 引言

太阳系是太阳与所有受到太阳引力约束的天体的集合体，包括太阳、8颗行星、173颗已确认的行星卫星、5颗已识别的矮行星，以及数以亿计的太阳系小天体（小行星、柯伊伯带的天体、彗星和星际尘埃等）。太阳系探测是指利用航天器探测太阳系内各层次天体和行星际空间的深空探测活动，是人类空间探索活动的核心内容之一[1,2]。

苏联于1957年发射了第一颗人造地球卫星"Sputnik"，开启了人类探测太阳系和宇宙空间的新时代。半个多世纪以来，人类发射的航天器已经探测过太阳系内的所有行星和主要天体类型，月球和火星探测构成了太阳系探测活动的主线。太阳系探测显著带动了人类的科学创新、技术突破和应用拓展；增长了人类对宇宙尤其是太阳系的认知、拓展了人类的知识疆界；提高了人类认识和保护地球、拓展生存空间的能力；激励了人类特别是年轻一代的探索、发现和挑战精神[3]。

进入21世纪以来，世界各主要航天国家和组织纷纷制定太阳系探测规划，实施以火星和月球为主线，小天体、巨行星系统、金星和水星探测等并行的太阳系探测任务，并开展了广泛的国际合作，同时国际竞争格局加速。我国也在积极开展太阳系探测活动，《"十一五"空间科学发展规划》指出，我国太阳系探测的主要任务是"在环月探测的基础上，积极进行月球探测和以火星为主线的深空探测规划，积极参与国际合作"。作为国家中长期科技发展规划重大专项的"嫦娥"探月工程已成功实施"嫦娥一号""嫦娥二号""嫦娥三号"和"嫦娥五号T1试验器"任务，计划于2017年实施"嫦娥五号"月面取样返回，开展月球样品的全面、系统与深入的实验室研究；2018年发射的"嫦娥四号"将实施月球背面软着陆，开展着陆器原位探测和月球车巡视探测的联合探测，轨道器位于地-月拉格朗日2点对月球背面进行遥感探测并实施地-月之间的中继联系；2020年将实施火星轨道器与火星车的联合探测。我们正在面对的是人类全面探测太阳系的新时代，通过对月球和火星的重点探测，以及对太阳系各类天体的深入探测，有望形成对太阳系起源和演化的整体性认识，致力于促进人类社会可持续发展的长远目标。

本报告从近期国外主要太阳系探测发展战略和规划、近年重要太阳系探测任务及其成果和未来规划的重点任务，以及太阳系探测任务科研产出的文献计量分析三个角度出发，分析太阳系探测领域的发展态势。其中对太阳系探测的定义参考了中国科学院空间科学战略性先导科技专项对空间科学领域的描述，太阳系探测作为与太阳物理、空间物理等并列的空间科学八个分领域之一，涵盖探测目标为除太阳和地球以外的太阳系天体的机器人探测活动[4]。本报告通过开展全面的发展态势分析，将有助于梳理太阳系探测任务开展情况、解析探索内容及重要发现，以及全面了解和分析科学产出情况，结合对各太阳系探测强国在太阳系探测领域的规划、布局及计划任务体系的解读，希望为我国开展相关规划工作提供参考和借鉴。

7.2 近期国外主要太阳系探测发展战略、计划及未来部署

7.2.1 美国

美国是迄今唯一探测过太阳系所有天体类型的国家，实现了月球、火星、小行星和土卫六着陆，以及彗星表面和彗尾尘埃的采样返回，在太阳系探测领域取得了辉煌成就，处于全球绝对领先和优势地位。美国在 1958 年发射了人类历史上首个深空探测器——"先驱者 0 号"月球探测器，此后陆续开展了"先驱者"（Pioneer）、"徘徊者"（Ranger）、"勘测者"（Surveyor）系列月球探测任务，"水手"（Mariner）、"海盗"（Viking）系列火星探测任务，以及金星、水星、木星、土星、小行星和彗星探测任务。美苏太空竞赛以后，美国在太阳系探测领域的部署凸显科学内涵，任务规模形成层次，科学目标系统关联，构建起以火星为主要目标，同时兼顾月球、其他行星系统、小行星和彗星的宏大的太阳系探测任务体系。

7.2.1.1 美国太阳系探测指导方针

2010 年，奥巴马政府公布了最新版美国《国家航天政策》，指出美国航天活动的总体目标之一是"实施载人和机器人空间探索计划，开发新技术、培育新产业、加强国际合作、激励美国和世界各国、增进人类对地球的了解、促进科学发现、探索太阳系及整个宇宙"[5]。该政策将"空间科学、探索和发现"作为美国民用航天的指导方针之一，指出要"持续开展太阳系机器人探索活动，包括对其他行星天体进行科学研究、验证新技术以及为未来载人任务寻找合适地点"，要"探测、跟踪、归档和表征近地天体，以降低潜在的撞击地球风险，并识别潜在的资源富集天体"。

7.2.1.2 NASA 太阳系探测总体规划

2014 年 5 月，美国国家航空航天局（NASA）在其新版战略规划发布一个月后，随即发布指导 2014～2018 年空间科学活动的《NASA 2014 科学规划》[6]。行星科学作为该规划四大研究领域之一，其战略目标是：确定太阳系的组成、起源与演化，以及在太阳系某处存在生命的可能性。基于这一总体战略目标，NASA 制定了以下五项行星科学研究目标：①探索和观测太阳系中的天体，了解它们是如何形成和演化的。②加深对太阳系运行、相互作用以及演化过程中的化学和物理过程的理解。③探索并找到太阳系中曾经存在生命或目前存在生命的星球。④深化对地球生命起源和演化的理解，以此引导对地外生命的搜寻行动。⑤确定和表征太阳系中对地球构成威胁或可以为人类探索活动提供资源的天体。

美国国会批准的 NASA 2016 财年拨款法案中，行星科学计划得到了可观的增加，比 NASA 提交的预算申请高 2.7 亿美元，达到 16.31 亿美元，反映出对太阳系探测的重视[7]。

7.2.1.3 NASA 太阳系探测空间计划体系

NASA 的各项太阳系探测任务由 NASA 科学任务部行星科学处全面负责，按照探索目的地的不同可分为三种类型：①小行星带内行星（月球、火星及其卫星、金星、水星）；②小行星带外行星（木星、木星环和卫星，特别是木卫二；土星、土星环和卫星，特别是土卫六和土卫二；天王星及其卫星；海王星及海卫一；冥王星及其卫星；其他柯伊伯带天体）；③小天体（彗星、小行星、谷神星等小行星带天体）。

NASA 目前开展的太阳系探测任务分为竞争性任务和战略性任务两类：前者通过竞争性遴选、采用首席科学家负责制度；后者基于美国国家研究理事会十年调查报告建议以及国家政策方向制定，通过机会公告方式遴选科学仪器。这些太阳系探测任务主要属于"火星探索计划"、"新前沿"计划和"发现"计划 3 项空间计划范畴。在任务规模方面，按照任务成本可将空间任务划分为 3 级，1 级任务成本超过 10 亿美元，2 级任务成本为 2.5 亿~10 亿美元，3 级任务成本小于 2.5 亿美元[6]。

1. 火星探索计划

"火星探索计划"（Mars Exploration Program）是 NASA 一项科学驱动、研究火星宜居性的机器人探测计划。该计划下的各项任务均属于战略性任务，任务安排按照连贯的科学目标有机关联，轨道任务和火星表面任务互为支持[8]。"火星探索计划"的科学战略随着火星探测活动的发展和对火星认识的加深而演变，已经从最初"追踪水的痕迹"，演变至"探索宜居性"和"寻找生命迹象"方面，具体的科学目标包括确定火星上是否存在或曾经存在生命，表征火星气候，表征火星地质，为未来载人探索做好准备。按照"火星探索计划"各项任务开展的时间，其科学战略演变情况如图 7-1 所示。

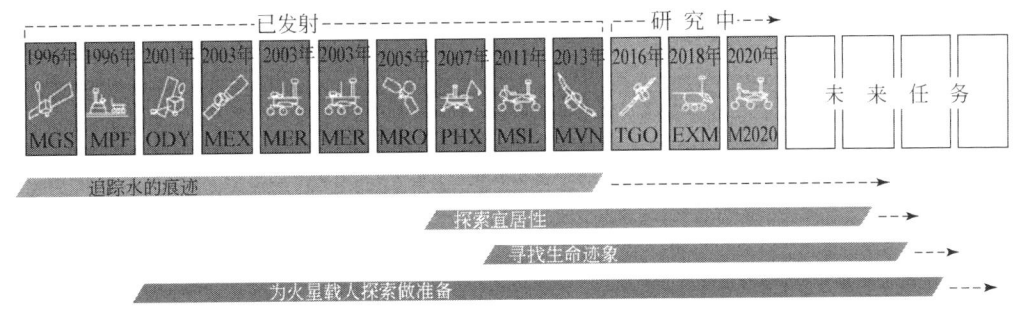

图 7-1　NASA "火星探索计划"的科学战略演变

"火星探索计划"各项任务规模为 1 级或 2 级。表 7-1 列举了当前正在运行以及处于开发中的任务。

表 7-1 "火星探索计划"当前及未来任务

任务名称	发射年份	任务目的	任务状态
"火星奥赛德"（Mars Odyssey）	2001	探究火星表面矿物和化学元素的组成、数量和分布情况	运行
"机遇号"（Opportunity）	2003	寻找和分析可能证明火星上曾经存在水活动的岩石和土壤	运行
"火星勘测轨道器"（MRO）	2005	提供火星表面、次表面和大气的信息，为其他任务寻找潜在登陆点	运行
"火星科学实验室"（MSL）/"好奇号"（Curiosity）	2011	评估火星是否曾经或仍然拥有可支持微生物生存的环境，探究火星的宜居性	运行
"火星大气与挥发物演化"（MAVEN）	2013	探测火星高层大气、电离层及其与太阳和太阳风的互动	运行
"火星 2020"（Mars-2020）	2020	可能以国际合作形式开展，包括漫游器、进入、下降、着陆系统，以及储存系统等，验证采样返回技术	酝酿

2. "新前沿"计划

"新前沿"（New Frontiers）计划致力于平均每 36 个月发射一项中型、高科学回报的太阳系探测任务，同样采用首席科学家负责制，通过机会公告进行竞争性遴选[9]。"新前沿"计划为成本和时间超过"发现"计划范畴的任务提供了机会，其任务规模为 1 级或 2 级。表 7-2 列举了当前正在运行以及处于开发中的任务。

表 7-2 "新前沿"计划当前及未来任务

任务名称	发射年份	任务目的	任务状态
"新地平线号"（New Horizons）	2006	首个冥王星系统探测任务，并将探测柯伊伯带天体	运行
"朱诺号"（Juno）	2011	揭示木星的起源和演化，深入研究木星大气成分、温度和云层运动等	运行
"起源、光谱分析、资源识别与安全–风化层探测器"（OSIRIS-Rex）	2016	探测近地小行星 Bennu 并采样返回，研究行星形成和生命起源等	开发

3. "发现"计划

于 1992 年启动的"发现"（Discovery）计划是 NASA 空间计划组织管理方式的一项创新，采用首席科学家负责制，通过机会公告方式进行竞争性遴选，计划致力于开展发射机会更多、成本封顶、具有高度集中科学目标的太阳系探索任务[10]。"发现"计划主要开展 2 级和 3 级任务。

"发现"计划迄今已资助开发了 12 项任务和 5 项机会任务。2015 年 10 月，NASA 宣布为"发现"计划选择了 5 项预研项目，探索目标包括金星、小行星和近地天体。NASA 将在 2016 年通过评审从中遴选出 1~2 项任务，最早于 2020 年择机发射，最终获选的每项任务的成本在 5 亿美元左右[11]。表 7-3 列举了当前正在运行、处于开发中以及预研阶段的任务。

表 7-3 "发现"计划当前、未来及预研任务

任务名称	发射年份	任务目的	任务状态
"黎明号"(Dawn)	2007	探索保存着太阳系形成初期信息的矮行星（谷神星和灶神星），研究那一时期的条件和过程	运行
"月球勘测轨道器"(LRO)	2009	为未来的载人和无人月球任务识别月球上有潜在资源、高科学价值、有利地形、安全环境的地点	运行
"洞察号"(InSight)	2016	开展火星深层内部勘探，研究行星形成和演化等基本问题	开发
"金星惰性气体、化学成分和图像的大气层深度调查"(DAVINCI)	—	DAVINCI 将在 63 分钟的下降过程中研究金星大气的化学成分，回答科学家长期关注的重要科学问题，如金星表面是否仍存在活跃的火山活动？金星大气与地表如何相互作用等？	预研
"金星发射率、射电科学、干涉合成孔径雷达、地形和光谱学"(VERITAS)	—	生成金星表面的全球高分辨率地形图和图像，以及首批形变和全球地表成分地图	预研
Psyche 小行星探测任务	—	通过研究金属小行星 Psyche，探索行星核的起源。Psyche 可能是一颗覆盖有岩石外层的原行星受到剧烈撞击、外层被剥离后的残余物	预研
"近地天体相机"(NEOCam)	—	发现比当前已知数量多 10 倍的近地天体，并研究这些近地天体的性质	预研
木星特洛伊小行星探测任务 Lucy	—	首次勘探被认为保存着关于太阳系历史的重要线索的木星特洛伊小行星带	预研

除以上三个计划外，NASA 目前开展的其他太阳系探测任务包括"卡西尼号"(Cassini)土星系统探测任务、"月球大气和灰尘环境探测器"(LADEE)等。

7.2.1.4 美国太阳系探测任务规划建议

美国国家研究理事会为 NASA 空间科学发展规划提供了大量的咨询建议，2011 年发布的《2013—2022 年行星科学愿景和旅程》十年调查报告提出 2013～2022 年框架下战略性、"新前沿"级和"发现"级任务建议[12]。

在战略性任务方面，建议的最高优先级任务是"火星天体生物学探测器-收集者"(MAX-C)，包括与欧洲联合进行三次火星取样返回任务，预估成本约 35 亿美元。第二优先大型任务是"木星-木卫二轨道器"(JEO)，预估成本高达 47 亿美元。第三优先大型任务是天王星轨道器和探测器任务，预估成本为 27 亿美元。

对于"新前沿"级任务，建议其成本上限从当前的 10.5 亿美元（包括发射成本）变为 10 亿美元（不包括发射成本），第 4 项"新前沿"任务应从彗星表面取样返回、月球南极 Aitken 盆地取样返回、土星探测、特洛伊小行星探测和金星原位探测中选择；第 5 项"新前沿"任务应把木卫一探测和月球物理网络加入待选名单中。

在"发现"级任务方面,未进行具体推荐,但强调按目前的投入水平持续下去(每个任务的成本上限约 5 亿美元),并建议研究机会公告和任务遴选应以不大于 24 个月的频率规律开展。

此外,如预算允许,建议按以下优先次序补充开展任务:①增加"发现"计划投入;②新增一项"新前沿"任务;③开展土卫二轨道器任务或金星气候任务。如果预算比目前预期更为紧张,则优先缩减或推迟战略性任务。

7.2.2 俄罗斯

苏联发射了大量月球、金星和火星探测器,曾创下多项世界第一,如第一次月球飞越、硬着陆、软着陆和机器人采样返回等,这一阶段的太阳系探测活动往往采取高密度任务执行方式,在短时间频繁地发射大量的探测器,并带有很强的美苏航天实力竞争的目的。进入 20 世纪 90 年代后,俄罗斯太阳系探测活动趋于停滞,仅在 1996 年发射了火星探测任务,但也未取得成功。近年来,俄罗斯在月球探测方面做出了系统规划,将于 2019~2025 年发射 4 颗"月球"系列探测器。此外,俄罗斯还在与欧洲合作开展火星探测任务。

7.2.2.1 俄罗斯太阳系探测活动规划

2013 年,俄罗斯发布第 906 号总统令通过了《2030 年前及未来俄联邦航天活动领域国家政策原则的基本规定》,其中在太阳系探测领域,规定要求保障俄罗斯具备相应的科学技术和生产工艺储备来实施大型空间科学项目,从而对宇宙空间和太阳系进行深化研究,首先是对近月空间、月球和火星的探索研究[13]。

该规定提出,未来俄罗斯太阳系探测活动包括:①至 2015 年,利用无人航天器重启月球研究,参与月球、火星和木星探测的国际性空间项目。②至 2020 年,利用无人航天器对月球进行深入考察,选定部署月球基地的区域;积极参与太阳、月球、太阳系行星及小天体研究的国际合作。③2030 年以后,从火星及火卫一上采集土壤样本并返回地球;对月球开展深入研究和开发,部署月球基地,在月球上建立天文观测台;开展太阳系行星和其他天体、木星系统探索飞行,对太阳系小天体进行接触性研究。

通过以上探测活动,俄罗斯希望在 2030 年前实现:对月球表面及月球地下资源进行细致研究,在对月球的研究和开发中使用可维修的自动化设备,积极参与使用无人航天器对火星、金星、木星系统、土星系统以及小行星进行的研究性探索。

7.2.2.2 俄罗斯科学院太阳系探测活动规划

俄罗斯科学院主席团是俄罗斯科学院的最高职能机构,其职责是制定俄罗斯科学院工作方针,保证高水平的基础研究工作顺利进行[14]。2015 年,俄罗斯科学院主席团制定了《太阳系和恒星系的实验与理论研究计划》[15],旨在解决太阳系探索过程中遇到的主要科学问题,为俄罗斯联邦航天计划的实施建立必要的科学和技术基础,该计划中涉及太阳系探测方面的研究内容如表 7-4 所示。

表 7-4 俄罗斯科学院太阳系探测领域研究规划

研究领域	研究内容	俄罗斯科学院相应负责机构
太阳系的形成和演化	对非磁性和磁性介质空间中的结构湍流进行数学建模（考虑其与在相对于太阳原行星盘的形成演化的问题之间的关系），同时考虑松散原始星子中的尘埃凝聚分形性质的处理问题	应用数学研究所
	早期和当代太阳系的天体演化问题	地球化学和分析化学研究所
	原行星系统气体动力和潮汐过程	物理研究所
	模拟原行星盘中初始固体的凝结、形成和演化	地球化学和分析化学研究所
月球和类地行星，比较行星学	基于稀有气体同位素数据，建立早期地球演化和脱气模型	地质研究所
	火星内部地震学和物理学	地球物理研究所
	研究外覆冰壳、以岩石为核心的天体（如谷神星、灶神星）上的环形坑	地球圈动力学研究所
	建立月核和月幔的热化学模型	地球化学和分析化学研究所
	建立长期月球运动理论	应用天文学研究所
	研究月球内部热流和月壤接触性热测量方法	地球化学和分析化学研究所
	月球及太阳系其他天体的潮汐能量耗散理论和天文研究	地球化学和分析化学研究所
	用雷达测定风化层的物理特性	无线电工程与电子学研究所
巨行星、卫星和行星环	太阳和木星的光谱结构	应用物理研究所
	巨行星卫星系统动力学和行星卫星系统运动理论的数值研究——用于提高木星、土星、天王星、海王星历表精度	应用天文学研究所
	原始岩石冰体在木星和土星常规卫星物质形成中的作用	地球化学和分析化学研究所
	通过天体测量和光度观测研究太阳系行星卫星动力学	普尔科沃天文台
	类地行星、土卫六、海卫一的大气主要和次要成分动力学。研究金星和土卫六的大气环流，以及辐射加热和大气中气溶胶的转移	极地地球物理研究所
行星大气与气候	超热环境下，行星光冕里氢原子和氧原子紫外发光建模	天文学研究所
	地壳排放的气体对岩石圈和大气层的重要影响	空间研究所
	电离辐射、恒星际和行星际尘埃吸积、大天体坠落对地球及火星气候和大气化学成分的影响	物理-技术研究所
	研究地球大气层内部湍流波和层状结构	无线电工程与电子学研究所
	根据实地观察，研究火星上的水蒸气和臭氧	空间研究所
	金星大气层中的光雾气象学	空间研究所
	火星表面沙漠气溶胶的释放、在大气中的运输过程及其热效应研究	大气物理研究所
	金星大气动力学	空间研究所
	太阳系行星大气中的电场和放电	应用物理研究所
太阳系小天体	在正在执行的彗星、小行星和系外星系盘的任务成果基础上研究彗核的物理-力学性能	空间研究所
	陨石物质和宇宙尘埃的起源和演化	地球化学和分析化学研究所

续表

研究领域	研究内容	俄罗斯科学院相应负责机构
太阳系小天体	月球尘埃的性质、动力学和现象	空间研究所
	陨石物质在太阳系形成早期阶段的演化	空间研究所
	用天体–力学法和天文物理法对选定的小行星和彗星进行综合研究	天文学研究所
	影响太阳系小天体运行轨迹的天体力学因素	应用数学研究所
	太阳系小型硅酸盐和小冰体的成形、组成和机械性能	地球化学和分析化学研究所
	利用"罗塞塔"(Rosetta)任务数据研究彗星67P彗核的组成和表面形成过程及演化,与其他彗核进行比较	地球化学和分析化学研究所
	无大气天体的尘埃动力学及研究方法	空间研究所

7.2.2.3 俄罗斯月球探测规划

"月球"(Luna)系列计划是苏联航天计划的重要组成部分,也是最高优先级项目。1958～1975年,"月球"系列共进行了35次发射,经历了飞越、硬着陆、环绕、软着陆和取样返回等探测阶段,取得了巨大的成就。20世纪90年代苏联解体后,俄罗斯的太阳系探测活动受到严重影响而趋于停滞[16]。近年,俄罗斯提出了重返月球的计划,将月球机器人探测列为太阳系行星探测的优先项目[17]。根据《2016—2025联邦航天计划》和俄罗斯科学院的规划,新"月球"系列将主要考察月球南极地区,研究遥感和采样方法,采集原始状态的月壤和水冰返回地球。按照计划中对月球探测项目的要求,俄罗斯负责空间探索和太阳系探测航天器研制的拉沃契金科研生产中心已经研制出"月球"系列探测器[18],如图7-2所示。

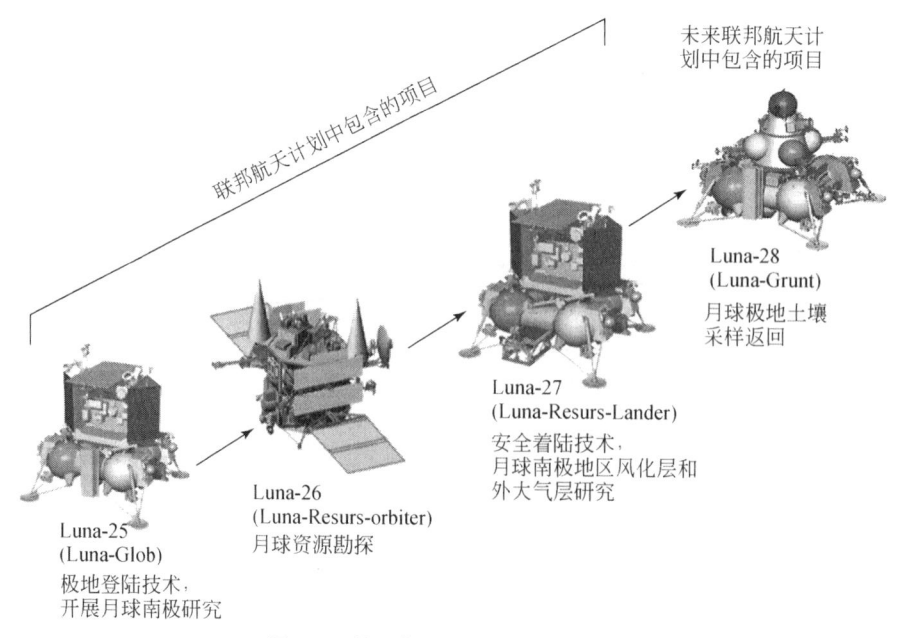

图7-2 俄罗斯"月球"系列探测器

7.2.3 欧洲

1986年回归的哈雷彗星引发了国际联合探测彗星的热潮,欧洲和日本相继登上太阳系探测的国际舞台。欧洲空间局(ESA)的"乔托号"(Giotto)、苏联的"织女星1号"(Vega 1)、"织女星2号"(Vega 2),日本的"先驱号"(Pioneer)和"彗星号"(Suisei)组成哈雷彗星探测舰队,联合实施了这一经典的国际合作太阳系探测活动。自此,ESA陆续开展了土卫六、月球、彗星、金星、火星等探测任务,并正在着手准备火星、木星等大型探测任务。ESA的太阳系探测活动凸显出国际合作和科学引导的发展特色,通过寻求与美国、俄罗斯、中国等的密切合作开展大型探测任务,并基于太阳系探测领域的核心科学问题来组织实施涵盖不同规模的空间任务的长期空间科学规划。

2015年4月,ESA发布《空间探索战略》,着眼于未来10年及更远,概述了欧洲空间探索活动的长期规划,其中太阳系探测活动将以月球和火星为目标[19]。在月球探测方面,重点开发着陆器、资源探查器和通信设备等核心产品,并计划参与由俄罗斯主导的"月球-资源轨道器"(Luna-Resurs-Orbiter)和"月球-资源着陆器"(Luna-Resurs-Lander)任务,相关的筹备活动正在进行中。ESA计划通过这两方面的活动为未来参加国际合作月球极区采样返回任务做好准备。在火星探测方面,ESA将与俄罗斯共同开展"火星生命探测计划"(ExoMars),包括ExoMars-2016和ExoMars-2018两项任务。ESA旨在通过ExoMars计划在"寻找火星生命"这一研究主题上开展世界级的科学研究,并掌握火星着陆、漫游及钻探等关键技术。ESA还通过开展"火星机器人探索准备计划"(MREP),为ExoMars计划以后的火星探测活动开展探索技术开发和候选任务研究,为未来参加国际合作火星采样返回活动做好准备。

太阳系探测是ESA自20世纪80年代开始的系列长期空间科学规划的研究领域之一。ESA当前正在进行的第三轮空间科学规划是于2005年启动的"宇宙憧憬2015—2025",该规划提出的4项核心科学问题中有2项与太阳系探测直接相关,分别是行星形成和产生生命的条件以及太阳系的运行规律。该规划提出百余项空间科学候选任务,目前已经正式选出的第一项大型任务就是针对木星系统的太阳系探测任务——"木星冰月探测器"(JUICE),计划在2022年发射,2030年抵达木星。

前两轮空间科学规划中的太阳系探测任务已经完成一部分,还有一部分仍在运行或处于开发阶段。第一轮空间科学规划"地平线2000"中的太阳系探测任务包括"惠更斯"(Huygens)土卫六探测器和目前仍在运行的"罗塞塔"(Rosetta)彗星探测器,现已飞过彗星67P近日点的"罗塞塔"也是近年来最受关注的太阳系探测任务之一。第二轮空间科学规划"地平线2000 Plus"已经完成三项小型任务——"火星快车"(Mars Express)、"金星快车"(Venus Express)和SMART-1月球探测任务,还有一项水星探测大型任务"贝皮–科伦坡"(BepiColombo)计划于2017年发射。

此外,于2015年新上任的ESA局长提出了在月球背面建立一个多国航天员都可以居住的"月球村"的构想,但目前还没有实质进展[20]。

7.2.4 日本

日本最早的太阳系探测活动是参加国际联合探测哈雷彗星的 Pioneer 和 Suisei 探测器,成功地远距离观测了哈雷彗星。随后,日本陆续开展了火星、小行星和月球探测等多项任务。日本在小天体探测方面的表现尤为突出,除了早期的彗星探测任务外,近年开展的"隼鸟号"(Hayabusa)和"隼鸟 2 号"(Hayabusa 2)小行星探测器十分引人注目。

日本《宇宙基本计划》是根据 2008 年出台的《宇宙基本法》制定而成的一项国家航天活动计划。最新一版的《宇宙基本计划》于 2015 年 1 月 9 日发布[21],规划了今后 10 年日本在空间领域的政策走向和主要活动。其中,在空间科学、探索和载人空间活动方面的总体战略是"确保对以贡献卓越成果、产生新的知识为出发点的空间科学和探索活动给予资助,并参考日本宇宙航空研究开发机构(JAXA)的发展路线图执行"。在太阳系探测方面要推进的活动包括:参与发射 BepiColombo 水星探测器;推进 JAXA 宇宙科学研究所(ISAS)开展的相关项目;推动太阳系探测活动的实施,考虑以月球、火星等有引力天体的机器人着陆和探测为目标。

目前,JAXA 正在运行的太阳系任务包括于 2015 年 12 月二度进入金星轨道终获成功的"拂晓号"(AKATSUKI)金星气候轨道器和 2014 年发射的 Hayabusa 2 小行星探测器,未来任务包括计划与 ESA 合作将于 2017 年发射 BepiColombo,以及目前处于开发中的"月亮女神 2 号"(SELENE 2)月球探测器。

7.2.5 印度

印度早在 20 世纪 60 年代初期就开始在苏联的技术援助下进行空间活动,对空间科学的研究也一直是印度航天计划中的重要组成部分,主要由印度总理直接领导的空间局负责管理,由印度空间研究组织(ISRO)及其下属的各研究中心负责执行。

2008 年,印度首个月球探测器"月球初航"(Chandrayaan-1)发射升空,标志着印度月球计划的第一阶段顺利实施。2013 年,印度首个火星探测器"火星轨道器任务"(MOM)发射成功,使印度成为第四个可以将航天器发射至火星轨道的国家。印度空间局发布的《ISRO 2014—2015 年度报告》指出,月球计划的第二个任务是将于 2017 年发射的"月球航行-2"(Chandrayaan-2),包含轨道器、着陆器和漫游器,将在月球上开展多项科学研究[22]。

7.2.6 多国合作太阳系探测

国际合作已成为太阳系探测的大势所趋,这不仅体现在大量太阳系探测任务都以国际合作形式开展,还体现在各航天国家还合作共商通过统筹各自开展的太阳系探测活动实现协调、互补、统一的探索战略和路线。2007 年,美、欧、俄、中、日等 14 个国家和地区的航天机构联合发布了多国合作空间探索的顶层战略《全球探索战略:合作框架》[23]。在此基础上,参加国际空间探索协调工作组(ISECG)的12个国家和地区(不包括中国和澳大利亚)于2011年发布第一版《全球探索路线图》,规划了未来25年通过国际合作开展月球、小行星和火星探索的切实可行和可持续的途径[24]。

经过2年的酝酿和修改,ISECG于2013年发布了第二版《全球探索路线图》[25],其中强调了太阳系机器人探测任务对载人探索的重要作用,包括获得新的发现和为载人探索做准备。机器人探测任务可以为载人任务提供重要的数据和技术,如获取环境数据、识别危险、评估资源等。利用这些数据可用来帮助选择未来任务的着陆点,减少载人探索任务的风险。虽然有些数据可以通过地面观测获得,但还有些数据仅能通过空间探索任务,如遥感、原位测量和采样返回等方法获得。大多数的机器人探测任务都是以科学目标或载人探索先导任务为驱动,其国际合作形式多种多样,包括共同开发航天器、提供科学仪器等。世界各国近年正在开展及已有明确规划的针对月球、火星和小行星三大未来载人目的地的机器人探测任务如图7-3所示。

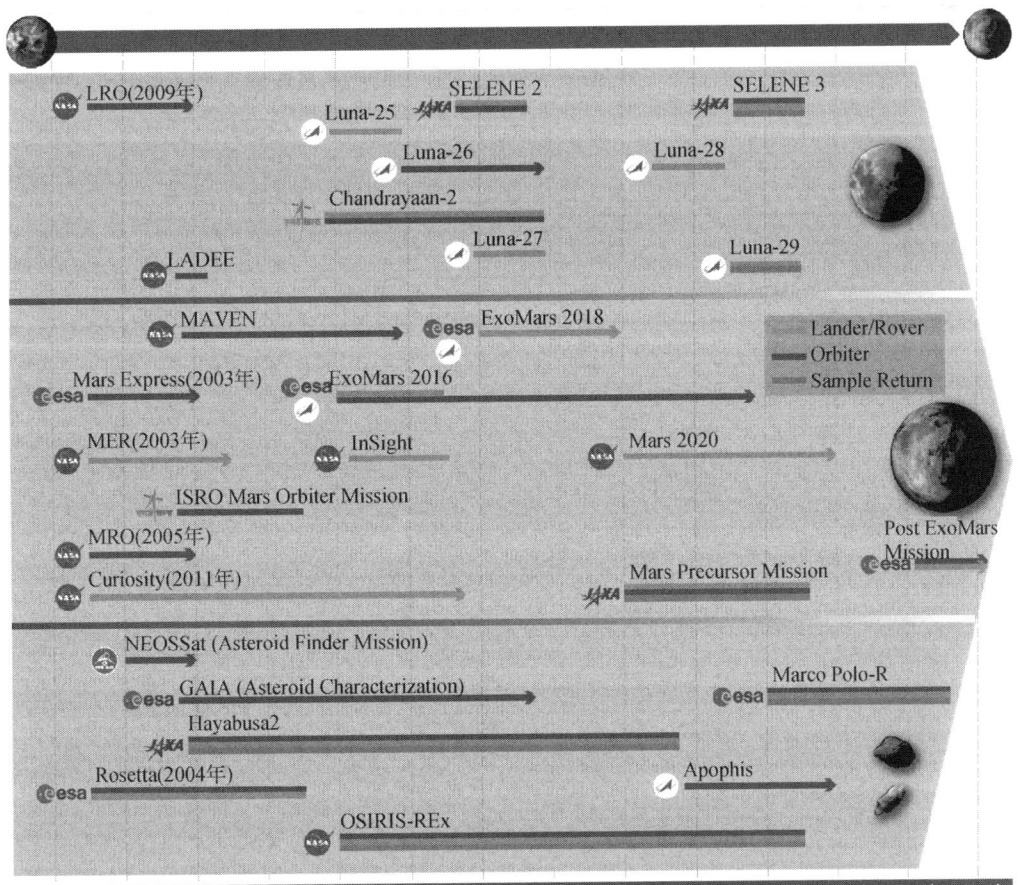

图 7-3 世界各国近年开展及已规划的针对未来载人目的地的太阳系探测任务(见彩图)

7.3 太阳系探测任务概览

本报告附录部分展示了太阳系探测任务列表，共包括202项已实施、正在运行或已有明确规划的未来任务。该附录参考了NASA行星科学任务、ESA太阳系科学任务、JAXA月球及行星科学任务、ISRO太阳系探测任务、Roscosmos行星及太阳系小天体任务、俄罗斯拉沃契金科研生产中心和俄罗斯科学院空间委员会太阳系理事会的行星探索任务。图7-4将202项任务按照三个时间段（1990年及以前、1991~2015年、2016年及以后）统计了针对不同目标的太阳系探测任务数量。拥有多个探测目标的太阳系探测任务分别在各探测目标统计中计数，因此图7-4中显示的任务项数总和大于202项。从图7-4中可以看出，在1990年以前，月球、火星、金星是太阳系探测任务的重点目标；在1991~2015年，对火星和月球的探测仍是重点，小天体和矮行星探测备受关注；未来将开展的太阳系探测任务，仍重点关注火星和月球，同时兼顾小天体、巨行星系统、金星和水星探测。

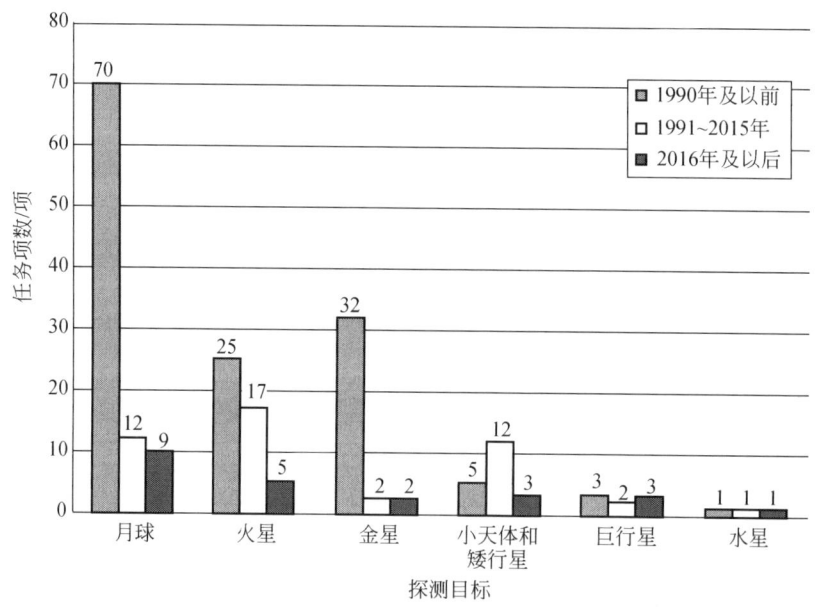

图7-4 三个时间段中针对不同探测目标的太阳系探测任务项数

下面将系统梳理近年来主要太阳系探测任务及其重要研究成果，并解析各国当前处于开发阶段的重要太阳系探测任务。

7.3.1 月球探测任务

7.3.1.1 "嫦娥"计划

"嫦娥一号"是中国自主研制的第一颗月球探测卫星，于2007年10月24日发射，其主要科学目标是获取月球表面三维影像;分析月球表面有用元素含量和物质类型的分布特点;探测月壤特性;探测地月空间环境[1]。"嫦娥一号"取得了丰硕的科研成果,填补了我国在月球和深空探测领域的空白,重要成果包括:①得到了质量最高的全月球影像图和月球标准基础地图;②得到了精度和分辨率最高的全月球数字高程模型和三维月球地形图;③利用伽马射线谱仪数据获得铀、钍、钾的全月球含量分布;④获取了覆盖月球绝大部分地区的月球多光谱图像数据;⑤获取了全月球4频段月表微波辐射亮温数据;⑥获取了独特的近月空间高能粒子和太阳风离子数据[26]。

"嫦娥二号"是探月工程二期的先导星,于2010年10月1日发射,主要目标是获取更精细的科学探测数据,深化月球科学研究,同时为"嫦娥三号"任务备选着陆区进行高分辨率成像,为后续月球和深空探测任务进行部分关键技术试验[1]。"嫦娥二号"的重要成果包括:①得到了月球虹湾地区高分辨率影像图;②得到了全月球7米分辨率影像图;③太阳风粒子探测器证实"微磁层";④飞越"图塔蒂斯"(Toutatis)小行星,获得"图塔蒂斯"光学图像,实现7000万米数据接收[27]。

"嫦娥三号"是探月工程二期的主任务,于2013年12月2日发射,标志着我国成为世界上第三个实现地外天体软着陆的国家。"嫦娥三号"包括1个着陆器和"玉兔号"巡视器。其主要任务是在月表进行一系列探测活动,得到包括月球地形地貌、地质构造、物质成分和浅层结构为一体的综合科学信息,同时利用携带的光学望远镜,在月球上进行天文巡天观测[1]。此外还利用极紫外相机,观测地球周围的等离子体层的结构和成分的变化。目前,"嫦娥三号"仍在按计划执行科学探测任务。

"嫦娥五号T1试验器"是我国探月工程第三期的飞行试验器,于2014年10月24日发射,飞抵月球附近后自动返回。此次任务是我国一次重要的验证飞行试验,主要目的是突破和掌握探月航天器再入返回的关键技术,为"嫦娥五号"任务提供技术支持[28]。试验任务由飞行试验器、运载火箭、发射场、测控与回收四大系统组成。飞行过程长8天,经历了地月转移、月球近旁转向、月地转移、再入返回、着陆回收等五个阶段。

"嫦娥五号"是我国探月工程三期项目,将于2017年执行首次飞行任务,获取月球样品,进一步验证月球采样返回探测相关技术,深化月球科学探测和研究,为后续任务积累经验[1]。探月工程三期的目标是研制小型采样返回舱、月表钻岩机、月表采样器、机器人操作臂等,掌握月球探测器自动取样并返回技术,在月面原位探测和分析取样基础上,采集月壤和月岩样品返回地球,进行系统的实验室分析研究,深化对地月关系(尤其对月球)的起源与演化的认识;同时对着陆区的地形地貌、地质构造、月壤厚度、月壳岩石结构与厚度、岩石的化学与矿物成分及月表环境进行考察。探月工程三期的科学成果将为未来月球基地的选址提供月面环境、地形、月岩的化学与物理性质等科学依据。

"嫦娥四号"作为"嫦娥三号"的备份,已基本完成了运载火箭、探测器平台和部分有效载荷产品的投产,计划于2018~2019年发射[29]。其任务目标是实现月球背面软着陆和地月L2点中继通信,开展原位探测、巡视探测和地月L2点环绕探测,并对探测数据进行处理分析,以实现月球背面软着陆和自动巡视勘察为成功标志。利用月球背面保存的最古老月壳岩石的独特条件开展地质特征调查,有望在国际上首次建立集地形地貌、浅层结构、物质成分于一体的综合地质剖面和演化模型,获得对月球早期演化历史的新认知。

利用美国 Thomson Reuters 集团的 Web of Science 数据库，对"嫦娥"计划产出的期刊论文、会议论文和综述三类研究成果进行主题检索，共检索到相关论文 297 篇，其中中国论文数量达 284 篇。

尽管"嫦娥"计划产出论文中还没有被 ESI 数据库收录的高水平论文，但已有多篇发表在世界顶级期刊上的论文。2015 年 3 月 13 日的《科学》杂志刊登了"A young multilayered terrane of the northern Mare Imbrium revealed by Chang' E-3 mission"一文[30]，由来自中国地质大学（武汉）、澳门科技大学、中国科学院电子学研究所、中国科学院国家天文台和挪威奥斯陆大学的科学家合作完成，通过分析"玉兔"月球车的数据发现，"嫦娥三号"着陆区表面下至少分为 9 层结构，表明在那里曾有多个地质学过程发生，这对于探索月球的岩浆演化历史和后期改造作用具有非常重要的意义。2015 年 4 月 28 日的《美国国家科学院院刊》刊登了"Volcanic history of the Imbrium basin: A close-up view from the lunar rover Yutu"一文[31]，由来自中国科学院地质与地球物理研究所、电子学研究所、国家天文台、高能物理研究所、广州地球化学研究所、上海应用物理研究所、西安光学精密机械研究所、光电技术研究所、地球化学研究所以及中国空间技术研究院北京空间机电研究所的科学家合作完成，根据"玉兔"月球车的探测数据揭示了月球在晚至 25 亿年左右仍存在大规模的火山喷发，可能与该区域非常富集放射性元素有关，月壤的厚度也可能明显高于以往的估算，这对于认识月球雨海地区火山活动的历史，帮助人们进一步理解月球的演化有着重要的科学意义[32]。

7.3.1.2 "月球勘测轨道器"

NASA"月球勘测轨道器"（LRO）是一项月球表面测绘任务，2009 年 6 月 18 日，与旨在确认月球极地附近永久阴影里的环形坑是否存在水冰的"月球坑观测与感知卫星"（LCROSS）一起发射升空[33]。2009 年 10 月 9 日，LCROSS 撞入月球的一处永久阴影区结束使命，LRO 继续在绕月轨道上进行观测，寻找潜在资源，为未来任务确定着陆点[34]。

2013 年，NASA 集中披露了 LRO 在 4 年运行时间里获得的重要科学发现[35]。在月球极区，LRO 上的月球辐射计测量到了太阳系中的最低温度。中子探测器测量了月壤中的氢含量，通过综合多年观测数据，发现月球极区附近氢富集区氢含量增长的迹象，这可能意味着水冰的存在。小型射频雷达对月球南极附近的一个永久阴影环形坑进行测量，评估了其可能拥有的最大水冰量。LRO 相机发回了月球表面的高分辨率图像，揭示出月球的地质过程，并发现月球仍在收缩。LRO 相机还拍摄到"阿波罗"（Apollo）计划任务所有着陆点的高分辨率图像。月球轨道器激光测高仪（LOLA）返回的数据生成了精确和完整的月球地形图。CRaTER 载荷测量了月球的辐射环境，并展示出轻质材料（如塑料）可有效防护辐射，这对未来深空探索任务非常有用。LAMP 光谱仪首次对月球稀薄大气层中的氢进行了光谱测量。2015 年 9 月，NASA 报道 LRO 已发现了月球表面 3000 多个小型断层结构，通过对这些小型断层取向的分析得出一项令人惊讶的结果：这些由于月球收缩造成的断层正在受到地球引力潮汐的影响[36]。

在 WOS 数据库检索得到 LRO 和 LCROSS 任务产出相关论文 345 篇，其中美国论文数量达 273 篇，ESI 论文 3 篇，这些论文被引用的次数是相关学术领域中最优秀的 1% 之列。

7.3.1.3 "重力勘测和内部研究实验室"

"重力勘测和内部研究实验室"（GRAIL）是 NASA 的一项月球探索任务，于 2011 年发射。该任务采用双子卫星探测器系统，包括 GRAIL A（Ebb）和 GRAIL B（Flow）两个探测器。2012 年 12 月 17 日 GRAIL 探测器的两艘飞船——Ebb 和 Flow 按计划撞向月球，为任务画下了圆满的句号[37]。

GRAIL 任务史无前例地收集了关于月球内部结构和演进的详细信息，这些信息丰富了我们对于地球及内太阳系其他行星是如何演化的知识[38]。GRAIL 任务生成了月球超高分辨率重力场图，精度超过其他所有天体，这将有助于科研人员更详细地研究月球内部结构及其成分[39]。新的月球重力场图在更精细的尺度上揭示月球地质特征，如内部结构、死火山地形、环形坑中央峰等。科研人员通过分析最新探测数据发现月壳的厚度为 34~43 千米，比原来认为的薄 10~20 千米。根据这一月壳厚度，月球的总成分与地球类似，这也支持了月球可能是来自地球的一部分、是地球受撞击后分离出来形成的假说。科研人员还发现了狭长的直线形重力异常区，多个数百千米长的重力异常区纵横交错地分布在月球表面。科研人员认为这些重力异常区表明月球地表下存在深沟或狭长的凝固熔岩，相关研究将对推测月球早期历史有帮助[40]。

GRAIL 任务共检索到相关论文 94 篇，其中美国论文数量达 68 篇；ESI 论文 3 篇。

7.3.1.4 "月球大气和尘埃环境探测器"

NASA 的"月球大气和尘埃环境探测器"（LADEE）于 2013 年 9 月发射，2014 年 4 月 17 日按照预定计划成功撞月[41]。LADEE 任务的主要目的是研究月球的大气及月球表面的尘埃作用，更好地了解月球及其形成过程，并对高速激光通信系统进行测试。

LADEE 所携带的月球激光通信演示（LLCD）设备成功演示从 4×10^5 千米外的月球轨道以最大 622 兆比特/秒的速度向地球传输数据，该速率几乎比 NASA 最好的 Ka 波段射频通信速率高 1 个量级以上，在各种条件下完美地将 LADEE 收集的实时、高价值月球环境科学数据返回地球[42]。2015 年 8 月，NASA 报道利用 LADEE 搭载的中性质谱仪（NMS），首次证实月球大气中存在氖，且含量较为丰富。但由于月球的大气非常稀薄，这些氖还不足以使月球发光[43]。

在 WOS 数据库检索得到 LADEE 任务产出 40 篇论文，其中美国贡献 34 篇，没有 ESI 论文。

7.3.1.5 俄罗斯"月球"系列探测任务

"月球–全球"（Luna-Glob）计划于 2019 年发射，服务年限超过 1 年[44]，主要将对月球极地地区的内部结构进行研究，勘测自然资源，同时研究月球表面宇宙射线和电磁辐射，开发软着陆技术。

"月球–资源轨道器"（Luna-Resurs-Orbiter）计划于 2020 年发射，服务年限超过 3 年[45]。其主要科学任务是勘测月球矿物成分和月球表面水冰分布，测绘月表地形，研究地下层结构，探究月球外大气层和等离子体环境与月表等离子体的相互作用过程，研究宇宙射线和超高能中微子。

"月球–资源着陆器"（Luna-Resurs-Lander）计划于2021年发射，服务年限超过1年[46]，主要将对2~3处地下2米深的月壤进行矿物学、化学、同位素组成方面的研究，探究月壤的物理特性，研究月球外大气层的离子、中性粒子、尘埃与行星际介质的关系，开展月球内部结构和月震机制的研究。

"月球–土壤"（Luna-Grunt）计划于2024年发射，其中包括1个轨道器和1个着陆器，服务年限分别为2年和3年[47]。该任务的主要目的是开发对运回地球的月壤进行检测的方法，建造可以处理不同物质和化学元素的实验设备，同时为部署未来月球基地验证关键技术。

此外，俄罗斯还计划2025年后发射"月球–资源2号"（Luna-Resurs-2），以及建立月球基地（Luna Base）[48]。月球基地规划开展的科学任务包括：确定月球矿物的种类、数量和相关处理技术，为保障未来月球综合工程建设做准备（从月壤中获取燃料和硅用做太阳能电池、建材等）；分析运回地球的"分散元素"（铷、铯、锗和其他稀土元素）；确定月球资源的种类、储量和加工技术；广泛开展基础应用科学实验。

7.3.1.6 "月亮女神2号"

"月亮女神2号"是日本计划开展的首个月球着陆器任务，暂定于2017年发射，其最高优先级目标是为未来月球和行星探索开发安全、精确的着陆系统。任务的另一项关键技术是地面漫游器的地表机动性和不采用核动力、可承受漫长无光照条件的模块。同时，还要开发一些用于月球科学和未来应用的仪器设备。根据2013年的相关报道，"月亮女神2号"的开发工作处于滞后状态，仅在候选科学仪器方面取得了一定进展，已经开发出地震测量系统和照相系统，两者是地球物理和地质学研究方面的主要科学仪器[49]。

7.3.1.7 "月球航行-2"

"月球航行-2"是印度的第二个月球任务，计划于2017年发射，任务包含1个轨道器、1个着陆器和漫游器[50]。载有科学载荷的轨道器将绕月球轨道运行，着陆器将在月球指定位置上软着陆，并释放漫游器。"月球航行-2"任务的主要目的是对月球表面的矿物和元素进行研究。

7.3.2 火星探测任务

7.3.2.1 "火星快车"

"火星快车"（Mars Express）是ESA研制的第一个火星探测器，于2003年6月2日发射升空，直至2014年年末结束任务[51]。其主要任务是研究火星大气和气候、火星结构、火星矿物学和地质学，并寻找水的踪迹。

"火星快车"携带了7台科学设备，包括高分辨率立体相机（HRSC）、可见光和红外矿物学测绘光谱仪（OMEGA）、火星地表和电离层探测雷达（MARSIS）、行星傅立叶分光计（PFS）、紫外线和红外线探测仪（SPICAM）、高能中性原子分析仪（ASPERA）和火星无线电科学实验（MaRS）[52]。此外，"火星快车"还搭载了"猎犬2号"（Beagle 2）着陆器，但它在着陆过程中失联了。

"火星快车"获得的重要发现包括：借助雷达技术发现了海床的沉积物，这些沉积物恰好位于之前发现的"古海岸线"以内，证明这颗火红的星球上曾是一片汪洋[53]；"火星快车"通过首次将遥测与原位测量相结合的方法观测撞击火星大气的电子，为研究罕见的火星紫外极光带来了新线索[54]。

在WOS数据库检索得到"火星快车"任务产出1065篇论文，其中美国贡献494篇，法国贡献375篇，德国贡献294篇；ESI论文10篇，7篇属于空间科学领域，3篇属于地球科学领域。

7.3.2.2 "火星勘测轨道器"

"火星勘测轨道器"（MRO）任务是NASA"火星探索计划"中的关键角色，于2005年发射，其主要目的是对火星进行细致的勘察，并为计划于2016年发射的"洞察号"（InSight）着陆器任务和2020年发射的"火星2020"（Mars 2020）漫游器任务的选址提供辅助分析。

MRO自2006年11月开始主科学任务，探测了火星的表面、次表面和大气。MRO的轨道高度距火星表面约300千米，每天经过火星南极和北极附近约12次。MRO在10年任务期间取得了多项重要发现：MRO发现了火星早期各种含水环境存在的证据，其中一些环境的宜居性更好；发现火星南极极盖拥有大量掩埋的干冰，如果温度上升使其挥发足以使火星现有大气浓度增加一倍；MRO"目睹"了火星上的雪崩和沙尘暴现象；MRO的长寿命使其已开展超过4个火星年的季节和长期变化研究，这些研究翔实记录了火星上的诸多活动，如流动沙丘、新暴露出的环形坑（某些环形坑暴露出地下冰）以及随着季节变暗和褪色的神秘带状地形（可能是由盐水流动造成的）。在开展科学任务的同时，MRO还在支持在火星表面开展的任务，包括通信中继服务，以及为漫游器和固定不动的着陆器提供详细的地形观测[55]。

MRO为证明火星表面当前存在间歇性液态水活动提供了迄今最强有力的证据，研究人员利用MRO的高分辨率成像科学实验（HiRISE）观测记录了火星上数十个地点出现的重现性斜坡线纹（RSL），同时结合MRO的紧凑型火星勘测成像光谱仪（CRISM）数据，在多个RSL地点发现了水合盐，根据光谱特征，研究人员判断这些水合矿物是由高氯酸镁、氯酸镁和高氯酸钠组成的混合物[56]。这一研究结果有力地支持了RSL是由液态水形成的这一假说，验证了长久以来的推测，证实火星表面在当前仍存在流动的水。这一发现被《天文学》杂志评为年度十大空间事件之一[57]，被美国合众社评为年度十大科学发现的第4名[58]，《自然》杂志将拍摄的相关证据照片评为2015年最佳科学照片之一[59]。

在WOS数据库检索得到MRO任务产出387篇论文，其中美国贡献307篇；ESI论文10篇。

7.3.2.3 "火星科学实验室"

"火星科学实验室"（MSL）是 NASA "火星探索计划"中的一项任务，包括核动力火星车"好奇号"（Curiosity），于 2011 年发射，其任务主要目的是探索火星过去或现在是否存在适宜生命存在的环境[60]。"好奇号"任务预期寿命为两年，但目前仍在完好运行。

"好奇号"是当前最先进、最昂贵的火星探测器，搭载的探测仪器包括 3 台照相机、4 台光谱仪、2 台辐射探测仪和 1 台环境探测器。2013 年 2 月，"好奇号"借助火星车机械臂末端携带的钻头钻透火星岩石，获得了一块岩石内部样品，这是有史以来机器人第一次在火星上钻入岩石采样[61]。利用这些科学设备对岩石样品进行原位分析，结果显示样品中含有硫、氮、氢、氧、磷和碳，其中一些元素是构成生命的关键化学成分，说明火星可能曾经适于远古生命的生存[62]。此后，"好奇号"发现岩石样品中存在含水矿物质，获得了火星上可能曾经有水的新证据[63]。近期的重要发现包括："好奇号"在其周围的大气环境中探测到 10 倍于背景浓度的甲烷，并在其钻头钻探到的岩石粉末样本中发现了其他有机分子，这些发现虽然无法证实火星上是否存在过活体微生物，但为展现一个当前化学活跃的、在远古时期适宜生命存在的火星提供了线索[64]；"好奇号"首次从火星沉积物加热释放物质中检测到了以氧化亚氮形式存在的氮元素，有可能是硝酸盐的分解产物，这一发现为进一步证实古代火星的宜居性提供了证据[65]；证实了火星在 33 亿~38 亿年前曾长期存在河流和湖泊系统，其沉积物缓慢形成夏普山的底层结构[66]。

在 WOS 数据库检索得到 MSL 任务产出 565 篇论文，其中美国贡献 486 篇；ESI 论文 12 篇，8 篇属于空间科学领域，3 篇属于地球科学领域，1 篇属于工程领域。

7.3.2.4 "火星大气与挥发物演化"

"火星大气与挥发物演化"（MAVEN）是 NASA "火星侦察计划"（Mars Scout Program）的一部分，于 2013 年发射。MAVEN 上搭载了粒子和场设备、遥感设备和中性气体和离子质谱仪，主要目的是探测火星高层大气、电离层，以及与太阳和太阳风的相互作用[67]。MAVEN 近期取得的重要成果包括：研究人员根据 MAVEN 探测器观测数据，利用计算机模拟了太阳风与火星上层大气带电粒子之间的相互作用，结果显示，能量最高的粒子存在于极区羽状物中[68]，科学家认为通过极区逸散的物质是火星大气逸散的主要部分；MAVEN 揭示了火星大气逸散到空间中的过程，可能在火星气候从早期的温暖、湿润、可能支持地表生命存在的状况转变为当前的寒冷、干燥的过程中起到了关键作用[69]。MAVEN 对火星大气的研究与其他多项太阳系探测空间任务一起被《自然》杂志评为 2015 年度十大科学事件之一。

在 WOS 数据库检索得到 MAVEN 任务产出 43 篇论文，其中美国贡献 40 篇；没有 ESI 论文。

7.3.2.5 "火星轨道探测器"

"火星轨道探测器"（MOM/Mangalyaan）是印度首个火星探测任务，于 2013 年 11 月发射，2014 年 9 月进入火星轨道。MOM 任务以技术验证为主，在科学研究方面，主要是对火星物理特征以及火星大气开展研究。MOM 搭载了 5 个科学载荷：火星彩色相机（MCC）、热红外成像光谱仪（TIS）、火星甲烷传感器（MSM）、火星外大气层中性组分分析仪（MENCA）和莱曼阿尔法光度计（LAP）[70]。

2015 年 9 月，ISRO 发布 MOM 任务拍摄的火星图片集，展示了 MOM 在轨一年间拍摄的火星上各种地貌特征和大气现象[71]。在 WOS 数据库检索得到 MOM 任务产出 15 篇论文，全部为印度发表；没有 ESI 论文。

7.3.2.6 "洞察号"

"洞察号"（Insight）是 NASA "发现"计划中的一项任务，计划于 2016 年 3 月发射，于 2016 年 9 月飞抵火星，开展为期两年的火星探测活动[72]，但目前由于关键科学载荷地震仪出现故障，已无法按时发射[73]。"洞察号"任务包含 1 个着陆器，其工作是在火星表面钻孔，探测火星的地壳、地幔和地核。

"洞察号"将搭载 3 个科学有效载荷：内部结构地震实验（SEIS）负责勘察火星内部结构，研究火星是否存在地震现象；热流体和物理特性研究设备（HP3）可自动向地下钻挖，深度可达到 5 米，收集火星地表下的热流值，研究火星内核的大小和状态；自转及内部结构实验（RISE）负责记录火星自转数据和内部结构，科学家希望能借此了解火星形成的过程。

7.3.2.7 "火星生命探测计划"

"火星生命探测计划"（ExoMars）是 ESA 与 Roscosmos 合作开展的火星探测系列任务，包括 ExoMars-2016 和 ExoMars-2018 两个任务，计划的最优先科学目标是确定火星上是否曾经存在生命。

ExoMars-2016 的主要任务是探测火星及其近地空间，测试火星登陆器，计划于 2016 年 3 月发射。ExoMars-2016 包括 ESA 的两大重要组件："示踪气体轨道器"（TGO）和"进入、下降和着陆演示器模块"（Schiaparelli/EDM）。TGO 将用于搜寻甲烷及其他可证明活跃的生物或地质过程存在的大气气体，此外还将承担 2018 年任务的数据中继任务。TGO 将携带 4 台科学仪器：火星天底和掩星发现（NOMAD）包括 2 个红外和 1 个紫外光谱仪，通过太阳掩星和直接的反射光天底观测对甲烷等多种大气成分进行高灵敏度探测；大气化学套件（ACS）包括 3 个红外设备，研究火星大气的化学性质和结构，补充 NOMAD 的观测；彩色立体表面成像系统（CaSSIS）具有 5 米/像素的高分辨率，能够获得宽刈幅的彩色立体图像，了解 NOMAD 和 ACS 探测到的示踪气体源头或汇集处的地质和动态情况；精细分辨率超热中子探测器（FREND）可测绘从表面至地下 1 米深的氢，揭示近表面的水冰沉积情况。Schiaparelli 将着陆在子午线高原，对准备用于 ExoMars-2018 任务以及后继火星任务的着陆关键技术进行验证，这些技术对于铺就机器人火星探索的下一步发展道路——取样返回而言至关重要。Schiaparelli 将开展 4 项研究：火星表面尘埃表征、风险评估和环境分析仪（DREAMS）携带 6 个传感器测量风、湿度、压力、温度、大气透明度和大气起电，进入和着陆过程中的火星大气研究和分析（AMELIA）根据 Schiaparelli 的工程数据计算其轨迹并由此分析大气条件；气动热和辐射计组合传感器设备包

(COMARS+) 监测在进入和下降过程中 Schiaparelli 外表面的温度、压力、热通量等变化情况；下降照相机（DECA）将在着陆前拍摄着陆点并测量大气透明度；着陆-漫游激光后向反射镜仪器研究（INRRI）是一个激光后向反射镜紧凑阵列，安装于 Schiaparelli 朝向天顶方向的表面，可以作为未来火星轨道器通过激光定位 Schiaparelli 的标靶。另外，NASA 将为 TGO 提供超高频无线电封装，为 Schiaparelli 提供火星近距链路通信和工程技术支持[74]。

ExoMars-2018 包括由 ESA 提供的漫游器和 Roscosmos 提供的火星表面平台，计划于 2018 年 5 月发射，于 2019 年 1 月登陆火星。漫游器的主要目标是在火星表面搜寻生命迹象，对液态水含量曾经非常丰富的岩石地区开展探索，寻找地下水源及分布，其携带的钻头可钻至地下 2 米深。此外，漫游器还将长时间监测辐射环境和气候，综合考察火星表面，探究火星内部结构。ExoMars-2018 漫游器将携带 9 台科学仪器：全景相机（PanCam）进行火星数字地形图测绘；ExoMars 红外光谱仪（ISEM）用来评估地面目标的矿物成分；近距离成像相机（CLUPI）获取岩石、裸露地表和钻取的岩芯样品的高分辨率彩色图片；火星水冰和次表面沉积物观测（WISDOM）探地雷达可测量漫游器下面的地层，帮助确定采集地下样本的地点；Ardon 中子探测器搜寻地下水和水合矿物；火星次表面研究多光谱成像仪（Ma_MISS）安装于钻头中，研究火星矿物学和岩石结构；MicrOmega 可见光和红外成像光谱仪进行火星样本的矿物学研究；拉曼光谱仪（RLS）鉴定矿物成分；火星有机分子分析仪（MOMA）进行生物标记。表面平台的主要任务是拍摄着陆点地貌，同时开展长期气候监测和大气研究[75]。火星表面平台将携带 17 台科学仪器：着陆器无线电科学实验（LaRa）；宜居性、盐水辐照与温度探测器（HABIT）；气象探测器（METEO M）；压力与湿度传感器（METEO-P 和 METEO-H）；辐射与尘埃传感器（RDM）；用于磁场测量的各向异性磁阻传感器（AMR）；磁强计（MAIGRET）；波分析仪（WAM）；用于测量着陆地点环境的相机（TSPP）；仪器接口与内存单元（BIP）；用于研究大气的红外傅里叶光谱仪（FAST）；主动中子能谱仪与剂量计（ADRON-EM）；用于大气测量的多通道二极管激光光谱仪（M-DLS）；用于土壤测温的无线电温度计（PAT-M）；尘埃粒子尺寸、影响与大气充电工具套件（Dust Suite）；地震仪（SEM）；用于大气分析的气相色谱分析-质谱分析法（MGAP）。

7.3.2.8 "火星 2020"

"火星 2020"（Mars 2020）是 NASA"火星探索计划"的一项任务，是继"好奇号"之后的新一代火星探测车，计划于 2020 年发射[76]。其主要任务是研究不同岩石和土壤，以探究火星曾经的宜居条件，并寻找微生物存在过的迹象；监测火星气候和大气中的尘埃；测试将火星大气中的二氧化碳转化成氧气的设备，为未来载人任务提供氧气补给，同时可作为火箭燃料。

"火星 2020"将搭载 7 台科学设备：桅杆相机（Mastcam-Z）可以更快地画出周围的地图，构建地形建模，绘制出行驶路径；超级相机（SuperCam）可以发射激光蒸发岩石，并对产生的等离子体进行分析，研究火星岩石的组成；火星氧气资源获取实验（MOXIE）能够从大气里的二氧化碳中提取纯净氧气，这是原位资源获取项目的第一次实验，目的是

7 太阳系探测国际发展态势分析

让航天员能够从火箭燃料中获取氧气;火星环境动力学分析仪(MEDA)负责记录火星当地的温度、湿度、大气压和风速,研究空气中的尘埃,分析其大小和形状;火星地下探索雷达成像仪(RIMFAX)可以探测火星地表下 540 米的物质和结构;X 射线岩石化学分析仪(PIXL)能够准确分析岩石的特定元素组成;有机物紫外线扫描仪(SHERLOC)利用紫外线分析有机分子,并能够与 PIXL 协作,准确了解岩石的矿物学信息[77]。

7.3.3 其他行星探测任务

7.3.3.1 "信使号"

"信使号"(MESSENGER)是 NASA 在 2004 年发射的一颗水星探测器,2011 年进入水星轨道,成为首颗围绕水星运行的探测器。2015 年 4 月 30 日,"信使号"撞向水星,结束使命[78]。"信使号"任务的主要目的是对整个水星开展成像观测,收集有关水星地壳组成和结构、地质历史、磁层、稀薄大气、水星核组成、极区附近的物质等数据。

利用"信使号"的测量数据,获得了关于水星地表挥发物、火山活动持续时间、局部地区外大气层密度增强、太阳活动周期对水星外大气层的影响等方面的许多新发现[79],并找到水星古代磁场存在的证据[80]。此外,"信使号"提供了有力证据,证实水星极地环形坑阴影中蕴藏着丰富的水冰和其他冰冻的易挥发物质,为长期以来水星上可能存在水冰物质的假说提供了支持[81]。

在 WOS 数据库检索得到"信使号"任务产出 547 篇论文,其中美国贡献 412 篇;ESI 论文 1 篇,属于地球科学领域。

7.3.3.2 "金星快车"

"金星快车"(Venus Express)是 ESA 首颗金星探测卫星,于 2005 发射,2006 年抵达金星,在完成 8 年多的科学运行后,于 2014 年 12 月坠落在金星上,结束使命。"金星快车"的主要任务是对金星大气层进行更精确的探测,分析其化学成分,就太阳风对金星大气和磁场的影响进行分析,并观测金星气候变化,绘制地表温度图[82]。

"金星快车"携带了 7 台科学仪器,包括空间等离子体和高能粒子分析器(ASPERA)、高分辨率红外傅立叶分光计(PFS)、紫外与红外热成像光谱仪(SPICAV/SOIR)、无线电科学仪器(VeRa)、紫外-可见光-红外成像光谱仪(VIRTIS)、磁强计(MAG)和金星监测相机(VMC)。

在对 SPICAV 紫外光谱仪采集到的数据进行研究时,科学家们发现了金星上层大气中二氧化硫气体浓度的罕见变化[83],认为可能与活火山周期活动或大气环流的长期变化有关。研究人员利用 VMC 透过金星大气的透明光谱窗口观测地表热辐射情况,发现一处局部地区在间隔仅数天拍摄的照片上呈现出亮度变化。这是首次探测到金星表面温度达到很高然后快速变化的事件,因此可以将金星归入太阳系中仍存在活跃火山活动的天体这一小群体中[84]。此外,"金星快车"观测到了金星电离层与太阳风作用时,在太阳风释放密度较低的一段时间里,金星的电离层在带电粒子的作用下形成了一条长长的"尾巴",酷似一颗彗星[85]。

在 WOS 数据库检索得到"金星快车"任务产出 451 篇论文，其中法国贡献 189 篇，美国贡献 184 篇；没有 ESI 论文。

7.3.3.3 "朱诺号"

"朱诺号"（Juno）是 NASA"新前沿"计划的第 2 个任务，于 2011 年 8 月发射，2013 年 10 月飞掠地球借助引力加速，预计于 2016 年 7 月抵达木星，目前"朱诺号"运行状态良好[86]。任务的主要目的是了解木星的起源和演化，为理解巨行星系统提供重要帮助。"朱诺号"将利用其携带的科学设备，探究行星内核的存在，绘制木星强磁场分布地图，测量大气中水和氨的含量，并观察行星极光。

"朱诺号"共搭载 7 个科学载荷，包括重力/无线电科学系统、用于大气成分探测的微波辐射计（MWR）、矢量磁强计（MAG）、等离子体和高能粒子探测器（JADE 和 JEDI）、无线电/等离子体波实验、紫外成像仪/光谱仪（UVS）和红外成像仪/光谱仪（JIRAM）。此外，"朱诺号"还携带了一个彩色摄像机（JunoCam），可与公众分享木星的图像[87]。

2016 年 1 月 13 日，"朱诺号"突破"罗塞塔号"（Rosetta）创造的历史记录，成为人类所发射的航行最远的太阳能航天器，与太阳的距离达到 7.93 亿千米[88]。

在 WOS 数据库检索得到"朱诺号"任务产出 70 篇论文，其中美国贡献 50 篇，没有 ESI 论文。

7.3.3.4 "贝皮-科伦坡"

"贝皮-科伦坡"（BepiColombo）是由 ESA 领衔、JAXA 参与合作的欧洲第一个水星探测任务，目前定于 2017 年发射，预计 2024 年飞抵水星[89]，其中包含由 ESA 开发的"水星行星轨道器"（MPO）和 JAXA 开发的"水星磁层轨道器"（MMO），还将搭载 NASA 的大气测绘仪器"Strofio"和几台俄罗斯仪器。MPO 负责观察水星表面和内部组成，MMO 负责研究水星磁场和磁层，两个轨道器将在轨协作工作 1 年[90]。

"贝皮-科伦坡"任务将对水星及其环境进行综合探测考察，主要包括：探究为何水星密度明显高于其他类地行星；探究水星核是液态还是固态；探究为何水星存在内部磁场；研究水星是否具有与地球相似的极光、辐射带和磁层亚暴等磁场环境特征；探究光谱观测未发现铁元素的原因；探测水星极地永久阴影环形坑区域是否含有硫或水冰；观测水星不可见半球；探究外大气层的产生机制，在没有电离层条件下行星磁场与太阳风之间的相互关系；获取有关原始太阳星云和太阳系形成的线索；利用靠近太阳的优势，高精度验证广义相对论[89]。

7.3.3.5 俄罗斯"金星"系列探测任务

"金星-D"（Venera-D）计划于 2024 年发射，任务包含 1 个轨道器和 1 个着陆器，目的是获取金星大气层化学成分，对金星地表进行拍摄，测定表层矿物质成分，精确测量温度、压力、辐射量和气溶胶特性，获取金星地震活动数据[91]。

"金星-全球"（Venus-Glob）是计划于 2030 年以后在金星表面建立的长期实验站，将对金星不同区域同时开展大气和地表的详细探测，目前还处于任务概念阶段[92]。

7.3.3.6 俄罗斯木星探测任务

俄罗斯的木星探测任务LAPLAS-P计划于2026年发射，任务包含1个轨道器和1个着陆器。轨道器将主要对木星和木卫三进行遥感研究，结合数据和表面图像，对木卫三进行测绘[93]。着陆器则将开展对木卫三的接触性研究，同时将遥感数据和木卫三表面图像发回地球[94]。LAPLAS-P将由拉沃契金科研生产中心负责研发。

7.3.3.7 "木星冰月探测器"

"木星冰月探测器"（JUICE）是ESA《宇宙憧憬2015—2025》计划的首个大型任务，计划于2022年发射，2030年抵达木星[95]。该任务携带的仪器包括照相机和光谱仪、激光高度计、测冰雷达、磁力仪、等离子和粒子监测仪、无线电科学硬件等。这些仪器将由欧洲16国以及美国、日本的科学团队利用各国的配套任务经费进行研制。

JUICE将至少利用3年时间探测木星及木卫三、木卫四和木卫二。JUICE计划飞越木卫四10次以上，对这个遍布环形坑的卫星进行近距离观测；两次飞经木卫二，首次测量其冰壳厚度，并为未来的原位探索寻找理想的观测点；2032年进入木卫三轨道，研究其地表冰盖以及内部结构（包括地下海洋）[96]，观测其磁场以及等离子体与木星磁层之间的相互作用。此外，JUICE计划观测木星的大气层和磁场，并研究伽利略卫星与木星之间的关系。

7.3.3.8 "欧罗巴任务"

"欧罗巴任务"（Europa Mission）是NASA计划开展的木卫二探索任务，将于2020年后发射，预计利用3年时间对木卫二开展45次近距离飞掠，寻找木卫二海洋冰层下生命存在证据[97]。

该任务将搭载9台科学仪器：磁测深等离子体仪（PIMS），通过校正木卫二周围等离子体电流的磁感信号，与磁强计一起确定木卫二冰层厚度、海洋深度和盐度；通过测磁探测木卫二内部特性（ICEMAG），该磁强计将测量木卫二周围的磁场，并与PIMS一起采用多频电磁测深技术确定木卫二地下海的位置、深度和盐度；测绘成像光谱仪（MISE），探测行星组成，识别并测绘有机物、盐、水合物、水冰两相和其他物质，以确定木卫二海洋的宜居性；成像系统（EIS），测绘木卫二的绝大部分地区；评估和测深雷达（REASON）探测木卫二冰壳厚度，揭示冰壳中的结构和可能存在的水；热辐射成像系统（E-THEMIS），将对木卫二开展高分辨率、多光谱热成像，以探测活跃地区，如可能喷水的通道等；行星探索质谱仪（MASPEX），通过测量木卫二极其稀薄的大气和喷射到空中的地表物质来确定地表及地下海洋的成分；紫外光谱仪（UVS），可探测到很小的喷流，为研究木卫二稀薄大气的组成和动力学提供有价值的数据；表面尘埃质量分析仪（SUDA），测量从木卫二喷射的微小固体颗粒组成，在对木卫二低空飞掠时可能对地表和喷流直接采样。

7.3.4 矮行星、小行星及彗星探测任务

7.3.4.1 "新地平线号"

"新地平线号"(New Horizons)是 NASA "新前沿"计划中第 1 项任务,于 2006 年 1 月成功发射,2007 年 2 月飞越木星并借助木星引力加速,此后进入间断性休眠,2015 年 1 月从休眠中被唤醒,2015 年 7 月成功飞越冥王星,目前正在向柯伊伯带进发[98]。"新地平线"任务展示出了精准先进的空间技术,它利用放射性同位素温差发电机为远离太阳的深空探测提供动力,它也是史上飞行速度最快的航天器[99]。

"新地平线号"共搭载 7 个主要的科学载荷:Ralph 可见光/红外成像仪/光谱仪可提供彩色、成分和热地图;Alice 紫外成像光谱仪用以分析冥王星大气的成分和结构,探索冥卫一和柯伊伯带天体的大气层;无线电科学实验(REX)测量大气成分和温度,并作为被动辐射计;长距离勘测成像仪(LORRI)是伸缩式照相机,可远距离获得交会数据,测绘冥王星背面并提供高分辨率地质数据;冥王星周围的太阳风(SWAP)是太阳风和等离子体光谱仪,测量大气逸散速度,观测冥王星大气与太阳风的相互作用;冥王星高能粒子光谱仪科学研究(PEPSSI)测量从冥王星大气层中逸散的等离子体成分和密度;学生尘埃计数器(SDC)由学生建造和运行,测量"新地平线号"行进中遭遇的空间尘埃。

"新地平线号"是 2015 年最抢眼的太阳系探测任务,《天文学》杂志与 NASA 不约而同地将 2015 年称为"冥王星之年"[100,101]。2015 年 7 月 14 日,"新地平线号"探测器以约 14 千米/秒的速度和约 1.25 万千米的距离成功飞越冥王星,成为太阳系探索的新里程碑。"新地平线号"以惊人的细节展现了人类从未见过的关于冥王星及其卫星的图像,多项新发现颠覆了对冥王星系统的认识。冥王星的直径为 2370 千米,比原来认为得更大[102]。在冥王星赤道附近区域拍摄到拥有高达 3500 米的山峰和年轻冰山脉[103]。在冰山脉以北、"爱心"区域中部偏左拍摄的图像显示出一片不足 1 亿岁、没有环形坑的广袤冰原[现已被命名为"Sputnik Planum"(斯普特尼克平原)]。斯普特尼克平原东边数百米高的刃状山脊形成了独特的蛇皮状地形,且斯普特尼克平原边缘地区的巨大冰川可能漂浮在液氮上。通过对冥王星表面拍摄的图像进行组合制作了三维地图,发现两座山峰可能是冰火山,并可能在近期地质历史中处于活跃状态[104]。冥王星上冰冻的乙炔、乙烯等分子构成了高达 150 千米的霾。"新地平线号"上的射频仪器探测到冥王星地表的低气压,表明冥王星大气中的氮并未开始冻结过程。"新地平线号"任务还揭示出奇异的冥王星卫星系统,例如,冥卫三每绕冥王星一周,要自转 89 周,研究认为这是由于冥卫一对冥王星的小卫星施加强扭矩,使得小卫星的自转速度发生变化,无法与冥王星同步旋转。

NASA 已经为"新地平线号"任务选择了下一个可能目标——距离冥王星近 10 亿英里远的柯伊伯带天体 2014 MU69[105],预计将在 2019 年新年以不足 2 万千米的距离与其交会。

对冥王星的首次造访引发全球高度关注,《新科学家》杂志将"冥王星飞越"评为 2015 年度最佳故事,位列空间和物理领域事件第 1 名;《自然》杂志将"新地平线号"任

务的首席科学家 Alan Stern 评为年度十大重要人物的第 3 名。在 WOS 数据库检索得到"新地平线号"任务产出 160 篇论文，其中美国贡献 138 篇；没有 ESI 论文。

7.3.4.2 "黎明号"

"黎明号"（Dawn）是 NASA "发现" 计划的任务之一，于 2007 年发射，是探测火星与木星之间的小行星带这一重要区域的探测器[106]。其主要目标是通过研究巨型小行星灶神星（Vesta）和矮行星谷神星（Ceres），揭示早期太阳系特征及影响太阳系形成的过程。

2011 年，"黎明号"抵达小行星灶神星，成为第一个进入小行星主带环绕主带小行星的探测器。从灶神星传回的图像，为研究太阳系早期历史提供了许多线索[107]。"黎明号"任务在低轨道运行的主要科学目标是利用伽马射线和中子探测器了解灶神星表面的元素组成，并通过测量灶神星的重力场探索其内部结构。研究人员通过计算灶神星的平均光照条件和表面温度，发现在灶神星的南北极处，其条件可能有利于水在地表下以水冰形式存在[108]。科学家们识别出灶神星上数个年轻的环形坑中弯曲的沟壑和扇形沉积，揭示灶神星可能曾短期存在过流动的水[109]。科学家们认为，这一观测结果的可能解释是灶神星地下局部有小块的冰，这些冰的来源未知，有可能来自彗星等富冰天体。目前，还没有在灶神星上发现冰存在，但已有证据显示灶神星并不是一个完全干燥的世界。

2015 年 3 月 6 日，"黎明号"成功进入谷神星轨道，成为首个造访矮行星的探测器。从"黎明号"传回的彩色照片显示出谷神星地貌和颜色具有明显差异，表明谷神星是一颗活跃的星体[110]。照片还记录到神秘的亮斑和金字塔形山峰[111]。科学家们认为这些高反射性物质最有可能是冰或盐，但也不能排除其他可能。除了对亮斑的观测相比灶神星显示出了更多的历史活动遗迹外，照片还显示出谷神星拥有为数众多的大小不一的环形坑，很多环形坑还有中央峰，为其历史地质活动提供了丰富的证据。

在 WOS 数据库检索得到"黎明号"任务产出 264 篇论文，其中美国贡献 212 篇；ESI 论文 3 篇。

7.3.4.3 "隼鸟-2 号"

"隼鸟-2 号"（Hayabusa-2）是 JAXA "隼鸟号"（Hayabusa）小行星探测任务的后续任务[112]，于 2014 年发射，并计划于 2018 年到达目标小行星 1999 JU3，这颗 C 型小行星被认为存在有机物和水。"隼鸟-2 号"将开展表面原位取样，于 2020 年返回地球。

"隼鸟-2 号"将采取与"隼鸟号"不同的取样方式，将一个重约 2 千克的冲击设备撞击到小行星表面，形成一个直径达到几米的环形坑，从坑中采集小行星地表下的物质。除此之外，"隼鸟-2 号"还携带了着陆器、漫游器、激光测距仪和取样器。

在 WOS 数据库检索得到"隼鸟-2 号"任务产出 21 篇论文，其中美国贡献 11 篇，日本贡献 9 篇。

7.3.4.4 "罗塞塔号"

"罗塞塔号"（Rosetta）是 ESA 耗资 14 亿欧元的彗星探测任务，目的是探测和研究彗星"67P/楚留莫夫–格拉希门克"（67P/Churyumov-Gerasimenko，67P），于 2004 年 3 月 2

日发射升空[113]。"罗塞塔号"包括两大组件:"罗塞塔号"探测器及"菲莱"(Philae)着陆器。其主要任务是探索46亿年前太阳系的起源之谜,以及彗星是否为地球"提供"生命诞生时所必需的水分和有机物质。

经过近10年、64亿千米的飞行后,"罗塞塔号"探测器于2014年8月与彗星67P成功交会,并于同年11月释放着陆器"菲莱"登陆彗星表面。虽然"菲莱"在彗星表面弹跳两次,此后又因电力耗尽陷入休眠状态,但这是人造探测器有史以来第一次在一颗彗星上进行软着陆,任务团队目前仍在试图唤醒"菲莱"。"罗塞塔号"于2015年8月伴随彗星彗星67P飞过近日点,目前ESA已确定将"罗塞塔号"任务延长至2016年9月,研究人员计划对彗尾开展探测,并考虑采用可控撞击的形式使"罗塞塔号"探测器终结于彗星67P上[114]。

《科学》杂志将"罗塞塔号"对彗星的探测列为2014年度十大科学突破之首。"罗塞塔号"任务取得的重要发现包括:发现彗星上氙的含量异常高,这暗示诸如67P这样的彗星不太可能在将水带往地球的过程中扮演很重要的角色;光学、光谱和红外遥感成像系统(OSIRIS)记录下了彗星67P的多样性特征[115,116],表明早期太阳系的彗星形成区域要比理论上曾认为的更为复杂、化学成分更加多样[117];首次在彗星上发现了分子氮,为揭开彗星67P形成时期的温度环境提供了线索[118];彗星67P可能由两颗年幼的彗星融合而成[119];利用"罗塞塔号"上的Alice光谱仪对彗星67P的彗发开展的远紫外探测发现,电子正在分解彗星表面喷射出的水和二氧化碳分子[120];利用"罗塞塔号"上的高分辨率科学相机,研究人员已经在彗星67P地表发现了超过100个数米大小的冰面[121];首次原位探测到彗星释放的氧分子,这表明早在彗星形成时期就包含了氧分子[122]。在对彗星67P一年多的观测中,探测到了从彗核喷涌而出的大量不同气体,其中数量最多的是水汽、一氧化碳和二氧化碳,此外还包括氮、硫和碳的成分以及稀有气体。

在WOS数据库检索得到"罗塞塔号"任务产出685篇论文,其中德国贡献297篇,法国贡献270篇;ESI论文3篇;其中有澳门科技大学与其他机构合作完成的1篇论文。

7.3.4.5 "小行星重定向任务"

"小行星重定向任务"(ARM)是NASA推进火星探索的活动之一,计划于2019年后发射。

2015年春季,NASA公布了ARM任务的机器人捕获方案,即利用无人航天器从一颗近地小行星表面采集一块巨石并将其转移到月球附近,然后派遣航天员对这块巨石开展探索和采样[123]。通过此次任务,ARM无人航天器将测试未来载人探索任务所需的一系列空间新能力,包括太阳能电推进技术、新型深空轨道和导航技术以及行星防御技术等。截至目前,NASA尚未为ARM任务选择目标,候选的三颗目标小行星分别是丝川、Bennu和2008 EV5。

7.3.4.6 "起源-光谱分析-资源识别-安全-风化层探测器"

"起源-光谱分析-资源识别-安全-风化层探测器"(OSIRIS-Rex)是NASA首个小行星采样返回任务,是"新前沿"计划的第3个任务。OSIRIS-Rex计划于2016年发射,

2018 年抵达目标近地小行星 Bennu（之前的编号为 1999 RQ36），将采集至少 2.1 盎司（约合 60 克）的样品，在 2023 年返回地球[124]。Bennu 小行星是迄今为止最容易接近的、富含有机质的小行星，平均直径约为 1600 英尺（约 488 米），且可能保留着关于太阳系起源的线索。航天器上的主要科学仪器包括相机、可见和红外光谱仪、热辐射谱仪、激光测高仪和 X 射线成像系统[125]。

OSIRIS-Rex 将对 Bennu 的整体特性进行测绘，测量小行星的亚尔科夫斯基效应（Yarkovsky effect），并将观测数据与地基望远镜的观测数据进行对比。该任务是 NASA 寻找、研究、捕获和迁居小行星计划的重要一部分。

7.3.4.7 "小行星撞击和偏移评估"

"小行星撞击和偏移评估"（AIDA）是 ESA 与数个欧美机构合作开展的小行星探测任务，计划于 2020 年发射，2022 年抵达目标双小行星系统 Didymos[126]。该任务包括两个互相独立的航天器——"双小行星重定向测试"（DART）撞击器和"小行星撞击任务"（AIM）交会航天器，分别由美国约翰·霍普金斯大学应用物理实验室和 ESA 负责建造。DART 将撞击 Didymos 双小行星系统中较小的那颗小行星，与此同时，AIM 将观测两者相对轨道的变化情况，同时勘测目标行星的质量、密度、运行周期及内部结构等信息。AIDA 任务将帮助人类掌握改变可能对地球造成威胁的、尺寸更大的小行星轨道的方法和技术。

7.4 太阳系探测发展态势的文献计量分析

本报告针对太阳系探测任务的科研论文产出开展文献计量分析。利用美国 Thomson Reuters 集团的 WOS 数据库，对附录列举的美国、欧洲、日本、俄罗斯、加拿大、印度和中国依托航天器平台开展的太阳系探测任务（包括 202 项已实施、正在运行或已有明确规划的未来任务）产出的期刊论文、会议论文和综述三类研究成果（统称论文）进行主题检索（涵盖论文的标题、摘要、关键词），并补充检索了美国"先驱者"（Pioneer）系列任务、"阿波罗"（Apollo）计划系列任务等部分太阳系探测相关任务的论文数据。通过检索，获得 1963～2015 年的数据共计 18 768 条（数据采集时间为 2015 年 12 月 8 日），以此作为描述和评价太阳系探测学科发展水平的样本数据，并利用 Thomson 数据分析器进行文献计量分析、数据挖掘以及可视化分析。

7.4.1 论文产出总体分析

图 7-5 显示了 1963～2015 年太阳系探测领域的年度论文数量变化情况，总体可以划分为 1963～1990 年、1991～2015 年两个发展阶段，论文数量分别为 1394 篇和 17 374 篇。在第一个阶段，20 世纪 70 年代出现 2 个论文数量高峰，结合太阳系探测历史，应与当时美苏掀起的月球、火星和金星探测热潮密切相关，这些探测活动多以实现突破为主，探测任务密集开展，但其科学回报较低，失败率也很高。此后在 1986 年又出现 1 个小高峰，与

1986 年国际联合探测哈雷彗星密切相关。

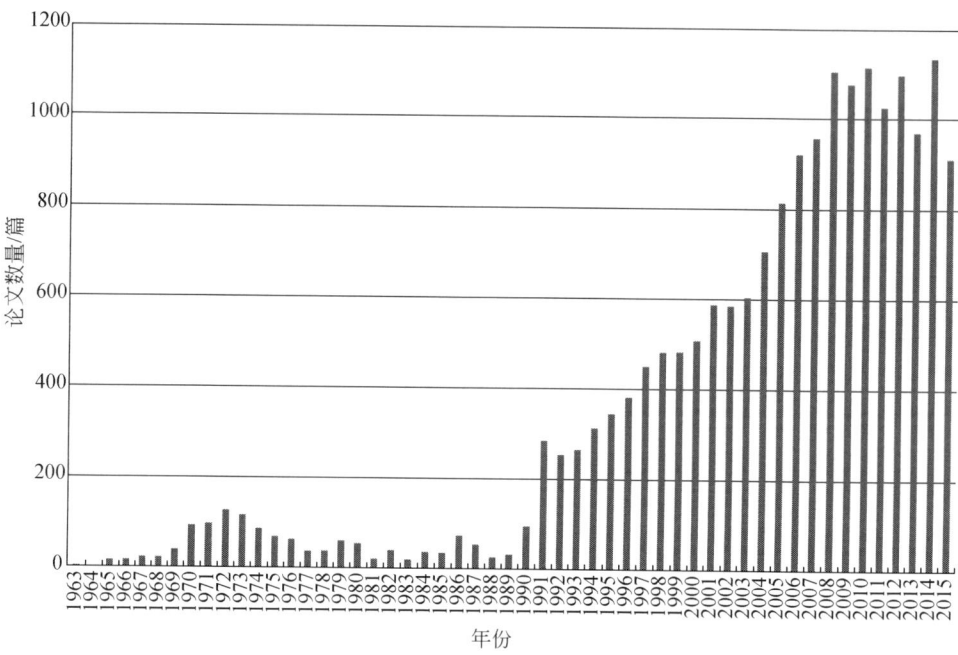

图 7-5　太阳系探测领域研究论文的年度变化趋势

在进入 20 世纪 90 年代后,论文数量快速上升,1991 年论文数量首次超过 200 篇,至 2008 年首次超过 1000 篇,此后几年论文数量较为平稳地保持在每年 1000 篇左右,反映出近年来太阳系探测领域蓬勃的发展势头。由于 2015 年的数据尚不完整,因此以 1991~2014 年的数据来计算,在此时间段太阳系探测领域论文数量的年均增长率为 6.2%。在这一历史阶段,欧洲、日本、中国、印度等国家/地区陆续进入太阳系探测领域,探测目标重点锁定在月球、小行星和火星,尽管该阶段的探测任务不再像之前那样密集,但任务类型更为复杂,科学回报显著提高。

7.4.2　主要国家论文数量及其影响力分析

论文和引文可以分别从研究规模和影响力水平两个角度反映研究水平的主要现状。表 7-5 分别展现了 1963~1990 年和 1991~2015 年太阳系探测领域论文数量最高的前 10 个国家及其引文数据,可以看出:美国无论在论文数量还是在被引频次上都遥遥领先其他国家;俄罗斯/苏联在论文数量和被引频次两方面的排名都有较大下滑;德国、法国、英国、意大利、日本、荷兰等国都是该领域一直表现优秀的国家,其中法国和德国的表现更为强劲;中国与其他国家相比,起步较晚,发展迅速,近年来在论文数量上取得长足进步,但在引文表现方面仍有差距。图 7-6 展示了以上主要国家的被引频次与世界平均水平的比较情况,美国、德国、英国和法国的被引频次在 1963~1990 年和 1991~2015 年两个时间段都高于世界平均水平,而中国和俄罗斯/苏联在这方面的表现不佳。

7 太阳系探测国际发展态势分析

表7-5 太阳系探测领域论文数量TOP 10国家+中国及其引文表现

国家	1963~1990年				国家	1991~2015年			
	发文量/篇	排名	被引频次/次	排名		发文量/篇	排名	被引频次/次	排名
美国	471	1	10 618	1	美国	10 358	1	229 527	1
苏联	107	2	1 488	3	法国	2 570	2	64 693	2
德国	55	3	1 922	2	德国	2 427	3	54 473	3
法国	37	4	714	5	英国	1 762	4	37 557	4
英国	21	5	851	4	意大利	1 234	5	20 789	5
日本	16	6	419	7	日本	1 138	6	13 702	7
匈牙利	10	7	127	13	俄罗斯	989	7	15 276	6
意大利	9	8	539	6	荷兰	630	8	9 888	9
荷兰	9	8	417	8	西班牙	588	9	10 161	8
瑞士	8	10	140	11	中国	587	10	3 370	17
中国	5	13	0	—					

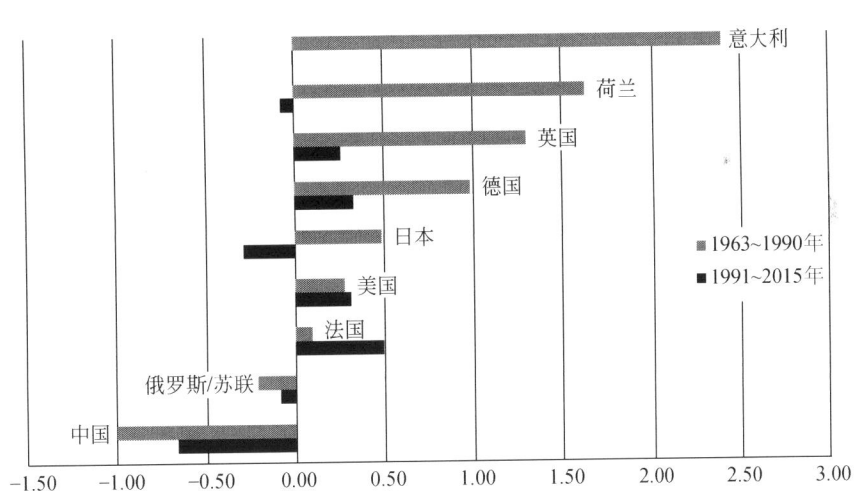

图7-6 太阳系探测领域主要国家的被引频次与世界平均水平的比较

在高水平论文表现方面，1963~2015年太阳系探测领域全部论文中被ESI数据库收录的高水平论文共有69篇。ESI数据库是基于WOS权威数据建立的分析型数据库，收录了超过10 000种WOS收录的期刊数据，将全部数据分为22个学术领域，高水平论文表示该论文被引用的次数属于某一学术领域中最优秀的1%之列。图7-7展示出69篇高水平论文的国家分布情况。美国表现出在太阳系探测领域的绝对领先实力，法国、德国和英国也有强劲表现。中国参与发表2篇高水平论文，分别是2006年西北大学与国外机构合作发表的 *Highly Siderophile Element Composition of the Earth's Primitive Upper Mantle: Constraints from New Data on Peridotite Massifs and Xenoliths* 论文，对地球原始上地幔高亲铁元素组成进行分析，其中参考了"阿波罗-17"（Apollo 17）任务对月球 Serenitatis 环形坑岩石的分析结果，该论文截至检索时已被引 206 次；2015 年澳门科技大学与国外机构合作发表的 On the Nucleus Structure and Activity of Comet 67P/Churyumov-Gerasimenko 论文，利用"罗塞塔"彗星探测器上的成像系统对彗星 67P 的彗核结构进行分析，这篇论文由来自 11 个国家/地区的研究人员合作发表于《科学》杂志上，截至检索时已被引用 16 次。

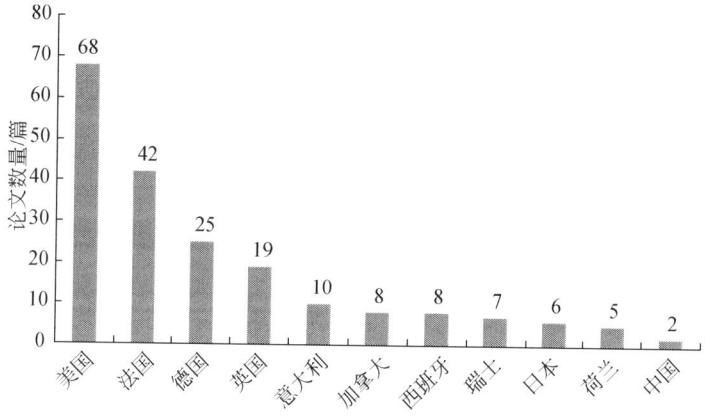

图 7-7 太阳系探测领域主要 ESI 论文国家+中国

7.4.3 国际合作态势分析

国际合作是太阳系探测领域的重要发展趋势，图 7-8 展示了太阳系探测领域论文总量前 10 位国家在自主研究和国际合作论文数量的比较情况，可以看出美国、日本和中国所

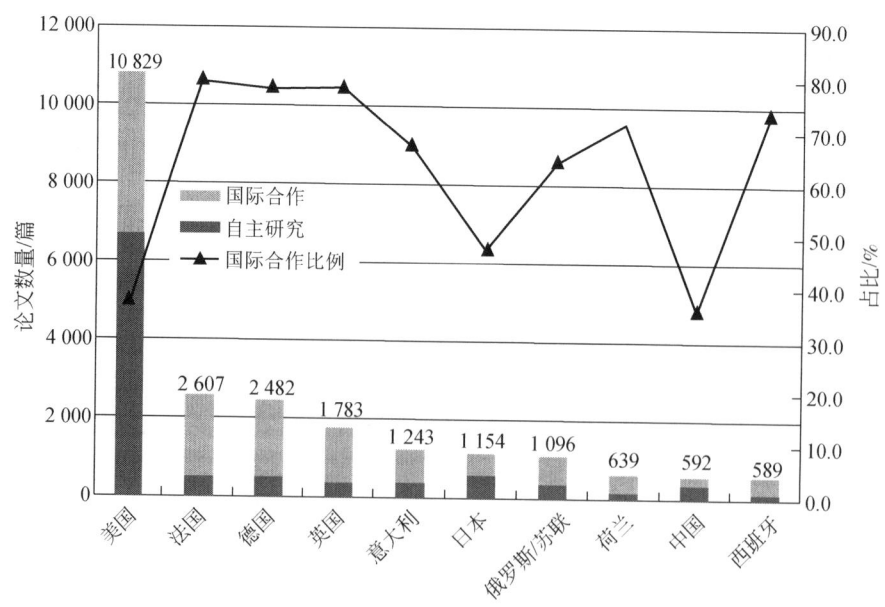

图 7-8 太阳系探测领域论文总量 TOP10 国家的自主研究与国际合作论文数量比较

发表的论文以自主研究论文为主，而法国、德国、英国、荷兰、西班牙等国所发表的论文中，国际合作论文比例高达70%以上。

图 7-9 展示了各国自主研究和国际合作论文的被引频次及其与世界平均水平的比较水平。总体来看，各国国际合作论文的学术影响力都明显高于自主研究论文。美国是这些国家中唯一自主研究论文的被引频次高于世界平均水平的国家，再次彰显美国的强劲研究实力。相对比地，中国的国际合作论文的被引频次尽管高于自主研究论文，但仍与世界平均水平有一定差距。

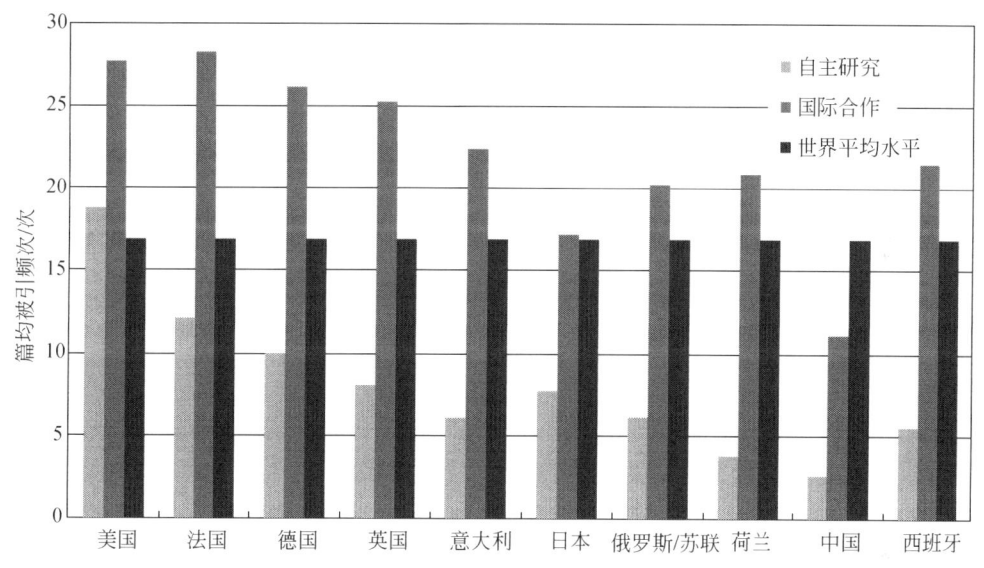

图 7-9 太阳系探测领域论文总量 TOP 10 国家的自主研究与国际合作论文被引频次比较

7.4.4 顶级机构论文数量及其影响力分析

表 7-6 和表 7-7 分别展示了 1963~1990 年和 1991~2015 年太阳系探测领域论文数量最高的前 10 家科研机构以及中国科学院的相关统计数据。综合两个时间段的数据来看，美国科研机构表现极其强势，其次为德国和俄罗斯/苏联的科研机构。美国国家航空航天局、加州理工学院、加利福尼亚大学是表现最突出的研究机构，此外约翰·霍普金斯大学、马普学会、亚利桑那大学、俄罗斯科学院都是太阳系探测领域表现抢眼的研究机构。

表 7-6 1963~1990 年太阳系探测领域论文数量 TOP 10 机构+中国科学院及其引文表现

机构	国家/地区	发文量/篇	排名	被引频次/次	排名
美国国家航空航天局	美国	138	1	3472	1
俄罗斯科学院	苏联	85	2	1224	4
加州理工学院	美国	77	3	2790	2

续表

机构	国家/地区	发文量/篇	排名	被引频次/次	排名
加利福尼亚大学	美国	45	4	1254	3
马普学会	德国	31	5	1159	5
美国地质调查局	美国	28	6	939	6
科罗拉多大学	美国	22	7	683	8
亚利桑那大学	美国	20	8	355	17
华盛顿州立大学	美国	17	9	479	10
哈佛大学	美国	16	10	379	16
中国科学院	中国	5	27	0	—

表7-7 1991~2015年太阳系探测领域论文数量TOP 10机构+中国科学院及其引文表现

机构	国家/地区	发文量/篇	排名	被引频次/次	排名
美国国家航空航天局	美国	2 734	1	81 673	1
加州理工学院	美国	2 641	2	68 839	2
加利福尼亚大学	美国	1 602	3	45 712	3
约翰·霍普金斯大学	美国	1 199	4	28 535	7
马普学会	德国	1 104	5	28 390	8
亚利桑那大学	美国	1 034	6	38 116	4
西南研究院	美国	703	7	17 438	13
康奈尔大学	美国	686	8	31 061	5
俄罗斯科学院	俄罗斯	677	9	10 090	27
欧洲空间局	欧洲	654	10	9 457	29
中国科学院	中国	307	33	1 933	50名以后

具体来看，1963~1990年，美国科研机构一家独大，论文数量最多的前10家机构中有8家来自美国。与此同时，俄罗斯科学院在该领域的表现也相当活跃，发文量排名第2位，引文排名第4位。中国科学院发表的5篇论文均是关于对"阿波罗17号"任务带回的月球岩石样品进行的相关研究。

在1991~2015年，美国科研机构继续领跑。经历了国家解体、科研实力被削弱，俄罗斯科学院在这一时期的表现有所下滑，引文排名跌至第27名。欧洲空间局论文排名进入前10位，但引文排名还比较靠后。中国科学院在此阶段的发文量和引文排名仍比较靠后。

需要说明的是，电子受语言特点和数据库收录范围影响，俄罗斯等国及其研究机构的论文及引文表现仅供参考。

7.4.5 中国研究机构分析

综合分析中国科研机构在 1963~2015 年的发文量及引文情况来看，中国科学院是在太阳系探测研究领域表现最为突出的中国机构。中国科学院国家天文台无论是在论文数量还是被引频次方面都处于领先地位。中国科学院上海天文台和中国地质大学（武汉）紧随其后，在论文数量和被引频次方面亦有不俗表现。中国科学院空间科学与应用中心论文数量排名第 6 位，被引频次排名第 2 位，表现亮眼（表 7-8）。

表 7-8　1963~2015 年太阳系探测领域论文数量 TOP 10 的中国科研机构及其引文表现

机构	发文量/篇	排名	被引频次/次	排名
中国科学院国家天文台	104	1	686	1
中国科学院上海天文台	70	2	279	4
中国地质大学（武汉）	41	3	294	3
澳门科技大学	39	4	103	17
武汉大学	37	5	124	10
中国科学院空间科学与应用中心	36	6	412	2
北京大学	30	7	182	7
南京大学	29	8	116	12
中国科学院遥感与数字地球研究所	26	9	48	32
中国科学院紫金山天文台	26	9	147	9
中国科学技术大学	26	9	93	19
哈尔滨工业大学	26	9	26	40

7.5　结论

半个世纪以来，人类对太阳系的探索足迹已遍及太阳系所有已发现行星和主要天体类型，加深了人们对太阳系的认识，太阳系探测活动对促进人类文明、科技进步做出了重要贡献。本报告从近期国外主要太阳系探测发展战略、计划及未来部署，近年重要太阳系探测任务、探测成果及未来重点规划任务，太阳系探测相关论文的文献计量分析三方面着手，描绘国际太阳系探测领域的发展态势。

1. 各国高度重视太阳系探测活动，纷纷制定雄心勃勃的探测规划，再掀探测热潮

美国是太阳系探测领域的绝对领先者，在《国家航天政策》中将实施载人和机器人空间探索计划、探索太阳系及整个宇宙作为美国航天活动的总体目标之一。NASA 在国家

航天政策指导下,在美国国家研究理事会的咨询建议下,全盘规划太阳系探测的战略目标和核心问题,实施任务规模形成层次、科学目标系统关联的宏大的太阳系探测计划体系,当前正在实施中的"发现"计划、"新前沿"计划和"火星探索计划"等包括10余项处于运行阶段的太阳系探测任务以及多项开发及预研阶段任务。

俄罗斯从20世纪90年代以来,太阳系探测活动趋于停滞,但近年来再次提出以月球和火星无人探测为主的长期规划,包括计划于2019~2025年发射4颗"月球"系列探测器,以及与欧洲合作开展火星探测任务等。

欧洲近年来在彗星、金星、土卫六等探测任务中彰显了其开展太阳系探测的科学和技术能力,并凸显出国际合作和科学牵引的发展特色,通过寻求与美国、俄罗斯、中国等的密切合作开展大型探测任务。未来发展聚焦于通过国际合作开展火星和月球探测,以及实施水星、木星系统的大型探测任务。

日本在小行星和彗星探测领域取得重要突破,当前及未来的主要探测任务目标包括小行星、金星和月球,以及通过与欧洲的合作开展水星探测等。

印度成功开展了月球和火星探测任务,计划未来对月球开展进一步探测。

各国通过顶层规划的制定和各类任务的实施掀起了太阳系探测的热潮,"菲莱"登陆彗星、"新地平线号"首次造访冥王星等太阳系探测活动都成为近年来最热议的科技话题。

2. 火星和月球将持续作为太阳系探测的主线,同时适当开展小行星、巨行星及其卫星和金星探测,科学牵引渐成主流

根据对太阳系探测任务的梳理,在1990年以前,月球、火星、金星是太阳系探测任务的重点目标。美苏竞相开展密集的探测任务,这些探测任务多以实现突破为主要目的,科学回报较低,失败率也较高。在1991~2015年,欧洲、日本、中国、印度等国家/地区也陆续进入太阳系探测领域,对火星和月球的探测仍是重点,小天体和矮行星探测备受关注,尽管该阶段的探测任务不再像之前那样密集,但任务类型更为复杂,科学回报显著提高。对于未来将开展的太阳系探测任务,探测目标仍重点关注火星和月球,同时兼顾小天体、巨行星系统、金星和水星探测。

总体来看,太阳系探测已经从普查性探测转变为精细化探测,对太阳系探测的核心科学问题逐步达成共识:太阳系探测的终极科学目标是探究太阳系与行星系统的起源、演化和运行规律,主要驱动力是寻找地球以外生命和宜居环境,现实意义是发现对地球构成威胁或可为人类探索活动提供资源的天体。太阳系探测活动将在科学发现和为载人探索开展先导探测方面发挥重要作用,例如,火星和月球等探测任务能够获取环境数据、识别危险、评估资源等,帮助未来载人探索任务降低风险,小行星和彗星探测对于求解太阳系的形成和演化、生命的起源和演化这两个基本科学问题具有重要意义,巨行星及卫星系统探测,可以在较大范围内作为检验地球物理、等离子物理、气象学甚至海洋学理论的实验室,木卫二、土卫二和土卫六等卫星还可能存在原始生命[1]。

3. 太阳系探测领域论文规模稳定增长,美国处于绝对领先地位,法国和德国表现强劲,中国发展迅速,各国开展了广泛的国际合作

太阳系探测的热潮在论文产出上也有体现,以太阳系探测任务为依托开展的文献计量

分析表明：20 世纪 90 年代以来太阳系探测论文数量快速上升，2008 年后，年发表论文数量稳定在 1000 篇左右，呈现蓬勃发展的势头。美国无论在论文数量、被引频次还是高水平论文的表现方面都遥遥领先其他国家；法国和德国形成第二梯队，在以上三方面均表现出色；中国起步较晚，近年来在论文数量上取得长足进步，但在引文表现方面仍有差距，在 69 篇高水平论文中，中国贡献了 2 篇。

从太阳系探测领域论文的国际合作态势来看，论文总量前 10 位的国家中，仅美国、日本和中国所发表的论文以自主研究论文为主，而法国、德国、英国、荷兰、西班牙等国的国际合作论文比例高达 70% 以上。各国国际合作论文的被引频次都明显高于自主研究论文。美国是其中唯一自主研究论文的被引频次高于世界平均水平的国家，再次彰显美国的绝对实力。

在机构层面上，美国科研机构表现极其强势，NASA、加州理工学院、加利福尼亚大学是表现最突出的研究机构，其他表现优秀的机构包括约翰·霍普金斯大学、马普学会、亚利桑那大学、俄罗斯科学院等。中国机构的表现尚不够亮眼，其中中国科学院国家天文台、中国科学院上海天文台和中国地质大学（武汉）的表现相对较好。

7.6 启示

本报告通过对国际太阳系探测发展态势的分析，形成以下启示，希望对未来我国规划太阳系探测任务提供一定的参考借鉴。

1. 顶层战略规划强调战略目标和科学目标并行，突出重点，统筹规划

顶层战略规划强调围绕核心科学问题，构建探测任务体系。例如，NASA 明确行星科学的战略目标是确定太阳系的组成、起源与演化，以及在太阳系某处存在生命的可能性，并依此构建计划任务体系。在任务规划中，高度参考美国国家研究理事会的咨询建议，反映科学界的声音和意愿。在任务实施中，兼顾基于国家政策方向和美国国家研究理事会建议的战略性任务和通过竞争遴选、由首席科学家负责的"发现"级和"新前沿"级任务。

各国太阳系探测规划都有所侧重，明确目标，重点突破。例如，NASA 系统开展火星探索活动，从早期飞越火星拍摄照片，到通过轨道器探测火星，再到着陆器和漫游器任务逐渐成为主要探测方式，科学目标逐步深入演化，任务安排互为关联支持，对火星开展全方位的研究。俄罗斯、欧洲、日本、印度也各自都有明确的太阳系探测重点目标和相关任务安排。

2. 自主研究是太阳系探测能力建设的核心基础，国际合作是太阳系探测领域的大势所趋

随着探测目标更远、科学问题更加复杂、技术手段更趋先进，国际合作已成为太阳系探测活动的大势所趋。各国开展合作的目的有所不同，合作方式多种多样，包括合作出资、各自提供组件或载荷、合作运行或联合探测等。通过文献计量分析显示，各太阳系探测强国均开展了广泛的国际合作，但以自主研究为主的美国仍牢牢掌握太阳系探测领域的

绝对领先地位。这表明，自主研究仍应作为发展的核心理念，从而保证具备空间探索的能力，实现独立研究的卓越性，在任务应用中不受制于人；与此同时，可以通过积极开展国际合作，取长补短，有效解决科学、技术或资金问题。

3. 太阳系探测应重视扩大其科学和社会效益，提高公众参与，获得广泛支持

在本报告调研工作中还发现，欧美航天机构高度重视对空间任务的科普推广，通过官方网站、新闻发布会等多种方式积极宣传空间任务的相关进展和重要成果，分享空间探测任务中的故事、科学和探险经历，让公众参与到科学探索中，帮助提高国家在科学、技术、工程和数学领域的教育。例如，NASA对"新地平线号"历史性造访冥王星和火星表面发现间歇性液态水活动的高调宣传，吸引了全世界的目光，成为年度最热议的科学大事件。这些科普宣传活动一方面起到了科学启发和教育的作用，另一方面也是试图获取公众对空间探索的关注和支持，从而使空间探索可持续地发展。

致谢：中国科学院国家天文台欧阳自远院士、李春来研究员、郑永春副研究员等专家学者审阅了本报告初稿，并提供了宝贵的修改意见，谨致谢忱！

附表 7-1　太阳系探测任务列表

发射年份	探测目标	国家/地区	任务名称	
1958	月球	苏联	Luna 1A	"月球1A号"
1958	月球	苏联	Luna 1B	"月球1B号"
1958	月球	苏联	Luna 1C	"月球1C号"
1959	月球	苏联	Luna 1	"月球1号"
1959	月球	苏联	Luna 2A	"月球2A号"
1959	月球	苏联	Luna 2	"月球2号"
1959	月球	苏联	Luna 3	"月球3号"
1960	月球	苏联	Luna 4A	"月球4A号"
1960	月球	苏联	Luna 4B	"月球4B号"
1960	火星	苏联	Marsnik 1	"火星者1号"
1960	火星	苏联	Marsnik 2	"火星者2号"
1961	月球	美国	Ranger 1	"徘徊者1号"
1961	月球	美国	Ranger 2	"徘徊者2号"
1961	金星	苏联	Venera 1	"金星1号"
1962	金星	美国	Mariner 1	"水手1号"
1962	金星	美国	Mariner 2	"水手2号"
1962	火星	苏联	Mars 1	"火星1号"

续表

发射年份	探测目标	国家/地区	任务名称	
1962	月球	美国	Ranger 3	"徘徊者 3 号"
1962	月球	美国	Ranger 4	"徘徊者 4 号"
1962	月球	美国	Ranger 5	"徘徊者 5 号"
1962	火星	苏联	Sputnik 22	"卫星 22 号"
1962	火星	苏联	Sputnik 24	"卫星 24 号"
1963	金星	苏联	Kosmos 21	"宇宙 21"
1963	月球	苏联	Luna 4C	"月球 4C 号"
1963	月球	苏联	Luna 4D	"月球 4D 号"
1963	月球	苏联	Luna 4	"月球 4 号"
1964	金星	苏联	Kosmos 27	"宇宙 27"
1964	火星	美国	Mariner 3	"水手 3 号"
1964	火星	美国	Mariner 4	"水手 4 号"
1964	月球	美国	Ranger 6	"徘徊者 6 号"
1964	月球	美国	Ranger 7	"徘徊者 7 号"
1964	金星	苏联	Zond 1	"探测器 1 号"
1964	月球	苏联	Zond 2A	"探测器 2A 号"
1964	火星	苏联	Zond 2	"探测器 2 号"
1965	金星	苏联	Kosmos 96	"宇宙 96"
1965	月球	苏联	Luna 5	"月球 5 号"
1965	月球	苏联	Luna 6	"月球 6 号"
1965	月球	苏联	Luna 7	"月球 7 号"
1965	月球	苏联	Luna 8	"月球 8 号"
1965	月球	美国	Ranger 8	"徘徊者 8 号"
1965	月球	美国	Ranger 9	"徘徊者 9 号"
1965	金星	苏联	Venera 2	"金星 2 号"
1965	金星	苏联	Venera 3	"金星 3 号"
1965	月球	苏联	Zond 3	"探测器 3 号"
1966	月球	苏联	Kosmos 111	"宇宙 111"
1966	月球	苏联	Luna 9	"月球 9 号"
1966	月球	苏联	Luna 10	"月球 10 号"
1966	月球	苏联	Luna 11	"月球 11 号"
1966	月球	苏联	Luna 12	"月球 12 号"
1966	月球	苏联	Luna 13	"月球 13 号"
1966	月球	美国	Surveyor 1	"勘测者 1 号"
1966	月球	美国	Surveyor 2	"勘测者 2 号"

续表

发射年份	探测目标	国家/地区	任务名称	
1967	月球	苏联	Kosmos 146	"宇宙146"
1967	月球	苏联	Kosmos 154	"宇宙154"
1967	金星	苏联	Kosmos 167	"宇宙167"
1967	金星	美国	Mariner 5	"水手5号"
1967	月球	美国	Surveyor 3	"勘测者3号"
1967	月球	美国	Surveyor 4	"勘测者4号"
1967	月球	美国	Surveyor 5	"勘测者5号"
1967	月球	美国	Surveyor 6	"勘测者6号"
1967	金星	苏联	Venera 4	"金星4号"
1967	月球	苏联	Zond 4A	"探测器4A号"
1967	月球	苏联	Zond 4B	"探测器4B号"
1968	月球	苏联	Luna 14	"月球14号"
1968	月球	美国	Surveyor 7	"勘测者7号"
1968	月球	苏联	Zond 4	"探测器4号"
1968	月球	苏联	Zond 5A	"探测器5A号"
1968	月球	苏联	Zond 5B	"探测器5B号"
1968	月球	苏联	Zond 5	"探测器5号"
1968	月球	苏联	Zond 6	"探测器6号"
1969	月球	苏联	Luna 15	"月球15号"
1969	月球	苏联	Kosmos 300/Luna 16A	"宇宙300"/"月球16A号"
1969	月球	苏联	Kosmos 305/Luna 16B	"宇宙305"/"月球16B号"
1969	月球	苏联	Luna E-8-5 No. 402/Luna 1969C	"月球1969C"
1969	火星	美国	Mariner 6	"水手6号"
1969	火星	美国	Mariner 7	"水手7号"
1969	火星	苏联	Mars 2A	"火星2A"
1969	火星	苏联	Mars 2B	"火星2B"
1969	金星	苏联	Venera 5	"金星5号"
1969	金星	苏联	Venera 6	"金星6号"
1969	月球	苏联	Zond 7A	"探测器7A号"
1969	月球	苏联	Zond 7B	"探测器7B号"
1969	月球	苏联	Zond 7C	"探测器7C号"
1970	金星	苏联	Kosmos 359	"宇宙359"
1970	月球	苏联	Kosmos 382	"宇宙382"
1970	月球	苏联	Luna 16	"月球16号"

续表

发射年份	探测目标	国家/地区	任务名称	
1970	月球	苏联	Luna 17/Lunokhod 1	"月球17号"/"月球车1号"
1970	金星	苏联	Venera 7	"金星7号"
1970	月球	苏联	Zond 8	"探测器8号"
1971	火星	苏联	Kosmos 419	"宇宙419"
1971	月球	苏联	Luna 18	"月球18号"
1971	月球	苏联	Luna 19	"月球19号"
1971	火星	美国	Mariner 8	"水手8号"
1971	火星	美国	Mariner 9	"水手9号"
1971	火星	苏联	Mars 2	"火星2号"
1971	火星	苏联	Mars 3	"火星3号"
1972	金星	苏联	Kosmos 482	"宇宙482"
1972	月球	苏联	Luna 20	"月球20号"
1972	木星	美国	Pioneer 10/Pioneer F	"先驱者10号"
1972	金星	苏联	Venera 8	"金星8号"
1973	月球	苏联	Luna 21/Lunokhod 2	"月球21号"/"月球车2号"
1973	金星、水星	美国	Mariner 10	"水手10号"
1973	木星	美国	Pioneer 11/Pioneer G	"先驱者11号"
1974	月球	苏联	Luna 22	"月球22号"
1974	月球	苏联	Luna 23	"月球23号"
1974	火星	苏联	Mars 4	"火星4号"
1974	火星	苏联	Mars 5	"火星5号"
1974	火星	苏联	Mars 6	"火星6号"
1974	火星	苏联	Mars 7	"火星7号"
1975	月球	苏联	Luna 24A	"月球24A号"
1975	金星	苏联	Venera 9	"金星9号"
1975	金星	苏联	Venera 10	"金星10号"
1975	火星	美国	Viking 1	"海盗1号"
1975	火星	美国	Viking 2	"海盗2号"
1976	月球	苏联	Luna 24	"月球24号"
1978	金星	美国	Pioneer Venus 1/Pioneer Venus Orbiter	"金星先驱者1号"
1978	金星	美国	Pioneer Venus 2/Pioneer Venus Multiprobe	"金星先驱者2号"
1978	金星	苏联	Venera 11	"金星11号"
1978	金星	苏联	Venera 12	"金星12号"

续表

发射年份	探测目标	国家/地区	任务名称	
1981	金星	苏联	Venera 13	"金星13号"
1981	金星	苏联	Venera 14	"金星14号"
1983	金星	苏联	Venera 15	"金星15号"
1983	金星	苏联	Venera 16	"金星16号"
1984	金星、哈雷彗星	苏联、法国	Vega 1	"织女星1号"
1984	金星、哈雷彗星	苏联、法国	Vega 2	"织女星2号"
1985	哈雷彗星	欧洲	Giotto	"乔托号"
1985	哈雷彗星	日本	Planet A/Suisei	"彗星号"
1985	哈雷彗星	日本	Pioneer/SAKIGAKE	"先驱号"
1988	火星	苏联	Fobos 1	"火卫一1号"
1988	火星	苏联	Fobos 2	"火卫一2号"
1989	木星	美国	Galileo	"伽利略号"
1989	金星	美国	Magellan	"麦哲伦号"
1990	月球	日本	Muses A/Hiten	"缪斯-A"/"飞天号"（子卫星"羽衣号"（Hagoromo））
1994	月球、近地小行星	美国	Clementine	"克莱门汀号"
1996	火星	美国	Mars Global Surveyor	"火星全球勘探者"
1996	火星	美国	Mars Pathfinder	"火星探路者号"
1996	火星	俄罗斯	Mars-96	"火星-96"
1996	小行星	美国	NEAR Shoemaker	"会合-舒梅克号"
1997	土星	美国、欧洲	Cassini-Huygens	"卡西尼-惠更斯号"
1998	小行星	美国	Deep Space 1	"深空1号"
1998	月球	美国	Lunar Prospector	"月球勘探者号"
1998	火星	美国	Mars Climate Orbiter	"火星气候轨道器"
1998	火星	日本	Planet B/Nozomi	"希望号"
1999	火星	美国	Mars Polar Lander	"火星极地着陆者号"
1999	彗星	美国、英国	Stardust/Stardust-NExT	"星尘号"/"星辰-坦普尔1新探索号"
2001	太阳风	美国	Genesis	"起源号"
2001	火星	美国	Mars Observer	"火星观察者"
2001	火星	美国、俄罗斯	Mars Odyssey	"火星奥赛德"
2002	彗星	美国	CONTOUR	"彗核之旅"

续表

发射年份	探测目标	国家/地区	任务名称	
2003	火星	美国、欧洲、俄罗斯	Mars Express	"火星快车"（搭载"猎犬2号"（Beagle 2）登陆器）
2003	火星	美国	MER-Spirit	"勇气号"
2003	火星	美国	MER-Opportunity	"机遇号"
2003	小行星	日本	Hayabusa/Muses C	"隼鸟号"
2003	月球	欧洲、英国	SMART-1	"先进技术研究小型任务-1"
2004	水星	美国	MESSENGER	"水星表面–空间环境–地球化学与测距"/"信使号"
2004	彗星	美国、欧洲	Rosetta	"罗塞塔号"（搭载"菲莱"（Philae）登陆器）
2005	彗星	美国、英国	Deep Impact/EPOXI	"深度撞击"/"系外行星观测与深度撞击扩展研究"
2005	火星	美国、意大利	Mars Reconnaissance Orbiter	"火星勘测轨道器"
2005	金星	欧洲、俄罗斯	Venus Express	"金星快车"
2006	冥王星	美国	New Horizons	"新地平线号"
2007	月球	中国、欧洲	Chang'e 1	"嫦娥一号"
2007	谷神星、灶神星	美国、德国、意大利	Dawn	"黎明号"
2007	月球	日本	SELENE/Kaguya	"月亮女神号"/"辉夜姬"
2008	月球	美国、印度、英国	Chandrayaan-1	"月球初航"
2008	火星	美国	Phoenix	"凤凰号"
2009	月球	美国	LRO	"月球勘测轨道器"［搭载"月球坑观测与感知卫星"（LCROSS）］
2010	月球	中国、欧洲	Chang'e 2	"嫦娥二号"
2010	金星	日本	Planet C/Akatsuki	"拂晓"号（搭载"伊卡洛斯"号（IKAROS））
2011	火星	俄罗斯、中国	Fobos-Grunt	"福布斯–土壤"（搭载"萤火1号"（Yinghuo 1））
2011	月球	美国	GRAIL	"重力勘测和内部研究实验室"
2011	木星	美国、意大利	Juno	"朱诺号"
2011	火星	美国、法国、加拿大	MSL	"火星科学实验室"［搭载"好奇号"（Curiosity）］
2013	月球	中国、欧洲	Chang'e 3	"嫦娥三号"
2013	月球	美国	LADEE	"月球大气和尘埃环境探测器"

续表

发射年份	探测目标	国家/地区	任务名称	
2013	火星	美国	MAVEN	"火星大气与挥发物演化"
2013	火星	印度	Mars Orbiter Mission	"火星轨道器任务"
2013	小行星	加拿大	NEOSSat	"近地天体监视卫星"
2014	月球	中国	Chang'e 5-T1	"嫦娥五号T1试验器"
2014	小行星	日本	Hayabusa 2	"隼鸟2号"（搭载"接近目标光学导航近距离飞越"（PROCYON）载荷）
2016	火星	欧洲、俄罗斯	ExoMars-2016	"火星生命探测计划"-2016
2016	火星	美国、德国、法国	InSight	"洞察号"
2016	小行星	美国	OSIRIS-Rex	"起源、光谱分析、资源识别与安全-风化层探测器"
2017	水星	俄罗斯、日本、欧洲	BepiColombo	"贝皮-科伦坡"（搭载"水星磁层轨道器"（MMO））
2017	月球	印度	Chandrayaan-2	"月球航行"-2
2017	月球	中国	Chang'e 5	"嫦娥五号"
2017	月球	日本	SELENE 2	"月亮女神2号"
2018	月球	中国	Chang'e 4	"嫦娥四号"
2018	火星	欧洲、俄罗斯	ExoMars-2018	"火星生命探测计划"-2018
2019	月球	俄罗斯	Luna-25/Luna-Glob	"月球25号"/"月球-全球"
2019	小行星	美国	Asteroid Redirect Mission	"小行星重定向任务"
2020	火星	美国	Mars 2020	"火星2020"
2020	小行星	欧洲、美国	AIDA	"小行星撞击和偏移评估"
2020	月球	俄罗斯	Luna-26/Luna-Resurs-Orbiter	"月球26号"/"月球-资源轨道器"
2021	月球	俄罗斯	Luna-27/Luna-Resurs-Lander	"月球27号"/"月球-资源着陆器"
2022	木星	欧洲	JUICE	"木星冰月探测器"
2024	火星	俄罗斯	Expedition M/Mars-Soil/Mars-Grunt	"火星-土壤"
2024	金星	俄罗斯	Venera-D	"金星-D"
2024	月球	俄罗斯	Luna-28/Luna-Grunt	"月球28号"/"月球-土壤"
2026	木星	俄罗斯；欧洲	LAPLAS-P	LAPLAS-P
2020后	木星	美国	Europa Mission	"欧罗巴"任务
2025后	月球	俄罗斯	Luna 29/Luna-Resurs-2	"月球29号"/"月球-资源2号"
2030后	金星	俄罗斯	Venus-Glob	"金星-全球"

参 考 文 献

[1] 中国科学院月球与深空探测总体部. 2014. 月球与深空探测. 广东：广东科技出版社.
[2] 国家自然科学基金委员会，中国科学院. 2011. 未来10年中国学科发展战略：空间科学. 北京：科学出版社.
[3] 郑永春，欧阳自远. 2014. 太阳系探测的发展趋势与科学问题分析. 深空探测学报，1（2）：83-92.
[4] 中国科学院空间领域战略研究组. 2009. 中国至2050年空间科技发展路线图. 北京：科学出版社.
[5] The US White House. National Space Policy of the United States of America. https://www.whitehouse.gov/sites/default/files/national_space_policy_6-28-10.pdf [2010-06-28].
[6] NASA. Science Plan 2014. http://science.nasa.gov/media/medialibrary/2014/05/02/2014_Science_Plan-0501_tagged.pdf [2015-12-30].
[7] Spacenews. NASA receives $19.3 billion in final 2016 spending bill. http://spacenews.com/nasa-receives-19-3-billion-in-final-2016-spending-bill/ [2015-12-16].
[8] NASA. Discovery Program Overview. http://discovery.nasa.gov/program.cfml [2015-12-30].
[9] NASA. NASA Selects Investigations for Future Key Planetary Mission. http://www.nasa.gov/press-release/nasa-selects-investigations-for-future-key-planetary-mission [2015-10-01].
[10] NASA. New Frontiers Program. http://discoverynewfrontiers.nasa.gov/program/index.cfml [2015-12-30].
[11] NASA. The Mars Exploration Program. http://mars.nasa.gov/programmissions/overview/ [2015-12-30].
[12] NRC. Vision and Voyages for Planetary Science in the Decade 2013-2022. http://www.nap.edu/catalog/13117/vision-and-voyages-for-planetary-science-in-the-decade-2013-2022 [2011-03-07].
[13] Roscosmos. Основы государственной политики в области использования результатов космической деятельности в интересах модернизации экономики Российской Федерации и развития ее регионов на период до 2030 года. http://www.federalspace.ru/115/ [2013-04-19].
[14] 叶小梁. 俄罗斯科学院. 东欧中亚研究，1995，1：81-83.
[15] RAS. Экспериментальные и теоретические исследования объектов Солнечной системы и планетных систем звезд. http://pr9.cosmos.ru/ [2015-12-30].
[16] 彭兢，张熇，柳忠尧，等. 国外深空探测发展趋势研究. 中国宇航学会深空探测技术专业委员会第三届学术会议论文集，2006.
[17] ФГУП. НПО им. С.А. Лавочкина. ВЕСНИК. http://www.laspace.ru/upload/iblock/a81/a81ab7a06d732871d12138a11250f4cd.pdf [2015-03-31].
[18] ФГУП. НПО им. С.А. Лавочкина. http://www.laspace.ru/projects/planets/ [2015-12-30].
[19] ESA. ESA Space Exploration Strategy. http://esamultimedia.esa.int/multimedia/publications/ESA_Space_Exploration_Strategy/ [2015-12-30].
[20] BBC. Should we build a village on the moon? http://www.bbc.com/future/story/20150712-should-we-build-a-village-on-the-moon [2015-07-13].
[21] 日本内閣府. 宇宙基本計画. http://www8.cao.go.jp/space/plan/plan2/plan2.pdf [2015-01-09].
[22] ISRO. Annual Report 2014—2015. http://www.isro.gov.in/sites/default/files/AnnualReports/2015/index.html# [2015-12-30].
[23] ASI, BNSC, CNES, et al. The Global Exploration Strategy：The Framework for Coordination. https://

www. nasa. gov/pdf/296751main_GES_framework. pdf［2015-12-30］.

［24］ ISECG. The Global Exploration Roadmap. http：//www. globalspaceexploration. org/wordpress/wp-content/uploads/2013/10/GER_2011. pdf［2011-09-22］.

［25］ ISECG. The Global Exploration Roadmap. http：//www. globalspaceexploration. org/wordpress/wp-content/uploads/2013/10/GER_2013. pdf［2013-08-20］.

［26］中国科学院国家天文台. 嫦娥一号科学成果. http：//moon. bao. ac. cn/achivement/achivece1. jsp［2015-12-30］.

［27］中国科学院国家天文台. 嫦娥二号科学成果. http：//moon. bao. ac. cn/achivement/achivece2. jsp［2015-12-30］.

［28］国家国防科技工业局. 探月工程三期再入返回飞行试验器发射成功. http：//www. sastind. gov. cn/n169/c424107/content. html［2014-10-24］.

［29］新华网. 嫦娥四号2018年发射. http：//news. xinhuanet. com/local/2016-01/15/c_128629972. htm［2016-01-15］.

［30］Xiao L, Zhu P M, Fang G Y, et al. A young multilayered terrane of the northern Mare Imbrium revealed by Chang'E-3 mission. Science, 2015, 347（6227）, 1226-1229. DOI：10. 1126/science. 1259866.

［31］Zhang J H, Yang W, Hu S, et al. Volcanic history of the Imbrium basin：A close-up view from the lunar rover Yutu. PNAS, 2015, 112（17）, 5342-5347. DOI：10. 1073/pnas. 1503082112.

［32］科学网. PNAS文章："玉兔"揭雨海火山活动史. http：//news. sciencenet. cn/htmlnews/2015/4/316872. shtm［2015-04-14］.

［33］NASA. LCROSS Overview. http：//www. nasa. gov/mission_pages/LCROSS/overview/index. html［2015-12-30］.

［34］NASA. LRO Mission Overview. http：//www. nasa. gov/mission_pages/LRO/overview/index. html［2015-12-30］.

［35］NASA. NASA's LRO：Four Years in Orbit. http：//www. nasa. gov/mission_pages/LRO/news/4th-anniv. html［2013-06-18］.

［36］NASA. NASA's LRO Discovers Earth's Pull Is "Massaging" Our Moon. http：//www. nasa. gov/press-release/goddard/shrinking-moon-tides［2015-09-16］.

［37］NASA. NASA GRAIL Twins Complete Their Moon Impact. http：//www. nasa. gov/mission_pages/grail/news/grailstatus20121217. html#. VqnXNfmECNc［2012-12-17］.

［38］NASA. NASA GRAIL Mission Overview. http：//www. nasa. gov/mission_pages/grail/overview/index. html#. VmkxWSwxguk［2011-07-12］.

［39］Kerr R A. Peering inside the moon to read Its earliest history. Science, 2012, 338：445-465.

［40］NASA. NASA's GRAIL Creates Most Accurate Moon Gravity Map. http：//www. nasa. gov/mission_pages/grail/news/grail20121205. html［2012-12-05］.

［41］NASA. NASA Completes LADEE Mission with Planned Impact on Moon's Surface. http：//www. nasa. gov/ames/nasa-completes-ladee-mission-with-planned-impact-on-moons-surface［2014-04-19］.

［42］Cornwell D M. NASA's optical communications program for 2015 and beyond. Proc. SPIE 9354, Free-Space Laser Communication and Atmospheric Propagation XXVII, 2015. DOI：10. 1117/12. 2087132.

［43］NASA. NASA's LADEE Spacecraft Finds Neon in Lunar Atmosphere. http：//www. nasa. gov/content/goddard/ladee-lunar-neon［2015-08-17］.

［44］ФГУП. НПО им. С. А. Лавочкина. http：//www. laspace. ru/projects/planets/luna-glob/［2015-12-30］.

[45] ФГУП. НПО им. С. А. Лавочкина. http://www.laspace.ru/projects/planets/luna-resurs-oa/ [2015-12-30].

[46] ФГУП. НПО им. С. А. Лавочкина. http://www.laspace.ru/projects/planets/luna-resurs-pa/ [2015-12-30].

[47] ФГУП. НПО им. С. А. Лавочкина. http://www.laspace.ru/projects/planets/luna-grunt/ [2015-12-30].

[48] ФГУП. НПО им. С. А. Лавочкина. http://www.laspace.ru/projects/planets/moon-base/ [2015-12-30].

[49] Japan Geoscience Union Meeting 2013. Present Status of the next lunar landing mission SELENE-2(3). http://www2.jpgu.org/meeting/2013/session/PDF/P-PS23/PPS23-P10_E.pdf [2013-05-18].

[50] ISRO. Chandrayaan-2. http://www.isro.org/chandrayaan-2 [2015-12-30].

[51] NASA. Curiosity Overview. http://www.nasa.gov/mission_pages/msl/overview/index.html [2015-12-30].

[52] NASA. NASA Curiosity Rover Collects First Martian Bedrock Sample. http://mars.jpl.nasa.gov/msl/news/whatsnew/index.cfm?FuseAction=ShowNews&NewsID=1423 [2013-09-02].

[53] NASA. NASA Rover Finds Conditions Once Suited For Ancient Life on Mars. http://mars.jpl.nasa.gov/msl/news/whatsnew/index.cfm?FuseAction=ShowNews&NewsID=1438 [2013-12-03].

[54] NASA. Curiosity Mars Rover Sees Trend in Water Presence. http://mars.jpl.nasa.gov/msl/news/whatsnew/index.cfm?FuseAction=ShowNews&NewsID=1446 [2013-03-18].

[55] NASA Takes Giant Leaps on the Journey to Mars, Eyes Our Home Planet and the Distant Universe, Tests Technologies and Improves the Skies Above in 2014. https://www.nasa.gov/press/2014/december/nasa-takes-giant-leaps-on-the-journey-to-mars-eyes-our-home-planet-and-the [2014-12-22].

[56] NASA. NASA's Curiosity Rover Finds Biologically Useful Nitrogen on Mars. http://www.nasa.gov/content/goddard/mars-nitrogen [2015-03-24].

[57] NASA. NASA's Curiosity Rover Team Confirms Ancient Lakes on Mars. http://mars.nasa.gov/news/whatsnew/index.cfm?FuseAction=ShowNews&NewsID=1865 [2015-10-08].

[58] ESA. Mars Express Overview. http://www.esa.int/Our_Activities/Space_Science/Mars_Express_overview [2015-12-30].

[59] ESA. Mars Express Instrument Objectives. http://sci.esa.int/mars-express/31033-objectives/ [2015-12-30].

[60] ESA. ESA's Mars Express Radar Gives Strong Evidence for Former Mars Ocean. http://www.esa.int/esaSC/SEMVINVX7YG_index_0.html [2012-02-06].

[61] ESA. Shining a Light on the Aurora of Mars. http://www.esa.int/Our_Activities/Space_Science/Mars_Express/Shining_a_light_on_the_aurora_of_Mars [2015-11-05].

[62] NASA. MAVEN Mission Overview. http://www.nasa.gov/mission_pages/maven/overview/index.html [2015-12-30].

[63] NASA. MAVEN Results Find Mars Behaving Like a Rock Star. http://www.nasa.gov/feature/goddard/rock-star-mars [2015-06-21].

[64] NASA. NASA Mission Reveals Speed of Solar Wind Stripping Martian Atmosphere. http://www.nasa.gov/press-release/nasa-mission-reveals-speed-of-solar-wind-stripping-martian-atmosphere [2015-11-06].

[65] NASA. One Decade after Launch, Mars Orbiter Still Going Strong. https://www.nasa.gov/jpl/mro/one-decade-after-launch-mars-orbiter-still-going-strong [2015-08-11].

[66] NASA. NASA Confirms Evidence That Liquid Water Flows on Today's Mars. http://www.nasa.gov/press-release/nasa-confirms-evidence-that-liquid-water-flows-on-today-s-mars [2015-09-28].

[67] Astronomy magazine. Top space stories of 2015: The Red Planet Under Water. http://www.astronomy.com/magazine/news/2015/12/the-red-planet-under-water [2015-12-10].

[68] UPI. Top 10 Scientific Discoveries of 2015. http://www.upi.com/Science_News/2015/12/04/Top-10-scientific-discoveries-of-2015/8651449249859/ [2015-12-04].

[69] NATURE. 365 days: The Best Science Images of 2015. http://www.nature.com/news/365-days-the-best-science-images-of-2015-1.19017 [2015-12-17].

[70] ISRO. Mars Orbiter Mission Spacecraft. http://isro.gov.in/Spacecraft/mars-orbiter-mission-spacecraft [2015-12-30].

[71] ISRO. Mars Orbiter Mission Mars Atlas. http://www.isro.gov.in/sites/default/files/article-files/pslv-c25-mars-orbiter-mission/celebrating-one-year-of-mars-orbiter-mission-orbit-release-of-mars/Mars-atlas-MOM.pdf [2015-12-30].

[72] NASA. InSight Mars Lander Mission Overview. http://www.nasa.gov/mission_pages/insight/overview/index.html [2015-12-30].

[73] NASA. NASA Suspends 2016 Launch of InSight Mission to Mars. http://www.nasa.gov/press-release/nasa-suspends-2016-launch-of-insight-mission-to-mars [2015-12-23].

[74] ESA. robotic exploration of Mars. http://exploration.esa.int/mars/ [2015-12-30].

[75] ESA. European Payload Selected for Exomars 2018 Surface Platform. http://www.esa.int/Our_Activities/Space_Science/European_payload_selected_for_ExoMars_2018_surface_platform [2015-11-27].

[76] NASA. Mars Future Rover Plans Overview. http://mars.nasa.gov/mars2020/mission/overview/ [2015-12-30].

[77] NASA. Mars Future Rover Plans Instruments. http://mars.nasa.gov/mars2020/mission/instruments/ [2015-12-30].

[78] Nature. Mercury Seen as Never Before. http://www.nature.com/news/mercury-seen-as-never-before-1.17088?WT.mc_id=FBK_NatureNews [2015-03-16].

[79] Johns Hopkins University MESSENGER web site. MESSENGER Completes Its First Extended Mission at Mercury. http://messenger.jhuapl.edu/news_room/details.php?id=237 [2013-03-17].

[80] Johns Hopkins University MESSENGER web site. MESSENGER Finds Evidence of Ancient Magnetic Field on Mercury. http://messenger.jhuapl.edu/news_room/details.php?id=285 [2015-05-07].

[81] NASA. Discovery Program. MESSENGER Finds Evidence for Ice on Mercury. http://discovery.nasa.gov/news/index.cfml?ID=1081 [2012-11-29].

[82] ESA. Venus Express Overview. http://www.esa.int/Our_Activities/Space_Science/Venus_Express_overview [2015-12-30].

[83] Esposito L W. Planetary science: rising sulphur on Venus. Nature Geoscience, 2013, 6: 20-21.

[84] ESA. Hot Lava Flows Discovered on Venus. http://www.esa.int/Our_Activities/Space_Science/Venus_Express/Hot_lava_flows_discovered_on_Venus [2015-06-18].

[85] ESA. The Tail of Venus and the Weak Solar Wind. http://sci.esa.int/science-e/www/object/index.cfm?fobjectid=51315 [2013-01-29].

[86] NASA. Juno Overview. http://www.nasa.gov/mission_pages/juno/overview/index.html [2015-12-30].

[87] NASA. Juno Spacecraft and Instruments. http://www.nasa.gov/mission_pages/juno/spacecraft/index.

[88] NASA. NASA's Juno Spacecraft Breaks Solar Power Distance Record. http://www.nasa.gov/feature/jpl/nasas-juno-spacecraft-breaks-solar-power-distance-record [2016-01-14].

[89] ESA. BepiColombo factsheet. http://www.esa.int/Our_Activities/Space_Science/BepiColombo_factsheet [2015-12-30].

[90] JAXA. Mercury Magnetosphere Orbiter Arrived at European Space Research and Technology Center. http://global.jaxa.jp/projects/sat/bepi/index.html [2015-05-12].

[91] Roscosmos. Фундаментальные космические исследования. http://www.federalspace.ru/116/ [2015-12-30].

[92] РИАНОВОСТИ. Ученые РФ выбрали приоритеты: Луна, Марс и Апофис будут первыми. [2012-04-09].

[93] ФГУП. НПО им. С. А. Лавочкина. http://www.laspace.ru/projects/planets/laplas-p1/ [2015-12-30].

[94] ESA. ESA Chooses Instruments for Its Jupiter Icy Moons Explorer. http://www.esa.int/Our_Activities/Space_Science/ESA_chooses_instruments_for_its_Jupiter_icy_moons_explorer [2013-02-21].

[95] ESA. JUICE is Europe's next large science mission. http://www.esa.int/Our_Activities/Space_Science/JUICE_is_Europe_s_next_large_science_mission [2012-05-02].

[96] NASA. Mission to Europa overview. http://www.nasa.gov/europa/overview/index.html [2015-12-30].

[97] NASA. New Horizons Spacecraft and Instruments. http://www.nasa.gov/mission_pages/newhorizons/spacecraft/index.html [2015-12-30].

[98] NASA. NASA's Three-Billion-Mile Journey to Pluto Reaches Historic Encounter. http://www.nasa.gov/press-release/nasas-three-billion-mile-journey-to-pluto-reaches-historic-encounter [2015-07-14].

[99] NASA. Looking Back at the "Year of Pluto". https://www.nasa.gov/feature/looking-back-at-the-year-of-pluto [2016-01-01].

[100] Astronomy Magazine. Top space stories of 2015: Pluto and Its Moons Revealed. http://www.astronomy.com/magazine/news/2015/12/pluto-and-its-moons-revealed [2015-12-10].

[101] NASA. How Big Is Pluto? New Horizons Settles Decades-Long Debate. http://www.nasa.gov/feature/how-big-is-pluto-new-horizons-settles-decades-long-debate [2015-07-14].

[102] NASA. The Icy Mountains of Pluto. http://www.nasa.gov/image-feature/the-icy-mountains-of-pluto [2015-07-16].

[103] NASA. Four Months after Pluto Flyby, NASA's New Horizons Yields Wealth of Discovery. http://www.nasa.gov/press-release/four-months-after-pluto-flyby-nasa-s-new-horizons-yields-wealth-of-discovery [2015-11-10].

[104] NASA. NASA's New Horizons Team Selects Potential Kuiper Belt Flyby Target. http://www.nasa.gov/feature/nasa-s-new-horizons-team-selects-potential-kuiper-belt-flyby-target [2015-08-29].

[105] NASA. Dawn Mission Overview. http://www.nasa.gov/mission_pages/dawn/mission/index.html [2015-12-30].

[106] NASA. Dawn Obtains First Low Altitude Images of Vesta. http://www.nasa.gov/mission_pages/dawn/news/dawn20111221.html [2011-12-21].

[107] NASA. Vesta Likely Cold and Dark Enough for Ice. http://www.nasa.gov/mission_pages/dawn/news/dawn20120125.html [2012-01-25].

[108] NASA. Gullies on Vesta Suggest Past Water-Mobilized Flows. http://www.nasa.gov/jpl/dawn/gullies-on-vesta-suggest-past-water-mobilized-flows [2015-01-21].

[109] NASA. Dawn's Ceres Color Map Reveals Surface Diversity. http://www.nasa.gov/jpl/dawns-ceres-color-map-reveals-surface-diversity [2015-04-13].

[110] NASA. Ceres Spots Continue to Mystify in Latest Dawn Images. http://www.nasa.gov/jpl/dawn/ceres-spots-continue-to-mystify-in-latest-dawn-images [2015-06-22].

[111] JAXA. The Optical Link Experiment with the Laser Altimeter (LIDAR). http://global.jaxa.jp/projects/sat/hayabusa2/index.html [2015-12-25].

[112] ESA. Rosetta Overview. http://www.esa.int/Our_Activities/Space_Science/Rosetta_overview [2015-12-30].

[113] ESA. Rosetta and Philae: One Year Since Landing on a Comet. http://www.esa.int/Our_Activities/Space_Science/Rosetta/Rosetta_and_Philae_one_year_since_landing_on_a_comet [2015-11-12].

[114] Hand E. Comet Close-up Reveals a World of Surprises. Science, 2015, 347 (6220): 358-359.

[115] Taylor M, Alexander C, Altobelli N, et al. Rosetta Begins Its Comet Tale. Science, 2015, 347 (6220): 387-387.

[116] ESA. Comet Sinkholes Generate Jets. http://www.esa.int/Our_Activities/Space_Science/Rosetta/Comet_sinkholes_generate_jets [2015-07-01].

[117] ESA. Rosetta makes first Detection of Molecular Nitrogen at a Comet. http://www.esa.int/Our_Activities/Space_Science/Rosetta/Rosetta_makes_first_detection_of_molecular_nitrogen_at_a_comet [2015-03-19].

[118] New Scientist. #RosettaWatch: 67P Formed When Two Baby Comets Got Together. http://www.newscientist.com/article/dn27626-rosettawatch-67p-formed-when-two-baby-comets-got-together.html [2015-05-29].

[119] ESA. Ultraviolet Study Reveals Surprises in Comet Coma. http://www.esa.int/Our_Activities/Space_Science/Rosetta/Ultraviolet_study_reveals_surprises_in_comet_coma [2015-06-02].

[120] ESA. Exposed Water Ice Detected on Comet's Surface. http://www.esa.int/Our_Activities/Space_Science/Rosetta/Exposed_water_ice_detected_on_comet_s_surface [2015-06-24].

[121] ESA. First Detection of Molecular Oxygen at a Comet. http://www.esa.int/Our_Activities/Space_Science/Rosetta/First_detection_of_molecular_oxygen_at_a_comet [2015-10-28].

[122] NASA. NASA Reaches New Heights in 2015. http://www.nasa.gov/press-release/nasa-reaches-new-heights-in-2015 [2015-12-22].

[123] NASA. OSIRIS-Rex. http://www.nasa.gov/mission_pages/osiris-rex/index.html [2015-12-30].

[124] NASA. New Frontiers Program. http://discoverynewfrontiers.nasa.gov/missions/missions_or.cfml [2015-12-30].

[125] ESA. Asteroid Impact & Deflection Assessment Mission. http://www.esa.int/Our_Activities/Space_Engineering_Technology/Asteroid_Impact_Mission/Asteroid_Impact_Deflection_Assessment_mission [2015-10-22].

8 光电子器件研究国际发展态势分析

房俊民 王立娜 唐川 张娟 田倩飞 徐婧

(中国科学院成都文献情报中心情报研究部)

摘 要 作为一项关键的使能技术，光子学技术可产生或节约能源、减少温室气体排放、降低污染、改善公众健康，这不但可以带动巨大的经济增长，对解决全球面向2020年的重大社会挑战问题也有至关重要的作用。为把握光电子器件研究的国际发展态势，本报告定性调研了相关机构的研发动态，定量分析了重点研发领域及热点，并提出了发展建议。

近年来，美国与欧盟制定了一系列的光电子技术研发计划和发展策略，对光电子器件投入了大量研发资源。美国国家研究理事会、国家光子计划委员会、白宫科技政策办公室发布了多份具有战略性、全局性、前瞻性的光子学发展研究报告；国防部高级研究计划局、空军科学研究办公室、国家科学基金会部署了多项相关研究项目。欧洲光子学技术平台Photonics21发布了多份光电子器件技术发展路线和相应的战略行动研究报告，通过与欧盟委员会建立光子学公私合作伙伴关系来推动相关新技术、产品和服务的开发与应用。英国工程与物理科学研究理事会也资助了多项光电子器件技术研发项目。

从2010～2015年的研究论文角度来看，美国和中国是在新型激光器、多光谱探测、光电集成技术方面的发文量最多的国家，中国和韩国是在有机显示技术方面的发文量最多的国家，表明美国和中国是光电子器件研究领域中最活跃的国家。中国科学院是光电子器件技术发文量最多的机构；在新型激光器技术方面与美国伊利诺伊大学并列第一位，在多光谱探测、有机显示、光电集成技术方面排名第二位的依次是美国空军研究实验室、中国电子科技大学、新加坡科技研究局。在新型激光器、多光谱探测、有机显示、光电集成技术方面，篇均被引频次最高的机构分别为美国加利福尼亚大学伯克利分校、美国空军研究实验室、韩国首尔大学、美国麻省理工学院。关注最高的热点研究主题包括纳米激光器、半导体激光器、等离子体纳米激光器、晶体管激光器、太赫兹激光器、超光谱成像、超光谱、目标检测、异常检测、有机发光二极管、有源矩阵有机发光二极管、硅光子、光子集成电路、光互联等。

基于以上发展态势及我国情况，本报告建议：①制定系统性发展战略布局，凝聚整体科技竞争力；②大力推动颠覆性的核心光电子器件技术研究，抢占战略制高点；③积极开展产学研合作，加快技术成果转移转化。

关键词 光电子器件 研发计划 发展策略 研发重点与热点

8.1 引言

光电子器件是利用电-光子转换效应制成的各种功能器件，是光电子技术的核心和关键部件。随着光电子技术对国民经济和军事影响的日益深刻和扩大，光电子器件引起了国际科技界、产业界和政府部门的高度关注。光电子器件主要包括激光器、探测器、发光二极管（LED）等，将为通信与信息技术、能源、先进制造、生物医药、国防与国家安全领域带来广阔的发展前景。具体而言，对于信息通信领域，集成光电子器件将对下一代通信网络产生重要影响，可能决定网络空间控制权；对于能源领域，固态照明和光伏技术将有望重塑更清洁、更高效、更安全的未来能源格局；对于先进制造领域，激光是 21 世纪制造业中最通用的机械工具，广泛应用于焊接、切割及微细加工中，可改进尺寸、重量、性能及成本等一系列产品关键性能；对于生物医药领域，光电子器件在医疗设备中广泛应用，如激光眼科手术；对于国防与国家安全领域，光电子器件将能够增加通信、情报、导航、电子战及传感系统等国防与安全基础设施的性能、可制造性、稳定性并节省成本。据美国知名市场研究机构 Research and Markets 于 2015 年 9 月发布的《全球光电市场——市场份额和预测（2015—2020）》报告显示，2014 年全球光电市场价值超过 1540 亿美元，预计 2015~2020 年市场将保持 35% 的年复合增长率（Research and Markets，2015）。

鉴于巨大的市场价值，光电子器件一直是国内外众多机构的关注重点。近年来，美国、欧盟政府陆续加强了对光电子器件的重视，并制定了光学和光子学使能技术战略布局。2012 年 8 月，美国国家研究理事会发布了《光学与光子学：美国的关键技术》报告，建议政府多部门协同合作加快产业界及学术界推进光子学关键技术开发。2013 年 5 月，美国国家光学学会、光学与光子国际学会、IEEE 光子学会、美国激光研究所、通用电气、谷歌等联合成立"国家光子计划"（NPI）联盟；同月，NPI 委员会发布了《NPI 白皮书：通向有竞争力、安全未来的路径》报告，建议政府投资可促进先进制造、通信与信息技术、国防与国家安全、能源、健康与医药领域发展的相关光子学技术研发。2014 年 4 月，美国白宫科技政策办公室公布了光学和光子学快速行动委员会的《创造光学和光子学更加光明的未来》报告，为光子学研究机遇和能力建设提供了建议。2005 年 12 月，欧盟建立了由覆盖欧洲整个经济价值链的光子学产业和研究利益相关者组成的欧洲光子学技术平台 Photonics21，旨在把欧洲塑造成信息通信、照明、工业制造、生命科学、安全和教育等各应用领域中的光子学技术开发和部署领军者。作为欧洲光子学产业界和学术界联盟，Photonics21 于 2011 年 2 月发布《光子学——作为欧洲一大关键使能技术的使命》报告、2013 年 4 月发布面向 2020 年的光子学研发战略路线图、2013 年 12 月与欧盟委员会建立光子学公私合作伙伴关系（PPP）等，支持欧盟第七框架计划（FP7）和"地平线 2020"（Horizon 2020）计划下光子学技术的研发，确保欧洲的工业领导力和经济增长。激光器、探测器、LED、集成光电子器件等属于其中重点研发方向。

欧美发达国家的多家顶级科研机构和领先企业也在积极开展相关研究，并取得多项研究成果。2015 年 3 月，美国华盛顿大学研究人员利用迄今最纤薄（仅为 3 个原子厚）的钨基半导体增益材料制造出一种新型纳米激光器（University of Washington，2015），其具有能效高、容易制造、可与目前的电子设备兼容等优点，向光子计算和短距离光通信迈出了重要一步。2015年4月，由美国西北大学和杜克大学组成的联合研究小组利用液体激光增益材料，成功研发出实时可调节的等离子体激光器（科技日报，2015）。2015年5月，IBM公司设计并测试了首个全集成波分复用硅光学芯片，并将其放到了与CPU相同的封装尺寸中，实现了在硅芯片上利用光脉冲代替电子信号传输数据，可在未来的计算机系统上实现更快的传输速度和更长的传输距离（IBM，2015）。2015年12月，美国麻省理工学院、加利福尼亚大学伯克利分校、科罗拉多大学联合利用现有半导体生产工艺开发出首个光通信微处理器原型（MIT Technology Review，2015），其集成了7000万个晶体管和850个光学组件，数据传输速率高达300吉比特每秒每平方毫米，是类似的现有电子微处理器数据传输速率的10~50倍。

近几年，*Nature*和*Science*等国际顶级学术刊物相继出版专刊来探讨光子学技术的研发态势。2015年2月，为了纪念"联合国光和光基技术国际年"，*Nature*发布"Light Fantastic"专刊（Nature，2015），介绍了光子学技术在极端条件下的表现，以及激光器、探测器、LED等光电子器件的国际研发进展。2015年5月，*Science*发布了"光和光学前沿"专刊（Science，2015），介绍了光的控制与操纵技术、新型光源及其在成像领域中的应用等研发进展。

为了把握光电子器件研究的国际发展态势、了解相关机构的研发动态、明确其关键技术与挑战，中国科学院成都文献情报中心信息科技团队拟通过定性定量的情报研究方法，完成《光电子器件研究国际发展态势分析》报告，以为我国在相关领域的工作提供有益参考。

8.2 研发计划与发展策略

8.2.1 美国

美国对光电子器件的研究非常重视，美国国家研究理事会、国家光子计划委员会、白宫科技政策办公室相继发布了一系列的发展策略，国防部高级研究计划局、空军科学研究办公室、国家科学基金会等也资助了多项相关研究项目，如图8-1所示。

8.2.1.1 国家研究理事会

2012年8月13日，美国国家研究理事会（NRC）发布了《光学与光子学：美国的关键技术》报告（National Research Council，2012）。该报告指出利用新兴的光学技术创建新的产业和促进就业对美国至关重要，从市场趋势、劳动力需求、对国家经济的影响方面评价了国际光学科学与工程的发展现状，确定了若干优先研究领域和重大研究挑战，提出了维持全球光子驱动产业竞争力的光学和光子学发展建议。

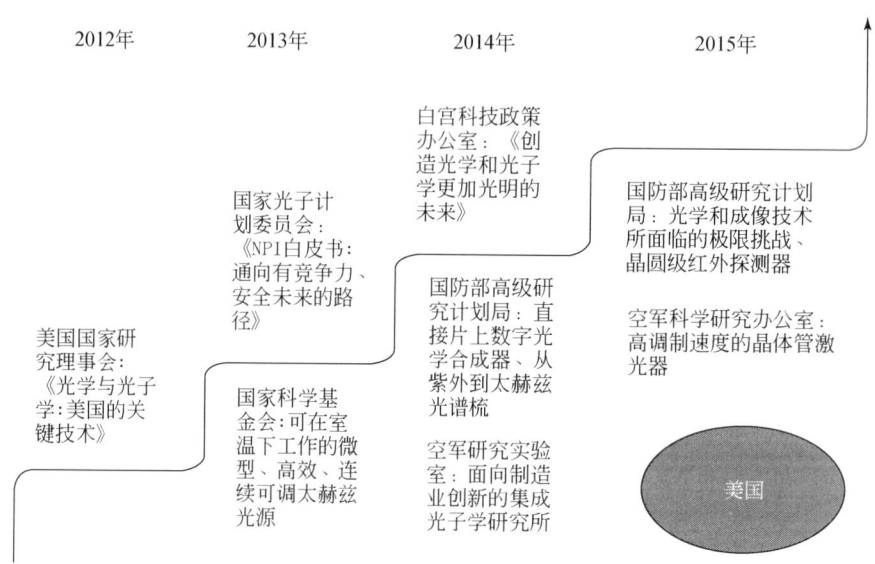

图 8-1 美国光电子器件主要研发计划与发展策略

1. 研究挑战

为弥补技术差距、满足国家需求、提升国家竞争力，该报告提出了如下五项重大研究挑战。

（1）美国光学和光子学界如何开发使未来光学网络成本效能翻番的新技术？

（2）美国光学和光子学界如何开发一种将光子学和电子学组件无缝集成在一起的主流平台，实现片上系统的低成本制造和封装，并应用到通信、传感、医疗、能源、国防领域中？

（3）美国军方如何开发所需的光学技术，以支持广域侦察、目标识别与高分辨率成像、高带宽自由空间通信、激光打击、导弹防御？

（4）美国能源利益相关者如何在 2020 年实现国家太阳能发电和化石燃料发电的成本平价？

（5）美国光学和光子学界如何开发新型光源和成像工具，以将制造技术的分辨率提高一个甚至多个数量级？

2. 发展建议

该报告讨论了光学对经济的影响以及八个技术应用领域，包括：通信、信息处理与数据存储，国防与国家安全，能源，健康与医药，先进制造，先进光学测量与应用，光学战略材料，显示。该报告针对每个领域分别回顾了近年来的技术进展与面临的机遇，并提出了相应的建议。

（1）光子学对美国及全球经济的影响：联邦政府应制订一项有关光子学的综合计划（类似于美国国家纳米技术计划），以集业界、学术机构、政府研究人员、政策决策者之力来综合管理产业界、政府对光子学研发的投资；所制订的国家光子计划应牵头改进光学与光子学领域的研发和经济数据的收集与汇报，如建立一套"北美产业分类系统"（NAICS）代码，收集有关光子学的就业、产出、私立机构所资助研发情况的数据，资助联邦机构开展光子学研究。

（2）通信、信息处理与数据存储：政府、私营企业与科研机构需共同开发相关技术，使广域、城域和局域光网络在未来十年实现成本效能的提升；政府尤其是国防部应努力协调光学与硅基电子学研究，以提供一个新的易于访问和使用的集成电子学和光学平台；政府和私营企业应使美国成为全球数据中心企业所需光学技术的引领者。

（3）国防与国家安全：美国国防和情报机构应资助光学技术的发展，以支持可实现广域侦察、敏感远距离物体识别、高带宽激光通信等功能的未来光学系统。

（4）能源：能源部应制订一个可到2020年实现电力平价的计划；能源部应极力鼓励开发面向高效的通用照明等应用的LED。

（5）健康与医药：美国光学与光子学研究人员应开发新的仪器，以同时对血液样品中的所有免疫系统细胞类型进行测量；研究人员应开发新的方法或对现有方法与仪器进行重大改进，以提高新药品的安全开发率和效用，这就需要政府和私营机构投资与高速样品处理机器人相集成的光子学方法研究，提高抗体、酶、重要细胞表型的检测灵敏度。

（6）先进制造：美国应大力制订并实施添加制造技术研发计划；政府应携手产业界和学术界开发用于光刻和3D制造的软X射线光源和成像技术。

（7）先进光学测量与应用：美国应开发已预先排列光子学结构的光束产生技术，以取得比一般激光更好的应用性能；政府应当鼓励和支持美国的小企业抓住市场机遇，将研究成果向市场转化。

（8）光学战略材料：美国应加强在可设计和调节光学特性的纳米结构材料开发方面的领导力。

（9）显示：美国私营企业和国防部应通过资助柔性、低功耗、全息和3D显示技术相关材料研发来确保竞争力。

8.2.1.2 白宫科技政策办公室

2014年4月17日，美国白宫科技政策办公室（OSTP）正式公布了光学和光子学快速行动委员会的《创造光学和光子学更加光明的未来》报告（The White House，2014），明确了对先进光学和光子学研究及应用十分重要的基础研究与早期应用研究领域，并基于此提出了相应的研究机遇和能力机遇优先发展建议、创新行动及目标，以解决2012年8月美国国家研究理事会在报告中所提出的光学和光子学界面临的五大关键挑战，弥补阻碍光学和光子学研发与创新的研究能力空白。

1. 研究机遇

1）提高对系统生物学和疾病进展认识的生物光子学

建议：支持创新生物光子学基础研究，推动相关技术的进步，具体包括定量成像，系统生物学、医学和神经科学，改进医学诊断、预防和治疗的活体内生物标记验证，高效农业生产技术。

创新行动：拓展对生物学过程的认识，推动揭示这些过程的光子学技术的商业化；改进疾病检测技术，尤其是疾病早期发展阶段的检测技术；加强生物光子学研究人才的教育和培训。

目标：推动光子学技术在疾病生物标记发现、脑功能理解、细胞信号传导、基因等应用方面的突破性发展，以有力地减低糖尿病和癌症等重大疾病对人类健康的影响。

2）从微弱光到单光子

建议：开发在微弱光情况下运行的光学和光子学技术。

创新行动：开发先进器件和技术，以通过具有量子分辨率和高精度的手段对光进行定量测量和可控产生；利用单光子技术解决通信、传感、成像和计量技术的应用需求。

目标：降低通信技术的能耗并增大信号传输距离，提高传感技术的分辨率，在不破坏生物样品的情况下提高空间测量分辨率，实现大脑神经活动的监测和痕量化学物质的远程检测。

3）复杂媒介成像

建议：通过散射、色散、湍流介质推动光传播及成像科学的发展。

创新行动：利用创新理论和计算方法来更好地理解、模拟和优化光的传播；开发低成本、高性能的光学组件和系统，提高非均匀介质成像技术；提高光学成像专家的能力及其所发表论文和专利的数量，利用非均匀介质中光传播技术的进步来开发新产品。

目标：提高国家安全和国防、天文学、农业、环境和公众健康领域中的成像技术。

4）超低功耗纳米光电子

建议：探索低能耗、阿焦耳级的光电子器件在信息处理和通信技术中的应用极限。

创新行动：开发与目前技术水平相比尺寸更小、重量更轻、能耗更低、性能指标更好的器件和系统，推动信号处理、通信和信息系统技术的发展；开发先进电磁、电子器件模拟工具和电路设计工具；利用金属和半导体纳米结构开发新型光源；开发先进纳米天线和非线性等离子体学；开发低能耗信号处理与通信系统等。

目标：为开发超低功耗光电子器件奠定基础，进而减小器件的尺寸、重量和功耗，提高未来空间、卫星和国防平台的性能、可靠性和耐受性，降低信息处理与通信技术的能耗，加快百亿亿次计算的研发进程。

2. 能力机遇

1）为研究人员提供可使用的制造设施

建议：明确学术研究人员和小企业创新人员的需求，提供其可支付的通用制造技术，推动复杂集成光电子器件的研发、制造和组装。

创新行动：对当前制造技术现状进行评估，制定相应的发展战略以实施所提出的评估建议。

目标：为研究人员和中小企业提供通用制造能力，加速技术创新以提高光子学技术的成本效益；为研究人员提供通用的商业制造工厂和客户定制制造能力，维持美国在集成光电子器件研发和制造中的国际竞争力，提高集成光电子器件的技术发展水平等。

2）特殊波段光子学技术

建议：推动特殊波段的结构紧凑型相干光源、探测器和相关光子学器件的研发，并使其易于学术界、国家实验室和产业界使用。

创新行动：提高结构紧凑型 X 射线光源的集成数量及其性能；利用特殊波段光子学技术开发新技术与产品；推动相关光子学技术的商业化；通过对极限波长光子学基础研究的资助来提高技术的商业价值。

目标：开发特殊波段的结构紧凑型光源、组件和探测器，提高光源开发及这些光源所推动的基础研究和早期应用研究的创新力和生产力。

3）面向关键光子学材料开发通用光源

建议：为国家研究计划开发关键光学和光子学材料，如红外材料、非线性材料、低维材料、新型光纤材料、工程材料。

创新行动：开发对美国研发活动至关重要的高质量、可支付的光学和光子学材料；开发并商业化具有新特性的创新材料。

目标：通过开发高质量光学和光子学材料来提高相关研究创新能力，加速这些材料的商业化应用。

8.2.1.3 国防部高级研究计划局

美国国防部高级研究计划局（DARPA）在 2014~2015 年先后资助了多项光电子技术研究项目，具体包括以下几项。

1. 直接片上数字光学合成器

2014 年 4 月，DARPA 宣布拟资助"直接片上数字光学合成器"项目研究（DARPA，2014），旨在开发可集成在微芯片上控制光波频率的微型器件，最终获得每秒太比特的通信带宽，开辟一系列太赫兹频率的军事应用，如太比特每秒的高带宽光通信，增强的化学光谱、毒素检测和设备识别，改进的光学探测和测距，高性能原子钟和定位、导航与计时惯性传感器，高性能光谱分析。此项目分为三个阶段，总共历时两年。第一阶段在实验室中利用小尺寸、轻重量、低功耗的光学组件研制光学频率合成器；第二阶段研制集成电光组件；第三阶段从事光学频率合成器与控制电路的集成研究。

2. 从紫外到太赫兹光谱梳

2014 年 10 月，DARPA 发布"从紫外到太赫兹光谱梳"（SCOUT）项目招标指南（PHYS ORG，2014），旨在开发便携式、微芯片尺寸的光学频率梳（OFC），寻求光学材料处理和器件制作、高分辨率计量和分析光谱、算法开发和数据处理、痕量化学和生物威胁探测方面的技术，实现液体或气体中多种生物或化学试剂的高灵敏度远程探测。该项目将面向的四个光谱开发区域包括：用于生物威胁探测和化学反应实时监测的紫外到可见光波段，用于呼吸分析应用的中波红外波段，用于爆炸物探测的长波红外波段，用于复杂分子探测的亚毫米波/太赫兹波段。此外，SCOUT 项目还将利用 OFC 的独特性能开发新型化学与生物传感技术。

3. 光学和成像技术所面临的极限挑战

2015 年 8 月 15 日，DARPA 国防科学办公室发布光学和成像技术所面临的极限挑战项目招标书（DARPA，2015a），重点关注光学和成像技术中的极限问题、极限光学元件和建模、设计与优化概念三方面的问题。

1）光学和成像技术中的极限问题

该研究主题侧重于明确光学和成像技术中的极限问题，进而带来与当前系统相比具有变革性性能和能力增强的新技术。这些问题可关注展示基本方法的简单系统（如单透镜），亦可关注实现所需应用的复杂系统。相应的应用领域包括具有性能指标的传统成像模式、多功能和自适应系统、特定功能系统等。

2）极限光学元件

该研究主题将侧重于极限光学元件研究与开发，以使系统具有前所未有的新能力。该研究主题主要分为四部分：前两部分关注于极限光学元件中光的控制、操纵与传感；后两部分关注于通过制造和测量技术的改进来为前两部分的研发提供支撑。其中，光的控制和操纵侧重于不同于传统光学设计定律的波前调制与改变；光传感侧重于与典型焦平面阵列的传统功能显著不同的传感元件，如在功率、尺寸、重量、形状因子、阵列与像素的集几何形状等方面；制造技术侧重于制造极限光学元件所需的技术概念与通用分析技术；测量技术侧重于快速、准确地测量纳米级特征、表面变化所需的理论和技术。

3）建模、设计与优化概念

该研究主题侧重于与建模、设计和优化工具相关的信息，以更好地探索极限光学元件的应用空间。这些元件的整体设计可能需要能在从纳米到厘米的多个空间尺度内运行的模拟工具，其最好能够无缝地选择所需的物理理论，如傅里叶分析和光纤追踪等。

4. 晶圆级红外探测器研究

2015 年 9 月，DARPA 宣布投入 4000 万美元，用于资助晶圆级红外探测器计划（DARPA，2015b）。该计划旨在提供高性能、低成本的短波红外和中波红外成像仪，以及能够在晶圆级的硅基读出集成电路基板上直接制作的红外探测器，同时探索可以直接测量光电流的高温长波红外探测器的创新方法。

8.2.1.4 空军科学研究办公室

1. 融合经典与量子物理学的先进光学技术

2014 年 5 月，美国空军科学研究办公室（AFOSR）宣布拟在未来 3~5 年内投资 650 万美元资助一项多学科研究项目（Harvard University，2014），旨在融合经典与量子物理学加速先进光学技术的研制，促进物理学和材料科学向开发非常复杂透镜、通信技术、量子信息器件和成像技术方向发展。该项目的研究内容是在从基础物理到材料制作和从实际器件到一定程度系统集成的整个流程中，结合纳米光子学和量子光学研究，通过耦合量子系统和超表面创建量子超表面，进而获得对光子辐射的前所未有的控制水平，获得实时响应的快速可调功能。该研究项目由哈佛大学工程与应用科学学院（SEAS）牵头，参与机构包括美国的哥伦比亚大学、普渡大学、斯坦福大学、宾夕法尼亚大学，瑞典的隆德大学和英国的南安普敦大学。该研究团队的专家分别来自理论物理、超材料、纳米光子电路、量子器件、等离子体学、纳米制造和计算机模型等学科领域。

2. 面向制造业创新的集成光子学研究所

2014年11月，美国国防部空军研究实验室（AFRL）发布了"面向制造业创新的集成光子学研究所"（IP-IMI）项目招标书（The Business of Photonics，2014），旨在解决高速数字数据和通信链路、射频应用，以及物理、化学和生物传感器等应用领域中的挑战，加速集成光子元件与电路制造的研究、开发与示范，携手大小型企业、学术界、联邦和政府机构投资开发工业相关的光子制造技术，为所有规模的集成光子制造企业提供创新基础设施，确保光子行业成为美国经济持久、蓬勃发展的关键支柱。在2015~2019财年中，IP-IMI将获得总共至少2.2亿美元的建设资金，其中美国国防部将为IP-IMI提供1.1亿美元的资助资金，项目中标方还需额外申请至少1.1亿美元的企业或其他联邦政府机构基金。IP-IMI的使命是推进复杂光子集成电路（PIC）的设计、制造、测试、装配与封装，所需解决的一项关键问题是缺乏的标准技术平台。这就需要开发包括光子芯片、电子器件、封装、互联、设计与测试的一整套解决方案。尽管IP-IMI的主要目标是开发创新技术，实现PIC的批量生产，但该研究所也将为处于早期阶段的国内项目提供技术支持。

2015年7月，美国纽约州立大学携手产业界合作伙伴联合建立了首个IP-IMI（IQE，2015），所开发和验证的创新技术包括：网络与通信的超高速信号传输、新型高性能信息处理系统和计算、可显著提高医疗诊断和治疗技术的紧凑型传感器、用于城市导航和自由空间通信与量子信息科学的多传感器等。

3. 高调制速度的晶体管激光器

2015年4月，美国伊利诺伊大学电气与计算机工程系教授Milton Feng宣布获得AFOSR 65.7万美元的资助，以开发高调制速度的晶体管激光器（ECN Magazine，2015）。这项研究工作主要分三个阶段来进行：首先将建立可把晶体管激光器的调制速度提升至太赫兹范围的理论框架；其次将通过外延设计优化量子阱，把复合寿命降低到10皮秒以下；最后将开发由量子点和量子阱制作而成、复合寿命低于5皮秒、调制速度为0.3太赫兹的晶体管激光器。

8.2.1.5 国家科学基金会

面向医疗、国防和安全领域中的太赫兹传感与检测，美国国家科学基金会（NSF）于2014年4月为里海大学投资约79万美元，旨在开发高性能室温、太赫兹、带间量子级联激光器以及波长为240~300纳米的高性能Ⅲ族氮化物紫外激光器和发光二极管（NSF，2014）。2014年5月，NSF又面向安全通信和复杂系统模拟领域中的量子通信和计算网络、生化试剂检测，为加利福尼亚大学圣地亚哥分校投资约35万美元，基于严格的测量开发描述纳米激光器动态的理论模型，研制室温下工作的电控制纳米激光器。2013年4月，

NSF 投资约 36 万美元资助亚利桑那大学利用新颖共线正交极化双色垂直外腔面面发射激光器开发新一代高功率（瓦级）、宽范围可调、微型 3.5~4 微米激光器。2013 年 5 月，NSF 投资约 36 万美元资助西北大学开发可在室温下工作的微型、高效、连续可调太赫兹光源，以推动基础科学、炸药和毒品检测、安检、天文学/天体物理学、医疗成像技术的发展。2013 年 7 月，NSF 投资约 42 万美元资助科罗拉多州立大学开发波长为 6.X 纳米的微型化等离子体光源，以推动印刷和较小特征尺寸的集成电路技术的发展，延伸摩尔定律。

8.2.2 欧洲

欧洲也非常重视光电子器件的研究，相关研发计划与发展策略如图 8-2 所示。欧盟于 2009 年 9 月，将光子学技术列为六大关键使能技术之一，旨在挖掘光子学技术的经济价值，应对可持续发展、安全能源供应、人口老龄化、人类和环境健康等重大挑战，促进欧洲社会的繁荣发展。继 2005 年成立以来，欧洲光子学技术平台 Photonics21 发布了多份光子学战略研究报告，为 FP7 和 Horizon 2020 计划下光子学技术的发展提供了重要支持。英国的光电子器件研发技术获得了工程与自然科学研究理事会（EPSRC）的大力资助。

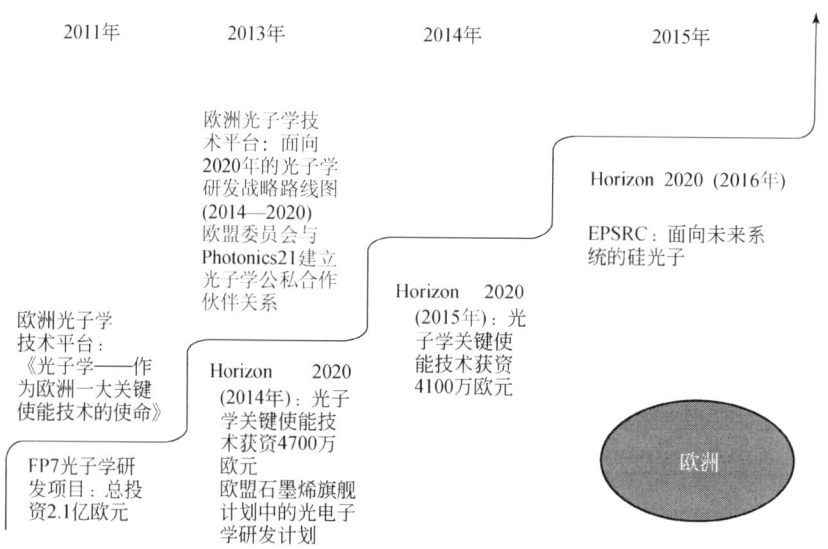

图 8-2 欧洲光电子器件主要研发计划与发展策略

8.2.2.1 面向 2020 年的光子学研发路线图

2013 年 4 月，为根据新的 Horizon 2020 框架启动光子学公私合作伙伴计划，欧洲光子学技术平台 Photonics21 制定了面向 2020 年的光子学研发战略路线图（2014—2020），阐述了信息通信、产业制造、生命科学、新兴照明、教育培训等重要的光子学应用领域的未来发展路线，并针对当前所面临的重大挑战提出了欧盟光子技术科研与创新的主要战略行动（Photonics21，2013）。下面将对本报告所提出的欧盟光子技术战略路线图进行简要介绍（表 8-1）。

1. 信息通信领域

面向信息通信领域的欧盟光子技术发展路线如表 8-1 所示。

表 8-1 面向信息通信领域的欧盟光子技术发展路线

	2014/2015 年	2016/2017 年	2018/2019 年	2020 年
地面宽带骨干网和数据中心托管的云应用	开发新概念从容量、速度、功耗、安全和灵活性方面来提升整体网络性能，主要侧重于：面向下一代低功耗、小尺寸、低成本的 100/400 Gbps 转换器的概念；在核心/城域网络中单信道传输速率达 1Tbps、单光纤传输速率达 1Pbps 的系统架构；可在弹性工作网环境中处理每秒太比特级信号的可重构光分插复用器（ROADM）概念；面向弹性宽带分配、交换、资源碎片整理、网络资源虚拟化的新概念；软件定义网络控制，面向认知与自我管理光网络、应用级网络编程解决方案的方法。通过 400Gbps 系统在国家研究和教育网络（NREN）中的现场测试来创造价值，推动系统和器件生产。开发把光交换网络架构、云服务技术及相关控制和数据集成到一起的新概念。在实验室进行概念验证以获得所需的器件和系统规范	开发 Tbps 信号产生、传输、检测、处理的高度集成子系统解决方案，主要包括：基于硅/磷化铟的 Tbps 软件定义光模块（SDO）；增强数字信号处理单元、前向纠错（FEC）解决方案、编码调制；高速、低功耗、低成本光电、电光接口与高速预处理和后处理数字信号处理（DSP）单元的集成；软件定义接收器；低噪声光放大器和再生器；强大的少模式、多核光纤的激励单元等。器件和子系统原型设计。建立面向器件和子系统测试的通用测试设备和平台。通过现场测试创造价值	面向高影响力应用的系统设计、集成和验证，包括利用弹性宽带分配和资源虚拟化来示范弹性的 Pbps 核心/城域网络；面向与 Pbps 光学传输系统相连接的数据中心托管的云应用，示范 OpenFlow 控制网。构建用户群体和能力网络来示范、评估、推广所选择的高影响力应用	部署欧洲研究教育网，转向批量生产
宽带光纤接入与建设网络	对正在进行的研究计划进行系统示范，开发新概念来从容量、速度、功耗、安全和弹性方面提升整体网络性能，为用户提供 10 Gbps+ 的城域/接入网，主要包括：融合有线、无线接入网络技术；融合接入/城域/核心网络技术；面向安全、宽带的 IT 设备的网络辅助虚拟化；基于云的接入服务；通过网络和内容交付的编排来动态优化体验质量。通过智能城市环境中完整系统的现场测试来创造价值。实验室概念验证以获得所需的设备和系统规范	面向下一代光接入架构开发高度集成子系统解决方案，主要包括低成本 SFP+可调收发器、低成本 N×10G Tx/Rx DWDM 阵列，低成本、低功耗的高速光电和电光接口，硅/磷化铟混合集成电路、3D 集成器件、引入低成本且低功耗的聚合物材料，可见光通信与导航、集成光通信解决方案。器件与子系统原型设计	面向高影响力应用的系统设计、集成和验证，包括利用弹性的宽带分配和资源虚拟化来展示灵活的 Pbps 核心/城域网络，面向与 Pbps 光传输系统相连接的数据中心托管云应用展示 OpenFlow 控制网络。构建用户群体和竞争力网络以展示、评估、推进所选择的高影响力应用	批量化部署欧洲国家研究和教育网络
光互联	将光子学技术渗透到整个数据中心/HPC 生态系统，包括片上光网络、片上光互联、采用先进调制格式的有源光缆、适应数据中心拓扑和服务器连接的数据传输架构等。实验室概念验证以获得所需的设备和系统规范。通过发布产品和批量化生产来创造价值	开发光互联综合解决方案，重点包括多层光学印刷电路板（PCB）、用于板上和板间互连的单模 PCB 解决方案、便于各互联层连接的新接口方式、利用硅和聚合物的集成技术来降低成本和能耗、3D 集成器件、有源光缆。器件与子系统原型设计。建立通用的器件级和系统级设备与平台。通过早期现场测试来创建价值	光学互联数据中心的系统设计、集成、验证和示范，主要包括片上网络、板上互联、光学背板、有源光缆。构建用户群体和竞争力网络以展示、评估、推进所选择的高影响力应用	

2. 工业制造领域

面向工业制造领域的欧盟光子技术发展路线如表 8-2 所示。

表 8-2　2014~2020 年面向工业制造领域的欧盟光子技术发展路线

技术挑战	高效率激光器和设备，质量控制，光束传输、整形和偏转系统
研究行动	**高效率激光器和设备：** （1）用于高功率/高强度光束的镀膜和组件 （2）用于高功率/高强度激光的非线性透明材料 （3）具有高重复频率的超短脉冲高功率激光器（近红外、可见光） （4）具有快速调制能力的同步高速扫描装置 （5）高亮度二极管激光器 （6）高效、长期稳定的紫外/深紫外激光器（固态） 　　a. 高效、工业中紫外激光系统（功率高达 1 千瓦） 　　b. 可调激光器（多波段、紫外—可见光—近红外—中红外） 　　c. 紫外直接成像（100 瓦的连续波） **光束传输、整形和偏转系统：** （1）远程遥控技术 　　a. 衍射极限光纤传输（>1 千瓦，>100 米） 　　b. 连接器和集成光束开关 　　c. 可探测和监控的高功率连接器 （2）灵活的光束整形 （3）激光器阵列、多光纤阵列 　　高速扫描设备（1 千米/秒） 　　　超短脉冲的光纤传输 **质量管理：** （1）过程监控传感器 （2）激光技术与在线无损检测的结合 　　a. 面向首件检测（FAI）的实时过程控制 　　b. 多光谱成像和聚焦光学器件 　　c. 多光谱成像传感器

3. 生命科学与健康领域

面向生命科学与健康领域的欧盟光子技术发展路线如表 8-3 所示。

表 8-3　面向生命科学与健康领域的欧盟光子技术发展路线

	2014/2015 年	2016/2017 年	2018/2019 年	2020 年
技术挑战	开发可靠、低成本的诊断方法，实现相关疾病的快速风险评估	利用光子学和非光子学技术改进分析方法，提高诊断的准确性和可靠性	利用多频带光子技术和方法或结合光子与非光子技术实现更安全、个性化的疾病治疗和检测	利用下一代低成本、快速分析方法来控制水和食品安全/质量

续表

	2014/2015 年	2016/2017 年	2018/2019 年	2020 年
研究行动	基于光子技术开发具有高用户友好性、高灵敏度、高精确度、高可靠性、高速度、操作安全、低成本、符合规定的移动护理设备	开发创新多频带光谱成像方法和设备，以基于无标记或安全认证标记的方式来进一步分析癌症、心血管疾病、眼部疾病及各种神经相关疾病	基于光子学技术开发具有高度针对性的治疗方法和持续监测方法；开发有助于认识疾病产生机理的下一代生物光子学方法和工具	基于光子学技术开发适用于环境/食品质量和安全应用的分析设备，并使其具有高灵敏度、高精确度、安全易操作、低成本等特性

4. 新兴照明、电子学与显示领域

面向新兴照明、电子学与显示领域的欧盟光子技术发展路线如表8-4所示。

表8-4　面向新兴照明、电子学与显示领域的欧盟光子技术发展路线

	2014/2015 年	2016/2017 年	2018/2019 年	2020 年
发光二极管	LSD：城市智能照明 R：开放系统架构、生物学效率	R：生物学效率	S&R：构建规范	—
柔性有机发光二极管（OLED）	P&MS：柔性OLED高速生产设备（高性价比材料）	—	S&R：构建规范	R：开放系统架构
有机光伏（OPV）	分布式解决方案（高性价比材料）	P&MS：合适的低成本、高速生产设备	R：与建筑构件相集成	
柔性电子	—	R：建模与模拟工具	P&MS：合适的开放获取生产设备	
显示器	R：具有超高性能和视觉体验的系统，面向高性能显示的材料和工艺	P&MS：改进材料和工艺的性能	FoKD：3D裸眼多视点	P&MS：3D裸眼多视点近眼显示器

注：R（研究项目）；FoKD（首次示范行动）；P&MS（试点生产与市场抽检）；S&R（标准与规范行动）；LSD（大规模示范与市场验证行动）

5. 安全、度量与传感领域

面向安全、度量与传感领域的欧盟光子技术发展路线如表8-5所示。

表8-5　面向安全、度量与传感领域的欧盟光子技术发展路线

	2014/2015 年	2016/2017 年	2018/2019 年	2020 年
技术挑战	面向远红外激光器、LED、1D/2D探测器和无源光学器件的新材料和原理	优化器件架构和性能，简化器件制作流程	利用改进的微纳电子制造设施增强具有成本效益的生产能力	不断提高性能和可靠性，降低系统和组件的价格

	2014/2015 年	2016/2017 年	2018/2019 年	2020 年
研究行动	探索具有较高应用潜力、低成本的远红外波段光发射、探测和计量新概念	表征和优化器件结构和性能，提高与微电子产品生产设施的兼容性	优化系统性能，识别新应用领域，进一步简化、微型化远红外系统	收集现场测试数据，验证并优化概念，积累数据库和实践经验

6. 光学元件和系统的设计与制造

面向光子元件和系统的设计与制造领域的光子技术发展路线如表 8-6 所示。

表 8-6　面向光子元件和系统的设计与制造领域的光子技术发展路线

	2014/2015 年	2016/2017 年	2018/2019 年	2020 年
技术挑战	下一代 PIC 技术，尤其是共性技术，最大限度地提高能效、密度和功能；硅基有源光子学方面的创新概念，实现微米尺度发射器/调制器与 CMOS 电路的高密度兼容集成；超高密度光子、光电子集成技术；强大、准确、高效仿真和计算机辅助设计工具的开发与演进，包括光学电路的集成设计及系统级仿真；便于高精度分立器件和 PIC 高批量制造的下一代封装技术；面向电光电路板和先进模块概念的技术，包括有机/无机集成；高功率激光器，尤其是与功率可扩展、光束质量、热管理、环境稳定相关的研究；高速器件，包括 1Tbps 的数据传输技术和低能耗、可扩展的光子开关与互联器件；光学传感器和下一代存储系统，包括面向新波段、宽调谐范围的材料和结构，拓展波长范围的集成非线性器件，高效的等离子体器件，精确的光束传输，主动成像器件等先进器件的制造概念等；新型光子学材料，包括先进半导体结构、陶瓷、聚合物、非线性晶体、金属-介质界面和多功能光纤/波导；新型光子学涂料和功能表面，包括面向生物应用的微纳米结构和表面功能；关键的创新挑战在于创建基础设施，在光子、光电子集成电路、封装和组装、关键半导体技术和先进材料研究关键技术领域中实现研究和试点制造的开放获取			
研究行动	光子集成电路技术、可用性、可访问性：面向第二代通用光子集成平台开发工艺与构建模块，侧重于最大限度地提高构件模块和芯片的能效、密度与性能。 组装与封装：面向高性能、高功能器件和 PIC 的经济封装和组装的新概念，开发低成本通用 PIC 封装方法。 面向电光电路板和先进模块概念的技术：概念研究、基础技术开发。 半导体光子器件：具有高可扩展性、光束质量、热管理和环境稳定性的高功率激光器，400Gbps 到 1Tbps 的片上数据传输技术、高度非线性、低能效且可扩展的光子开关与互联技术，主动成像、传感和存储解决方案。 新材料和功能：面向先进功能光子器件的半导体和介质材料，包括微纳米结构和等离子体、多功能元件（光纤和波导）	光子集成电路技术、可用性、可访问性：纳米光子器件和电路技术，通过特定应用设计的验证展示第二代通用平台的可行性。 组装与封装：继续开展前期项目，建立创新行动技术基础。 面向电光电路板和先进模块概念的技术：建立指导试点行动的制造技术和标准。 半导体光子器件：继续开展 2014/2015 年的项目。 新材料和功能：创建先进光子材料共享研究设施	光子集成电路技术、可用性、可访问性：侧重于纳米光子学器件、高度复杂电路的可扩展性、最大化地提高能效。其他四个方面的研究行动将继续前四年的研究工作，广泛地开发新器件、组装技术和材料	光子集成电路技术、可用性、可访问性：验证所开发器件技术的应用

8 光电子器件研究国际发展态势分析

7. 教育、培训与颠覆性研究

表8-7主要介绍面向2014~2020年的颠覆性研究路线。

表8-7 面向颠覆性研究的光子技术发展路线

	2014/2015年	2016/2017年	2018/2019年	2020年
技术挑战	为新材料、功能、方法和工艺设定基础	新功能、工艺的实验示范	产业应用示范	利用新材料、工艺的首个原型实现
研究行动	纳米光子学：探索新工程材料。量子信息：探索信号传输、数据处理和传感的新量子方法。极光：探索光与物质相互作用潜力。	纳米光子学：基于新方法和材料实现并表征简单器件。量子信息：实现并表征作为量子器件和系统基元的简单量子集成电路。极光：利用光与物质相互作用开展基础实验。	纳米光子学：基于新方法和材料实现、表征、认证集成电路和系统。量子信息：实现、表征、认证量子集成器件和系统。极光：在材料处理、材料表征、器件制造方面利用光与物质相互作用，研究极端光源的应用潜力。	纳米光子学：基于纳米光子学实现工程原型，提供新特征和功能。量子信息：基于量子光学实现工程原型，提供新特征和功能。极光：实现工程化的光源，推动极端光源和相关系统的产业化应用。

此外，该报告所提出的主要战略行动包括：支持基于战略路线图的、突破性的核心光子技术研究；实施示范项目；构建光子技术制造平台；支持创新型光子技术中小企业；加强光子产业基础。

8.2.2.2 欧盟光子学技术公私合作伙伴关系

2013年12月17日，欧盟委员会宣布与Photonics21建立光子学公私合作伙伴关系（European Commission，2013a），以开发光子学新技术、产品和服务，确保欧洲工业处于世界领先地位，促进经济的可持续发展，创建高技能的就业岗位。这项公私合作伙伴关系于2014年开始运作，将在欧盟Horizon 2020计划中获资7亿欧元的研发预算资金，相关研究计划将从欧洲光子学产业界至少获资28亿欧元的研发资金。此外，该项公私合作伙伴关系还将聚集光子学相关产业的所有人士，共同创建展示欧洲光子学产业在2014~2020年主要研究创新目标的战略路线图。

这项光子学公私合作伙伴关系的总体目标是：通过欧盟委员会和产业界对光子学技术研发的长期投资来促进光子学制造技术的发展，创造更高的就业率和社会财富；解决欧洲光子学产业占有优势地位的市场行业的整个创新价值链遇到的问题，加快欧洲光子学技术的创新过程，缩短相关产品的市场化时间；调动、集合、利用公私资源，为欧洲面临的主要社会挑战提供成熟的解决方案，尤其是医疗保健和能源效率方面。

8.2.2.3 欧盟Horizon 2020中光子学相关技术研发计划

下面将对欧盟Horizon 2020计划发布的2014年、2015年、2016年的信息通信技术

（ICT）领域招标计划中与光子学技术相关的研发工作进行简要介绍。

2013年11月12日，欧盟Horizon 2020计划正式公开总资助额度约达6.95亿欧元的2014年ICT领域的招标计划（European Commission，2013b），其中光子学关键使能技术获资4700万欧元，面向OLED照明的新材料和系统获资1800万欧元，主要研发创新行动包括：

（1）光子学关键使能技术：①面向应用驱动的核心光子学技术，开发元件、模块和子系统等新一代光子学设备，解决相关的材料、制造、标准化活动等相关问题，主要研究方向包括面向疾病诊断的生物光子学技术和面向安全维护的传感技术两方面，前者主要开发用于可靠、快速、非侵入性或微创检测的移动化、低成本疾病（如心血管疾病、癌症、皮肤病或肺疾病等）诊断设备，后者主要开发位于0.7~50微米的近红外和中红外波段的低成本、高性能、多波段光电子器件；②面向颠覆性传感技术，利用新技术、新概念（如基于量子光学或量子技术、等离子体学、超材料、非传统波前调节等）、新材料或非传统光与物质间的相互作用为光子学传感设备带来灵敏度或性能上的突破性提升，并进行相关的概念验证工作；③面向固态照明的开放系统架构，为基于智能照明系统的固态照明设备开发并验证新型软硬件级别的开放系统架构，解决与智能系统控制网络、低成本安装、安全等相关的光电子器件开发问题。

（2）面向OLED照明的新材料和系统：侧重于面向OLED照明的材料、制造工艺和设备技术，开发高亮度、高均匀度、长寿命的大面积OLED设备，降低能耗。

2014年10月15日，欧盟Horizon 2020计划正式公开总资助额度达5.61亿欧元的2015年ICT领域的16项招标计划，其中光子学关键使能技术获资4100万欧元（European Commission，2014），跨领域ICT关键使能技术获资5400万欧元，主要研发创新行动包括：

（1）光子学关键使能技术：①开发低成本、高能效的光子设备，支持对于因新兴的百亿亿次规模云数据中心而发展起来的全新系统与网络架构；②开发高功率、高效率的激光源，针对激光源阵列发射的多光束的传递与处理开发新技术与器件；③开发面向光子集成电路的器件、电路与制造技术，以实现半导体或基于介电体的光子集成平台的低成本批量生产。

（2）跨领域ICT关键使能技术：①面向医疗保健和食品行业的ICT关键使能技术集成平台，进一步开发和验证以用户为中心的可靠、低成本微纳米生物光子学系统，以实现疾病和患者状态、食品行业质量及安全和过程控制的早期诊断或快速监测；②面向柔性基底上OLED的试点生产线，重点开发柔性基底上OLED的批量生产技术，升级当前研究中的试点生产线；③面向中红外微型传感器的试点生产线，重点开发用于中红外传感器系统的晶圆制造处理技术和芯片封装技术，并在制造过程中引进低成本、更加可靠和高效的中红外材料；④面向Ⅲ-Ⅴ或电介质材料平台上的光子集成电路制造生产线，基于通用制造工艺提供复杂PIC的代工服务，尤其需要满足中小企业的需求。

2015年10月20日，欧盟Horizon 2020计划正式公开总资助额度达4.64亿欧元的2016年ICT领域的招标计划，其中光子学关键使能技术（European Commission，2015）的主要研发创新行动包括：

（1）生物光子学——用于深入疾病诊断的先进成像技术：开发创新型、结构紧凑、易操作、非创或微创的多波段、多模式（包括光子学技术与非光子学技术相结合）功能成像系统，支持癌症、心血管疾病、眼睛疾病、各种神经疾病等年龄和生活方式相关疾病的活体诊断。

（2）突破性的微型化固态照明系统：开发突破性的微型化固态照明（LED 和 OLED）系统，实现具有高品质因子的新型或变革性灯具设计，并通过与建筑材料相结合将其应用领域扩展至自动化、信号器和可穿戴技术等领域中。

（3）面向安全环境的通用高性能、高灵敏度传感技术：开发低成本、结构紧凑、高性能的光子学设备，实现 2~12 微米波段的通用近红外和中红外传感应用，如大范围检测水和空气的质量。

（4）应用驱动的系统级核心光子学器件集成：重点开发基于微显示器的形象、增强和虚拟现实可视化系统，如可穿戴系统和大型投影系统，解决基于可视化系统的新型微显示器的验证和示范问题，面向的关键应用领域包括医疗保健、维修与培训、娱乐、旅游或体育等。

（5）面向装配和封装的试点生产线：建立集成光子学元件的装配和封装试点生产线，为光子集成电路及相关产品提供通用解决方案。

2015 年 10 月 20 日，欧盟 Horizon 2020 计划发布消息将于 2017 年资助总额度达 6.05 亿欧元的 ICT 领域招标计划，并将于 2016 年正式公布（European Commission，2015）。其中光子学关键使能技术的主要研发创新行动包括：

（1）应用驱动的核心光子学技术：面向光核心网和城域网开发元件、模块和子系统等下一代光子学设备，实现每个节点皮比特每秒、每条通道太比特每秒、每条链路 100 太比特每秒的数据传输速率能力，同时支持网络的可编程特征、匹配网络运营商的需求。

（2）光子集成电路技术：开发先进芯片集成技术，实现具有显著性能增强（如集成复杂度、能效、速度等）或新功能的光子集成电路的低成本批量生产制造，相关的技术改进潜力包括：多功能集成、更宽的带隙工程、异构集成、晶圆级电子-光子集成、使用新材料等。

（3）颠覆性光学制造方法：开发新型光学制造方法，以用于具有前所未有的亚微米和纳米级分辨率的光子学元件、调制和优化面向特定应用的材料表面功能化，相应的研发创新行动可与激光源、光操纵系统、利用量子效应的光与物质相互作用等相关。

8.2.2.4 欧盟石墨烯旗舰计划中光电子学研发计划

2013 年 11 月 29 日，欧盟未来新兴技术（FET）石墨烯旗舰计划发布了首份招标公告和科技路线图（European Commission，2013c），介绍了拟资助的 12 项研究课题和 1 项支持课题，以及根据领域划分的 11 项工作任务，每项课题都涉及多项工作任务，下面将对其中涉及光电子技术的研发计划进行简要介绍。

1. 与硅光子学的集成课题

该课题旨在面向下一代计算与通信系统，开发集成石墨烯及相关材料（GRM）与硅波导和无源光路的方法，特别是可使现有的类 CMOS 硅制造设施在未来实现晶片规模集成的可扩展方案。具体目标包括：展示 GRM 与硅基光电集成电路晶片规模集成的可能性；在集成 GRM 基调制器和检测器与硅光子电路的基础上，对光互连进行验证；利用最先进的计量技术，优化和评估电路的性能与能效；证明非线性器件可实现全光数据处理。

2. 光电子学工作任务

该项任务旨在通过石墨烯电子和光子组件（如激光器、开关、光波导、光频转换器、放大器、调制器、光检测器、纳米光子组件、超材料、太阳能电池等）的融合与集成，创建新的石墨烯光子学和光电子学领域。这需要针对石墨烯及相关的二维层状材料开发不同的制造方法，具体目标包括：

（1）面向超快光通信器件和超低密度或单光子检测，开发涵盖紫外、可见光、近红外和太赫兹波段的宽光谱范围光探测器，并将其与光电子网络相集成。这些器件将利用石墨烯超高的载流子迁移率和独特的宽光谱范围特性。

（2）制作并测试基于中红外和等离子体波的太赫兹光探测器，将这些元件与平方厘米面积上的探测器阵列相集成，改善探测器的光谱响应度和带宽。

（3）开发基于石墨烯的超宽带可调激光器，如中红外光纤激光器、高功率固态激光器、宽带半导体激光器、高重复率波导激光器等，并对这些器件进行全面的测试。

（4）针对光电接口与互联及紫外、可见光、近红外和中红外波段，开发基于等离子体的纳米尺度光路由和开关网络，这些组件将把石墨烯作为等离子体材料。

（5）开发由高速电光调制器和与波导和谐振器耦合的光探测器组成的集成光电网络。

（6）开发快速开关、频率可调、超薄、基于石墨烯的太赫兹光偏振器和磁光隔离器，以实现新型太赫兹应用。

（7）设计、制造、测试全新一代的门可调等离子体材料，并利用石墨烯电控其光学特性。

（8）结合石墨烯和金属等离子体超材料，开发超快和小型有源光收集和传感组件。

（9）面向超灵敏光探测、光放大有源增益材料，开发半导体2D材料。

（10）面向光伏和光探测应用开发多层2D混合结构。

（11）开发石墨烯OLED电极。

（12）开发具有集成等离子体结构的LED。

8.2.2.5 欧盟FP7中的光电子器件研发计划

在2007~2013年的FP7下，欧盟总投资2.1亿欧元资助了65个光子学研发项目（Photonics Society，2011）。这些项目跨越物理、材料科学、工程、生物和化学五个学科，主要解决激光器、探测器、LED等关键光子学技术的研发问题，以满足通信、制造、生物光子学、照明和显示、安全等战略行业的应用需求。下面将对这些光子学应用行业的主要挑战、关键研发方向、相应的典型资助项目进行简要介绍。

1. 面向数据通信的光子学技术

为应对基于电子学技术的信息处理与通信系统所面临的尺寸、能耗、数据传输速率瓶颈问题，欧盟委员会大力开发相关的光子学技术，以为这些挑战提供具体的解决方案。相关的主要研究目标包括：①创建快速光网络，开发光子学系统、子系统、组件技术，提供具有成本效益的数据传输网络，使接入的数据传输速率至少达到10吉比特/秒，核心网的数据传输速率达到数10太比特/秒；②创建动态数据访问网络，自动、动态地控制和管理网络连接，为终端用户提供可调数据传输速率的按需宽带访问连接；③创建全光网络，使光数据流在整个数据传输网络中均无需转化为电信号；④创建更环保的光网络，利用低功耗光子学技术解决方案降低网络的能耗，开发价格低廉的组件和系统以拓展数字化服务。

此研究方向的获资项目数量为29项，总额度超过1亿欧元，具有代表性的研究项目及主要研究内容如下所示：

（1）相敏放大器系统和光再生器及其应用：侧重于40吉比特/秒宽带核心网中基于光纤的相敏放大器的开发与应用，以创建具有超低噪声放大和超快光信号处理功能的光通信网络。

（2）面向普适低成本超高容量系统的塑料光纤：开发新组件，优化传输技术，实现基于大芯径塑料光纤的高速光链路，为下一代高速家用网络、大型数据中心和存储网络中低成本光互联提供解决方案。

（3）面向信息传输的垂直集成系统：开发超高运行速度、低功耗、低成本的微型激光器，建立从基础封装材料到实际应用的完整终端产品供应链和国际技术标准。

2. 面向制造业的光子学技术

激光器是钢铁、塑料、陶瓷、半导体等工程材料的通用制造工具。在未来制造业的应用中，激光器所面临的主要技术挑战包括：新波长、更高的输出功率、更短的脉冲、更高的功率效率、自适应光束整形与操纵方法和自适应可重构光束传输方法、更小的组件和更高的系统集成度、生产过程中的实时检测和在线控制。

此研究方向的获资项目总额度约500万欧元，具有代表性的研究项目及主要研究内容如下：

（1）铝材料激光焊接装配的质量控制：开发新型双波长激光加工系统，焊接0.1～1毫米厚度的铝和铜，监测加工过程并进行线上非破坏性检查，为电动汽车电池和薄膜光伏电池互联提供可靠、高速、低成本、高品质的连接解决方案。

（2）面向有机光伏器件共振烧蚀的创新中红外高功率激光器：开发工作波长位于3～11微米范围的高功率、可调、中红外、短脉冲激光器系统，在有机光伏太阳能电池的制造过程中对这种激光器进行验证。

3. 面向医疗保健和生命科学的生物光子学技术

光子学技术有望变革医疗保健技术，具体的应用方向包括：利用非入侵性成像技术或定点护理应用来进行疾病的早期诊断；研究分子层面的活体生长过程，了解疾病的起源，进而实现新的疾病治疗和预防方法；实现更少侵入性、更高精确度的光学治疗方法。

此研究方向的获资项目总额度约2300万欧元，具有代表性的研究项目及主要研究内容如下：

（1）面向病原菌及其耐药性的定点护理免标记识别的高度集成光学传感器：开发高度集成、紧凑型聚合物和硅基CMOS兼容光学传感器，实现败血病菌系及耐药性的定点护理免标记、快速、低成本诊断。

（2）面向定点护理疾病诊断的耐用、经济实惠光子晶体传感器：开发集成多通道2D光子晶体基一次性生物传感器和台式读取器，解决定点护理诊断设备所面临的研发挑战，如耐用性、可直接读出的快速且简单检测方式、小检测面积、低样品体积。

(3) 面向生命科学的光子学技术：主要研发内容包括用于细胞过程分析的光子学技术、非创或微创诊断技术、定点护理诊断与光学显微手术和治疗。

4. 面向安全与防护的光子学技术

光子学技术是加强人员、货物和物理环境安全的关键使能技术，可通过从 X 射线到太赫兹频谱的无接触传感和成像来实现高灵敏度、高精度、高可靠性的潜在危险检测。

此研究方向的获资项目总额度约 1700 万欧元，具有代表性的研究项目及主要研究内容如下：

（1）Ⅲ族氮化物量子点光学传感器：开发Ⅲ族氮化物量子点和纳米盘光学传感器，以集成在化学传感器中检测氢气、碳氢化合物、在气体和液体环境中的氢离子浓度。

（2）基于创新中红外激光器的碳氢化合物光学传感：开发 3.0～3.6 微米中红外波长范围的新型锑化镓可调激光器，以集成到光子学传感器中实现气体中碳氢化合物的高灵敏度检测。

（3）面向自动化安全应用的红外成像组件：开发新型红外透镜系统、红外热成像阵列等光子学组件与低成本红外夜视系统，检测道路上的行人和动物，提高道路安全性。

5. 照明、显示和有机光伏技术

基于 LED 和 OLED 的固态照明系统提供一种具有成本效益的限制二氧化碳排放量的方式，主要研发挑战在于如何在改善性能、亮度、效率和智能照明管理的同时降低成本。显示技术侧重于开发柔性、耐用、低成本、高分辨率、高对比度、多颜色、宽视角、高开关速度的显示器件。

此研究方向的获资项目数量为 29 项，总额度超过 5000 万欧元，具有代表性的研究项目及主要研究内容如下：

（1）有机发光二极管照明：开发所有相关技术，推动 OLED 在欧洲通用照明行业中的应用。

（2）面向高性能 OLED 技术突破的集成 OLED 模型的先进实验验证：通过集成"第二代"OLED 器件模型的开发和应用，实现白光 OLED 效率、寿命和制造成本方面的突破。

（3）高度柔性、可印刷、无氧化铟锡的有机光伏模块：通过利用可延展、可重复、商业可行的大面积印刷技术，开发具有成本效益的高柔性、可印刷的无 ITO 有机光伏模块技术。

6. 光子学集成平台

集成技术是制作高成本效益、高功能、微型化、高能效光子学器件的主要路径。光子学集成平台将基于适用于芯片级和晶圆级集成的通用制造工艺，开发含有大量有源和无源光子学组件的具有成本效益的光子集成电路。主要的优先研发方向包括通用集成技术、构件模块和设计工具、微型化、改善性能、降低能耗，通过新组件/器件概念和新材料的集成来拓展功能和波长范围，利用电子学技术弥补光子学组件功能的不足。

此研究方向的获资项目总额度为 1700 多万欧元，具有代表性的研究项目及主要研究

内容如下:

(1) 光子学组件与 CMOS 电路的功能集成:研究光子学组件与 CMOS 电路的不同集成路线,开发可用于快速调制器和探测器、无源电路和封装等方面的高性能通用构建模块,解决复杂器件的整条生产链问题,探索 InP 技术与 CMOS 电路的混合集成技术及硅平台上有源光子学器件的集成方法。

(2) 面向集成通用制造技术的先进光子学研发:开发面向特定应用光子集成电路的通用平台技术,将其设计、开发和制造成本至少降低一个数量级,改变 InP 基光子集成电路的设计和制造方式。

7. 纳米光子学技术

纳米光子学技术可为通信、传感、生命科学、照明和光伏技术提供创新解决方案,所面临的主要挑战包括:开发新型光子学纳米结构和材料、自组装等相关制作工艺、高性能光子学器件,如高带宽且高速度的超小型通信组件、单光子发射器、高集成度光子集成电路。

此研究方向的获资项目总额度为 2200 多万欧元,具有代表性的研究项目及主要研究内容如下:

(1) 提高能源效率的纳米光子学技术:利用纳米光子学技术解决照明和太阳能电池技术的能效挑战。

(2) 用于提高太阳能电池吸收效率的等离子体共振:利用金属纳米结构增强太阳能电池的吸收效率,并与现有的制作流程相集成以开发更薄、更低成本的太阳能电池。

8.2.2.6 英国光电子器件研发计划

1. 石墨烯柔性光电子学

2013 年 1 月,英国 EPSRC 拨款 2150 万英镑,资助 6 所大学开展石墨烯领域的研究(EPSRC,2013a)。其中,剑桥大学获得的资助超过 1200 万英镑,由 Andrea Ferrari 教授带领的多学科团队将致力于石墨烯柔性电子学和光电子学方面的研究,主要研究工作包括两方面:一是基础研究,由生长、转移和印刷、能源、连接、检测器主题组成,最终目标是在柔性、透明的基底上开发"石墨烯增强"的智能集成设备,且具备自动工作和无线连接所需的能源存储能力;二是设立剑桥大学石墨烯中心,将石墨烯作为一个独特的使能平台,解决柔性节能光电子学研究面临的重大挑战。该中心为产业界合作伙伴开展试点研究、开发设备原型提供了一个场所,其主要任务包括:实现基于化学气相沉积法和液相剥离法的大规模石墨烯生产;制备和测试石墨烯导电油墨,并设立可控的试点生产线,达到每周几升的产量,提供给产业界参与者进行工厂试验;设计、测试和生产各种基于石墨烯及相关材料的柔性天线、检测器和射频设备,覆盖所有的频率;开发柔性电池和超级电容器原型并进行测试,使它们可用于真实设备。

2. 硅光子技术的产业化应用研究

2013 年 12 月,EPSRC 投资 600 多万美元启动了为期六年的"面向未来系统的硅光子技术"项目（EPSRC，2013b），旨在开展硅光子技术的产业化应用研究，制作功耗低、数据传输速率高和运行速度快的硅光子器件、电路和系统，变革计算、通信、家用电器和医疗保健等商业领域。这项新研究将致力于解决如下几个关键的技术挑战：全面、低成本的晶圆级测试方法；从光纤到光学芯片的被动对准耦合技术；扩展光子电路功能的手段；低功耗、高数据速率调制器；芯片内置的低成本集成激光器。该项目由英国南安普顿大学光电子研究中心牵头，Graham Reed 教授任首席专家，参与单位包括四家英国工业合作伙伴（Oclaro 公司、温特沃斯实验室有限公司、夏普实验室欧洲有限公司和英特尔公司）、四家国际学术合作伙伴（美国麻省理工学院、韩国科学技术院、日本东京大学和法国南巴黎第十一大学）及一些英国学术研究机构。

3. 硅光子相关技术

2015 年 7 月，EPSRC 发布硅光子相关技术招标书，旨在为"面向未来系统的硅光子"（SPFS）项目提供额外的技术支撑（EPSRC，2015）。这项招标书重点关注的技术方向包括：①芯片规模的光子组件设计：重点开发可擦除的光栅耦合器，适用于单个光子组件和器件的全面芯片规模的测试；②多层 3D 光子平台：开发集成多个光子层的 3D 硅光子平台；③面向大容量传输的新型硅光子调制器结构和编码格式：开发高速、低功耗、适用于光互联的硅光子调制器和相应的调制格式；④面向硅光子技术的先进封装解决方案：开发低成本、被动对准的耦合/封装解决方案；⑤集成光源：开发可提高通信波段激光器与适用于产业化生产的硅光子集成电路集成水平的技术解决方案。

4. 国家医疗光子中心

2015 年 2 月，英国工艺创新中心宣布拟创建国家医疗光子中心（The Business of Photonics，2015），旨在为企业和高校提供创新研究中所需的昂贵设备，降低产品和工艺开发过程中的风险。该中心获得的创建资金为 1800 万英镑，其中 1000 万英镑来自政府资金，800 万英镑由工艺创新中心从其产业合作伙伴及其他渠道中筹集。该中心将重点围绕对新产品市场化至关重要的卫生经济学和监管领域，由临床医生、医疗专家、光子学和生物化学领域的专家合作开发新一代的医疗诊断和治疗技术。此外，该中心还提供相应的研究设备，支持实验室原型产品向具有所需质量和一致性的中试规模设备生产过渡，以推动新技术步入早期和晚期临床试验阶段。

8.2.3 中国

光电子器件技术在中国也得到了各界的关注与重视，《国家"十二五"科学和技术发展规划》将新型光电子器件、传感器及其应用列入了需求导向的重大科学问题研究领域和方向。近年来，光电子器件技术受到了 973 计划、863 计划、国家自然科学基金等多项研究项目的资助，如"新一代通信光电子集成器件及光纤的重要结构工艺创新与基础研究""阵列式高压交/直流（AC/HV）LED 芯片产业化技术研究""基于表面等离子体的纳米光源研究""ZnO 纳米线近紫外激光发射特性及纳米激光器的研究""宽带硅基三维光电集成关键技术的基础研究""基于喷墨技术的胶体量子点-光学微腔体系构筑原理及相关光电集成问题研究"等。然而，全国人大代表、武汉邮电科学研究院院长童国华在2015年全国"两会"上指出，在中国整个光通信产业链条中，光电子器件是最薄弱的环节，远落后于欧洲、美国、日本等国家和地区，在全球前10位光电子器件供应商中，我国仅有光迅科技入围，且仅占全球市场份额的4%。为此，童国华建议国家像高度重视和支持集成电路产业发展一样支持光电子器件产业，通过制定产业牵引战略，有组织地集中加大投入力度，解决困扰我国通信光电子材料、芯片与光电集成技术发展的关键技术和工艺难题。

8.3 技术研发态势分析

为了剖析新型关键光电子器件技术的研究趋势、国际竞争格局、热点方向等情况，本节利用Web of Science平台的Web of Science核心合集数据库，对2010~2015年发表的相关论文进行检索分析，数据采集时间为2015年11月2日。本次分析利用的数据挖掘和可视化工具是美国Thomson公司开发的分析工具TDA。

8.3.1 新型激光器技术

8.3.1.1 发文量年度变化趋势

2010~2015年，全球共发表新型激光器相关论文567篇。从图8-3来看，2010~2013年，全球新型激光器的发文量总体保持增长趋势，到2014年发文量开始有所下降（2015年的论文数量为76篇，但由于数据库收录滞后原因，不能确定最终数量）。

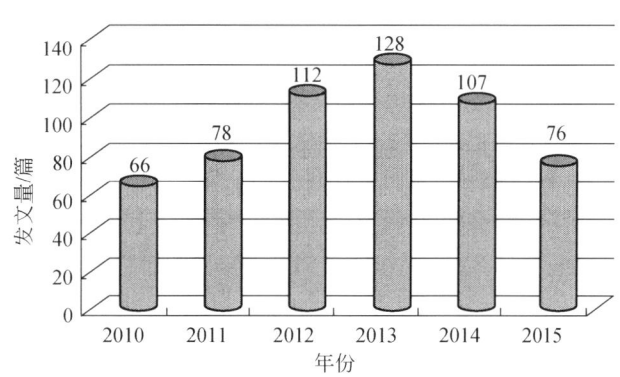

图8-3 全球新型激光器发文量变化趋势（2010~2015年）

8.3.1.2 主要国家/地区

由图8-4可见，2010~2015年新型激光器发文量最多的国家/地区依次是美国、中国大陆、日本、俄罗斯、中国台湾、法国、英国、德国、新加坡。美国以 24.9% 的份额处于领先地位，约是排名第二的中国大陆发文量的 1.66 倍。来自以上国家/地区的发文共计 445 篇，占全部发文量的 78.5%。

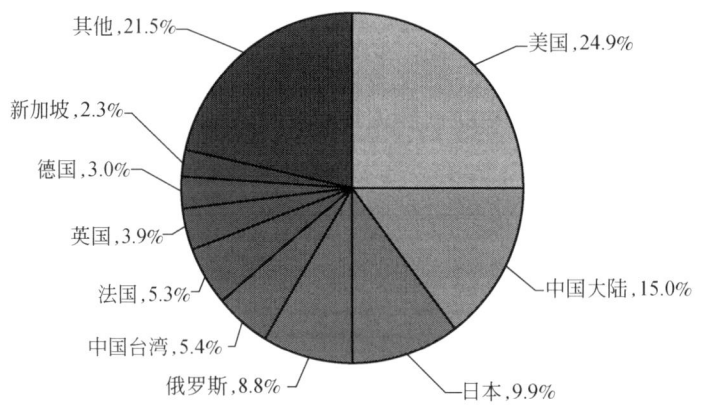

图 8-4　新型激光器主要发文国家/地区（2010～2015 年）

从各国家/地区发文量年度变化来看，美国在各年都保持领先地位，中国大陆在 2010～2012 年和 2014 年 4 年明显领先于其余国家/地区，在 2013 年中国大陆和日本较为接近，如图 8-5 所示。

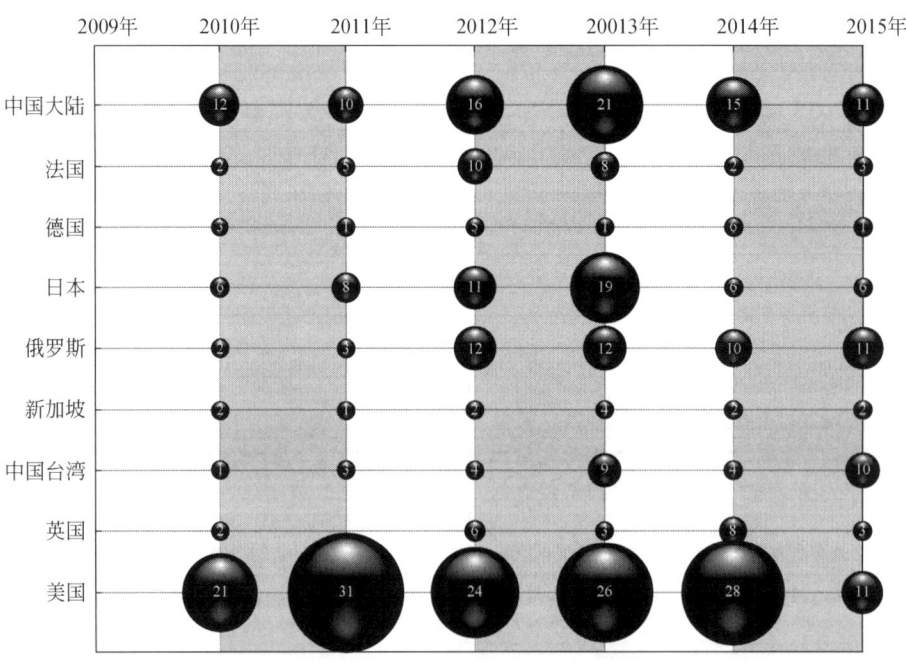

图 8-5　新型激光器主要发文国家/地区的年度发文量（2010～2015 年）

8.3.1.3 主要研究机构

从发文量来看（表8-8），2010～2015年新型激光器发文量排名前10位的研究机构中来自美国的机构有3家，来自俄罗斯、中国台湾的机构各2家，来自中国、日本、法国的机构各1家。这些研究机构均为科研院所，其中伊利诺伊大学与中国科学院的发文量相同。从篇均被引频次看，加利福尼亚大学伯克利分校的篇均被引频次最高，是中国科学院的3.75倍。这10家机构在2010～2015年共发表论文197篇，占全部发文量的34.7%。

表8-8 2010～2015年发文量排名前10位的机构及其发文数量

排名	国家	机构名称	发文量/篇	篇均被引频次/次
1	美国	伊利诺伊大学	25	8.40
2	中国	中国科学院	25	5.32
3	俄罗斯	俄罗斯科学院	24	1.63
4	美国	加利福尼亚大学伯克利分校	21	19.95
5	中国	台湾交通大学	20	2.65
6	日本	横滨国立大学	19	5.68
7	法国	国家科学研究中心	18	2.89
8	俄罗斯	莫斯科物理技术学院	16	4.69
9	美国	加利福尼亚大学圣地亚哥分校	15	2.13
10	中国	台湾"中央研究院"	14	2.57

从主要研究机构年度论文产出的变化趋势来看（图8-6），伊利诺伊大学、横滨国立大学、台湾交通大学、俄罗斯科学院、法国国家科学研究中心在新型激光器领域有持续产出能力，其中俄罗斯科学院的发文量自2013年起呈现快速增长趋势，而加利福尼亚大学伯克利分校的发文量自2012年起呈现快速下降趋势，其余研究机构的论文产出能力不够稳定。

8.3.1.4 重点领域及热点

根据新型激光器论文中相关关键词出现的频率，2010～2015年新型激光器的研究主要围绕着等离子体（plasmonics）、纳米激光器（nanolasers）、半导体激光器（semiconductor lasers）、等离子体纳米激光器（plasmon nanolaser）、晶体管激光器（transistor laser）、光子晶体（photonic crystal）、太赫兹（terahertz）、增益（gain）、太赫兹激光器（terahertz laser）、纳米光子学（nanophotonics）这些方向在开展。从各前沿研究方向的发展变化趋势来看（图8-7），2012～2014年纳米激光器、等离子体、等离子体激光器、半导体激光器、晶体管激光器方向的论文产出较多，说明这些方向是新型激光器的研发热点。

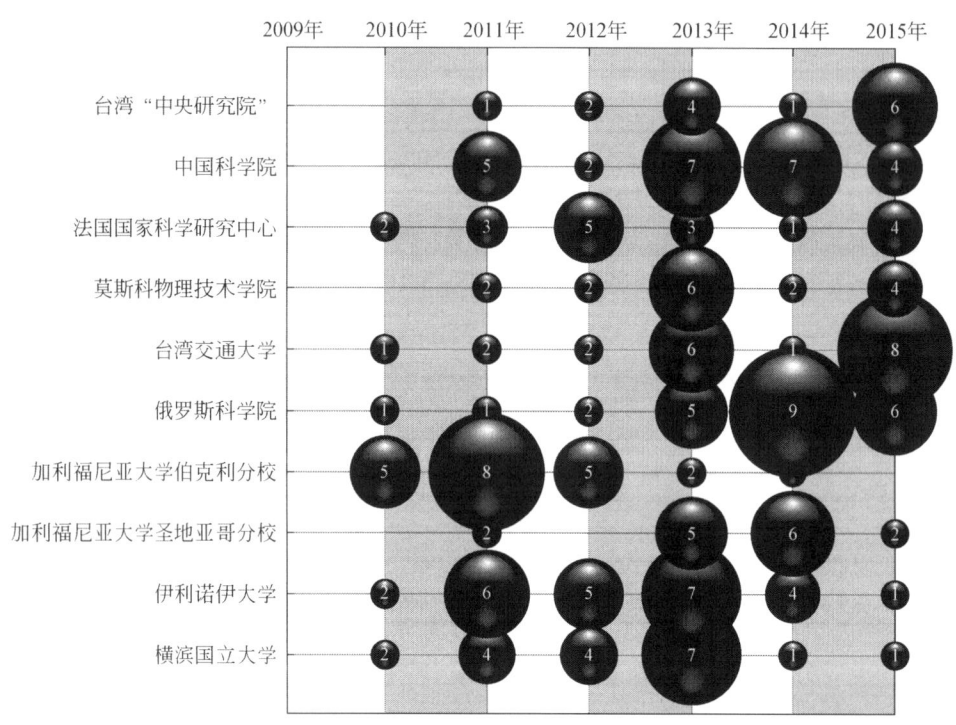

图 8-6 新型激光器主要研究机构发文量变化趋势（2010～2015年）

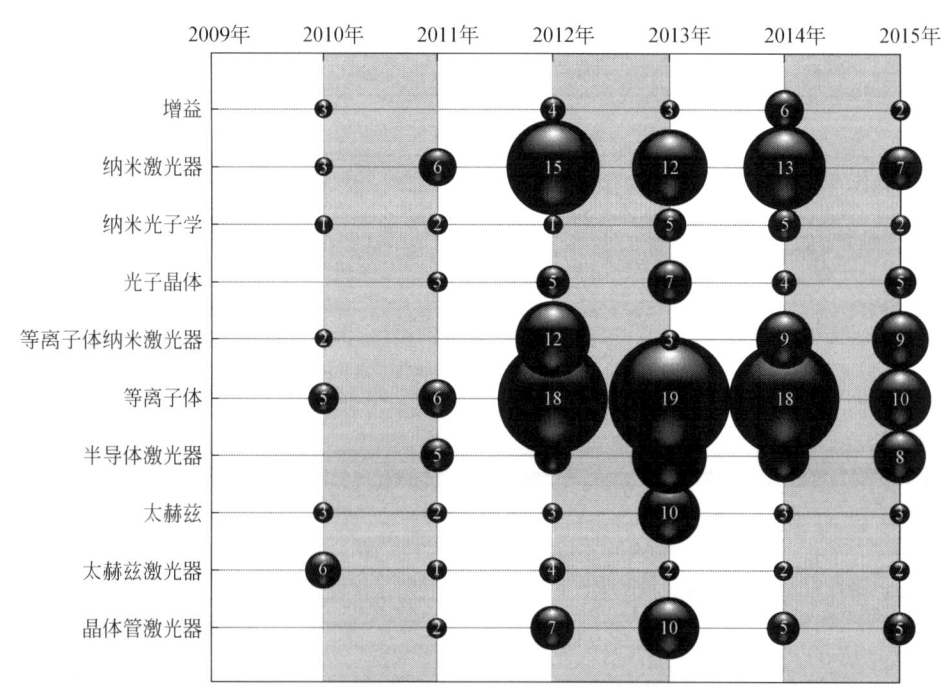

图 8-7 新型激光器主要前沿研究方向发展趋势（2010～2015年）

关键词共现分析可揭示某一领域中研究内容的内在相关性和技术领域的微观结构。由 2010～2015 年的新型激光器主要前沿技术的共现矩阵（图 8-8）可见，等离子体研究主要

8 光电子器件研究国际发展态势分析

围绕着纳米激光器、半导体激光器、等离子体纳米激光器、光子晶体、太赫兹、增益、纳米光子学来开展,纳米激光器的研究主要围绕着等离子体、半导体材料、光子晶体、增益和纳米光子学来开展,晶体管激光器主要围绕着半导体材料来开展。

	等离子体	纳米激光器	半导体激光器	等离子体纳米激光器	晶体管激光器	光子晶体	太赫兹	增益	太赫兹激光器	纳米光子学
等离子体	76	18	11	14		3	7	7		8
纳米激光器	18	56	11	8		7		4		6
半导体激光器	11	11	39	1	6	1	1	1		7
等离子体纳米激光器	14	8	1	35				7		3
晶体管激光器			6		29			1		
光子晶体	3	7	1			24	4			
太赫兹	7		1			4	24		1	
增益	7	4	1	7	1			18		1
太赫兹激光器							1		17	
纳米光子学	8	6	7	3				1		16

图 8-8　新型激光器主要前沿技术共现矩阵

8.3.2　多光谱探测技术

8.3.2.1　发文量年度变化趋势

2010~2015 年,全球共发表多光谱探测技术相关论文 661 篇。从图 8-9 来看,2010~2012 年,全球多光谱探测技术的发文量总体保持增长趋势,到 2013 年发文量开始有所下降。值得注意的是,由于多光谱探测技术在国防应用领域的保密性,世界各国的相关研究很少会公开发表论文,故此部分的统计分析结果仅能在一定程度上反映相关问题(2015 年的论文数量为 77 篇,但由于数据库收录滞后原因,不能确定最终数量)。

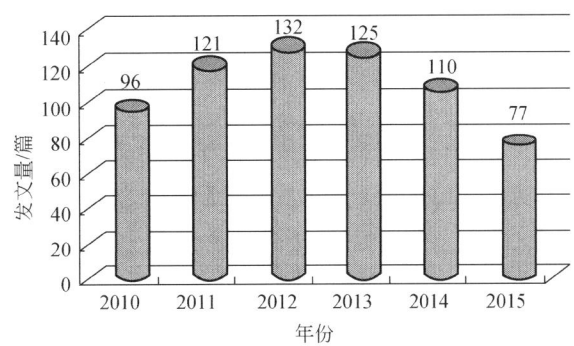

图 8-9　全球多光谱探测技术发文量变化趋势(2010~2015 年)

8.3.2.2 主要国家/地区

由图 8-10 可见，2010~2015 年多光谱探测技术发文量最多的国家/地区依次是美国、中国大陆、法国、德国、意大利、英国、中国台湾、伊朗、日本。美国以 38.9% 的份额处于领先地位，是排名第二的中国大陆发文量的 2 倍有余。来自以上国家/地区的发文共计 551 篇，占全部发文量的 83.4%。

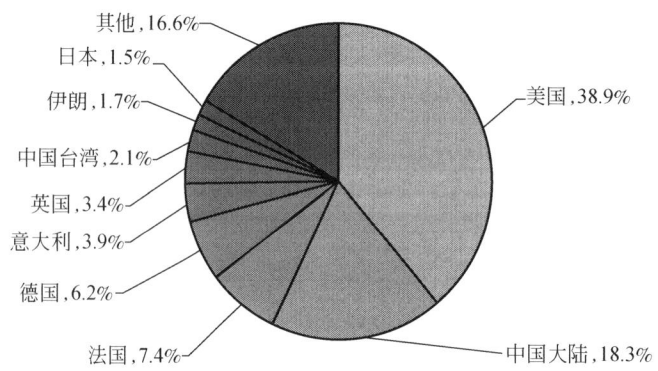

图 8-10 多光谱探测技术主要发文国家/地区（2010~2015 年）

从各国家/地区发文量年度变化来看（图 8-11），美国和中国大陆在各年都保持领先地位，其中美国的发文量自 2012 年起呈现出逐年下降的趋势，而中国大陆的发文量呈现出接近逐年上升的趋势。除法国在 2012 年的发文量位于第三位外，其余各国家/地区在 2010~2015 年的发文量接近均衡。

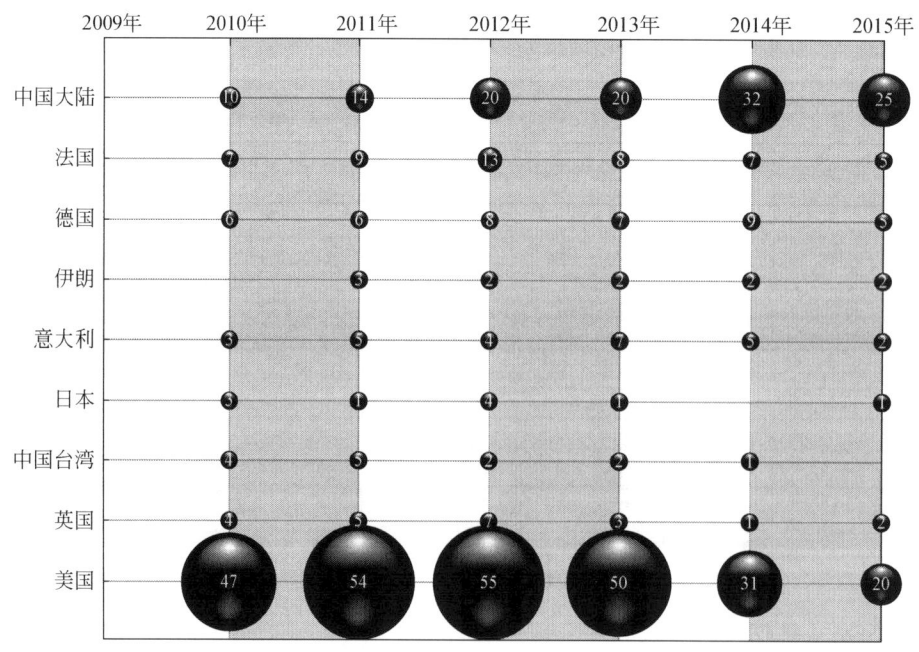

图 8-11 全球多光谱探测技术主要发文国家/地区的年度发文量（2010~2015 年）

8.3.2.3 主要研究机构

从发文量来看（表8-9），2010~2015年多光谱探测技术发文量排名前10位的研究机构中来自美国的有7家，来自中国的有3家。这些研究机构均为科研院所，其中美国空军研究实验室与美国陆军研究实验室为美国国防部的专职科研机构。从篇均被引频次看，美国陆军研究实验室的篇均被引频次最高，约是中国科学院的20余倍。这10家机构在2010~2015年共发表论文143篇，占全部发文量的21.6%。

表8-9 2010~2015年发文量排名前10位的机构及其发文数量

排名	国家	机构名称	发文量/篇	篇均被引频次/次
1	中国	中国科学院	28	0.36
2	美国	空军研究实验室	19	2.79
3	中国	武汉大学	18	6.94
4	美国	罗彻斯特理工学院	17	3.35
5	美国	加州理工学院	12	5.33
6	美国	约翰·霍普金斯大学	12	6.33
7	美国	陆军研究实验室	10	7.80
8	中国	北京航空航天大学	9	1.11
9	美国	密西西比州立大学	9	5.67
10	美国	新墨西哥大学	9	3.22

从主要研究机构年度论文产出的变化趋势来看（图8-12），空军研究实验室、中国科

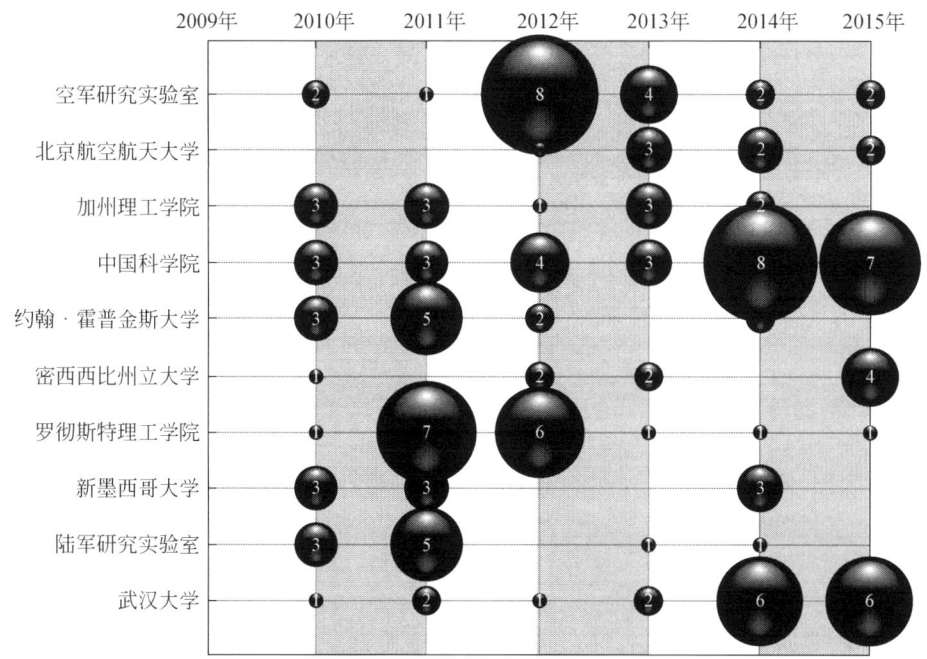

图8-12 多光谱探测技术主要研究机构发文量变化趋势（2010~2015年）

学院、罗彻斯特理工学院、武汉大学在多光谱探测技术领域有持续产出能力，其中中国科学院、武汉大学的发文量自 2014 年起呈现快速增长趋势，而空军研究实验室、罗彻斯特理工学院的发文量分别自 2013 年、2012 年起呈现快速下降趋势，其余研究机构的论文产出能力不够稳定。

8.3.2.4 重点领域及热点

根据多光谱探测技术论文中相关关键词出现的频率，2010～2015 年多光谱探测技术的研究主要围绕着超光谱成像（hyperspectral imaging）、超光谱（hyperspectral）、异常检测（anomaly detection）、目标检测（target detection）、远程传感（remote sensing）、高光谱图像（hyperspectral imagery）、多光谱（multispectral）、红外（infrared）、焦平面阵列（focal plane array）、多光谱成像（multispectral imaging）这些方向在开展。从各前沿研究方向的发展变化趋势来看（图 8-13），超光谱成像、超光谱、目标检测、异常检测这三个方向的论文产出较多，从 2013 年起呈现下降趋势。而焦平面阵列呈现稳步上升趋势，说明此研究方向一直是关注的焦点。

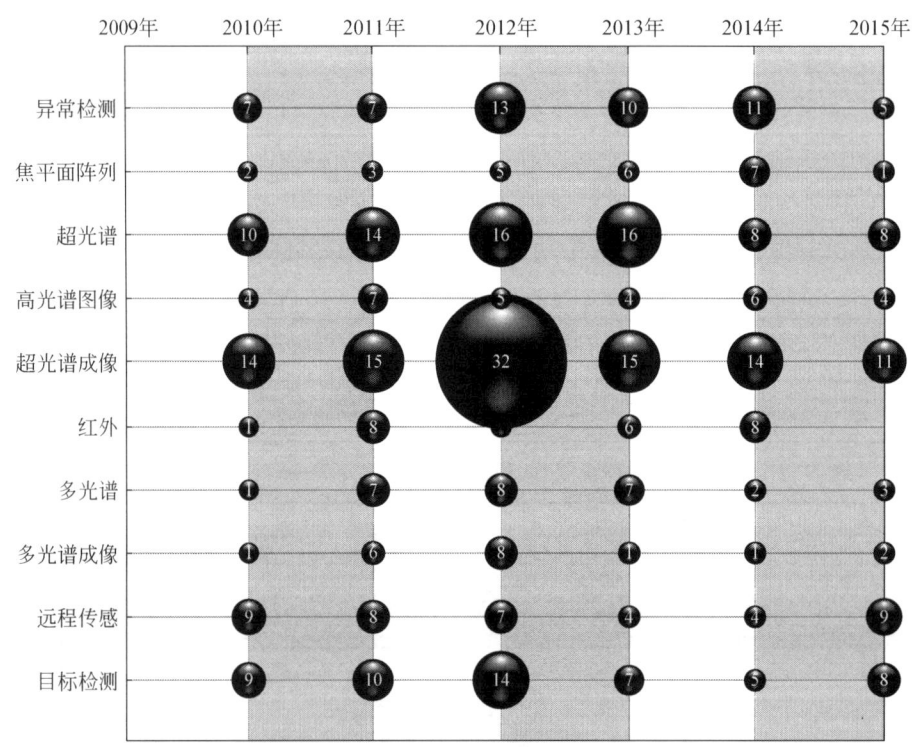

图 8-13 多光谱探测技术前沿研究方向发展趋势（2010～2015 年）

由 2010～2015 年的多光谱探测主要前沿技术的共现矩阵（图 8-14）可见，超光谱成像的研究主要围绕着异常检测、目标检测、远程传感、红外、焦平面阵列、多光谱成像来开展，异常检测研究主要围绕着超光谱成像、超光谱、目标检测、远程传感、高光谱图像、多光谱来开展，多光谱研究主要围绕着超光谱、异常检测、目标检测、红外来开展。

8 光电子器件研究国际发展态势分析

	超光谱成像	超光谱	异常检测	目标检测	远程传感	高光谱成像	多光谱	红外	焦平面阵列	多光谱成像
超光谱成像	101		14	12	16			2	1	4
超光谱		72	6	5	6		3	9	7	
异常检测	14	6	53	1	7	10	1			
目标检测	12	5	1	53	2	14	3			
远程传感	16	6	7	2	41					
高光谱成像			10	14		30	1			
多光谱		3		3		1	28	3		
红外	2	9					3	27	7	
焦平面阵列	1	7						7	24	1
多光谱成像	4								1	19

图 8-14 多光谱探测主要前沿技术共现矩阵

8.3.3 有机显示技术

8.3.3.1 发文量年度变化趋势

2010~2015 年，全球共发表有机显示技术相关论文 1741 篇。从图 8-15 来看，2010~2012 年，全球有机显示技术的发文量总体保持增长趋势，到 2013 年开始下降，2014 年又开始反弹（2015 年的论文数量为 203 篇，但由于数据库收录滞后原因，不能确定最终数量）。

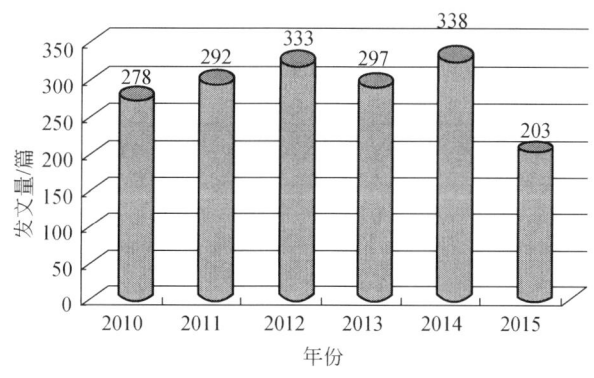

图 8-15 全球有机显示技术发文量变化趋势（2010~2015 年）

8.3.3.2 主要国家/地区

由图 8-16 可见,2010~2015 年有机显示技术发文量最多的国家/地区依次是中国大陆、韩国、美国、中国台湾、日本、德国、印度、加拿大、英国。中国大陆以 20.1% 的份额处于领先地位,韩国以 16.9% 的份额排名第二,而美国则以 12.0% 的份额排名第三。来自以上国家/地区的发文共计 1413 篇,占全部发文量的 81.2%。

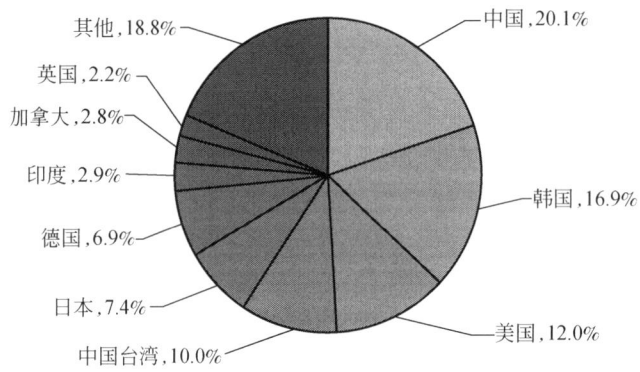

图 8-16 有机显示技术主要发文国家/地区(2010~2015 年)

从各国家/地区发文量年度变化来看(图 8-17),中国在各年都保持领先地位,韩国各年的发文量浮动较大,美国自 2011 年起呈现出波动式下降趋势,中国台湾则呈现小幅增长趋势。

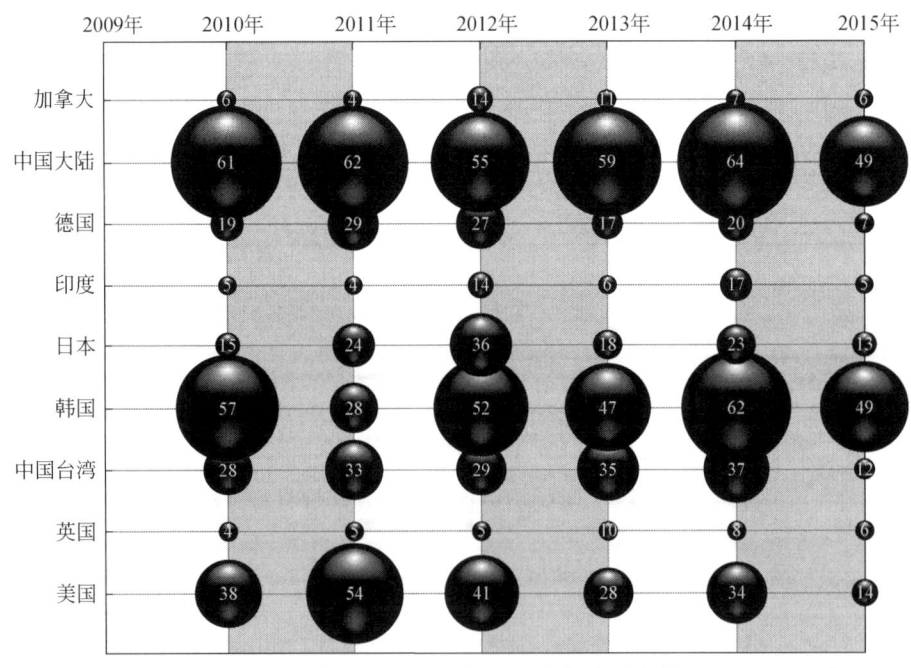

图 8-17 全球有机显示技术主要发文国家/地区的年度发文量(2010~2015 年)

8.3.3.3 主要研究机构

从发文量来看（表8-10），2010～2015年有机显示技术发文量排名前10位的研究机构中来自中国大陆的有7家（其中，来自中国台湾的有3家），来自韩国的有2家，来自德国的有1家，这些研究机构均为科研院所。从篇均被引频次看，韩国首尔大学的篇均被引频次最高，约是中国科学院的5倍。这10家机构在2010～2015年共发表论文328篇，占全部发文量的18.8%。

表8-10 2010～2015年发文量排名前10位的机构及其发文数量

排名	国家	机构名称	发文量/篇	篇均被引频次/次
1	中国	中国科学院	58	2.62
2	中国	电子科技大学	41	1.78
3	中国	吉林大学	34	3.65
4	韩国	韩国科学技术院	32	5.63
5	韩国	首尔大学	31	13.23
6	中国	上海大学	28	1.82
7	德国	德累斯顿工业大学	27	6.93
8	中国	台湾工业技术研究院	26	3.08
9	中国	台湾大学	26	3.19
10	中国	台湾交通大学	25	4.56

从主要研究机构年度论文产出的变化趋势来看（图8-18），中国科学院在2012年和2013年的发文量最高，电子科技大学的发文量呈现波动式大幅下降趋势，其余研究机构的论文产出能力不够稳定。

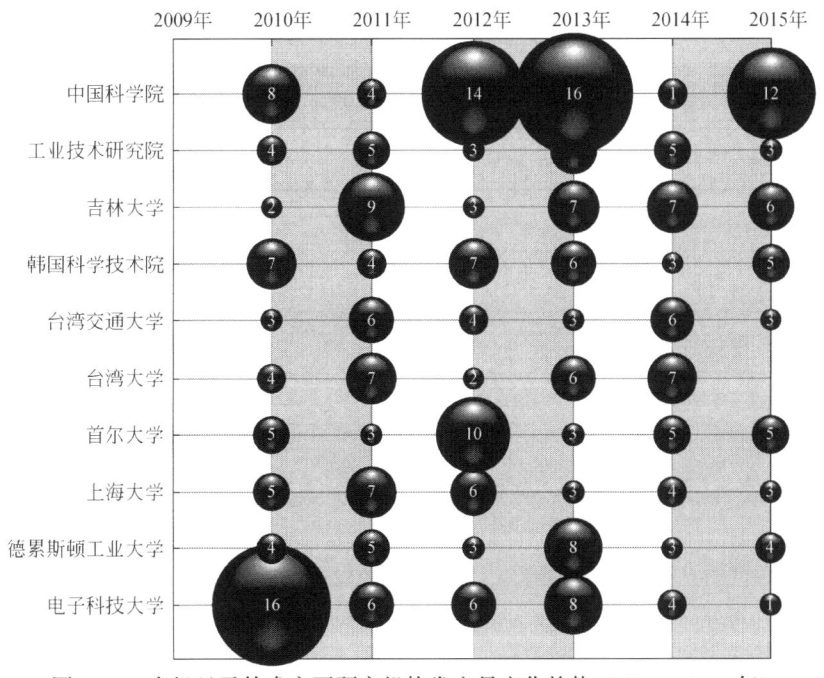

图8-18 有机显示技术主要研究机构发文量变化趋势（2010～2015年）

8.3.3.4 重点领域及热点

根据有机显示技术论文中相关关键词出现的频率，2010～2015 年有机显示技术的研究主要围绕着有机发光二极管（OLED）、有源矩阵有机发光二极管（AM-OLED）、薄膜晶体管（thin-film transistor）、柔性显示（flexible display）、电致发光（electroluminescence）、有机发光器件（organic light-emitting devices）、磷光（Phosphorescence）、白光有机发光二极管（white OLED）、显示（display）、溶液制程（solution process）这些方向在开展。从各前沿研究方向的发展变化趋势来看（图 8-19），2010～2015 年有机发光二极管、有源矩阵有机发光二极管、薄膜晶体管方向的论文产出较多，说明这些方向是有机显示技术的研发热点。

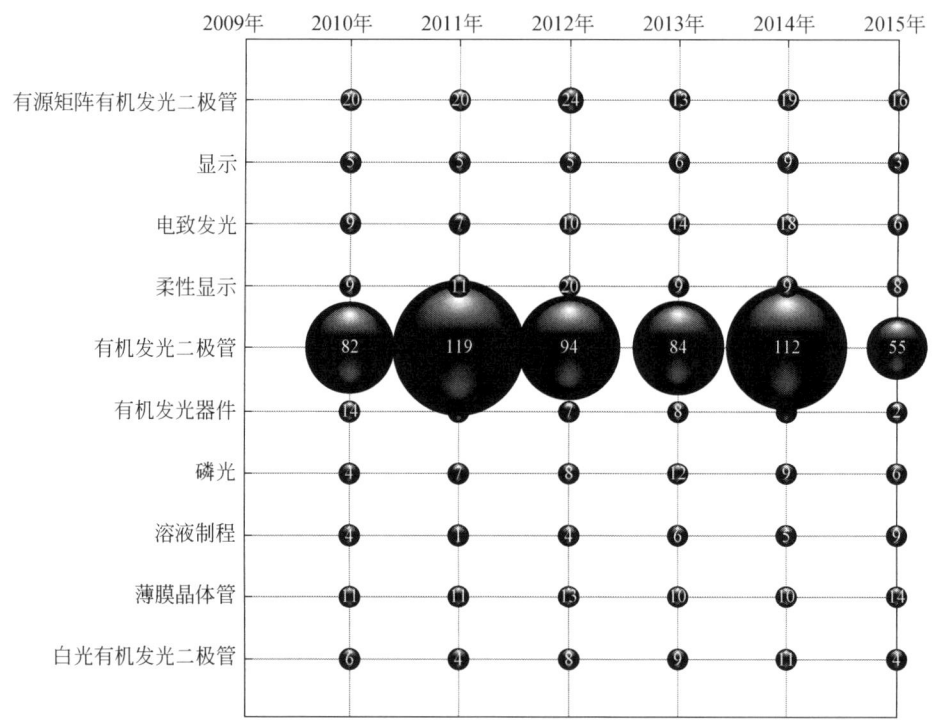

图 8-19　有机显示技术主要前沿技术发展趋势（2010～2015 年）

由 2010～2015 年的有机显示主要前沿技术的共现矩阵（图 8-20）可见，有机发光二极管研究主要围绕着有源矩阵有机发光二极管、薄膜晶体管、柔性显示、电致发光、有机发光器件、磷光、白光有机发光二极管、显示、溶液制程来开展，柔性显示主要围绕着有机发光二极管、有源矩阵有机发光二极管、薄膜晶体管、溶液制程来开展。

8 光电子器件研究国际发展态势分析

	有机发光二极管	有源矩阵有机发光二极管	薄膜晶体管	柔性显示	电致发光	有机发光器件	磷光	白光有机发光二极管	显示	溶液制程
有机发光二极管	546	12	14	2	39	3	24	4	17	13
有源矩阵有机发光二极管	12	112	24	6		1		2	7	
薄膜晶体管	14	24	69	8				2	3	2
柔性显示	2	6		66						1
电致发光	39		8		64	3	5	1		2
有机发光器件	3	1			3	50	4			1
磷光	24				5	4	46	3		2
白光有机发光二极管	4	2	2		1		3	42	1	3
显示	17	7	3		1			1	33	1
溶液制程	13		2	1	2	1	2	3	1	29

图 8-20 有机显示技术主要前沿技术共现矩阵

8.3.4 光电集成技术

8.3.4.1 发文量年度变化趋势

2010～2015 年,全球共发表光电集成技术相关论文 3182 篇。从图 8-21 来看,2010～2014 年,全球光电集成技术的发文量总体保持增长趋势(2015 年的论文数量为 460 篇,但由于数据库收录滞后原因,不能确定最终数量)。

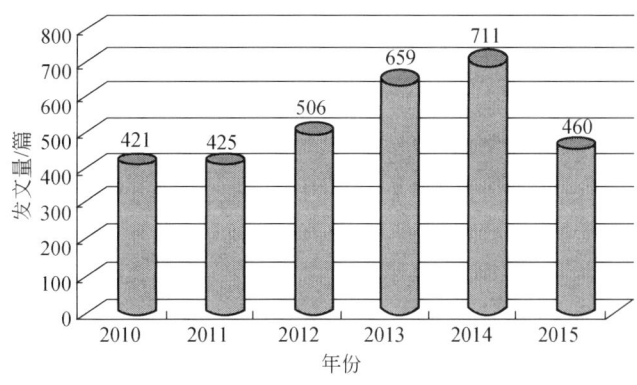

图 8-21 全球光电集成技术发文量变化趋势(2010～2015 年)

8.3.4.2 主要国家/地区

由图 8-22 可见,2010~2015 年光电集成技术发文量最多的国家/地区依次是美国、中国、日本、加拿大、法国、德国、英国、意大利、新加坡。美国以 26.7% 的份额处于领先地位,约是排名第二的中国发文量的 1.9 倍。来自以上国家/地区的发文共计 2312 篇,占全部发文量的 72.7%。

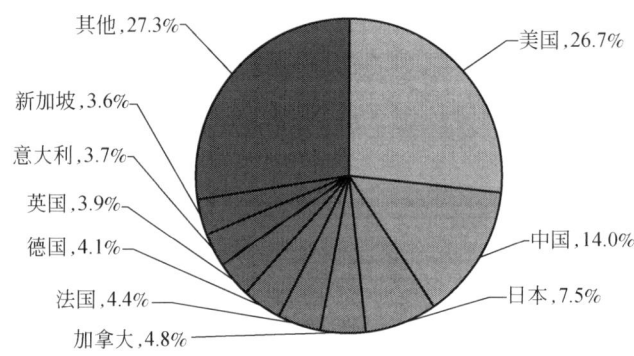

图 8-22　光电集成技术主要发文国家/地区（2010~2015 年）

从各国家/地区发文量年度变化来看（图 8-23）,美国在各年都保持领先地位。中国在 2010~2015 年明显领先于其余国家/地区,中国在 2010~2014 年且呈现逐年上升趋势。

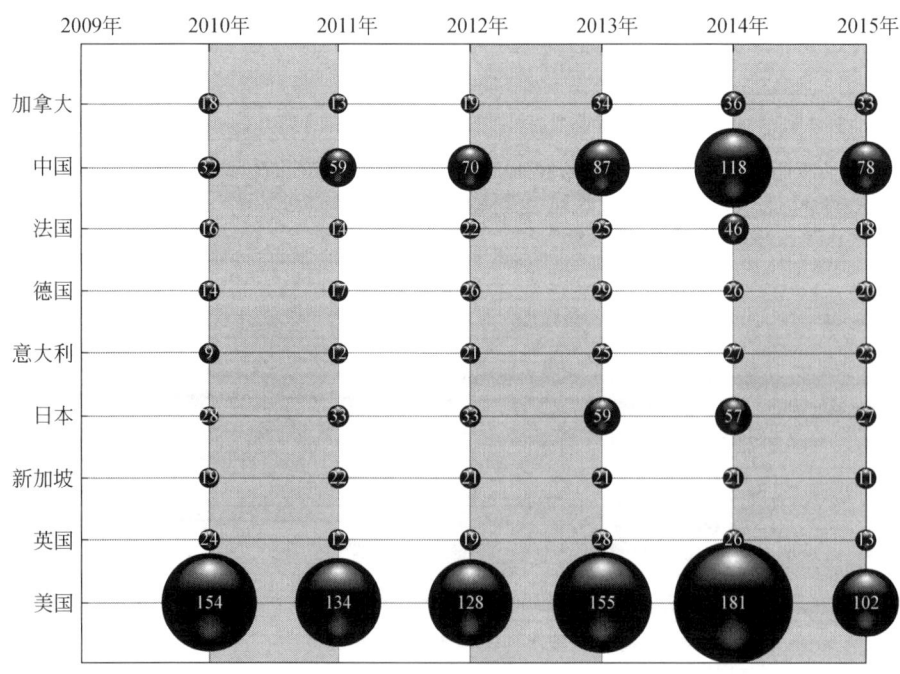

图 8-23　全球光电集成技术主要发文国家/地区的年度发文量（2010~2015 年）

8.3.4.3 主要研究机构

从发文量来看（表8-11），2010～2015年光电集成技术发文量排名前10位的研究机构中来自美国的有3家，来自中国的有2家，来自新加坡、比利时、荷兰、法国、日本的各1家。这些研究机构中有9家为科研院所，1家为企业。从篇均被引频次看，美国麻省理工学院的篇均被引频次最高，约是中国科学院的3.35倍。这10家机构在2010～2015年共发表论文795篇，占全部发文量的25.0%。

表8-11 2010～2015年发文量排名前10位的机构及其发文数量

排名	国家	机构名称	发文量/篇	篇均被引频次/次
1	中国	中国科学院	124	5.06
2	新加坡	新加坡科技研究局	109	7.04
3	比利时	根特大学	95	11.53
4	美国	加利福尼亚大学圣塔芭芭拉分校	81	11.57
5	美国	哥伦比亚大学	74	6.92
6	荷兰	埃因霍温理工大学	69	4.29
7	美国	麻省理工学院	69	16.94
8	法国	巴黎第十一大学	61	4.18
9	中国	浙江大学	59	7.66
10	日本	日本电报电话公司	54	3.28

从主要研究机构年度论文产出的变化趋势来看（图8-24），中国科学院在2011～2014年的发文量均处于领先地位，新加坡科技研究局、根特大学、巴黎第十一大学的发文量自2012年起呈现稳步增长趋势，加利福尼亚大学圣塔芭芭拉分校在2010～2012年呈现增长趋势而后呈现逐年下降趋势，其余研究机构的论文产出能力不够稳定。

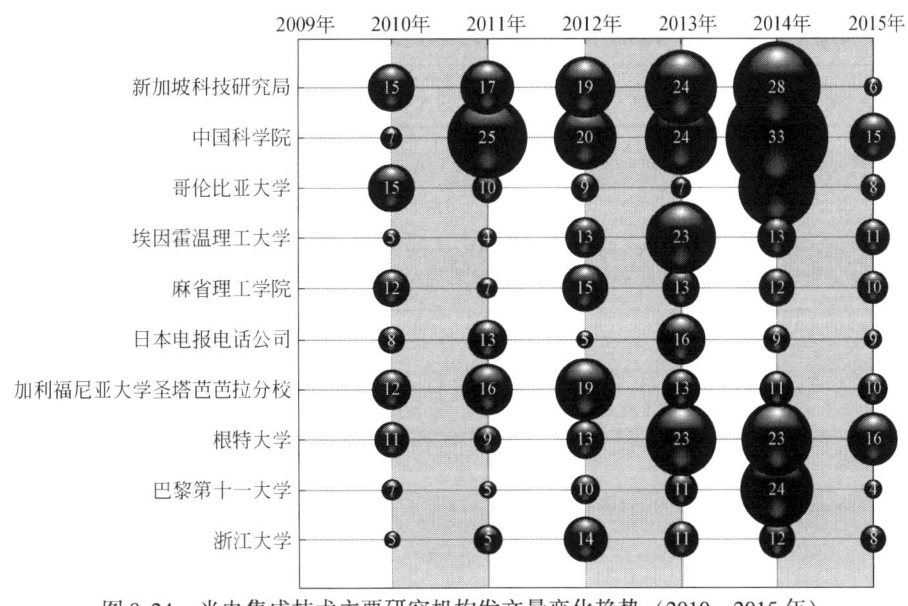

图8-24 光电集成技术主要研究机构发文量变化趋势（2010～2015年）

8.3.4.4 重点领域及热点

根据光电集成技术论文中相关关键词出现的频率，2010~2015 年光电集成技术的研究主要围绕着硅光子（silicon photonics）、光子集成电路（photonic integrated circuits）、光互联（optical inter connects）、光子晶体（photonic crystal）、集成光学（integrated optics）、绝缘体上硅（silicon-on-insulator）、波导（waveguides）、半导体激光器（semiconductor lasers）、表面等离子体（surface plasmons）、光子集成（photonic integration）这些方向在开展。从各前沿研究方向的发展变化趋势来看（图 8-25），2010~2014 年硅光子、光子集成电路、光互联方向的论文产出较多且发文量呈逐年上升趋势，说明这些方向是光电集成技术的研发热点。

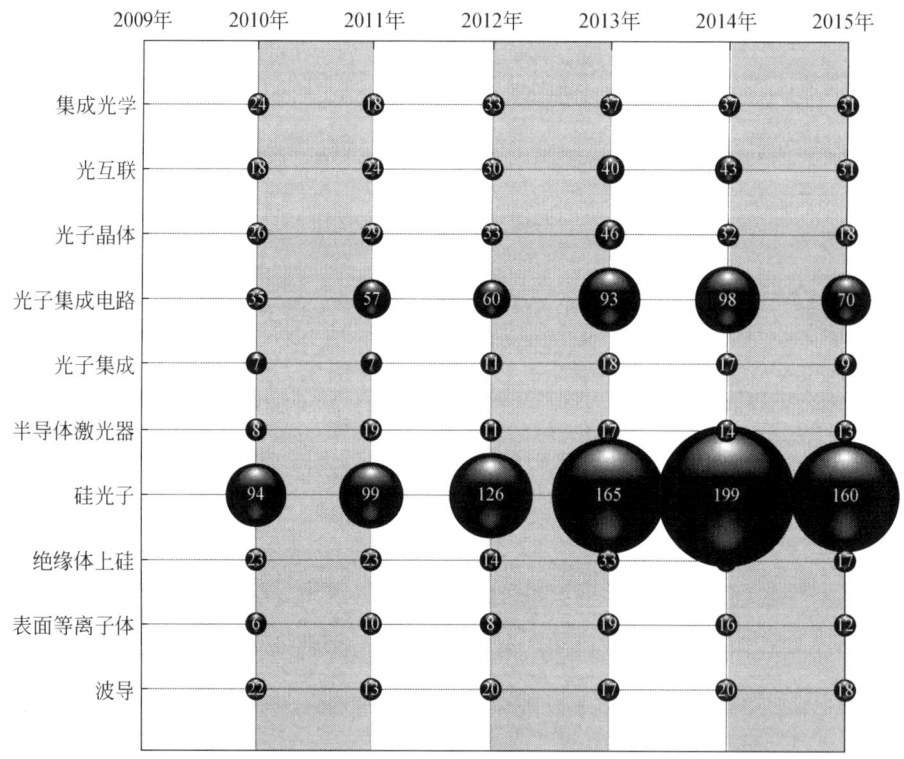

图 8-25 光电集成技术主要前沿研究方向发展趋势（2010~2015 年）

由 2010~2015 年的光电集成主要前沿技术的共现矩阵（图 8-26）可见，硅光子、光子集成电路、光互联、光子晶体、集成光学、绝缘体上硅、波导、半导体激光器、表面等离子体、光子集成这十项技术两两共现的概率较大、共现次数较多，说明这些技术在光电集成技术研究中均占较高比例。

	硅光子	光子集成电路	光互联	光子晶体	集成光学	绝缘体上硅	波导	半导体激光器	表面等离子体	光子集成
硅光子	843	66	94	36	85	56	45	26	7	27
光子集成电路	66	413	36	35	20	27	14	36	23	6
光互联	94	36	186	8	13	12	10	9	2	6
光子晶体	36	35	8	184	10	3	8	9		3
集成光学	85	20	13	10	180	27	22	5	3	
绝缘体上硅	56	27	12	3	27	136	10	7	1	8
波导	45	14	10	8	22	10	110	1	6	1
半导体激光器	26	36	9	9	5	7	1	82		3
表面等离子体	7	23	2		3	1	6		71	
光子集成	27	6	6	3	3	8	1	3		69

图 8-26　光电集成主要前沿技术共现矩阵

8.4　总结与建议

光电子器件技术不仅本身具有巨大的市场价值，还可应对可持续发展、安全能源供应、人口老龄化、人类和环境健康等重大挑战，因此世界各国政府制定了一系列的光电子技术研发计划和发展策略。本报告通过定性调研美国、欧洲等在光电子器件技术领域的研究现状，结合对研究论文的定量分析，发现国际光电子器件技术研究呈现出以下特点。

（1）美国国家研究理事会、国家光子计划委员会、白宫科技政策办公室相继发布了一系列报告，明确光电子器件技术所面临的重大研究挑战、优先研究领域、相应的发展建议、创新行动及目标；国防部高级研究计划局、空军科学研究办公室、国家科学基金会等紧跟美国光电子器件发展战略，部署了多项相关研究项目。欧洲光子学技术平台 Photonics21 也发布了多份光子学战略研究报告，指明了面向关键应用领域的光电子器件技术发展路线及欧盟光子技术科研与创新的主要战略行动；通过与欧盟委员会建立光子学公私合作伙伴关系，推动光电子器件新技术、产品和服务的开发与应用。英国工程与物理科学研究理事会也资助了多项光电子器件技术研发项目。

（2）2010～2015 年，美国和中国是在新型激光器、多光谱探测、光电集成技术方面发文量最多的国家，中国和韩国是在有机显示技术方面发文量最多的国家，表明美国和中国是光电子器件研究领域中最活跃的国家。在新型激光器、多光谱探测、光电集成技术方面，美国的发文量接近排名第二的中国发文量的 2 倍。在有机显示技术方面，中国的发文量约是排名第二的韩国发文量的 1.2 倍。

（3）在研究机构层面，中国科学院是光电子器件技术发文量最多的机构，在新型激光器技术方面与美国伊利诺伊大学并列第一,在多光谱探测、有机显示、光电集成技术方面排名第二的依次是美国空军研究实验室、中国电子科技大学、新加坡科技研究局。在新型激光器、多光谱探测、有机显示、光电集成技术方面,篇均被引频次最高的机构分别为美国加利福尼亚大学伯克利分校、美国空军研究实验室、韩国首尔大学、美国麻省理工学院,分别约是中国科学院的3.75倍、20余倍、5倍、3.35倍。发文量排名前10的其他少数中国研究机构的篇均被引频次也均与世界高水平机构存在一定差距。

(4) 在前沿研究热点层面,根据研究论文中相关关键词出现的频率,2010~2015年的光电子器件技术的研究主题包括纳米激光器、半导体激光器、等离子体纳米激光器、晶体管激光器、太赫兹激光器、超光谱成像、超光谱、目标检测、异常检测、有机发光二极管、有源矩阵有机发光二极管、硅光子、光子集成电路、光互联等。

综上所述,中国在光电子器件技术研究领域中已开展了大量的研究工作,取得了一系列备受瞩目的研究成果,但发文的影响力仍有待进一步提升。因此,本报告提出以下建议,为我国在相关领域的工作提供有益参考。

(1) 制定系统性发展战略布局,凝聚整体科技竞争力。欧美国家非常重视光电子器件技术在国民经济增长和重大社会挑战应对中的推动作用,发布了多份具有战略性、全局性、前瞻性的光子学发展研究报告,指导国家在光电子器件技术方面的研发项目布局和战略行动。与欧美发达国家相比,我国虽已通过973计划、863计划、国家自然科学基金等资助了多项光电子器件相关研究项目,但在规划布局、项目组织实施、研发成果等方面还存在一定的差距。因此,中国应在国家层面建立光电子器件中长期发展战略,携手政府、学术界、产业界等所有相关利益者提出以社会需求和市场应用为导向的系统性研发布局、优先发展领域、研究机遇和关键挑战,针对当前所面临的重大挑战提出光电子器件研发与创新的主要战略行动,并指出光电子器件技术的主要研发方向、路线和目标,进而凝聚整体科技竞争力,提高在全球光电子行业中的影响力。

(2) 大力推动颠覆性的核心光电子器件技术研究,抢占战略制高点。作为一项关键使能技术,光电子技术的开发与利用有望推动创新,提供附加值,影响经济、就业和人们的生活质量。欧美国家已在具有优势地位的战略性应用领域中大力支持颠覆性的核心光电子器件技术开发与创新,弥补发展的技术能力空白,以在国际光电子技术市场中占有先发优势,确保国家处于世界领先地位。中国在光电子器件技术研发上已取得了一定数量上的突破,亟须通过量变引起质变,在颠覆性的核心光电子器件技术研究中取得突破性的进展,提升国际市场竞争力。因此,中国应大力推动颠覆性的核心光电子器件技术研究,设立重大研究项目,培养并引进高水平创新人才,加大相应的政策支持力度,力争取得重大突破,抢占战略制高点。

(3) 积极开展产学研合作,加快技术成果转移转化。企业是国家经济增长的基石,科学研究成果只有变为产业化产品,才能转化为现实生产力。欧美国家非常注重企业在全球光电子器件技术中的引领作用,大力支持相关企业的光电子器件技术研发工作,并携手政府、企业和科研机构共同攻破技术难题。目前,中国还存在着科研成果与企业技术需求脱节的问题。因此,中国应在从材料到设计和加工制作的整条光电子器件价值链上广泛开展产学研合作,携手政府、企业界、学术界等相关利益者共同准确把握市场需求,整合、协调、利用所有资源解决医疗保健、能源、通信、国防等应用领域中的关键挑战,加快光电子器件相关产品的市场化应用步伐。

致谢:中国科学院半导体研究所储涛研究员对本报告提出了宝贵的意见与建议,在此谨致谢忱!

参 考 文 献

科技日报. 2005. 实时可调等离子体激光器问世. http://scitech.people.com.cn/n/2015/0428/c1057-26913886.html [2015-04-28].

DARPA. 2014. Chip-Sized digital optical synthesizer to aim for routine terabit-per-second communications. http://www.darpa.mil/NewsEvents/Releases/2014/04/22.aspx [2014-04-22].

DARPA. 2015a. DARPA: what are the extreme challenges facing optics and imaging. https://www.fbo.gov/index?s=opportunity&mode=form&id=dc0f5e99441421af64f2048f696c5168&tab=core&_cview=0 [2015-08-18].

DARPA. 2015b. DARPA announced $40M worthWIRED (Wafer Scale Infrared Detectors) program. https://www.fbo.gov/index?s=opportunity&mode=form&id=f3190af97e2f0bde061f0a95b99743fa&tab=core&_cview=0 [2015-09-10].

ECN Magazine. 2015. Transistor laser research aims to push modulation speeds into THz range. http://www.ecnmag.com/news/2015/04/transistor-laser-research-aims-push-modulation-speeds-thz-range [2015-04-10].

EPSRC. 2013a. Making graphene work. https://www.epsrc.ac.uk/newsevents/news/graphene/ [2013-01-04].

EPSRC. 2013b. University of Southampton receives £6m to bring silicon photonics to mass markets. http://gow.epsrc.ac.uk/NGBOViewGrant.aspx?GrantRef=EP/L00044X/1 [2013-12-12].

EPSRC. 2015. Silicon photonics for future systems programme grant innovation fund: second call for research proposals. https://www.epsrc.ac.uk/funding/calls/siliconphotonics2/ [2015-07-23].

European Commission. 2013a. EU industrial leadership gets boost through eight new research partnerships. http://europa.eu/rapid/press-release_IP-13-1261_en.htm [2013-12-17].

European Commission. 2013b. Photonics KET. http://ec.europa.eu/research/participants/portal/desktop/en/opportunities/h2020/topics/286-ict-26-2014.html [2013-11-12].

European Commission. 2014. Photonics KET. http://ec.europa.eu/research/participants/portal/desktop/en/opportunities/h2020/topics/920-ict-27-2015.html [2014-10-15].

European Commission. 2015. Photonics KET. http://ec.europa.eu/research/participants/portal/desktop/en/opportunities/h2020/topics/5094-ict-29-2016.html [2015-10-20].

European Commission. 2013c. Scientific and technological roadmap for graphene in ICT. http://www.graphenecall.esf.org/fileadmin/ressources_conferences/GrapheneCall/user_ressources/Files/Call_Documents/604391_GRAPHENE_Call_Document_Final.pdf [2013-11-29].

Harvard University. 2014. New lab-on-a-chip device overcomes miniaturization problems. http://www.seas.harvard.edu/news/2014/05/collaborative-metasurfaces-grant-to-merge-classical-and-quantum-physics [2014-05-01].

IBM. 2015. IBM's Silicon photonics technology ready to speed up cloud and big data applications. http://www-03.ibm.com/press/us/en/pressrelease/46839.wss [2015-05-12].

IQE. 2015. IQE announced as key partner in US integrated photonics program. http://www.iqep.com/news/2015/07/iqe-announced-as-key-partner-in-us-integrated-photonics-program/ [2015-07-30].

MIT Technology Review. 2015. Light chips could mean more energy-efficient data centers. http://www.technologyreview.com/news/544961/light-chips-could-mean-more-energy-efficient-data-centers/ [2015-12-23].

National Research Council. 2012. Optics and photonics: essential technologies for our nation (2013). http://www.nap.edu/catalog.php?record_id=13491 [2012-08-13].

Nature. 2015. Light Fantastic. http://www.nature.com/news/light2015-1.16846 [2015-02-11].

NSF. 2014. CAREER: development of high-performance terahertz intersubband lasers. http://www.nsf.gov/awardsearch/showAward?AWD_ID=1351142 [2014-04-09].

Photonics Society. 2011. An Overview of EU-funded photonics research. http://photonicssociety.org/newsletters/jun11/RH_Overview.html [2011-06-11].

Photonics21. 2013. Towards 2020—photonics driving economic growth in Europe. http://www.photonics21.org/download/Brochures/Photonics_Roadmap_final_lowres.pdf [2013-04-29].

PHYS ORG. 2014. Using light frequencies to sniff out deadly materials from a distance. http://phys.org/news/2014-10-frequencies-deadly-materials-distance.html [2014-10-09].

Research and Markets. 2015. Global photonics market—market share and forecast (2015—2020). http://www.researchandmarkets.com/research/w8nnh5/global_photonics [2015-09-22].

Science. 2015. Frontiers in Light & Optics. http://science.sciencemag.org/content/348/6234/514.full [2015-05-01].

The Business of Photonics. 2014. DOD outlines photonics hub requirements and timeline. http://optics.org/news/5/11/43 [2014-11-27].

The Business of Photonics. 2015. UK setting up £18M healthcare photonics center. http://optics.org/news/6/2/4 [2015-02-04].

The White House. 2014. Fast track action commitee on optics & photonics: building a brighter future with optics and photonics. https://www.whitehouse.gov/sites/default/files/microsites/ostp/NSTC/ftac-op_pssc_20140417.pdf [2014-04-17].

University of Washington. 2015. UW scientists build a nanolaser using a single atomic sheet. http://www.washington.edu/news/2015/03/23/uw-scientists-build-a-nanolaser-using-a-single-atomic-sheet/ [2015-03-23].

9 人工光合系统国际发展态势分析

陈 伟 李 阳 郭楷模 张 军

(中国科学院武汉文献情报中心)

摘 要 光合作用被称为"地球上最重要的化学反应",各种生命活动、生产实践都在此基础上演化和蓬勃发展。人工光合作用,即模拟自然过程的能量爬坡反应,通过光化学转化将水分解成氢气和氧气,或通过光化学转化将水和 CO_2 变成 O_2 和化学品(或燃料),将从根本上变革能源和化工产业,有助于应对人类最迫切的三大问题:气候变化、能源安全以及经济和生态系统可持续发展。光合作用的高效吸能、传能和转能的分子机理是光合作用研究的核心问题,是重要的科学研究前沿,阐明其机理具有重大的科学意义和实践意义。尽管技术难度很大,但世界各国都在全力以赴实现实用化。美国政府 2010 年投资 1.22 亿美元专门成立人工光合成联合研究中心 (JCAP,2015 年追加投资 7500 万美元资助第二阶段研究),并结合 20 个能源前沿研究中心的力量,期望在 10 年内开发高效和低成本的完整系统原型。日本于 2012 年年底启动了人工光合成前沿研究项目,计划投资约 150 亿日元用 10 年时间实现技术的商业化。欧盟在 2011 年年初启动的"能源应用先进材料与过程"联合研究计划中专门设立了人工光合成方向课题,期望到 2020 年开发出高效、持久且具有成本效益的人工光合系统。德国、荷兰、英国、瑞典、瑞士、韩国等均在国家层面部署了相关的研究计划。

由于光合作用研究在理论和实践上的重要意义,我国国家自然科学基金委员会近 10 年来开始重视资助能量爬坡的光催化分解水和还原 CO_2 人工光合成研究。中国科学院在 2009 年启动的"太阳能行动计划"中将光化学转化和生物转化列为重要的研究方向。科技部部署了多项 973 计划项目开展人工光合作用研究。中国科学院和各主要高校深入开展了光合作用的机理研究及多学科交叉仿生模拟,使我国在人工光合成这一领域内取得了具有国际重要影响的成果。

本报告分析了美国、日本、欧盟主要国家和地区的战略布局、领先机构与科学家,综述了热点前沿关键技术的发展现状与趋势,并利用科学计量方法定量分析了该领域科研人员发表的 SCI 论文,发现我国科学家对人工光合成领域的研究做出了巨大贡献,并且在部分领域达到了世界领先水平,发表论文量现已超过该领域总量的一半。但是,我国研究工作质量有待进一步提高,需要转变以往发表文章"重量轻质"的思想,更加强调以高质量工作赢得高影响力,并且扩大与国际顶尖机构的合作力度,提升研究水平。

展望未来，设计与制备新型光催化剂，以不需要外部牺牲电子给体的方式将水的氧化分解和 CO_2 的催化还原这两个半反应进行高效耦合是未来人工光合成研究的重点方向，包括以下几个方面。

（1）从理论计算、物理化学表征和合成模拟三个角度出发，深入理解分子水平上的光催化机理，尤其强化光生载流子分离、传输及反应等微观过程的机理研究，为设计与制备新型光催化体系提供理论指导。

（2）集成不同材料和过程以提高其捕获、传输和转换太阳能的能力，包括设计与发现交联膜网络为全过程提供物理支撑网络，以及设计界面材料连接吸光材料和催化剂，能够高效控制集成系统。

（3）探索利用自组装和自修复机制进一步提高合成的光催化剂分子及其集光系统的光稳定性，使其能长时间发挥高效的催化效果。

（4）探索具有成本效益的高性能吸光材料和廉价非贵金属基光催化剂，为大规模产业应用奠定基础。

（5）开发和设计完整的系统架构，能够将实验规模从纳米尺度放大到宏观尺度，建立小/中型人工光合试验系统与示范系统，为逐步放大生产做准备。

关键词 光合作用 人工光合系统 光催化 光解水制氢 CO_2 还原

9.1 引言

随着人口的不断增长、生活水平的提高，人类对能源的需求也越发强烈。据国际能源署（IEA）估计，2014~2040 年全球能源消费量将增加 1/3，届时仍有 75% 由化石能源来提供（IEA，2015）。对化石能源的过度依赖严重影响了国民经济和生态环境的可持续发展。因此，人类面临的巨大挑战是寻找到一种储量丰富、可再生、廉价易得的替代性能源。

太阳能是一种近乎免费的能源，而且储量巨大（每天向地球表面提供约 10^5 太瓦的能量）、清洁无污染。光合作用（photosynthesis）是自然界进化出的一套太阳能转化方式（图 9-1）。在光合作用中，含有叶绿体的绿色植物在可见光的照射下，经过光反应和碳反应（旧称暗反应），利用光合色素将 CO_2（或 H_2S）和水转化为有机物，并释放出 O_2。同时，光合作用也是将光能转变为有机物中化学能的能量转化过程。光合作用是一系列复杂的代谢反应的总和，是生物界赖以生存的基础，也是地球碳-氧平衡的重要媒介。光合膜以其精密的二维色素偶联和三维堆叠结构，成为地球上最有效的吸能、传能和转能的系统。随着对自然光合作用的深入研究，已取得的成果特别是在结构生物学和生物化学方面的研究进展，促进了人们对光

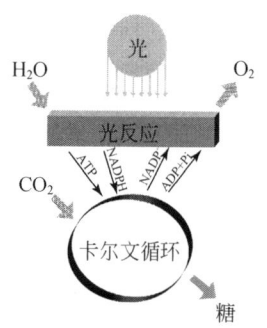

图 9-1 光合作用光化学转化示意图

资料来源：Wikipedia（2016）

合作用原理的理解和认识,并为阐明自然界光合作用有机体的结构及其分子调控机理提供了大量数据,为模拟光合作用奠定了坚实的科学基础。

在叶绿体内,光合作用可以分为两个步骤,即水的分解和碳水化合物的合成。因此,人工光合作用也可以从这两步分别进行。想要人工模拟这两个反应,关键在于寻找到类似叶绿体这样的高效催化系统。最为简单直接的光合作用人工模拟体系主要是采用与叶绿素结构类似的卟啉类衍生物有机超分子作为光敏色素,通过共价键代替生物蛋白的作用。此外,科学家们还尝试利用半导体材料模拟叶绿素的功能。值得注意的是,人工光合是从自然光合衍生而来的,是道法自然的科学研究,其本质的反应是将水通过光化学转化分解成 H_2 和 O_2,或通过光化学转化将水和 CO_2 变成 O_2 和化学品(或燃料)。然而在人工光合研究过程中,为了了解能量的吸收、传递和转化等基本过程,通常采用添加牺牲剂(如甲醇、硫化钠、硝酸银等)来进行研究。严格来讲,光催化半反应并不是人工光合,它只是人工光合成研究中了解材料结构与电荷分离、传输等之间关系的辅助手段。真正的人工光合过程实现了水的完全分解制氢和氧(2∶1),或转化 CO_2 成 CH_4、CO 等产物,同时产生相应比例的 O_2。

利用人工光合作用分解水产生 H_2 是一种理想的廉价产氢技术。早期的光催化水分解研究采用光催化剂体系,即利用一种半导体粉末吸收光子能量产生电子与空穴对,在同一颗粒表面分别产生 H_2 和 O_2(Chen et al., 2010)。但是,在近四十年的研究中人们认识到,单一光催化剂体系不利于电子-空穴对的有效分离,往往导致极低的量子效率(约 0.1%);同时,H_2 和 O_2 作为混合物产出,有发生爆炸的危险,氢和氧的中间产物也易于复合,不利于大规模工业化生产。相比之下,采用一个光电极吸收太阳光,在光电极和对电极上分别进行产氢和产氧反应则逐步成为一种受到普遍认可的方式,即光电化学电池(photoelectrochemical cell, PEC)系统。此系统在外加电场的作用下提高了反应电位,使没有外加偏压下不能进行的分解水反应能够进行,同时促进载流子的迁移,进而提高入射光的利用率,而且避免了 H_2 和 O_2 混合的危险。但美中不足的是,电子会在外电场中做功而消耗电能,且光电流越大,消耗电能越多(Walter, 2010)。在此基础上,Nozik 提出了串联电池(tandem cell, TC)的构想,即在无外电场的情况下,单纯靠两种半导体的耦合作用提高电压,超过分解水所需理论电压 1.23 电子伏,从而不用外加偏压而实现全分解水(Nozik, 1976; Sivula, 2013)。但与 PEC 系统相比,TC 体系的效率受到了极大的限制。20 世纪 90 年代,部分学者为了克服 PEC 和 TC 系统的固有问题,利用光伏组件配合一种光电极(光阳极或光阴极)形成二元的光伏-光电极(photovoltaic-photoelectrode, PPE)体系(Khaselev, 1998; Brillet, 2010)。在二元 PPE 体系中,光电极中的载流子可在光伏效应下迅速分离,这一组合的优势主要来自太阳电池的输出电压不会随时间而减弱,并且光电流稳定(图 9-2)。

除了水分解反应,光合作用中的另一个反应——碳水化合物的形成对于人类社会也有着重要意义。近年来,大气中 CO_2 含量不断增加,由此产生的环境问题受到越来越密切的关注。在 2015 年巴黎气候变化大会上,全球 195 个缔约方国家通过了具有历史意义的气候变化新协定,致力于把全球平均气温较工业化前水平升高控制在 2℃ 之内,还将尽快实现温室气体排放达峰,到 21 世纪下半叶实现温室气体净零排放(唐志强,张晓茹,

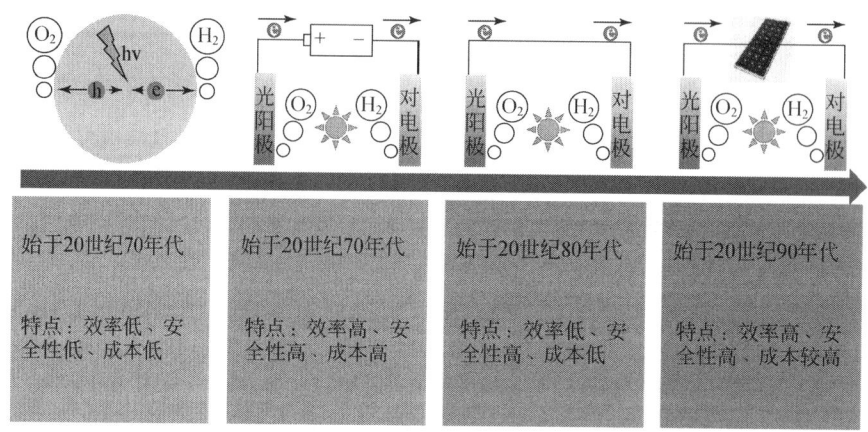

图 9-2 基于半导体的人工光合作用水分解体系发展示意图

2015)。因此，利用 CO_2 作为自然碳源生产有机化合物的研究将持续升温。利用人工光合作用系统化还原 CO_2 是一条较好的途径。根据电子传输的数量不同，CO_2 可以被还原为 CO ($2e^-$)、HCHO ($4e^-$)、甲醇 ($6e^-$)、甲烷 ($8e^-$)。但目前用于 CO_2 还原的光催化剂仍以单一催化剂形式为主 (Marszewski et al., 2015)。

9.2 主要国家竞争力分析

9.2.1 美国

9.2.1.1 国家科学基金会项目部署

美国国家科学基金会（NSF）自 1981 年起就对人工光催化研究进行了资助，并持续至今，资助金额与资助数量逐年提高。NSF 在 2015 年共资助了 26 项人工光合成研究项目，资助总额超过 920 万美元（表 9-1）。几个具有代表性的项目包括：犹他大学开展的"利用有机纳米纤维催化剂光催化分解水产生氢气"的研究，有机聚合物纳米纤维更为廉价，能带结构更易调控，具有大比表面积和可见光吸收性能，是水分解光催化剂的发展趋势之一。加利福尼亚大学戴维斯分校开展的"利用掺杂金属氧化物纳米晶体进行光催化水分解性能"的研究，将有助于加深对光催化性能和电解质环境、颗粒尺寸等各因素之间关系的理解。鲍灵格林州立大学通过设计一套新颖的模型系统，使太阳光可以传导至复合纳米材料中心，提高光催化反应活性。南加利福尼亚大学准备采用 TiO_2 钝化 III-V 族复合物表面，研发新型的 CO_2 还原光催化剂。除此之外，NSF 还在 2015 年资助了大量的光催化机理性研究。田纳西大学诺克斯维尔分校受资助进行的"表面化学反应性控制及其对产物分布的影响"的研究，此工作旨在对光催化水分解和CO_2还原起到指导性帮助。普林斯顿大学对赤铁矿材料表面的水氧化表面化学进行了深入研究。

表9-1 美国NSF 2015年资助人工光合成相关研究项目概况

项目课题	承担单位	项目负责人	资助期限	资助金额/美元
等离子纳米晶体复合物用于光催化生产太阳能燃料	鲍灵格林州立大学	Mikhail Zamkov	2015~2018年	374 000
光催化水分解和CO_2的机理研究：表面化学反应性控制及其对产物分布的影响	田纳西大学诺克斯维尔分校	Siris Laursen	2015~2018年	305 776
光催化界面的耦合电子-质子动力学	南加利福尼亚大学	Jahan Dawlaty	2015~2020年	682 000
用于水循环利用的太阳光学活性电池板	加利福尼亚大学伯克利分校	Slawomir Hermanowicz	2015~2016年	50 000
用于能量收集的高通量静电纺丝光催化材料	纽约州立大学石溪分校	Pelagia Gouma	2015~2019年	935 056
利用有机纳米纤维催化剂光催化水分解产氢气	犹他大学	Ling Zang	2015~2018年	300 000
基于TiO_2钝化的Ⅲ-Ⅴ族新型复合光催化剂用于CO_2还原	南加利福尼亚大学	Stephen Cronin	2015~2018年	330 000
均相光催化产氢：敏化剂设计并利用瞬态光谱探究机理	北卡罗来纳州立大学	Felix Castellano	2015~2018年	383 713
使底物C-H键功能化的光驱动生物催化剂	圣何塞州立大学	Lionel Cheruzel	2015~2018年	329 920
联合研究：采用原位光谱和电脑模型研究金属/TiO_2光催化剂的界面位	新罕布什尔大学	Gonghu Li	2015~2018年	63 179
联合研究：采用原位光谱和电脑模型研究金属/TiO_2光催化剂的界面位	伍斯特理工学院	Nathaniel Deskins	2015~2018年	68 597
基于金属氧化物的非均相纳米界面调变用于合成强效的电催化剂	西弗吉尼亚大学	Zoica Cerasela Dinu	2015~2020年	500 032
感知和减少饮用水中病原体的廉价方案	NanoSynth材料与传感器公司	Swomitra Mohanty	2015~2016年	225 000
采用石墨烯的水分离膜的合成与表面修饰	加利福尼亚大学伯克利分校	Baoxia Mi	2015~2019年	244 940
联合研究：水资源设备和政策中心	马凯特大学	Daniel Zitomer	2015~2020年	90 000
超高分辨的拉曼显微镜针对全光学非标记的纳米尺度化学成像	明尼苏达大学双城分校	Renee Frontiera	2016~2021年	259 999
基于褶皱氧化石墨烯的纳米复合物作为基底材料的开发和运用于水处理	华盛顿大学	John Fortner	2015~2020年	500 000
采用聚焦太阳光将CO_2重整至CH_4的光-热-化学转化	得克萨斯农工大学工程实验站	Ying Li	2015~2016年	100 000

续表

项目课题	承担单位	项目负责人	资助期限	资助金额/美元
联合研究：水资源设备和政策中心	威斯康星大学密尔沃基分校	Junhong Chen	2015~2020年	394 850
等离激元诱导的化学反应机理起源阐释	伊利诺伊大学厄巴纳-香槟分校	Prashant Jain	2015~2020年	655 580
利用掺杂金属氧化物纳米晶体进行光催化水分解性能	加利福尼亚大学戴维斯分校	Frank Osterloh	2015~2018年	360 000
理论固态物理	加利福尼亚大学伯克利分校	Marvin Cohen	2015~2019年	350 000
聚合物矩阵纳米复合物基于光学的纳米结构处理	约翰·霍普金斯大学	James Spicer	2015~2018年	276 015
关于纯态或改性赤铁矿表面水氧化的表面化学研究	普林斯顿大学	Bruce Koel	2015~2018年	498 223
基于硫族化合物的复合半导体中无机-有机功能的综合集成	加利福尼亚大学河滨分校	Pingyun Feng	2015~2018年	430 000
利用X射线光电子谱指导开发材料和催化剂服务于下一代能源解决方案	弗吉尼亚理工大学	Amanda Morris	2015~2018年	525 000

检索自NSF（http://www.nsf.gov/awardsearch/），检索日期：2016年1月14日

9.2.1.2 美国能源部项目部署

美国能源部（DOE）于2010年7月资助1.22亿美元建立了JCAP，致力于建立一套完整的人工光合成（太阳能制燃料）系统，利用太阳能、水和CO_2制取燃料，能量转化效率达到10%（DOE，2010）。研究计划包括8个核心项目：光捕集与转化、多相催化、分子催化、高通量试验、催化剂与光吸收组件基准、分子与纳米尺度界面、膜与介尺度组装，以及规模化和原型制造。JCAP由加州理工学院和劳伦斯伯克利国家实验室共同领导，合作机构还包括斯坦福国家加速器实验室、加利福尼亚大学欧文分校和加利福尼亚大学圣迭戈分校。

JCAP第一个五年资助期（2010~2014年）在太阳能分解水制氢原型制造方面取得了重要进展：开发和表征了新的廉价催化剂与光吸收组件，开发了保护吸光半导体免受液体溶液腐蚀的新方法，并建造了高通量试验设施和全集成的试验台架来筛选、表征、评估和优化人工光合系统组件。美国能源部在2015年4月28日宣布，对JCAP继续给予五年期（2015~2019年）7500万美元的资助（DOE，2015a）。在第二个五年资助期，JCAP研究人员将关注利用人工光合系统在温和条件下将CO_2转化为燃料，目标包括：①发现和认知在温和的温度和压力条件下CO_2还原和析氧的高选择性催化机制；②加速发现电催化和光电催化材料以及高效吸光电极；③在试验台架验证人工光合系统CO_2还原组件和析氧组件

的效率与选择性。具体的研究领域参见表 9-2。

表 9-2 美国能源部 JCAP 第二阶段研究重点

领域	关键科学问题	关注重点
电催化	理解控制 CO_2 还原和析氧反应催化活性和选择性的结构与成分参数	发现和认知多相 CO_2 还原和析氧反应电催化过程
光催化和捕光	理解表面成分与结构和电子结构对 CO_2 还原和析氧反应光催化活性的影响	发现和认知 CO_2 还原和析氧光催化开发和认知捕光光子体系架构
材料集成制造组件	理解界面现象的影响 光吸收和发电效率 （光）电催化活性	开发和认知集成组装催化剂和吸光材料
建模、试验台架与基准	理解组件中的电荷与离子传输对集成器件效率的影响	器件参数和试验台架体系结构的模拟仿真

资料来源：DOE（2015b）

9.2.1.3 领先机构与科学家

哈佛大学 Daniel Nocera 教授课题组于 2008 年在麻省理工学院任职时开发了一种高效钴磷酸盐析氧电催化剂光阳极（Kanan and Nocera，2008），2011 年研制了首片利用太阳能分解水制氢的"人工树叶"（Reece，2011）。Nocera 课题组主要关注于研究生物能源和化学能源转化基本机制，特别是质子耦合电子转移（proton-coupled electron transfer，PCET），目前研究领域包括：PCET 及其在自由基酶学的应用、微流体纳米晶化学传感器、分子标记测速技术、金属络合物与金属簇的激发态研究、自旋阻挫与量子自旋液体等（Nocera Lab，2015）。

加利福尼亚大学伯克利分校杨培东课题组长期从事纳米线太阳能转换材料的研究，2013 年报道了用于人工光合作用的全集成纳米系统（Liu et al.，2013a），2015 年开发出一种半导体纳米线和细菌杂化人工光合系统，可利用 CO_2 制造出醋酸酯等其他生物合成中间产物，并可进一步合成丁醇、紫穗槐二烯、PHB 生物塑料等目标化学分子（Liu et al.，2015a）。目前，研究领域包括：纳米线太阳电池、纳米线光子学、纳米线异质结用于太阳能制燃料、纳米线用于热电转化、碳纳米管纳米流体、表面等离子体光学，以及低维纳米结构在光电等能源领域中的应用等（Peidong Yang Group，2015）。

加州理工学院 Harry Atwater 教授课题组开展多学科研究，关注于功能材料与器件的固体物理、器件物理和材料科学问题与现象，他本人还是 JCAP 主任。目前研究领域包括表面等离子共振纳米结构、人工光合作用、超材料与超表面、光伏纳米结构与微结构、光伏材料与器件、量子等离子体、石墨烯与二维材料等（Atwater Research Group，2015）。

加州理工学院 Nathan Lewis 教授课题组致力于光电化学和化学气相传感研究，他本人还是美国人工光合成联合研究中心的首席研究员（PI），主要研究生物能源和化学能源转化基本机制，特别是光电化学电池和传感器。目前研究领域包括：光解水光阳极研究、Si

阵列光阳极开发、光解水离子交换膜、制氢光催化剂以及新型太阳能吸光材料研究等（Lewis Research Group，2015）。

亚利桑那州立大学 Devens Gust 教授是美国能源部依托亚利桑那州立大学建立的"仿生太阳能制燃料"前沿研究中心主任。该课题组主要关注生物能源和化学能源转化基础研究，目前研究领域包括：人工光合作用系统的设计和完整试验系统的开发、光致发光有机分子在分子逻辑门与分子计算以及分子功能光化学控制和光保护等领域的应用等（BISfuel，2015）。

美国西北大学于 2011 年建立了太阳能制燃料研究所，致力于联合学术界和产业界力量，推进人工光合成实现商业化，负责人为 Michael Wasielewski 教授（Solar Fuels Institute，2016）。该课题组致力于人工光合作用机理研究，主要关注分子结构和有机分子间电子转移的动力学之间的基本关系。目前研究领域包括：光驱动的电荷转移和运输机制研究、光合作用、太阳能转换纳米材料、自旋多自旋分子动力学、光电和自旋电子的分子材料，以及时间分辨的光学和电子顺磁共振谱等（Wasielewski Group，2015）。

北卡罗来纳大学教堂山分校 Thomas Meyer 教授课题组致力于人工光合作用系统研究。2015 年，该课题组结合锑掺杂氧化锡（ATO）纳米晶和接枝共聚物 PVC-g-POEM 成功合成介孔 ATO 薄膜作为分解水制氢光阳极（Luo et al.，2015），还开发了一种聚合物支撑的 CuPd 纳米合金协同催化剂用以电催化还原 CO_2 为甲烷（Zhang et al.，2015c）。Meyer 课题组主要研究人工光合作用反应所需催化剂和光阳极，目前研究领域包括：二氧化碳还原为燃料、制氢光阳极研究、光电化学光合作用、新型太阳能捕光材料研发等（Meyer Group，2015）。

9.2.2 日本、韩国

9.2.2.1 项目部署

日本早在 20 世纪 60 年代末即开展了 TiO_2 光催化的开创性研究（Fujishima and Honda，1972），一直以来处于该研究领域的世界前列。日本经济产业省（METI）在 2012 年启动了人工光合成研究项目"以二氧化碳为原料基础化学品制造工艺技术开发"，决定在 2012~2021 年投资约 150 亿日元，研发利用太阳能、水和 CO_2 制造重要化学品（METI，2012）。项目包括三个课题：①高效分解水光催化剂（包括助催化剂）开发，并实现模块化；②氢分离膜开发，计划实现以沸石、硅石及碳素为基础材料的膜材料实用化及模块化；③CO_2 合成 C2-C4 低碳烯烃等基础化学品的工艺开发。该项目由同期成立的人工光合作用化学过程技术研究协会（ARPChem）负责实施，企业界成员包括：日本国际石油开发帝石公司、住友化学、东陶（TOTO）、富士胶片、三井化学和三菱化学等，将与东京大学、京都大学、东京工业大学、产业技术综合研究所、日本精细陶瓷中心等机构开展产学研联合研究，以实现技术的商业化（图 9-3）。2015 年 3 月底，该项目取得了重要研究进展：东京大学堂免一成（Domen Kazunari）带领的研发团队通过优化产氢和产氧光催化剂材料及二者组合，能够吸收可见光范围内波长较长的光线，试制出了两种薄膜催化剂面向配置的"并联单元"。测评结果显示,光催化到燃料转化效率最高达到2.2%,1个小时内的平均值达到1.95%,均创下历史新高(NEDO,2015a)。该项目原定的2014年年末转化效率目标为1%,此次研究结果已超过了计划目标。今后将以此次开发的材料等多种光催化剂材料为对象,推进材料构成的优化、开发能够获得低缺陷结晶的合成方法、优化可提高化学反应活性的材料表面等,最终计划到2021年实现太阳能光催化到燃料转化效率达到10%,建立小型中试工厂规模的合成工艺。

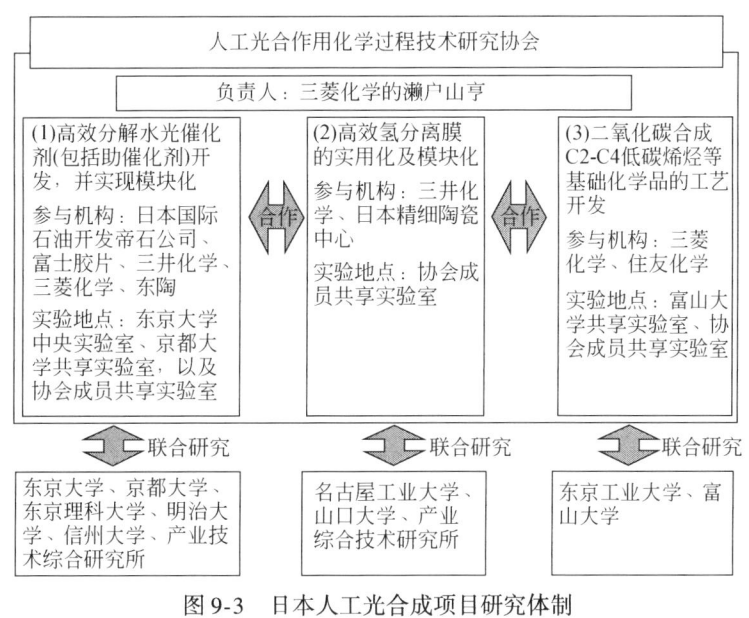

图9-3 日本人工光合成项目研究体制
资料来源:METI (2012);NEDO (2015b)

日本文部科学省(MEXT)也在2012年启动了"利用人工光合作用的太阳能物质转换"(AnApple)项目,在2012~2016年投资7.5亿日元开展前沿研究,由东京都立大学井上晴夫教授担任负责人,设立了四个方向的研究课题:①人工光合系统集光功能开发;②光催化水氧化功能;③光催化制氢;④光催化还原二氧化碳。参与机构包括:立命馆大学、东京理科大学、东京工业大学、关西学院大学、大阪市立大学、名古屋大学、新潟大学、神奈川大学、九州大学、东北大学、京都大学、丰田中央研究所等(日本文部科学省,2015)。

韩国于2009年在西江大学成立了韩国人工光合成研究中心(KCAP),韩国国家研究基金会给予KCAP 10年共计500亿韩元的支持,现任主任是西江大学化学教授Kyung Byung Yoon。KCAP致力于在人工光合系统的基础科学研究、材料开发和制造工艺方面做出原创性研究,最终实现在10年内太阳能到燃料转化效率达到至少3%(Sogang University,2011)。KCAP的研究主题包括:水氧化催化、多金属光催化水氧化、质子/电子转移、CO_2还原光催化、光合作用、组装膜与器件加工(KCAP,2015)。西江大学在2010年与韩国浦项制铁签署联合研究协议,推进人工光合系统商业化。KCAP还与美国劳伦斯伯克利国家实验室签署了联合研究协议。

9.2.2.2 领先机构科学家

东京大学堂免一成教授课题组引领着光催化的研究热点。2015 年，堂免一成课题组报道了通过光沉积第Ⅳ和Ⅴ族的过渡金属氢氧化物，抑制副反应的发生，使水分解反应顺利进行的研究报道（Takata et al.，2015）。同时，还通过构建 $SrTiO_3$：La，Rh/Au/$BiVO_4$ 这种新型 Z 型反应体系，使 418 纳米单色光下的表观量子效率达到了 5.9%（Wang et al.，2015）。目前研究领域包括：开发利用可见光分解水的光催化剂（氮氧化物、硫氧化物、具有 d^{10} 电子构型氮化物、$(Ga_{1-x}Zn_x)(N_{1-x}O_x)$、$(Zn_{1+x}Ge)(O_xN_2)$ 等），开发介孔材料、纳米片等新型结构催化剂以及开展表面反应动力学研究等（Domen Laboratory，2015）。

东京理科大学工藤昭彦（Kudo Akihiko）教授课题组主要关注太阳能光解水制氢研究，特别是无机半导体催化剂，研发了钽酸盐、金属阳离子掺杂的 TiO_2 和 $SiTiO_3$ 以及外延生长 Rh 掺杂 $SrTiO_3$ 薄膜的光阳极催化剂实现可见光照射分解水，目前研究领域包括：多相光催化剂分解水机理、人工光合作用所需的光催化剂和光电化学电池的研发、全光解水金属氧化物和硫化物催化剂、CO_2 催化还原研究等（Kudo Laboratory，2015）。

东京工业大学石谷治-前田和彦（Osamu Ishitani，Kazuhiko Maeda）课题组致力于发展金属配合物和无机半导体的光化学研究，目前的研究领域包括：改进 CO_2 还原的光催化剂、开发太阳能光化学转化超分子金属配合物催化剂、Re（Ⅰ）配合物的新型光反应和金属组装配合物的应用、新型光催化金属配合物实现只有 2 个电子还原、还原辅酶 NADPH 模型化合物与金属配合物配位的反应活性、利用配体之间的弱相互作用操控金属配合物的特性、构建人工 Z 型光催化体系等（Ishitani-Maeda Laboratory，2015）。

大阪大学福住俊一（Shunichi Fukuzumi）教授课题组致力于开发仿生人工光合系统，研究了高效超分子制氢催化剂、大 π 键平面卟啉配合物催化剂等。福住俊一课题组主要研究生物能源和化学能源转化基本机制以及光催化剂，目前研究领域包括：探索电子转移控制机制、分子开关设计、CO_2 和 O_2 循环等（福住研究室，2015）。

京都大学今堀博（Hiroshi Imahori）教授课题组长期开展人工光合系统和太阳能转化研究，开发了大 π 键芳香分子敏化剂用以染料敏化太阳电池，设计合成了具有高效双极性输运特性的分离的电子给体-受体序列等。今堀博课题组主要关注设计合成超分子仿生人工光合系统、光致电子与能量转移，目前研究领域包括：使用有机材料的人工光合系统结构研究、碳纳米材料的光学功能、有机太阳电池开发、光学功能分子控制等（今堀博研究室，2015）。

韩国蔚山国立科技研究所 Jea Sung Lee 课题组报道了可在中性电解质溶液中高效稳定工作的 Fe_2O_3 光电阳极（Kim et al.，2014）。韩国韩瑞大学 Won-Chun Oh 教授课题组致力于纳米材料，如金属/纳米复合材料、石墨烯材料和金属纳米粒子的合成，以及在能源转换中的催化应用（Ullah，2015）。在多尺度能量系统全球前沿研发项目中心与韩国政府的资助下，浦项科技大学 Wonyong Choi 教授课题组报道了 TaO_xN_y 包裹的掺氮 TiO_2 作为光电催化水分解材料的成果（Kim et al.，2015）。

9.2.3 欧盟

9.2.3.1 项目部署

欧盟是人工光合成研究的发源地。意大利化学家 Giacomo Ciamician 早在 1912 年率先提出了人工光合作用的概念（Armaroli and Balzani，2007）。瑞典于 1994 年由乌普萨拉大学、隆德大学和瑞典皇家理工学院成立了世界上首个人工光合作用联盟（Swedish Consortium for Artificial Photosynthesis，2014）。欧洲能源研究联盟于 2011 年实施的"能源应用先进材料与过程"（AMPEA）联合研究计划中专门设立了人工光合成方向课题，期望到 2020 年开发出高效、持久且具有成本效益的人工光合系统，实现太阳能制燃料达到 10% 的转化效率（Thapper et al.，2013）。欧洲科学基金会在 2012 年设立了"从化石燃料到太阳能燃料概念转变的分子科学"核心研究计划（EuroSolarFuels），包含仿生析氧光驱动催化剂和用于太阳能直接制燃料仿生叠层电池的分子设计两个联合研究项目（European Science Foundation，2012）。欧盟"地平线 2020"计划在 2015 年资助了 16 项人工光合成方向的研究项目，总资助金额超过 2300 万欧元（表 9-3）。

表 9-3 欧盟"地平线 2020"计划资助人工光合成相关研究项目概况

项目课题	承担机构	资助期限	资助金额/欧元
人工酶：在光活化的金属-有机框架内的仿生氧化反应	爱尔兰都柏林圣三一学院	2015~2020 年	1 979 366
基于机械互锁轮烷结构的析氢催化剂	英国南安普敦大学	2015~2017 年	183 454
利用可见光的金刚石材料将 CO_2 光催化转换为精细化学品和燃料	德国维尔茨堡大学	2015~2019 年	3 872 981
采用新的长程修正密度泛函理论定量精确表征电荷转移激发态	西班牙巴斯克大学	2016~2019 年	239 191
在连续流动体系中加速光氧化还原催化	荷兰埃因霍温理工大学	2015~2019 年	2 248 434
共价有机金属框架作为光催化水分解和 CO_2 还原的集成平台	德国马普学会	2015~2020 年	1 497 125
电子和结构重组伴随着自旋转换如何影响自旋交叉材料的催化行为	德国美因茨大学	2015~2017 年	159 460
用于人工光合作用的多功能有机无机半导体和金属有机框架光催化剂复合材料	西班牙马德里高等研究中心能源研究所	2015~2020 年	2 506 738
太阳能光催化分解水异质外延 α-Fe_2O_3 光阳极	以色列理工学院	2015~2017 年	170 509
太阳能光生物催化制燃料	德国大众汽车	2015~2019 年	5 998 251
集成半导体和水氧化分子催化剂用于太阳能制燃料	英国帝国理工学院	2015~2017 年	183 454

续表

项目课题	承担机构	资助期限	资助金额/欧元
太阳能驱动的基于过渡金属配合物廉价催化剂的水解设备	西班牙加泰罗尼亚化学研究所	2015~2016 年	150 000
工程化碳化硅纳米线用于太阳能制燃料	英国牛津大学	2015~2017 年	195 454
利用超快二维光谱探测仿生分子电路中的光致能量流动	意大利米兰理工大学	2015~2018 年	244 269
基于有序多孔硅和碳支撑材料和铜基双金属的三维模型催化剂探索燃料生产新路线	荷兰乌得勒支大学	2015~2020 年	1 999 625
仿生铜基复合物用于能源转化反应	荷兰莱顿大学	2015~2020 年	1 500 000

注：检索自欧盟研究开发信息服务平台（CORDIS）（http：//cordis.europa.eu/projects/result_en? q＝(contenttype%3D'project'%20OR%20/result/relations/categories/resultCategory/code%3D'brief'，'report')%20AND%20programme/pga%3D'H2020*'），检索日期：2016 年 1 月 14 日

9.2.3.2 领先机构科学家

瑞士洛桑联邦理工学院（EPFL）Michael Graetzel 教授课题组致力于介尺度材料的能量和电子迁移反应，近几年在太阳能转化研究方面有较大进展。2015 年，该课题组报道了一种透明的铁镍氧化物水分解催化剂（Morales-Guio et al.，2015）。此外，他们还报道了利用钙钛矿光伏器件和高效电极材料将 CO_2 转化成 CO 的成果，并且效率高达 6.5%（Schreier et al.，2015）。

瑞典乌普萨拉大学 Leif Hammarström 教授课题组持续利用激光光谱、光化学和电化学方法研究人工光合作用机理，揭露了从络氨酸到色氨酸的质子耦合电子转移氧化还原机理、络氨酸氧化反应中质子耦合电子转移的缓冲区依赖和平行机制等。目前研究领域包括：光诱导电子转移和质子耦合电子转移机制、光解水产氢催化剂研发、染料敏化太阳电池光阳极制备等（Leif Hammarström Group，2015）。

瑞典皇家理工学院孙立成①教授课题组从事生物体系光化学及光物理研究，首次实现了金属 Ru 络合物与 Mn 络合物的光电子转移，成功地模拟了生物光合作用体系 Ⅱ 给体部分的光诱导电子转移过程。目前研究领域包括：氢化酶活性中心的化学模拟及催化制氢、光体系 Ⅱ 活性中心的化学模拟及催化水氧化、太阳能制氢分子器件的组装、CO_2 还原酶（FDH）活性中心模拟、过渡态金属催化 CO_2 还原体系的构建、光驱动 CO_2 还原体系的构建、超分子化学及光化学（光致电子转移）、第三代太阳电池以及新型储能器件等（孙立成课题组，2015）。

在英国皇家学会的资助下，剑桥大学 Erwin Reisner 课题组不断尝试将均相合成催化剂或酶复合于半导体的研究，他们于 2015 年报道了利用氢化酶完成光电催化水分解反应，光制氢能量转化效率为 5.4%（Mersch et al.，2015）。利物浦大学 Matthew J.

---

① 孙立成是大连理工大学特聘教授。

Rosseinsky 课题组报道了氧化烧绿石在可见光下完成光催化水氧化反应的成果（Kiss et al., 2014）。

西班牙瓦伦西亚工业大学 Hermenegildo Garcia 教授课题组不断开发碳纳米管、金刚石纳米颗粒和金属有机框架等太阳能转换光催化剂，在西班牙科学与创新部的资助下，他们对纳米金颗粒负载的二氧化钛活性进行了细致的研究（Silva et al., 2011）。该课题组报道了对 Au-Cu 纳米合金负载的 TiO_2 的 CO_2 光催化还原活性进行了探究，其发现导带电子对于甲烷的选择性高达 97%（Neatu et al., 2014）。

法国斯特拉斯堡大学 Nicolas Keller 教授课题组受到法国国家科研署的资助，开展了利用太阳光分解水分子的研究，发表了贵金属、致孔剂对于光催化水分解活性的影响（Rosseler et al., 2010）。近年来，Keller 教授的研究方向则偏向于光催化在环境领域的运用。

9.3 关键前沿技术与发展趋势

太阳能人工光合成制燃料是应用前景重大、探索性很强且极具挑战性的前沿基础研究课题，涉及化学、物理学、生物学、材料科学和能源技术等多个学科的交叉前沿研究领域，攻克其中的关键科学问题被认为是"化学的圣杯"，一旦实现突破，有望成为能源领域的颠覆性技术。人工光合系统研究的最终目标是：模拟自然界光合作用过程，设计低成本、长寿命、高稳定性、强自我修复能力、智能化和自调节的光催化体系，尽可能有效利用太阳全谱，高效光解水制氢或固定 CO_2 制造有机物。目前，研究已经从最初的实验现象发现，逐步由基础理论研究转向光催化材料的应用基础研究，由光催化材料探索逐步转向试验性器件体系设计。在研究手段上，科学家能够利用超快光谱表征和理论计算手段从原子和分子水平逐步深入认识光合系统光/电转化与传输过程机理，包括第一性原理与分子动力学模拟在内的现代科学计算方法，逐渐在光催化材料物性与光催化反应机理研究方面起到重要作用。在模拟自然光系统Ⅱ设计合成超分子方面，已经制备了一系列结构和功能接近的光催化系统，但是其自我修复能力、电子转移速率和光催化效率还需要进一步探索和改进。在无机半导体光催化体系的催化理论及制备方法上相对成熟，已经设计并制备出一些催化效率较高的体系。但还需要解决如何用廉价催化剂替代贵金属以及提高可见光的利用等问题。

9.3.1 人工光合作用机理研究

当半导体材料吸收光子能量后，价带电子被激发至导带，产生电子-空穴对，大部分电子和空穴在扩散过程中会进行复合，只有少量能迁移至半导体表面并参与化学反应。为了使反应在热力学上可以顺利进行，需要保证半导体的导带位置比质子或 CO_2 的还原电势负，价带位置比水的氧化电势更正。根据热力学计算，完成水分解反应需要光子至少具有 1.23 电子伏的能量，对应于波长为 1000 纳米的光子，从这个意义上来说，理论上半导体的禁带宽度只需大于1.23电子伏即可完成水分解反应（Ran et al.，2014）。但是，由于光子能量的损失和存在水分解反应过电势，通常需要半导体的禁带宽度大于2.1电子伏（Sivula，2013）。这就意味着如果采用单一半导体光催化剂，太阳光谱中600～1200纳米范围内的光子将得不到利用，光制氢能量转化效率的理论上限为17.4%。如采用叠层电池体系，两种半导体可分别吸收不同波长范围的光子，优化后的禁带宽度分别为1.72电子伏和1.11电子伏，可将光谱利用范围拓展至1120纳米，光制氢能量转化效率的理论上限为27.1%。

只具有一个单部件（一种光催化剂）的光催化体系是无法同时满足以上所有的要求。模仿大自然光合作用的人工Z型光催化体系（图9-4），可以解决单部件光催化体系的这些不足，从而满足高效光催化反应的要求（Kudo and Miseki，2009）。在Z型光催化体系中，一种半导体受到激发后，导带电子通过电解质溶液中的氧化还原对的帮助，迁移至另一种半导体的价带，进行二次激发。在过去十年中，多部件的Z型光催化体系已经受到了众多研究者的青睐。尤其是新型全固体基Z型光催化体系，它不需要氧化还原对的辅助，就可以有效地用于水分解、太阳电池、污染物降解以及CO_2光转化等光催化应用上，拥有广阔的应用前景，但提高电子在两种催化剂之间的定向转运仍面临很大挑战。

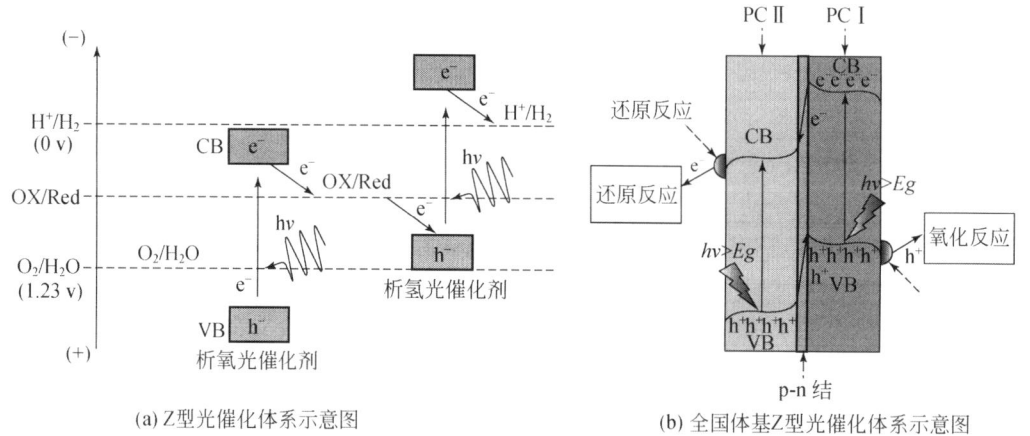

(a) Z型光催化体系示意图　　(b) 全国体基Z型光催化体系示意图

图9-4　模仿大自然光合作用的人工Z型光催化体系

资料来源：Zhou et al.，2014

同理，采用光催化剂完成CO_2还原也是一个太阳能—化学能转化过程，将一分子CO_2转化至甲酸和甲烷分别需要1.4电子伏和1.06电子伏的能量。CO_2还原需要经历一系列的特定反应，起初CO_2分子吸附于光催化剂表面，且被吸附的CO_2分子要易于接收光生电子。随后，光催化剂吸收一量子单位的电磁波能量，且此电磁波能量需大于半导体的禁带宽度。消耗的能量足以使电子从价带激发至导带，同时，在价带上留下了带有相反电荷的空穴。电子和空穴分别在不同的能带中迁移，直至移动到光催化剂表面。光生电子对于表面吸附的CO_2分子来说是还原介质，同时，光生空穴可以发生有利于电荷守恒的氧化反应。在还原反应发生后，产物分子（如甲烷等）必须从催化剂表面脱附进入气相,完成整个 CO_2 转化过程。所有上述这些所涉及的步骤都将影响最终产物的产率。因此,理解上述这些所涉及步骤各自的机理,对于优化光催化 CO_2 还原反应显得尤为重要。

9.3.2 光催化分解水制氢

高效光催化分解水制氢要求具有高的可见光响应和良好电子-空穴分离与传输能力的半导体主催化剂以及高活性的放氧放氢助催化剂,第一代光催化材料的研究主要围绕 TiO_2 展开,重点研究光解水反应机制,以及如何拓宽 TiO_2 的应用范围。由于 TiO_2 的宽禁带结构(能带带隙宽度>3.0电子伏特),其仅能够吸收短波长的紫外线。科学家们在第二代光催化材料研发中,通过元素掺杂等实验,试图扩大其光谱响应范围;同时,在常规半导体材料中寻找 TiO_2 的替代材料,如 WO_3、$SrTiO_3$ 等。目前科学家更多利用能带工程调控半导体的导带和价带,将实验探索和理论模拟相结合,深入理解半导体能带的调控机制,不断提高可见光催化反应的效率,推动新型光催化材料的探索进入了一个新的发展阶段,除了 Fe_2O_3、$BiVO_4$ 等金属氧化物半导体材料外,近年来科学家们还开发出具有可见光响应活性的新型光解水催化材料,如 Ta_3N_5、$TaON$、C_3N_4 等(林仕伟等,2013)。

虽然很多光催化剂在有牺牲剂存在的情况下可以完成产氢或产氧的半反应,但能够独立同时完成产氢与产氧的完全水分解光催化剂的数量并不多。1980年,堂免一成等研究人员首次报道了 NiO_x 负载的 $SrTiO_3$ 成功分解气态水的成果,并且他们发现,助催化剂的状态将极大地影响光催化剂的性能(Domen et al., 1980)。为了提高助催化剂对水分解反应的活性与选择性,堂免一成等尝试通过引入多元助催化剂的方式替代单元助催化剂。2000年,堂免一成等发现 Ni 与 Cr 共负载的 $K_2La_2Ti_3O_{10}$ 会比使用 Ni 催化剂取得更好的效果(Thaminimulla et al., 2000)。2005年,堂免一成课题组报道了 Rh-Cr 双元助催化剂负载的 $(Ga_{1-x}Zn_x)(N_{1-x}O_x)$ 光催化剂,该催化剂在410纳米的可见光下量子效率为5.1%(Maeda et al., 2005)。该催化剂的优异性能来自助催化对产氢反应的高选择性,以及对氧气还原、水生成反应的抑制作用。如果同时负载 Rh-Cr 与 Mn_3O_4 分别作为产氢与产氧助催化剂,反应活性又较单独使用 Rh-Cr 有了极大的提高。由于 Rh 是一种昂贵的重金属元素,堂免一成课题组又在后期的工作中试图找到其廉价的替代物,2011年,他们报道了 Cu-Cr 双元助催化剂负载的 $(Ga_{1-x}Zn_x)(N_{1-x}O_x)$ 光催化剂,虽然活性只有 Rh-Cr 的1/4,但是催化剂的制造成本可以大大降低。Takanabe 等合成了5~15纳米的碳化钨(WC)助催化剂,研究中发现,WC 在产氢反应中表现出了高活性和高稳定性,同时对于氧气还原反应表现出惰性,因此,负载 WC 后,Na 掺杂的 $SrTiO_3$ 达到了完全水分解的效果(Garcia-Esparza et al., 2013)。Hong 等通过添加一种全新的 $[Mo_3S_4]^{4+}$ 分子助催化剂,使 $NaTaO_3$ 的完全水分解活性提高了28倍(Seo et al., 2012)。Lee 等则报道了 Co-Pi 负载的 C_3N_4 可以分别以13.6毫摩尔/(克·时)和6.6毫摩尔/(克·时)的速率产出氢气和氧气。2015年年初,Liu 等研究人员研发了一种新型光分解水的光催化剂(碳纳米点-C_3N_4

复合物），能利用太阳能分解水制氢气，这种光催化剂具有价廉、资源丰富、无污染、稳定性较高等优点，可使光制氢能量转化效率达到 2%，是目前同类催化剂的最高效率（Liu et al.，2015b）。

美国能源部 JCAP 历时 5 年研究，于 2015 年 8 月宣布研发出首个完整、高效、安全、一体化的太阳能分解水制氢燃料系统原型，这是人工光合系统研究取得的重大阶段性进展。该系统可在 1 个太阳光照条件下达到太阳能到化学能 10.5% 的转化效率，并保持 >10% 的效率稳定工作 40 个小时以上。新系统由光阳极、光阴极和隔膜三个主要部分组成，面积约 1 平方厘米。研究人员将 62.5 纳米非晶 TiO_2 稳定层覆于双结叠层 GaAs/InGaP 光阳极上可以有效地防止腐蚀并提高阳极的稳定性。此外，TiO_2 表面镀有 2 纳米镍层作为光阳极催化剂以驱动水分解反应，取代了昂贵的铂。光阴极由廉价的镍和钼层组成。系统中最关键的部分是独特的塑料隔膜，用于分离气体防止爆炸，同时仍允许离子畅通地流动。该成果证明了使用廉价组件的一体化系统可安全高效地利用太阳能制燃料，且新系统在安全性、性能和稳定性的综合纪录方面取得了突破性进展（Verlage et al.，2015）。

9.3.3 光催化还原 CO_2 制有机物

由于 CO_2 无法吸收波长为 200~900 纳米的可见光和紫外线，人工光合成还原 CO_2 需要借助合适的光化学敏化剂才能完成。自从 20 世纪 70 年代日本科学家发现 TiO_2 光催化现象以来，大量研究表明，半导体材料，如金属氧化物（TiO_2、ZnO、ZrO、WO_3、CdO）和硫化物（CdS、ZnS）等都具有光催化活性（吴聪萍等，2011）。

TiO_2 是迄今为止研究最为广泛的光催化剂。通常，以碱性的金属氧化物（MOs）修饰 TiO_2 组成不同的复合光催化剂可以获得更为优良的光催化表现，归功于优化的载流子分离能力、光吸收、结构性质和表面化学性质。Xie 等探究了在 Pt/TiO_2 表面负载不同金属氧化物 MgO、SrO、CaO、BaO、La_2O_3 和 Lu_2O_3，发现金属氧化物的碱性与 CH_4 的产率有着密切的联系。其中，MgO-TiO_2 复合光催化剂表现出了最高的 CH_4 产率，作者将此归功于 MgO 有利于使化学吸附态的 CO_2 分子非稳定化（Xie et al.，2013）。Liu 等发现以 CO_2 为原料，MgO/TiO_2 复合催化剂，产物为 CO 而非 CH_4，产生这一区别的原因极有可能是缺少了 Pt 的负载，并提高了 CO_2 的转换温度（50~150℃）（Liu et al.，2013b）。Xu 等通过复合多孔 TiO_2 和 Cu_2O 制备了 Cu_2O-TiO_2 光催化剂，最终使 CH_4 产率比 P25 型 TiO_2 提高了 7 倍（Xu et al.，2014）。Zhai 等通过光沉积法在 TiO_2 表面共负载了 Pt 和 Cu，最终制得核壳型 Cu_2O-Pt 负载的 TiO_2，相较于 P25 型 TiO_2，CH_4 的转化效率提高了 28 倍（Zhai et al.，2013）。In 等制备了中空立方形的 CuO-$TiO_{2-x}N_x$ 光催化剂，他们发现该催化剂的活性比 CuO-TiO_2 提高了 1.6 倍（In et al.，2012）。Wang 等通过使用介孔 SiO_2（SBA-15）作为模板剂制备了 CeO_2-TiO_2 光催化剂，该催化剂的 CH_4 产率和 CO 产率分别比 P25 型 TiO_2 高 9.5 倍和 2.4 倍（Wang et al.，2013）。

除了金属氧化物，金属也可以优化 TiO_2 的光催化剂性能，主要归功于载流子分离和/或等离子强化的光催化效应。在所报道的金属种类中，Pt、Au、Ag 和 Cu 是最为常用的几种。Wang 等制备了由一维 TiO_2 单晶组成的薄膜,并负载了超细 Pt 纳米颗粒(0.5~2 纳米),其产率比 P25 型 TiO_2 高 125 倍(Wang et al.,2012)。Zhang 等制备了多壁 TiO_2 纳米管,并共负载了 Pt 和 Cu,负载后的产率是负载前的 6.5 倍。采用静电纺丝制备的 TiO_2 纤维,经过负载 Au 和 Pt 之后,CH_4 产率提高了 19 倍,性能的提高归功于 Pt 的载流子分离作用以及 Au 的等离子体共振效应(Zhang et al.,2013)。Liu 等通过沉淀法制备了 Cu 负载的 TiO_2,经还原处理后,TiO_2 表面同时存在 Cu^0 和 Cu^+,两种价态的铜共同作用,使 CH_4 产率提高了 189 倍(Liu et al.,2013c)。

先进碳材料的同素异形体也可以提升 TiO_2 的性能,尤其是石墨烯与碳纳米管。Liang 等在 TiO_2 上分别负载了一维的碳纳米管和二维的石墨烯,结果发现,负载二维石墨烯后加速了荧光猝灭,暗示了更有效的载流子分离(Liang et al.,2012)。Gui 等开发了 TiO_2/多壁碳纳米管核壳结构,使 CH_4 产率提高了 6 倍(Gui et al.,2014)。Tu 等制备了两种 TiO_2-石墨烯复合体系,一种为中空 TiO_2 与片层石墨烯复合体,另一种为三明治型 TiO_2 与石墨烯复合体,两种复合材料都表现出了优于 P25 型 TiO_2 的性能。但是,三明治型的复合材料更有利于 CH_4 的生成,中空球体更有利于 CO 的产生(Tu et al.,2012)。

除了 TiO_2,科学家还研发了各种新型的 CO_2 还原光催化剂。例如,$ZnGa_2O_4$ 和 Zn_2GeO_4 具有较高的导带位置,可以在不负载助催化剂的情况下使 CO 还原为 CH_4,但由于禁带宽度分别高达 4.5 电子伏和 4.65 电子伏,这两种光催化剂的光吸收能力较弱。Yan 等采用在 $ZnGa_2O_4$ 中掺杂 Ge 的方式,使禁带宽度减小为 4.18 电子伏(Yan et al.,2013)。除了进行阳离子掺杂,Yan 等还报道了通过掺氮过程制备窄禁带宽度 ZnGaNO(E_g = 2.55 电子伏)(Yan et al.,2012)。Park 等表明了孔隙率对产率具有重要影响,通过合成多孔 Ga_2O_3 获得了比商用 Ga_2O_3 高两倍的比表面积,最终使 CH_4 产率提高了 4 倍(Park et al.,2012)。与 TiO_2 类似,许多作者指出了表面能对产物产率的影响,Liu 等通过合成暴露[110]晶面的超细 $ZnGa_2O_4$ 纳米层单晶,使其 CH_4 产率比块状样品提高了 23 倍(Liu et al.,2014)。

WO_3 自身的导带位置过低,不足以起到还原 CO_2 的作用,Chen 等和 Xie 等通过合成 WO_3 纳米层状结构使其导带位置提高,足以在可见光照射下完成 CO_2 的还原反应。Chen 等认为导带位置的提高源于纳米层的量子效应(Chen et al.,2012),而 Xie 等则认为导带位置的提高主要由于暴露了更多[002]晶面(Xie et al.,2012)。Cheng 等合成了中空的 Bi_2WO_6 微球,禁带宽度 2.76 电子伏,这种材料可以在水溶液中将 CO_2 还原为甲醇(Cheng et al.,2012)。石墨相的氮化碳(g-C_3N_4)是另一种选择,其禁带宽度为 2.7 电子伏,可以促进 CO_2 还原反应和水分解反应的进行。虽然贵金属负载对于 CO_2 还原反应并不是必要条件,但是贵金属负载可以通过优化载流子分离提高产率。Yu 等制备了一系列具有不同 Pt 负载量(0~2%)的 g-C_3N_4,产物包括 CH_4、CH_3OH 和 HCHO,但与其他产物相比,HCHO 的产率很低,最佳的 Pt 负载量为 0.75%~1%,此时 CH_4 的产率提高了 4.3 倍,CH_3OH 的产率提高了 2.2 倍(Yu et al.,2014)。Yuan 等采用一种红色磷光剂作为电子接受体,并报道了其 CH_4 产率可以提高 2.8 倍。银/卤化银体系是一种光催化剂,AgCl 和 AgBr 是宽禁带半导体,禁带宽度分别为 3.25 电子伏和 2.76 电子伏。另外,Ag 纳米颗粒表现出了强的表面等离子体共振,因此将 Ag 纳米颗粒和卤化银复合可以获得具有可见光响应的光催化剂用于 CO_2 还原。这些体系倾向于把 CO_2 转化为甲醇和乙醇而非 CH_4。Cai 等报道了一种 $AgCl_xBr_{1-x}$ 三元复合物体系，禁带宽度 2.9 电子伏，其产率分别比 AgCl 和 AgBr 高 2 倍和 4 倍（Cai et al.，2014）。

日本松下公司从 2009 年开始研究人工光合系统，在 2012 年 7 月开发出了使用氮化镓（GaN）类催化剂和磷化铟（InP）类催化剂的人工光合系统（Panasonic，2012），制甲酸转化效率已达到 1%。其后在 2013 年通过将 InP 类催化剂更改为铜类金属催化剂，能够合成甲烷、乙烯、乙醇等有机物，总体转化效率达到 0.3%（Nikkei Electronics，2013；饭山辰之介，2015）。

2014 年 11 月，日本东芝公司宣布，开发的人工光合系统利用水和 CO_2 成功产出 CO，太阳能转化效率达到 1.5%，碳化合物转化效率达到了世界最高水平。氧化电极采用层叠了吸收波长各异的三层非晶硅类多结半导体，还原侧采用纳米金催化剂，实现较高的光利用效率。为了增加 CO_2 转化为 CO 的活性位点量，东芝公司的研发工作集中于研究纳米级金催化剂的生产条件及开发高效的电解质（根津祯，2015）。

9.4 科学论文产出定量分析

由于科研论文能够从一定程度上反映科学研究的客观事实，本报告利用定量计量的方法，通过对相关数据库收录的人工光合成研究论文进行了分析，以期能够从文献计量角度揭示出研发现状、特征和发展趋势。

9.4.1 数据来源与分析方法

本次分析采用 Web of Science 数据库源数据构建了全球科研人员发表的人工光合成相关 SCI 论文分析数据集，数据采集时间为 2016 年 1 月 10 日，文献类型限定为 article、letter、review，共得到 10 861 篇论文。利用 TDA 进行文献数据挖掘和分析。

9.4.2 整体发展态势

该领域研究起步于 20 世纪 70 年代，从 90 年代开始逐渐吸引世界各国投入科研力量，进入 21 世纪后发展步伐明显加快，特别是 2010 年以后不管是发文量、参与国家还是参与机构数量几乎呈现指数型发展，该领域的研究热度可见一斑，竞争日趋激烈（图 9-5）（由于数据库收录的滞后性，2015 年的数据不完整，仅供参考），反映了人工光合成已迅速成为前沿热点研究方向。

9 人工光合系统国际发展态势分析

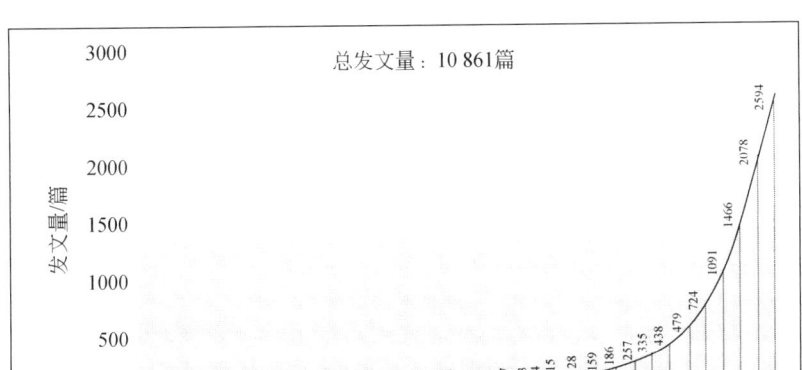

(a)

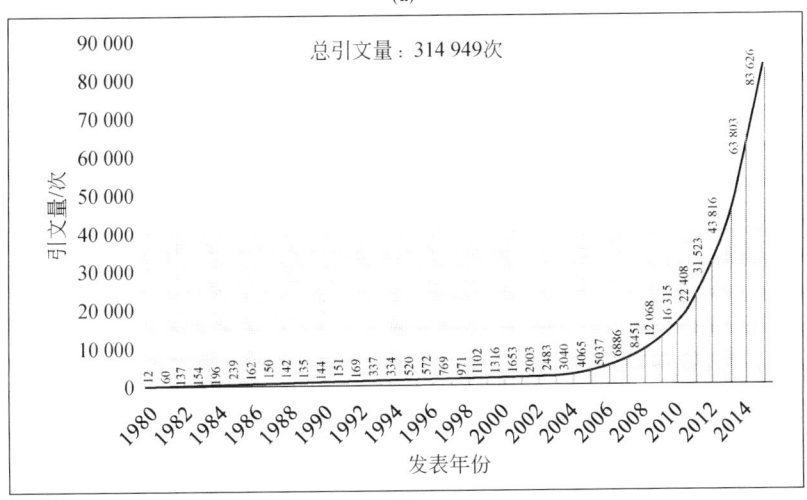

(b)

(c)

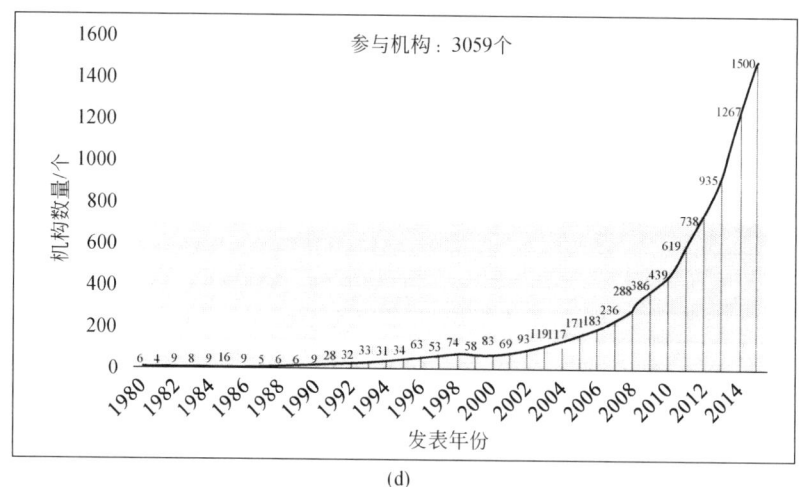

(d)

图 9-5　全球人工光合成研究 SCI 论文发文量、引文量、参与国家与机构数量年度变化态势

注：为便于作图，取 1980 年及之后的数据统计分析

从全球人工光合成研究被引频次最高的前 10 篇 SCI 论文来看（表 9-4），日本、美国和德国等课题组所做工作具有极高影响力，如工藤昭彦课题组在 2009 年发表的一篇综述论文被引次数已达到 2690 次，从一个侧面反映了其研究处于该领域顶尖水平，备受其他研究人员关注。纵观这 10 篇论文，其中有 6 篇是综述论文，包括：工藤昭彦课题组撰写的《水分解复相光催化剂材料》综述；Wasielewski 撰写的《人工光合成超分子系统中光致电子转移》综述；藤岛昭撰写的《TiO_2 光催化和表面现象》综述；美国劳伦斯伯克利国家实验室和中国西安交通大学两个课题组联合撰写的《基于半导体光催化分解水制氢》综述；Gust 课题组撰写的《基于生物学范式模拟光合细菌太阳能转换过程设计纳米功能器件》综述；Kamat 撰写的《太阳能转化器件纳米结构设计》综述。还有 4 篇是人工光合成研究领域的代表性成果，包括：美国迪尤肯大学 Khan 课题组于 2002 年报道了开发的一种化学改性 n 型 TiO_2 光催化剂分解水转化效率达到 11%；哈佛大学 Lieber 课题组于 2007 年报道了同轴硅纳米线光伏元件可作为研究光致能量/电荷转移和人工光合成的纳米尺度试验台；邹志刚课题组于 2001 年报道了掺杂镍的铟钽氧化物 $[In_{1-x}Ni_xTaO_4\ (x=0\sim0.2)]$ 可见光直接分解水光催化剂；王心晨课题组于 2009 年报道了一种石墨相聚合氮化碳（$g\text{-}C_3N_4$）可见光分解水光催化剂。

表 9-4　全球人工光合成研究被引频次最高的前 10 篇 SCI 论文

序号	论文题目	通讯作者	所在机构	来源期刊（年份）	被引次数/次
1	Heterogeneous photocatalyst materials for water splitting	工藤昭彦	东京理科大学	Chemical Society Reviews（2009）	2690
2	Photoinduced electron-transfer in supramolecular systems for artificial photosynthesis	M. R. Wasielewski[①]	阿贡国家实验室	Chemical Reviews（1992）	2501

---

① M. R. Wasielewski 现就职于美国西北大学。

续表

序号	论文题目	通讯作者	所在机构	来源期刊	被引次数/次
3	Efficient photochemical water splitting by a chemically modified n-TiO$_2$ 2	S. U. M. Khan	美国迪尤肯大学	Science（2002）	2479
4	TiO$_2$ photocatalysis and related surface phenomena	藤岛昭	神奈川科学技术研究院	Surface Science Reports（2008）	2401
5	Semiconductor-based photocatalytic hydrogen generation	X. B. Chen[①]	劳伦斯伯克利国家实验室	Chemical Reviews（2010）	2001
6	Coaxial silicon nanowires as solar cells and nanoelectronic power sources	C. M. Lieber	哈佛大学	Nature（2007）	1711
7	Direct splitting of water under visible light irradiation with an oxide semiconductor photocatalyst	邹志刚[②]	日本国立产业技术综合研究所	Nature（2001）	1675
8	A metal-free polymeric photocatalyst for hydrogen production from water under visible light	王心晨[③]	马普学会胶体与界面研究所	Nature Materials（2009）	1521
9	Mimicking photosynthetic solar energy transduction	D. Gust	亚利桑那州立大学	Accounts of Chemical Research（2001）	1442
10	Meeting the clean energy demand: Nanostructure architectures for solar energy conversion	P. V. Kamat	美国圣母大学	Journal of Physical Chemistry C（2007）	1258

9.4.3 主要国家分析

本次分析的 10 861 篇文献共涉及 83 个国家/地区，表 9-5 给出了发文量排名前 10 位国家的发文量及其被引情况。可以看出，中国发文量超过 4000 篇，在论文总数上遥遥领先其他国家，是美国的 2 倍多，但在总被引频次、篇均被引频次、被引率等被引指标方面均落后于美国，且篇均被引频次、论文被引率在前 10 名国家中几乎垫底，从一个侧面反映了我国有很多研究工作质量欠佳。而美国、日本虽然发文不到 2000 篇，但论文篇均被引频次是中国的 2 倍多，说明其开展的高质量研究工作具有较高影响力，备受其他机构的关注。从发文量年均变化情况来看（图 9-6），进入 21 世纪后日本和美国的主导地位逐渐被中国所取代，2015 年中国在该领域发文量已经突破总量的 50%，但研究质量有待进一步提高，需要转变以往发表文章"重量轻质"的思想，更加强调以高质量工作赢得高影响力。

表 9-5 人工光合成领域主要研究国家

国家/地区	论文总数/篇	总被引次数/次	篇均被引频次/次	论文被引率/%
中国	4 078	86 118	21.1	79.2
美国	1 948	94 215	48.4	89.2
日本	1 590	75 247	47.3	89.6
韩国	642	14 708	22.9	85.8

---

① X. B. Chen 现就职于密苏里大学堪萨斯城分校。
② 邹志刚现为南京大学教授，2015 年 12 月当选为中国科学院技术科学部院士。
③ 王心晨现为福州大学教授。

续表

国家/地区	论文总数/篇	总被引次数/次	篇均被引频次/次	论文被引率/%
德国	558	16 154	28.9	82.8
印度	548	6 674	12.2	82.7
英国	394	9 718	24.7	84.0
意大利	290	9 350	32.2	87.6
澳大利亚	267	9 825	36.8	86.1
西班牙	263	8 243	31.3	89.0

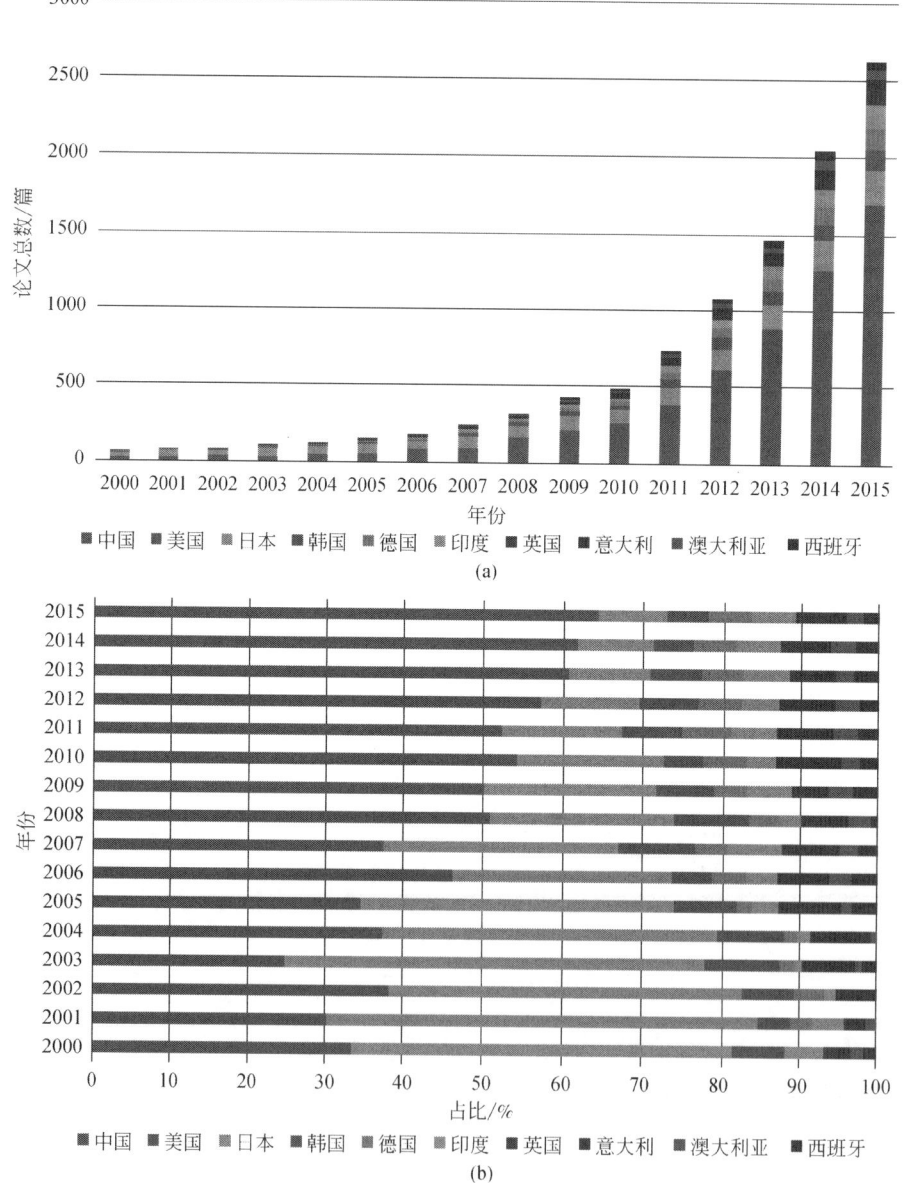

图 9-6　2000 年以来主要国家人工光合成研究 SCI 论文数量年度变化趋势（见彩图）

9.4.4 主要机构分析

本次分析的 10 861 篇文献共涉及超过 3000 家机构，表 9-6 给出了发文量前 20 位机构的被引情况。日本占据 9 席，以东京大学、东京工业大学、东京理科大学为代表的顶尖机构研究工作影响力非常显著，被引指标领先于其他国家机构，例如，东京理科大学论文篇均被引频次高达 88.6 次，也反映了日本在该领域强大的研究实力。中国占据 8 席，中国科学院整体在该领域的发文量排名第一，是第二名的 3 倍多，但论文影响力离顶尖机构还有很大差距，篇均被引频次和被引率不及日本、美国领先机构。

表 9-6 人工光合成领域发文量前 20 位研究机构

研究机构	论文总数/篇	总被引频次/次	篇均被引频次/次	论文被引率/%
中国科学院	809	20 038	24.8	81.0
东京大学	252	13 547	53.8	91.7
大阪大学	249	12 092	48.6	92.0
福州大学	227	9 930	43.7	86.3
日本科学技术振兴机构	201	7 459	37.1	87.6
东京工业大学	184	9 682	52.6	90.8
新加坡南洋理工大学	176	4 980	28.3	93.8
南京大学	151	3 372	22.3	84.8
上海交通大学	146	3 065	21.0	84.9
东京理科大学	146	12 934	88.6	93.8
天津大学	142	1 742	12.3	74.6
西安交通大学	142	4 294	30.2	87.3
加利福尼亚大学伯克利分校	137	7 674	56.0	89.8
京都大学	136	6 171	45.4	89.7
中国科学技术大学	124	1 873	15.1	80.6
日本国立材料研究所	120	6 422	53.5	87.5
北海道大学	117	5 751	49.2	87.2
瑞典乌普萨拉大学	116	4 363	37.6	92.2
日本东北大学	114	5 109	44.8	93.0
哈尔滨工业大学	112	1 862	16.6	85.7

从主要研究机构的合作情况来看，开展广泛的合作研究已成为普遍现象。例如，中国科学院与其他机构的合作论文有 527 篇，占到其论文总数的 65.1%；东京大学的合作论文有 208 篇，占到其论文总数的 82.5%；大阪大学的合作论文有 179 篇，占到 71.9%。再深入挖掘发文量排名前 15 位研究机构的合作对象（图 9-7）可以发现，日本国内各研究机构之间合作非常频繁，形成了复杂的合作网络，包括东京大学、日本科学技术振兴机构、东

京工业大学等顶尖机构不因其已处于领先地位而故步自封，而是积极开展与其他机构的合作研究，促进科学思想、人才的充分交流，推动产出原创性高质量研究工作。相比而言，中国研究机构之间的合作力度要稍弱一些，中国科学院明显处于国内合作网络的核心地位，福州大学、南京大学、天津大学与日本机构的合作较多。需要注意的是，中国科学院合作论文中仅有16.1%（85篇）是与前15位机构合作完成，与前25位机构合作比例也只占到23.5%，亟须扩大与国际顶尖机构的合作力度，提升研究水平。

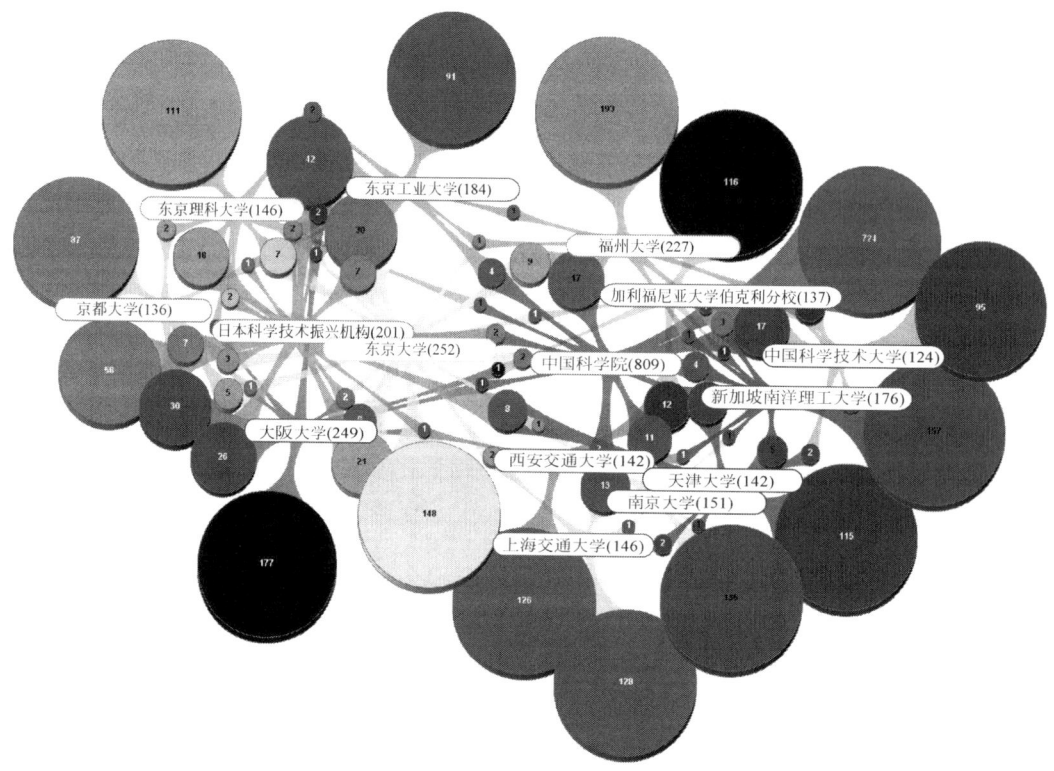

图9-7 人工光合成领域发文量前15位研究机构合作网络（见彩图）

9.4.5 主要研究人员分析

表9-7给出了主要研究人员在人工光合成领域论文被引情况。综合比较可以看出（图9-8），堂免一成（东京大学）、工藤昭彦（东京理科大学）、前田和彦（东京工业大学）等日本研究人员不仅发文量较多，且高质量的研究工作在该领域最具有影响力，无论从被引情况还是h指数均处于领先地位。中国科学家发文较多的包括南京大学邹志刚教授、西安交通大学郭烈锦教授、中国科学院大连化学物理研究所李灿院士、武汉理工大学余家国教授等。

表 9-7 人工光合成领域发文量前 15 位研究人员

研究人员	论文总数/篇	总被引次数/次	篇均被引频次/次	论文被引率/%	h 指数
堂免一成	213	16 105	75.6	95.3	65
前田和彦	119	9 823	82.5	94.1	45
邹志刚	116	4 379	37.8	81.0	29
郭烈锦	115	4 740	41.2	90.4	30
福住俊一	114	5 804	50.9	91.2	40
工藤昭彦	105	11 429	108.8	95.2	46
叶金花	84	5 540	66.0	89.3	32
李灿	77	4 096	53.2	87.0	30
孙立成	76	3 579	47.1	93.4	32
余家国	75	7 206	96.1	94.7	38
王心晨	70	5 510	78.7	91.4	30
吕功煊	66	1 839	27.9	90.9	23
Gust Devens	58	5 371	92.6	93.1	30
A. L. Moore	58	5 415	93.4	94.8	31
T. A. Moore	57	5 371	94.2	94.7	30

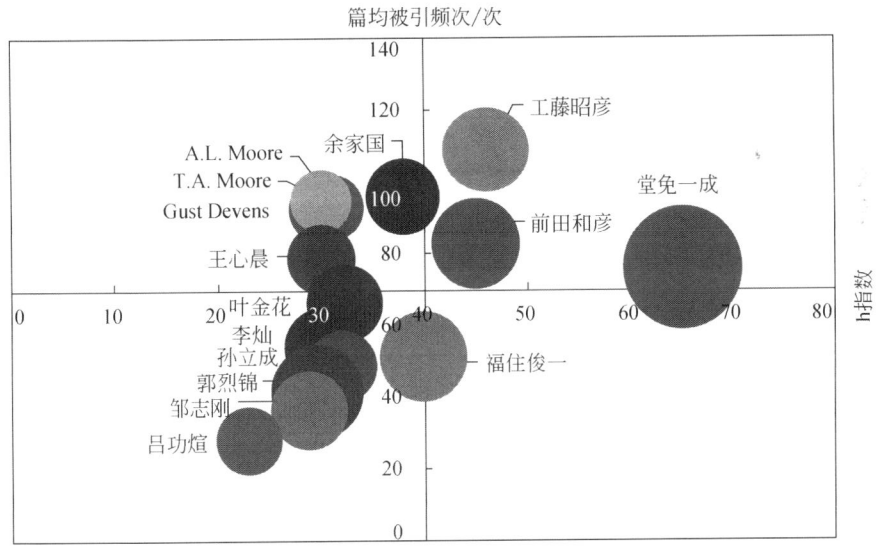

图 9-8 人工光合成领域主要研究人员综合比较

圆圈大小代表研究人员的发文量

9.5 我国发展现状及前景展望

由于光合作用研究在理论和实践上的重要意义，我国国家自然科学基金委员会近 10 年来开始重视资助能量爬坡的光催化分解水和还原二氧化碳人工光合成研究。长期以来，中国科学院等研究机构深入开展光合作用的机理研究及多学科交叉仿生模拟，使我国在人工光合成这一领域内取得了具有国际重要影响的成果，国内不少高校纷纷引进海外知名华人学者充实研究队伍，如南京大学引进邹志刚、福州大学引进王心晨、天津大学引进叶金花、大连理工大学引进孙立成等。为加快系统化研究进程，中国科学院在 2009 年启动的"太阳能行动计划"中将光化学转化和生物转化列为重要的研究方向（中国科学院，2009）。科技部在 2011 年和 2014 年分别启动了 973 计划项目"光合作用与人工叶片"（中国科学院生物物理研究所，2011）、"人工光合成太阳能燃料基础"（中国科学院大连化学物理研究所，2014）、"基于半导体人工光合成的二氧化碳能源化研究"（天津大学，2014），旨在开展光合作用物质基础及机理研究并研发光合作用模拟器件，设计构建能够发电、制氢、产油、产烃的人工光合系统。中国科学院在 2013 年发布的《科技发展新态势与面向 2020 年的战略选择》报告中将"光合作用及'人造叶绿体'将可能取得革命性突破"列为未来 10 年世界可能发生的 22 个重大科技事件之一，将形成战略性新兴产业，深刻影响世界能源资源格局（中国科学院，2013）。

我国科学家在人工光合系统相关研究紧跟国际前沿，并在部分领域取得了世界一流的成果。2004 年，由中国科学院生物物理研究所常文瑞院士带领的团队在光合膜蛋白研究领域取得了重大成果，完成了菠菜主要捕光复合物的晶体结构测定工作，并在《自然》杂志上发表这一成果，在国内外相关学术界引起强烈反响（Liu et al.，2004）。2013 年，中国科学院大连化学物理研究所李灿院士率领的团队在复合人工光合作用体系方面的系列研究取得新进展并受到国际同行的关注，受邀在《化学研究述评》上发表《光催化和光电催化中助催化剂的作用》综述文章（Yang et al.，2013）。2015 年年初，苏州大学康振辉教授课题组、李述汤院士、以色列 Yeshayahu Lifshitz 教授合作研发了一种新型光分解水的光催化剂（碳纳米点-C_3N_4复合物），能利用太阳能分解水制氢气，这种光催化剂，具有价廉、资源丰富、无污染、稳定性较高等优点，可使光制氢能量转化效率达到 2%，是目前同类催化剂的最高效率（Liu et al.，2015b）。2015 年 7 月，李灿院士课题组与日本东京大学堂免一成教授课题组合作发现，经一步氮化合成的 $MgTa_2O_{6-x}N_y$/TaON 异质结材料可有效促进光生电荷分离。基于此异质结材料，他们模拟自然光合作用原理，成功实现了完全分解水制氢，其 Z 型光催化体系制氢表观量子效率在波长 420 纳米光激发下高达 6.8%，为目前国际上最高（Chen et al.，2015）。中国科学院化学研究所张纯喜课题组自 1997 年以来一直从事光合作用裂解水催化中心的结构和机理研究，2015 年他们在人工模拟该生物催化中心研究中取得了里程碑式的重要进展，成功合成得到新型 Mn_4Ca 簇合物，是迄今为止与生物水裂解催化中心结构最为接近的模拟物（Zhang et al.，2015b），这类模拟物的获得是人工光合作用研究的重大突破，它对研究自然界光系统 II 水分解中心的结构和水分解机理有重要的参考价值，同时也可能对今后制备廉价、高效的人工水分解催化剂有重要的科学意义和应用价值。

中国科学技术大学江海龙教授课题组针对光活性无机半导体材料在光催化 CO_2 过程中吸附 CO_2 能力弱的难题，提出了采用广谱吸光金属有机骨架材料（MOFs）在其有效富集 CO_2 的同时将 CO_2 光催化还原为有用化学品的策略（Xu et al.，2015）。研究人员选择了一种由卟啉四羧酸配体与锆离子构筑的 MOF（PCN-222），通过有效整合 CO_2 捕获与可见光光催化双功能于一体，实现了从 CO_2 到甲酸根离子的高效/高选择性转化。研究表明，PCN-222 光还原 CO_2 的活性远高于其卟啉四羧酸配体（分子催化剂）。其合作者张群教授研究组通过细致解读超快瞬态光谱和稳态/瞬态荧光光谱数据，发现 PCN-222 骨架中存在的一类长寿命电子陷阱态在有效抑制光生电子-空穴复合方面的微观动力学机制，从而揭示了该 MOFs 材料光催化转化效率与光生电子-空穴分离效率之间的关系。这项研究工作不仅有助于加深对 MOFs 光催化过程中光生载流子作用机制的理解，也为后继研发更为高效的 MOFs 光催化剂开拓了新的视野。

展望未来，人工光合成取得革命性突破将从根本上变革能源和化工产业，有助于解决人类面临的三大问题：气候变化、能源安全，以及经济和生态系统可持续发展。这也是当今最重要的自然科学研究核心问题之一，是全世界共同关注的焦点。设计与制备新型光催化剂，以不需要外部牺牲电子给体的方式将水的氧化分解和 CO_2 的催化还原这两个半反应进行高效耦合是未来人工光合成研究的重点方向。尽管近年来研究取得了重大的突破，但如何将光子收集、激发、电荷分离及催化这一系列化学过程通过精确设计的分子催化体系从纳米尺度上进行精密调控，这是目前构筑人工光合成体系最重要的挑战，需要集合化学、材料、物理、生物等多学科研究力量，在下列方向开展工作：

（1）从理论计算、物理化学表征和合成模拟三个角度出发深入理解分子水平上的光催化机理，尤其强化光生载流子分离、传输及反应等微观过程的机理研究，为设计与制备新型光催化体系提供理论指导。

（2）集成不同材料和过程以提高其捕获、传输和转换太阳能的能力，包括设计与发现交联膜网络为全过程提供物理支撑网络，以及设计界面材料连接吸光材料和催化剂，能够高效控制集成系统。

（3）探索利用自组装和自修复机制进一步提高合成的光催化剂分子及其集光系统的光稳定性，使其能长时间发挥高效的催化效果。

（4）探索具有成本效益的高性能吸光材料和廉价非贵金属基光催化剂，为大规模产业应用奠定基础。

（5）开发和设计系统架构，能够将实验规模从纳米尺度放大到宏观尺度，建立小/中型人工光合试验系统与示范系统，为逐步放大生产做准备。

致谢：特别感谢中国科学院大连化学物理研究所韩洪宪研究员、章福祥研究员对本报告提供的宝贵意见和建议！

参 考 文 献

饭山辰之介．2015．【未来技术】人工光合作用：让 CO_2 变为化学产品的原料．http：//china．nikkeibp．com．cn/news/eco/74541-201505271601．html［2015-06-05］．

福住研究室．2015．研究テーマ．http：//www-etchem.mls.eng.osaka-u.ac.jp/mlset010/fukuweb/index_j.html［2015-12-25］．

根津祯．2015．人工光合效率终于达到 1.5%，东芝利用金纳米触媒实现．http：//

china. nikkeibp. com. cn/news/nano/73318. html? limitstart=0 [2015-01-21].

今堀博研究室. 2015. 研究概要. http://www. moleng. kyoto-u. ac. jp/~moleng_05/research. html [2015-12-30].

林仕伟, 潘能乾, 张烨, 等. 2013. 人类终极能源梦——太阳光分解水制氢研究进展. 科技导报, 31(14): 70-75.

日本文部科学省. 2015. 人工光合成による太陽光エネルギーの物質変換: 実用化に向けての異分野融合. http://artificial-photosynthesis. net/index. html [2015-12-28].

孙立成课题组. 2015. 研究方向. http://solar. dlut. edu. cn/yjfx. htm [2015-12-31].

天津大学. 2014. 2014年天津大学"973"项目实施工作推动会在校召开. http://www. tju. edu. cn/newscenter/headline/201401/t20140116_222363. htm [2015-12-28].

唐志强, 张晓茹. 2015. 巴黎气候变化大会通过全球气候新协定. http://news. xinhuanet com/world/2015-12/13/c_128524201. htm [2015-12-13].

吴聪萍, 周勇, 邹志刚. 2011. 光催化还原CO_2的研究现状和发展前景. 催化学报, 32(10): 1565-1572.

新エネルギー・産業技術総合開発機構 (NEDO). 2015a. 人工光合成の水素製造で世界最高レベルのエネルギー変換効率2%を達成. http://www. nedo. go. jp/news/press/AA5_100372. html. [2015-04-08].

新エネルギー・産業技術総合開発機構 (NEDO). 2015b. 二酸化炭素原料化基幹化学品製造プロセス技術開発平成27年度実施方針. http://www. nedo. go. jp/content/100756339. pdf [2015-12-24].

中国科学院. 2009. 中国科学院启动太阳能行动计划. http://www. cas. cn/zt/hyzt/09work/yw/200910/t20091027_2636957. html [2015-11-08].

中国科学院. 2013. 科技发展新态势与面向2020年的战略选择. 北京: 科学出版社.

中国科学院大连化学物理研究所. 2014. "973"项目人工光合成太阳能燃料基础启动. http://www. cas. cn/xw/yxdt/201404/t20140409_4087778. shtml [2015-11-20].

中国科学院生物物理研究所. 2011. 科技部973计划重大科学问题导向项目"光合作用与人工叶片"正式启动. http://www. ibp. cas. cn/zhxw/2011zhxw/201101/t20110124_3066790. html [2015-11-29].

Armaroli N, Balzani V. 2007. The future of energy supply: challenges and opportunities. Angewandte Chemie International Edition, 46: 52-66.

Atwater Research Group. 2015. Research. http://daedalus. caltech. edu/research/ [2015-12-25].

Brillet J, Cornuz M, Le Formal F, et al. 2010. Examining architectures of photoanode-photovoltaic tandem cells for solar water splitting. Journal of Materials Research, 25 (1): 17-24.

Cai B, Wang J, Gan S, et al. 2014. A distinctive red Ag/AgCl photocatalyst with efficient photocatalytic oxidative and reductive activities. Journal of Materials Chemistry A, 2 (15): 5280.

Center for Bio-Inspired Solar Fuel Production (BISfuel). 2015. Devens Gust. http://solarfuel. clas. asu. edu/devens-gust [2015-12-22].

Chen S, Qi Y, Hisatomi T, et al. 2015. Efficient Visible-Light-Driven Z-Scheme overall water splitting using a $MgTa_2O_{6-x}N_y$/TaON heterostructure photocatalyst for H_2 evolution. Angewandte Chemie International Edition, 54 (29): 8498-8501.

Chen X B, Shen S H, Guo L J, et al. 2010. Semiconductor-based photocatalytic hydrogen generation. Chemical Reviews, 110 (11): 6503-6570.

Chen X, Zhou Y, Liu Q, et al. 2012. Ultrathin, single-crystal $WO_{(3)}$ nanosheets by two-dimensional oriented attachment toward enhanced photocatalytic reduction of $CO_{(2)}$ into hydrocarbon fuels under visible light. ACS Applied Materials & Interfaces, 4 (7): 3372-3377.

Cheng H, Huang B, Liu Y, et al. 2012. An anion exchange approach to Bi_2WO_6 hollow microspheres with efficient visible light photocatalytic reduction of CO_2 to methanol. Chemical Communications, 48（78）: 9729-9731.

DOE. 2010. California team to receive up to ＄122 million for energy innovation hub to develop method to produce fuels from sunlight. http://energy.gov/articles/california-team-receive-122-million-energy-innovation-hub-develop-method-produce-fuels［2015-11-20］.

DOE. 2015a. Energy department to provide ＄75 million for "Fuels from Sunlight" hub. http://www.energy.gov/articles/energy-department-provide-75-million-fuels-sunlight-hub［2015-04-28］.

DOE. 2015b. Joint center for artificial photosynthesis brochure. http://solarfuelshub.org/downloads/2015%20JCAP%20Brochure.pdf［2015-12-20］.

Domen K, Naito S, Soma M, et al. 1980. Photocatalytic decomposition of water vapour on an $NiO-SrTiO_3$ catalyst［J］. Journal of the Chemical Society, Chemical Communications, 12: 543-544.

Domen Laboratory. 2015. Research. http://www.domen.t.u-tokyo.ac.jp/english/index_framepage_E.html［2015-12-30］.

European Science Foundation. 2012. EuroSolarFuels: molecular science for a conceptual transition from fossil to solar fuels. http://www.esf.org/coordinating-research/eurocores/completed-programmes/eurosolarfuels.html［2015-12-12］.

Fujishima A, Honda K. 1972. Electrochemical photolysis of water at a semiconductor electrode. Nature, 238（5358）: 37-38.

Garcia-Esparza A T, Cha D, Ou Y, et al. 2013. Tungsten carbide nanoparticles as efficient cocatalysts for photocatalytic overall water splitting. Chemsuschem, 6（1）: 168-181.

Gui M M, Chai S P, Xu B Q, et al. 2014. Enhanced visible light responsive $MWCNT/TiO_2$ core-shell nanocomposites as the potential photocatalyst for reduction of CO_2 into methane. Solar Energy Materials and Solar Cells, 122: 183-189.

IEA. 2015. World Energy Outlook 2015. http://www.iea.org/Textbase/npsum/WEO2015SUM.pdf［2015-11-11］.

In S I, Vaughn D D, Schaak R E. 2012. Hybrid $CuO-TiO_{(2-x)}N_{(x)}$ hollow nanocubes for photocatalytic conversion of CO_2 into methane under solar irradiation. Angewandte Chemie International Edition, 51（16）: 3915-3918.

Ishitani-Maeda Laboratory. 2015. Research. http://www.chemistry.titech.ac.jp/~ishitani/en/research_en.html［2015-12-31］.

Kanan M W, Nocera D G. 2008. In situ formation of an oxygen-evolving catalyst in neutral water containing phosphate and Co^{2+}. Science, 321（5892）: 1072-1075.

Khaselev O, Turner J A. 1998. A monolithic photovoltaic-photoelectrochemical device for hydrogen production via water splitting. Science, 280（5362）: 425-427.

Kim H, Monllor-Satoca D, Kim W, et al. 2015. N-doped TiO_2 nanotubes coated with a thin TaO_xN_y layer for photoelectrochemical water splitting: dual bulk and surface modification of photoanodes. Energy & Environmental Science, 8（1）: 247-257.

Kim J Y, Jang J W, Youn D H, et al. 2014. A stable and efficient hematite photoanode in a neutral electrolyte for solar water splitting: towards stability engineering. Advanced Energy Materials, 4（13）: 9201-9210.

Kiss B, Didier C, Johnson T, et al. 2014. Photocatalytic water oxidation by a pyrochlore oxide upon irradiation with visible light: rhodium substitution into yttrium titanate. Angewandte Chemie International Edition, 2014, 53（52）: 14 480-14 484.

KCAP. 2015. Organization. http://www.k-cap.or.kr/eng/info/index.html? sidx=4 [2015-12-30].

Kudo A, Miseki Y. 2009. Heterogeneous photocatalyst materials for water splitting. Chemical Society Reviews, 38 (1): 253-278.

Kudo Laboratory. 2015. Scientific projects. http://www.rs.kagu.tus.ac.jp/kudolab/e-index.html [2015-12-30].

Leif Hammarström Group. 2015. Research projects. http://www.kemi.uu.se/research/physical-chemistry/research-groups/leif-hammarstrom-group/reseach-projects/ [2015-12-30].

Lewis Research Group. 2015. Research. http://nsl.caltech.edu/research [2015-12-23].

Liang Y T, Vijayan B K, Lyandres O, et al. 2012. Effect of dimensionality on the photocatalytic behavior of Carbon-Titania nanosheet composites: charge transfer at nanomaterial interfaces. Journal of Physical Chemistry Letters, 3 (13): 1760-1765.

Liu C, Gallagher J J, Sakimoto K K, et al. 2015a. Nanowire-bacteria hybrids for unassisted solar carbon dioxide fixation to value-added chemicals. Nano Letters, 15 (5): 3634-3639.

Liu C, Tang, J Y, Chen H M, et al. 2013a. A fully integrated nanosystem of semiconductor nanowires for direct solar water splitting. Nano Letters, 2013, 13 (6): 2989-2992.

Liu J, Liu Y, Liu N Y, et al. 2015b. Metal-free efficient photocatalyst for stable visible water splitting via a two-electron pathway. Science, 2015, 347 (6225): 970-974.

Liu L, Zhao C, Zhao H, et al. 2013b. Porous microspheres of MgO-patched TiO_2 for CO_2 photoreduction with H_2O vapor: temperature-dependent activity and stability. Chemical Communications, 49 (35): 3664-3666.

Liu L, Gao F, Zhao H, et al. 2013c. Tailoring Cu valence and oxygen vacancy in Cu/TiO_2 catalysts for enhanced CO_2 photoreduction efficiency. Applied Catalysis B: Environmental, 134-135: 349-358.

Liu Q, Wu D, Zhou Y, et al. 2014. Single-crystalline, ultrathin $ZnGa_2O_4$ nanosheet scaffolds to pro, mote photocatalytic activity in CO_2 reduction into methane. ACS Applied Materials & Interfaces, 6 (4): 2356-2361.

Liu Z, Yan H, Wang K, et al. 2004. Crystal structure of spinach major light-harvesting complex at 2.72 A resolution. Nature, 2004, 428 (6980): 287-292.

Luo H L, Fang Z, Song N, et al. 2015. High surface area Antimony-Doped Tin Oxide electrodes templated by graft copolymerization. Applications in electrochemical and photoelectrochemical catalysis. Applied Materials & Interfaces, 7 (45): 25 121-25 128.

Maeda K, Takata T, Hara M, et al. 2005. GaN: ZnO solid solution as a photocatalyst for visible-light-driven overall water splitting. Journal of the American Chemical Society, 127 (23): 8286-8287.

Marszewski M, Cao S W, Yu J G, et al. 2015. Semiconductor-based photocatalytic CO_2 conversion. Materials Horizons, 2 (3): 261-278.

Mersch D, Lee C Y, Zhang J Z, et al. 2015. Wiring of photosystem II to hydrogenase for photoelectrochemical water splitting. Journal of the American Chemical Society, 137 (26): 8541-8549.

METI. 2012. Enforcement and fiscal plan of the future pioneering projects: development of fundamental technologies for green and sustainable chemical processes (innovative catalyst). http://www.meti.go.jp/english/press/2012/pdf/1128_02a.pdf [2015-12-08].

Meyer Group. 2015. Thomas J. Meyer. http://meyergroup.web.unc.edu/about-meyer/ [2015-12-28].

Morales-Guio C G, Mayer M T, Yella A, et al. 2015. An optically transparent iron nickel oxide catalyst for solar water splitting. Journal of the American Chemical Society, 137 (31): 9927-9936.

Neatu S, Macia-Agullo J A, Concepcion P, et al. 2014. Gold-copper nanoalloys supported on TiO_2 as photocatalysts for CO₂ reduction by water. Journal of the American Chemical Society, 136 (45): 15 969-15 976.

Nikkei Electronics. 2013. Panasonic shows artificial photosynthesis of methane. http://techon.nikkeibp.co.jp/english/NEWS_EN/20131214/322741/ [2015-11-23].

Nocera Lab. 2015. Research in the Nocera Group. http://nocera.harvard.edu/Research [2015-12-18].

Nozik A J. 1976. p-n photoelectrolysis cells. Applied Physics Letters, 29 (3): 150.

Panasonic. 2012. Panasonic develops highly efficient artificial photosynthesis system generating organic materials from carbon dioxide and water. http://news.panasonic.com/press/news/official.data/data.dir/2012/07/en120730-5/en120730-5.html [2015-12-29].

Park H, Choi J H, Choi K M, et al. 2012. Highly porous gallium oxide with a high CO₂ affinity for the photocatalytic conversion of carbon dioxide into methane. Journal of Materials Chemistry, 22 (12): 5304.

Peidong Yang Group. 2015. Summary of research interests. http://nanowires.berkeley.edu/index.php/research/interests/ [2015-12-30].

Ran J, Zhang J, Yu J, et al. 2014. Earth-abundant cocatalysts for semiconductor-based photocatalytic water splitting. Chemical Society Reviews, 2014, 43 (22): 7787-7812.

Reece S Y, Hamel J A, Sung K, et al. 2011. Wireless solar water splitting using silicon-based semiconductors and earth-abundant catalysts. Science, 334 (6056): 645-648.

Rosseler O, Shankar M V, Du M K-L, et al. 2010. Solar light photocatalytic hydrogen production from water over Pt and Au/TiO₂ (anatase/rutile) photocatalysts: Influence of noble metal and porogen promotion. Journal of Catalysis, 269 (1): 179-190.

Schreier M, Curvat L, Giordano F, et al. 2015. Efficient photosynthesis of carbon monoxide from CO₂ using perovskite photovoltaics. Nature Communications, 6: 7326.

Seo S W, Park S, Jeong H Y, et al. 2012. Enhanced performance of NaTaO₃ using molecular co-catalyst [Mo₃S₄]⁴⁺ for water splitting into H₂ and O₂. Chemical Communications, 48 (84): 10 452-10 454.

Silva C G, Juarez R, Marino T, et al. 2011. Influence of excitation wavelength (UV or visible light) on the photocatalytic activity of titania containing gold nanoparticles for the generation of hydrogen or oxygen from water. Journal of the American Chemical Society, 133 (3): 595-602.

Sivula K. 2013. Solar-to-chemical energy conversion with photoelectrochemical tandem cells. Chimia (Aarau), 67 (3): 155-161.

Sogang University. 2011. Korea center for artificial photosynthesis (KCAP). http://www.sogang.ac.kr/newsletter/news2011_eng_1/news12.html [2015-12-20].

Solar Fuels Institute. 2016. Solar fuels research & applications. http://www.solar-fuels.org/research-applications/ [2016-01-20].

Swedish Consortium for Artificial Photosynthesis. 2014. Welcome. http://www.solarfuel.se/solar-fuels/ [2015-11-30].

Takata T, Pan C, Nakabayashi M, et al. 2015. Fabrication of a core-shell-type photocatalyst via photodeposition of group IV and V transition metal oxyhydroxides: an effective surface modification method for overall water splitting. Journal of the American Chemical Society, 137 (30): 9627-9634.

Thaminimulla C T K, Takata T, Hara M, et al. 2000. Effect of chromium addition for photocatalytic overall water splitting on Ni-K₂La₂Ti₃O₁₀. Journal of Catalysis, 196 (2): 362-365.

Thapper A, Styring S, Saracco G, et al. 2013. Artificial photosynthesis for solar fuels-an evolving research field within AMPEA, a joint programme of the European Energy Research Alliance. Green, 3 (1): 43-57.

Tu W, Zhou Y, Liu Q, et al. 2012. Robust hollow spheres consisting of alternating titania nanosheets and graphene nanosheets with high photocatalytic activity for CO_2 conversion into renewable fuels. Advanced Functional Materials, 22 (6): 1215-1221.

Ullah K, Ullah A, Aldalbahi A, et al. 2015. Enhanced visible light photocatalytic activity and hydrogen evolution through novel heterostructure AgI-FG-TiO_2 nanocomposites. Journal of Molecular Catalysis A: Chemical, 410: 242-252.

Verlage E, Hu S, Liu R, et al. 2015. A monolithically integrated, intrinsically safe, 10% efficient, solar-driven water-splitting system based on active, stable earth-abundant electrocatalysts in conjunction with tandem III-V light absorbers protected by amorphous TiO_2 films. Energy & Environmental Science, 8 (11): 3166-3172.

Walter M G, Warren E L, McKone J R, et al. 2010. Solar water splitting cells. Chemical reviews, 110 (11): 6446-6473.

Wang Q, Li Y, Hisatomi T, et al. 2015. Z-scheme water splitting using particulate semiconductors immobilized onto metal layers for efficient electron relay. Journal of Catalysis, 328: 308-315.

Wang W N, An W J, Ramalingam B, et al. 2012. Size and structure matter: enhanced CO_2 photoreduction efficiency by size-resolved ultrafine Pt nanoparticles on TiO_2 single crystals. Journal of the American Chemical Society, 134 (27): 11 276-11 281.

Wang Y, Li B, Zhang C, et al. 2013. Ordered mesoporous CeO_2-TiO_2 composites: Highly efficient photocatalysts for the reduction of CO_2 with H_2O under simulated solar irradiation. Applied Catalysis B: Environmental, 130-131: 277-284.

Wasielewski Group. 2015. Research. http://sites.northwestern.edu/wasielewski/research/ [2015-12-26].

Wikipedia. 2016. Photosynthesis. https://en.wikipedia.org/wiki/Photosynthesis [2016-01-10].

Xie S, Wang Y, Zhang Q, et al. 2013. Photocatalytic reduction of CO_2 with H_2O: significant enhancement of the activity of Pt-TiO_2 in CH_4 formation by addition of MgO. Chemical Communications, 49 (24): 2451-2453.

Xie Y P, Liu G, Yin L, et al. 2012. Crystal facet-dependent photocatalytic oxidation and reduction reactivity of monoclinic WO_3 for solar energy conversion. Journal of Materials Chemistry, 2012, 22 (14): 6746.

Xu H Q, Hu J, Wang D, et al. 2015. Visible-light photoreduction of CO_2 in a metal-organic framework: boosting electron-hole separation via electron trap states. Journal of the American Chemical Society, 137 (42): 13 440-13 443.

Xu H, Ouyang S, Liu L, et al. 2014. Porous-structured Cu_2O/TiO_2 nanojunction? material toward efficient CO_2 photoreduction. Nanotechnology, 25 (16): 524-531.

Yan S, Wang J, Gao H, et al. 2013. Zinc gallogermanate solid solution: a novel photocatalyst for efficiently converting CO_2 into solar fuels. Advanced Functional Materials, 23 (14): 1839-1845.

Yan S, Yu H, Wang N, et al. 2012. Efficient conversion of CO_2 and H_2O into hydrocarbon fuel over $ZnAl_2O_{(4)}$-modified mesoporous ZnGaNO under visible light irradiation. Chemical Communications, 48 (7): 1048-1050.

Yang J, Wang D, Han H, et al. 2013. Roles of cocatalysts in photocatalysis and photoelectrocatalysis. Accounts of Chemical Research, 46 (8): 1900-1909.

Yu J, Wang K, Xiao W, et al. 2014. Photocatalytic reduction of CO_2 into hydrocarbon solar fuels over g-C_3N_4-Pt nanocomposite photocatalysts. Physical Chemistry Chemical Physics, 16 (23): 11 492-11 501.

Zhai Q, Xie S, Fan W, et al. 2013. Photocatalytic conversion of carbon dioxide with water into methane: platinum and copper (I) oxide co-catalysts with a core-shell structure. Angewandte Chemie International Edition, 52 (22): 5776-5779.

Zhang S, KangaP, Bakir Mohammed, et al. 2015a. Polymer-supported CuPd nanoalloy as a synergistic catalyst for electrocatalytic reduction of carbon dioxide to methane. Proceedings of the National Academy of Sciences, 112 (52): 15 809-15 814.

Zhang C X, Chen C H, Dong H X, et al. 2015b. A synthetic Mn_4Ca-cluster mimicking the oxygen-evolving center of photosynthesis. Science, 348 (6235): 690-693.

Zhang Z, Wang Z, Cao S W, et al. 2013. Au/Pt nanoparticle-decorated TiO_2 nanofibers with plasmon-enhanced photocatalytic activities for solar-to-fuel conversion. Journal of Physical Chemistry C, 117 (49): 25 939-25 947.

Zhou P, Yu J G, Jaroniec M. 2014. All-solid-state Z-scheme photocatalytic systems. Advanced Materials, 26 (29): 4920-4935.

10　类石墨烯二维半导体材料国际发展态势分析

姜　山　冯瑞华　万　勇　黄　健

(中国科学院武汉文献情报中心)

摘　要　石墨烯的成功制备掀起了对二维材料的研究热潮。石墨烯不具备天然带隙，在制作以半导体为基础的光、电器件方面存在瓶颈，因此，以二硫化钼为代表的二维过渡金属二硫属化合物（TMDs）、黑磷、六方氮化硼等具有不同带隙的类石墨烯二维半导体材料成为近年来的研究热点。

本报告列举了从美国国家科学基金会（NSF）、欧盟委员会等机构在类石墨烯二维半导体方向上资助的一些研究项目，一定程度上揭示出欧美地区在该方向上的研究布局。

本报告详细总结了近年来以二硫化钼为代表的半导体性二维TMDs、黑磷、六方氮化硼、硅烯、砷烯、碲烯等二维材料的研究动态，包括各国在这类材料的制备、性能以及应用方面开展的研究工作。特别是二维TMDs，除介绍其单质材料外，还对此类材料的合金，以及它们与其他二维材料的异质结构展开介绍。总体而言，二维半导体材料的制备方法包括自上而下的机械剥离法、锂离子插层剥离法、液相超声剥离法、电化学剥离法等，以及自下而上的化学气相热沉积、水热法等。目前，二维半导体材料的应用多停留在实验室阶段，多数应用集中在晶体管、光电器件、锂电池、析氢催化、传感器、癌症靶向治疗等领域。

通过对类石墨烯二维半导体材料进行文献计量分析发现，中国、美国是目前发表相关SCI论文最多的两个国家，但中国论文的被引频次在论文数量TOP10国家中是最低的，影响力有限。中国科学院、日本国立材料科学研究所、新加坡南洋理工大学在类石墨烯二维半导体材料中是论文数量最多的机构。美国莱斯大学的Pulickel M. Ajayan博士、沙特阿卜杜拉国王科技大学的中国台湾学者李连忠，以及日本国立材料科学研究所的谷口贵志是在该领域发表论文最多的研究学者。

关键词　二维半导体　过渡金属　二硫属化合物　黑磷　六方氮化硼　研究态势　文献计量

10 类石墨烯二维半导体材料国际发展态势分析

10.1 引言

2004年,英国曼彻斯特大学安德烈·海姆(Andre Konstantin Geim)和康斯坦丁·诺沃肖罗夫(Konstantin Sergeevich)首次用机械剥离法从石墨中分离出了单层石墨烯(Novoselov et al.,2014)。石墨烯仅有一个碳原子的厚度,是人类首次制备出单原子级别厚度的二维材料。石墨烯具有诸多优良的力学、热学和电学性能,在纳米电子学、能源、功能材料等方面都具有广阔的应用前景(Novoselov et al.,2012)。他们也因为在二维石墨烯材料的开创性实验而获得了2010年的诺贝尔物理学奖。

石墨烯打开了二维材料之门,它的成功激发了人们对其他二维材料的巨大研究兴趣。短短几年时间,世界各地的实验室都加入了追寻二维材料的行列。自从石墨烯制备以来,利用物理剥离、化学气相沉积等方法,多种二维材料已从实验上成功合成(图10-1),但大面积材料制备尚有进步空间。二维材料体系丰富多样,结构新颖,当厚度从体材料减少至单层后,它们表现出许多奇特的物理化学性质,在未来的电子、信息、能源等领域具有巨大的应用潜力,二维材料及其纳米结构的相关研究已成为最活跃的前沿之一。

石墨烯家族	石墨烯	六方氮化硼(hBN)"白色石墨烯"	硼碳氮(BCN)	氟化石墨烯	石墨烯氧化物
2D硫属化合物	MoS_2, WS_2, $MoSe_2$, WSe_2		半导体硫属化合物 $MoTe_2$, WTe_2, ZrS_2, $ZrSe_2$等	金属硫属化合物: $NbSe_2$, NbS_2, TaS_2, TiS_2, $NiSe_2$等	
				层状半导体: $GsSe$, $GaTe$, $InSe$, Bi_2Se_3等	
2D氧化物	云母类铋锶钙铜氧化物	MoO_3, WO_3	钙钛矿型: $LaNb_2O_7$, $(CsSr)Nb_3O_{10}$, $Bi_4Ti_3O_{12}$, $Ca_2Ta_2TiO_{10}$等	氢氧化物: $Ni(OH)_2$, $Eu(OH)_2$等	
	层状铜氧化物	TiO_2, MnO_2, V_2O_5, TaO_3, RuO_2等		其他	

图10-1 现有单层二维材料特性总表(见彩图)

资料来源:Geim和Grigorieva(2013)

以室温存在稳定性由高到低,其区域依次为蓝色、绿色、红色。蓝色区域已经实验证实,红色区域为惰性气体环境可稳定存在,在一般空气中不稳定。灰色区域为可经由剥离后形成单层二维材料

石墨烯是目前研究最为广泛的二维材料,但其带隙为零,限制了它在许多领域中的应用,特别是在信息电子学领域的应用。作为石墨烯的类似物,具有半导体带隙、以二硫化钼(MoS_2)为代表的TMDs、黑磷、六方氮化硼、砷烯、锑烯等二维半导体材料备受关注。二维半导体材料具有以下优势:①可见光谱段的直接能隙,这意味着它是光电应用的理想材料;②除自旋外,载流子同时还携带着能谷指标,可用于发展新兴的自旋和能谷电子学器件;③二维的限制和载流子较大有效质量导致其极强的库仑相互作用,比传统半导

体材料大一个数量级以上。因此，二维半导体材料在光电、自旋电子学、生物传感、超级电容器、太阳能电池、锂离子电池中等具有重要的应用。

TMDs 具有三明治结构，中间的夹心层由金属原子（Mo、W、Nb、Re、Ni、V 等）以六边形构成，上下两层为硫簇原子（通常是 S、Se 和 Te），形成了大约 40 种不同的材料，MoS_2 的原子结构图见图 10-2。2010 年，瑞士联邦理工学院的 Kis 团队（Radisavljevic et al., 2011a）利用 MoS_2 制出了首个单层晶体管。诸多研究显示，MoS_2 能有效吸收和发射光，使其有望用于太阳能电池和光电探测器。单层 TMDs 能捕获超过 10% 的摄入光了，其光电相互转化的能力使其有望用于光传输信息，用作微小的低功率光源，甚至激光。TMDs 能吸收和释放单个光子，而量子密码和通信领域正需要这样的发射器，当你"按下按钮，就能得到一个光子"。现有的单光子发射器通常由块状半导体制成，而二维材料将更小且更容易与其他设备集成。

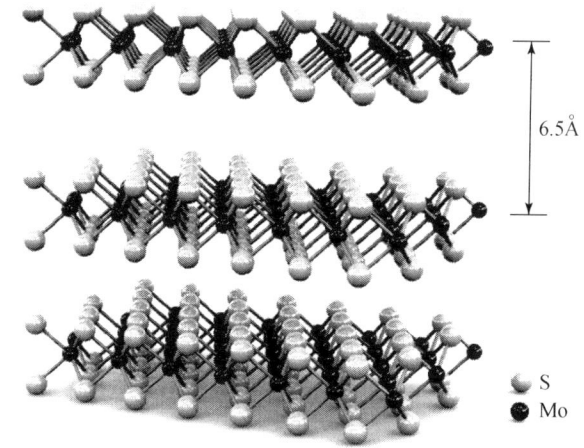

图 10-2　二硫化钼原子结构图

与无带隙的单层石墨烯和具有一定带隙的双层石墨烯及复杂处理后的石墨烯纳米带（Bai et al., 2010）相比，单层 MoS_2 为直接带隙半导体材料，在数字电路和发光二极管中具有潜在应用价值。例如，单层 MoS_2 场效应晶体管在室温下的开关比高达 10^8，比石墨烯场效应晶体管要高很多。尽管一维结构的半导体器件是可能实现的，但是它们在高场，可扩展的系统中的应用仍然受到很大的限制，这是因为一维材料的性质强烈依靠直径和长度的变化。而二维材料可以避免这些限制，因为二维几何结构与器件的设计和构筑过程是兼容的，且已经在半导体工业中得到了应用。通过传统的材料合成方法可以改变二维材料的尺寸和厚度，从而调节其光学和电学性质。

黑磷是磷的一种同素异形体，是由单层的磷原子堆叠而成的二维晶体，其原子结构图见图 10-3。黑磷有一个半导体能隙，而且比硅烯更稳定。黑磷的半导体能隙是个直接能隙，将增强其和光的直接耦合，使黑磷成为未来光电器件的一个重要的二维半导体材料。2014 年，复旦大学张远波小组和美国普渡大学 Peide Ye 研究组（Li et al., 2014a）成功制备出基于新型二维晶体黑磷的场效应晶体管器件。黑磷是继石墨烯、MoS_2 之后的又一重要进展，为二维晶体材料家族增添了一位新成员。

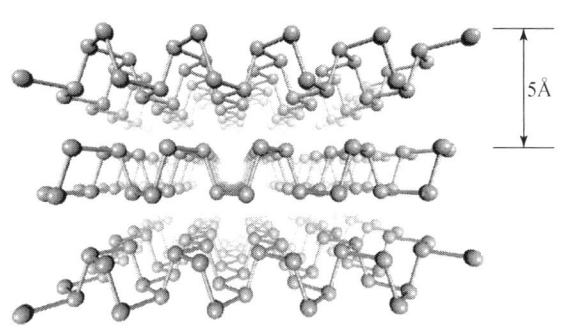

图 10-3 黑磷原子结构图

六方氮化硼又称白色石墨烯，其晶体结构和石墨相同，具有高度各向异性，可以通过机械剥离制备单层六方氮化硼，六方氮化硼的原子结构见图 10-4。由于表面平整，无悬挂键，化学稳定性好和介电特性好等原因，六方氮化硼可用作石墨烯的高性能衬底，也可以和石墨烯形成异质结和超结构，在基础研究和器件探索方面具有重要的应用潜力，为未来电子及光电传感器等超高频率设备的设计制造开辟了一条新途径，是二维半导体材料研究领域的重要热点。

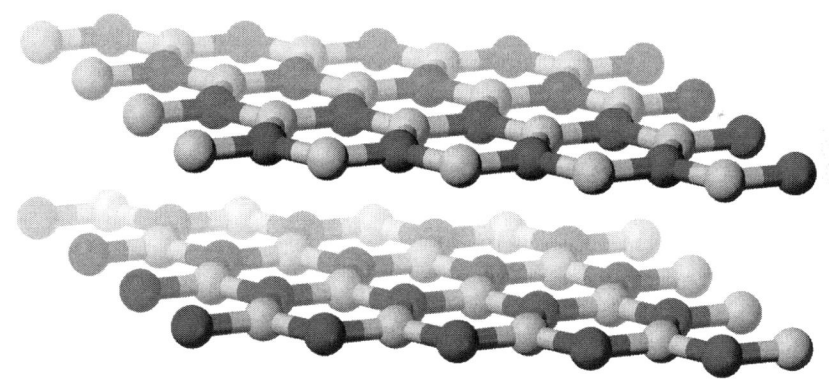

图 10-4 六方氮化硼原子结构图

单层砷烯和锑烯等属于新型二维单元素半导体，高稳定性、宽带隙的特点非常引人注目。未来还将涌现出性能更好、稳定性更强的二维半导体材料。以下将从二维半导体相关的研究项目、前沿研究进展以及文献计量分析等方面，展示二维半导体材料的发展趋势。

10.2 国外二维半导体相关的研究项目

二维半导体材料成为近几年的研究热点，以下主要从美国国家科学基金会、欧盟委员会等机构资助的一些研究项目，以及美国、欧盟建立的研究中心等方面揭示二维半导体材料的一些研究方向。

美国国家科学基金会支持了多项关于二维半导体材料的研究项目（表10-1），包括黑磷、二维原子晶体、二维金属硫化物、二维半导体纳米结构等。建立了多个二维材料研究中心，如麻省理工学院与微软技术实验室（MIT-MTL）石墨烯器件和二维系统中心（Center for Graphene Devices and 2D Systems）、宾夕法尼亚州立大学二维和层状材料中心以及哥伦比亚大学有关二维材料的新材料研究中心等。

表10-1 美国国家科学基金会资助的二维半导体项目

项目名称	承担单位	经费/万美元	起止日期
二维亚磷的电子性能	普渡大学	13.5	2014.8.15～2016.1.31
黑磷用于可调宽禁带传感器阵列	得克萨斯大学埃尔帕索分校	23.3	2015.7.15～2017.6.30
铁电混合型异质电子特性	内布拉斯加-林肯大学	41.0	2015.6.1～2018.5.31
探索非常规的配对对称性拓扑材料和新掺杂二维超导体	伊利诺伊大学香槟分校	75.0	2014.8.15～2017.7.31
石墨烯之外二维材料预测计算模型：缺陷和形态	密歇根大学安娜堡分校	40.3	2015.9.15～2018.8.31
二维材料激子学和极化	纽约市立大学城市学院	200.0	2015.8.1～2019.7.31
器件用二维原子晶体的表面工程和原子层沉积电介质研究	马里兰大学巴尔的摩县分校	30.0	2014.7.15～2017.6.30
具有可调电子和光学性质的新型非均匀应变二维材料的规模纳米制造	普渡大学	30.0	2015.9.1～2018.8.31
半导体纳米结构与类石墨烯材料的自旋、电荷和能源输运	密苏里大学哥伦比亚分校	22.0	2014.9.1～2017.8.31
二维材料和液体之间的界面新现象	范德比尔特大学	45.0	2015.5.15～2018.4.30
横向异质结：新概念二维材料电子制备与表征	加利福尼亚大学河滨分校	25.8	2014.08.15～2016.07.31
用于脑监测的二维材料基表皮有源传感器	得克萨斯大学奥斯汀分校	16.0	2015.07.01～2017.06.30
二维层状晶体缺陷重排与去除的多尺度建模	宾夕法尼亚州立大学大学城	40.7	2015.04.15～2018.03.31
合作研究：促进硅集成光通信有源元件二维金属二硫属化物开发研究	乔治·华盛顿大学	25.5	2014.09.01～2017.08.31

10 类石墨烯二维半导体材料国际发展态势分析

续表

项目名称	承担单位	经费/万美元	起止日期
合作研究：促进硅集成光通信有源元件二维金属二硫属化物开发研究	加利福尼亚大学河滨分校	25.5	2014.09.01~2017.08.31
合作研究：促进硅集成光通信有源元件二维金属二硫属化物开发研究	斯坦福大学	24.0	2014.09.01~2017.08.31
分层二硫属化物半导体	宾夕法尼亚州立大学大学城	28.8	2014.07.15~2017.06.30
高效CO_2电化学还原过渡金属二硫属化物催化剂	伊利诺伊大学芝加哥分校	33.0	2015.08.01~2018.07.31
可变形衬底上纳米材料弯电效应	得克萨斯大学奥斯汀分校	40.1	2014.02.01~2019.01.31
亚磷，未开发的2D高迁移率半导体	普渡大学	50.0	2015.09.01~2019.08.31
二维材料与溶剂、表面活性剂相互作用的模拟与实验研究：剥离、复合材料的自组装和润湿	麻省理工学院	33.0	2015.10.01~2018.09.30
光子应用的原子晶体薄膜层	伦斯勒理工学院	200.0	2014.09.01~2018.08.31
化学合成层状TiS_2纳米圆盘的光学性能、电荷转移性能研究	得克萨斯A&M大学	40.9	2014.07.01~2017.06.30
插层二硫属化物磁场相变	北艾奥瓦大学	27.0	2012.06.01~2016.05.31
高价过渡金属系统配体参数开发与应用	密歇根州立大学	43.5	2013.09.01~2016.08.31
过渡金属配合物催化增值反应	佛罗里达大学	46.5	2013.07.15~2016.06.30
基于石墨烯的超响应光感测设备	东北大学	40.0	2014.01.01~2018.12.31
基于隧道场效应晶体管和电路的二维层状异质结构	加利福尼亚大学圣塔芭芭拉分校	17.0	2015.09.01~2017.08.31

数据来源：美国国家科学基金会

　　欧盟对二维半导体的发展也很重视。欧盟委员会、欧盟研究理事会资助了多项二维材料的研究项目（表10-2），"地平线2020"计划也资助了多项相关的研究。英国曼彻斯特大学、瑞士洛桑联邦理工学院、德国慕尼黑工业大学等都承担了重要的研究项目。例如，由瑞士洛桑联邦理工学院领衔的基于2D二硫属化物的纳米电子项目研究的是用于半导体电子电路的二维过渡金属硫族化合物。英国曼彻斯特大学投入千万欧元研究基于原子超薄晶体的新材料结构等。

表10-2 欧盟资助的二维半导体项目

项目名称	承担单位	经费/万欧元	起止日期
基于二维二硫属化物的纳米电子	瑞士洛桑联邦理工学院	370.3	2013.03.01~2017.02.28
基于原子超薄晶体的新材料结构	英国曼彻斯特大学	1335.2	2013.11.01~2019.10.31
二维材料上有机晶体成核	英国曼彻斯特大学	192.2	2015.09.01~2020.09.01
亚磷功能化：先进多功能材料的新平台	意大利晶体学研究中心	199.6	2015.07.01~2019.07.01
重新设计半导电油墨的二维材料	西班牙巴斯克大学	296.3	2016.01.01~2019.01.01
非传统二维材料自旋电子	西班牙巴伦西亚大学	15.8	2015.05.18~2017.05.18
基于二维材料/硅的磁性传感器	英国曼彻斯特大学	19.5	至2017.04.01
石墨烯以外的原子尺度二维材料基本属性	德国慕尼黑工业大学	15.9	至2017.05.01
解锁二维材料可控应变新物理性能	德国柏林自由大学	199.7	2015.11.01~2020.11.01
可见光波段功能二维超材料	法国国家科学研究中心	200.0	2015.09.01~2020.09.01
硅烯，纳米电子学新材料	德国慕尼黑工业大学	16.2	2015.02.01~2017.01.31
二维材料多体物理学和超导性质	德国科隆大学	192.9	2015.06.01~2020.06.01
半导体和金属纳米片：二维电子机械材料	爱尔兰都柏林圣三一学院	140.6	2010.10.01~2016.09.30
原子平板需求的类似乐高的材料、结构和器件集成	英国曼彻斯特大学	220.0	2013.05.01~2018.04.30

资料来源：欧盟委员会

新加坡也非常重视二维半导体材料的发展。早在2010年，新加坡国立大学就建立了石墨烯研究中心，获得国家4000万美元的创业基金和1000多平方米的实验室空间。2011年，该中心获得了两项重要资助：一项为来自新加坡国家研究基金会的1000万美元，重点研究石墨烯之外的二维晶体材料的生长、研究和商业化；另一项为来自新加坡国家研究基金会的5000万美元资金，与美国加利福尼亚大学伯克利分校和南洋理工大学合作，重点研究基于二维晶体的新光伏系统。2014年，新加坡国家研究基金会又在新加坡国立大学设立二维材料研究中心，未来10年将该中心将获得5000万美元的资助，专注于基于二维材料的新器件的开发、合成等。新加坡国立大学先进二维材料中心的研究除了石墨烯，还包括黑磷、二硫化钼等过渡金属硫化物等二维半导体材料（NUS，2015）。

10.3 类石墨烯二维半导体前沿研究

近年来，石墨烯、TMDs、硅烯、锗烯、六方氮化硼、黑磷等二维材料因其单层结构带来的特殊物理化学性质而得到广泛研究，人们希望这些材料能够在电子、能源、化工等多个领域得到应用，为传统的基于块体材料的系统带来革新。特别是在半导体领域，基于块体硅材料的集成电路在尺寸上已逐渐接近其物理极限，维持摩尔定律继续向前发展，必须寻找新的替代半导体材料，碳纳米管、石墨烯、MoS_2等具有绝佳电子性能的低维纳米材料因此得到众多研究人员的青睐。

然而，石墨烯、硅烯、锗烯等单原子层二维材料的带隙为零（Xu et al.，2013），因此，它们并非传统意义上的半导体，这使其难以被广泛应用于电子和光电子器件之中。以石墨烯为例，研究人员尝试过多种方法打开其带隙，如打开双层石墨烯的带隙（Quhe et al.，2012）、石墨烯功能化（Balog et al.，2010）、切割成石墨烯纳米带（Jiao et al.，2009）等，但是这些方法仍不能可控地获得室温晶体管需要的带隙（>0.4eV）。

部分TMDs（包括MoS_2、$MoSe_2$、WS_2、WSe_2等）的带隙为1.5~2.1eV之间（Fortin et al.，1982；Kuc et al.，2011；Ma et al.，2011）；单层六方氮化硼（h-BN）的实验带隙为6eV（Kim et al.，2012）以上（宽禁带半导体）；单层黑磷的带隙接近2eV（Castellanos-Gomez，2015）。因此，这类TMDs、h-BN，以及黑磷等具有带隙的二维半导体材料在最近几年获得研究界的大量关注。

表10-3　近年来人们发现常见二维材料的理论带隙与实验带隙

二维材料	理论带隙（eV）	实验带隙（eV）
石墨烯	0	0
双层石墨烯	0	0
单层硅烯	0	
单层锗烯	0	
单层 h-BN		6.07
2~5层 h-BN		5.92
单层 MoS_2	约1.90（直接带隙）	约1.90（直接带隙）
单层 WS_2	约1.8/2.1（直接带隙）	
单层 $MoSe_2$	约1.44（直接带隙）	
单层 $MoTe_2$	约1.07（直接带隙）	
黑磷	约0.3（直接带隙）	
砷烯	2.49（间接带隙）	
锑烯	2.28（间接带隙）	

资料来源：Xu 等（2013）

10.3.1 二维过渡金属二硫属化合物

二维 TMDs 是一类具有层状结构的化合物。这类材料可以用 MX_2 表示，这里的 M 代表 Ⅳ 族元素（Ti、Zr、Hf 等）、V 族元素（V、Nb 或 Ta）和 Ⅵ 族元素（Mo、W）等，X 代表硫属元素（S、Se 或 Te）。TMDs 为三明治结构，上下两层由硫簇原子构成，中间夹心层为金属原子以六边形构成，如图 10-5 所示。所有 TMDs 的整体结构是六角形或是菱形的，目前发现大约有 40 种不同构成的 TMDs。

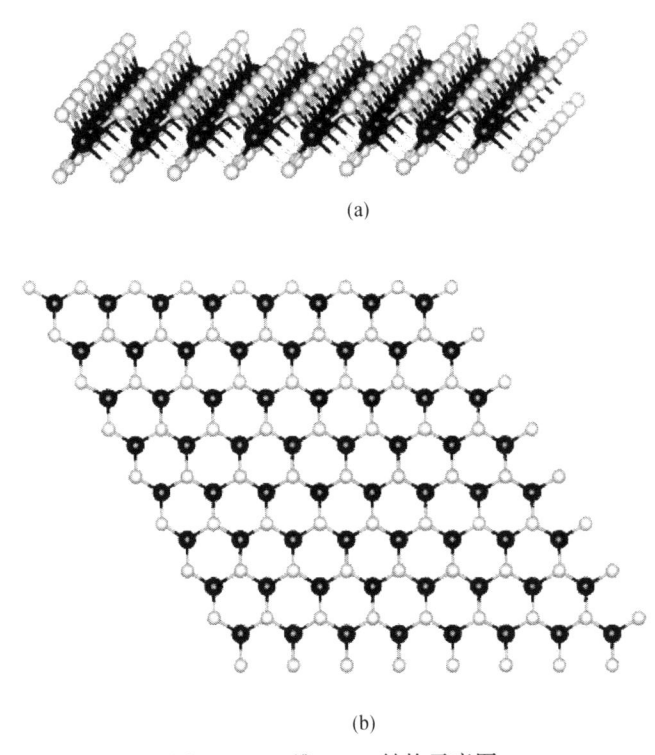

(a)

(b)

图 10-5 二维 TMDs 结构示意图

10.3.1.1 性能研究

块体 MX_2 具有非常多的重要特性，如半导体性、半金属磁性、超导性等，同时也在多个领域得到应用，如润滑剂、催化剂、光伏、超级电容、充电电池等。层状 TMDs 的三明治结构根据过渡金属原子和硫属元素原子的配位不同，有两种的六方晶格结构。一种是 $2H\text{-}MX_2$，呈规则的三角棱柱形排列，具有 D_{3h} 点群对称性；另一种是 $1T\text{-}MX_2$，呈八面体排列，具有 C_{3v} 对称性。

根据金属原子排列和氧化状态的不同，层状 TMDs 可呈现出半导体特性（M＝Mo、W 等）或金属特性（M＝Nb、Re 等）。MoS_2 作为典型的 TMDs 材料之一，人们曾经对其纳米片和纳米管形态下的电子结构和光学性质开展过研究，其最引人注意的特点是，它是拥有带隙的半导体材料，其块体形态下具有 1.20eV 间接带隙（Dolui et al.，2012）。

目前的多项研究（Mak et al.，2010；Splendiani et al.，2010；Korn et al.，2011）证实，MoS_2 材料从块体变为单原子层材料的过程中，其带隙从 1.29eV 的间接带隙变为 1.90eV 的直接带隙。这使单原子层的 MoS_2 的光致发光量子产率提高了超过 10^4 倍。单层和多层 MoS_2 的特殊电子结构以及因此导致的特殊光学性质源自其导带与价带特征。随着多层 MoS_2 材料的层数逐渐减少至单层，位于 Γ 点的价带顶逐渐向布里渊区的 K 点移动。采用锂离子插层化学剥离法获得的 MoS_2 薄层（厚度<5nm），因其结构被改变，导致光致发光效应消失，但经过退火后，薄层会重新获得光致发光效应（Eda et al.，2011）。

通常而言，随着温度的升高、发光峰宽化，半导体的光致发光强度会降低。这一现象往往是由于电子-空穴对非辐射性复合指数性升高而导致的。单层 MoS_2 和 $MoSe_2$ 也适用于这一规律，但对于双层和少层 $MoSe_2$ 等拥有间接带隙的材料，这一规律并不适用。Tongay 等（2012）研究发现，采用机械法剥离的双层和少层 $MoSe_2$ 薄膜的光致发光强度随着温度升高（-195~178℃）而升高。双层和少层 $MoSe_2$ 中的这种反常光致发光行为，与单层 $MoSe_2$ 和 MoS_2，以及双层和少层 MoS_2 均不相同，显示出 TMDs 材料半导体性质的特殊性。此外，Tongay 等（2013a）利用 α 粒子辐照和高温退火两种方法，在单层二维 MoS_2 和 $MoSe_2$ 中产生阴离子空位缺陷，在通入氮气或者氧气的情况下，发现比原来更强的激子发光峰。其原因在于通过缺陷的引入，减小了载流子浓度，进一步减小了电荷库仑屏蔽，有利于激子生成，使得辐射复合率提高，从而提高了发光强度。

Kuc 等（2011）利用第一原理计算，对量子限制对单层和少层 MS_2（M=W、Nb、Re）电子结构的影响做了进一步的研究。他们发现 WS_2 与 MoS_2 相似，都展现出从间接带隙（块体，E_g=1.3eV）向直接带隙（单层，E_g=2.1eV）的带隙转变。在 $MoSe_2$ 和 $MoTe_2$ 单层纳米片中也存在量子限制引起的间接带隙向直接带隙的转变，通过自旋极化 DFT 计算得到它们的直接带隙分别为 1.44eV 和 1.07eV（Ma et al.，2011）。他们计算预估的单层 WS_2 的直接带隙为 1.8eV，略低于 Kuc 等的计算值。

在双层 MoS_2、WS_2、$MoSe_2$ 和 $MoTe_2$ 中，DFT 计算显示，在 2~3V/nm 垂直于样品面的外加电场的作用下，它们的间接带隙可以被降到 0（Boöker et al.，2001；Klein et al.，2001）。证明其带隙的可调性远比双层石墨烯（250meV）高。作为 MoX_2 材料中的一种普遍现象，带隙被降至 0 的临界电场值按照 S、Se、Te 的顺序降低。

外部应力会对包括石墨烯、MoS_2 等二维材料的电、光和结构性质造成影响，已成为新兴的研究领域之一。Yun 等（2012）研究了单层 2H-MX_2（M=Mo、W；X=S、Se、Te）电子结构的影响。通过进行第一原理计算，他们发现，即便这类材料的晶格常数与块体材料的理想晶格常数有轻微差别，也会引起导带底和价带顶位置的改变，使直接带隙向间接带隙转变。例如，单层 MoS_2 只有在其晶格常数（3.16Å）距理想值-1.3%~0.3%的小范围内变动时，才能保持直接带隙。当晶格常数降低至 3.1Å（-1.9%，压缩应力），带隙宽度由 1.73eV 增加至 1.86eV。当晶格常数增加到 3.299Å（4%，拉伸应力），单层 MoS_2 的带隙宽度会将为 0.83eV，若提高拉伸应力，使晶格常数增加 9.8%，会使其变为导体。

James Hone 与王中林等（Wu et al.，2014）在 2014 年报道了在二维 MoS_2 材料中发现了压电效应，并借此制造出透明、超小、超轻、可弯曲和拉伸的发电机和机械传感装置。

该研究发现压电效应的产生需要使用奇数层 MoS_2 材料，并使其向正确的方向弯曲。由于二维 MoS_2 材料的高度极性化，偶数层材料会使压电效应抵消，其晶体结构也使其只在特定的晶体取向上出现压电性。2015 年，美国劳伦斯伯克利国家实验室 Xiang Zhang 研究团队（Zhu et al., 2015）结合纳米压痕技术和横向外加电场，对二维 MoS_2 的压电性展开了量化测定，记录得到其压电系数为 2.9×10^{-10} C/m，这一系数可以媲美许多被广泛采用的压电材料，如氧化锌和氮化铝。

10.3.1.2 制备研究

到目前为止，已有多种制备方法来制备二维 TMDs，其纳米材料的合成方法主要分为自上而下（top-down）、自下而上（bottom-up）两种。前者是基于 TMDs 的层与层之间弱相互作用力（范德华力），一般包括机械剥离法、锂离子插层剥离法、液相超声剥离、电化学剥离法等；而后者主要有化学气相热沉积、水热法等。

1. 微机械剥离法

微机械剥离法是使用黏性胶带将其粘在 TMDs 块体材料上然后撕开，不断地重复这一过程即获得少数层甚至单层 TMDs 纳米材料。Yin 等（2011）采用机械剥离法成功制备了单层 MoS_2，厚度约为 0.8 纳米。

到目前为止，利用微机械剥离法获得的过渡金属硫属化物纳米材料的质量是最好的，且该法操作简单、需耗成本低，但是这种方法无法实现材料的大规模制备，且重复性较差，难以满足工业领域的需求。

2. 锂离子插层剥离法

锂离子插层剥离法是先利用锂离子插层剂（如正丁基锂等）与 MoS_2 粉末反应得到 Li_xMoS_2（$x\geq1$）插层化合物，然后插层化合物在水等质子性溶剂中剧烈反应，即可发生剥层过程，超声提取得到多层乃至单层的 MoS_2。Joensen 等（1986）在 1986 年通过该方法获得了大量单层 MoS_2 纳米片。

2011 年，Zeng 等（2011）采用了电化学锂电池装置，以 Li 金属箔片为阳极，MoS_2、乙炔、PVDF 混合泥浆涂覆的铜金属箔片为阴极，1M LiPF6/EC-DMC 为电解液，制得 Li_xMoS_2 的混合物，然后经过清洗和超声分散、离心分离等过程获得二维 MoS_2 纳米材料。

电化学锂离子插层剥离的方法可控性较好，所需条件不苛刻，耗时较少且在室温下就能进行，得到产量很高的单层 MoS_2，但纯度不高，操作过程较为复杂，且无法实现大规模制备。

3. 液相超声剥离法

液相剥离法一般分为两种：有机溶剂剥离法和水相表面活性剂法。2011 年，Coleman 等（2011）发展了基于超声剥离的二维纳米材料的制备技术，以 N-甲基吡咯烷酮为反应溶剂，MoS_2 粉末为反应物质，在超声波细胞粉碎仪的作用下进行超声，通过离心分离、真空干燥后获得 MoS_2 纳米片。2011 年，Smith 等（2011）发展了基于水相剥离二维纳米材料的制备方法，于水溶液中添加表面活性剂以改变反应溶液体系中的表面张力，从而到能够很好地剥离过渡金属硫属化合物块体材料，获得二维纳米材料水溶液。2014年，Gopalakrishnan等（2014）通过液相剥离法成功制备了MoS_2量子点点缀的MoS_2纳米片，MoS_2量子点尺寸约为2nm，MoS_2片横向尺寸约为$1\mu m$。

液相剥离法实现了MoS_2等多种二维过渡金属硫属化合物材料的批量制备，但是该方法剥离效率较低，仍然难以制备得到片层较薄的材料。

4. 电化学剥离法

Liu等（2014a）以铂为正极，单晶多层MoS_2为负极，以0.5M硫酸钠为溶液，通过电化学剥离的方法成功制备了横向尺寸为$5\sim50\mu m$的单层MoS_2纳米片。基于这种样品制成的背极FET的开关电流比高于10^6，场效应迁移率约为$1.2\ cm^2/(V\cdot s)$。电化学剥离方法优点在于方法简单且容易大规模制备，制备得到的MoS_2纳米片面积大。

5. 激光法

微机械力剥离法和化学剥离可以获得高质量的单层MoS_2，但难以控制样品的厚度、形状和尺寸。Castellanos-Gomez等（2012）利用激光产生的热使相对较厚的MoS_2纳米片的表面部分升华，从而将相对比较厚的多层MoS_2减到单层。通过激光法制备出来的单层MoS_2形状非常规则。并且其光电性质和直接用微机械力方法剥离下来的单层MoS_2相近。

微机械剥离法剥离出来的MoS_2纳米片中，单层的非常少，且不易寻得。如果将激光法与其配合，只要用微机械法剥离出相对比较薄的样品即可，然后用激光照射，就能够大大提高制备单层MoS_2的效率。

6. 化学气相沉积法

化学气相沉积法（CVD）是用不同的Mo源和S源，在不同的反应条件下在衬底上沉积得到MoS_2纳米片。相比"自上而下"的剥离方法，化学气相沉积得到的样品一般都是单层，且尺寸较大，但光学和电学性质往往不及剥离法等制备出的样品。

Zhan等（2012）利用电子束蒸镀法将单质Mo蒸发到SiO_2/Si衬底上，然后在双温退火炉中用单质硫粉将附有金属Mo的衬底还原形成MoS_2纳米片，通过控制溅射到衬底上的单质Mo的厚度来控制MoS_2的层数。这种方法得到的样品厚度不均匀，且样品的电子迁移率比用机械玻璃法制备出的低$4\sim5$个数量级。Laskar等（2013）也用电子束蒸发法把金属Mo蒸发到蓝宝石衬底上，然后将附有单质Mo的衬底在硫气氛中$500\sim1100℃$高温还原。实验结果表明，随着温度越高，样品质量越好，尺寸越大。该方法得到的MoS_2纳米片具有N型半导体特征，载流子浓度约为$10^{16}\ cm^{-3}$，电子迁移率高达$14cm^2/(V\cdot s)$。

Wang等（2013）在自制的管式炉采用硫化MoS_2法制备出了MoS_2纳米片。首先将MoO_3转化为MoO_2沉积到衬底上，形成大小为$5\sim20\mu m$的MoO_2纳米片，然后在硫气氛中被还原成MoS_2纳米片。实验结果表明，在850℃温度下，反应时间越短，形成的MoS_2层越薄。反应后用溶液法去除衬底和MoO_2剩下MoS_2纳米片。用该方法制备的样品表现为N

型半导体特征，电子迁移率约为 0.3 cm²/(V·s)，开关比约为 10^6。

Lee 等（2012a）在氮气保护下通过将 S 粉与 MoO_3 粉末加热至蒸发，将 Mo 原子沉积在 S 粉衬底表面得到单层的 MoS_2 纳米片。用该方法制备出的样品加工成 FET，其电子迁移率约为 0.02 cm²/(V·s)，开关比约为 10^4。Ling 等（2014）用芳香型分子作为仔晶，用 MoO_3 粉末做 Mo 源，S 粉做 S 源，通过改变衬底离 Mo 源的距离，发现长出来的三角形 MoS_2 纳米片的大小不一，最大的可高达 60μm，他们还用该方法直接在金、六方氮化硼和石墨烯表面生长出 MoS_2 纳米片。van der Zande 等（2013）使用洁净的衬底来减少成核点，在 SiO_2/Si 衬底上制备出了大面积、高结晶性的原子级厚度 MoS_2 三角形片层，有的三角形单晶边长高达 123μm。

Yu 等（2013a）在用 $MoCl_5$ 作为 Mo 源、S 粉作为 S 源，在衬底上生长出了质量较高的 MoS_2，衬底可以是蓝宝石、SiO_2/Si 或石墨。实验表明 Mo 源和衬底所在高温区的最佳反应温度为 850℃，反应时间为 10 分钟，S 粉所在的温区温度保持在 300℃。该方法获得的单层 MoS_2 的厚度约为 0.68nm，双层约为 1.4nm，样品的质量非常均匀。但这种方法制成的样品有很大缺陷，电学性能不理想。

Shi 等（2014）利用低压化学气相沉积法（LPCVD）在 Au 箔片上成功制备了单层 MoS_2，通过改变生长温度或者衬底位置使三角型单层 MoS_2 纳米片的尺寸由纳米级（200 纳米）变为了微米级。

高温硫化法是一种特殊的 CVD，该方法是在高温环境、还原性气体保护下，将 Mo 源（MoO_3、$MoCl_3$ 等）中的六价 Mo 还原到四价 Mo，然后在 S 源（H_2S、气态 S 单质）的硫化作用下制得纳米 MoS_2。Liu 等（2012）将蓝宝石或者 SiO_2/Si 衬底浸泡在 $(NH_4)_2MoS_4$ 溶液中，然后将样品先后置于氩气和氢气混合气体、氩气或氩气和硫混合气体中退火。结果显示，在氩气和硫的混合气体中退火制得的 MoS_2 质量更好，并且该方法制备的 MoS_2 可以转移到任意衬底上，表现为 N 型特征半导体，开关比为 10^5，电子迁移率也高达 6 cm²/Vs。Kong 等（2013）在还原性气体（氩气）保护下，将 Mo 源在 550℃反应 20 分钟，然后在 S 源中 220℃硫化成垂直排列层状 MoS_2 薄膜，长度约 10nm。

CVD 方法合成 WS_2 的基本策略与 MoS_2 类似。不过，作为前驱体的 WO_3 具有极高的升华温度（约 1500℃），与 MoO_3 相比更难进入气相参与硫化反应。

针对这一问题，研究人员进行了不同尝试。Gutierrez 等（2013）通过真空蒸镀将 WO_3 沉积在 SiO_2/Si 基底上，形成一层 5~10 Å 厚的薄膜，大大降低了 WO_3 的升华温度。然后将镀膜衬底在 800℃下进行硫化反应，生长得到了数量较多、形状较为规则、尺寸在 10μm 左右的 WS_2 三角形，进而研究了 WS_2 的拉曼及荧光光谱与层数的关联。在此基础上，他们将这一方法拓展用于 WS_2 薄膜的合成，实现了高结晶性、层数可控的 WS_2 薄膜的合成（Elias et al.，2013）。

Zhang 等（2013）使用真空系统进行 WO_3 的气相硫化。在低压下，WO_3 前驱体粉末可以在 900℃升华。此外，他们选用与 WS_2 晶格常数较为匹配的 Al_2O_3 作为衬底，生长得到尺寸约为 50μm 的 WS_2 三角形片层。结果表明，前驱体 WO_3 与生长衬底之间的距离、硫化气氛以及衬底种类与洁净程度等对所得样品的形貌与尺寸有显著影响。

Cong 等（2014）将生长衬底置于 WO_3 前驱体之上，并将 S 源与前驱体及衬底置于一端封口的套管之中，通过这种方法提高 WO_3 在套管中的浓度，从而促进 WS_2 的生长。他们最终在 SiO_2/Si 衬底上获得了尺寸约 150μm 的 WS_2 三角形片层。结果表明，基底的洁净程度直接影响 WS_2 的生长进而影响其尺寸。该研究团队还研究了 S 源的位置以及硫蒸汽通入的时机对 WS_2 形貌及其荧光强度的影响（Peimyoo et al., 2013）。

Gao 等（2015）采用 Au 为生长衬底的表面催化常压 CVD，实现了高质量、均一单层的毫米级尺寸 WS_2 单晶以及大面积薄膜的制备。他们发现 Au 的催化活性以及 Au 中极低的 W 溶解度，使得 Au 上 WS_2 的生长遵循自限制表面催化生长机制，进而保证了均一单层的高质量 WS_2 晶体的生长。此外，常压下制备的单层 WS_2 与金基体结合较弱，因此可采用电化学鼓泡方法在不损坏 Au 衬底的情况下实现 WS_2 的高质量转移。该方法制得的单层 WS_2 具有很高的结晶质量，表现出与机械剥离法制备的材料相比拟的光学和电学性质（远优于以惰性衬底 CVD 生长的材料）。

此外，Okada 等（2014）利用低沸点的 WCl_6 代替 WO_3 作为前驱体，为了提高三角形的覆盖率，他们将机械剥离的 h-BN 薄片作为衬底，在 900℃ 左右生长得到单层 WS_2。

7. 水热法

水热法一般是将合适的 Mo 源和 S 源化合物置于封闭的反应容器（水热反应釜）中，在还原剂和高温高压的水或其他有机溶剂条件下，生长得到一定层数的纳米薄片。水热条件下，常用 Mo 源包括 MoO_3、二水合钼酸钠、四水合钼酸铵、$Mo(CO)_6$ 等；S 源包括 KSCN、CH_4N_2S、S 粉、$CH_3C(S)NH_2$ 等；常用还原剂包括盐酸羟胺、水合肼、CH_4N_2S 等。此外，Yan 等（2013）将四硫代钼酸铵作为单一原料，于 N,N-二甲基甲酰胺/水混合溶剂中反应得到了 4~6nm 厚的 MoS_2 纳米片。近些年报道了许多 MoS_2 的水热制备方法，能够通过调节反应温度、时间等因素，控制合成一定厚度的薄层纳米片。

水热法具有操作简单、条件温和、污染小等优点，但反应过程中纳米粒子易团聚，很难控制合成单层的纳米片，且一般得到的晶体结晶性较差，大多需要经过退火处理。

8. 胶体化学法

胶体化学法是将一维纳米棒转换为二维纳米薄膜的化学反应过程。2007 年，Seo 等（2007）以 WS_2 为例，通过这种方法制备出了二维 WS_2 纳米薄膜。在氩气保护下，通过 $W_{18}O_{49}$ 纳米棒与十六烷基胺发生化学反应，随后在真空下加热并注入 CS_2，逐渐形成单层或多层的 WS_2 纳米层状晶体。这种方法同时适用于 MoS_2、GeS_2、TiS_2 等单层或多层纳米薄膜的制备。这种方法的优点在于简单方便，但是由于制备出的二维纳米薄膜的横向尺寸取决于一维纳米棒的纵向尺寸而导致该方法的可控性和重复性较差。

10.3.1.3 应用研究

1. 晶体管

由于具有直接带隙，单层 MoS_2 是一种很有前途的光电器件材料。近几年来，MoS_2 材料在器件方面取得了较大的突破。2011 年，Radisavljevic 等（2011a）用微机械剥离的方

法从块体 MoS_2 上剥离出单层 MoS_2，而后将其转移到 270nm 厚的 SiO_2/Si 衬底上，然后电子束刻蚀出 50nm 的金电极，用原子层积方法制作出 30nm 厚的 HfO_2 栅极介电层，制作出场效应晶体管（FET）器件，其室温条件下电子迁移率达到 $200cm^2/(V·s)$，电流开关比高达 10^8。随后，Radisavljevic 等（2011b）首次将这种单层 MoS_2 场效应晶体管器件组合成逻辑集成电路。Wang 等（2012）利用制备的双层 MoS_2 晶体管成功制造了集成电路，该晶体管结构表面具有多种特性，如电流饱和、开关比 $>10^7$、导通状态下的电流密度 $>23 \mu A/\mu m$。Kwak 等（2014）在绝缘/p^+-Si 衬底上成功构造了多层 MoS_2/石墨烯异质结器件，沟道长度为 $10\sim20\mu m$。

Yin 等（2012）于 2012 年报道首次制作了以单层 MoS_2 的光电晶体管，其光响应度为 7.5 mA/W，优于石墨烯的同类器件。2013 年，Lopez-Sanchez 等（2013）基于单层 MoS_2 制造的光电晶体管，其光响应速度在 561nm 处达到了较高的 880A/W，可与基于硅的光电晶体管相比拟，充分表现了其在光电晶体管中的应用前景。而 Roy 等（2013）以 MoS_2/石墨烯复合材料组装的光电器件，室温条件下其光响应度甚至超过了 $5\times10^8 A/W$，有望获得更佳的实际应用。

2. 传感器

鉴于 MoS_2 材料在晶体管应用方面的优异表现，基于薄层 MoS_2 场效应晶体管的气体传感器也拥有良好的应用前景。基于 MoS_2 的光晶体管具有良好的光敏感性，能用作光传感器，此外，MoS_2 纳米材料在生物化学传感方面也有较多应用。

2012 年，He 等（2012）报道了将 MoS_2 作为沟道材料，还原态石墨烯氧化物（rGO）作为源极和漏极材料制成了柔性晶体管阵列。该传感器对 NO 和 NO_2 气体都具有很高的灵敏度。Tongay 等（2013b）用微机械剥离的方法获得单层 MoS_2，经过转移到氧化硅衬底和退火后发现，该样品的荧光强度对气体环境十分敏感，在 10^{-4} Torr 以下的真空腔中，腔室里通入 7 Torr 的水蒸气会令其荧光强度增强 10 倍，通入 200 Torr 的氧气时，其荧光强度增强 35 倍，当通入水蒸气和氧气的混合气体时，其强度增强 100 倍。

MoS_2 不仅可以做气体传感器，还可以用来制作光传感器。Lee 等（2012b）在 2012 年报道了用微机械剥离的方法获得单层、双层和三层的 MoS_2。他们将不同厚度的 MoS_2 转移到 SiO_2/p^{+2}-Si 衬底上，溅射上 50nm 厚的 Au 作为源极/漏极，再将 50nm 厚的 Al_2O_3 用原子层积法覆盖到 MoS_2 上，最后用光刻技术将作为栅极的 ITO 堆在 Al_2O_3 上，制成了用来检测光的光晶体管。实验结果表明，用单层和双层 MoS_2 制成的晶体管对绿光很敏感，而三层的 MoS_2 制成的晶体管则适合用来制作红光探测器。

在生物化学检测方面，Wu 等（2012a）利用单层 MoS_2 制备能有效探测葡萄糖和多巴胺的电化学传感器。Zhu 等（Zhu et al., 2013）首次将单层 MoS_2 纳米片作为纳米探针，发现 MoS_2 纳米片对单链 DNA 和双链 DNA 具有不同的亲和性与荧光淬灭效果，可以通过荧光强度的高低来定量检测目标分子的浓度。这种混合-检测分析方法灵敏度高达 500pM DNA，并且能简单快速地完成原位检测。Ou 等（2014）利用二维 MoS_2 纳米片本身固有的荧光性质来检测酶促反应过程中的离子交换，并实现了对死细胞核活细胞中离子交换的监测。而 Sarkar 等（2014）基于单层 MoS_2 FET 制作生物探针，用于检测 pH 和生物分子。

此外，Yuan 等（2014）利用 WS_2 纳米片作为纳米生物探针。Cheng 等（2014）利用锂离子插层制备得到的单层 WS_2 纳米薄片，并且通过 PEG 表面修饰使其具有很好的水溶性和生物相容性，利用二维纳米材料的吸光性，将其作为显影剂观察肿瘤部位。Lin 等（2014）首次发现 MoS_2 纳米片具有固有的过氧化酶活性，在过氧化氢作用下可使四甲基联苯胺（TMB）呈蓝色，并且反应取决于温度、pH、H_2O_2 浓度和反应时间，通过这种高灵敏度、高选择性的比色法可以检测血清样品中的葡萄糖。

二维 MoS_2 材料还被用于治疗癌症。Dravid 课题组（Chou et al.，2013）首次在细胞水平展示了二维 MoS_2 纳米片作为近红外吸收试剂在体外光热治疗癌细胞的能力。Zhu 等（2013）和 Wang 等（2015a）等分别通过局部注射 Bi_2Se_3 和 MoS_2/Bi_2S_3 二维纳米材料，证明了它们在活体小鼠上通过光热消除肿瘤的能力。Liu 等（2014b）用端基为叶酸的聚乙二醇修饰了的 MoS_2 为载体，装载化疗模式药物 DOX，实现了肿瘤细胞靶向的光热与化学药物的联合治疗。Yin 等（2014）也通过壳聚糖修饰的 MoS_2 二维纳米材料装载 DOX，实现了光热与化疗的联合，有效地治疗了胰腺癌。

3. 锂离子电池

MoS_2 因其固有的二维层状结构能够方便锂离子的嵌脱而使得其在锂离子电池中具有较高的电化学储锂性能，并得到了人们的广泛关注。2009 年，Feng 等（2009）通过流变相反应制备 MoS_2 纳米片，并通过电化学性能测试后发现其作为锂电池阳极材料具有优异的循环性能，当放电电流密度为 60mA/g 时，初次充放电容量高达 1174.7mAh/g，20 次循环之后充放电容量仍达 851.5mAh/g。2011 年，Wang 等（2011）通过水热法合成 MoS_2 纳米片，利用其作为锂电池阳极材料在高电流密度（1062mA/g）下，初次充放电容量高达 1062mAh/g，在 53.1A/g 的充放电电流密度下，20 次循环后可逆容量仍可达到 553mAh/g，显示其在大电流下具有较好的循环性能。

由于 MoS_2 纳米片非常容易在充放电过程中重新堆积，导致有效面积大大减少，并且锂离子的嵌脱也会致使其发生结构和相的转变，这些都会对电池的整体电化学性能形成影响。进一步增强 MoS_2 纳米片的电化学储锂循环稳定性和改善倍率充放电特性成了新的研究方向。Chen 等（2014）将 Fe_3O_4 纳米颗粒负载于 MoS_2 纳米片的表面以防止纳米片的重新堆积，显著增强了 MoS_2 的电化学贮锂循环稳定性。

单纯用 MoS_2 做锂离子电池的电极材料时，其循环稳定性能不尽如人意。故当 MoS_2 做电极时，一般会和那些导电性能比较好的材料进行复合，如与碳、石墨或碳纳米管等。Srivastava 等（2013）在 2013 年报道了用简单的干研磨方法制备了含量为 1∶1 的 MoS_2-多壁碳纳米管复合材料，将其用来制作锂离子电池的正极材料。实验结果表明，这种材料具有优秀的初始充电容量，约为 1214mAh/g，在电流密度为 100～500mA/g 范围内进行 60 次充放电后，由于 MoS_2 和碳纳米管的协同效应，其容量依旧高达 1030mAh/g，约为初始容量的 85%。2013 年，Zhou 等（2013a）通过锂离子插层和水合肼还原技术成功制备出 MoS_2 纳米片/石墨烯纳米片复合材料并研究其在能源存储领域中的应用，研究发现，这种复合材料作为锂电池阳极材料时，700 次循环之后充放电容量仍高达 915mAh/g（循环寿命>700 次），展现出优异的循环性能。2014 年，Gong 等（2014a）利用二维 MoS_2 与石墨烯纳米片良好的相容性，制作出三维结构的 MoS_2 纳米片/石墨烯纳米片复合材料，以该材料作为锂离子电池电极，可逆电容可达 1200mAh/g，表现出了优异的电化学贮锂性能。

4. 电催化

Wu 等（2012b）于 2012 年报道了利用 WO_3 和 S 为起始原料制备 WS_2 纳米片（<10nm）并研究其析氢反应的电催化活性。他们研究发现，WS_2 纳米片的初始电位为 -60mV，塔菲尔斜率为 72mV/decade（块体 WS_2 初始电位为 -120mV，塔菲尔斜率为 138mV/decade），说明 WS_2 纳米片相对于块状材料具有较高的电催化活性。Lukowski 等（2013）于 2013 年报道了通过锂离子化学插层法制备 1T-MoS_2，并将其应用于电催化制氢领域，研究表明，1T-MoS_2 极大地提高了析氢反应的电催化活性（初始电位为 -185mV、塔菲尔斜率为 43mV/decade、电流密度为 10mA/cm^2），其中塔菲尔斜率略高于价格昂贵且严重稀缺的 Pt 电极（30mV/decade）。Voiry 等（2013）于 2013 年报道了 1T-MoS_2 和 2H-MoS_2 两种结构的析氢电催化活性，研究表明，1T-MoS_2 具有较高的电催化活性（塔菲尔斜率为 40mV/decade），通过部分氧化 MoS_2，发现 2H-MoS_2 的电催化活性明显降低，而 1T-MoS_2 的电催化活性无明显改变，由此说明纳米片边缘部分并不是主要的活性位点。

用石墨烯负载的 MoS_2 材料在电催化产氢方面表现出更为优异的性能，Li 等（2011）等报道的用水热方法制备的 MoS_2/石墨烯复合材料用作电解水析氢催化剂，其塔菲尔斜率低至 41mV/decade，接近了常用的贵金属催化剂 Pt 的数值，并具有良好的电化学稳定性。

5. 光催化

类石墨烯层状 MoS_2 纳米结构被广大研究者认为是最有潜力的析氢光催化剂而被广泛研究。Zong 等（2008）于 2008 年制备 MoS_2/CdS 复合材料并研究其在可见光区域光催化析氢领域中的应用，研究表明，当 MoS_2 含量为 0.0005g、CdS 含量为 0.1g 时的析氢速率最高，且在同等条件下，MoS_2/CdS 电极的光催化活性远高于价格昂贵的 Pt/CdS。Xiang 等（2012）于 2012 年制备 TiO_2/MoS_2/石墨烯复合材料，并研究其在光催化制氢方面的应用，研究发现，当该复合材料中的 MoS_2 的含量为 95%、石墨烯的含量为 5% 时的析氢速率最高（165.3μmol/h），光催化活性最好。

以薄层 MoS_2 纳米片包覆 TiO_2 形成的异质结构的复合材料，即使没有 Pt 的共催化，仍表现出良好的光催化产氢活性，最高的产氢速率为 1.6mmol/(h·g)（Zhou et al.，2013b）。这些都表明 MoS_2 在光电催化领域具有很好的应用和前景，极有希望取代常用的 Pt 催化剂。

6. 太阳能电池

Mak 等（2010）于 2010 年研究表明，MoS_2、$MoSe_2$、WS_2 等过渡金属硫属化合物的单层薄膜因拥有直接带隙，光致发光强度相比多层材料大幅提高。Wu 等（2011）将 MoS_2 纳米片应用于染料敏化太阳能电池（DSSC）中，发现光伏效率能达 7.59%。Tai 等（2012）于 2012 年制备出多壁碳纳米管与 MoS_2 纳米片的复合材料 MWCNT@MoS_2，并首次应用于 DSSC 中作为电极催化剂，研究发现，MWCNT 表面上的 MoS_2 纳米片因能提高电极的电导率及 I^{3-} 还原的电催化活性，而使基于 MWCNT@MoS_2 的 DSSC 的光伏效率达到 6.45%，远高于基于溅射 Pt 电极的 DSSC 的光伏效率。Shanmugam 等（2012）于 2012 年通过 CVD 制备 MoS_2 纳米片并构建 $ITO-MoS_2-Au$ 结构的肖特基势垒的太阳能电池，并研究了不同 MoS_2 纳米片厚度对太阳能电池光电转换效率的影响，研究表明，MoS_2 纳米片厚度为 110nm 时电池的光电转换效率为 0.7%，而 MoS_2 纳米片厚度为 220 纳米时电池的光电转换效率为 1.8%，说明增加的 MoS_2 纳米片厚度有助于提高太阳能电池的转化效率。Bernardi 等（2013）于 2013 年构建石墨烯/MoS_2 肖特基势垒太阳能电池，以及 MoS_2/WS_2 激子太阳能电池，并对其性能进行研究，研究表明，单层过渡金属硫属化合物纳米材料如 MoS_2、WS_2 可以吸收高达 5%~10% 的入射太阳光，实现比 GaAs 和 Si 高一个数量级的太阳能吸收，他们证明了不到 1 纳米的活性层可以获得高达 1% 的电源转换效率，比现有超薄太阳能电池中的转换效率高 1~3 个数量级。

10.3.2 二维过渡金属二硫属化合物合金[①]

合金方法是一种可以调控二维半导体能带、晶格常数等的通用方法。TMDs 之间具有非常好的相溶性，而且金属元素和硫属元素的候选材料都很多，因此在单层 TMDs 体系中，可以通过合金方法获得宽光谱范围的能带调控（Komsa et al., 2012; Ajalkar et al., 2004）。

10.3.2.1 制备研究

二维半导体合金较早前的制备方法是采用化学气相输运法（CVT）合成合金的块体，然后结合机械剥离法进行制备。近来，采用气相沉积方法直接制备单层合金的技术逐渐被发展出来，如物理气相沉积法（PVD）和化学气相沉积法（CVD），这些方法的提出进一步促进了二维半导体合金的性质研究和潜在应用。

1. 化学气相输运法

较早时，块体 TMDs 合金的化学气相输运法制备就已得到全面研究，Huang 研究团队很早就合成 $Mo_xW_{1-x}S_2$（Dumcenco et al., 2011; 2010）、$ReS_{2x}Se_{2(1-x)}$（Ho et al., 1999）等。第一个获得的单层二维半导体合金是 $Mo_xW_{1-x}S_2$（Chen et al., 2013），它是通过反复机械剥离 CVT 制备的单晶块体，在 300 纳米 SiO_2/Si 衬底上获得。随后研究者们使用类似的方法获得了单层 $Mo_xW_{1-x}Se_2$（Zhang et al., 2014; Tongay et al., 2014a）。

2. 物理气相沉积法

物理气相沉积法直接在高温下蒸发单组分粉末源，并在低温区沉积而获得单层合金材料（Feng et al., 2014）。实验中使用三温区低压化学气相沉积系统，单组分粉末源 $MoSe_2$ 和 MoS_2 分别放在第一、二温区（温度在 900~1000℃），衬底放在第三温区（600~700℃），通过控制实验条件（如蒸发温度、体系的压力、第三温区的温度梯度、衬底的处

[①] 参考王新胜等（2015）、Xie（2015）。

理等），可以获得组分可调的单层和少层 $MoS_{2x}Se_{2(1-x)}$ 三角形畴区结构或连续薄膜。

3. 化学气相沉积法

氧化物硫化法使用氧化物和硫属单质为反应源，高温挥发反应生长相应的单层合金材料（Zheng et al.，2015；Gong et al.，2014b；Li et al.，2014b）。在单层 $MoS_{2x}Se_{2(1-x)}$ 的制备中，使用 S 和 Se 单质（粉末状态或者溶液状态），反应区放置 MoO_3 以及基底（SiO_2/Si）。MoO_3 在约 800℃温度下挥发，和气态的 S 和 Se 反应生成 $MoS_{2x}Se_{2(1-x)}$ 并在衬底上沉积成单层（Gong et al.，2014b）。在反应中控制 S/Se 的挥发比例，可以控制 $MoS_{2x}Se_{2(1-x)}$ 的组分。

使用不同的氧化物和同一种硫属单质反应也能生成单层合金。例如，使用 MoO_3 和 Co_3O_4 在高温下和 S 反应能制备 $Co_{0.16}Mo_{0.84}S_2$ 合金（Li et al.，2015）。

此外，用 Se 蒸汽源和单层或少层 MoS_2 反应，通过 Se 原子取代 S 原子，可以获得 $MoS_{2x}Se_{2(1-x)}$（Su et al.，2014）。实验发现在 700℃以上该反应就能发生。

10.3.2.2 应用研究

二维 TMDs 合金材料拥有良好的半导体特性使其在晶体管等领域得到应用。以二维半导体合金薄膜作为导电通道的场效应晶体管的电学测量表明，单层 $Mo_xW_{1-x}Se_2$（Zhang et al.，2014）和 $MoS_{2x}Se_{2(1-x)}$（Feng et al.，2014）均表现出 N 型半导体特性，器件开关比达 10^6，开启电流达 $0.1 \sim 1\ \mu A/\mu m$，载流子迁移率在 $0.1 \sim 1\ cm^2/(V \cdot s)$。随着组分的变化，单层 $Mo_xW_{1-x}Se_2$ 和 $MoS_{2x}Se_{2(1-x)}$ 器件的开启栅电压有小的变化。在单层 $MoS_{2x}Se_{2(1-x)}$ 器件中，在 Se 组分较高时，出现一定的双极性特征。

Fu 等（Fu，2015）使用 CVD 得到单层 $WS_{2(1-x)}Se_{2x}$ 合金薄膜，并测定了其析氢反应的电化学催化性能。结果显示，单层 $WS_{2(1-x)}Se_{2x}$ 合金薄膜相比 WS_2 和 WSe_2，拥有最低的初始过电位（onset overpotential）。在 -0.3V（VS 可逆析氢电极）电压下，单层 $WS_{2(1-x)}Se_{2x}$ 的析氢催化电流密度是 $WS_{2(1-x)}Se_{2x}$ 纳米管以及 WS_2 纳米片的 10 倍，并且其塔菲尔斜率为 85 mV/decade。

10.3.3 二维过渡金属二硫属化合物异质结构

有研究发现（Geim et al.，2013），不同的二维原子层材料通过不同的堆叠方式构建的异质结构展现出极其丰富的物理特性。通过将二维 TMDs 薄膜与其他二维材料（石墨烯、其他 TMDs 等）构建异质结来实现对器件电学性能的多重调控，能够拓宽单个二维材料的应用前景。

1. MoS_2 - 石墨烯异质结

Huang 和 Duan 研究组（Yu et al.，2013b）构建了垂直堆叠的石墨烯-MoS_2-石墨烯异质结以及石墨烯-MoS_2-金属异质结。石墨烯的静电屏蔽效应使集成在垂直异质结顶部或底部的单/双栅极可以调节能带倾斜和光电流的产生。他们研究发现，垂直异质结的光电流振幅和极性可以通过外部栅极电场进行调制，器件的外部量子效率可达55%，内部量子效率可达85%。

Li研究组与Wei研究组（Yang et al.，2015）采用一种简单溶液法制备的氧化还原石墨烯（rGO）薄膜，与MoS_2薄层一起构筑了范德华尔斯异质结，获得典型的双极性输运和超高的栅极可控光响应，其光响应率达到$2.4×10^4$ A/W，光增益达到$4.7×10^4$。

Zhen等的研究团队（Li et al.，2016）构建了单层MoS_2/石墨烯异质结构体系，以溶胶电介质作为栅极，系统研究了MoS_2与石墨烯界面处的能带排列以及MoS_2中载流子浓度对MoS_2/石墨烯异质结光致发光性能及激子态行为的影响。

2. WS_2-石墨烯异质结

Mishchenko研究组（Georgiou et al.，2013）采用机械剥离法层层堆垛构建了WS_2-石墨烯异质结器件，该器件是依次将氮化硼、底层石墨烯、多层WS_2薄膜、层石墨烯依次堆叠到SiO_2/n-Si衬底上构成的。通过控制栅极电压改变石墨烯的费米能级，从而控制石墨烯与WS_2薄膜之间的势垒，实现异质结晶体管的开关。

3. WS_2-WSe_2异质结

Duan等（2014）采用原位化学气相源转换的方法，在Si/SiO_2衬底上直接沉积得到WS_2和WSe_2薄膜而构建了WS_2-WSe_2异质结。这种方法制备的WS_2薄膜显示N型半导体特性，WSe_2薄膜则呈现出P型半导体特性。对WS_2-WSe_2构建的P-N结施加偏压后，器件显示出明显的二极管整流特征。

Li和Wei研究组（Huo et al.，2015）采用转移的方法制备了P型WSe_2-N型WS_2薄层结构组成的范德瓦尔斯异质结，并详细研究了它们的光学和电输运性能。他们在WSe_2/WS_2 P-N异质结晶体管中观察到了明显的整流效应和双极性行为，整流比达到100，电子和空穴的场效应开关比均高达1000。这种异质结能够在外加偏压的调制下而发生极性行为的转化，从N型或P型到双极型或反-双极型。同时由于内建势和Ⅱ型带阶的存在，该异质结还展现出了良好的光伏特性和大幅度提高的自驱动光开关特性。在零偏压下，光电流依然能够在入射光源的开关下而重复的产生，响应时间小于20ms，光开关比可达400，展现出高效的电子空穴分离和高质量的自驱动光开关性能。

4. WS_2-MoS_2异质结

研究人员对WS_2-MoS_2异质结也展开了广泛研究。Wang研究组（Hong et al.，2014）通过转移单层MoS_2于生长有WS_2的蓝宝石基底上，构建了垂直堆垛的WS_2-MoS_2异质结。

Lou研究团队（Yuan et al.，2015）通过溶液转移的方法构建了WS_2-MoS_2异质堆垛结构并研究了它的光致发光性能，发现无论WS_2薄膜与MoS_2薄膜的堆垛次序如何改变，异质结构中WS_2的光致发光强度相对于单个WS_2薄膜都有明显减弱。

Wu研究组（Tongay et al.，2014b）发现在热处理条件下可以改变WS_2-MoS_2异质结的层间交互作用，进而对异质结的光致发光特性产生显著影响。他们发现，随着热处理时间的延长，单层WS_2与MoS_2薄膜的光致发光峰都会减弱，最终出现了一个新的特征峰。引起这种变化的原因主要是热处理增强了单层 WS_2 与 MoS_2 薄膜之间的层间交互作用，使得异质结构中单一组分的特性受到了明显地抑制。

Cha 研究团队等（Jung et al., 2014）采用光刻和等离子刻蚀技术相结合在 SiO_2/Si 衬底上交替沉积了金属 W 膜和 Mo 膜，然后对其硫化获得了 WS_2-MoS_2 异质结构。通过透射电子显微镜测试表明，WS_2 与 MoS_2 薄膜都是沿着垂直于基底方向生长。通过电学测量表明，只有在沿着与异质结平行的方向上施加偏压时，器件才可能出现明显的整流效应。

Li 的研究团队（Huo et al., 2014）构建了基于二维 MoS_2-WS_2 异质结的场效应晶体管，并对其在垂直和水平两种结构下的场效应和光电性质做了全面系统的研究。由于 II 型带阶的特性以及内建电势的形成，垂直器件表现出明显的整流特性（正向-反向电流比为 10^3），并在其中发现了双极性行为。进一步研究发现，垂直异质结晶体管还具有优良的光生伏特性能（最大开路电压为 0.25 V）和自驱动光探测性能（光开关比超过了 10^3）。在水平异质结晶体管中，他们发现了极大的场效应开关比（>10^5），较高的电子迁移率 [65 $cm^2/(V \cdot s)$] 以及高效的光敏度（1.42 A/W）。这些显著可观的光电参数远远超过了组成异质结的单一材料的光电性质（中国科学院半导体研究所，2016）。

10.3.4　黑磷

黑磷是纯磷的三种同素异形体之一（其他两种为白磷和红磷），由单层磷原子堆叠形成的二维晶体材料。黑磷的最大优点在于拥有可控调节的能隙，使其更容易进行光探测，而其能隙是可通过层数来做调节，使黑磷能吸收从可见光到通信用红外线范围的波长，是未来光电器件的备选材料之一；并且黑磷是一种直接带隙半导体，能非常高效地将电信号转成光信号。

10.3.4.1　性能研究

黑磷的带隙与黑磷的厚度密切相关，单层黑磷烯的带隙约为 1.3eV，多层黑磷的带隙为 0.3eV。

黑磷的每层为褶皱状结构如图 10-6 所示。黑磷晶体结构的三个方向均体现各向异性，在电场、应变场等外场的作用下可使得其结构有明显的改变。

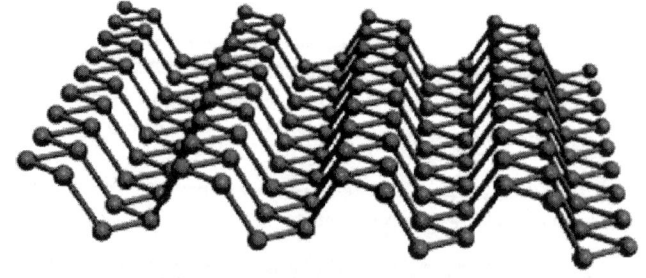

图 10-6　黑磷的分子结构示意图

Qiao 等（2014）通过第一性原理计算以及吸收光谱证实黑磷电学方向上的各向异性。计算发现，对于单层黑磷在 [100] 方向上的吸收带边为 1.55eV，5 层黑磷的吸收带边移动至 0.60eV。而沿着［010］方向上吸收带边变化不明显，从单层至 5 层吸收带边从 3.14eV 移动至 2.76eV。并且空穴与电子沿着不同方向的迁移率相差很大。

Xia 课题组（Stankovich et al.，2006）利用偏振红外光谱、拉曼吸收光谱以及角分辨直流电导对于少层黑磷的光学及电学的各向异性进行了实验研究。结果显示，黑磷在两个垂直方向上的电导率差别达到 1.5 倍，120K 低温下，两个方向上的空穴迁移率也有较大差别（分别为 1000cm^2/Vs 和 600cm^2/Vs）。

Fei 和 Yang（2014）通过第一性原理计算发现，对于单层黑磷而言，在外加应力的作用下在不同方向上的有效质量变化较大。在外加 4% 双轴拉伸下，Armchair 方向黑磷的电子有效质量从 0.146m_e 增加至 1.26m_e，而 Zigzag 方向电子的有效质量从 1.246m_e 减小至 0.158m_e，同时伴随着黑磷不同方向上载流子迁移率的变化。

美国劳伦斯伯克利国家实验室 Junqiao Wu 团队通过实验证明了单晶黑磷纳米带的热导率沿 Zigzag 方向和 Armchair 方向存在着较强的平面各向异性（Lee et al.，2015）。

上海应用数学和力学研究所江进武教授（Jiang and Park，2014）使用第一性原理计算，揭示了黑磷具有明显的负泊松比现象。这是由于在黑磷在 x 或 y 方向上施加拉应力时，磷原子之间共价键产生旋转，使黑磷褶皱展开，导致黑磷在 z 方向上出现碰撞，导致其在 z 方向上的泊松比为负值。

Rodin 等（2014）通过紧束缚模型对于黑磷在不同应力作用下的能带结构进行了第一性原理计算，实验结果证明，在 x、y 方向上施加应力可以改变黑磷的能带结构，使得其发生从半导体到金属的转变。

华中科技大学吴梦昊教授（Wu et al.，2015）预测出四种以方形或五边形为单元组成的磷烯新构型，拓宽了磷烯单层同素异形体结构的多样性和人们对磷烯族材料的认识。

德国和美国的联合研究团队（Liu et al.，2015）用砷原子替代单个磷原子，当材料中的砷浓度达到 83% 时，可以得到一个极小的仅有 0.15eV 的带隙，通过调整砷的浓度可以精确控制黑砷磷的带隙宽度。慕尼黑工业大学的化学家合成了这种黑砷磷材料，南加利福尼亚大学的研究小组则用这种黑砷磷制造了场效应晶体管。

浦项科技大学 Keun Su Kim 教授的团队（Kim et al.，2015）利用原位表面掺杂技术将钾掺杂入黑磷，通过带结构的测量和计算发现，由于斯塔克效应，掺杂剂钾形成的垂直电场调节了黑磷的带隙，使其从中带隙半导体转变成带反转半金属。

黑磷本身在室温条件下化学稳定性较差，这是因为空气中的水蒸气会与磷发生反应，把磷转化为磷酸，从而导致材料腐蚀，对黑磷器件的性能造成较大影响。因此，目前研究人员为如何提高黑磷的稳定性展开了大量工作。

加拿大蒙特利尔大学、蒙特利尔理工学院和法国国家科研中心组成的联合团队（Favron et al.，2015）通过电子束光谱和拉曼光谱表征了黑磷在大气中氧化的时间演变，首次成功防止了二维黑磷薄膜的氧化，并发现了原子振动模式的量子效应。

保持黑磷器件在空气条件服役下的电学性能，通常的方法是采用电子封装的方法，将惰性的物质覆盖在黑磷的表面，从而起到增强环境适应能力。

复旦大学张远波研究团队（Li et al.，2014a）在黑磷研究初期就已经发现了黑磷的退化的现象，仿照有机半导体 FET 电子封装的方法，利用聚二甲苯对与黑磷器件进行封装，从而制备了高性能的黑磷场效应光器件。此外包括原子层沉积（ALD）Al_2O_3、HfO_2以及干法转移六方氮化硼均为常见的封装黑磷器件的方法。

Doganov 等（2015）发现在黑磷表面覆盖氮化硼或石墨烯会减慢黑磷的退化速度。此外 Doganov 等对于覆盖有氮化硼的黑磷的电学器件的稳定性进行了测试，发现覆盖有氮化硼的黑磷的电学性质的电导率以及载流子迁移率加高。对于没有 BN 覆盖的黑磷器件出现了明显的 P 型掺杂，并且开关比有明显的降低。

Hersam 等（Wood et al.，2014）对比了不同的基底包括 SiO_2/Si，十八烷基三氯硅烷修饰的 SiO_2/Si 等对于黑磷退化行为的影响。此外，在黑磷器件上利用原子层沉积技术制备了 Al_2O_3 封装层，从而提高了黑磷的化学稳定性。

10.3.4.2 制备研究

美国西北大学 Mark C. Hersam 及其同事（Kang et al.，2015）在无水溶剂中对黑磷施加超声波，产生得到大量的超薄黑磷薄片。爱尔兰都柏林圣三一学院 Damien Hanlon 的研究团队（MIT Technology Review，2015），将黑磷块体置于 N-环己基-2-吡咯烷酮溶剂中，利用超声波及离心处理，得到多种尺寸的黑磷纳米薄片。美国伊利诺大学芝加哥分校 Amin Salehi-Khojin（Yasaei et al.，2015）利用液相剥离技术，通过超声波能量与非质子极性溶剂（如二甲基甲酰胺、二甲基亚砜等）分解层层间的范德华力，制备出高度结晶的原子级厚度的黑磷薄片。

10.3.4.3 应用研究

1. 晶体管

2014 年，中国科学技术大学陈仙辉教授和复旦大学张远波教授团队（Li et al.，2014a）制备出基于黑磷的 FET 器件。研究人员在高温高压极端条件下生长出高质量的黑磷单晶材料，利用撕胶带的方法从块状单晶中剥出薄片到 SiO_2 退化掺杂的硅晶片上，并在此基础上制备出场效应晶体管。当黑磷厚度小于 7.5 纳米时，其在室温下可以得到可靠的晶体管性能，其漏电流调制幅度在 10^5 量级上，I～V 特征曲线展现出良好的电流饱和效应。晶体管的电荷载流子迁移率还呈现出厚度依赖性，当黑磷厚度在 10 纳米时，获得了约为 $1000 cm^2/(V·s)$ 最高的迁移率值。这些性能表明，二维黑磷场效应晶体管具有极高的应用潜力。

荷兰代尔夫特理工大学 Andres Castellanos-Gomez 教授团队（Buscema et al.，2014a）以少层黑磷为半导体，并以氮化硼为介电层做成组件，通过静电调控形成 P-N 结，在 940 纳米红外激光照射下，观察到强大的光电流和显著的开路电压（Buscema et al.，2014b），并制备得到了超快光响应的黑磷场效晶体管。

美国普渡大学 Peide Ye 研究团队（Liu et al.，2014c）将 P 型黑磷晶体管与 N 型 MoS_2 晶体管结合，成功构造出二维互补氧化物半导体反相器。

美国南加利福尼亚大学和耶鲁大学联合团队（Wang et al.，2014）制备得到的黑磷薄膜高频晶体管具有显著的饱和电流、高达 270 mA/mm 的高电流密度，以及约 2000 的开关比和 180 mS/mm 的空穴导电直流跨导（DC transconductance for hole conduction），展现出优异的晶体管特性。在高频操作方面，黑磷薄膜场效晶体管的短路电流增益在高频上有着 20 dB/dec 1/f 的频率相依性，以及高达 12 GHz 的截止频率。

加拿大麦吉尔大学 Thomas Szkopek 副教授（Tayari et al., 2015）利用厚度为 6~47nm 的黑磷构建了背栅极量子阱 FET，观察到的场效应迁移率达到 $900cm^2/(V·s)$，开关比超过 10^5。并且发现当电子在磷晶体管中移动时，只在两个维度上进行，为设计高能效晶体管铺平了道路。

明尼苏达大学 Mo Li 教授（Youngblood et al., 2015）率领的研究团队利用 20 个单层的黑磷，首度证明了晶体黑磷光电探测器可被转移至硅光子电路中，通信速率达 3 Gbps，其性能媲美于锗。

2. 激光器

深圳大学-新加坡国立大学光电协同创新中心张晗教授带领的团队（Guo et al., 2015）研究发现黑磷具有宽带可饱和光吸收特性，波长范围可覆盖可见光到中红外波段。在激光领域中，具有可饱和吸收特性的器件是组建超短脉冲激光器的关键，黑磷的这一特性发现为中红外超快光学器件提供了可能。该团队首次实现了基于黑磷的光纤锁模激光器，得到了超短脉冲激光的输出。

3. 医学应用

中国科学技术大学谢毅教授（Wang et al., 2015b）利用超声机械剥离制备二维黑磷纳米薄片，研究表明，在可见光照射下，黑磷纳米薄片具有很强的单线态氧生成能力。通过皮下注射将黑磷溶液注射进荷瘤裸鼠体内，对比实验结果显示，注射了黑磷薄片，并且接受光辐照的实验组小鼠体内肿瘤的生长被明显地抑制了。

中国科学院深圳先进技术研究院、香港城市大学与深圳大学团队（Sun et al., 2015）采用联合探头超声和水浴超声的液态剥离方法，可控制备二维层状黑磷量子点，得到横向尺寸约为 2.6nm 的单原子层厚度黑磷量子点，通过检测其光学属性和对不同细胞系生存率的影响发现，在 808nm 的消光系数为 14.8Lg/cm，光热转换效率达到 28.4%，在近红外激光照射下能显著杀死肿瘤细胞，并在多种细胞系中展现出良好的生物相容性。

10.3.5 六方氮化硼

氮化硼是一种典型的 III-V 族新型宽带隙纳米材料，性能优异、极具发展潜力和应用前景。其中，六方氮化硼具有类似于石墨烯的层状结构和晶格参数，又被称为"白色石墨烯"。六方氮化硼带隙较宽，通过掺杂特定的杂质可获得半导体特性。如在高温高压合成过程中，添加铍可得 P 型半导体；添加硫、碳、硅等可得到 N 型半导体。由于六方氮化硼很容易实现 P 型和 N 型掺杂，使其可用作高温及功率器件材料。

10.3.5.1 制备研究

六方氮化硼的制备方法主要有化学法、CVD、机械剥离和离子刻蚀结合法与液相超声剥离法等。

1. 化学法

化学法是六方氮化硼最直接的制备方法，主要是通过含硼化合物（如硼砂、硼酸等），与含氮化合物（如尿素、氯化铵、氨等）的化学反应制备二维层状六方氮化硼。制备过程中通过调节硼、氮源反应物的比例及其生长条件，从而得到不同层数的六方氮化硼。

印度学者（Nag et al.，2010）将硼酸与尿素按不同比例混合，高温下发生化学反应产生白色粉末，然后将制备的少层六方氮化硼样品进行纯化。实验表明，调节比例即可得到不同层数的六方氮化硼。

2. CVD

CVD 是制备尺寸分布一致的六方氮化硼薄膜的一种简单方法，其显著优势是无模板、低温、过程简单并且产量高。然而，上述两种方法的缺陷是消耗高、过程复杂，并且制得的六方氮化硼纳米片必然包含一些杂质，并且很难排除。

美国橡树岭国家实验室 Yijing Stehle 等（Stehle et al.，2015）在标准大气压下通过一个反应炉进行化学气相沉积，制备得到几乎完美的单层六方氮化硼。这是第一次通过实验展示了此前各种六方氮化硼的单晶形态。中国科学院上海微系统与信息技术研究所卢光远和吴天如等科研人员（Lu et al.，2014）发现在铜衬底中固溶一定比例的镍，可大幅度降低六方氮化硼的成核密度，通过研究六方氮化硼在合金衬底上的稳定性以及优化生长工艺参数，通过 CVD 制备出达 7500μm^2 的高质量单层六方氮化硼单晶畴，单晶面积较之前文献报道高出约两个数量级。

3. 机械剥离和离子刻蚀结合法

与石墨烯中的 C-C 共价键相比较，六方氮化硼中的 B—N 键之间不仅有共价键的作用，还有一部分离子键的特征，这样就形成了相邻氮化硼层间独特的 lip-lip 作用。而石墨烯相邻 C 层间作用力相对比较弱，主要为范德华力，这就使得单层石墨烯的剥离制备相对比较容易，而制备单层或少层六方氮化硼纳米片仍具有一定的挑战性。

美国加利福尼亚大学伯克利分校 Alex Zettl 教授团队（Alem et al.，2009）探索出一种将机械剥离和离子刻蚀相结合的方法，这种方法结合了石墨烯的机械剥离法，同时也考虑到了六方氮化硼的离子键特性。但是这种方法的缺陷是实验条件比较苛刻，实验步骤复杂，不能大规模生产。

4. 液相超声剥离法

液相超声剥离法是一种自上到下的自组装方法，由于其操作简单，整个实验过程经济可行，被视为一种最佳的方法来制备少层或单层六方氮化硼纳米片。使用的溶剂包括水、极性有机物等。

美国研究人员（Lin et al.，2011）在没有使用任何表面活性剂和有机功能材料的情况下，将水作为溶剂在超声作用下将块体六方氮化硼进行剥离，制备得到单层六方氮化硼纳米片和六方氮化硼纳米带。由于超声过程中剪切力的作用,导致大多数六方氮化硼纳米层的尺寸减小。

有团队(Coleman et al., 2011)针对氮化硼材料在液相超声剥离过程中和一些有机溶剂的关系进行了系统的研究。研究指出,溶剂(尤其是有机溶剂)在液相超声剥离过程中主要起功能化作用,由于溶剂具有一定的表面张力、分散性好、极性强,并且在特定范围内具有一定的氢键内聚能密度,从而能够很好地对层状纳米材料进行功能化,使层状材料的剥离能最小化,最终达到一个好的剥离效果。

5. 其他新方法

中国科学院半导体研究所张兴旺课题组(Wang et al., 2015c)首次采用离子束溅射沉积方法(IBSD),以氩离子束轰击高纯六方氮化硼靶材,在铜箔衬底上制备了单层及少数层六方氮化硼二维原子晶体。相比于广泛使用的CVD,IBSD可以精确控制离子束的能量及束流密度,且更易于实现六方氮化硼的可控生长。该课题组采用IBSD,以原位离子束刻蚀对衬底进行处理,并通过生长参数调控衬底表面溅射粒子的浓度,大幅降低了六方氮化硼的成核密度,最终在多晶镍箔衬底上制备出单晶畴尺寸大于100微米的六方氮化硼二维原子晶体。在此基础上,该课题组还制备了六方氮化硼深紫外原型探测器,器件表现出良好的紫外光电响应特性(Wang et al., 2015d)。

10.3.5.2 基于六方氮化硼的二维异质材料

基于不同的二维材料按一定顺序人为堆砌在一起形成的范德华异质结是最近两年的新兴研究领域。由于层间若范德华力的作用,相邻层间可不受晶格匹配的限制,由此能够将具有不同物理性质的材料堆叠到一起,实现新的材料性质。六方氮化硼是石墨烯的等电子体,并且具有原子级平整的表面,非常适合作为石墨烯等其他二维材料的衬底,构成异质结构。

英国牛津大学Jamie H. Warner团队(Wang et al., 2015e)全过程利用CVD,制备得到单层MoS_2:h-BN垂直异质结构薄膜。研究发现,在MoS_2生长过程中,多层六方氮化硼的抗分解能力强于单层。MoS_2在六方氮化硼表面的生长动力学不同于在SiO_2表面,而且晶格应变更小、掺杂程度更低、界面更清晰。

美国和欧洲的研究团队(Physics World, 2013)对六方氮化硼表面的石墨烯的电子特性进行研究,首次通过实验方法观察到石墨烯的"霍夫施塔特蝴蝶"。这些实验结果不仅证实了大约40年前产生的理论预测,还在电子和光电设备中发挥了作用。

Yang等(2013)以甲烷为气源,通过远程等离子体增强的气相外延技术,实现了六方氮化硼惰性衬底上石墨烯的可控范德华外延生长。原子力显微镜表征结果显示,外延生长的石墨烯和六方氮化硼衬底具有零转角的晶格堆垛方式,并且由于晶格失配导致三角摩尔图形出现,形成了周期为十几个纳米的二维超晶格结构,为探索"霍夫施塔特蝴蝶"能谱等一系列新的物理现象提供了有效的手段。

由曾获2010年诺贝尔物理学奖的曼彻斯特大学Kostya Novoselov教授领导的研究团队(Mishchenko et al., 2014)合成得到含有六方氮化硼夹层的石墨烯材料,这种材料具备储存电子能量和动量的功能,为未来电子及光电传感器等超高频率设备的设计制造开辟了一条新途径。

10.3.6 其他二维半导体材料——硅烯、砷烯、锑烯等

硅烯具有类似石墨烯的六角蜂窝结构,其低能激发也是无质量的狄拉克费米子,与石墨烯相比,硅烯更容易与当代成熟的硅基半导体工艺兼容,也是类石墨烯二维半导体材料领域的研究热点之一。

2012 年,日本学者实现了在 Si [111] 表面的二硼化锆 (ZrB_2) [001] 薄膜上生长单层的硅烯 (Fleurence et al., 2012)。中国科学院物理研究所高鸿钧院士研究组通过外延生长的方法在金属 Ir [111] 表面成功制备出了硅烯 (Meng et al., 2013)。该所吴克辉和陈岚对硅烯展开了系统研究,不但在实验上制备出硅烯,还揭示了硅烯具有狄拉克型的电子态等一系列特性。他们还对 Ag [111] 衬底上单层硅烯氢化过程进行了研究,首次对氢原子在硅烯上的吸附过程、吸附结构进行了全面深入研究,理清了氢原子的吸附机理,并得到了理论上的半硅烷 (Qiu et al., 2015)。北京理工大学姚裕贵教授率领的研究团队阐明了硅烯中具有大的自旋轨道能隙的物理机制,随后研究了双层硅烯的物性,重点关注其中的手性超导性质;并在单层硅烯中发现了一个全新的拓扑量子态——谷极化的量子反常霍尔效应(北京理工大学,2014)。2015 年年初,美国得克萨斯大学奥斯汀分校 Deji Akinwande 和意大利微电子与微系统研究所 Alessandro Molle 组成的联合团队 (Tao et al., 2015) 制备出世界上首个由硅烯组成的晶体管。然而,由于合成方法的复杂性,以及暴露在空气中的不稳定性,硅烯的制备与应用仍有很长的路要走。

2015 年,南京理工大学曾海波教授团队 (Zhang et al., 2015) 报道设计了具有高稳定性、宽带隙的新型二维单元素半导体——单层砷烯 (Arsenene) 和锑烯 (Antimonene)。这两类材料不仅具有优异的稳定性,而且展现了具有重要应用前景的电子结构转变。研究人员选取的母体晶体结构是最稳定的构型,其层间作用力仅与六方氮化硼接近。此外,砷烯和锑烯中每个原子遵循八电子配位,自我调整形成了高稳定的波浪状二维结构,相应的声子谱完全没有虚频。第一性原理计算结果显示,当减薄到一个原子厚度后,砷烯和锑烯转变为间接带隙半导体,带隙值分别为 2.49eV 和 2.28eV,正好对应蓝光光谱范围。这些电子结构特征表明,砷烯和锑烯在蓝光探测器、LED、激光器方面具有应用潜力,甚至可用于柔性透明力-电、力-光传感器。

10.4 二维半导体文献计量分析

10.4.1 数据来源与分析方法

本报告采用 WoS 数据库,以二维 TMDs、二维 MoS_2、二维 MoS_2、二维 WS_2、二维

WSe$_2$、黑磷等相关关键词，检索 SCI 收录的相关文章，文献类型限定为 article、letter、review，时间截至 2015 年 12 月 31 日，共检索得到相关文献 6743 条。利用 TDA 进行文献数据挖掘和分析。以下均以"本领域"指代本文调研的以上若干种类石墨烯二维半导体材料。

10.4.2 整体发展态势

本领域 SCI 论文数量的大幅度增长始于 2010 年前后（图 10-7）。在多种类石墨烯二维半导体材料中，TMDs 相关论文的增长最为明显，其论文数量从 2010 年的 37 篇大幅增加到 2015 年的 1967 篇。同时期单层六方氮化硼的相关论文数量尽管有所增长，但幅度相对平缓。单层黑磷材料的相关论文大量出现于 2014 年，在 2015 年增长了近 4 倍，达到 252 篇，是除 TMDs 外的另一热门研究对象。砷烯和锑烯发现时间较晚，仅在 2015 年有 20 篇 SCI 论文发表。

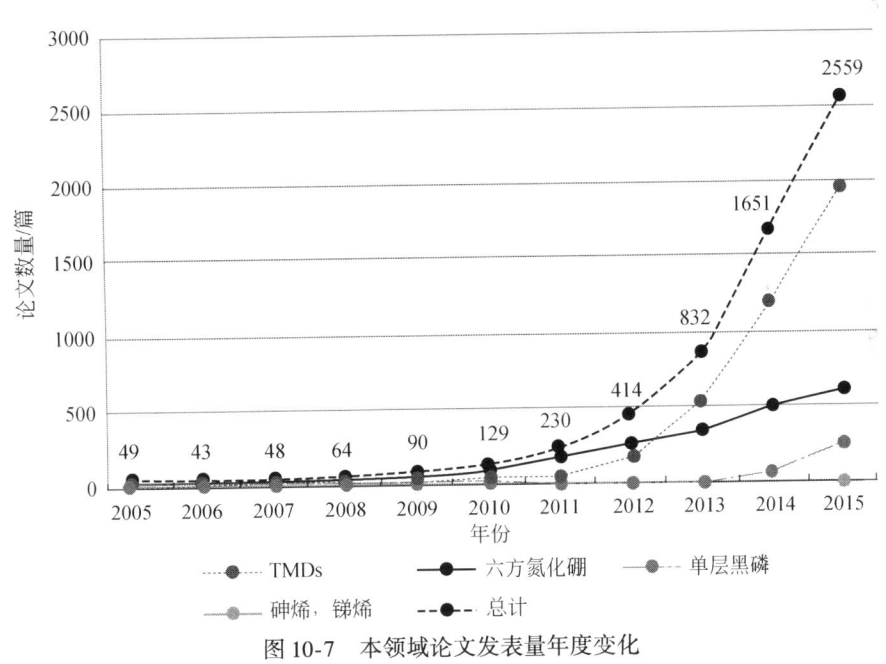

图 10-7 本领域论文发表量年度变化

表 10-4 列出了本领域内目前被引频次最高的 10 篇 SCI 论文。这 10 篇论文的发表机构基本都属于西方发达国家，可见其在未来领域的研究影响力方面处于领先地位。

第 1 篇论文作者是在石墨烯领域开展了开创新实验的安德烈·海姆，他在 2005 年发表的论文中阐述了他们采用微机械剥离方法制备了包括石墨烯、MoS$_2$、氮化硼等多种单原子层晶体材料，并对其电性质开展了研究。

第 2 篇论文是 2011 年瑞士洛桑联邦理工学院的 Radisavljevic 等首次利用单层 MoS$_2$ 制作出晶体管。

第 3 篇是宾夕法尼亚州立大学的 Mak 等在 1999 年首次发现原子层厚度的 MoS$_2$ 是一种

直接带隙的半导体。

第4篇是亚利桑那州立大学的Strano等针对二维TMDs的电子与光电性质的综述文章。

第5篇是哥伦比亚大学Dean等以氮化硼为衬底，研究石墨烯相关电性能的文章。许多氮化硼相关论文的内容都涉及将其作为石墨烯的衬底进行研究。

第6篇是都柏林圣三一学院的Coleman等利用液相超声剥离方法制备得到二维材料。

第7篇是加利福尼亚大学伯克利分校的Wang等报道发现了单层MoS_2中的光致发光现象。

第8篇是罗格斯大学的Chhowalla等针对二维TMDs化学性质的综述文章。

第9篇是佐治亚理工学院的Dai等在2003年有关热蒸发制备纳米结构的文章。

第10篇是曼彻斯特大学的Grigorieva以及安德烈·海姆等综述了有关石墨烯及其他二维原子级晶体材料中异质结构的研究情况。

表10-4 本领域被引次数最高的TOP 10 SCI论文

论文名称	通讯作者	所在机构	来源期刊	被引频次/次
Two-dimensional atomic crystals	A. K. Geim	曼彻斯特大学、俄罗斯科学院	Proc. Natl. Acad. Sci. U. S. A., 2005, 102 (30): 10 451-10 453	3809
Single-layer MoS_2 transistors	B. Radisavljevic	瑞士洛桑联邦理工学院	Nature Nanotechnology, 2011, 6: 147-150	2365
Atomically thin MoS_2: a new direct-gap semiconductor	K. F. Mak	宾夕法尼亚州立大学	Phys. Rev. Lett., 2010, 105: 136805	1999
Electronics and optoelectronics of two-dimensional transition metal dichalcogenides	M. S. Strano	亚利桑那州立大学	Nature Nanotechnology, 2012, 7: 699-712	1599
Boron nitride substrates for high-quality graphene electronics	C. R. Dean	哥伦比亚大学	Nature Nanotechnology, 2010, 5: 722-726	1478
Two-dimensional nanosheets produced by liquid exfoliation of layered materials	J. N. Coleman	都柏林圣三一学院	Science, 2011, 331 (6017): 568-571	1462
Emerging photoluminescence in monolayer MoS_2	F. Wang	加利福尼亚大学伯克利分校	Nano Lett., 2010, 10 (4), pp 1271-1275	1431
The chemistry of two-dimensional layered transition metal dichalcogenide nanosheets	M. Chhowalla	罗格斯大学	Nature Chemistry, 2013, 5: 263-275	967
Novel nanostructures of functional oxides synthesized by thermal evaporation	Z. R. Dai	佐治亚理工学院	Advanced Functional Materials, 2003, 13 (1): 9-24	802
Van der Waals heterostructures	I. V. Grigorieva	曼彻斯特大学	Nature, 2013, 499: 419-425	758

10.4.3 主要国家/地区分析

表 10-5 显示了本领域 SCI 论文数量最多的国家/地区的论文发表、被引情况。中国大陆和美国在论文发表数量上远超其他国家，分别为 2484 篇和 1982 篇。但在篇均被引频次上，英国以 49.49 次领先其他国家，新加坡、中国台湾和美国排在其后，分别为 36.19 次、33.60 次和 33.65 次。中国的篇均被引频次仅为 14.6 次，在发文量最多的 TOP10 国家中排名垫底，论文数量基数庞大，但整体质量不高是导致这一现象的主要原因。

表 10-5 本领域 TOP 10 国家/地区论文量及被引情况

国家/地区	论文数量/篇	总被引次数/次	篇均被引频次/次	论文被引率/%
中国大陆	2 484	36 343	14.630 84	0.717 391
美国	1 982	66 685	33.645 31	0.804 743
日本	580	17 962	30.968 97	0.806 897
韩国	459	14 007	30.516 34	0.684 096
德国	407	9 098	22.353 81	0.815 725
新加坡	397	14 369	36.193 95	0.801 008
印度	289	4 552	15.750 87	0.754 325
英国	271	13 413	49.494 46	0.797 048
法国	220	4 857	22.077 27	0.872 727
中国台湾	182	6 115	33.598 9	0.791 209

图 10-8 是近 10 年本领域 TOP 10 国家/地区论文发表数量的年份分布图。2014 年和 2015 年中国相关论文的数量大幅超越美国，领跑世界。

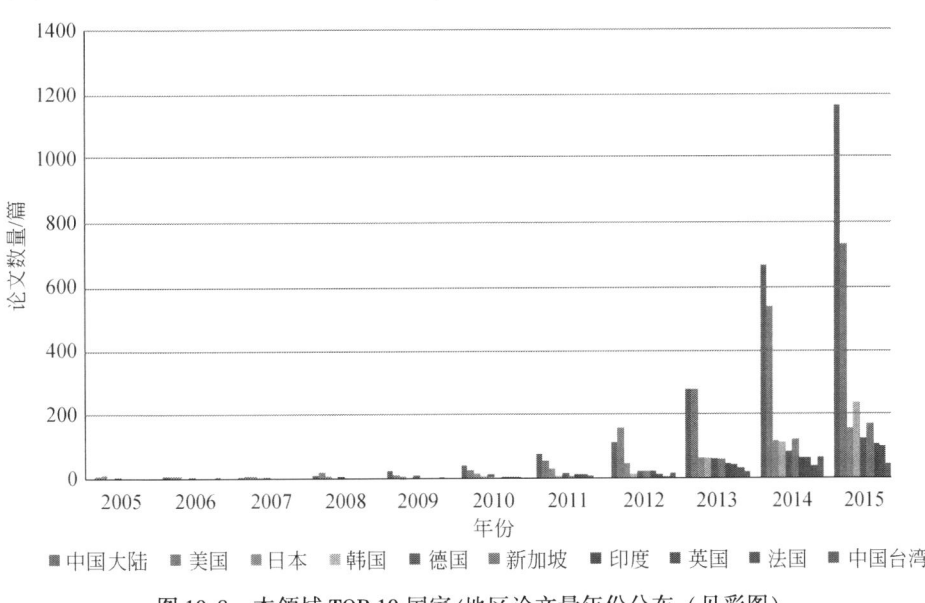

图 10-8 本领域 TOP 10 国家/地区论文量年份分布（见彩图）

10.4.4 主要机构分析

表 10-6 列出了本领域发表论文最多的 TOP 10 研究机构的论文数量及被引情况。中国科学院以 597 篇 SCI 论文数量排在第一位。在中国科学院内，发表相关论文最多的机构包括中国科学技术大学、中国科学院半导体研究所、中国科学院物理研究所、中国科学院国家纳米科学中心，以及中国科学院大学。在这些机构中，论文篇均被引频次（图 10-9）最高的研究机构是美国麻省理工学院，其篇均被引频次达到 64.47 次，橡树岭国家实验室、加利福尼亚大学伯克利分校，以及南洋理工大学的篇均被引频次也处于较高水平。中国科学院相关论文的篇均被引频次仅为 18.80 次，在发文数量 TOP 10 机构中偏低，我国北京大学（19.46 次）和清华大学（19.18 次）篇均被引频次也相对较低。需要注意的是，在中国科学院内，物理研究所和半导体研究所的篇均被引频次分别达到 31.67 次和 29.11 次，虽然与美国、日本和新加坡等国的顶级研究机构仍存在一定差距，但高于我国平均水平。

表 10-6 本领域 TOP 10 机构论文量及被引情况

统计对象		论文数量/篇	总被引次数/次	篇均被引频次/次	论文被引率/%	h 指数
中国科学院		597	11 222	18.797 319 93	0.745 393 635	55
	中国科学技术大学	156	3 355	21.506 410 26	0.794 871 795	29
	中国科学院半导体研究所	86	2 504	29.116 279 07	0.802 325 581	23
	中国科学院物理研究所	73	2 312	31.671 232 88	0.780 821 918	21
	中国科学院国家纳米科学中心	49	568	11.591 836 73	0.734 693 878	14
	中国科学院大学	44	498	11.318 181 82	0.590 909 091	11
日本国立材料科学研究所		213	8 028	37.690 140 85	0.840 375 587	38
南洋理工大学		204	9 066	44.441 176 47	0.818 627 451	45
北京大学		164	3 191	19.457 317 07	0.780 487 805	28
新加坡国立大学		153	5 822	38.052 287 58	0.836 601 307	33
清华大学		138	2 647	19.181 159 42	0.739 130 435	28
加利福尼亚大学伯克利分校		137	6 088	44.437 956 2	0.817 518 248	33
莱斯大学		135	5327	39.459 259 26	0.837 037 037	35
麻省理工学院		109	7 027	64.467 889 91	0.816 513 761	36
橡树岭国家实验室		104	4 958	47.673 076 92	0.798 076 923	30

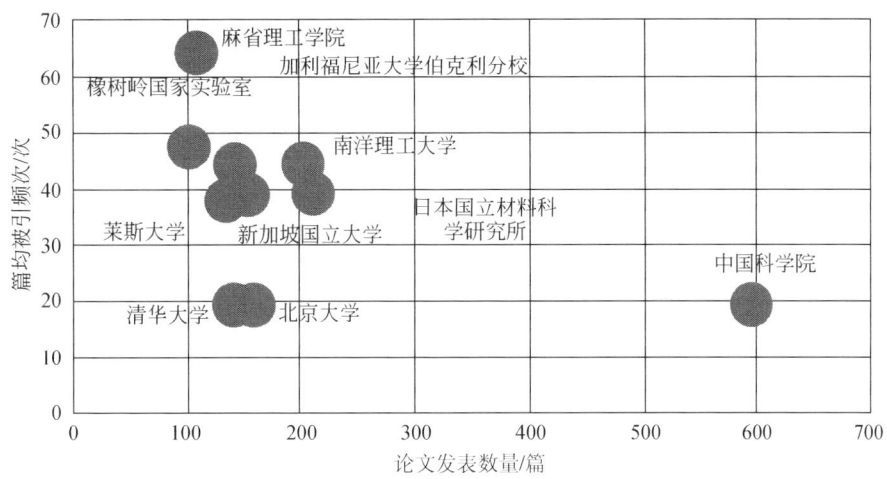

图 10-9 本领域 TOP 10 机构论文量及被引频次分布图

注：圆圈面积大小代表 h 指数，面积越大 h 指数越高

10.4.5 主要研究人员分析

表 10-7 与图 10-10 给出了本领域 SCI 论文数量超过 30 篇的 25 位研究人员的基本情况及其论文被引情况。

从论文发表的数量上分析，日本国立材料科学研究所的渡边宪司（Watanabe, Kenji）发表 93 篇相关 SCI 论文，排名第 1 位，主要研究二维材料的光电性质。排在第 2 位的是同样来自日本国立材料科学研究所的谷口贵志（Taniguchi, Takashi），发表相关论文 92 篇，主要从事石墨烯、六方氮化硼、MoS_2 等二维材料范德华异质结构的研究。美国莱斯大学化学系的 Ajayan 博士以 73 篇相关 SCI 论文排名第 3 位，其研究方向为储能纳米材料、多功能复合材料、纳米电子学、纳米传感器等，研究范围十分广泛。目前就职于沙特阿卜杜拉国王科技大学二维材料研究实验室的台湾学者李连忠（Li, Lain-Jong）发表了 63 篇相关论文，排在第 4 位，其主要研究方向是二维材料的能源应用。

从论文的篇均被引频次分析，瑞士洛桑联邦理工学院的电子工程学教授 Kis，其论文被引频次达到 178.3，排在第 1 位，其主要研究方向是基于二维纳米材料的纳米电子器件，其研究团队于 2010 年首次构建了基于单层 MoS_2 半导体材料的晶体管。来自哥伦比亚大学的机械工程学教授 Hone，以及哥伦比亚大学物理系的 Heinz 教授，其论文被引频次分别为 174.4 和 159，分别排在第 2 和第 3 位。其中，Hone 教授的研究领域主要是纳米材料、纳米生物学及纳机电系统；Heinz 教授研究组的主要关注方向是低维材料凝聚态系统研究，他与 Hone 等人合作发表了多篇二维材料表征测量方面的论文。都柏林圣三一学院物理学院的 Coleman 教授发表论文的篇均被引频次达到 138.2，其主要研究方向是低维纳米材料，Coleman 近年来因其在二维材料的液相剥离方法方面的研究而获得广泛关注。

根据我们的检索发现，中国科学院半导体研究所李京波研究员是在该领域发表相关

SCI 论文数量最多的中国学者，其在二维半导体材料领域发表 SCI 论文 38 篇，篇均被引频次为 28.4，其主要研究领域是半导体掺杂机制、二维半导体光电材料与器件。我国另一名在该领域发表 SCI 论文较多的学者为北京大学物理化学研究所刘忠范院士，共发表相关 SCI 论文 31 篇，篇均被引频次为 15.5，其主要研究方向包括二维原子晶体材料、碳纳米材料、新型能源材料，以及纳米电子器件等。

表 10-7 本领域发表论文数量最多（≥30 篇）的作者及其论文被引情况

统计对象	所属机构	论文数量	总被引次数	篇均被引次数	论文被引率	h 指数
Watanabe, K	日本国立材料科学研究所	93	4112	44.2	0.8	24
Taniguchi, T	日本国立材料科学研究所	92	4076	44.3	0.8	24
Ajayan, P M	莱斯大学	73	3927	53.8	0.9	27
Li L J	阿卜杜拉国王科技大学	63	4489	71.3	0.9	22
Lou J	莱斯大学	54	2763	51.2	0.9	23
Zhang H	南洋理工大学	54	5176	95.9	0.9	29
Golberg D	日本国立材料科学研究所	53	1959	37.0	0.9	21
Bando Y	日本国立材料科学研究所	52	2546	49.0	0.9	23
Liu Z	南洋理工大学	40	2228	55.7	0.9	21
Peeters F M	比利时安特卫普大学	40	409	10.2	0.8	10
Terrones M	宾夕法尼亚州立大学	40	1840	46.0	0.9	18
Li J B	中国科学院半导体研究所	38	1079	28.4	0.8	18
Wang Y	香港大学	37	2699	72.9	0.9	19
Hone J	哥伦比亚大学	36	6279	174.4	0.9	20
Kis A	瑞士洛桑联邦理工学院	36	6418	178.3	0.9	19
Yakobson B I	莱斯大学	36	1728	48.0	0.9	16
Zhang Y W	新加坡科技研究局	36	736	20.4	0.8	13
Najmaei S	莱斯大学	35	1588	45.4	0.9	16
Coleman J N	都柏林圣三一学院	34	4700	138.2	0.9	18
Heinz T F	哥伦比亚大学	34	5406	159.0	0.9	18
Castellanos A	西班牙马德里材料研究院	33	1178	35.7	0.8	14
Castro Neto A H	新加坡国立大学	33	1265	38.3	0.9	16
Rao C N R	印度科学院	34	1099	32.3	0.9	17
Kong J	麻省理工学院	32	2208	69.0	0.9	18
Liu Z F	北京大学	31	482	15.5	0.9	10
Greber T	瑞士苏黎世大学	30	1180	39.3	1.0	15
Terrones H	伦斯勒理工大学	30	1150	38.3	0.9	14
Tongay S	亚利桑那州立大学	30	993	33.1	0.8	13
Xu X D	华盛顿大学	30	1905	63.5	0.9	16

10 类石墨烯二维半导体材料国际发展态势分析

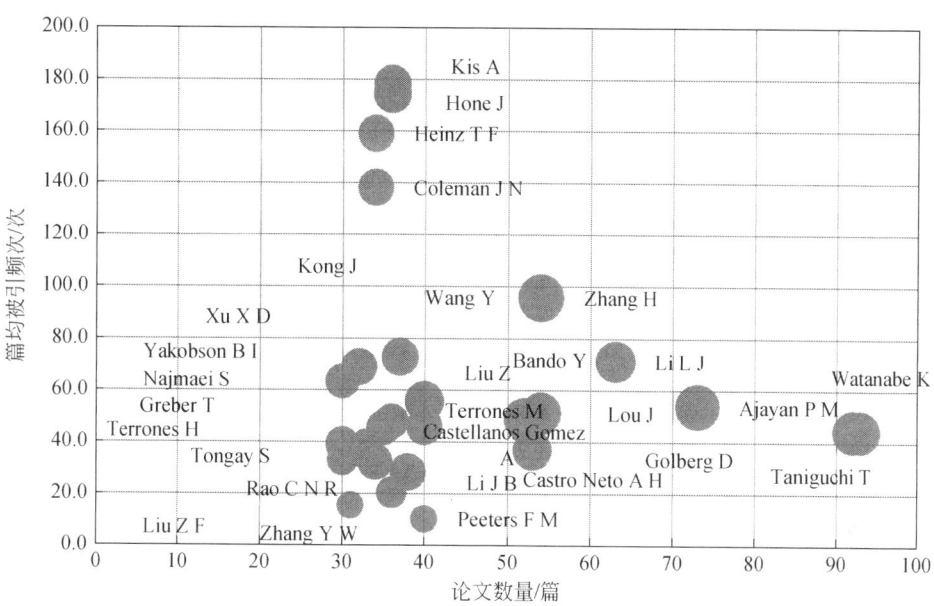

图 10-10 本领域 Top 作者的论文数量及其被引频次分布图

注：圆圈面积大小代表 h 指数，面积越大 h 指数越高

10.5 发展建议

1. 政府部门布局二维半导体材料重大研究计划和项目

美国国家科学基金会、欧盟委员会、欧洲"地平线 2020"计划等都资助了多项二维半导体材料的计划和项目，研究了多个类别的二维半导体材料，特别是近年来的资助力度逐渐加强。我国基金委等政府部门应尽快组织相关的专家比较分析国内外二维半导体的发展现状，探讨我国二维半导体材料的发展规划，部署相关的研究计划和项目，促进我国二维半导体材料的快速研究和发展。

2. 高校和科研院所建立二维半导体研究中心

高校和科研院所在发展二维半导体材料方面发挥着巨大的作用。美国、英国、瑞士、新加坡等国家的高校和科研院所也都成立了专门的研究中心，我国也需要投入物力和财力加强二维半导体材料研究中心的建设，中国科学院的研究所可起到带头示范作用。

3. 与国外先进研究团队建立合作关系

瑞士洛桑联邦理工学院纳米电子与结构中心、英国曼彻斯特大学国家石墨烯研究院、麻省理工学院与微软技术实验室的石墨烯器件和二维系统中心、宾夕法尼亚州立大学的二维和层状材料中心、新加坡国立大学二维材料研究中心等都是世界先进的二维半导体材料研究中心。我国和中国科学院的多个研究中心及团队在二维半导体材料研究方面也取得了重要的进展。如能与国外先进研究团队建立良好的合作关系，将会更好地促进二维半导体材料研究的发展。

4. 尽早部署二维半导体的应用研究和产业化工作

虽然二维半导体材料研究仍处于实验室研究阶段，但是其在光电、自旋电子学、催化、化学和生物传感、超级电容器、太阳能电池、锂离子电池等领域的应用研究要早做部署，更要向产业化方向发展，打通从实验室基础研究到市场应用的全价值链。

5. 组织召开二维半导体材料国际会议，把握前沿研究

目前，二维半导体材料属于材料领域的前沿研究。如我国能及时召开高水平的国际会议，了解国内外研究的动态，把握研究发展的前沿和方面，对于我国以后的发展规划和方向都具有很好的指导作用。

致谢：中国科学院半导体研究所李京波研究员、上海电力学院闵宇霖教授对本报告提出了宝贵的意见和建议，谨致谢忱！

参 考 文 献

北京理工大学. 2014. 北理工物理学院在"硅烯的拓扑物性"研究方面取得新进展. http://www.bit.edu.cn/xww/xsjl1/106098.htm [2014-10-09].

王新胜, 谢黎明, 张锦. 2015. 二维半导体合金的制备、结构和性质. 化学学报, 73: 886-894.

中科院半导体研究所. 2016. 我室在 MoS_2-WS_2 异质结光电性质研究中取得最新成果. http://lab.semi.ac.cn/cjg/contents/250/39175.html [2016-01-20].

Ajalkar B D, Mane R K, Sarwade B D, et al. 2004. Optical and electrical studies on molybdenum sulphoselenide [Mo($S_{1-x}Se_x$)$_2$] thin films prepared by arrested precipitation technique (APT). Solar Energy Materials and Solar Cells, 81 (1): 101-112.

Alem N, Erni R, Kisielowski C, et al. 2009. Atomically thin hexagonal boron nitride probed by ultrahigh-resolution transmission electron microscopy. Physical Review B, 80: 155425.

Bai J W, Zhong X, Jiang S, et al. 2010. Graphene nanomesh. Nature Nanotechnology, 5 (3): 190-194.

Balog R, Jorgensen B, Nilsson L, et al. 2010. Bandgap opening in graphene induced by patterned hydrogen adsorption. Nature Materials, 9 (4): 315-319.

Bernardi M, Palummo M, Grossman J C. 2013. Extraordinary sunlight absorption and one nanometer thick photovoltaics using two-dimensional monolayer materials. Nano Letters, 13 (8): 3664-3670.

Böker T, Severin R, Muüller A, et al. 2001. Band structure of MoS_2, $MoSe_2$, and α-$MoTe_2$: angle-resolved photoelectron spectroscopy and ab-initio calculations. Physical Review B, 64: 235305.

Buscema M, Groenendijk D J, Blanter S I, et al. 2014a. Fast and broadband photoresponse of few-layer black phosphorus field-effect transistors. Nano Letters, 14 (6): 3347-3352.

Buscema M, Groenendijk D J, Steele G A, et al. 2014b. Photovoltaic effect in few-layer black phosphorus PN junctions defined by local electrostatic gating. Nature Communications, 5: 4651.

Castellanos-Gomez A, Barkelid M, Goossens A M, et al. 2012. Laser-thinning of MoS_2: on demand generation of a single-layer semiconductor. Nano Letters, 12 (6): 3187-3192.

Castellanos-Gomez A. 2015. Black phosphorus: narrow gap, wide applications. J. Phys. Chem. Lett., 6 (21): 4280-4291.

Chen Y, Song B, Tang X, et al. 2014. Ultrasmall Fe_3O_4 nanoparticle/MoS_2 nanosheet composites with superior performances for lithium ion batteries. Small, 10 (8): 1536-1543.

Chen Y, Xi J, Dumcenco D O, et al. 2013. Tunable band gap photoluminescence from atomically thin transition-metal dichalcogenide alloys. ACS Nano, 7 (5): 4610-4616.

Cheng L, Liu J, Gu X, et al. 2014. PEGylated WS_2 nanosheets as a multifunctional theranostic agent for in vivo dual-modal CT/Photoacoustic imaging guided photothermal therapy. Advnced Materials, 26 (12): 1886-1893.

Chou S S, Kaehr B, Kim J, et al. 2013. Chemically exfoliated MoS_2 as near-infrared photothermal agents. Angew. Chem. Int. Ed., 52 (15): 4160-4164.

Coleman J N, Lotya M, O'Neill A, et al. 2011. Two-dimensional nanosheets produced by liquid exfoliation of layered materials. Science, 331 (6017): 568-571.

Cong C, Shang J, Wu X, et al. 2014. Synthesis and optical properties of large-area single-crystalline 2D semiconductor WS_2 monolayer from chemical vapor deposition. Advanced Optical Materials, 2 (2): 131-136.

Doganov R A, O'Farrell E C T, Koenig S P, et al. 2015. Transport properties of pristine few-layer black phosphorus by van der Waals passivation in an inert atmosphere. Nature Communications, 6: 6647-6655.

Dolui K, Pemmaraju C D, Sanvito S. 2012. Electric field effects on armchair MoS_2 nanoribbons. ACS Nano, 6 (6): 4823-4834.

Duan X D, Wang C, Shaw J C, et al. 2014. Lateral epitaxial growth of two-dimensional layered semiconductor heterojunctions. Nature Nanotechnology, 9 (12): 1024-1030.

Dumcenco D O, Chen K Y, Wang Y P, et al. 2010. Raman study of 2H-$Mo_{1-x}W_xS_2$ layered mixed crystals. Journal of Alloys and Compounds, 506 (2): 940-943.

Dumcenco D O, Su Y C, Wang Y P, et al. 2011. Piezoreflectance and raman characterization of $Mo_{1-x}W_xS_2$ layered mixed crystals. Solid State Phenomena, 170: 55-59.

Eda G, Yamaguchi H, Voiry D, et al. 2011. Photoluminescence from chemically exfoliated MoS_2. Nano Letters, 11 (12): 5111-5116.

Elias A L, Perea-Lopez N, Castro-Beltran A, et al. 2013. Controlled synthesis and transfer of large-area WS_2 sheets: from single layer to few layers. ACS Nano, 7 (6): 5235-5242.

Favron A, Gaufrès E, Fossard F, et al. 2015. Photooxidation and quantum confinement effects in exfoliated black phosphorus. Nature Materials, 14 (8): 826-832.

Fei R, Yang L. 2014. Strain-engineering the anisotropic electrical conductance of few-layer black phosphorus. Nano Letters, 14 (5): 2884-2889.

Feng C Q, Ma J, Li H, et al. 2009. Synthesis of molybdenum disulfide (MoS_2) for lithium ion battery applications. Materials Research Bulletin, 44 (9): 1811-1815.

Feng Q, Zhu Y, Hong J, et al. 2014. Growth of large-area 2D $MoS_{2(1-x)}Se_{2x}$ semiconductor alloys. Advanced Materials, 26 (17): 2648-2653.

Fleurence A, Friedlein R, Ozaki T, et al. 2012. Experimental evidence for epitaxial silicene on diboride thin films. Phys. Rev. Lett., 108: 245501.

Fortin E, Sears W M. 1982. Photovoltaic effect and optical absorption in MoS_2. Journal of Physics and Chemistry of Solids, 43 (9): 881-884.

Fu Q, Yang L, Wang W H, et al. 2015. Synthesis and enhanced electrochemical catalytic performance of monolayer $WS_{2(1-x)}Se_x$ with a tunable band gap. Advanced Materials, 27 (32): 4732-4738.

Gao Y, Liu Z B, Sun D M, et al. 2015. Large-area synthesis of high-quality and uniform monolayer WS_2 on reusable Au foils. Nature Communications, 6: 8569.

Geim A K, Grigorieva I V. 2013. Van der Waals heterostructures. Nature, 499 (7459): 419-425.

Georgiou T, Jalil R, Belle B D, et al. 2013. Vertical field-effect transistor based on graphene-WS_2 heterostructures for flexible and transparent electronics. Nature Nanotechnology, 8 (2): 100-103.

Gong Y, Liu Z, Lupini A R, et al. 2014a. Band gap engineering and layer-by-layer mapping of selenium-doped molybdenum disulfide. Nano Letters, 14 (2): 442-449.

Gong Y, Yang S, Zhan L, et al. 2014b. A bottom-up approach to build 3D architectures from nanosheets for superior lithium storage. Advanced Functional Materials, 24 (1): 125-130.

Gopalakrishnan D, Damien D, Shaijumon M M. 2014. MoS_2 quantum dots interspersed exfoliated MoS_2 nanosheets. ACS Nano, 8 (5): 5297-5303.

Guo Z N, Zhang H, Lu S B, et al. 2015. From black phosphorus to phosphorene: basic solvent exfoliation, evolution of raman scattering, and applications to ultrafast photonics. Advanced Functional Materials, 25 (45): 6996-7002.

Gutierrez H R, Perea-Lopez N, Elias A L, et al. 2013. Extraordinary room-temperature photoluminescence in triangular WS_2 monolayers. Nano Letters, 13 (8): 3447-3454.

He Q, Zeng Z, Yin Z, et al. 2012. Fabrication of flexible MoS_2 thin-film transistor arrays for practical gas-sensing applications. Small, 8 (19): 2994-2999.

Ho C H, Huang Y S, Liao P C, et al. 1999. Crystal structure and band-edge transitions of $ReS_{2-x}Se_x$ layered compounds. Journal of Physics and Chemistry of Solids, 60 (11): 1797-1804.

Hong X P, Kim J H, Shi S F, et al. 2014. Ultrafast charge transfer in atomically thin MoS_2/WS_2 heterostructures. Nature Nanotechnology, 9 (9): 682-686.

Huo N J, Kang J, Wei Z M, et al. 2014. Novel and enhanced optoelectronic performances of multilayer MoS_2-WS_2 heterostructure transistors. Advanced Functional Materials, 24 (44): 7025-7031.

Huo N J, Yang J H, Huang L, et al. 2015. Tunable polarity behavior and self-driven photoswitching in p-WSe_2/n-WS_2 heterojunctions. Small, 11 (40): 5430-5438.

Jiang J W, Park H S. 2014. Negative poisson's ratio in single-layer black phosphorus. Nature Communications, 5: 4727.

Jiao L, Zhang L, Wang X, et al. 2009. Narrow graphene nanoribbons from carbon nanotubes. Nature, 458 (7240): 877-880.

Joensen P, Frindt R F, Morrison S R. 1986. Single-layer MoS_2. Materials Research Bulletin, 21 (4): 457-461.

Jung Y, Shen J, Sun Y, et al. 2014. Chemically synthesized heterostructures of two-dimensional molybdenum/tungsten-based dichalcogenides with vertically aligned layers. ACS Nano, 8 (9): 9550-9557.

Kang J, Wood J D, Wells S A, et al. 2015. Solvent exfoliation of electronic-grade, two-dimensional black phosphorus. ACS Nano, 9 (4): 3596-3604.

Kim J, Baik S S, Ryu S H, et al. 2015. Observation of tunable band gap and anisotropic Dirac semimetal state in black phosphorus. Science, 349 (6249): 723-726.

Kim K K, Hsu A, Jia X T, et al. 2012. Synthesis of monolayer hexagonal boron nitride on Cu foil using chemical vapor deposition. Nano Letters, 12 (1): 161-166.

Klein A, Tiefenbacher S, Eyert V, et al. 2001. Electronic band structure of single-crystal and single-layer WS_2:

influence of interlayer van der Waals interactions. Physical Review B, 64: 205416.

Komsa H P, Krasheninnikov A V. 2012. Two-dimensional transition metal dichalcogenide alloys: stability and electronic properties. J. Phys. Chem. Lett., 3 (23): 3652-3656.

Kong D, Wang H, Cha J J, et al. 2013. Synthesis of MoS_2 and $MoSe_2$ films with vertically aligned layers. Nano Letters, 13 (3): 1341-1347.

Korn T, Heydrich S, Hirmer M, et al. 2011. Low-temperature photocarrier dynamics in monolayer MoS_2. Applied Physics Letter. Lett., 99: 102109.

Kuc A, Zibouche N, Heine T. 2011. Influence of quantum confinement on the electronic structure of the transition metal sulfide TS_2. Physical Review B, 83: 245213.

Kwak J Y, Hwang J, Calderon B, et al. 2014. Electrical characteristics of multilayer MoS_2 FET's with MoS_2/graphene heterojunction contacts. Nano Letters, 14 (8): 4511-4516.

Laskar M R, Ma L, ShanthaKumar K, et al. 2013. Large area single crystal (0001) oriented MoS_2. Applied Physics Letter, 102: 252108.

Lee H S, Min S W, Chang Y G, et al. 2012a. MoS_2 nanosheet phototransistors with thickness-modulated optical energy gap. Nano Letters, 12 (7): 3695-3700.

Lee S, Yang F, Suh J, et al. 2015. Anisotropic in-plane thermal conductivity of black phosphorus nanoribbons at temperatures higher than 100K. Nature Communications, 6: 8573.

Lee Y H, Zhang X Q, Zhang W J, et al. 2012b. Synthesis of large-area MoS_2 atomic layers with chemical vapor deposition. Advanced Materials, 24 (17): 2320-2325.

Li B, Huang L, Zhong M, et al. 2015. Synthesis and transport properties of large-scale alloy $Co_{0.16}Mo_{0.84}S_2$ bilayer nanosheets. ACS Nano, 9 (2): 1257-1262.

Li H, Duan X, Wu X, et al. 2014a. Growth of alloy $MoS_{2x}Se_{2(1-x)}$ nanosheets with fully tunable chemical compositions and optical properties. J. Am. Chem. Soc., 136 (10): 3756-3759.

Li L K, Yu Y J, Ye G J, et al. 2014b. Black phosphorus field-effect transistors. Nature Nanotechnology, 9 (5): 372-377.

Li L, Yu Y, Ye G J, et al. 2014c. Black phosphorus field-effect transistors. Nature Nanotechnology, 9 (5): 372-377.

Li Y, Wang H, Xie L, et al. 2011. MoS_2 nanoparticles grown on graphene: an advanced catalyst for the hydrogen evolution reaction. J. Am. Chem. Soc., 133 (19): 7296-7299.

Li Y, Xu C Y, Qin J K. 2016. Tuning the excitonic states in MoS_2/graphene van der Waals heterostructures via electrochemical gating. Advance Functional Materials, 26 (2): 293-302.

Lin T R, Zhong L S, Guo L Q, et al. 2014. Seeing diabetes: visual detection of glucose based on the intrinsic peroxidase-like activity of MoS_2 nanosheets. Nanoscale, 6 (20): 11856-11862.

Lin Y, Williams T V, Xu T B, et al. 2011. Aqueous dispersions of few-layered and monolayered hexagonal boron nitride nanosheets from sonication-assisted hydrolysis: critical role of water. J. Phys. Chem. C, 115 (6): 2679-2685.

Ling X, Lee Y H, Lin Y X, et al. 2014. Role of the seeding promoter in MoS_2 growth by chemical vapor deposition. Nano Letters, 14 (2): 464-472.

Liu B L, Köpf M, Abbas A N, et al. 2015. Black arsenic-phosphorus: layered anisotropic infrared semiconductors with highly tunable compositions and properties. Advanced Materials, 27 (30): 4423-4429.

Liu H, Neal A T, Zhu Z, et al. 2014a. Phosphorene: an unexplored 2D semiconductor with a high hole mobility. ACS Nano, 8 (4): 4033-4041.

Liu K K, Zhang W, Lee Y H, et al. 2012. Growth of large-area and highly crystalline MoS_2 thin layers on insulating substrates. Nano Letters, 12 (3): 1538-1544.

Liu N, Kim P, Kim J H, et al. 2014b. Large-area atomically thin MoS_2 nanosheets prepared using electrochemical exfoliation. ACS Nano, 8 (7): 6902-6910.

Liu T, Wang C, Gu X, et al. 2014c. Drug delivery with PEGylated MoS_2 nanosheets for combined photothermal and chemotherapy of cancer. Advanced Materials, 26 (21): 3433-3440.

Lopez-Sanchez O, Lembke D, Kayci M, et al. 2013. Ultrasensitive photodetectors based on monolayer MoS_2. Nature Nanotechnology, 8 (7): 497-501.

Lu G Y, Wu T R, Yuan Q H, et al. 2014. Synthesis of large single-crystal hexagonal boron nitride grains on Cu-Ni alloy. Nature Communications, 6: 6160.

Lukowski M A, Daniel A S, Meng F, et al. 2013. Enhanced hydrogen evolution catalysis from chemically exfoliated metallic MoS_2 nanosheets. J. Am. Chem. Soc., 135 (28): 10274-10277.

Ma Y D, Dai Y, Guo M, et al. 2011. Electronic and magnetic properties of perfect, vacancy-doped, and nonmetal adsorbed $MoSe_2$, $MoTe_2$ and WS_2 monolayers. Phys. Chem. Chem. Phys, 13 (34): 15546-15553.

Mak K F, Lee C, Hone J, et al. 2010. Atomically thin MoS_2: a new direct-gap semiconductor. Phys. Rev. Lett., 105: 136805.

Meng L, Wang Y L, Zhang L Z, et al. 2013. Buckled silicene formation on Ir (111). Nano Letters, 13 (2): 685-690.

Mishchenko A, Tu J S, Cao Y, et al. 2014. Twist-controlled resonant tunnelling in graphene/boron nitride/graphene heterostructures. Nature Nanotechnology, 9 (10): 808-813.

MIT Technology Review. 2015. Black phosphorus: the birth of a new wonder material. http://www.technologyreview.com/view/534166/black-phosphorus-the-birth-of-a-new-wonder-material/ [2015-01-12].

Nag A, Raidongia K, Hembram K P S S, et al. 2010. Graphene analogues of BN: novel synthesis and properties. ACS Nano, 4 (3): 1539-1544.

Novoselov K S, Falko V I, Colombo L, et al. 2012. A roadmap for graphene. Nature, 490 (7419): 192-200.

Novoselov K S, Geim A K, Morozov S V, et al. 2014. Electric field effect in atomically thin carbon films. Science, 306 (5696): 666-669.

NUS. 2015. The NUS centre for advanced 2D materials and graphene research centre. http://graphene.nus.edu.sg/content/graphene-centre [2015-12-10].

Okada M, Sawazaki T, Watanabe K, et al. 2014. Direct chemical vapor deposition growth of WS_2 atomic layers on hexagonal boron nitride. ACS Nano, 8 (8): 8273-8277.

Ou J Z, Chrimes A F, Wang Y, et al. 2014. Ion-driven photoluminescence modulation of quasi-two-dimensional MoS_2 nanoflakes for applications in biological systems. Nano Letters, 14 (2): 857-863.

Peimyoo N, Shang J, Cong C, et al. 2013. Nonblinking, intense two-dimensional light emitter: monolayer WS_2 triangles. ACS Nano, 7 (12): 10985-10994.

Physics World. 2013. Hofstadter's butterfly spotted in grapheme. http://physicsworld.com/cws/article/news/2013/may/15/hofstadters-butterfly-spotted-in-graphene [2013-05-15].

Qiao J, Kong X, Hu Z X, et al. 2014. High-mobility transport anisotropy and linear dichroism in few-layer black phosphorus. Nature Communications, 5: 4475.

Qiu J L, Fu H X, Xu Y, et al. 2015. From silicene to half-silicane by hydrogenation. ACS Nano, 9 (11): 11192-11199.

Quhe R G, Zheng J X, Luo G F, et al. 2012. Tunable and sizable band gap of single-layer graphene sandwiched between hexagonal boron nitride. NPG Asia Materials, 4 (2): e6.

Radisavljevic B, Radenovic A, Brivio J, et al. 2011a. Single-layer MoS_2 transistors. Nature Nanotechnology, 6 (3): 147-150.

Radisavljevic B, Whitwick M B, Kis A. 2011b. Integrated circuits and logic operations based on single-layer MoS_2. ACS Nano, 5 (12): 9934-9938.

Rodin A S, Carvalho A, Castro Neto A H, 2014. Strain-induced gap modification in black phosphorus. Physical Review Letters, 112: 176801.

Roy K, Padmanabhan M, Goswami S, et al. 2013. Graphene-MoS_2 hybrid structures for multifunctional photoresponsive memory devices. Nature Nanotechnology, 8 (11): 826-830.

Sarkar D, Liu W, Xie X, et al. 2014. MoS_2 field-effect transistor for next-generation label-free biosensors. ACS Nano, 8 (4): 3992-4003.

Seo J W, Jun Y W, Park S W, et al. 2007. Two-dimensional nanosheet crystals. Angew. Chem. Int. Ed., 46 (46): 8828-8831.

Shanmugam M, Bansal T, Durcan C A, et al. 2012. Molybdenum disulphide/titanium dioxide nanocomposite-poly 3-hexylthiophene bulk heterojunction solar cell. Applied Physics Letters, 100: 153901.

Shi J P, Ma D L, Han G F, et al. 2014. Controllable growth and transfer of monolayer MoS_2 on Au foils and its potential application in hydrogen evolution reaction. ACS Nano, 8 (10): 10196-10204.

Smith R J, King P J, Lotya M, et al. 2011. Large-scale exfoliation of inorganic layered compounds in aqueous surfactant solutions. Advanced Materials, 23 (34): 3944-3948.

Splendiani A, Sun L, Zhang Y B, et al. 2010. Emerging photoluminescence in monolayer MoS_2. Nano Letters, 10 (4): 1271-1275.

Srivastava S K, Bindumadhavan K, Mahanty S. 2013. MoS_2-MWCNT hybrids as a superior anode in lithium-ion batteries. Chemical Communications, 49 (18): 1823-1825.

Stankovich S, Dikin D A, Dommett G H B, et al. 2006. Graphene-based composite materials. Nature, 442 (7100): 282-286.

Stehle Y J, Meyer H M, Unocic R R, et al. 2015. Synthesis of hexagonal boron nitride monolayer: control of nucleation and crystal morphology. Chemistry of Materials, 27 (23): 8041-8047.

Su S H, Hsu Y T, Chang Y H, et al. 2014. Band gap-tunable molybdenum sulfide selenide monolayer alloy. Small, 10 (13): 2589-2594.

Sun Z B, Xie H H, Tang S Y, et al. 2015. Ultrasmall black phosphorus quantum dots: synthesis and use as photothermal agents. Angew. Chem. Int. Ed., 54 (39): 11526-11530.

Tai S Y, Liu C J, Chou S W, et al. 2012. Few-layer MoS_2 nanosheets coated onto multi-walled carbon nanotubes as a low-cost and highly electrocatalytic counter electrode for dye-sensitized solar cells. Journal of Materials Chemistry, 22 (47): 24753-24759.

Tao L, Cinquanta E, Chiappe D, et al. 2015. Silicene field-effect transistors operating at room temperature. Nature Nanotechnology, 10 (3): 227-223.

Tayari V, Hemsworth N, Fakih I, et al. 2015. Two-dimensional magnetotransport in a black phosphorus naked quantum well. Nature Communications, 6: 7702.

Tongay S, Fan W, Kang J, et al. 2014a. Tuning interlayer coupling in large-area heterostructures with CVD-grown MoS_2 and WS_2 monolayers. Nano Letters, 14 (6): 3185-3190.

Tongay S, Jian Zhou, Ataca C. et al. 2013a. Broad-range modulation of light emission in two-dimensional semiconductors by molecular physisorption gating. Nano Letters, 13 (6): 2831-2836.

Tongay S, Narang D S, Kang J, et al. 2014b. Two-dimensional semiconductor alloys: monolayer $Mo_{1-x}W_xSe_2$. Applied Physics Letter, 104: 012101.

Tongay S, Suh J, Ataca C, et al. 2013b. Defects activated photoluminescence in two-dimensional semiconductors: interplay between bound, charged, and free excitons. Scientific Reports, 3: 2657.

Tongay S, Zhou J, Ataca C, et al. 2012. Thermally driven crossover from indirect toward direct bandgap in 2D semiconductors: $MoSe_2$ versus MoS_2. Nano Letters, 12 (11): 5576-5580.

van der Zande A M, Huang P Y, Chenet D A, et al. 2013. Grains and grain boundaries in highly crystalline monolayer molybdenum disulphide. Nature Materials, 12 (6): 554-561.

Voiry D, Salehi M, Silva R, et al. 2013. Conducting MoS_2 nanosheets as catalysts for hydrogen evolution reaction. Nano Letters, 13 (12): 6222-6227.

Wang H L, Zhang X W, Liu H, et al. 2015a. Synthesis of large-sized single-crystal hexagonal boron nitride domains on nickel foils by ion beam sputtering deposition. Advanced Materials, 27 (48): 8109-8115.

Wang H L, Zhang X W, Meng J H, et al. 2015b. Controlled growth of few-layer hexagonal boron nitride on copper foils using ion beam sputtering deposition. Small, 11 (13): 1542-1547.

Wang H, Kim H, Cho J. 2011. MoS_2 nanoplates consisting of disordered graphene-like layers for high rate lithium battery anode materials. Nano Letters, 11 (11): 4826-4830.

Wang H, Wang X M, Xia F N, et al. 2014. Black phosphorus radio-frequency transistors. Nano Letters, 14 (11): 6424-6429.

Wang H, Yang X Z, Shao W, et al. 2015c. Ultrathin black phosphorus nanosheets for efficient singlet oxygen generation. J. Am. Chem. Soc., 137 (35): 11376-11382.

Wang H, Yu L, Lee Y H, et al. 2012. Integrated circuits based on bilayer MoS_2 transistors. Nano Letters, 12 (9): 4674-4680.

Wang S S, Wang X C, Warner J H. 2015d. All chemical vapor deposition growth of MoS_2: h-BN vertical van der Waals heterostructures. ACS Nano, 9 (5): 5246-5254.

Wang S, Li X, Chen Y, et al. 2015e. A facile one-pot synthesis of a two-dimensional MoS_2/Bi_2S_3 composite theranostic nanosystem for multi-modality tumor imaging and therapy. Advanced Materials, 27 (17): 2775-2782.

Wang X S, Feng H B, Wu Y M, et al. 2013. Controlled synthesis of highly crystalline MoS_2 flakes by chemical vapor deposition. J. Am. Chem. Soc., 135 (14): 5304-5307.

Wood J D, Wells S A, Jariwala D, et al. 2014. Effective passivation of exfoliated black phosphorus transistors against ambient degradation. Nano Letters, 14 (12): 6964-6970.

Wu M H, Fu H H, Zhou L, et al. 2015. Nine new phosphorene polymorphs with non-honeycomb structures: a much extended family. Nano Letters, 15 (5): 3557-3562.

Wu M X, Wang Y D, Lin X, et al. 2011. Economical and effective sulfide catalysts for dye-sensitized solar cells as counter electrodes. Phys. Chem. Chem. Phys., 13 (43): 19298-19301.

Wu S, Zeng Z, He Q, et al. 2012a. Electrochemically reduced single-layer MoS_2 nanosheets: characterization, properties, and sensing applications. Small, 8 (14): 2264-2270.

Wu W Z, Wang L, Li Y L, et al. 2014. Piezoelectricity of single-atomic-layer MoS_2 for energy conversion and piezotronics. Nature, 514 (7523): 470-474.

Wu Z Z, Fang B Z, Bonakdarpour A, et al. 2012b. WS_2 nanosheets as a highly efficient electrocatalyst for hydrogen evolution reaction. Applied Catalysis B: Environmental, 125: 59-66.

Xiang Q J, Yu J G, Jaroniec M. 2012. Synergetic effect of MoS_2 and graphene as cocatalysts for enhanced photocatalytic H-2 production activity of TiO_2 nanoparticles. J. Am. Chem. Soc., 134 (15): 6575-6578.

Xie L M. 2015. Two-dimensional transition metal dichalcogenide alloys: preparation, characterization and applications. Nanoscale, 7 (44): 18 392-18 401.

Xu M S, Liang T, Shi M M, et al. 2013. Graphene-like two-dimensional materials. Chemical Reviews, 113 (5): 3766-3798.

Yan Y, Xia B Y, Ge X, et al. 2013. Ultrathin MoS_2 nanoplates with rich active sites as highly efficient catalyst for hydrogen evolution. ACS Applied Materials & Interfaces, 5 (24): 12 794-12 798.

Yang J H, Huo N J, Li Y, et al. 2015. Gate-tunable ultrahigh photoresponsivity of 2D heterostructures based on few layer MoS_2 and solution-processed rGO. Advanced Electronic Materials, 1 (10): 201500267.

Yang W, Chen G R, Shi Z W, et al. 2013. Epitaxial growth of single-domain graphene on hexagonal boron nitride. Nature Materials, 12 (9): 792-797.

Yasaei P, Kumar B, Foroozan T, et al. 2015. High-quality black phosphorus atomic layers by liquid-phase exfoliation. Advanced Materials, 27 (11): 1887-1892.

Yin W, Yan L, Yu J, et al. 2014. High-throughput synthesis of single-layer MoS_2 nanosheets as a near-infrared photothermal-triggered drug delivery for effective cancer therapy. ACS Nano, 8 (7): 6922-6933.

Yin Z Y, Li H, Li H, et al. 2012. Single-layer MoS_2 phototransistors. ACS Nano, 6 (1): 74-80.

Youngblood N, Chen C, Koester S J, et al. 2015. Waveguide-integrated black phosphorus photodetector with high responsivity and low dark current. Nature Photonics, 9 (4): 247-252.

Yu W J, Liu Y, Zhou H L, et al. 2013a. Highly efficient gate-tunable photocurrent generation in vertical heterostructures of layered materials. Nature Nanotechnology, 8 (12): 952-958.

Yu Y F, Li C, Liu Y, et al. 2013b. Controlled scalable synthesis of uniform, high-quality monolayer and few-layer MoS_2 films. Scientific Reports, 3: 1866.

Yuan J T, Najmaei S, Zhang Z H, et al. 2015. Photoluminescence quenching and charge transfer in artificial heterostacks of monolayer transition metal dichalcogenides and few-layer black phosphorus. ACS Nano, 9 (1): 555-563.

Yuan Y, Li R, Liu Z. 2014. Establishing water-soluble layered WS_2 Nanosheet as a platform for biosensing. Analytical Chemistry, 86 (7): 3610-3615.

Yun W S, Han S W, Hong S C, et al. 2012. Thickness and strain effects on electronic structures of transition metal dichalcogenides: 2H- MX_2 semiconductors (M = Mo, W; X = S, Se, Te). Physical Review B, 85: 033305.

Zeng Z, Yin Z, Huang X, et al. 2011. Single-layer semiconducting nanosheets: high-yield preparation and device fabrication. Angew. Chem. Int. Ed., 50 (47): 11 093-11 097.

Zhan Y J, Liu Z, Najmaei S, et al. 2012. Large area vapor phase growth and characterization of MoS_2 atomic layers on a SiO_2 substrate. Small, 8 (7): 966-971.

Zhang M, Wu J, Zhu Y, et al. 2014. Two-dimensional molybdenum tungsten diselenide alloys: photoluminescence, raman scattering, and electrical transport. ACS Nano, 8 (7): 7130-7137.

Zhang S L, Yan Z, Li Y F, et al. 2015. Atomically thin arsenene and antimonene: semimetal-semiconductor and indirect-direct band-gap transitions. Angew. Chem. In. Ed., 54 (10): 3112-3115.

Zhang Y, Zhang Y. F, Ji Q Q, et al. 2013. Controlled growth of high-quality monolayer WS_2 layers on sapphire and imaging its grain boundary. ACS Nano, 7 (10): 8963-8971.

Zheng S J, Sun L, Yin T, et al. 2015. Monolayers of $W_xMo_{1-x}S_2$ alloy heterostructure with in-plane composition variations. Applied Physics Letter, 106: 063113.

Zhou W, Yin Z, Du Y, et al. 2013a. Synthesis of few-layer MoS$_2$ nanosheet-coated TiO$_2$ nanobelt heterostructures for enhanced photocatalytic activities. Small, 9 (1): 140-147.

Zhou X S, Wan L J, Guo Y G. 2013b. Synthesis of MoS$_2$ nanosheet-graphene nanosheet hybrid materials for stable lithium storage. Chemical Communications, 49 (18): 1838-1840.

Zhu C F, Zeng Z Y, Li H, et al. 2013. Single-layer MoS$_2$-based nanoprobes for homogeneous detection of biomolecules. J. Am. Chem. Soc., 135 (16): 5998-6001.

Zhu H Y, Wang Y, Xiao J, et al. 2015. Observation of piezoelectricity in free-standing monolayer MoS$_2$. Nature Nanotechnology, 10 (2): 151-155.

Zong X, Yan H J, Wu G P, et al. 2008. Enhancement of photocatalytic H-2 evolution on CdS by loading MoS$_2$ as co-catalyst under visible light irradiation. J. Am. Chem. Soc., 130 (23): 7176-7177.

彩　　图

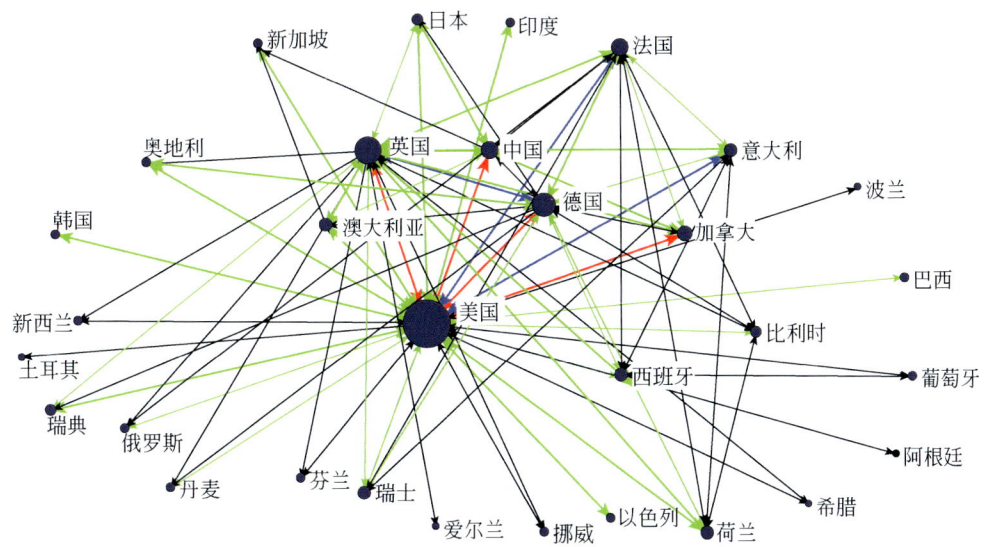

图 1-9　数学生物学研究论文的国家/地区合作网络（合作次数超过 50 次）

合作次数超过 100 次，绿色线；合作次数超过 300 次，蓝色线；合作次数超过 500 次，红色线，图中结点的大小代表结点在图中的中介中心性[①]

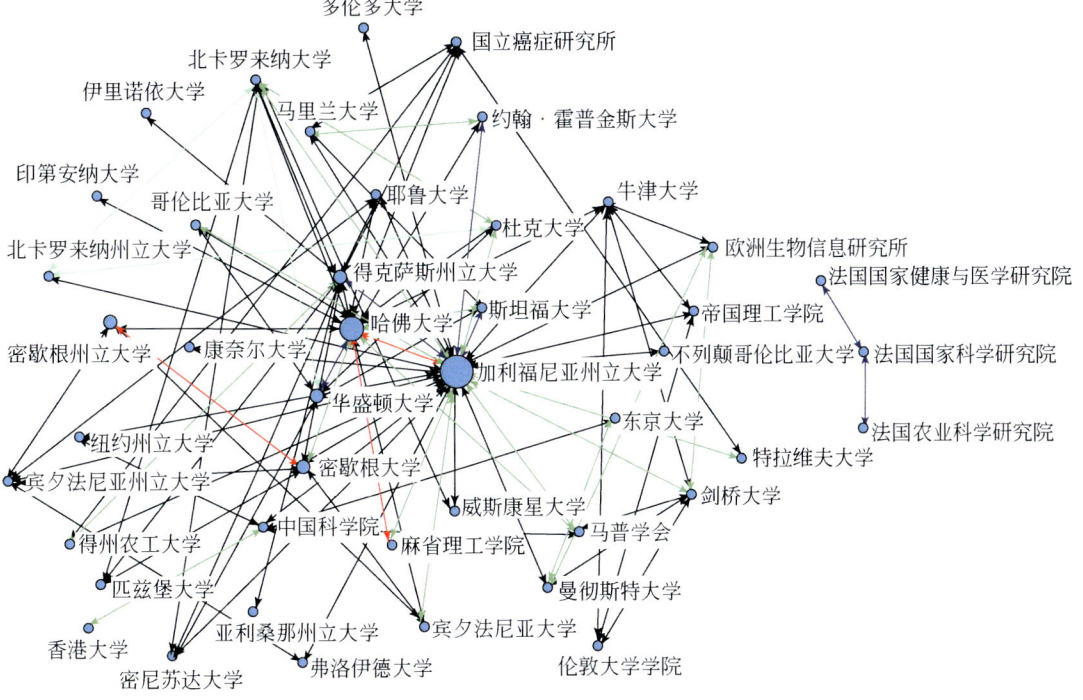

图 1-10　数学生物学研究论文的国际合作网络（合作次数超过 10 次）

合作次数超过 20 次，绿色线；合作次数超过 30 次，蓝色线；合作次数超过 50 次，红色线，图中结点的大小代表结点在图中的中介中心性

---

① 中介中心性衡量了通过网络中该节点的最短路径的数目，反映了节点在网络中的枢纽性，节点介数越大，说明这个节点的枢纽性越强。

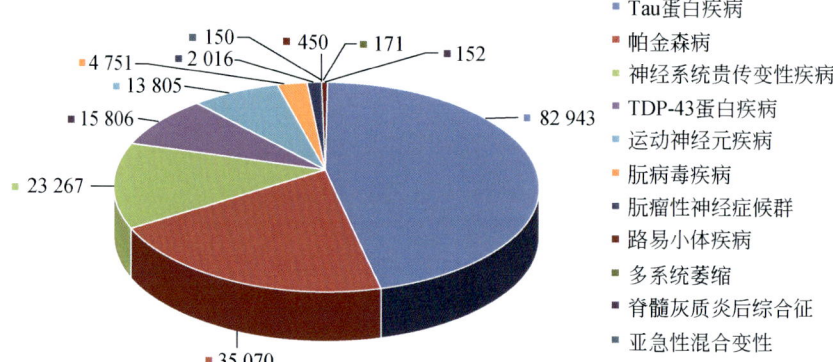

图 2-7　2005~2014 年各类神经退行性疾病研究论文数量分布

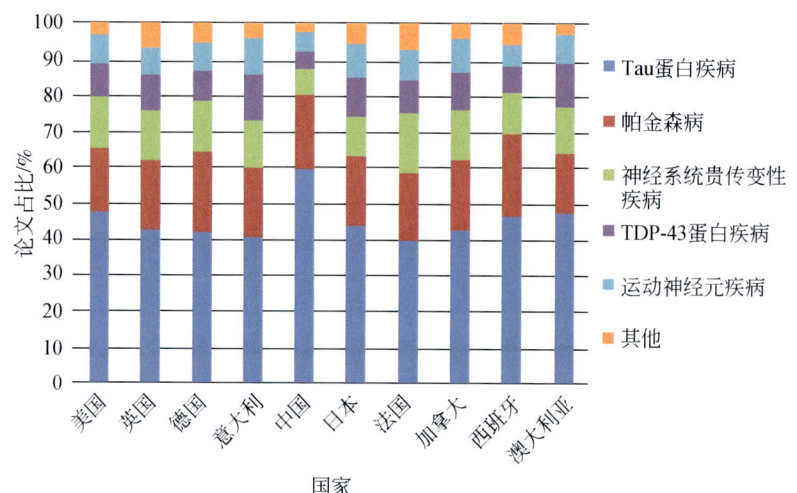

图 2-9　2005~2014 年神经退行性疾病发文前 10 位的国家研究方向分布

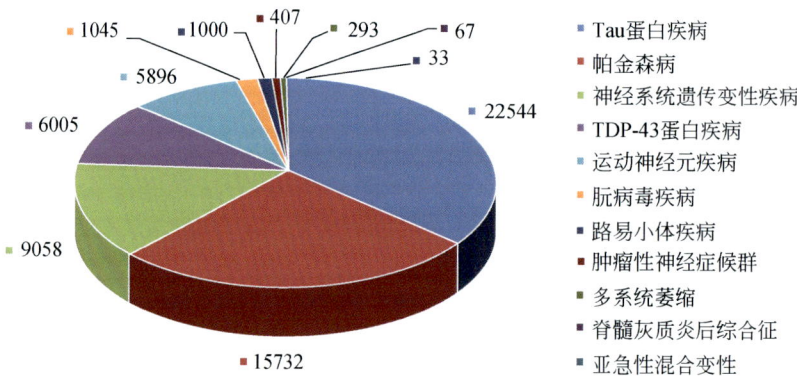

图 2-12　2005~2014 年各类神经退行性疾病专利数量分布

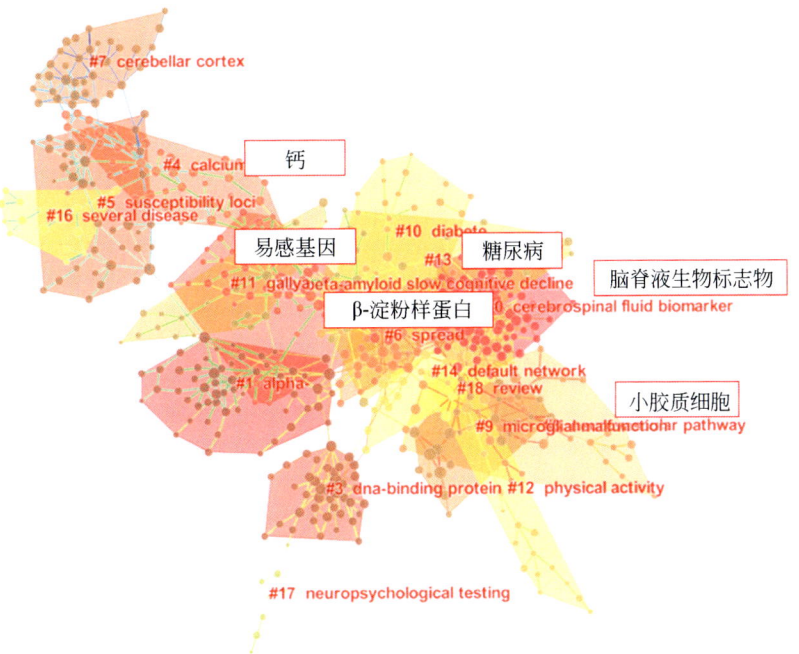

图 2-10 阿尔茨海默病文献共引聚类分析

圆点代表文献,圆点越大代表被引频次越高;连线代表引用关系;色块为 Citespace 根据引用关系聚类而成的主题

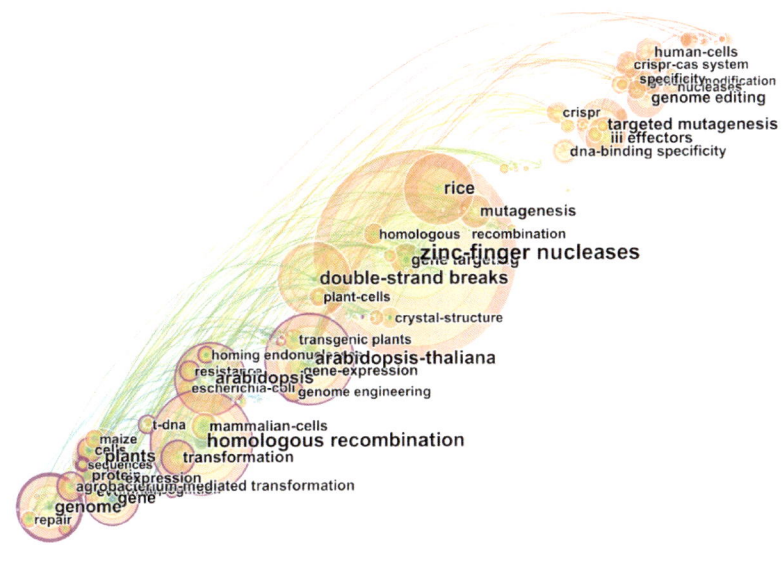

图 3-3 植物基因组编辑技术研究热点年度变化情况

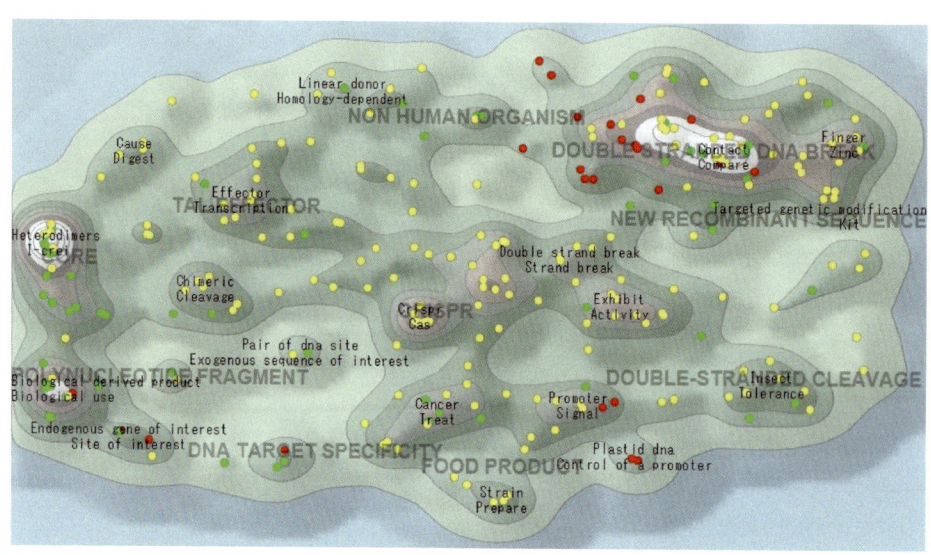

图 3-6　基因组编辑技术专利主题分布全景图

2001～2005 年用红色表示；2006～2010 年用绿色表示；2011～2015 年用黄色表示

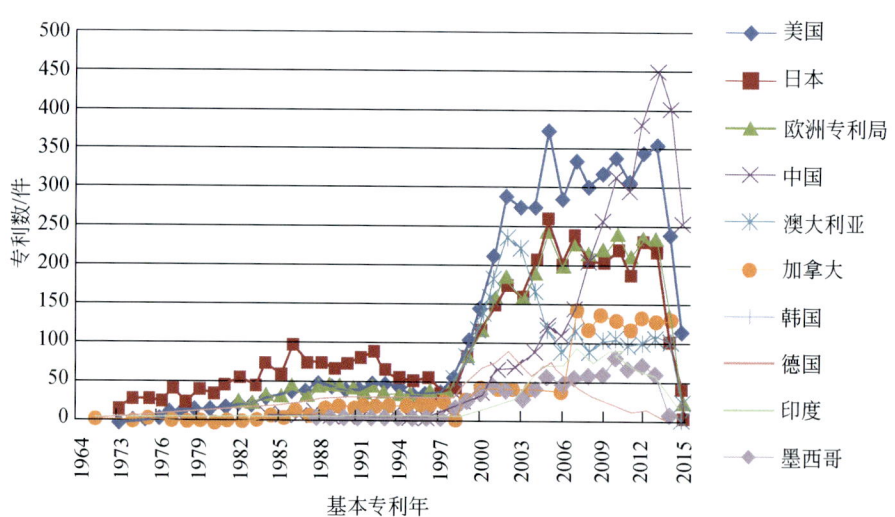

图 4-9　全球缬氨酸 TOP10 专利受理国年度态势

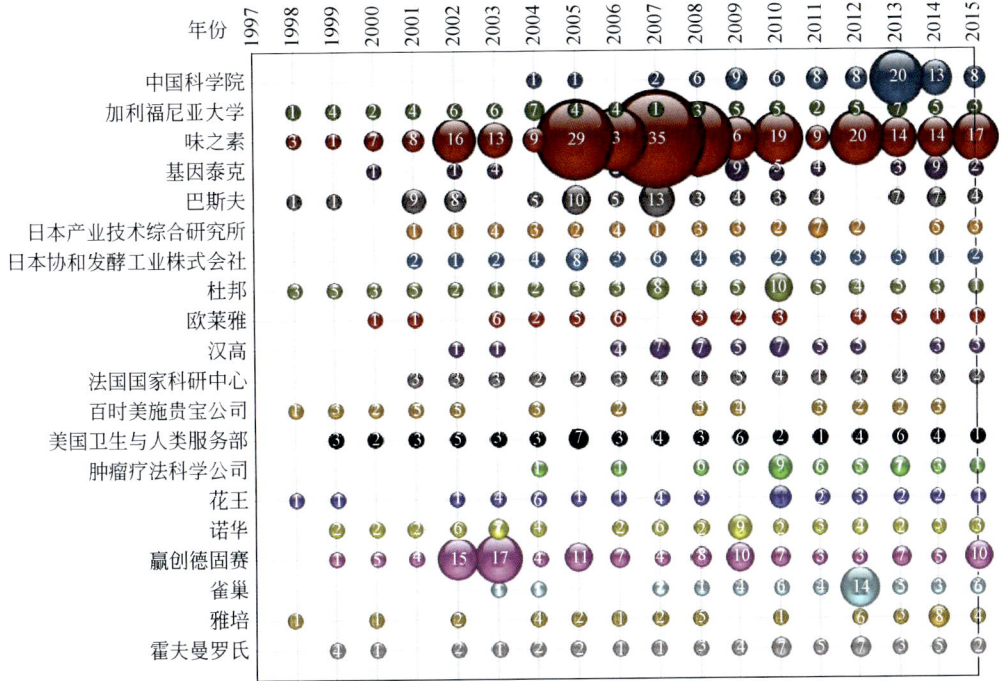

图4-13 缬氨酸TOP20专利权人年度趋势（1998～2015年）

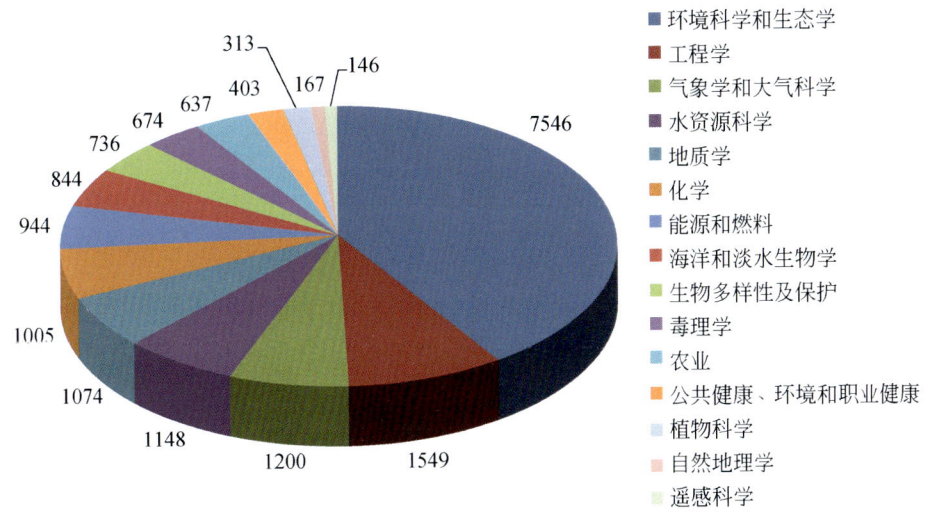

图5-5 全球低碳发展研究领域的学科分布情况（单位：篇）

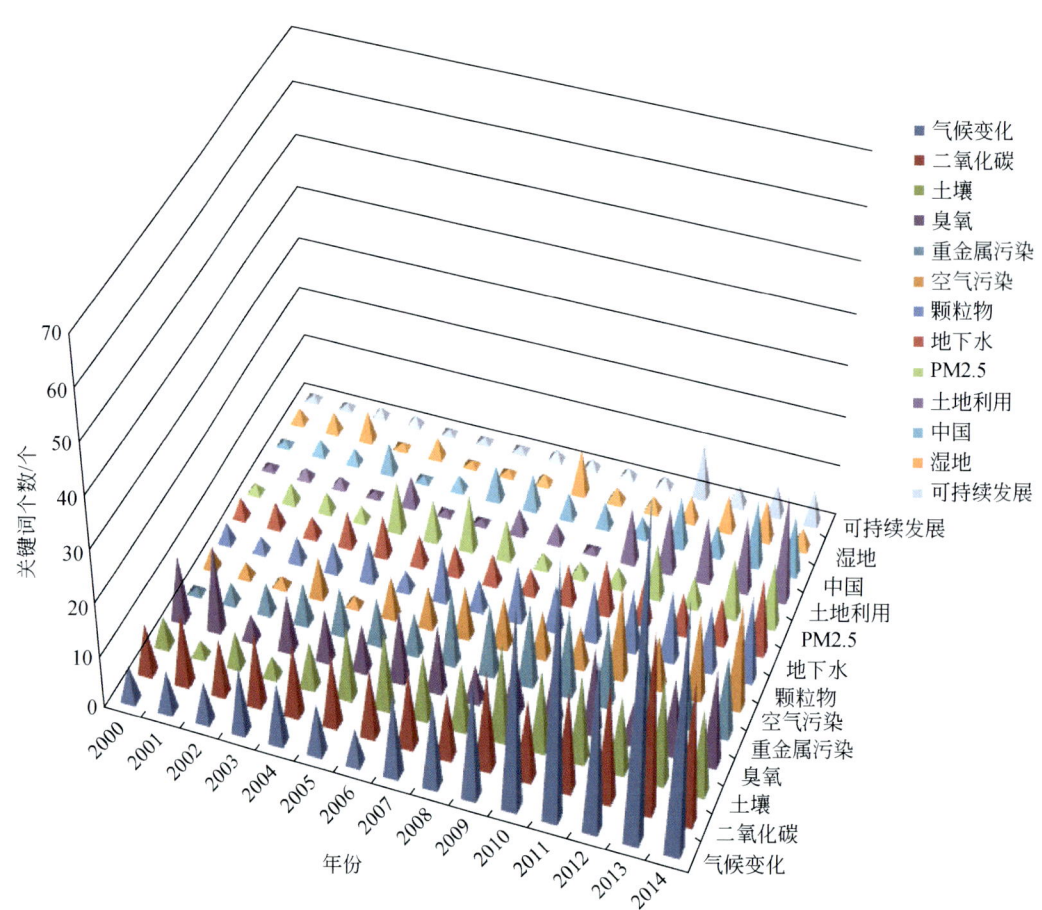

图 5-6 前 13 个关键词年度变化情况

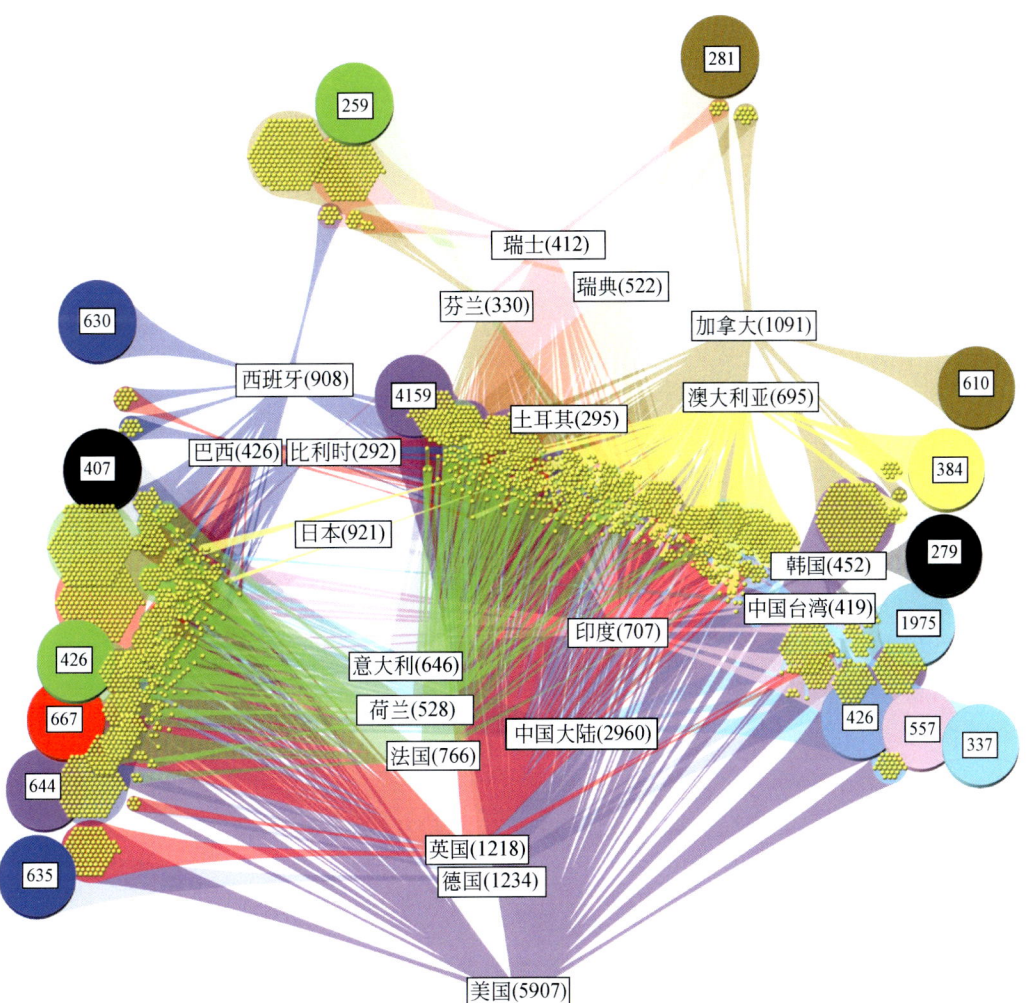

图 5-7　主要国家/地区间合作情况

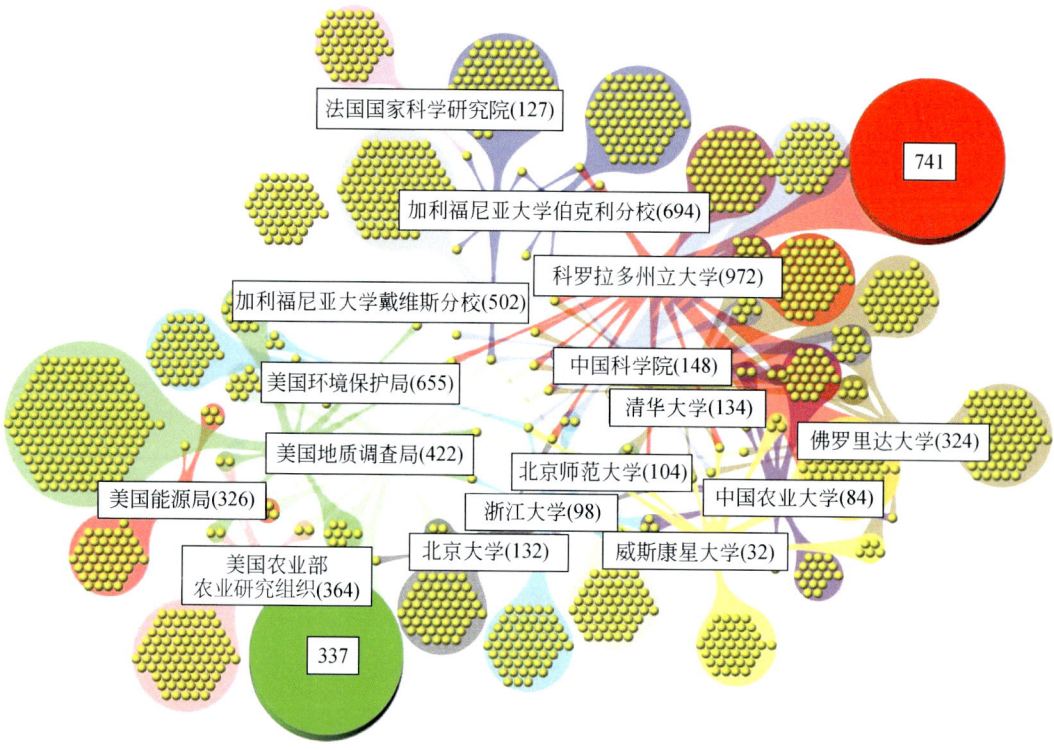

图 5-8 主要机构间合作情况

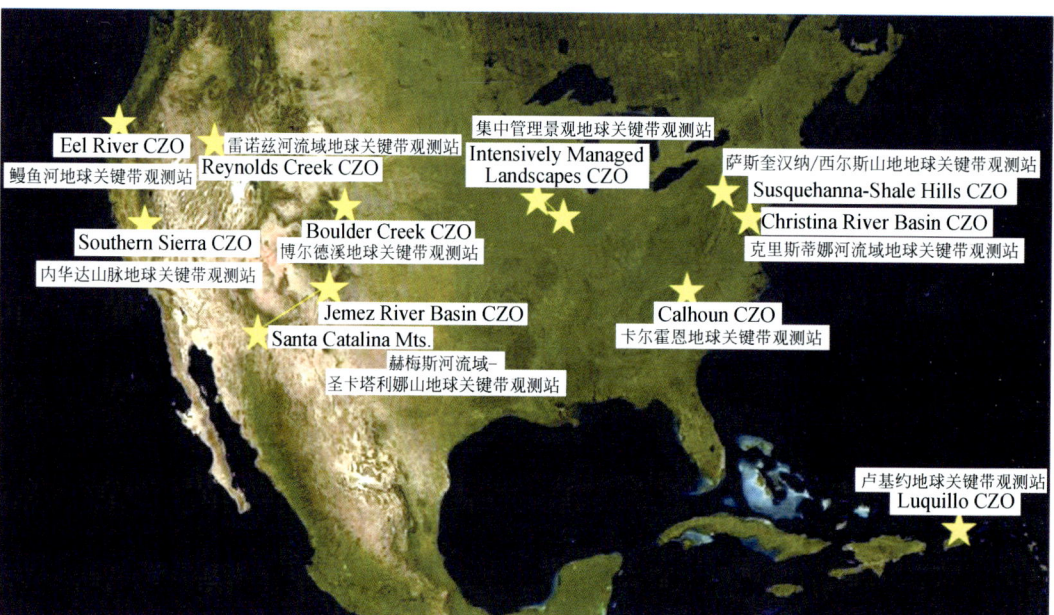

图 6-5 美国 NSF CZO 建的 10 个观测站分布图

资料来源：http://criticalzone.org/images/national/associated-files/1National/CZONatlWebinarDec8-sm.pdf

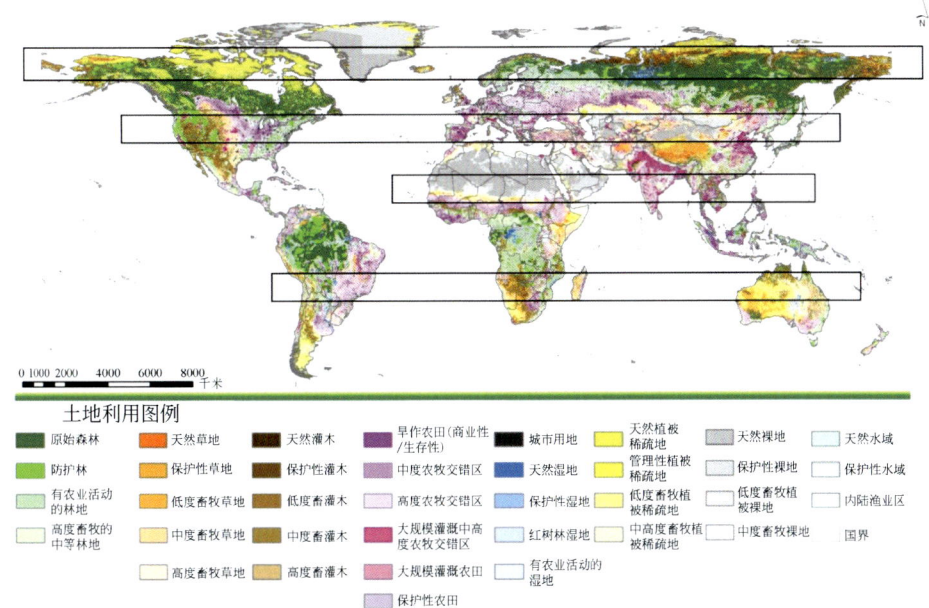

图 6-7 全球土地利用系统示意图

资料来源：http://www.fao.org/nr/lada.

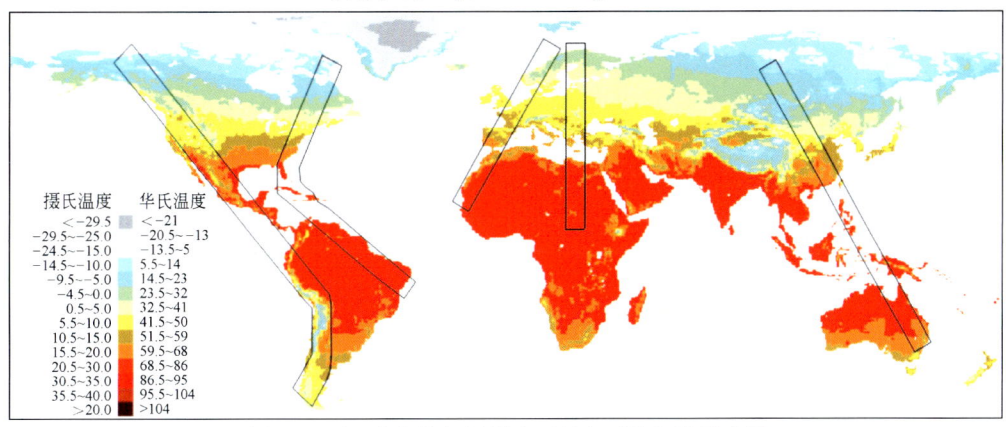

图 6-8 南-北向的气候梯度区的年平均气温示意图

资料来源：http://www.climate-charts.com/index.html

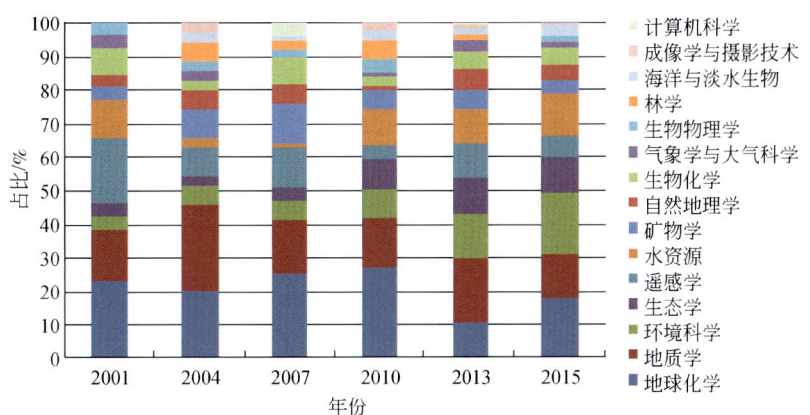

图 6-13 2001~2015 年地球关键带研究领域的各学科的论文比例分布

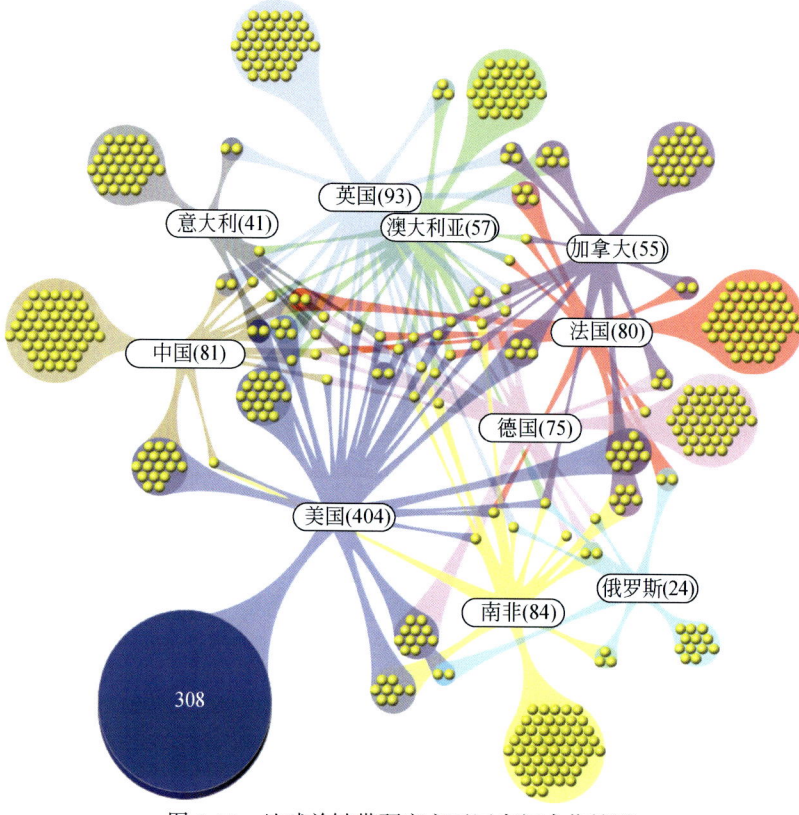

图 6-16　地球关键带研究主要国家间合作情况

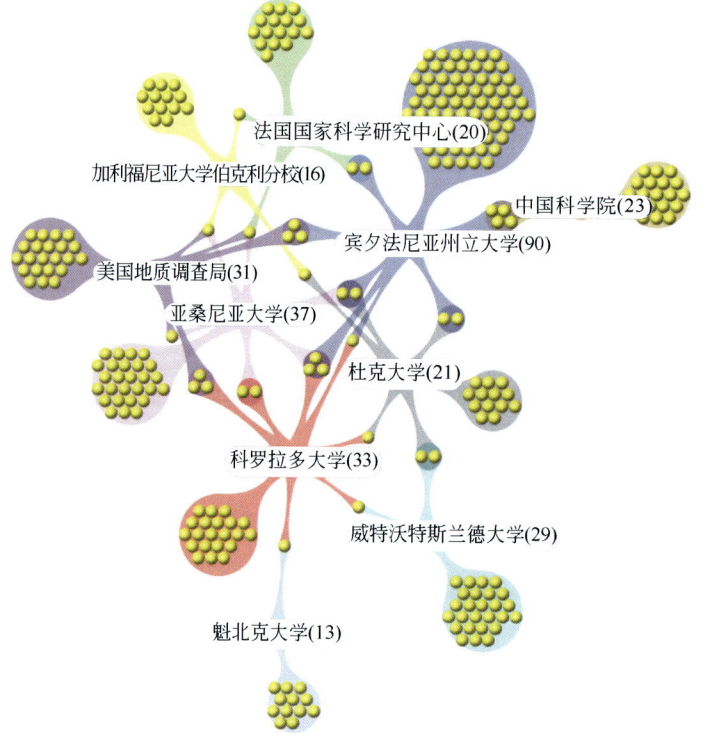

图 6-17　地球关键带研究主要机构间合作情况

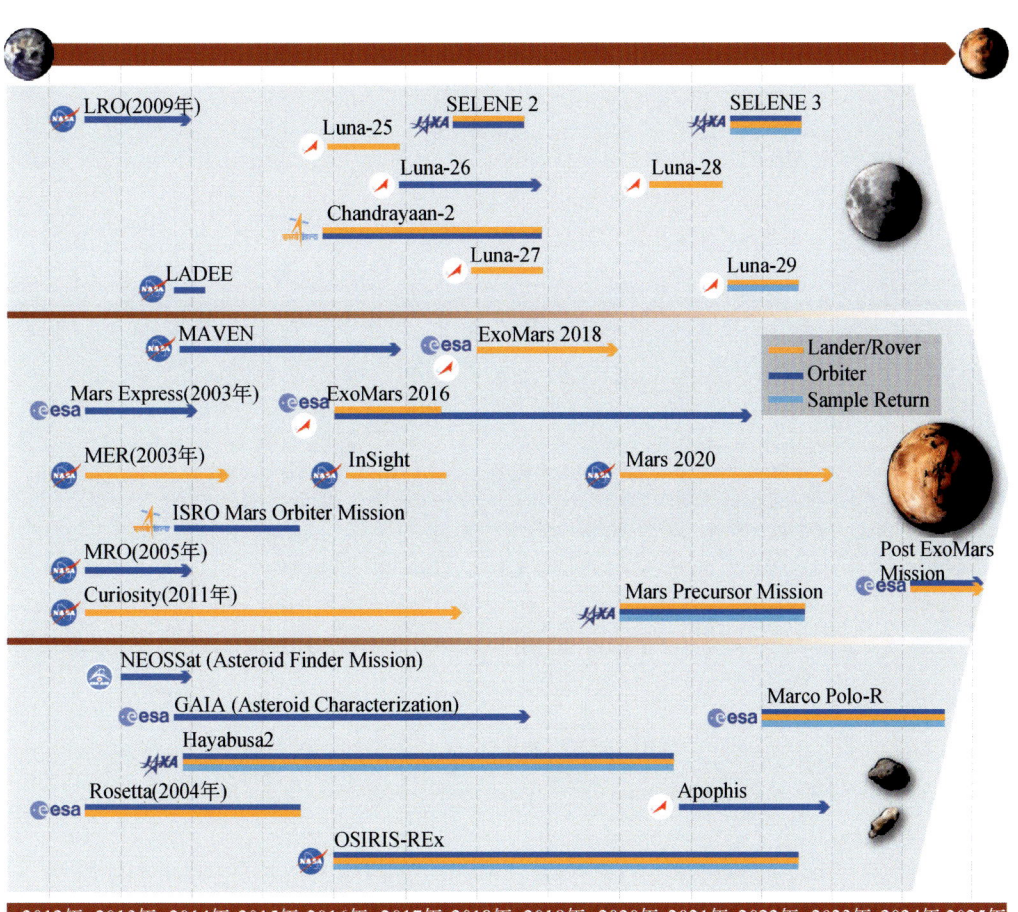

图 7-3 世界各国近年开展及已规划的针对未来载人目的地的太阳系探测任务

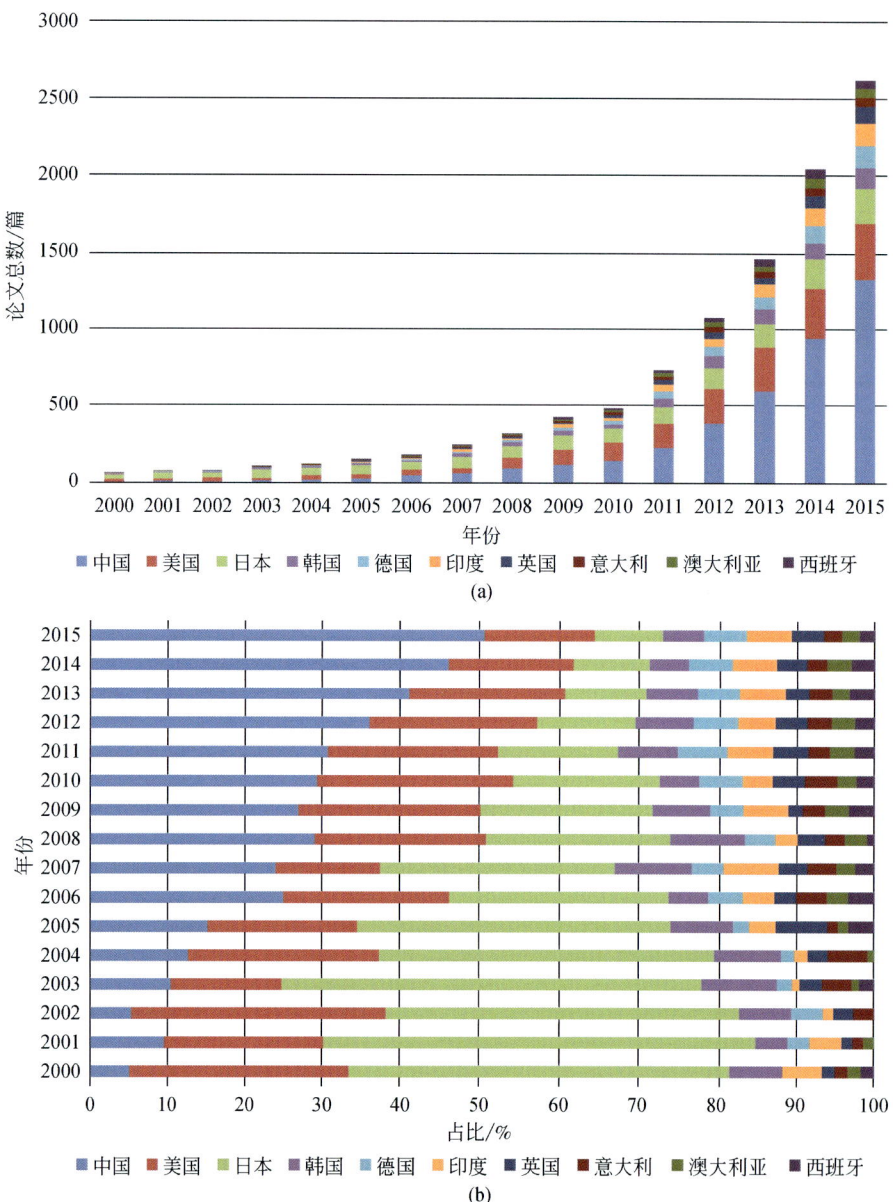

图 9-6 2000 年以来主要国家人工光合成研究 SCI 论文数量年度变化趋势

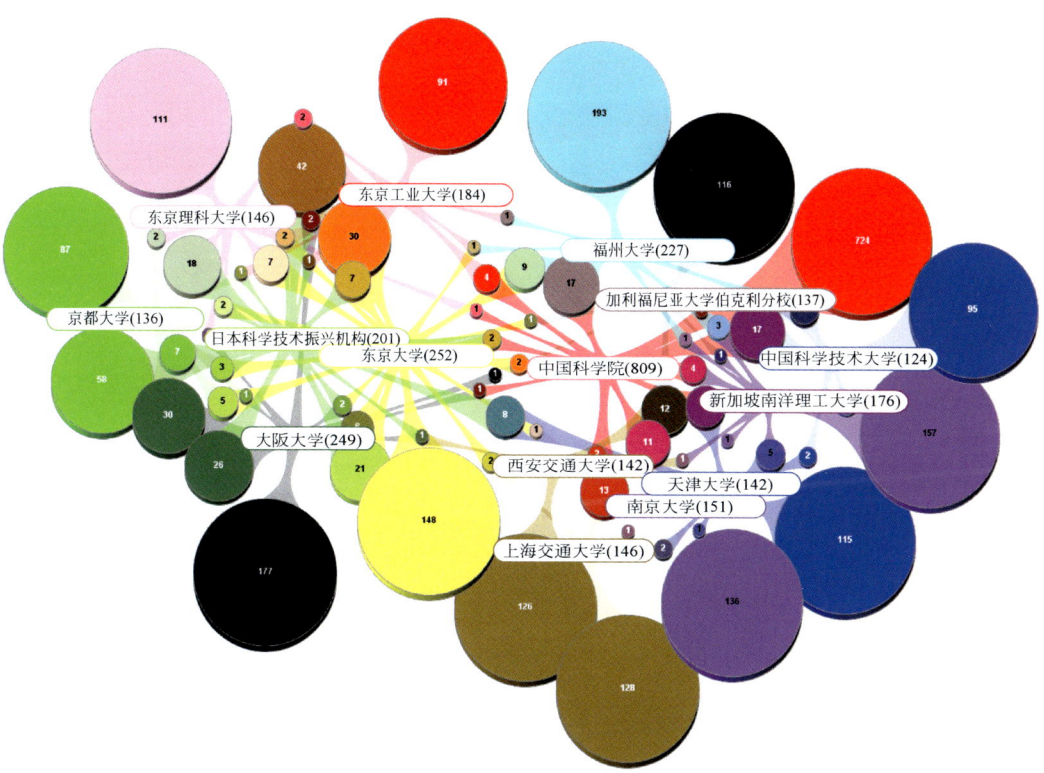

图 9-7 人工光合成领域发文量前 15 位研究机构合作网络

石墨烯家族	石墨烯	六方氮化硼(hBN)"白色石墨烯"	硼碳氮(BCN)	氟化石墨烯	石墨烯氧化物
2D 硫属化合物	MoS_2, WS_2, $MoSe_2$, WSe_2	半导体硫属化合物 $MoTe_2$, WTe_2, ZrS_2, $ZrSe_2$ 等		金属硫属化合物: $NbSe_2$, NbS_2, TaS_2, TiS_2, $NiSe_2$ 等	
				层状半导体: GsSe, GaTe, InSe, Bi_2Se_3 等	
2D 氧化物	云母类 铋锶钙铜氧化物	MoO_3, WO_3	钙钛矿型: $LaNb_2O_7$, $(CsSr)_2Nb_3O_{10}$, $Bi_4Ti_3O_{12}$, $Ca_2Ta_2TiO_{10}$ 等	氢氧化物: $Ni(OH)_2$, $Eu(OH)_2$ 等	
	层状铜氧化物	TiO_2, MnO_2, V_2O_5, TaO_3, RuO_2 等		其他	

图 10-1 现有单层二维材料特性总表

资料来源：Geim 和 Grigorieva（2013）

以室温存在稳定性由高到低，其区域依次为蓝色、绿色、红色。蓝色区域已经实验证实，红色区域为惰性气体环境可稳定存在，在一般空气中不稳定。灰色区域为可经由剥离后形成单层二维材料

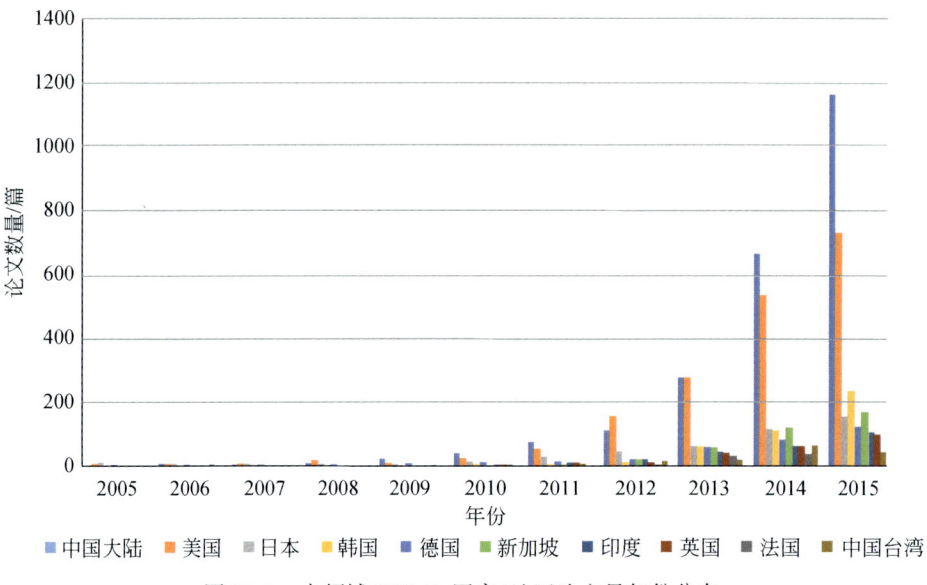

图 10-8 本领域 TOP 10 国家/地区论文量年份分布